“十三五”国家重点图书出版规划项目

国际环境治理实用技术译丛

风险评估中的科学和判断

美国有害空气污染物风险评估委员会
美国环境研究和毒理学委员会
美国生命科学委员会
美国国家科学院国家研究委员会
著

毕军　马宗伟　高琪　曹国志　黄贤金 / 译

中国环境出版集团・北京

图书在版编目（CIP）数据

风险评估中的科学和判断/美国有害空气污染物风险评估委员会等著；毕军等译. — 北京：中国环境出版集团，2020.11
（国际环境治理实用技术译丛）
书名原文：Science and Judgment in Risk Assessment
ISBN 978-7-5111-4515-4

Ⅰ. ①风… Ⅱ. ①美… ②毕… Ⅲ. ①环境管理－风险评价－研究 Ⅳ. ①X820.4

中国版本图书馆 CIP 数据核字（2020）第 245371 号

著作权登记号：01-2019-0819

出 版 人 武德凯
责任编辑 季苏园　钱冬昀
责任校对 任　丽
封面设计 彭　杉

出版发行 中国环境出版集团
（100062　北京市东城区广渠门内大街 16 号）
网　　址：http://www.cesp.com.cn
电子邮箱：bjgl@cesp.com.cn
联系电话：010-67112765（编辑管理部）
发行热线：010-67125803，010-67113405（传真）

印　　刷 北京建宏印刷有限公司
经　　销 各地新华书店
版　　次 2020 年 11 月第 1 版
印　　次 2020 年 11 月第 1 次印刷
开　　本 787×960　1/16
印　　张 39.25
字　　数 610 千字
定　　价 158.00 元

美国有害空气污染物风险评估委员会

---

① 1993 年 5 月离开委员会，成为白宫环境质量办公室副主任。

JAMES N. SEIBER	内华达大学，里诺，内华达州
STEVEN N. SPAW	法律环境股份有限公司，奥斯汀，得克萨斯州
JOHN D. SPENGLER	哈佛大学，波士顿，马萨诸塞州
BAILUS WALKER	俄克拉荷马大学，俄克拉荷马城，俄克拉荷马州
HANSPETER WITSCHI	加利福尼亚大学，戴维斯，加利福尼亚州

工作人员

RICHARD D. THOMAS	项目主任
DEBORAH D. STINE	研究主任
MARVIN A. SCHNEIDERMAN	高级研究员
GAIL CHARNELY	高级职员
KATHLEEN STRATTON	高级职员
RUTH E. CROSSGROVE	信息专家
ANNE M. SPRAGUE	信息专家
RUTH P. DANOFF	项目助理
SHELLEY A. NURSE	高级项目助理
CATHERINE M. KUBIK	高级项目助理

美国环境研究和毒理学委员会

美国生命科学委员会

美国国家科学院

美国国家科学院

美国国家工程院

美国国家医学院

美国国家研究委员会

美国国家科学院是一个民营的、非营利性的自治组织，由从事科学和工程研究的知名学者组成，致力于推动科学技术进步并为普通大众服务。根据 1863 年国会授予它的宪章职权，美国国家科学院要在科技问题上为联邦政府提供咨询。Bruce M. Alberts 博士担任美国国家科学院院长。

美国国家工程院成立于 1964 年，是根据美国国家科学院的章程设立的，由杰出工程师组成的平行组织。它在管理和成员选择方面是独立的，与美国国家科学院一同承担为联邦政府提供咨询的责任。美国国家工程院还会资助满足国家需求、鼓励教育和研究的工程项目，并且表彰工程师的卓越成就。Robert M. White 博士担任美国国家工程院院长。

美国国家医学院是国家科学院为保障在审查与公共健康有关的政策事宜时能够有合适专业的杰出人士提供服务而于 1970 年成立的机构。该机构根据国会章程赋予美国国家科学院的责任，负责担任联邦政府的顾问，主动识别医疗、研究和教育领域的问题。Kenneth I. Shine 博士担任美国国家医学院院长。

美国国家研究委员会由美国国家科学院于 1916 年成立，旨在促进科学界和技术界进行联合，推动知识进步，并为联邦政府提供咨询。委员会按照美国国家科学院确定的一般政策运作，已成为美国国家科学院和美国国家工程院的主要业务机构，为政府、公众、科学界和工程界提供服务。该委员会由美国国家科学院、美国国家工程院和美国国家医学院联合管理。Bruce M. Alberts 博士和 Robert M. White 博士分别担任委员会的主席、副主席。

网址：www.national-academies.org

美国环境研究和毒理学委员会最近的其他报告

婴幼儿饮食中的农药（1993）

风险评估中的问题（1993）

设定土地保护的优先级（1993）

保护国家公园和荒野地区的能见度（1993）

免疫毒理学中的生物标志物（1992）

海豚与金枪鱼产业（1992）

环境神经毒理学（1992）

公共土地上的危险品（1992）

科学与国家公园（1992）

动物是环境健康危害的哨兵（1991）

美国外大陆架环境研究评估计划，第Ⅰ～Ⅳ卷（1991—1993）

人类对空气污染物的暴露评估（1991）

监测人体组织中的有毒物质（1991）

城市和区域空气污染中的臭氧问题再思考（1991）

海龟的减少（1990）

工业设施有毒物质追踪（1990）

肺毒理学中的生物标志物（1989）

生殖毒理学的生物标志物（1989）

这些报告的副本可以从美国国家科学院出版社订购。

电话：（800）624-6242

（202）334-3313

前　言

在1990年《清洁空气法》修正案中，美国国会要求美国环境保护局（Environmental Protection Agency，EPA）局长参与到美国国家科学院（National Academy of Sciences，NAS）对EPA评估毒理学风险的方法的审查工作中。美国国家研究委员会（National Research Council，NRC）要解决的问题可以总结为以下几点：

1. 鉴于定量风险评估对于EPA实施《清洁空气法》很重要，那么EPA是否以尽可能最好的方式进行了风险评估？

2. EPA是否已经制定了使当前风险评估程序能够适应科学发展的机制？

3. EPA是否已经收集了充足的与风险相关的数据以确保其任务的落实？

4. 如果有的话，应当如何改进EPA在风险评估方面的发展和使用？

为兑现美国国会的授权，并响应EPA局长的要求，美国国家研究委员会在美国环境研究和毒理学委员会之下建立了美国有害空气污染物风险评估委员会。该委员会由25名成员组成，包括医学、流行病学、化学、化学工程、环境健康、法律、药理学、毒理学、风险评估、风险管理、职业健康、统计、空气监测和公众健康方面的专家。他们中有学者、行业科学家、公众倡导者以及州和地方的公共卫生官员。

美国国家研究委员会于1991年10月31日举行了第一次会议。在前几次会议中，由委员会成员和个人或者特别关注风险评估发展与使用的团体代表向委员会做了报告。后者的发言人包括美国工业健康委员会、化学品制造商协会、美国石油协会、美国钢铁协会、美国化学学会、得克萨斯州空气控制委员会以及国家和地区空气污染计划管理者等官方公共卫生组织的代表，以及自然资源保护委员会和环境保护基金等公益组织。涂料制造商的代表和环境咨询公司的资深成员也做了报告。委员会也得到了研讨会的协助并参考了国家研究委员会之前关于风险评估方法的报告。

在早期的审议过程中，委员会拟定了一系列需要美国环境保护局空气、辐射办公室以及研究和发展办公室考虑和回应的问题。EPA的答复在1992年3月下旬的委员会会议上提交给委员会。

美国参议院工作人员 James Powell 向委员会介绍了《清洁空气法》修正案的立法历史，以及参议员对EPA法规发展演变的关注。美国众议院的工作人员 Greg Wetstone 向委员会说明了对于准确风险评估和暴露测量的需求。EPA 的 Henry Habicht、Michael Shapiro、Robert Kellum 和 William Farland 讨论了 EPA 在风险评估中的定位以及它是如何做到这一点的。他们的简要汇报使得委员会能够快速开始工作。

委员会的活动得到了 NRC 和最优秀的工作人员的大力支持：Richard D. Thomas，项目主任；Deborah D. Stine，研究主任；Marvin A. Schneiderman，高级研究员；Norman Grossblatt，编辑；Anne M. Sprague，信息专家；Ruth E. Crossgrove，信息专家；Ruth P. Danoff，项目助理；Shelley A. Nurse 和 Catherine M. Kubik，高级项目助理。

最后，我们必须向委员会中辛勤工作的成员表示感谢，他们参加了漫长的会议，阅读了大量文件，带着兴趣和问题听取了许多报告，最终出具了一份考虑周到、全面且平衡的报告。

Kurt Isselbacher，M.D.

主席

Arthur Upton，M.D.

副主席

目　录

第二部分 改进风险评估的策略

第三部分　结果的实施

内容摘要

近几十年来，公众越来越关注环境对人体健康造成威胁的报道。无数关于食品中的农药、空气中的污染物、饮用水中的化学污染物以及危险废物场所的报道，都引起了公众对现代工业社会中化工产品和副产品的关注。与此同时，公众对人类健康可能受到威胁的科学预测的可靠性表示怀疑。这种怀疑的出现一定程度上是因为科学家们的分歧。但是显然，许多人想要了解有关部门是如何评估他们接触到的化学物质对他们的健康和福利有多大的威胁。

许多引起公众关注的环境问题都与致癌物质有关，这些物质可能会促进癌症的发展。有时确定一种物质是致癌物的证据源于在工作环境中暴露于高浓度物质的工人。但更多情况下是基于实验室中从暴露于高浓度物质的动物身上获得的证据。当这些物质被发现出现在一般环境中，即使浓度非常低，也需要确定暴露于这些物质的公众罹患癌症的风险，从而采取合理的措施来减小暴露。然而，当暴露量很小的时候，科学家们还没有且不会很快地得出可靠的方法来衡量这些物质对于公众的致癌风险。由于没有直接测量风险的能力，科学家们只能提供间接的、不太确定的估计。

为了应对这些致癌威胁，法律法规中已经采取了相应的措施以减少公众对大量污染物的暴露。然而最近几年，人们又开始担忧，一些受管制的物质所产生的威胁可能被夸大了，相反，一些不受管制的物质可能会造成更大的威胁。人们还对控制或消除那些可能造成极小风险的化学物质排放的经济成本提出了疑问。由于科学家们对评估人类风险的最佳方法缺乏普遍共识，有关降低风险和控制成本的争论愈演愈烈。

除非风险很高或者涉及一种不寻常的癌症形式，流行病学的研究——通常是比较暴露人群及未暴露人群的发病率——并不能精确地发现一种物质是否能够对人类产生致癌风险。因此，动物研究通常是进行人类潜在风险评估的最佳方法。然而，实验室中动物的暴露浓度要比一般情况下人群的暴露浓度高很多。人们并不知道实验动物的毒性反应和人群的反应之间的相似程度有多高，而且科学家也没有无可争议的方法来衡量或者预测与低浓度暴露相关的致癌风险，但大多数人都是处于这种低浓度暴露环境中的。

一些关于致癌物的假设是定性的。例如，生物学数据可能表明，任何暴露于致癌物的情形都可能带来一些健康风险。虽然有些科学家不同意这一观点或者认为这种结论不适用于所有致癌物质，但是这个说法至少为一个棘手的科学问题提供了暂时的答案，这个科学问题是：已知高浓度物质有致癌性，是否暴露于低浓度的该物质也会有一定的致癌风险？20 世纪 50 年代以来，这一观点一直主导着政策制定，但并不总是与有关化学诱导癌症的生物学机制的新的科学知识保持一致。

20 世纪 60 年代以来，毒理学研究中提出了一些可以用来评估暴露于低浓度致癌物风险的定量评估方法。如果这些方法是可靠的，那么定量的风险评估方法可以提高决策能力，并且在一定程度上帮助公众区分重要的和不重要的威胁，同时提高他们确定致癌风险的优先级、评估污染物之间的权衡并相应地分配公共资源的能力。总之，这些方法可以改善影响公众健康和国家经济的监管决策。

20 世纪 70 年代至 80 年代，风险评估方法随着基础学科一同发展。癌变过程是非常复杂的，它涉及多个步骤和途径。所有致癌化学品都是通过类似于辐射作用的机制发挥作用的观点受到质疑。一些化学物质被证明与辐射作用类似，可以直接改变 DNA。但是有证据表明，其他化学物质并不是通过直接改变或者破坏 DNA 而引起癌症的，而是通过例如激素途径，刺激有丝分裂或者通过多余的细胞死亡和补偿性细胞增殖。在某些情况下，为了更准确地描述暴露—反应关系，会引入基于生物学和药物代谢动力学的模型。在同一时期，从源到受体的空气扩散模型的构建工作以及暴露评估的开展都取得了重大进展。此外，在过去的 10 年中，研究化学物质毒性的基础生物学也取得了重要的进步。所有这些研究进展，都会对空气中有害污染物的风险评估产生重大影响。

有害空气污染物的监管

在1990年《清洁空气法》修正案（以下简称1990年修正案）颁布之前，《清洁空气法》第112节要求EPA设定有害空气污染物的排放标准，“以足够的安全范围保障公众健康”。1987年，哥伦比亚巡回上诉法院在自然资源委员会诉讼EPA（824F.2d 1146）案件中，将这一条款解释为EPA必须首先确定空气污染物的安全排放水平——代表可接受的风险水平，然后根据有关污染物的科学研究的不确定性扩充安全范围。EPA被允许在第二阶段而不是第一阶段考虑技术可行性。

作为回应，EPA决定将其监管决策主要建立在定量风险评估的基础上。EPA采用了一项一般性政策，将最大暴露个体的终身致癌风险为万分之一视为可接受的风险，并且安全范围应该将尽可能多的个体的终身风险降低到不高于百万分之一（10^{-6}）。

1990年修正案中重写了第112节，将风险评估放在关键位置，仅次于以技术为基础的监管。经修改后，第112节将一系列物质界定为有害空气污染物，但该范围内的物质须由EPA添加或删除。排放有害空气污染物的污染源分两个阶段进行监管。第一阶段实施以技术为基础的排放限制。每一种有害空气污染物的主要来源都必须达到排放标准，这个标准是由EPA基于最大可实现的控制技术（Maximum Achievable Control Technology，MACT）制定并颁布的。较小的污染源，被称为面源，也必须达到基于一般可用的控制技术制定的排放标准。

第二阶段，如果基于技术的标准没有达到保护公众健康的目的，EPA必须设置剩余风险标准，这个标准拥有足够的安全范围来保护公众的健康安全。如果基于最大可实现的控制技术的排放标准使得最大暴露个体的终身致癌风险大于百万分之一，那么需要制定剩余风险标准。然而，在实际制定标准的过程中，EPA可以自由地继续使用其目前接受更高风险的政策。定量风险评估技术与第二阶段的监管以及第一阶段所需的各项决策相关。

研究委员会的责任

《清洁空气法》第112节（全文见附录M）要求EPA安排美国国家科学院：

- 审查EPA在确定与第112节中规定的有害空气污染物暴露相关的致癌风险时所使用的方法；
- 其审查应包含评估用于估计有害空气污染物的致癌强度，以及用于估计人们对这些空气污染物暴露的方法；
- 在切实可行的范围内，评估可能不存在安全阈值的非致癌健康效应的风险评估方法。

在修订现有的风险评估指南时，EPA必须参考该报告。

当前的风险评估实践

在过去的几十年里，评估人们暴露于有毒物质的风险的方法一直在稳步发展。然而，直到1983年，这个过程才被正式编纂成文。1983年，美国国家研究委员会发布了报告《联邦政府中的风险评估：过程管理》。这本出版物，现在也被称为红皮书，提供了当今整个环境健康风险评估领域使用的许多定义。目前委员会所使用的关于风险评估的一般描述都是以红皮书为基础的。

风险评估包括对有关物质的危险特性、人类对这些物质的暴露程度以及由此产生的风险特征的信息进行评估。风险评估不是单一的、固定的分析方法。相反，它是一个用于组织和分析关于潜在危险活动或者在特定条件下会产生风险的物质的科学知识和信息的系统的方法。

简单来说，根据红皮书，风险评估过程可以分为四个步骤：危害识别、剂量—反应评估、暴露评估以及风险表征。

- 危害识别包括确定暴露于某种物质是否会增加不良健康影响发生的概率，如癌症或先天缺陷，以及表征因果关系的性质和强度。

- 剂量—反应评估是对暴露或剂量与不良健康影响的发生率或严重程度之间关系的表征。它要考虑影响剂量—反应关系的因素，例如暴露的强度和方式，以及年龄和生活方式等可能影响易感性的变量。该步骤还包括从高剂量反应外推到低剂量反应，以及从动物反应外推到人类反应。
- 暴露评估是确定人类实际或假设暴露于危险物质的强度、频率以及持续时间。一般情况下，这种物质的浓度可以从其来源到环境的不同地点进行估计。暴露评估中一个重要的组成要素是排放表征，即确定导致暴露的排放量的大小和性质。这个过程通常是通过测量和分析完成的，但并不是总能实现。因此，物质的排放与环境浓度之间的关系经常通过建模来建立。模型的输入应当包括暴露人群居住和活动的数据。
- 风险表征结合了暴露评估与不同暴露条件下的反应来评估暴露的个人或人群受到特定损害的可能性。在可行的范围内，表征还应该包括人群中的风险分布情况。当风险的分布情况已知时，就有可能估算出暴露于该危险物质最多的个体所面临的风险。

与风险评估密切相关的是风险管理，即将风险评估结果与其他信息（如政治、社会、经济和工程方面的考虑）相结合，从而落实有关降低风险的需求和方法的决策的过程。红皮书的作者主张在风险评估和风险管理之间保持明确的概念上的区别，例如，维持两者之间的区别将有助于防止根据监管有关物质的政治可行性来调整风险评估。但是他们也认识到，风险评估技术的选择不能脱离社会风险管理目标。其结果应该是一个支持《清洁空气法》所要求的风险管理决策的过程，并为进一步研究提供适当的激励，以降低关于健康风险程度的重要不确定性。

1986 年，EPA 颁布了风险评估指南，与红皮书所建议的内容基本一致。该指南涉及评估致癌性、致突变性、发育毒性以及化学混合物的影响风险。它包括默认选项，本质上来说就是关于如何适应不确定性的政策判断。指南中包括各种评估暴露和风险所需要的假设，例如将实验中啮齿类动物的反应转换为评估人类的反应时所用到的换算系数。

随着风险评估方法的不断发展，以及其在联邦和各州监管有害物质时得到越来越频繁的应用，受监管的行业、环保组织以及学者对 EPA 使用的评估程序提出了批评。他们所关注的问题包括：

- 缺乏科学数据定量地说明化学物质对健康的危害。
- 科学界内部对潜在科学证据的价值的意见分歧较大。
- 风险表征中所需要的研究结果在各个报告中缺乏一致性，例如在描述实验室中的研究结果时采用不同的方法。这使得比较来自不同实验室的数据并将其应用于风险表征变得很困难。
- 不能实际测量时，利用理论模型所得出的结果具有不确定性。
- 为了应对任务，EPA 历来采用的风险评估方法大多包含了保守的默认选项（这很可能会导致高估而不是低估人类的风险）。
- 随着科学知识的增加，EPA 和国会所决定的科学政策选择对监管决策的影响应当越来越小。有关生物学机制的更好的数据以及对其更深入的理解应当使得环境风险评估不再那么依赖于默认假设，并且可以更加准确地预测人类风险。

风险评估策略

委员会注意到，几个主题贯穿风险评估的各个阶段，并且出现在对每一个步骤的批评当中。这些主题如下：

- 默认选项。是否有一套清晰一致的原则来修改和背离默认选项？
- 数据需求。EPA 是否能够获得足够的信息来进行既可以保护公众健康又科学合理的风险评估？
- 验证。EPA 是否有充分的理由证明其用于风险评估的方法和模型与现有的科学信息相一致？
- 不确定性。EPA 是否充分考虑到要根据风险评估中不可避免的不确定性，考虑、描述并作出决策？

- 差异性。EPA 是否充分考虑到人们对有毒物质的暴露以及他们对癌症和其他健康影响易感性的广泛差异？
- 聚合。EPA 是否恰当地处理了污染物之间的相互作用对人类健康的影响，并解决了多种暴露途径和多种不利健康影响的问题？

通过解决风险评估过程中每个步骤中的每个主题，EPA 能够提高在监管决策中整个风险评估过程的准确度、精确度、全面性和实用性。

灵活性和默认选项的使用

EPA 的风险评估指南包含许多“默认选项”。当缺乏令人信服的科学知识，无法得知在几个竞争模型和理论中哪一个正确时，就会使用这些默认选项。这些选项不会对机构形成束缚，相反，它们是机构在评估特定物质所构成的风险时可能背离的指南。在大多数情况下，默认值是保守的（即，尽管在现有不确定性的情况下，这一选择在科学上是合理的，但是它们很有可能导致高估而不是低估人类风险）。

EPA 在制定指南时采取了合理的行动。EPA 应该有选择默认选项以及判断何时和如何放弃它们的原则。如果没有这些原则，可能无法达到默认选项的目的。为了制定这些原则，该委员会确定了一些应当考虑的标准：保护公众健康、确保科学的有效性、最大限度地减少评估风险过程中的严重错误、最大限度地激励研究、建立一个有序并且可预测的程序，以及促进开放性并提高可信性。可能还有其他相关的标准。

这些原则的选择超越了科学，不可避免地涉及如何平衡这些标准的政策选择。经过广泛的讨论，委员会发现无法就制定什么原则或者委员会推荐原则是否适当达成共识。因此，委员会决定不这么做。附录 N 包含了几个委员会成员关于选择这些原则的不同观点的文件。附录 N-1 倡导的是“合理的保守主义”原则，而附录 N-2 中则倡导在选择默认选项时最大限度地使用科学信息。这些文件并不能代表委员会所有成员的意见。

不过，委员会确实认为，EPA 在其风险评估指南中没有清晰地表明某个特定的假设是一个默认选项，而且 EPA 也没有在其指南中充分解释每一个默认选项的依据。此外，EPA 没有列出风险评估过程中所有的默认选项，也没有确认哪些地方不存在默认值。

在特定的情况下，当有关科学家一致认为可获得的科学证据可以证明背离默认选项合理时，EPA 是允许背离默认选项的。EPA 依靠其科学咨询委员会和其他专家机构来确定何时存在这种共识，但是 EPA 还没有明确规定允许背离的标准。

建议

- EPA 应该继续将默认选项的使用作为处理在选择用于风险评估的方法和模型方面的潜在机制的不确定性的合理方法。
- EPA 应当明确识别在风险评估中所使用的每一个默认选项。
- EPA 应当明确说明每个默认选项的科学和政策基础。
- 为了给予公众更好的指导并且减小特例出现的可能性，EPA 应考虑对背离默认选项的标准给予更正式的规定，无正式规定的违背默认选项的行为将会削弱 EPA 风险评估的科学可信度。与此同时，EPA 应当注意到，不应让指南演变成死板的规则。
- EPA 应当继续使用科学咨询委员会以及其他专家机构。特别是，EPA 应当继续最大可能地使用同行评审、研讨会以及其他方式来确保广泛的同行和科学的参与，通过一个允许科学界充分公开讨论和同行参与的过程来保证其风险评估决策基于现有的最佳科学知识。

验证：方法与模型

一些用于排放表征、暴露评估、危害识别以及剂量—反应评估的方法和模型被指定为默认选项。其他方法有时被用作默认选项的替代。在风险评估中，这些方法以及模型的预测精度和不确定性并不总是能够被清楚地理解或者解释。

阈值模型（假设低于一定的暴露水平不会对健康产生影响）已被广泛用于生殖和发育毒物，但尚不清楚它对人类风险预测的准确性。事实上，目前关于某些有毒物质的证据，尤其是铅，并没有明确揭示一个安全阈值，人们担心这个阈值模型所反映的是科学知识的极限，而不是安全的极限。

EPA 已经和外部团体合作，设计研究以改善排放评估。然而，目前还没有在风险评估中使用排放评估指南，并且也没有充分评估排放估计中的不确定性。

EPA 利用高斯烟羽模型来估计人们所暴露的有害污染物的浓度。模型对大气传输过程的描述都是近似的。EPA 主要关注有害空气污染物的室外固定排放源。虽然没有特定的法律规定要考虑有害空气污染物的所有来源，但这并不能阻止 EPA 评估室内污染源，以客观判断来自室外污染源的风险。

EPA 使用人体暴露模型来评估对固定源的暴露情况。该模型从个体和人群两个方面来评价暴露和风险情况。对于个体来说，一般是通过估计在可能暴露的广泛分布中的最高暴露浓度，来确定最大暴露个体（Maximally exposed individual，MEI）。最大暴露量估计是基于各种保守的假设，例如，假设最大暴露个体在整个 70 年的寿命中都生活在污染源的下风向并且一直在室外。传统上，只考虑吸入暴露。近年来，按照 EPA 科学咨询委员会的建议，EPA 开始采用另外两种方法来代替 MEI 估计：高端暴露估计（High-end exposure estimate，HEEE）、理论上界暴露（Theoretical upper-bound exposure，TUBE）。

在剂量—反应评估中，EPA 一直将几乎所有的化学致癌物质的诱导癌症的方式视为与辐射类似。它假定可以使用线性多阶段模型从流行病学的观察结果或者实验室中动物在高剂量下的观察结果推断到一般人群通常经历的低剂量情况。

建议

- EPA 应当更加严格地确定它使用的方法和模型的预测精确度及不确定性，以及用于风险评估的数据质量。
- EPA 应制定指南，说明在特定的风险评估中所需的排放信息的数量和质量，并指导估计和报告排放估计的不确定性，例如暴露评估中每次使用人体暴露模型的预测精确度和不确定性。
- EPA 应该在现实条件下评估高斯烟羽模型，包括基于人群特征的到场地边界的可接受距离、复杂地形、较差的工厂分散特征以及附近其他建筑物的分布等。

此外，EPA 应考虑采用最先进的技术，如随机扩散模型。

- EPA 应当使用一种特定的保守的数学方法来评估暴露群体中某个个体可能遇到的最大暴露量。
- EPA 在筛选、评估中应当用边界估计来确定是否需要进一步的分析。为了进一步分析，委员会支持 EPA 根据实际测量数据、模型结果或者二者相结合来生成暴露分布情况。
- EPA 应当继续探索，并且在科学可行的情况下纳入能展现暴露与生物有效剂量（例如，到达目标组织的剂量）关系的药代动力学模型。
- EPA 应当继续将线性多阶段模型作为默认选项，但是应当制定标准来确定信息是否充足到能够使用其他外推模型。
- EPA 应当开发基于生物学的定量方法，以评估由于化学物质暴露而对人群产生非致癌影响的发生率和可能性。这些方法应当包括作用机制的信息，以及可能受到风险影响的个体或人群的易感性差异。
- EPA 应当继续将因终身暴露而罹患癌症的可能性的上界强度估计作为风险表征的指标之一。在可能的情况下，这个指标应辅以对致癌强度的其他描述，以更充分地反映与估计有关的不确定性。

优先级设定和数据需求

EPA 没有暴露和毒性数据来确定 1990 年修正案中定为有害空气污染物的 189 种化学品的健康风险。此外，EPA 目前还没有明确它将如何评估确定排放这 189 种污染物的设备的风险所需要的数据的类型、数量和质量，以及将如何确定何时需要特定场地的排放和暴露数据。

建议

- 针对 1990 年修正案中明确的这 189 种化学物，EPA 应当为每一种物质都编制一份关于其化学、毒理学、临床以及流行病学文献的清单。

- EPA 应当筛选这 189 种化学品，并且根据委员会在评估健康风险、辨别数据差异时所采用的程序来确定这 189 种物质的优先级顺序。EPA 还应当制定激励措施来促使其他政府机构（如美国国家毒理学计划、有毒物质及疾病等级机构和国家机构）、工业和学术界更快地提供新的数据。
- 除了有害空气污染物的固定源外，EPA 还应当考虑移动源和室内污染源，后者可能比室外污染源更重要。EPA 还应当明确考虑所有直接和间接的暴露途径，例如摄入和皮肤吸收。
- EPA 应当制订一项分两个部分的计划，对致癌性证据进行分类，包括简单的分类和叙述性评价。这两个部分至少应当包括证据的力度（质量）、动物模型和结果与人类的相关性以及实验暴露情况（途径、剂量、染毒时间和持续时间）与人类可能遇到的情况的相关性。

差异性

风险评估过程中存在多种差异：个体内的差异、个体间的差异、群体间的差异。差异的种类包括暴露的性质、强度以及与年龄、生活方式、遗传背景、性别、种族和其他因素相关的对毒害的易感性。

在 EPA 的致癌风险评估中一般不考虑个体间的差异。EPA 关于差异性的考虑主要局限在非致癌影响上，例如二氧化硫暴露引起的哮喘。对这种差异性的分析通常会为是否要同时保护普通人群和敏感个体的决定提供依据。

建议

- 联邦机构应当资助分子学、流行病学以及其他类型的研究，以确定癌症易感性个体间差异的原因和程度，以及易感性与年龄、种族、族裔和性别等协变量之间的可能相关性。研究结果应当被用来改进对个体以及一般人群的风险评估。
- EPA 在评估个体风险时，应该将个体之间的易感性差异作为默认假设。
- EPA 应当更加努力地验证或者改进默认的假设，即假设人群的平均易感性和流行病学研究中的人的易感性相同，或者和测试中最敏感的动物相同，或者两种同时存在。

- 对于可能存在足够数据的遗传效应（例如，染色体畸变、显性突变或 X 连锁突变的数据），EPA 的指南应明确规定无阈值、低剂量线性的默认假设，这样就可以对第一代和后代暴露于环境中的化学物的遗传风险进行合理的定量估计。
- 在风险评估的每一个组成要素中，都需要严格地区分不确定性和个体差异。
- EPA 应当评估婴儿和儿童的风险，因为无论何时他们的风险都要大于成年人。

不确定性

关于有害空气污染物的科学知识存在大量的空白。因此，在风险评估中有很多的不确定。当不确定性涉及量的大小，且这个量可以通过假设而被测量或者推断出来时，例如暴露量，这个不确定性就能够被量化。其他不确定性与使用的模型有关。这些不确定性是由于针对特定的化学物质和风险人群，无法确定哪一种科学理论是正确的知识，因此也不确定应该使用哪一种假设来进行评估。这种不确定性不能在数据的基础上加以量化。

通常 EPA 计算的风险上界点估计值并不能体现不确定的程度。因此，决策者并不清楚风险评估的保守程度（如果有的话）。

正式的不确定性分析可以帮助 EPA 和公众认识到默认假设中隐含的保守程度。不确定性分析对于确定哪些额外的研究可能解决主要的不确定性问题非常有帮助。

不确定性分析应当是一个迭代的过程，从一般不确定性的识别过渡到更加精确的针对特定化学品或特定工厂的不确定性分析。当监管决策的健康或经济影响很大，并且进一步研究可能会改变决策时就需要更多额外的资源来进行更加具体的分析。

建议

- EPA 应当进行正式的不确定性分析，由此可知哪些进一步的研究可以解决主要的不确定性问题，而哪些研究则不能。

- 在风险评估中，EPA 应当考虑到科学知识的局限性、剩余的不确定性，以及确定高估还是低估了风险的需求。
- EPA 应当制定指南，以指导在风险评估过程的每个步骤中对不确定性（如模型和数据集）进行量化和交流。
- 尽管使用相同的假设以在机构之间形成一致的风险评估结论是有好处的（例如，用体重的 0.75 次方代替表面积），但如果有其他更准确的方法，EPA 还是应该指出。
- 当对风险进行排序时，EPA 应当考虑每一项评估的不确定性，而不仅仅是基于点估计值进行排序。风险管理者不应该只得到一个数字或者一个范围，相反，风险管理者应该得到尽可能可靠的风险特征（即完整并且准确）。

聚合

通常情况下，人们面临风险都是因为暴露于混合化合物中，其中每种化学物质都可能增加一种或多种不利健康影响发生的可能性。在这种情况下，往往只能得到来源于一种化学物质所引起的某种不利影响（如癌症）的数据。目前的问题在于如何更好地表征和评估暴露于有毒化合物的混合物所带来的潜在复合风险。此外，排放的物质可能被带到并沉积于其他介质（如水和土壤）中，使人们通过除吸入以外的其他途径（如皮肤吸收或摄取）受到暴露的毒害影响。尽管 EPA 尚未表明是否会根据 1990 年修正案所要求的那样考虑多种暴露途径，但在其他监管情况中，如超级基金项目已经这样做了。

EPA 将混合物中每种化合物的风险相加来进行风险评估。当风险表征需求仅是提供用于筛选的点估计时，这样做是合理的。当需要一个更加全面的不确定性表征时，EPA 应当采纳以下建议。

建议

- EPA 应当考虑使用适当的统计方法（如蒙特卡洛方法）来汇总由于暴露于多种化合物而带来的致癌风险。

- 在分析发生多种肿瘤类型的动物实验数据时，应该评估与暴露有关的每种相关肿瘤类型的致癌强度，并对这些致癌强度进行加和。
- EPA 进行的定量不确定性表征应该适当地反映不确定性与个体差异之间的区别。

风险交流

无论是定性（如该阈值可能存在）还是定量（如该阈值有 90%的可能性存在），某些概率表达式都是主观的。尽管在向风险管理者、公众传达科学家的个人判断时，量化可能很有用，但是评估概率的过程却很难。因为可能会在单一的数值或者数值范围的置信度方面存在严重的分歧和误解，所以应该清楚、详细地说明这些数字的产生基础。

建议

- 风险管理者应当获得定性和定量的风险表征，即既有描述性的，也有数学上的风险表征。

一种迭代的方法

现有的资源和数据并不足以对 1990 年修正案中罗列的 189 种有害空气污染物进行全面的风险评估，而且在很多情况下，并不需要这样的评估。在最大可实现的控制技术（MACT）实施后，一些化学物质可能只会产生极小的风险（小于等于百万分之一的不利健康影响风险）。由于这些原因，委员会认为 EPA 应当采用一种迭代的方法进行风险评估。迭代方法是先从相对经济的筛选技术开始，如简单、保守的传输模型，对于可能超过微量风险的化学品，再采用需要投入更多资源的数据收集、模型构建和模型应用的方法。为了防止严重低估风险，当模型假设或参数值存在不确定性时，筛选技术必须要谨慎稳妥。

建议

EPA 应当提高开展迭代风险评估的能力，使评估能够在以下情况下得到改进：（1）风险低于适用的决策级别；（2）科学知识的进一步提高不会显著改变风险评估的结果；（3）EPA、排放源或公众认为风险不够高，不足以进行进一步的分析。迭代的风险评估还需确定是否需要进一步研究，从而在不对每种化学品进行昂贵的逐个评估的情况下，鼓励受监管各方进行研究。迭代方法可以改进风险评估决策的科学基础，同时应对风险管理关注的诸如保护水平和资源限制等问题。

总体结论和建议

委员会的调查结果主要由四个核心主题构成：

- 由于时间、资源、科学知识以及现有数据的限制，EPA 一般应保留其保守的、基于默认值的风险评估方法，以便在制定标准时进行筛选分析；但是，这种方法需要采取一些纠正措施才能更有效。
- EPA 应当在风险评估中开发并使用迭代方法。这有助于更好地理解风险评估与风险管理的关系，并且促进二者的合理协调。
- 委员会提出的迭代方法能够通过改进分析使用的模型和数据来完善基于默认值的评估方法。然而，要使这种方法能够正常使用，EPA 需要为其当前默认值提供合理的理由，并且建立一个允许背离默认选项的程序。
- 当 EPA 向决策者以及公众报告风险评估结果时，它不仅需要提供风险的点估计，而且还应提供与这些估计有关的不确定性的来源和程度。

风险评估是一套工具，而不是目的本身。应该利用有限的资源来生成信息，以帮助风险管理者在可用方案中选择最佳行动方案。

第1章

引　言

近几十年来出现了大量关于环境对人体健康产生威胁的报道。无数的关于食品中的农药、空气中的污染物、饮用水中的化学污染物以及危险废物场地的报道，已经引起了人们对现代工业社会中的化学物质及其副产品的关注。与此同时，人们还对那些可能威胁人体健康的因素持怀疑态度。这些怀疑出现的部分原因是科学家之间存在分歧。但显然，大多数人想知道他们暴露的化学物质是否，以及在多大程度上会威胁到他们的健康。

许多引起公众关注的环境问题都与致癌物质有关，这些物质可能会加快癌症的发展。有时确定一种物质是致癌物的证据源于在工作环境中暴露于高浓度物质的工人。但更多情况下是基于在实验室中暴露于高浓度物质的动物身上获得的证据。当这些物质被发现出现在一般环境中时，即使浓度非常低，也需要确定暴露于这些物质的公众罹患癌症的风险，从而采取合理的措施来减小暴露。然而，当暴露量很小时，科学家们还没有且不能很快地具备可靠的方法来衡量这些物质对公众的致癌风险。由于没有直接测量风险的能力，科学家们只能提供间接的、不太确定的估计。

一些关于致癌物的假设是定性的。例如，生物学数据表明，任何暴露于致癌物的情况都可能带来健康风险。虽然有些科学家不同意这个观点或者认为这个观点并不适用于每一种致癌物，但至少这个说法为目前的一个棘手的科学问题提供了暂时的答案，这个棘手的问题是已知某种物质高浓度会致癌，当人们暴露于低浓度的该物质时，是否会存在一定的致癌风险。20 世纪 50 年代以来，这一种观点一直占主导地位并且指导着政策制定。例如，1958 年的食品添加剂修正案“德莱尼条款”中规定在食品供应中不允许使用任何被认为是致癌物的添加剂，因为无法明确界定人类对这个物质的安全暴露量。从“德莱尼条款”等法规中衍生出来的政策也规定，在可能的情况下，绝对禁止暴露于致癌物质，但是通常情况下，只是将暴露减少到“最低技术可行水平”。

即使现在对于化学品致癌性的科学认识已经得到了长足的发展，许多科学家依然认为对致癌风险问题的定性判断已经是目前能够提供的最好的方法。尽管如此，人们日益认识到将化学物质区分为致癌物和非致癌物太过简单，而且这样也不能为监管决策的制定提供充分的基础。一些科学家已经尝试提供更加有用的定量信息，说明低致癌物质暴露的风险，这项工作始于 20 世纪 60 年代并在 70 年代全面开展。定量风险评估之所以具有吸引力，是因为它至少在理想情况下，可以帮助决策者和公众区分重要的和无关紧要的威胁（因此这超越了“尽管风险很小，但还是存在一些风险”这样的定性研究结果）。

风险评估的结果对于影响国家经济和公共健康的重大监管决策具有重要意义。它们会影响决策者，因为他们试图在以下两种观点之间取得平衡：一种观点认为有害空气污染物的排放应该最小化，甚至消除；另一种观点认为，达到严格的控制标准可能会导致社会无法接受的其他问题。我们也需要准确的风险评估来确定对公众健康的保护是否充分。

委员会的责任

《清洁空气法》第 112 节中规定的委员会的责任，在 1990 年《清洁空气法》修正案中也有所补充，法规中要求 EPA 与国家研究委员会（NRC）签订合同。国家研究委员会在环境研究和毒理学委员会的基础上建立了有害空气污染物风险评估委员会。它的责任概括如下：

1．审查 EPA 使用的风险评估方法。

2. 评估用于估计有害空气污染物致癌强度的方法。

3. 评估用于估计人们对有害空气污染物暴露量的方法。

4. 在可行范围内，评估那些不存在安全阈值的非致癌健康影响的风险评估方法。

5. 说明 EPA 风险评估指南中需要修订的地方。

具体的国会用语见附录 M。第 112 节要求，如果 EPA 决定不采纳报告中的建议和科学咨询委员会对于报告的意见，它必须在《联邦公报》中详细说明不执行报告中相关建议的原因。

在 EPA 的责任中，国会要求美国国家科学院国家研究委员会评估 EPA 的风险评估方法是否采取了科学的方式来表达一种物质带来的风险。因此我们需要确认 EPA 的方法是否与现有的科学认知相一致。我们也需要确认 EPA 的方法是否为政策制定者以及公众提供了他们所需要的用来判断风险管理的信息。EPA 所使用的方法应当是合乎逻辑并且一致的，特别是要揭示出基础科学中不可避免的不确定性。

我们没有对合适的风险管理决策作出任何判断，例如社会应当在多大程度上控制有害空气污染物。这样的决策最终取决于非科学问题，例如，社会愿意接受多大程度的有害空气污染物的风险以便换取其他利益。这样的问题不仅涉及科学或者科学政策判断，还涉及一些价值观问题，而科学家无法在这些问题上提供任何特别见解。因此，这些问题最终还是由决策者和公众来解决。

我们认为正是由于这个原因，国会在 1990 年《清洁空气法》修正案中规定美国国家科学院国家研究委员会的任务是研究 EPA 的风险评估方法，而不是研究 EPA 监管决策的有效性。因此，我们也避免处理这种风险管理问题。虽然我们是这样做的，但是要注意到风险评估和风险管理是相互关联的。正如我们后面所解释的，国会一般要求 EPA 在其风险管理决策中承担保护健康（涉及公众健康的决策时要“保守”）的责任。因此，我们有必要评估 EPA 的风险评估方法是否能够支持保护公众健康的监管决策。

此外，关于 EPA 的职责，国会指出应当在可行的范围内处理非致癌的影响，但是时间限制使得美国国家科学院国家研究委员会无法充分关注这个问题。

1990 年修正案中第 303 条规定建立风险评估与管理委员会，它的部分任务就是审查风险管理政策问题。该委员会要处理的具体问题有：

- 美国国家科学院国家研究委员会的报告。
- 风险评估在制定排放标准、环境标准、暴露标准、可接受浓度、耐受性或者针对那些能产生致癌风险或者其他慢性健康影响物质的环境标准时的使用和局限性，以及针对以上目的而言风险评估的适用性。
- 测量和描述与暴露于有害物质相关的致癌风险或者其他慢性健康影响的最合适的方法。
- 能够用来反映测量和估计技术的不确定性、反映出有害物质间存在的协同或者拮抗作用、动物暴露数据外推到人类健康风险的准确性以及风险评估中存在的未量化的直接或者间接影响的方法。
- 风险管理政策问题，包括使用最大暴露个体的终身致癌风险、癌症发生率、减少暴露措施的成本和技术可行性，以及在制定排放标准和适用于有害物质来源的其他限制时使用特定场所的实际暴露信息。
- 在各种联邦计划中，制定一致的风险评估方法或一致的可接受的风险标准的可能性或可取程度。

除了科学院的报告和委员会的活动，EPA和公共卫生部都要评估那些用于评估健康风险的方法、剩余风险的重要性、分析的不确定性并进行立法变更建议。

因此，委员会在这里强调了一些超出其职责范围的重要且有争议的风险评估和管理问题。

1．将特定个体的终身致癌风险（如 10^{-4} 或者 10^{-6}）作为风险管理的目标。委员会指出，国会已经为监管决策制定了一个标准。我们注意到这样的一个数字标准应当是与方法相关联的，并且在评估中将会一直存在不确定性。

2．为了最大限度地减少对健康的影响，使用比较风险分析方法来分配资源。国会已经决定了将多少国家经济和社会资源用于减少对公众健康的威胁，并且决定了如何在日常生活中存在的众多威胁中分配资源。

3．与天然物质比较，合成或工业产品的相对风险。最近一项研究（Gold et al.，1992）

表明，人们所暴露的化学物质中，天然化学物质占了绝大多数，天然化学物质与合成化学物质在毒性上并没有很大的不同，在大鼠和小鼠的慢性研究中证明一半的天然化学物质都是致癌物。这就意味着，人类也很可能暴露于啮齿动物致癌物的大环境中，这些致癌物是由高剂量实验确定的。有些人认为，这将影响目前用于研究和控制人工合成化学物质的资源量。然而，其他研究（Perera 和 Bofetta，1988）质疑这些结论的科学基础。天然以及合成化学物质的监管程度问题是一个我们无法解决的政策问题。这个问题的科学性内容将在 NRC 即将发布的一份关于天然致癌物质的相对风险的报告中讨论。值得注意的是，本研究的重点是空气中的有害污染物，虽然一些天然致癌物质存在于食物和水中，但是几乎没有证据表明它们广泛存在于空气中。

4．为所有有害空气污染物的排放源设定监管的相对优先级。第 112 节的重点是有害空气污染物的固定源，因此对有害空气污染物的所有源进行分析以及建议哪一个应当或哪一个不需要被监管并不是委员会的责任。在 1990 年修正案中，国会已经确定了它想达到的程度。因此，尽管委员会后来在报告中指出了室内污染物对室外污染物的潜在影响，但是我们无法进一步说明是否、何时以及如何对非固定和室内有害空气污染物来源采取行动。

5．工程和经济假设中的不确定性。当然，工程和经济假设的不确定性导致 EPA 要评估强制规定的风险等级对工业的影响。然而，该委员会只被要求处理 EPA 执行与公众健康相关的风险评估的问题，而不是这种监管的经济后果。

6．化学品在什么情况下应当被列入或者退出 1990 年修正案中的化学品列表。尽管该报告讨论了如何为列表上的化学品的收集和分析设置优先级，但是这些被排序的化学品是否应当被列入该列表属于政策判断。（这并不意味着外部审查列表是不合适的）

7．本底风险背景下的不确定性表述。虽然本委员会确实讨论了表述不确定性的问题，但是说明将 1990 年修正案或其他立法置于所有社会风险的范围内的适当程度，超出了它的职责范围。风险交流是复杂的，涉及包括个人以及社会的非自愿和自愿风险、成本、收益和价值观等在内的诸多问题。

报告的概念框架

本报告针对的是有着不同技术理解水平的各学科的受众。在讨论风险评估的许多有争议的方面时，委员会决定解决其中三类问题：

- EPA 风险评估的背景和目前的做法。我们根据红皮书的四步法范式来组织这个部分。（第 2～5 章）

- 风险评估中的具体问题，如默认值和外推法的使用。例如，EPA 在缺乏相反证据时，是否有理由假设应当将线性多阶段模型用于确定致癌物的剂量—反应关系？

- 影响风险评估各个部分的交叉问题。例如，该如何处理不确定性？如何评估模型的准确性？

- 与 1990 年修正案中第 112 节有关的执行问题。例如，EPA 应当如何调节保持过程稳定以及与科学知识不断的变化保持一致这两个目标之间的紧张关系？

该报告中处理了每种类型的问题。我们对这些问题的分类反映了委员会所使用的分析框架，并且影响了其建议的结构。虽然这可能会导致一些重复，但是委员会认为一定程度的重复是必要的，因为我们要面向知识水平不同的受众。

委员会试图解决根据《清洁空气法》第 112 节使用风险评估所引起的具体问题，该条规定了对有害空气污染物的管理。在 1990 年修订之后，第 112 节中不再强调在监管的初始阶段进行风险评估，其中 EPA 需要针对排放有害空气污染物的不同类型的来源建立“基于技术”的标准。风险评估主要在监管的第二阶段起作用，在这一阶段 EPA 必须确定是否需要进一步降低剩余风险（遵守基于技术的标准后，剩余排放带来的风险）。风险评估也将被使用在其他方面（例如，确定整个污染源类别是否都可以免除基于技术的标准限制，理由是该类别中没有任何来源对最大暴露个体造成超过百万分之一的终身致癌风险）。

该报告的附录中包括 EPA 对于委员会提出的问题的回答以及一些尚未成型的重要的 EPA 文件。风险评估是一个不断变化的过程，这些文件展现了在委员会提出这些建议时其在 EPA 内的地位。

一些委员会成员还编写了两份文件，以反映在基本科学机制未知的情况下进行风险评估时，委员会未能就 EPA 应如何选择和优化其“默认选项”的问题达成共识。一种观点主张“合理的保守主义”，而另一种观点提倡“充分运用科学”。

第一部分

目前的风险评估方法

该报告的第一部分探讨了风险评估的背景和目前的方法，与 1983 年 NRC 的报告《联邦政府中的风险评估：过程管理》（通常称为红皮书）中首次编纂的范例保持一致（图 1-1）。报告的第 2 章讨论了定量风险评估的历史、社会和监管环境。第 3 章、第 4 章、第 5 章描述了 EPA 应用红皮书的范例进行风险评估时运用的方法。如图 1-2 所示，评估与污染物相关的人类健康风险需要分析三个要素：污染物的来源、污染物在环境中（空气、水、土壤、食物）的迁移以及人类对污染物的摄入，这些人可能在暴露不久或者之后遭受有害的健康影响。科学家和工程师们采取四个基本的相互关联的步骤来评估暴露于有害空气污染物对人们健康的潜在影响：排放表征、暴露评估、毒性评估以及风险表征。在排放表征中，需要确定化学物质的特性以及排放量。暴露评估包括污染物是如何从排放源经过环境（迁移）转移，直到转变成其他物质（归趋）或与人类接触的过程。在毒性评估中，要评估污染物引起的特定形式的毒性，以及在何种条件下这种毒性可能出现在暴露的人体内。在风险表征中，要描述分析的结果。这些步骤将在第 3 章、第 4 章和第 5 章中详细介绍。

红皮书要求风险评估者除了要对风险评估实践有更全面的认识，还要有能力去充分识别并解决如不确定性、差异性、聚合等交叉问题，因此风险评估领域的复杂性不断地增加。故而，该委员会对红皮书的范例补充了另一种方法——这一方法具有更少的分散性（因此更全面）、更少的线性和更多的交互性，并且最重要的是，它不是根据学科或功能来组织的，而是根据贯穿风险评估所有阶段的反复出现的概念性问题来组织的。这些交叉问题会在报告的第二部分进行讨论。

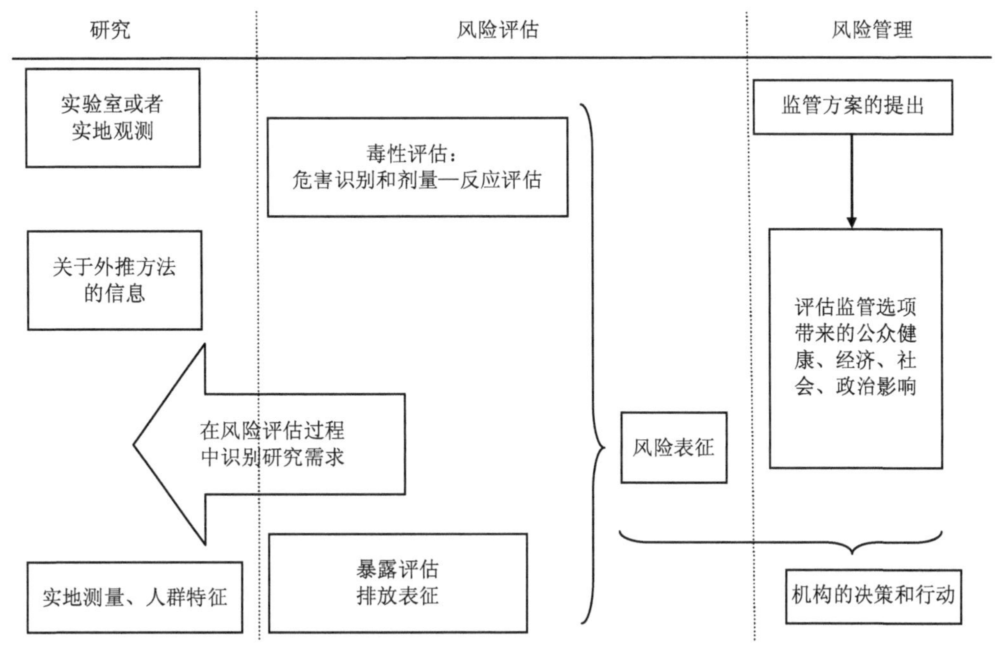

图 1-1　NAS/NRC 风险评估/管理范式

资料来源：改编自 NRC，1983a。

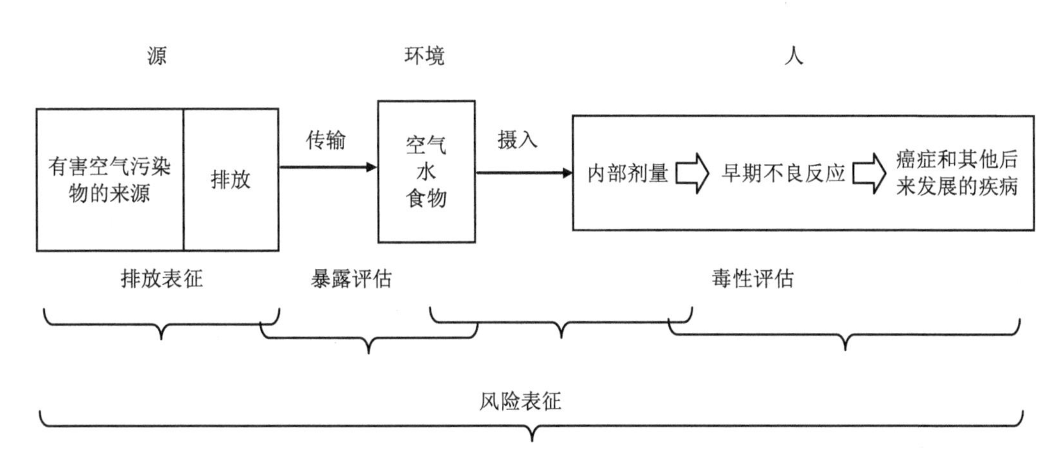

图 1-2　评估暴露于有害空气污染物的人类健康风险关系

资料来源：改编自 NRC，1983a。

第 2 章

风险评估及其社会和监管环境

本章概述了定量风险评估的起源、用途以及与之相关的问题。历史的视角有助于我们理解这样一种存在诸多不确定性的方法是如何被人们视为有用的。风险评估是如何被运用到决策中的、它的使用是否改进了决策，这是一个重要并且引起了很多关注的问题。同时也讨论了公众对于这种方法的接受程度，以及基于这种方法的决策在多大程度上保护了公众健康。本章列出了对风险评估的主要批评以及风险评估结果的使用方式，这为后面各章所讨论的问题提供了选择依据。

一般概念

本章节简要地讨论了一些关于人体健康风险评估的基本定义和概念、内容以及与研究和决策的关系。这些定义和概念由美国国家科学研究委员会在 1983 年的报告《联邦政府中的风险评估：过程管理》中首次系统地提出。红皮书对风险评估的实践产生了重大影响，这将在本节中进行广泛讨论。

什么是风险评估?

人类健康风险评估包括评估有关环境物质的危害特征以及人类对这些物质的暴露程度的科学信息，并得出人们暴露之后会受到伤害的概率以及程度的结论。概率可以用定量的或者相对定性的方式表示。还有其他类型的风险评估使用类似的过程，例如桥梁的相对安全风险评估，但是这些都已经超出了本报告的范围。

化学品的危害有多种形式，有的物质是放射性的，有的是爆炸性的，有的是高度易燃的。这里重点关注的危害是化学毒性，包括但不限于致癌性。风险评估可以对任何形式的化学毒性进行评估。风险评估可以是定性或者定量的。本报告涉及的许多问题都是关注定量的风险表述。

如何进行风险评估?

1983 年的 NRC 报告中描述了一种用于人类健康风险评估的四步分析过程。一种物质从源头排放出来（如工业设施）、通过环境介质转移（如空气）、最终导致暴露（人类呼吸了含有这些化学物质的空气）。暴露导致暴露人群体内有了一定的剂量（化学品进入人体的量，可以通过多种方式表示），而剂量的大小、持续时间和获取时刻决定了这个化学品的毒性特征多大程度上在暴露人群身上体现出来（风险）。这个模型由以下分析步骤组成：

第一步：危害识别需要识别那些可能会造成健康危害的污染物、量化它们在环境中的浓度、描述关注的污染物毒性的具体形式（神经毒性、致癌性等），并且要评估这些形式的毒性在暴露人群身上表现出来的条件。该步骤中所需要的信息通常来自环境监测数据、流行病学数据、动物实验以及其他类型的实验工作。这一步骤是定量和定性风险评估共有的。

第二步：剂量—反应评估需要进一步评估化学品的毒性特性在暴露人群身上表现出来的条件，特别强调剂量和毒性反应之间的定量关系。这种关系的构建可能会涉及数学模型的运用。该步骤可能包括评估反应的差异，例如，年轻人和老年人之间易感性的差异。

第三步：暴露评估包括明确可能暴露于我们所关注的物质的人群、识别暴露发生的途径，以及评估人们因为暴露而获得的剂量的大小、持续时间和获取时刻。

第四步：风险表征涉及对前面三个步骤的信息的集成，并对那些我们所关注的、可能在暴露人群中体现出来的危害的可能性进行定量或者定性的评估。这个步骤将展现风险评估的结果。风险表征还应当包括对风险评估的所有相关的不确定性的讨论。

并不是所有的风险评估都包括这四个步骤。有时候，风险评估仅仅包括危害评估，旨在评估一种物质对人体健康的潜在影响。监管部门有时会采取额外的步骤，对许多化学品的致癌强度进行排序——这就是所谓的危害分级。有时将强度信息与暴露数据相结合，以此产生风险排序。这些技术都运用了定量风险评估过程的四个步骤中的几个，但不是全部。

本报告的大部分内容都集中于该过程的四个步骤的技术内容，因为其中存在影响到风险评估结果的可靠性、实用性以及可信度的问题。这些步骤的一个重要特征需要在这里强调一下。

1983 年，NRC 委员会认识到这四个步骤的完成要依靠许多判断，但是针对这些判断目前还没有达成科学共识。风险评估者可能会面临几种科学上合理的方法（例如，选择最可靠的剂量—反应模型，用于超出可观察到的影响范围的推断），而没有明确的依据来区分它们。早些时候委员会指出，在这种情况下选择一种特定的方法涉及所谓的科学政策选择。科学政策选择和下面会看到的与最终决策相关的政策选择是不同的。监管机构在进行风险评估时的科学政策选择会对结果产生相当大的影响，这也是本报告接下来大部分内容的焦点。

风险评估与研究之间的关系

虽然风险评估需要进行某类研究，但它主要是一个收集和评估现有数据并利用科学政策选择的过程。风险评估利用流行病学、毒理学、统计学、病理学、分子生物学、生物化学、分析化学、暴露模型、剂量学以及其他学科的研究成果；在试图捕捉和考虑不确定性的程度上，它还借鉴了决策分析者的研究工作。

风险评估至少在理论上可以影响研究方向。因为在最好的情况下，风险评估为特定问题的知识现状提供了高度组织化的概述，并且系统地阐明了科学的不确定性，它可以识别出能够最有效地提高认识的数据类型，并在此方面为科学家的研究提供有价值的指导。尽管技术评估办公室最近完成的一项研究（OTA，1993）说明了风险评估在指导研究方面的作用，但似乎很少有人以这种方式使用风险评估。

风险评估与监管决策之间的关系

风险管理是一个术语，用来描述将风险评估的结果与其他信息相整合，以决定降低风险的需求、方法以及程度的过程。其主要来自法定要求的政策考虑决定了在决策中运用风险信息的程度，以及其他因素如技术可行性、成本和抵消收益能够在多大程度上发挥作用。

有些法规似乎不允许风险评估的结果发挥实质性的作用；它们强调将暴露减少到“技术上可行的最低水平”，并且通常要求使用最好的现有技术。这种以技术为基础的方法的支持者经常辩称，这有助于更迅速的监管行动，尤其适用于大规模且相对廉价的“首次”减排。定量风险评估的支持者认为这种方法会忽视一种可能性，即在应用这种技术之后剩余的风险可能仍然很大，或者在其他情况下，它们达到了没必要的低值。根据1990年修订的《清洁空气法》第112节，相对于基于技术的控制，定量风险评估的结果是次要的，但是仍然很重要。

什么是默认选项?

EPA的指南中提出了“默认选项”。这些是基于一般科学知识和政策判断的通用方法，在没有具体科学信息时会被应用于风险评估过程的各个要素中。例如，人类从环境中接受的污染物剂量通常远远低于对照研究中在动物体内导致肿瘤的剂量。该指南建议，在根据高剂量实验结果评估低剂量化学品造成人类癌症的风险程度时，“在缺乏足够的相反信息的情况下，将采用线性多阶段程序”（EPA，1986a，1987a）；也就是说，通过利用高剂量数据和曲线拟合程序推断出低剂量，从而对人类暴露于低剂量时的致癌风险进行数学估计。背离指南的情况是允许的，但是要求有“足够的证据”说明物质的致癌机制与另一种不同的模型更加一致；例如，有一个阈值，物质低于这个阈值时将不会造成风险。因此，这个指南相当于一个“默认值”，它在缺乏相反的证据时可以指导决策者；实际上，它把举证责任分配给了那些认为不应使用线性多阶段程序的人。类似的指南涵盖了此类重要问题，包括有效剂量的计算、良性肿瘤的考虑以及利用动物测试的结果按比例来估计在人体中的致癌强度的过程。在缺乏关于风险评估中某个临界点的信息的情况下，默认程序似乎是必不可少的。因此，问题不在于是否要使用默认值，而在于哪些默认值最适合这个特定任务，并且在什么时候使用默认值的替代方法。

历史根源

提供关于风险评估的起源与演进的简要历史有助于我们发现使用这种技术的一些原因。回顾分为两个主要部分，其中一节专门讨论 1983 年 NRC 的研究，它在过去 10 年对风险评估的发展产生了巨大影响。

建立有毒物质暴露的安全限值的早期努力

大约 50 年前，毒理学家们开始研究为有害物质的暴露设置一个限值，以保护人体健康。早期的努力开始于 20 世纪 40 年代，主要关注化学品的职业暴露、食品中的农药残留。毒理学家遵循的原则是，所有物质在某些暴露情况下——超过了阈值剂量——都可能成为有害的物质，但是只要避免这些暴露条件，人体健康就不会受到威胁。人们认识到不同化学品的阈值剂量有很大差别，但只要人类暴露的剂量控制在阈值以下，就不会对健康造成损害。因此，阈值假设摒弃了将物质划分为有毒和无毒物质的简单化观点，接受了这样一个原则：对于所有化学品，都存在有毒和无害的暴露范围。阈值假设基于经验观察和生物学的基本概念，即每个生物体，包括人类，都有能力适应或者容忍所有物质某种程度的暴露，并且只有在暴露超过了其容忍能力时，这种物质的有害影响才会显现出来。即使在早期阶段，也有关于致癌物质是否总是存在阈值的问题，但除此之外，阈值的概念被广泛接受。

虽然人们普遍接受了阈值假设（除了从事遗传学和化学致癌工作的科学家）（NRC，1986），但是如何对一个大量、多样且拥有不同易感性阈值的人群估计其阈值剂量还是不清楚的。职业健康的专家们往往严重依赖于观察高暴露风险工人的短期毒性，并建立了可接受的暴露限值（其中最突出的是阈值限值，即TLVs，首先由美国的政府工业卫生会议在20世纪50年代公布），这个限值低于能够观察到毒性影响的暴露量。20世纪50年代初，两位食品药品监督管理局（Food and Drug Administration，FDA）的科学家，O.G. Fitzhugh和A. Lehman，提出一个设置食品中农药残留和食品添加剂可接受限值的程序，这就是后来所说的每日可接受摄入量（Acceptable daily intake，ADI）。他们的程序基于阈值假设，首先要从慢性动物毒性数据中识别出一种化学物质的未观察到作用剂量（no-observed-effect level，NOEL），这个数据是通过测试动物有反应的最低剂量（即化学物质毒性的最敏感指标）获得的。几种反应剂量都是用缩写来表示的。第一个就是“未观察到作用剂量”——NOEL。早期，它被称为不可观察到作用剂量（no-observable-effect level）。“可观察到”（observable）被改为“观察到”（observed），这样更符合实际数据（被观察到的），而不是一个相对模糊的潜在的“可观察到”，这可能与实验的规模和敏感性有关。在小型实验中无法观察到的东西可能在大型实验中很容易观察到。在NOEL中加入“不利的”（adverse）这个单词，得到NOAEL，这更清晰地表明了不利的影响才是我们所关注的。LOEL和LOAEL有相似的起源，目前指的是“观察到的最低有害作用剂量”（lowest-observed-adverse-effect level）——这是指不利影响能够被观察到的最低剂量。

Fitzhugh和Lehman引用的数据表明，“平均”的人类易感性可能是实验动物的10倍，一个庞大而多样的群体中的某些个体的易感性可能是“平均”人类易感性的10倍。因此要使用的安全系数是100。实验中的NOEL被除以100可以得到特定化学物质的ADI。如果人类每天的暴露量被限制在低于ADI的水平，就不会产生毒性。事实上，Fitzhugh和Lehman，以及后来的其他专家和专家小组，包括世界卫生组织，都没有声称以这种方式得到ADI是没有风险的，仅仅是指“合理地确定没有伤害”。没有人试图去评估伤害的可能性。安全系数方法（safety-factor approach）的变化，通常被称为安全范围（margin of safety），是NOEL与实际暴露比值的估计。需要判断这个比值是否是可接受的。安全范围方法对于已经常规使用的物质来说似乎是最常见的，并且在实践中，与基于安全系数的比率相比，NOEL与暴露的比率往往较低。

各NRC委员会（NRC，1970，1977，1986）也推荐利用安全系数来建立ADI的方法，这一方法也被联合国粮食及农业组织和世界卫生组织中关于食品添加剂（FAO/WHO，1982）和农药残留（FAO/WHO，1965）的专家委员会所采纳。

虽然风险评估在几个小方面被修改过，但是限制人类暴露于空气、水和食物中的化学物质的基本程序一直延续到今天。阈值假说因为不能充分地说明一些毒性影响而饱受争议，并且尚未被监管机构采纳而用于致癌物质，但它仍然是其他监管和公共健康风险评估的基石。EPA有毒空气污染物监管条例第112节设想了一种适用于某些类型的风险评估的安全系数法。

致癌物的问题

癌症不仅是一种令人非常恐惧的疾病，而且公众和科学上对环境中致癌化学物质的关注也集中在这些物质可能通过无阈值机制发挥作用；也就是说，即使只接触到一分子的致癌物质，也会增加诱发癌症的风险，虽然这种风险很小，但并不是零。这种可能性是现代剂量—反应模型的基础，该模型最初是根据对辐射诱发癌症的观察而建立的。这些模型被广泛地使用，并且被美国国家研究委员会的一系列名为电离辐射的生物效应报告所推广，最后被整合到核管理委员会的监管决策中。也许最早立法承认化学致癌物质可能是以同样的方式起作用的，是1958年的食品添加剂修正案的“德莱尼条款”。根据几个FDA和国家癌症研究所行政人员提出的建议，国会规定，如果添加剂被发现会使动物致癌，那么食品供应中，无论是在食品处理过程中或者处理后都不允许将其添加进食品中。“德莱尼条款”的基础是，我们不可能像确定某种通过阈值机制起作用的物质的安全摄入量那样来确定人们对某种致癌物质的安全暴露水平。

从20世纪60年代到70年代初期，毒理学都回避了确定致癌物质的可接受摄入量这个问题。在可能的情况下，监管机构干脆禁止在商业中引入致癌物。但是，当禁止是困难的甚或不可行时，例如，环境污染物是由制造业和能源产品产生的副产物，则需要一个最大可允许人体暴露量，并接受一些风险。这个限值有时是基于一些技术可行性。

关于设定限值的标准的问题是，几乎没有证据表明人体健康得到了充分的保护，或者相反地，风险并没有被强制降到不必要的低水平。在很多情况下，致癌的污染物都被忽略了（NRC，1983a）。

面对两种趋势，这些用于监管环境致癌物的暴露的方法出现了问题。首先，政府和工业对致癌性的测试在20世纪60年代后期开始迅速增加；20世纪70年代，监管机构不得不开始处理大量的新确定的致癌物，这些致癌物是在二战后推出的商业产品中发现的。其次，分析化学家能够在越来越低的浓度下识别环境中的致癌物质。从20世纪初期到中期，有一点变得很清楚，就是需要一种系统的方法来控制致癌物。

几位学者在20世纪60年代和70年代发表了一些用来量化与化学致癌物暴露有关的低剂量风险的方法，而且监管机构，特别是FDA和EPA，在20世纪70年代中期开始采纳其中一些方法。例如，EPA评估了几种与致癌性农药相关的低剂量风险，并且在一定程度上依赖于正在进行中的评估来决定取消或者限制其登记注册。FDA开始使用低剂量风险估计来处理被证明是致癌物的所谓的间接食品添加剂和一些食品污染物。职业安全和健康管理局（Occupational Safety and Health Administration，OSHA）在20世纪70年代后期投入大量精力来监管职业致癌物时，最初是拒绝使用风险量化的，因为它认为其所依据的法规不允许使用风险评估。但是由于最高法院要求该机构为苯设置一个允许的暴露限值，导致OSHA开始纳入风险量化（见下文）。

20世纪70年代，致癌物监管中对风险评估的应用呈现出增加的趋势，这导致几个监管机构一起合作组成跨部门监管联络小组（Interagency Regulatory Liaison Group，IRLG），制定并公布了一套风险评估指南（IRLG，1979）。这些机构表示将指定这些指南作为风险评估的通用方法。没有机构承诺会将这个方法应用于所有管制产品中的所有可能的致癌物质，如果某一机构决定使用风险评估，它将采用IRGL的指南规定的方法。这些机构也指出，这个指南不包括后来被称为风险管理的方法，对于这个问题各机构仍然拥有特权。

IRLG的指南体现了几个重要的科学原则，这些原则来源于世界卫生组织国际癌症研究机构（International Agency for Research on Cancer，IARC）（IARC，1972，1982），以及美国国家癌症研究所（National Cancer Institute，NCI）（Shubik，1977）和联邦监管机构（FDA，1971；Albert et al.，1977；OSHA，1982）。其中包括关于合理使用流行病学以及动物数据来识别人类致癌物以及将这些数据外推到人类的原则。IRLG 的指南在早期没有明确地纳入“默认选项”这种说法（这在 1983 年 NRC 报告之后才出现），但明显的是，它们包括了科学政策选择（例如，一般都采用一个线性无阈值模型来进行致癌物质的剂量—反应评估）。

20 世纪 80 年代初，风险评估已开始在管制机构内发挥相当重要的作用，并且风险评估也引起了受管制行业的关注。推动风险评估发展的一个重要因素是，最高法院在美国劳工联盟及产业工会联合会的工业联盟部门上诉美国石油学会［载于《美国最高法院判例汇编》第 448 卷，第 607 页（1980）］时，作出的关于“苯的决定”。这个决定推翻了 OSHA 关于工作场所苯暴露的标准。该标准是基于 OSHA 的一个试图降低工作场所致癌物质暴露的政策，但是这个标准只要求技术可行，而没有考虑到现有的浓度是否会对健康造成显著的风险。最高法院的大多数人对于“苯的决定”没有意见，但是四位法官总结说，根据《职业安全与健康法》，OSHA 只能在发现苯构成了显著的危害风险时才能监管。尽管大多数人都没有给出“显著的危害风险”的定义并强调风险大小不需要准确地确定，但是这个决定强烈表明，某种形式的定量风险评估是必要的，因为这是决定一种风险是否大到值得监管的依据。

在这种情况下，国会在 1981 年指示 FDA 安排美国国家研究委员来研究联邦政府在应用风险评估上作出的努力。

NRC 对联邦政府风险评估的研究

1983 年，NRC 被要求就风险评估的科学基础以及执行和使用风险评估的体制安排提出建议。特别是 NRC 的职责中包括仔细审查风险评估是否可以由一个单独的、能服务所有相关机构的中央科学机构来完成。这样的安排可能会减少决策者对风险评估工作的影响，以便将为满足预定政策目标而对风险评估结果进行操控的可能性降到最低。

NRC 委员会广泛借鉴了 EPA、FDA、OSHA、IARC 以及 NCI 的早期工作，它的工作主要是综合这些机构首次提出的科学原则和概念。然而，NRC 研究并没有推荐进行风险评估的具体方法。

1983 年的 NRC 报告中提出的风险评估框架、风险评估的具体定义以及组成风险评估的步骤已经被广泛采用。

1983 年报告中的许多建议已经被 EPA 和其他监管机构执行。下面总结的委员会的两个主要建议与本报告紧密相关：

- 应当在风险管理与风险评估之间保持明确的概念区别。将这两项活动分离是没有必要的，实际上也是不可取的（委员会拒绝了建立一个能够为监管机构进行风险评估的独立科学小组）。在进行风险评估时，应特别注意将在什么情况下使用这些评估。
- 监管机构应制定和使用推断指南，详细说明进行风险评估的科学依据，并列出默认选项。指南应当明确指出需要作出科学政策选择的风险评估步骤。为了避免出现根据具体案例选择假设以满足预设的管理目标的情况，这些指南是必要的。然而，指南应当是灵活的，当具体案例中的数据显示默认选项不合适时，可以背离默认选项。

NRC 委员会没有具体说明风险评估的方法，也没有解决监管机构应当使用哪些默认选项的问题。但是，它确实指出应规定继续审查指南的科学依据以及其中包含的默认选项的基本原理。

1983 年 NRC 报告发布后的事件

科学和技术政策办公室（Office of Science and Technology Policy，OSTP）召集了来自监管机构、国家卫生研究院以及其他联邦机构的科学家，于 1985 年发表了一份全面审查化学致癌物风险评估科学依据的报告。OSTP 的审查通过了 NRC 委员会提出的风险评估框架，并为各监管机构制定该委员会建议的指南类型奠定了基础。

联邦机构中只有EPA在1986年采纳了NRC建议的一套致癌物风险评估指南。EPA的指南中明确说明了默认选项，注意到风险评估和风险管理之间的区别，并在其他方面遵循了NRC和OSTP的建议。EPA已经发布了用来评估有关有毒物质的其他不利健康影响的风险的指南（没有受益于OSTP对基础科学的审查），以及用于人体暴露评估的指南。从1984年开始，EPA开始开展工作并发布了指南，用来指导评估致突变性、发育毒性、化学混合物的影响和人体暴露（EPA，1986a，1987a）。它随后发布了关于女性生殖风险（EPA，1988a）、男性生殖风险（EPA，1988b）以及暴露相关的测量（EPA，1988c）的建议性指南。1991年EPA发布了关于发育毒性的最后修订版指南（EPA，1991a）。EPA目前正处于发布关于致癌风险评估的修订版指南的过程中，并且已经发布了评估人体暴露的修订版指南（EPA，1992a）。

加利福尼亚州在1985年出版的《化学致癌物风险评估指南和科学原理》（CDHS，1985）中首次表明州一级的活动正在增加。指南的目的是“阐明加州健康服务部的风险评估工作人员用于处理大多数风险评估特有的决策点的内部程序”。作者接着说明了为什么认为指南是必要的，这与IRLG（1979）、NCR（1983a）、OSTP（1985）和EPA（1987a）早期的声明相一致：

加利福尼亚州的这些指南与最近联邦政府关于致癌物的风险评估的声明是一致的，但这个指南更加具体和实用。健康服务部门的工作人员认为公布这样一个灵活的非法规的指南有着很重要的优势。第一，指南的颁布增加了风险评估在各机构间一致的可能性，并且减少了反复争论针对每一种物质的风险评估政策的时间。第二，提前颁布指南可以清楚地表明不是通过调整风险评估来证明某些预定的风险管理决策的合理性。第三，具体的指南允许受监管团体预测哪些排放、食物残留或者其他暴露容易引起对公众健康问题的关注。第四，这些指南的发布和讨论应该让风险管理人员更容易理解这个过程，他们必须作出部分依赖于风险评估结果的决策。

NRC、OSTP、EPA和加利福尼亚州的文件都是在风险评估用于指导监管决策的应用迅速扩大的时期制定的。尤其重要的是，EPA利用风险评估来指导超级基金和其他危险废物场地的决策，包括《资源保护和回收法》（Resource Conservation and Recovery Act，

RCRA）中涵盖的场地。

EPA 还将风险评估的适用范围拓展到其他决策上，包括关于食品中的农药残留、饮用水水源的致癌污染物、工业排放到地表水的致癌物以及受《毒性物质管理法》（Toxic Substances Control Act，TSCA）监管的工业化学品。风险管理方法根据适用于致癌物暴露来源的具体法律要求而有所不同，但是 EPA 的指南是为了确保其用于各种项目的风险评估的方法是统一的。

风险评估在有害空气污染物监管中的应用

《清洁空气法》第 112 节，最初在 1970 年《清洁空气法》修正案中被采用，要求 EPA 为有害空气污染物设置排放标准，从而以“足够的安全范围”来保护公众健康。EPA 在执行这一任务时速度很慢，在 20 年中仅仅列出了 8 个化学品作为有害空气污染物[1]，仅仅发布了 7 项标准（没有焦炉的标准），并且发布的标准只包括排放这些污染物的部分源。其中一个主要的原因是“足够的安全范围”模糊不清。长期以来，许多评论人士认为这个条款阻碍了 EPA 考虑成本；EPA 很可能必须为无法确定阈值的任何污染物（即几乎所有的致癌物质）设置一个零标准。

然而，对法案的解释（本来在 1987 年之前发展得很好）在美国自然资源保护委员会上诉 EPA 案件中（824 F.2d 1146 [en banc] [D.C.Cir.1987]），被哥伦比亚特区巡回法院一致否决了。与此同时，上诉法院还驳回了 EPA 根据第 112 节可以利用技术或经济可行性作为标准设置的主要依据的立场。相反，法院认为 EPA 应当首先确定什么浓度是“安全”的——代表风险的可接受程度——然后选择一个必要的包含科学知识的不确定性的安全范围。在后一步中，而不是前一步，可以考虑到技术上的可行性。按照最高法院“苯案判决”的多数意见，巡回法院认为 EPA 的标准不需要消除所有的风险。

与“苯案”一样，法院并没有给 EPA 规定任何特定的方法用来确定什么风险是可接受的。在审判中，该机构在评论了多种可能性之后，决定不能使用任何单一指标来衡量一个风险是否是可以接受的。相反，它采用了一个普遍的假设，即对于最大暴露个体来说，终身超额致癌风险约为万分之一（10^{-4}）是一个可接受的风险，而且安全范围应当将尽可能多的个人终身超额风险减少到低于百万分之一（10^{-6}）。在应用这些标准时，应当考虑一些因素如发生率（例如，人群中可能出现新的病例）、风险的分布以及不确定性。因此，该机构的方法主要强调通过定量的风险评估来估计个人的终身风险。

国会修改了 1990 年修正案第三章 112 节，以减少定量风险评估在监管空气污染中的作用。国会将 189 种化学物质定义为危险品（有可能删除），并要求对这些化学品以及可能被 EPA 纳入列表的其他物质的来源进行基于技术的控制。排放有害空气污染物的污染源将分两个阶段进行监管。在第一阶段，将实施以技术为基础的排放标准。每个主要排放源（通常定义为固定源，有可能每年排放 10 t 单一有害空气污染物，或者 25 t 有害空气污染物的组合）都必须符合 EPA 的标准中定义的基于使用最大可实现的控制技术（MACT）的排放标准。较小的污染源，也就是面源，必须在使用常用控制技术的基础上达到排放标准。

第 112 节规定了一些情况，在这些情况下定量风险评估仍然是很重要的。首先，定量风险评估有助于确定哪一类污染源不会受到以技术为基础的监管；当某一类污染物源不会对最大暴露个体构成大于 10^{-6} 的风险时，EPA 可能将其从法规中删除。即使在这里，从“可能”一词的使用来看，EPA 并不一定会删除，因此，定量风险评估的结果不一定是决定性的。

第 112 节规定的标准制定的第二阶段，即“剩余风险”阶段中，定量风险评估具有更大但仍然有限的作用。当第一阶段以技术为基础的标准设置无法保护公众健康时，这一阶段就要求 EPA 设定标准，以足够的安全范围来保护公众健康。如果第一阶段允许最大暴露个体的剩余风险大于 10^{-6}，那么必须为“主要污染源”设定第二阶段的标准。这个要求似乎被基于最大暴露个体的风险管理完全采用，但是有两点必须注意：第一，标准设定的依据 10^{-6} 只需要作为筛选的上限。如果 EPA 愿意，它可以自由地为风险较小的来源类别设定第二阶段标准。第二，第二阶段的实际标准不需要用定量风险来表示。第 112 节授权 EPA 继续采用之前所说的 $10^{-4}/10^{-6}$ 方法，但是没有要求 EPA 这样做。相反，任何符合美国自然资源保护委员会诉 EPA 要求的方法都是可以接受的，该要求是这些标准除了将风险降低到 EPA 可以接受的水平之外，还要提供“足够的安全范围”。

危害评估、危害分级、风险排序等技术（前面讨论的）以及在某些情况下的定量风险评估技术，都可以在机构对以下各类问题的决策中发挥作用：

- EPA 是否应当修改“主要污染源”的定义，将排放量低于法定上限的污染源包括在内？第 112（a）节将列表中任何一种有可能每年排放 10 t 的有害空气污染物，或者 25 t 的污染物的组合的源定义为主要排放源，但是允许 EPA 基于强度、持久性和潜在的生物累积性等因素降低污染物的阈值。
- EPA 是否应当把其他有害污染物纳入列表或者将列表中的一些污染物删除？第 112（b）节建立了一个含有 189 种有害空气污染物的列表，并且要求 EPA 无论是自发的还是响应要求，要在确定该物质是“已知会引起或者可以合理预计到它会对人体健康产生不利影响或者产生不利的环境影响” 后，将其添加到这个列表中。这个标准重申了“乙基判决”（稍后讨论），即 EPA 可能会在一种物质的影响存在科学不确定性的情况下对其进行监管。如果有足够的证据证明一种物质不会造成或者说能够合理地预计到不会造成不利影响时，EPA 需要将这个物质删除。在删除时，污染源也存在不确定性的风险。
- EPA 应当首先监管哪些有害空气污染物的来源？第 112 节要求 EPA 为主要来源的类别制定以技术为基础的标准，分阶段进行，从 1992 年开始，到 2000 年结束。在决定制定标准的次序时，EPA 必须考虑所管制污染物的已知或预期的不利影响，以及每一类有害空气污染物的排放量和排放地点，或合理预期的排放。EPA 已经完成了这项初步工作（EPA，1992a）。
- EPA 应该对工厂内的抵消施加什么限制？一般来说，工厂中一个能够增加有害空气污染物排放的物理变化将会使这个工厂面对专门针对新排放源的要求。第 112（g）节规定，如果这个工厂同时减少一种更加有害的污染物的排放量作为抵消，情况就不是这样了。如果要决定哪些抵消符合第 112（g）节的规定，可能需要 EPA 对有害空气污染物的相对强度进行排序。

- EPA 应该对通过寻求有资格参加早期减排计划的污染源进行的抵消施加什么样的限制？“早期减排”计划也会带来类似的问题。通常情况下，一个污染源有长达 3 年的时间来达到 EPA 控制有害空气污染物的标准。但是，如果这个排放源大约在 1993 年年底已经在基准排放上减少了至少 90%有害空气污染物的排放（颗粒状有害空气污染物是 95%），则可以延长到 6 年。EPA 被要求取消那些用于补偿某些污染物排放增加的减排资格，这些污染物即使在很小暴露量的情况下，也可能会有很高的不利健康影响的风险。同样在这里，EPA 也不得不解决有害空气污染物的相对强度系数的问题。这些规则已经发布（EPA，1992b）。
- EPA 应该试图通过城市面源计划来控制哪些物质？EPA 被要求识别至少 30 种有害空气污染物，这些污染物是由区域污染源（除汽车或越野发动机外的非主要污染源）排放的，对大多数城市地区的公众健康构成最大威胁。EPA 必须识别出排放源的类别，并且制定一项国家战略，以解释已识别的超过 90%的空气污染物排放，并且减少至少 75%的由于暴露于主要面源排放的有害空气污染物而导致的癌症。
- EPA 应在其职权范围内控制哪些污染物以防止意外释放？EPA 必须公布一个有 100 种物质的列表，这些物质是在意外释放的情况下，已知或者能够合理地预测到会引起死亡、伤害或者对人体健康或环境造成严重不利影响。EPA 还应当为每一种物质设立一个“阈值数量”。如果含有超过阈值数量的所列物质的污染源，其经营者必须制订风险管理计划，以防止意外泄漏。

与有害空气污染物相关的非致癌风险

目前，EPA 用来对有害空气污染物引起的非致癌危害进行风险评估的方法已经通过多种方式得到改进，在概念上类似于前面所描述的含阈值物质的传统方法。EPA 确定了所谓的吸入参考浓度（Reference Concentration，RfC）。RfC 被 EPA 定义为“在持续的终身暴露之后，不会给暴露人群带来有害影响风险的浓度估计值（有不确定性）”（EPA，

1992b）。RfC 是从特定化学物质的毒性数据得到的。后者用于识别一种物质化学毒性的最敏感指标，以及该指标效应所谓的未观察到有害作用剂量（NOAEL）。如果 NOAEL 像通常情况一样来自动物实验，那么通过考虑呼吸生理学上的物种差异后，就能够将其转化为人类的当量浓度。不确定性因素的大小取决于毒性作用，以及 NOAEL 所基于的数据的数量和质量，这个不确定性因素被应用到人类等效 NOAEL 来评估 RfC。该过程适用于除了致癌性之外的所有毒性危害。RfC 的使用依赖于这样的假设，即在不超过阈值剂量的情况下不会有毒性作用（EPA，1992b）。

1990 年修正案第三条的另一个重要的规定是要求在评价与污染物有关的风险时必须包括环境影响。在第 112（a）（7）节中定义了不利的环境影响，即“能够被合理预期到，对野生动物、水生生物或者其他自然资源的任何显著和广泛的不利影响，包括对濒危物种的不利影响，或者大范围内环境质量的显著退化”。EPA 的《未完成的事业》（EPA，1987b）报告的附录三发现，空气中的有毒物质、地表水中的有毒物质以及杀虫剂和除草剂，是生态和福利类别中相对风险第二高的类别。该报告特别值得关注的是，在生态食物链中累积的有毒物质（重金属和有机物）通过空气和水迁移。这种生物累积对生态资源和人类对利用特定生态种群的利用（如鱼类消费）都有影响。除非生物累积影响到那些食用或者饮用受污染生态资源的人群的健康，本报告没有讨论生态风险评估，而是在最近的另一份 NRC 报告《风险评估中的问题》（NRC，1993a）中进行了讨论。

公众对风险评估实施和使用的批评

风险评估方法的发展，以及在联邦和州对有害物质的监管中不断扩展的应用，已经被受监管行业、环境组织和学术机构中的利益相关方仔细审查。由此导致对评估风险的方法以及将风险评估结果用于指导决策的方法的频繁而严厉的批评。这些批评不仅针对在监管有害空气污染物方面使用风险评估，而且涉及一系列用途。

为了帮助界定本报告中审查的问题，我们在这里列举了一些已经出现在文献中或者已经提交给委员会的批评意见。在此强调，我们列举的这些批评不意味着我们认为它们是正确的。它们被列举的顺序也不意味着我们对它们可能的重要性的排序。

关于风险评估实施的批评

（1）一些分析人士评论，EPA 使用的默认选项（风险评估中的科学政策组成要素）是过度“保守”的，或者说没有和目前的科学知识保持一致。EPA 使用的许多保守的默认选项的累积和联合效应，可能会产生对实际风险的严重高估，从而导致过度控制排放。

（2）一些专家指出，EPA 忽略了风险的重要方面。EPA 没有认识到当暴露于多种化学物质时协同作用的可能性，它也没有关注到现有数据显示个体对有毒物质的反应有极大差异。未能处理这些问题可能导致严重低估人类风险，特别是在暴露量非常低的情况下。一个相关的问题是被忽视的风险聚合问题，风险聚合是指如何将与多种化学物质相关的风险结合起来。

（3）一些人认为，EPA 使用的默认选项过于死板。由于 EPA 从来没有明确或含蓄地界定过科学确定性的程度，因此，通过纳入特定化学物质数据来使用替代假设的障碍实际上是无法逾越的。过于严格地坚持预先选择的默认选项也阻碍了研究的进行，因为将新数据纳入 EPA 风险评估的可能性很小。

（4）许多评论人士指出，对人体暴露本身的问题没有给予足够的重视。尤其是，EPA 没有明确界定暴露评估的术语。如何表征所研究的人群和亚群？“最大暴露个体”和“合理的最大暴露量”是什么意思？在评估个体与有害空气污染物相关的总风险时，如何评估多种暴露途径？

（5）有些人指出，风险评估的结果的不确定性没有得到充分的描述。风险通常都被报道为“点估计”，即没有不确定性的单一的数字。大量的不确定性经常被忽视，将风险描述为“上界”具有误导性并且过度简化。

（6）一些人认为，对非致癌风险的关注是远远不够的。NOEL-安全系数方法尽管是有用的，但是不够科学严谨。

（7）有些人认为我们没有足够的知识来进行风险评估。此外，有些人认为风险评估人员会根据其需要的结果，将风险计算得较高或较低。因此，一些人认为，在现有的科学和风险评估机构的情况下，不可能获得可信的风险评估。

关于风险评估和风险管理之间关系的批评

（1）一些评论人士总结说，在 1983 年 NRC 报告中要求风险评估和风险管理在概念上作出区分，已经导致了程序分离，并对该过程造成了损害。一些评论人士认为 EPA 中某个部门为了其他部门（负责监管决策）的使用而公布的毒性值（致癌强度系数以及参考剂量）是不可取的分离的一个主要例子。

（2）据一些分析人士所述，风险的上界估计值（仅用于筛选或风险排序目的）常常被不适当地用作决策的最终依据。这种使用可能对决策者有吸引力，但是这样严重扭曲了风险评估人员的意图。管理者需要更充分地考虑科学的不确定性。

（3）一些评论人士认为，风险评估资源太过密集，从而阻碍了行动。考虑到风险评估结果中较高的不确定性，似乎不应对其付出这么多的努力。此外，目前没有很好的机制可以解决争议，所以，关于不同风险评估结果合理性的争辩将会是无穷无尽的。

（4）一些审查员，特别是那些州政府的审查员，认为应在进行风险评估之前投入更多的精力来确定风险评估的用途。这样的规划有助于解决资源分配的问题，因为风险评估所需要的工作量可以更适当地与其最终用途相匹配。

（5）一些分析人士指出，未能对风险评估结果给予足够的重视，导致了优先级错位以及由社会力量而不是科学推动的监管行动。他们指出，风险评估不完善并不能证明使用存在更大的缺陷的决策方法是正确的。

（6）一些评论人士认为，风险评估被给予了过多的重视，特别是考虑到其方法的局限性和无法解释风险的不可量化特征，例如自愿和恐惧。

（7）一些分析人士还指出，对改进风险评估方法的研究投入太少。仅仅批评这些方法而不向风险评估者提供改进方法的手段，这是不公平的。

这些批评中是否有合理的？如果有，该如何作出回应？可以改进吗？如果可以，它们将如何影响风险评估的实施，以及风险评估结果在决策中的使用？这些以及相关的问题是本报告第 6～12 章关注的重点。

注解

1. 有害空气污染物国家标准（NESHAP）中被列为有害空气污染物的化学物质：石棉（3/71）；苯（6/77）；铍（3/71）；焦炉排放（9/84）；无机砷（6/80）；汞（3/71）；放射性核素（12/79）；氯乙烯（12/75）。

第 3 章

暴露评估

引　言

关于人体暴露于各种来源排放的有害空气污染物的准确信息，对于评估它们的潜在健康风险至关重要。本章描述了评估有害空气污染物暴露的方法。1990 年《清洁空气法》修正案的第 112 节适用于排放 189 种有害空气污染物中的一种或多种的主要污染源。该法案适用的污染源可以持续和间歇性地排放污染物，并且污染物也可以通过空气转移到水体、土壤或食物中。

在 EPA 的术语和 1990 年修正案的第三章中，主要污染源被认为是：

任何固定源或一组位置相邻且被共同控制的固定源，在考虑控制的情况下，总体上每年排放或者有潜力排放 10 t 或者以上的任何有害空气污染物，或者每年排放 25 t 的任何有害空气污染物的组合。EPA 的管理者在基于空气污染物的强度、持久性、潜在生物累积，以及空气污染物的其他特征或者其他相关因素的情况下，可以为主要污染源设定一个比前面指定的更小的数量，或者对放射性核素制定不同的标准。

固定源是指“排放或者可能排放大气污染物的建筑物、构筑物、排放源或者设施”。

作为确定一种污染源对人类健康威胁的一部分，EPA 评估一种污染物是如何从排放源通过环境转移，直到它以其原始的形态或者转化成其他物质与人类接触。对于大多数空气污染物来说，吸入被认为是进入人体的主要途径。最近关于评估人类暴露于空气污染物的发展情况的审查（NRC，1991a）试图谨慎地将暴露定义为因环境污染导致疾病的全部连续过程中的一部分。将暴露当作这个连续过程中的一部分的定义，已经被纳入1992年EPA制定的用于暴露评估的修订版指南（1992a）。

人类暴露于污染物是指在指定的时间间隔内，在人体与环境之间的界限（如皮肤或肺）处接触到特定污染物浓度的事件；总暴露量由浓度和时间的乘积决定。在一定时间内被吸收或储存在暴露人体的物质的量，是给予剂量。计算暴露量取决于许多因素，包括进入人体的方式。对于通过身体与外界的交流通道，例如嘴或鼻子呼吸、进食和饮用进入人体的物质来说，该剂量取决于进入人体的介质量。对于空气中的物质来说，潜在剂量是呼吸速率（单位时间内吸入的空气量）、暴露浓度以及该物质在整个呼吸道中的沉积比例的乘积。然而，如果没有任何污染物会通过肺被吸收或者沉积在肺表面或呼吸道的其他部分，吸入暴露不会形成剂量。

污染物还可以通过皮肤或者其他暴露组织进入人体，如眼睛。然后，该物质直接从载体介质上被吸收到组织中，其吸收速率通常与载体的吸收速率不同。污染物的吸收速率是指单位时间污染物被吸收的量，剂量是指暴露浓度和该浓度下吸收速率的乘积。NRC关于暴露评估的报告（NRC，1991a）提供了一个科学框架来确定进入途径和接触程度，并指出暴露评估是如何将排放的污染物数据与生物学效应相结合的。

暴露评估涉及很多技术来确定污染物、污染源、暴露的环境介质、通过每个介质的传输方式、化学和物理变化、进入人体的路径、暴露的强度和频率以及污染物的时空浓度模式。可以被用来描述排放、暴露和剂量之间关系的数学模型见附录C。

可以通过三种方式来评估污染物的暴露。当污染物与人体接触时，可以通过佩戴一种测量污染物浓度的装置来进行直接评估。环境监测是一种确定暴露量的间接方法，在这种方法中，在特定的位置测量环境介质中化学物质的浓度，然后通过个体暴露于这种介质的程度来估计暴露水平。最后，如果暴露量能够通过一个可测量的内在指标（生物标志物）展现出来，例如在组织或者排泄物（NRC，1991a）中该物质或者其代谢物的浓度，那么暴露量可以通过人体中化学物质的实际剂量来估计。这是一种直接估计暴露水平的方法，与其他两种方法不同，它可以直接计算出人体吸收的污染物的量。每一种方法都提供了对暴露量的独立评估；当有可能使用一种以上的方法时，比较结果对于验证暴露评估是非常有用的。

EPA 空气污染监管计划主要依赖于数学模型来预测污染物排放到空气中后的分布，以及在不同的排放控制情景下，潜在的人体暴露（见附录 C 中关于 EPA 的人体暴露模型的描述）。源排放估算以及气象数据被用来计算距离源不同方位和距离的预期长期环境浓度。人口普查数据被用来估算在排放源附近居住的人口的数量和位置。高暴露情景是指假设一个人生活在排放源附近，并且 70 年持续不断地暴露于最高估计的空气污染物浓度。EPA 不会通过考虑人口迁移、室内屏蔽或者来自室内或其他源的额外暴露而修改暴露估计值。EPA 还使用一种模型方法来估计当地居民对某一来源排放的污染物平均浓度的暴露程度（EPA，1985a）。

1992 年版暴露评估指南

EPA 最近颁布了一系列新的暴露评估指南来代替以前（1986 年）的版本（EPA，1992a）。新指南中的方法与以前的版本有很大不同，大体上还是遵循了 1991 年 NRC 报告中提到的暴露评估的概念（NRC，1991a）。该指南明确考虑到要评估个体和人群暴露的分布情况，并讨论了将不确定性分析结合到暴露评估中的必要性。这种方法与 NRC 关于暴露分析的最新建议相一致（NRC，1993e）。

这些指南讨论了在估算暴露浓度和持续时间中分析测量和数学模型的作用。它们不推荐特定的模型，但是建议模型要与正在进行的具体暴露评估目标相匹配，并具有实现这些目标所需的准确性。指南还要求详细说明在数据不完整且资源不足的情况下必须作出的选择和假设。

暴露量计算和最大暴露个体

EPA 根据两个标准来表征暴露：总人群的暴露，以及特定的，通常是最高或者最大暴露个体的暴露。最大暴露个体（MEI）的暴露被认为是个体暴露分布的可信上界。探究最大暴露个体以及人群暴露的原因，是想要评估个体暴露水平是否可能超过某一特定阈值，阈值作为一个政策问题十分重要。由于最大暴露个体的暴露水平代表一个潜在的上界，它的计算涉及多种保守的假设。其中更保守且更有争议的是，扩散模型认为最大暴露个体在某一固定位置生活 70 年且接受最大的年均浓度暴露，这个人要每天 24 小时待在这个地方，并且室内与室外浓度没有差别。在实践中，是利用下面所说的空气质量模型来直接估计一个固定的最大暴露个体的暴露情况。然而，估计一个更加典型的个体的暴露需要更多的信息，比如他/她在评估期间的活动。通常，这些活动包括的大部分时间是在室内（污染物浓度可能会衰减），以及离开住所的时间。实际上，70 年、24 小时以及无室内衰减的假设是边界估计。有些人一生都生活在一个小社区里，有些人几乎一辈子都待在家里。对于一些污染物，室内的浓度几乎没有衰减。尽管如此，这些情况都是非常罕见的，而所有这些情况一起出现则更罕见。

在最近的暴露指南中，EPA 注意到最大暴露个体的估计难度及其用途的多样性，不再使用这个定义。MEI 指数已被另外两种估计个体暴露分布上限的方法所取代，这两个值是高端暴露估计（HEEE）和理论上界估计（Theoretical Upper-Bounding Estimate，TUBE）。HEEE 没有明确定义（EPA 尚未就此事制定政策[EPA，1992a]）；相反，新的暴露指南讨论了一些问题和程序，这些问题和程序应被视为方法和标准选择的一部分。HEEE 是“对处于暴露分布上端的个体的暴露水平的合理估计”。“高端”在概念上是指“超过了 90%的人群暴露分布，但是不高于人群中的最大暴露个体”。正如以上说明所示，新的指南采用了个体暴露分布，HEEE 是该分布中的上端尾部值。EPA 未规定从暴露分布中选择 HEEE 的确切百分位数，但是，根据 EPA 的规定，其选择应当与具体应用中的人群规模相一致。TUBE 是一个“边界的计算，它可以很容易地被计算出来，并且用于估计那些在实际暴露分布中，预测可能会超过所有个体所经历的暴露、剂量以及风险水平。TUBE 是通过假设所有用来计算暴露和剂量的变量都达到极限值来计算得到的，当这些变量结合起来时，就会产生数学上最高的暴露量或剂量……”此外，TUBE 的计算包括在风险计算中使用的暴露—剂量和剂量—反应关系的极限情况。

为了回应 NRC（1991a）报告中提出的问题，EPA 改变了对 MEI 的处理方法。TUBE 仅用于确定边界，在详细的风险表征中则使用 HEEE。虽然暴露指南在定义 HEEE 的细节上是模糊的，但 HEEE 是基于人们可能实际遇到的暴露分布的评估。从个体暴露中有可能得出人群暴露（和风险）的分布，并且包括不确定性估计和个体行为模式。这些方法的细节将在本报告的应用部分进行讨论（第 10～12 章）。

计算个体的暴露分布需要知道有害污染物浓度分布和个体在测量或模拟浓度的地方所经历的时间分布（时间—活动模式）。对于人群暴露，个体时间—活动模式是对可能暴露的总体进行估计。

排放表征

暴露评估的第一步就是估计特定污染源排放出的有毒物质的量。排放表征包括确定排放的化学成分以及确定它们的排放率。尽管排放表征是暴露评估过程中的必要组成部分，但是它通常与暴露评估分开进行，以确定某一特定活动是否属于一种或另一种监管类别。

排放源

排放率通常被认为与排放源的工业活动的类型和规模成比例。污染源产生的排放可能来自工艺通风口、操作设备（如阀、泵等）、储罐、转运、废水收集和处理。工艺通风口是通过使用、消耗、反应和生产化学品而排放污染物到大气中。无组织排放是由化学物质从操作设备如泵和阀门处逸出而产生的。储罐的排放是从化学原料或者产品储存的地方释放出来的。这些排放取决于产品存储的化学性质（如蒸气压）、大气条件（如温度）、储罐类型（如固定的或浮顶的），以及使用的密封和排气类型。转运排放是当材料被移出或者装入储罐、储罐车、轨道车和海洋船舶（如驳船和轮船）时产生的。例如，当材料被添加到储罐中时，会将受污染的空气排入大气。当化学物质经过处理并且从污水处理厂排放出来时，污水收集和处理的排放物可以被排放到工厂的废水系统中。在后续的工艺中，故障（失常）、启动或者关闭都可能会造成比正常情况下更大的排放。

排放估计方法

EPA（1991c）已经提供了一个详细的程序来估计使用有害化学物质的设备所产生的排放。在估计排放量时，一般需要得到关于特定化学物质的使用量、化学物质的化学特征以及排放控制效率的信息。

EPA 协议（1991c）提供了一个从相对简单的排放因子到物料平衡和直接测量的排放估计的分层方法。这些方法具有不同的估算精度和广泛的成本范围。

排放因子是一个乘数因子，它允许根据设施的活动水平确定其可能产生的平均排放量。排放因子是根据某一特定行业内若干设施的平均排放量计算的（空气污染物排放因子汇编，通常称为 AP-42[EPA，1985b]）。

物料平衡是假设在考虑工艺或者设备中所有化学变化和累积的情况下，投入的化学物质总和减去产出的总和，即排放。一般情况下，物料平衡可以得出关于排放的信息，这些信息依赖于大量输入（原料）和输出（成品、副产品和其他废物）之间相对较小的差异。

可以利用 EPA（1988d）出版物中提供的计算方法来估计排放，如《特定发电机组设备泄露 VOC 和 VHAP 的排放估计指南》（用于无组织排放）。这个排放估计方法基于测试设备中污染源的统计数量得到特定场地的排放因子。这些排放因子可以在将来用于排放估算。

理想情况下，可以根据污染源中污染物的测量浓度和污染源的排放率计算污染源的排放量。这个方法可能费用高昂，并且不常用。排放速率、排放源（设施）的特性（烟囱高度、烟羽温度等），以及当地地形（平坦或复杂地形）都被用来估计人们可能暴露的有害污染物的环境浓度。

测量方法

一种特定污染物的浓度能够在每个微环境中被测量。微环境是一个边界明确的三维空间，其中污染物浓度在某一特定时期在空间上近似均匀（Sexton 和 Ryan，1988）。如 1991 年的 NRC 报告（NRC，1991a）中所描述的，测量浓度的分析方法已经有了实质性的改进。在仪器的计算机化、数据记录、数据处理方面的现代化方法，也使我们能够获得有关污染物在一系列微环境中的时间和空间变异性的详细信息。其他重大改进也提高了个人监测仪的效用，这些监测仪由受试者直接佩戴，佩戴者在特定的时间间隔内与这些污染物接触，仪器会记录浓度或收集特定污染物的综合样本。例如，长期以来对辐射暴露的评估使用的是廉价、准确、综合的剂量计，这些剂量计是在放射性材料的研究和放射性的使用迅速扩大时被首次研发出来的。在微环境中，辐射的空间分布时常发生很大的变化，所以个人剂量被认为能够为个人暴露量提供最好的估计。个人监测和广泛的微环境测量一般不适用于评估一般人群的暴露，由于成本以及个人不愿意参与暴露评估等原因，新的仪器包括空气化学物质的被动剂量计可能允许采取这样的策略。这些方法已经在总暴露和评估方法（Total Exposure and Assessment Methodology，TEAM）研究（Wallace，1987）中被用来检测全国几个地点的个体对挥发性有机物的总暴露量。这种暴露评估方法已在其他研究中得到应用。TEAM 研究（以及其他）的一个重要的发现是，由于室内污染物浓度更高以及大多数人在室内停留的时间更多，对许多污染物的大量暴露发生在室内。

虽然现场测量研究通常都是费用高昂，并且需要精心的策划、组织和质量保证程序，但是测量计划能够提供大量高质量的数据，以用于表征环境系统、评估暴露、开发测试和评估用来估计风险的模型。已证明可靠的模型可以用来替代更昂贵、直接的测量。可靠的测量通常需要提供人类暴露的化学物质的排放信息。然而，测量仅仅提供了关于系统当前状态的信息。为了考虑更广泛的气象条件，估计工厂工作性能和工艺变化的影响，或估计事故或失常工况的影响，需要建立模型来估计排放和物质在大气中的传输。

暴露评估中使用的模型

暴露评估中使用的数学模型可分为两大类：预测暴露的模型（以浓度乘以时间为单位）和预测浓度的模型（以单位体积的质量为单位）。暴露模型可用于从少量有代表性的测量中估计人群暴露。尽管浓度（或空气质量）模型不是真正的暴露模型，但是它们能够与人类时间—活动模式的信息相结合来估计暴露。

空气质量模型也可以被用来预测人们可能间接暴露的空气污染物的归趋，如沉降或者化学转化（例如，污染物从空气沉积到地表水，然后在鱼类体内积聚）。这些模型是风险评估的核心（图 3-1）。它们是确定各种排放物质对空气质量总影响的唯一方法，也是评估特定污染源对未来空气污染物浓度和沉降影响的关键工具。

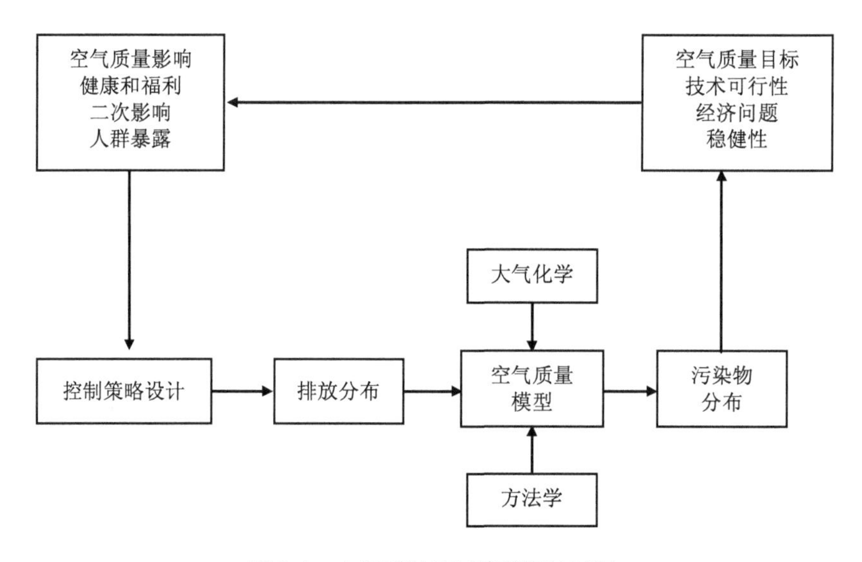

图 3-1 空气质量控制策略设计过程

资料来源：改编自 Russell et al.，1988。

空气浓度建模

用于空气污染物分析中的数学空气质量模型有两种：实证模型和分析模型。前一种模型在统计上将观察到的空气质量与其相关的排放模式联系起来，并不涉及太多化学和气象学的内容。虽然这些模型有望在空气污染风险评估的某些方面得到应用，但 EPA 在其风险评估实践中并不常用这些模型，稍后将进行讨论。EPA 和其他机构更经常使用的是分析模型，其中解析或数值表达式描述了影响空气污染物浓度的复杂的传输过程和化学反应。污染物浓度被确定为气象和地形特征、化学转化、表面沉积和排放源特征的显式函数。在空气污染物的暴露评估中，最广泛使用的一组模型被称为高斯烟羽模型。高斯烟羽扩散模型是由假设平稳、均匀湍流的大气扩散理论推导而来的，或者是采用有效扩散系数的简化形式求解大气扩散方程而得到的。由于推导过程中进行了简化，它们可以描述影响污染物浓度的单个过程，例如扩散、风力整体输送或沉降等过程。这些模型是一个更加广泛的模型（被称为扩散或者大气传输模型）家族中的一种。附录 C 提供了更多的信息。

空气污染物的多媒介暴露模型

在某些情况下，暴露于排放到大气中的有毒污染物是通过吸入途径以外的途径发生的。其中一个例子就是金属，例如汞，沉降到水体表面，然后在鱼体内以甲基汞的形式富集，之后人类摄入被污染的鱼。另一个例子是婴儿摄入母亲的母乳时暴露于有毒污染物，如多氯联苯；这可能是亲脂性化合物的一个重要的途径（NRC，1993e），EPA 已经在一些暴露评估中对其进行了调查。最近的研究（Travis 和 Hattemer-Frey，1988；Bacci et al.，1990；Trapp et al.，1990）也在植物组织中发现了大气化合物的显著生物累积，特别是非离子有机化合物。这些研究发现，生物累积的程度取决于溶解度，并建立了吸收模型（Stevens，1991）。这种“间接”的途径可以富集污染物，从而导致暴露量显著增加。

与工业空气污染物的暴露管理相比，多媒介暴露和间接暴露在危险废物场所（如超级基金）的清理中得到更多的考虑。在 Cleverly 的文章中有一个 EPA 对主要空气污染源的多途径暴露进行研究的例子（Cleverly et al.，1992）。市政垃圾焚烧排放的多种空气污染物，包括重金属和有机化学物质，在排放后被跟踪调查。采用修正后的高斯烟羽模型模拟大气传输和沉降过程，包括干沉降和湿沉降。其他模型用于评估水体附近的污染物浓度，生物累积，动物组织、植物和水体的消耗，土壤摄入以及潜在总剂量。

传输和归趋的替代模型

1992 年 EPA 的暴露评估指南提供了一种选择和使用模型来估计传输、归趋以及暴露的方法，有各种模型可以使用。对于快速筛选分析，在污染源周围有限的距离内使用高斯烟羽模型是足够的。然而为了更完整地描述污染源下风向的浓度分布特征，可能需要更加精确的建模方法。

近年来，大气扩散的随机模型因其概念相对简单、适用于更复杂的问题，并且计算能力和成本的改善使得这些模型更加实用而越来越受欢迎。随机模型可以很容易地纳入真实的物理过程，如浮力、液滴蒸发、释放粒子的分散性变化和干沉降等。随机模型通常是采用数值蒙特卡洛模型来实现的，在这个模型中大量气团的运动轨迹在拉格朗日坐标系内被追踪，然后从气团的位置得到浓度分布剖面图。

Boughton 等（1987）提出了大气扩散的蒙特卡洛模拟，此模拟将气团位移或速度视为时间连续的马尔科夫过程（类似于布朗运动的一阶记忆随机过程）。他们通过把范围限制在横风向整合点源，并且假设在平均风向上的扩散是可以忽略不计的而简化了这个问题。因此，他们将问题简化为一维模型。Liljegren（1989）将模型拓展到包含垂直于平均风向的水平和垂直扩散。他发现三维随机模型的结果与文献中的浓度数据吻合良好。最近对地面释放的烟雾的扩散和遮蔽物的测量，都显示出随机模型与平均浓度值（包括烟羽剖面）以及观察到的随时间变化的浓度值（pers.comm.，W. E. Dunn，U. of Illinois，1988）非常一致。这些结果表明，随机模型比传统的高斯烟羽模型有了相当大的改进。因此，预测平均的和随时间变化的地面浓度的能力很快就会大大提高。

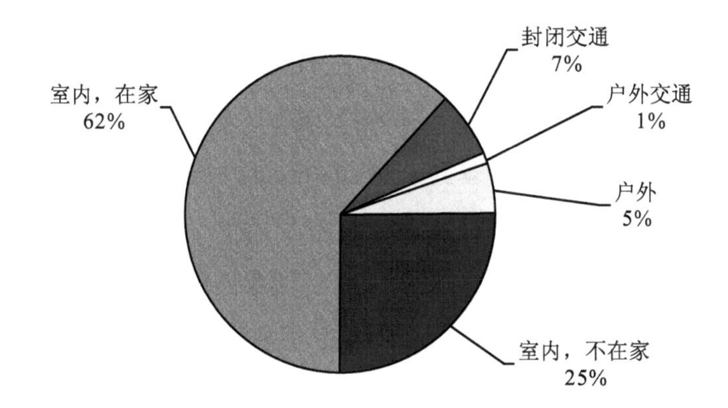

图 3-2　每天花在不同地点的时间比例。加利福尼亚人＞11 岁（人群平均值）

资料来源：Jenkins et al.，1992. 经大气环境出版社许可转载，版权为英国牛津大学所有。

时间—活动模式

当人体与一种物质接触一段时间后，就发生了暴露。为了估计暴露量，有必要估计花费在可能导致暴露的活动上的时间。图 3-2 展示了一个这样的分析。有多种方法可以使用（NRC，1991a），包括在时间使用日志中记录活动（主动记录一天中在特定时间所处的位置，并且可以通过问卷重建当天的活动类型和持续时间）。一些参与者会认真仔细地记录他们的活动；其他参与者可能因为疏忽或者粗心而不会提供准确的信息。问卷的结构和措辞会对调查结果产生很大的影响，因此对在各种活动和地点花费的时间的估计会存在偏差。需要在时间和活动的测量及建模方面开展进一步的工作，之前的一份报告中提出了研究建议（NRC，1991a）。

暴露评估模型

1992 年的指南要求得到暴露参数的分布，而不是点估计。暴露预测模型将微环境浓度估计与人们的时间—活动模式信息相结合，来评估个体暴露情况或者典型人群中个体暴露的分布情况。个体活动模式和微环境浓度都可以通过测量或者建模得到。微环境浓度和活动模式可能因人而异，也可能因时而异。已经开发了三种人群暴露模型：仿真模拟，例如模拟人体空气污染物暴露模型（Simulation of Human Air Pollution Exposure，SHAPE）（Ott，1981，1984；Ott et al.，1988）和国家环境空气质量标准（National Ambient Air Quality Standards，NAAQS）暴露模型（Exposure Model，NEM）（Johnson 和 Paul，1981，1983，1984），Duan（1981，1987）的卷积模型，以及 Duan（1988）和 Switzer（1988）的方差分量模型（更多信息见附录 C）。总暴露模型的开发是建模的一大进步。

一些预测暴露的模型假定微环境中测量的污染物浓度与暴露者在该环境中花费的时间之间存在某种相关性。基于华盛顿特区一氧化碳（CO）的研究数据（Akland et al.，1985），Duan 等（1985）的研究表明 CO 浓度与时间之间没有相关性。然而，如果居住时间和其他污染物的浓度相关（就像它们可能与刺激性的有毒物质有关，如甲醛），现有模型就会出现问题。

目前的暴露模型在微环境中浓度的稳定性、决定人们在每个微环境中所花费时间的人类活动模式，以及样本人群对可能暴露于污染物的总体人群的代表性等方面都使用了各种粗略的假设。

长期暴露建模

致癌风险评估所要求的超长期暴露建模存在几个主要困难。目前的做法是一次测量或者模拟一个污染物的浓度，然后通过用这个浓度乘以一个固定年份，如一个暴露个体的寿命，来确定终身暴露。然而，暴露的污染源的性质（例如，工业生产过程的变化）和活动模式会在一生中发生很大的变化。新的污染源或者污染源的使用可能被引入环境中（例如，不断增加的木材燃烧炉的使用），旧的排放源会被取消或者整改（例如，通过在汽车上使用催化转化器）。但是通常情况下，大型设施的设计寿命为 30 年，所以在典型的终身暴露计算的 70 年中，排放源的重大变化是可以被预测的。

人们的时间—活动模式在长期也会有很大的变化。在美国，人们经常改变他们的居住地，即使一些人一生都住在同一个地方。人口的流动性对于 EPA 的暴露评估有很大的影响，例如氡，这需要对长期且高度可变的暴露浓度有合理的估计。

一个人的活动模式从童年到青年、中年、老年都在改变。人们已经作出了一些努力来缓解由于年龄引起的暴露差异。但是在暴露建模中，长期暴露的差异性没有受到太多的关注。

短期暴露建模

典型的稳态空气浓度模型并不能提供低于1小时平均水平的估计，并且当浓度随时间变化范围大，且可能引起短期高浓度暴露时，难以对其进行建模。如果暴露模型是要估计峰值暴露对敏感人群的影响，那么浓度模型必须针对所需要的时间尺度提供可靠的估计。在构建可以提供这种估计的随机模型方面已经有了一些重要的进展，但这些进展尚未被纳入估计暴露的程序之中。

第4章

毒性评估

引　言

本章讨论了评估物质毒性的方法，以进行健康风险评估。毒性的评估包括两个步骤：危害识别和剂量—反应评估。危害识别包括对化学物质可能引起的具体毒性（神经毒性、致癌性等）形式的描述，并对暴露人群产生这些形式的毒性的条件进行评估。危害识别中使用的数据通常来源于动物研究以及其他类型的实验工作，但是也可以来自于流行病学研究。剂量—反应评估是对一种化学物质的毒性可能在暴露人群身上得到证实的条件进行的更复杂的检验，特别强调剂量和毒性反应之间的定量关系。这一步骤还包括了研究不同人群之间反应的差异。

毒性评估原则

指导物质毒性评估的基本原则在《致癌风险评估指南》（EPA，1987a）（目前正在更新）、《化学致癌物：科学及其相关原则综述》（OSTP，1985）和《发育毒性风险评估指南》（EPA，1991a）中被提出，最近NRC（1993a）进行了总结。此外，NRC制定了急性毒性的评估指南（1993b）。本章中使用发育毒性指南是为了说明EPA对涉及非癌症终点的健康影响的评估方法。它们是 EPA 计划颁布的一系列指南中第一个完成的非致癌风险评估指南。

危害识别

在评估化学毒性时通常考虑的两个问题中的第一个是该化学物质可能引起的毒性效应的类型。它会损害肝、肾、肺，或者生殖系统吗？它会导致先天缺陷、神经毒性效应或者癌症吗？这类危害信息主要是通过研究暴露于化学物质的人群（流行病学研究）和涉及不同动物物种的受控实验来获得的。一些其他类型的实验室数据也可以用来帮助识别化学物质的毒性危害。

流行病学研究

流行病学研究清楚地提供了最直接的危害识别信息，因为它们观察的是人类而不是实验动物。但这种优势在不同程度上被流行病学信息的获取和解释的困难所抵消。它通常不能确定用于研究的群体是否合适，或者能否获得必要的个人健康状况医疗信息。关于化学品暴露的时间长短和程度，特别是在过去经历的，通常都只有定性的或者半定量的形式（例如，在低、中、高暴露环境中工作的年数）。很难确定其他可能影响到健康状况的因素。流行病学研究不是对照实验。研究者确定一种暴露情况，并且试图找出合适的“对照”组（例如，未暴露的相似人群），但这在很大程度上超出了研究者的控制范围。由于这些以及其他一些原因，很难或者不可能用流行病学方法明确确定因果关系（OSTP，1985）。

仅通过单个研究很难得到有说服力的因果关系。流行病学家通常会权衡几项研究的结果，最好是涉及不同人群和调查方法，以确定他们之间是否存在一致反应。其他经常被考虑的因素是，某种特定疾病和暴露可疑的化学物质之间的统计关系的强度；该疾病的风险是否会随着暴露可疑物质的增加而增加；在多大程度上可以排除其他可能的致病因素。流行病学家试图通过权衡证据就因果关系达成共识。显然，不同的专家会以不同的方式衡量这些数据，共识通常不容易达成（IARC，1987）。

在怀疑化学物质可能导致人类罹患癌症的情况下，国际癌症研究机构（IARC）定期召集专家组（工作组）来考虑和评估流行病学证据。这些小组已经发表了关于特定化学物质（有时是化学混合物，有时甚至是无法确定个别致病因子的工业过程）的证据力度的结论。最有力度的证据——足以证明致癌的证据——只有当工作组同意关于因果关系问题的全部证据具有说服力时才会被采纳。

对于其他毒性形式还没有建立相似的达成共识的程序。一些流行病学研究者不同意IARC 对特定病例的癌症分类判断，而且关于非致癌（如生殖、发育等）影响的流行病学证据的强度，似乎存在更大的科学争议。对于其他毒性作用的流行病学研究较少，部分原因是缺少足够的医学文献。

动物研究

当流行病学研究不可用或不合适时，风险评估将基于实验室的动物研究。动物研究的一个优势是它是可控的，因此建立因果关系（假设实验很好地进行）一般不困难。另一个优势是动物实验可以在化学品上市前用来收集其毒性信息，而流行病学数据只能在人类暴露之后才能收集到。事实上，许多国家的法律规定，某些种类的化学品在上市前必须进行动物毒性测试（例如，农药、食品添加剂和药物）。动物测试的其他优势包括：

- 可以建立暴露（或者剂量）与毒性反应程度之间的定量关系。
- 毒理学家和病理学家可以对动物和动物组织进行彻底的检查，因此可以确定化学品产生的全部毒性作用。
- 暴露时间和途径可以根据暴露人群所经历的暴露情况进行设计。

但是实验动物不是人类，这一事实是动物研究的一个明显缺陷。另一个缺陷是动物实验相对较高的成本，动物实验需要足够的动物来观察所研究的效应。因此，将实验室动物的毒性观察结果解释为普遍适用于人类的效应通常需要两种推断：种间推断和从高实验剂量到低环境剂量的推断。有基于生物学原理和实证观察的证据来支持这样的假设，即多种形式的生物反应，包括毒性反应，可以在包括人类在内的哺乳动物之间进行外推，但是这种推断的科学基础的建立不够严谨，无法作出广泛而明确的总结概括（NRC，1993b）。

化学品暴露的反应在物种之间存在差异的一个最重要的原因是毒性往往受化学代谢的影响。动物物种之间化学代谢的差异，或者甚至是在同一物种的不同品种之间化学代谢的差异并不少见，这可以用于解释毒性差异（NRC，1986）。因为在大多数情况下，缺乏人类体内某种化学物质代谢的信息（而且通常难以获得），所以识别最可能准确预测人类反应的动物物种和毒性反应一般是不可能的。在这种情况下，人们习惯性地认为，在没有明确证据表明某种特定的毒性反应与人类无关的情况下，对动物物种毒性的任何观察都至少可以预测某些人类的反应（EPA，1987a）。考虑到人类在基因组成、先前的致敏事件和同时暴露于其他因素方面的巨大差异，这并非没有道理。

与流行病学数据一样，IARC 专家小组为动物研究中的致癌性证据进行了排名。专家们普遍认为，当一种化学物质在几种实验动物的品种和品系，以及在两种性别中均造成过多的恶性肿瘤时，其致癌性的证据是最有力的。实验组动物比对照组动物罹患恶性肿瘤的比例要高得多，这一结果增加了暴露会导致癌症的证据的分量。在另一个极端，尽管任何过多的肿瘤发生率都会引起关注，但化学品只会在身体的单一部位、单一物种和性别的实验动物中造成相对较小的良性肿瘤发生率的增加并不能很好地证明致癌性。

EPA 结合了人类和动物证据，如表 4-1 所示，对致癌性数据进行分类；EPA 对单个致癌物数据的评估通常与 IARC 的评估一致。对于非致癌健康影响，EPA 使用了表 4-2 中列出的分类。其他形式毒性的动物数据一般用与致癌数据同样的方式进行评估，尽管这种分类同时考虑危害识别（定性）和剂量—反应关系（定量）。目前还没有对类似于致癌物质的风险或危害进行排序的计划。

表 4-1 致癌作用的证据类别

类别		分类标准
A	人类致癌物	来自流行病学研究的充分证据
B	很可能的人类致癌物	来自流行病学研究的有限证据和来自动物研究的充分证据（B1）；或者来自流行病学研究的不充分证据（或者没有数据）和来自动物研究的充分证据（B2）
C	可能的人类致癌物	来自于动物研究的有限证据并且没有人类数据
D	不能分类为人类致癌物	不充分的人类和动物数据或者没有数据
E	人类中非致癌性的证据	人类和动物的研究中没有致癌作用的充分证据

资料来源：改编自 EPA，1987a。

表 4-2 非致癌健康影响的证据重要性的分类方法

充分的证据
充分证据类别包括可以提供足够信息，以判断在剂量、持续时间、暴露时刻和暴露途径等方面是否存在人类发育危害的数据。这一类别包括人类和实验动物证据。
充分的人类证据：该类别包括来自流行病学研究的数据（例如，病例对照和队列研究），这些数据为科学界提供了令人信服的证据来判断是否支持这个因果关系。也可以使用与强有力的证据相结合的案例。支持性的动物数据可能存在，也可能无法获得。
充分的实验室动物证据或者有限的人类数据：这类数据包括实验动物研究数据或有限的人类数据，能为科学委员判断发育毒性是否潜在存在提供令人信服的证据。判断潜在危害存在的最基本的必要证据是，在单一实验动物物种中进行的单个适当、良好的研究中显示不利发育效应的数据。判断潜在危害不存在的最基本的证据包括在若干物种中（至少两个物种）进行的适当、良好的实验室动物研究的数据，这些研究评估了发育毒性的各种潜在表现形式，并显示在对成人毒性最小的剂量下对发育没有影响。
不充分的证据
这一类别包括没有足够的证据来评估潜在的发育毒性的情况，例如，当没有关于发育毒性的数据时、当可用的数据来自动物或者人类有限设计的研究（例如，数量少、剂量选择或者暴露信息不适当，或者其他不可控的因素）时，当数据来自报告称没有不利发育影响的单一物种时，或者当数据限于有关结构/活性关系、短期测试、药代动力学或者代谢前体的信息时。

资料来源：EPA，1987a。

风险评估中的危害识别步骤通常定性描述所审查的化学品可能造成的毒性反应类型、支持证据的力度、数据的科学价值及其对预测人类毒性的价值。除了流行病学和动物数据之外，化学品在组织和细胞中的代谢和行为（也就是其毒性作用机制）的信息也要被评估，因为在这里可以找到种间推断的可靠线索。

确定一种化学物质可能对人类造成特定形式的毒性，并不能揭示这种物质是否会对特定的暴露人群构成风险。后者的确定需要三个进一步的分析步骤：排放表征和暴露评估（在第 3 章中讨论）、剂量—反应评估（接下来讨论），以及风险表征（在第 5 章中讨论）。

剂量—反应评估

根据所考虑的毒性作用的性质，美国和其他许多国家使用两种形式的涉及外推到低剂量的剂量—反应评估。一种形式用于癌症，另一种用于癌症以外的毒性效应。

非致癌的毒性影响

对于除癌症以外的所有类型的毒性作用，监管机构在制定评估其毒性—剂量反应的标准程序时，参考了所有可获得的实验研究中没有观察到毒性作用的最高暴露量，包括“未观察到作用剂量”（NOEL）或者“未观察到有害作用剂量”（NOAEL）。这两个值之间的区别与不利影响的定义有关。NOAEL 是指与对照组相比，不利影响发生的频率在统计学或者生物学上没有显著增加的最高暴露剂量。一个类似的值就是观察到的最低有害作用剂量（LOAEL），这是指观察到的影响显著增加时的最低暴露剂量。根据监管需要，所有这些都以类似的方式使用。NOAEL 比 LOAEL 更加保守（NRC，1986）。

例如，如果化学品在每天 5 mg/kg 的剂量下会对小鼠肝脏造成损害，但是在每天 1 mg/kg 的剂量下没有观察到影响，而且其他的研究中在每天 1 mg/kg 或者更低的浓度下也没有显示出不利影响，那么在该研究的测试条件下，每天 5 mg/kg 的剂量就是 LOAEL，每天 1 mg/kg 的剂量就是 NOAEL。对于人类风险评估来说，NOAEL 与估计的人体剂量的比值给出了潜在风险的安全范围。通常情况下，比值越小，人们因为暴露而受到不利影响的可能性就越大。

当有理由相信存在安全暴露时，不确定因子方法被用来确定化学品的暴露限值；也就是说，仅仅当一个人的暴露量超过最小值或阈值时，人体才有可能受到毒性危害。低于阈值的暴露不太可能产生毒性影响。实验的 NOAEL 近似于阈值。实验得到的 NOAEL 除以一个或多个不确定因子以得到人群的暴露限值，不确定因子表示与种间和种内推断相关的不确定性。实验得到的阈值与人群实际的暴露程度可能因为特定的暴露条件所改变，所以需要更大或更小的不确定因素来确保充分的保护。例如，如果 NOAEL 来自高质量的人类数据（必然是有限的群体），并且是在类似于所研究的人群的暴露条件，以及研究在其他方面是合理的情况下得出的，那么即使很小的安全系数（10 或更低）也可以确保人群的安全。然而，如果 NOAEL 来自不太相似或并不可靠的动物实验研究时，就需要更大的不确定因子（NRC，1986）。

在所有的情况下都使用相同的不确定因子是没有科学依据的，但是一些值的使用有一些强有力的先例（NRC，1986）。监管机构通常在不同情况下要求的值为 10、100 或

1 000。例如，当 NOAEL 来自被认为具有高质量的慢性毒性研究（通常研究时长为两年），并且其目的是保护普通人群中可能终生每天暴露的个体时，通常使用的因子是 100（一个 10 是描述种间差异，另一个 10 是描述种内差异）。

使用 NOAEL/LOAEL/不确定因子的过程可以得到一个被认为是“能合理确定没有伤害”的暴露估计量。根据所涉及的监管机构的不同，对“安全”暴露所进行的估计可以被称为可接受的每日摄入量（Acceptable Daily Intake），简称 ADI（食品药品监督管理局）；参考剂量（Reference Dose），简称 RfD（环境保护局）；或者允许暴露水平（Permissible Exposure Level），简称 PEL（职业安全和健康管理局）。对于风险评估，人们接受的剂量与 ADI、RfD 或者 PEL 进行对比以确定是否可能存在健康风险。

人们相信人类可能比实验室动物对一种化学物质的毒性影响更加敏感，且在人群中不同个体的易感性存在差异，所以需要使用不确定因子（NRC，1980）。这些理念看似是合理的，但是对于每一种化学物质和毒性终点来说，种内和种间差异的大小是未知的。不确定因子是为了纳入科学的不确定性，以及剂量传递、人类易感性差异和其他因素的不确定性（Dourson 和 Stara，1983）。

EPA 对化学诱导的生殖和发育终点进行风险评估的方法依赖于阈值假设。EPA（1987a）用于对可疑发育毒性物质进行健康风险评估的指南指出，“主要由于缺乏对很多方面的理解，包括发育毒性的生物机制，发育事件类型的种内/种间差异，母体效应对剂量—反应曲线的影响，以及是否存在一个阈值，在该阈值以下，物质不会产生任何影响”，许多发育毒理学家为大多数发育效应假设了一个阈值，因为“已知胚胎具有修复损害的能力”并且“大多数的发育差异可能由多种因素引起”。

EPA（1988a，b）后来发布了用于评估男性和女性的生殖风险的指南，其中包括“通常用于非致癌/非诱变的健康影响”的阈值默认假设，以及 EPA 用来得到可接受摄入量的新的 RfD 方法。RfD 的计算方法如上所述。指南中提及被用来从毒性数据获得 RfD 的总调整因子或者不确定因子“通常范围”是 10～1 000。使用（如果需要）不确定因子（通常是 10）进行调整的情况有“（1）因 NOAEL 未建立而必须使用 LOAEL 的情况；（2）种间外推；（3）由于个体间的易感性差异进行的种内调整”。额外的修正因子可以用来解释暴露持续时间之间的外推（例如，从急性到亚慢性），或者由于现有数据库中存在科学不确定性而导致 NOAEL-LOAEL 不精确。

EPA 于 1992 年修订的《发育毒性风险评估指南》指出，“风险评估首选人类数据”，且“最相关的信息”是由良好的流行病学研究所提供的。然而当这些数据无法获得时，根据 EPA 的要求，生殖风险评估和发育风险评估基于以下四个关键假设：

- 能够在动物身上引起不良发育影响的物质，同样会由于发育过程中的充分暴露而对人类造成影响，尽管影响的类型可能在动物和人类中不一致。
- 发育毒性物质任何一种表达（例如，死亡、结构异常、生长异常、功能性缺陷）的显著增加，都表明该物质是一种发育性毒物。
- 尽管对动物和人类的影响类型可能不同，但是利用最敏感的动物物种来估计人类的危害是合理的。
- 在剂量—反应关系中，阈值是在现有知识的基础上假定的，尽管有些专家认为目前的科学并不完全支持这一立场。

新的指南指出，“在动物实验中存在的 NOAEL 不能证明或者反驳生物学阈值的存在或者水平”。该指南还解决了基于 NOAEL 的不确定因子方法的统计缺陷并进行了改进（Crump，1984；Kimmel 和 Gaylor，1988；Brown 和 Erdreich，1989；Chen 和 Kodell，1989；Gaylor，1989；Kodell et al.，1991a）。该指南还讨论了“当可获得足够的数据时”，EPA 计划采用更加定量的“基准剂量”（Benchmark Dose，BD）对发育终点进行风险评估；BD 方法与现在使用的不确定因子方法是一致的（EPA，1991a）。就像 NOAEL 和 LOAEL，BD 是基于在最合适或最敏感的哺乳动物种群中观察到的最敏感的发育效应。它通过对观察范围内的数据进行建模，在预设的低观察响应下选择发病率（如 1%或 10%），并确定可能产生过度反应的剂量的相应置信下限而得到的。这样计算得出的 BD 除以不确定因子，得到相应的可接受摄入量（如 RfD）（EPA，1991a）。因此，传统的不确定因子方法被保留在 1991 年的发育毒性指南以及 BD 方法中。但是，新指南与以往的指南不同，它强调了个体间的差异可能对解释可接受暴露量的影响，以及生物模型可以为发育风险评估带来的改进（EPA，1991a）：

一般发育毒性有一个生物学阈值；然而，一个人群的阈值可能存在，也可能不存在，因为其他内源性或外源性因素可能会增加群体中某些个体的易感性。因此，毒物的增加可能会导致人群风险的增加，但是不一定对群体中的所有个体都是如此……基于生物学的模型应该能更准确地估计对人体的低剂量风险……EPA 目前正在支持几项为发育毒性风险评估开发基于生物学的包括阈值的剂量—反应模型的重要工作。

癌症

对于一些毒性影响，尤其是癌症，我们有理由相信，要么剂量—反应关系的阈值不存在，要么即使存在，阈值也非常低而且无法可靠地确定（OSTP，1985；NRC，1986）。这个方法不是基于人类对于化学诱导癌症的经验，而是基于人体内辐射诱导的癌症以及组织损伤的放射学理论。因此，致癌物的风险评估遵循不同于非致癌物的方法：癌症发病率与在流行病学或者实验室研究中观察到的化学品的剂量之间的关系，可外推到人类（例如，周边人群）可能暴露（例如，由于工厂的排放）的低剂量，以预测超额终身致癌风险——也就是说，一生中暴露于特定剂量的这种化学物质会增加罹患癌症的风险。尽管在足够低的剂量时，风险变得非常低而且通常被认为是没有公共卫生层面的意义，但在这个方法中不存在风险为零的安全剂量（除非是零剂量）。

EPA 所使用的方法是其他机构所使用方法的典型。将每日剂量和观察到的肿瘤发生率之间的关系拟合成一个数学模型，来预测低剂量时的发病率。有几个这样的模型被广泛使用。所谓的线性多阶段模型（Linearized Multistage Model，LMS）得到了 EPA 的青睐（EPA，1987a）。FDA 使用了一种稍微不同的方法，但是产生了类似的结果。LMS 的一个重要特征是，即使在观察区域显示出非线性行为，剂量—反应曲线在低剂量时也是线性的。

EPA 对线性多阶段无阈值模型采用统计置信界限方法，以产生有时被认为是致癌风险上界的结果。尽管无法知道实际的风险，但是可以认为它不会超过上界，可能会更低，甚至可能是零。对致癌物进行剂量—反应评估的结果是一个强度系数。EPA 还使用单位风险系数来表示致癌强度。这个值是单位剂量的超额终身致癌风险的合理上界。在缺乏有力证据的情况下，通常假设从动物数据中估计的强度系数可应用于人类，来评估与终身暴露于特定剂量有关的人类致癌风险的上界。

剂量—反应步骤中涉及相当大的不确定性，因为低剂量时的剂量—反应曲线的形状并非来自于经验观察，而是必须从预测人类暴露于低剂量时的曲线形状的理论中推断出来。采用线性模型在很大程度上是基于科学政策选择，这需要在面对科学不确定性时保持谨慎。适用于较低风险、纳入了阈值剂量的模型，对于很多致癌物都是适用的，特别是那些不直接与 DNA 相互作用并产生基因改变的化学物质。例如，一些化学物质，如氯仿，其细胞杀伤作用和对细胞分裂的刺激会导致实验室动物罹患癌症。然而，由于缺乏强有力的机制上的数据来支持这些模型，监管机构不愿使用它们，因为担心会低估风险。对于其他物质（如氯乙烯），有证据表明低剂量的人类致癌风险可能会远远高于利用常规方法从动物数据中估计的风险。与 LMS 模型相比，在较低剂量下产生更高强度估计值的模型也可能是可信的，但很少使用（Bailar et al.，1988）。

毒性评估的新趋势

对于致癌物，有两种类型的信息开始影响风险评估。

对于任何一种特定的化学物质，从摄入该物质到发生不利影响之间有多个阶段。这些事件可以在很长一段时间内动态发生，在某些情况下可能长达数十年。一种理解这个复杂的相互关系的方法是将整个过程划分为两块，暴露和剂量之间的联系以及剂量和反应之间的联系。药物（代谢）动力学（Pharmacokinetics）经常被用来描述暴露（或者摄入）和剂量之间的联系，药效学（Pharmacodynamics）用来描述剂量和反应之间的联系。词根药学（Pharmaco）（对药物来说）反映了这些术语的起源。当应用于有毒物质的研究和评价时，使用相应的术语毒物（代谢）动力学和毒效学可能更加合适。

药代动力学数据的应用研究尤其活跃。风险评估人员正在设法了解在大范围的剂量范围内化学品暴露与靶位点剂量之间的定量关系。由于目标位点剂量是风险的最终决定因素，给予剂量和目标位点剂量之间任何的非线性关系，或者人类和实验动物之间的两个量的比值的任何数量上的差异，都会对风险评估的结果产生重大影响（现在一般依赖于假定的给予剂量和目标剂量之间的比例关系）。建立以生理学为基础的，形式取决于人体和实验动物的生理机制、各种组织中化学物质的溶解度和相对代谢率的药代动力学（Pharmacokinetic，PBPK）模型，解决了如何获得足够的人体药代动力学数据的问题（NRC，1989）。已经进行了几次利用 PBPK 模型预测人类和其他物种的组织剂量的相对成功的尝试，并且监管界非常鼓励使用这一工具（NRC，1987）。

风险评估的第二个主要趋势来源于调查，这些调查表明，一些增加肿瘤发病率的化学物质可能只是间接地增加肿瘤发病率，要么是杀死细胞导致补偿性细胞增殖，要么是通过有丝分裂增加细胞增殖率。无论发生哪种情况，细胞增殖率的不断增加导致细胞因自发突变而致癌的风险增加。在这种致癌物达到足以引起毒性或细胞内反应的剂量之前，不可能存在癌症的重大风险。这些致癌物质或其代谢物很少或没有破坏基因的倾向（它们是非基因毒性的）。

第5章

风险表征

引　言

风险表征是健康风险评估的最后一步。本章讨论了EPA用来表征与排放源相关的公众健康风险的方法。在风险表征中，评估人员从暴露评估阶段（第3章中讨论）获取暴露信息，并将其与剂量—反应评估阶段（第4章中讨论）的信息相结合，以确定排放对附近个人和群体造成伤害的可能性。然后，将风险表征的结果以及对该分析中信息质量的全面评估一起传达给风险管理者。风险表征的目的是提供特定化学品或排放在特定情况下可能导致的不利影响的类型和大小的信息。然后，风险管理者将基于根据风险表征确定的公众健康影响以及相应法规中概述的其他标准来作出决定。

本章基于几份EPA的文件，讨论了风险表征的要素，这些文件包括《1986年EPA风险评估指南》(EPA，1987a)、《暴露评估指南》(EPA，1992a)、EPA副局长Henry Habicht Ⅱ在1992年2月26日的备忘录（见附件B）（以下称为风险表征备忘录），以及《超级基金的风险评估指南》（EPA，1989a）（以下称为超级基金文件）。

风险表征的要素

EPA 的风险表征步骤中包括 4 个要素：风险的定量评估、不确定性描述、风险评估的呈现以及风险交流。

风险的定量评估

为了确定在暴露人群中产生不利影响的可能性，有关暴露的定量信息——剂量（由第 3 章的分析确定）——与剂量—反应关系（由第 4 章的分析确定）的信息将得到结合。这个过程对于致癌物和非致癌物是不同的。对于非致癌物，剂量估计值除以 RfD 得到一个危害指数。如果危害指数小于 1，那么研究中的化学物质暴露被认为不太可能导致不利的健康影响。如果危害指数大于 1，则更可能产生不利影响，并且需要一些补救行动。因此，危害指数并不是对风险的实际测量，它是一个可以用来估计风险可能性的基准。

对于致癌物质，超额终身风险是通过将估计的剂量乘以强度系数计算得出的。其结果是一个值，表示在特定的暴露条件下，终身暴露于某种物质将导致超额致癌风险的概率上界。这个值通常表示为人群风险，例如 1×10^{-6}，这意味着每 100 万个暴露者中不会超过一人罹患癌症。用这种方法得到的风险评估并不是对实际致癌风险的科学估计，它们是实际致癌风险的上界，这有利于监管机构设定优先级和暴露限值。

当同时暴露于一种以上的物质时，可以将每种物质的致癌风险估计值以一种相加的方式对每种暴露途径进行结合。当关注的物质引发类似非致癌的毒性终点时，也可以结合非致癌物的危害指数。

有时，这种风险表征技术被用来评估暴露个体，而不是人群的超额终身致癌风险的上界。EPA 的《暴露评估指南》（EPA，1992a）（原书出版时尚未实施）列出了一些在考虑个人与人群风险时应该回答的问题。EPA 将这些问题阐述如下：

个人风险

- 个人是否有暴露于所研究物质的风险？虽然对于假设没有阈值的物质，例如致癌物，只有零剂量才不会导致超额风险，这个问题通常可以得到解决。在使用危害指数的情况下，当将暴露或者剂量与参考剂量或者其他可接受水平相比较时，风险的描述将是基于发生剂量和参考剂量比例的说明。
- 风险最高的人承受的风险有多大？这些人是谁？他们在做什么？他们住在哪里？等等，以及是什么让他们面临更高的风险？
- 是否可以识别出易感性高的人？
- 平均个人风险是多少？

人群风险

- 在特定的时间段内，对于所研究的人群，有多少特定健康影响情况可以进行概率估计？
- 对于非致癌物，人群中有多大的比例超过了参考剂量（RfD）、参考浓度（RfC），或者其他健康问题水平？对于致癌物，有多少人是高于一定的风险水平，如 10^{-6} 或者一系列风险水平如 10^{-5}、10^{-4} 等？
- 在暴露、剂量和风险的分布中，不同的亚群体是如何划分的？
- 特定人群的风险是什么？
- 是否有哪个特定的亚群体经历了高暴露、高剂量或者高风险？

不确定性描述

与健康风险评估相关的不确定性分析涉及风险评估过程的每个步骤：它将排放和暴露评估的不确定性与毒性剂量—反应评估的不确定性相结合。表 5-1 中列出了在健康风险评估的每一步中需要解决的不确定性问题。不确定性分析可以在每次分析时进行，但是由于它会影响最终的风险评估，所以它被当作风险评估的最后一步——风险表征中的一部分。

表 5-1　每个风险评估步骤中需要处理的不确定性问题

A. 危害识别：我们对环境物质在实验动物和人类中引起癌症（或者其他不利影响）的能力了解多少？

1. 在人类和实验动物身上进行的特定研究的性质、可靠性和一致性；
2. 关于活动的机制基础的现有信息；
3. 实验动物的反应及其与人类结果的相关性。

B. 剂量—反应评估：我们对在为评估提供数据的实验室或者流行病学研究中观察到的任何效应的生物学机制和剂量—反应关系了解多少？

1. 选择的外推模型与生物学机制的可用信息之间的关系；
2. 如何从那些在实验室动物和人类身上都显示出可能的强度范围的数据集中选择合适的数据集；
3. 选择种间剂量转换系数来计算从实验动物到人类的剂量的依据；
4. 预期的暴露途径和危害研究中使用的暴露途径之间的对应关系，以及不同暴露途径的潜在影响之间的相互关系。

C. 暴露评估：我们对人类暴露的途径、模式、程度以及可能暴露的人数了解多少？

1. 每个暴露情景中使用的值和输入参数的依据。如果是依据数据，就需要关于数据库质量、目的和代表性的信息。如果是依据假设，应描述用于制定假设的源和一般逻辑（例如，监测、建模、类比、专业判断）。
2. 由于敏感性或者缺乏数据，在暴露评估中造成最大不确定性的主要因素或各种因素（例如，浓度、身体吸收、暴露持续时间/频率）。
3. 暴露信息与风险描述之间的关系。这些风险描述应当包括：（1）个人风险，包括风险分布的中心趋势和高端部分；（2）人群中重要的亚群，例如高暴露或者高敏感的群体或者个体（如果已知）；（3）人群风险。如描述语的选择所示，这个问题包括情景的保守性或非保守性。此外，还应该处理有关发生概率低但可能造成严重后果的事件的信息。

   对于个人风险，应该处理诸如高危人群、这些人所承受的风险水平、使他们处于高风险的活动以及所研究的人群中个体的平均风险等信息。对于人群风险，应当包括在特定时期内该人群中可能估计得到的特定健康影响的病例数，处于非致癌物的某一基准水平的特定范围内的人口比例；高于一定致癌风险水平的人数的信息。对于亚群来说，应提供暴露和风险如何影响各个亚群，以及特定亚群的人群风险的信息。

D. 风险表征：其他评估人员、决策者和公众需要知道评估过程中关于基本结论和假设，以及可信度与不确定性之间的平衡的哪些信息？评估的优点和局限性是什么？

1. 数值估计不应与风险评估不可或缺的描述性信息相分离。对决策者来说，完整的表征（关键的描述元素以及数值估计）应该保留在所有与决策中使用的评估相关的讨论和文件中。在表面上具有相同定量风险的情况下，假设和不确定性的差异再加上各种环境法规中要求的非科学考虑因素，显然有可能会导致不同的风险管理决策，也就是说，单独的“数字”并不能决定决策。
2. 对替代方法的考虑包括审查为解决给定的不确定性而选择的合理选项。每种替代方法的优缺点，以及适当的对中心趋势和差异性的估计（例如，平均值、百分位数、范围、方差）。对所选方案的描述应当包括选择的理由、所选方案对评估的影响、与其他合理方案的对比以及新研究的潜在影响。

资料来源：风险表征备忘录（附录 B）。

最近的几份文件说明了 EPA 目前用来分析与健康风险评估有关的不确定性的方法，包括超级基金文件（EPA，1989a）、放射性核素的有害空气污染物排放国家标准的背景信息（EPA，1989b）、《暴露评估指南》（EPA，1992a），以及风险表征备忘录（附录 B）。

超级基金风险评估指南

超级基金文件为 EPA 和其他政府雇员和承包商提供指导，他们是风险评估人员、风险评估评审人员、补救项目管理者或参与超级基金现场清理的风险管理者。

文件的第 8.4 节“讨论了评估超级基金场地风险评估中不确定性的实用方法，并且描述了如何呈现与对场地的定量风险评估的置信水平有关的关键信息”。该文件考虑了与场地风险评估相关的三类不确定性：物质的选择、毒性值、暴露评估。表 5-2 是 EPA 超级基金场地风险评估的不确定性清单。风险评估人员应使用这个清单来确保他们已经充分描述了风险评估中的不确定性。该文件指出，尽管风险评估中与每一个变量相关的不确定性都可能与最终风险估计相关，但是一个更实用的方法是定性地描述不确定性可能如何被放大，或使用的风险模型如何导致风险估计出现偏差。该文件正在进行更新。

表 5-2　EPA 超级基金风险评估中的不确定性分析指南

列出自然背景界定的不确定性
• 对于没有包含在定量风险评估中的化学物质，请简要说明： —— 排除的原因（例如，质量控制）； —— 排除之后对于风险评估的可能影响（例如，由于广泛的污染而低估了风险）。
• 对于当前土地利用的描述： —— 信息的来源和质量； —— 定性的置信水平。
• 对于未来土地利用的描述： —— 信息的来源和质量； —— 与发生的可能性相关的信息。
• 在风险评估中，对于每一个暴露途径，解释选择或不选择的原因。 对于每种途径的组合，描述关于暴露途径选择的限定条件，这些途径被认为是在同一时期相同个体或人群暴露的途径。

表征模型的不确定性

- 列出/总结关键模型假设。
- 指出每种假设对风险的潜在影响：
  —— 方向（即可能高估或者低估风险）；
  —— 大小（例如，数量级）。

表征毒性评估的不确定性

对于进行定量风险评估的每种物质，列出与以下相关的不确定性：

- 定性的危害结果（潜在的人类毒性）。
- 毒性值的获得依据，例如，
  —— 人类或者动物数据；
  —— 研究的持续时间（例如，用来设置亚慢性 RfD 的慢性研究）；
  —— 任何特殊考虑。
- 与影响同一个体的其他物质发生协同或拮抗作用的可能性。
- 根据非终生暴露量计算终身致癌风险；

对于因为毒性信息不足而未列入定量风险评估的每种物质，请列出：

- 可能的健康影响；
- 排除之后对最终风险估计的可能影响。

风险表征

- 确定了与现场有关的关键污染物，并讨论了相对于本底浓度范围的污染物浓度；
- 对现场存在的各种癌症和其他健康风险的描述（例如，肝脏毒性、神经毒性），区分已知的对人类的影响和那些根据动物实验预测会发生的影响；
- 估计风险时使用的定量毒性信息的置信水平，以及对未纳入定量评估的物质毒性的定性信息的表示；
- 对主要暴露途径和相关暴露参数假设的暴露估计的置信水平；
- 相对于国家保护规划中的超级基金场地整治目标，致癌风险和非致癌风险指数的大小（例如，致癌风险范围为 10^{-7}～10^{-4}，非致癌危害指数为 1.0）；
- 造成场地风险的主要因素（例如，物质、途径和途径组合）；
- 降低结果确定性的主要因素和这些不确定性的重要性（例如，增加几种物质和途径的风险）；
- 暴露人群特征；
- 与特定场地的健康研究进行比较（如果有）。

资料来源：改编自 EPA，1989a。

放射性核素风险的不确定性分析

在关于放射性核素的国家有害空气污染物排放标准（National Emission Standards for Hazardous Air Pollutants，NESHAPS）的环境影响报告书的背景文件中，EPA 采取了一个更加全面、综合、定量的方法来表征不确定性（EPA，1989b）。这个文件全面呈现了对与放射性核素暴露相关的致命致癌风险的估计。这个评估“旨在对风险进行最合理的估计；也就是说，不能显著地低估或者高估风险，并且要能有足够的准确性以支持决策”（EPA，1989b）。然而，该文件的一章详细分析了 EPA 辐射项目办公室为四个被选定的暴露场地计算得到的风险的不确定性，这些场地包括华盛顿的一个铀矿山尾矿堆和爱达荷州的一个元素磷矿。不确定性分析的原因是“定量不确定性分析可以指出在不确定性范围内实现不同风险等级的可能性。这类信息对于将可接受的和合理的置信水平纳入决策非常有用”（EPA，1989b）。

EPA 对放射性核素风险的不确定性分析的重点是“参数的不确定性”，因为不确定性因素包括替代或额外的暴露途径且风险模型结构是“不易于进行明确分析的”（EPA，1989b）。首先将参数不确定性建模为每个参数的特定概率分布，这些参数包含在放射性核素风险评估的四个关键组成部分中：源项、大气扩散系数、环境传输和放射性核素吸收系数、风险转换系数（即放射性核素强度）。所有暴露相关系数的分布都是为了模拟最大暴露个体的系数值的不确定性。所有吸收相关系数的分布都是为了模拟平均个体的系数值的不确定性，除了在一些独立的相应分析中纳入了基于普查的家庭居住时间的个体间差异性，它在计算中被当作一个不确定参数。

蒙特卡洛法被用来在污染—吸收—风险模型中传播不确定性，这个模型用于计算特定放射性核素对一个典型个体造成的致命癌症终身风险的增加量，典型个体在一生中（70 年）或者在从表征家庭居住时间的分布中，随机抽取的较短时间内接受的最大暴露量。在涉及铀矿尾矿堆的暴露情景中，估计得到与潜在最大限度地暴露于所有放射性核素有关的增加的总致命致癌风险，其不确定性的表征如图 5-1 所示。该图的横轴表示增加的风险乘以 3.5×10^{-6}，这个值是在 70 年中始终承受最大暴露量的个人的风险分布（表示为实线）的几何平均数。（之所以对几何平均值进行标准化，是因为所有得到的风险分布都非常接近对数正态分布。）

图 5-1 中的纵轴是以百分比表示的累积概率，也就是真实（但确定）风险小于或等于给定的、对应于横轴上显示的特定风险值的概率。图中的水平实线对应的累积概率为

50%。图中的虚线表示并未一生都在家里居住的风险估计。在评论该不确定性分析考虑的四种暴露情景中实线和虚线的实质性区别时，EPA 认为“很明显……很多都趋向于附近的位置”，且“我们不认为纳入暴露时间因素可以提高对最大个人风险的评估”，而且“不恰当地运用这一因素很容易导致对风险评估中不确定性的错误结论”（EPA，1989b）。

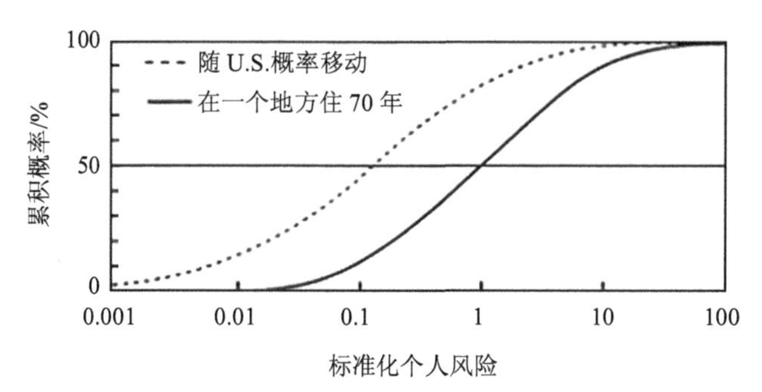

图 5-1　在涉及铀矿厂尾矿堆的暴露场景中，与潜在最大限度暴露于所有放射性核素有关的估计总致癌风险增加的不确定性

资料来源：改编自 EPA，1989b。

风险评估的呈现

有几种方法可以用来展示健康风险评估结果。表 5-2 中列出了几个经常使用的术语。这个定义来自 1992 年的《暴露评估指南》（EPA，1992a）。它们的任意组合可以被用来向风险管理者或者公众展示风险估计。描述语的选择通常是基于法律规定的。一般情况下，这个展示包括一个表格，显示按暴露途径估计的暴露人群的风险。

1992年《暴露评估指南》

EPA 1992 年的《暴露评估指南》清楚地展示了危害识别、剂量—反应和暴露评估信息，这些信息可能在未来的风险评估中使用。风险评估者要检查在这个过程中所做的判断、可用数据的限制以及知识的状态。根据 EPA 的指南，风险表征应当包括（EPA，1992a）：

- 关于该化学物质可能对人体健康造成特定危害的可能性、所观察到的影响性质和严重程度以及通过哪些途径可以产生这些影响的定性的、证据充分的结论。

这些判断同时影响剂量—反应和暴露评估。

- 对于非致癌影响，讨论临界效应的剂量—反应行为、其他各种毒性终点剂量—反应曲线的形状和斜率等数据，以及如何使用这些信息来确定适当的剂量—反应评估技术。
- 评估暴露的程度、途径、持续时间和模式、相关的药代动力学以及暴露人群的数量和特征。这些信息必须与危害识别和剂量—反应评估相一致。

风险表征的总结应当强调风险评估过程中每个步骤的关键点。

风险表征备忘录

EPA 正处于风险表征的转变阶段。除了上述暴露指南，风险表征备忘录（附件 B）也为 EPA 的风险管理人员和风险评估人员提供了风险表征和不确定性分析的指导。这个备忘录

处理了影响公众对 EPA 科学评估以及相关的监管决策的可靠性的看法的问题……由于评估结果在决策过程中不断传递，重要信息常常被忽略……通常，当把风险信息提供给最终决策者和公众时，结果都被归结为对风险的一个点估计。风险评估的这种“简洁”的方法并不能充分传达在制定评估时考虑和使用的信息范围。总之，提供信息的风险特征阐明了 EPA 决策的科学基础，而仅仅依靠数字并不能反映评估的真实情况。

由 EPA 高级管理人员组成的风险评估理事会的备忘录中附加了一个声明，强调了以下原则：

- 完整的风险表征：全面公开地讨论 EPA 每项风险评估中存在的不确定性，包括突出显示风险表征中的关键不确定性。在进行数值风险评估时，应始终仔细选择描述性信息，以确保在风险评估报告和监管文件中对风险进行客观和平衡的描述。
- 可比性和一致性：对于相似（但完全不同）风险的可比性的混淆，例如，一个平均个体的风险估计相对于最高暴露个体的风险估计，导致了对风险的相对重要性和防范风险、降低风险行动的误解。因此，在新修订的《暴露评估指南》中概述的几种不同的风险描述语，应该提供比单个风险描述语更完整的风险信息。

- 专业判断：对风险进行全面表征的程度是有限的。置信水平和不确定性程度在很大程度上取决于评估及可获得资源的范围。只需要向决策者和公众提供最重要的数据和不确定性信息，所以不会给他们造成太大负担。此外，当一些特殊情况（例如，缺乏数据、非常复杂的情况、资源限制、法定期限）导致评估无法正常进行时，需要对这些情况进行解释。

在实施该指南时，EPA 的工作人员应该：

1．明确地将风险评估信息与任何非科学的风险管理考虑因素分开。

2．必须强调关于数据和方法的关键科学信息（例如，利用动物或人类数据从高剂量外推到低剂量，使用药代动力学数据），并且必须提供一份对各项评估置信水平的声明，说明所有主要的不确定因素以及它们对评估产生的影响。

3．展示来源于不同暴露情景和使用多种风险描述语（例如，中心趋势、个人风险的高端值、人群风险、重要的亚群）描述的暴露范围。

风险表征备忘录贯穿风险评估的每个步骤，并且提出了需要回答的问题。这些都列在表 5-1 中，其中提出一些需要解决的问题，以全面描述每个步骤中的信息。

风险交流

风险交流由两部分组成：风险评估者和风险管理者之间的交流，以及风险评估管理团队和公众之间的交流。风险管理者经常收到对个体和人群的风险评估（通常是点估计，但是偶尔也会是评估范围），其中仅对每个不确定性进行了定性描述。尽管从已发布的资源或者通过请求可以获得更多信息，但一般公众通常只能得到很少的信息——只有点估计或范围（没有不确定性的描述）和风险管理决策。在大多数监管情况下，管理者的决策和支持信息都发表在《联邦公报》上。此外，公众可以获得大量深入讨论风险分析的背景文件。公众通常有机会在 30～60 天内针对这个分析和决策发表意见。EPA 可能会根据公众的意见对风险评估进行调整。

第二部分

改进风险评估的策略

前几章已经按照 1983 年红皮书委员会制定的顺序审查了健康风险评估过程的各个步骤。在审议风险评估的各个步骤时，委员会注意到有几个共同的主题贯穿于风险评估的各个阶段，并且出现在对每一个步骤的批评中。这些主题如下：

- 默认选项。关于选择还是背离默认选项是否有一套清晰一致的原则？
- 验证。EPA 是否有充分的理由证明其用于风险评估的方法和模型与现有的科学信息相一致？
- 数据需求。EPA 是否能获得足够的信息来推动保护公众健康和科学合理的风险评估的进行？EPA 应当获取哪些类型的信息，并且如何最好地使用它们？
- 不确定性。EPA 是否充分地考虑到在风险评估中考虑、描述不可避免的不确定性以及要在这种条件下作出决策？
- 差异性。EPA 是否充分地考虑到个体暴露于有毒物质，以及他们对于癌症和其他健康影响易感性方面的差异？
- 聚合。EPA 是否妥善地处理了污染物之间相互作用对人类健康产生影响的可能性？是否考虑到多种暴露途径和多种不利的健康影响？

红皮书范式应通过采用使用这些主题的交叉方法加以补充。这种方法可以改善目前在机构内实行的风险评估中的以下问题：

- 科学界对特定科学证据的价值的不同意见，以及由于定期修订特定的“风险数字”（例如二噁英的风险数字）而导致的可信度下降。
- 当新的科学信息可能（错误地）增加不确定性时，不愿将其纳入风险评估中。
- 风险表征中各种输入的不兼容性，例如剂量估计单位不能与更加复杂的剂量—反应评估相结合，或者危害识别的证据无法立即纳入强度评估中。
- 强调理论建模而非测量。
- 对于风险管理者的需求来说，风险评估的结果要么不够翔实，要么过于具体，以及缺乏明确的信息来指导风险评估研究。

在风险评估的规划和分析中考虑这六个交叉的主题，并不能单独解决风险评估的问题。的确，过分强调风险评估的交叉视角可能会产生意料之外的问题。总而言之，第 6～

11 章中提出的风险评估观点有两个重要目的：为了提高整个风险评估过程的准确性、可理解性和对监管决策的有用性，它将使个别交叉主题在风险评估过程中具有更突出的地位，并且它将鼓励改进风险评估的尝试，使风险评估从目前有些零敲碎打的状态逐渐演变得更加全面。无论采用何种概念框架，委员会认为 EPA 必须为默认选项的选择、判断何时以及如何背离它们制订原则。这个有争议的问题将在下一节中介绍。

风险评估原则的必要性

我们对有害空气污染物的科学认识存在许多空白。因此，这些污染物的健康风险评估存在很多的不确定性。其中一些可以被称为模型的不确定性，例如由于缺乏对有害空气污染物引发毒性的机制的了解，在选择剂量—反应模型时具有的不确定性。正如在第 6 章中更详细地讨论的那样，EPA 制定了“默认选项”，以便在出现这种不确定性时使用。这些选项是在缺乏令人信服的科学信息，无法判断几个竞争的模型和理论哪一个是正确的情况下使用的。这些选项不是用于限制机构的规则；相反，它们构成了 EPA 在评估由于特定化学品引起的风险时可能会背离的指南。随着科学知识的积累，EPA 也可能改变这些指南。

正如第 6 章中所讨论的，委员会认为 EPA 选择发布“默认选项”是合理的。如果没有统一的指南，将会有这样一种危险，即风险评估中使用的模型选择将会根据监管一种物质是否在政治上可行或者根据其他狭隘的考虑而临时决定。此外，指南能够为风险评估提供一个可预测并且一致的框架。

该委员会认为，仅在风险评估中描述默认选项是不够的。我们认为，EPA 应当制订相应的原则来选择默认值，并判断何时以及如何背离默认值。如果没有这些原则，背离“默认选项”可能就是随机的，从而削弱了“默认选项”的作用。无论是 EPA 还是有关各方，都没有任何关于说服机构背离默认选项所必需的证据的质量或数量，以及在这个过程中哪些点需要提供证据的指导。

此外，如果没有一套基本的原则，EPA 和公众将会无法判断“默认选项”本身是否明智。默认选项不可避免地会在它们的科学基础、经验数据基础、保守程度、合理性、简单性、透明性和其他属性上有所不同。如果在选择默认值时没有有意识地参考这些属性或者其他属性，那么 EPA 将无法判断它们满足所需属性的程度。当缺少默认值时，对于何时以及如何增加新的默认选项，EPA 也无法作出明智而一致的判断。此外，EPA 选择风险评估方法的政策基础将不为公众和国会所知，例如，现在还不清楚 EPA 最重视保护公众健康、产生科学准确的评估还是将其他问题放在了最重要的位置。

该委员会已经确定了一些目标，这些目标在审议选择和背离默认选项的原则时应予以考虑：保护公众健康、保证科学有效性、尽量减少评估风险时的严重错误、最大限度地激励研究、创建一个有序和可预测的过程、提高开放性和可信性。可能还有其他相关的标准。

原则的选择不可避免地涉及如何平衡这些目标。例如，最开放的过程不一定是能产生最科学有效的结果的过程。同样地，使估计误差最小化的目标可能会与保护公众健康相冲突，因为（鉴于不确定性的广泛存在）在实现后一个目标时会涉及接受这样一种可能性，即给定的风险评估将高估实际风险。

因此，该委员会发现很难就 EPA 应当采取的原则达成一致意见。例如，该委员会争论 EPA 是否应当将其方法建立在“合理的保守主义”的基础上，也就是说，试图使用在科学界得到支持的模型，这些模型倾向于将由其生成的风险估计显著低估实际风险的可能性降到最低。该委员会还讨论了 EPA 是否应当尽可能地把它的做法建立在根据目前的科学知识计算得出的最可能是正确的风险估计的基础上。经过广泛的讨论后，委员会还没有就这个问题达成共识。

该委员会还得出结论，选择指导风险评估的原则，尽管需要科学的知识和科学的判断，但是最终还是取决于政策判断，因此即使它可以与具体建议达成一致，这也不是委员会要具体审议的问题。这个选择反映了在风险评估过程中应该如何使用科学数据和推论的决策，而不是哪些数据是正确的或者应该根据这些数据得到什么推论。因此，原则的选择不可避免地涉及不同价值观之间的选择，以及应对不确定性的相互矛盾的判断之间的最好选择。

许多委员认为，委员会不应该试图去推荐原则，而是应该把它们的制定留给政策过程。他们的结论是，衡量社会价值的工作应该留给那些被直接或间接选择来代表公众的人。的确，这些成员认为，委员会的任何建议都会给人一种错误的印象，即原则的选择最终是一个科学问题。需要注意，国会于 1990 年通过的《清洁空气法》修正案第 303 条明确区分了本委员会与风险评估和管理委员会职能的区别。风险评估与管理委员会，而不是本委员会，其职能是处理政治问题。

其他委员认为，委员会应当尝试推荐原则。他们主张选择风险评估是最重要的决策之一，而风险评估专家由于具备相关的专业知识，所以应该在这方面发表意见。他们认为，原则的选择并没有比该委员会解决的其他问题更具政策性，而且认为不推荐原则的决策本身就是一个政策选择。他们还指出，决策中涉及的科学要素将原则的选择与其他委员会同意不需要解决的纯粹的“政策”问题区分开来，例如成本效益方法的使用或者风险感知的社会心理维度的影响。

该委员会决定不在其报告中推荐法规。附录 N 包括了三名委员会成员关于这个问题的不同观点。Adam Finkel 的一篇文章中提出，EPA 应当努力推进科学共识，同时通过采用“合理的保守主义”的方法来尽量减少低估风险的严重错误。另一篇 Roger McClellan 和 Warner North 的文章认为，EPA 应当推进反映目前科学知识的风险评估。这些观点并不是为了反映委员会成员对这个问题的全部意见，而是为了说明所涉及的问题。

报告风险评估

正如之前已经提到的，不确定性在风险评估中无处不在。当不确定性涉及可被测量的或者从假设中推断出来的物理量的大小时（如环境浓度），它通常能够像第 9 章中建议的那样被量化。

模型的不确定性来源于无法确定哪一个科学理论是正确的，或者应当使用哪些假设来得出风险评估。这种不确定性不能基于数据被量化。任何概率的表示，无论是定性的（例如，科学家认为阈值可能存在）还是定量的（例如，科学家认为阈值存在的可能性是 90%）都可能是主观的。主观定量概率可能有助于将单个科学家的判断传达给风险管理者和公众，但评估主观概率的过程是非常困难的，并且在实际监管中基本上没有尝试过。对定量概率的可靠性可能存在严重的分歧和误解，特别是当没有明确和详细地说明它们的依据时。

面对重要的模型不确定性，将风险表征简化为一个数字或者一个范围来展现出不确定性都是不可取的。相反，EPA 应当考虑同时给风险管理者提供定量和定性的风险表征，以及文字和数字上的风险表征。

如果 EPA 采取这种做法，提供给风险管理者的定量评估应当基于 EPA 所选择的原则。EPA 可能会要求在进行风险评估的同时，向机构提交一份描述替代假设的声明，尽管这些假设不符合 EPA 风险表征的原则，但能满足一些小的要求（如合理性）。例如，EPA 通常假设致癌性不存在阈值，并且将使用线性多阶段模型计算致癌强度作为默认选项。就某种特定的物质提出意见的评论者可能试图表明，根据对其作用机制的了解，这种物质可能存在阈值。如果该阈值能够以一种满足 EPA 风险评估原则的方式展示出来，那么风险表征将会基于这个阈值假设。如果不能展示出来，那么风险表征将基于无阈值假设；但是如果发现阈值假设是合理的，风险管理者可能会被告知存在阈值是一个合理的假设，以及该假设的理论基础及其对风险估计的影响。通过这种方式，风险评估者将会获得有关表征风险估计中不确定性的定性和定量的信息。

迭代的方法

一个值得强调的策略组成是对迭代的需求。目前既没有资源也没有必要的科学数据对《清洁空气法》第 112 节中列出的 189 种有害空气污染物进行全面的风险评估。在很多情况下，也不需要这样的评估。一旦第 112 节中要求的最大限度的可用控制技术被应用到污染源中，那么一些化学品不太可能会造成超过最低限度（微不足道）的风险。此外，第 112 节所列的大多数污染源都不仅仅只排放一种污染物，并且用于第 112 节中污染物的控制技术很少是针对特定污染物的。因此，工业企业可能不会有太多动力去请求

EPA 将物质从第 112 节的列表中移除（或者需要 EPA 将其资源用于风险评估以回应这种请求）。

风险评估的迭代方法将从相对便宜的筛选技术开始，并根据特定的情况转向更资源密集型的数据收集、模型构建和模型应用。为了防止低估风险，在存在不确定的情况下，必须构建足够谨慎而不愿涉险的筛选技术。（正如第 12 章所讨论的，委员会对 EPA 目前的筛选技术是否是这样构建的存在一些疑问。）这种筛选的结果应用于确定进一步收集数据和为继续应用更复杂的技术设定优先顺序。然后，这些技术应当在必要的程度上用于作出判断。在第 7 章中描述了迭代过程的每个阶段应该获得的数据类型，其结果将是一个产生《清洁空气法》所要求的风险管理决策的过程，并且为进一步的研究提供了动力，而无须对个别化学品进行昂贵的个案评估。使用迭代方法可以改进风险评估决策的科学基础，并且对一些风险管理问题作出解释，例如保护水平和资源限制。

第 6 章

默认选项

EPA 的风险评估实践很大程度上依赖于“推断指南”，或者通常被称为“默认选项”。这些选项是基于一般科学知识和政治判断的通用方法，当正确的科学模型是未知的或者不确定时，默认选项就会被应用到风险评估的各个部分。1983 年 NRC 的报告《联邦政府中的风险评估：过程管理》将默认选项定义为，“在没有相反数据的情况下，根据风险评估政策所作出的最佳选择”（NRC，1983a）。默认选项不是约束 EPA 的规则，相反，正如“默认选项”的替代术语“推断指南”所暗示的那样，在评估某种特定物质所带来的风险时，机构会在合适的情况下背离“默认选项”。在本章中，我们将讨论 EPA 采用包含默认选项的指南以及在特定情况下背离它们的实践。

指南的采用

正如我们对风险评估的讨论所表明的，目前对癌症发生的认识虽然迅速发展，但仍然存在许多重要的空白。例如，对于大多数致癌物，我们不知道致癌物的剂量和它导致的风险之间的完整关系。因此，当有证据表明在高浓度时有致癌效应（例如，在工作场所或者动物实验中），我们不知道在通常的低浓度环境中这种效应（如果有的话）有多强。同样，我们不知道表明暴露于某种物质仅会导致动物良性肿瘤的实验的重要程度，或者在计算某种化学物质的致癌强度时，该如何调整动物和人类之间的代谢差异。

其他的不确定性都不是致癌作用所特有的，而是风险评估中很多方面的特征。例如，计算个人所接受的剂量可能需要知道在特定的时间和地点，该物质从污染源的排放量和其环境浓度之间的关系。在人们可能暴露的每个地方都安装监测器是不现实的，而且，监测结果也有误差。因此，监管机构尝试使用空气质量模型来预测环境浓度。但是，由于我们对于大气过程的认识并不完善，而且使用这些模型所需要的数据并不总是能够得到，用大气传输模型得到的预测结果可能会与测量到的环境浓度有很大的差别（NRC，1991a）。

希望随着时间的推移，我们的知识和数据能够得到提高。的确，我们认为 EPA 和其他政府机构必须进行科学研究，并且接受其他机构合理的科学研究结果。与此同时，必须在不确定的条件下制定关于监管有害空气污染物的决策。至关重要的是，风险评估过程以一种可预测的方式处理不确定性，这种方式科学上是合理的，符合 EPA 的法定任务，而且响应了决策者的需求。

正如我们将在第 9 章中进一步解释的，这些不确定性主要有两种类型。第一种类型，我们称之为参数不确定性，是由于我们无法准确地确定科学模型的关键输入值，例如排放量、环境浓度和代谢活动速率造成的。第二种类型是模型不确定性，是由于我们对暴露和毒性作用机制的认识存在差距——这些差距使我们无法确定几种相互竞争的模型中哪一个是正确的。例如，如上所述，我们常常不知道是否存在阈值，如果低于该阈值，致癌物不会造成不利影响。正如我们在第 9 章中讨论的，模型不确定性与参数不确定性不同，通常很难量化。

红皮书建议，通过联邦监管机构在风险评估过程中使用统一的推断指南来解决模型的不确定性。这些指南将构成与健康风险评估相关的科学和技术信息的解释。报告中呼吁，这些指南不应该是死板的，而应当是灵活的，允许在特定情况下考虑特别的科学证据。

红皮书描述了这些指南的一些优点，具体如下（pp.7-8）：

采用统一的指南将会提升风险评估的明确性、完整性和一致性；有助于阐明科学和其他因素在风险评估政策中的相对作用；有助于确保评估反映了最新的科学认识；能够使监管机构参与到政府决策中。此外，遵守推断指南将帮助保持风险评估和风险管理之间的区别。

委员会认为，这些考虑是持续有效的。特别地，我们强调了推断指南在防止风险评估和风险管理互相过度影响的重要性。如果没有统一的指南，风险评估可能会依据监管物质是否在政治上是可行的来临时操纵风险评估。此外，我们认为推断指南能够为风险评估提供一个可预测且一致的结构，且指南的声明会迫使机构公开阐明其对模型不确定性的处理方法。

与编制1983年NRC报告的委员会一样，我们认识到在风险评估和风险管理之间存在着不可避免的相互作用。正如1983年的报告所述（pp.76，81），“风险评估必须始终包括政策和科学”和“指南必须包括科学知识和政策判断”。任何选择默认选项或者不选择默认选项的决定，都相当于一个政策决定。报告指出，事实上，如果没有政策决定，风险评估指南可以做的仅仅是“在每一次风险评估中，提出看似合理的科学推断选项，而不是去试图选择或者甚至建议一个首选的推断选项”（NRC，1983a）。这样的指南几乎毫无用处。该报告鼓励风险评估指南包括风险评估政策，且明确地区分科学知识和风险评估政策以避免政策决定被伪装成科学结论（NRC，1983a）。该报告主张，为了保持评估的一致性，与风险评估相关的政策判断应当基于一项或多项共同的原则。

我们认为，EPA发布《致癌物风险评估指南》（EPA，1986a）是合理的。这些准则规定了关于模型不确定性的政策判断，这些不确定性是在没有明确证据表明应该使用特定理论或模型的情况下用来评估风险的。

例如，默认选项表明，在评估与低剂量药物有关的人类风险程度时，“在缺乏足够的相反信息时，将采用线性多阶段程序”（EPA，1986a）。线性多阶段程序意味着在低剂量时存在线性关系。在低剂量时，如果低剂量被降低1 000倍，那么风险也会被降低1 000倍；剂量和风险之间是线性相关的。根据EPA的指南，如果有“足够的证据”证明该物质产生致癌性的机制与另一个不同的模型更加一致，例如，存在这样一个阈值，当低于这个值时暴露与风险不相关，那么允许违背这个默认选项。因此，在缺乏相反证据的情况下，指导决策者的默认选项将举证责任交给那些希望表明不应该使用线性多阶段程序的人。类似的默认选项包括有效剂量的计算、良性肿瘤的治疗，以及将动物测试的结果按比例缩放以估计对人类的致癌强度的方法等。

一些默认选项涉及外推的问题，即从实验动物到人类，从大到小的暴露（或剂量），从间歇性到慢性终身暴露，从一个路径到另一个路径（如从摄入到吸入）。这是因为在流行病学研究中很少有化学物质能直接导致可测量的人类癌症数据，而其中只有少量的流行病学数据足以支持对人类流行病学致癌风险的定量估计。在缺乏充足的人类数据的情况下，将实验室动物作为人类的替代物是非常有必要的。

如前所述，指南的一个优点是，它们能够阐明机构对每个默认选项的选择及其选择的理由。EPA 的指南列出了每个选项，但并不十分明确。EPA 也没有明确地阐述选项的科学和政策依据。因此，关于 EPA 的默认选项是什么以及这些选项的基本原理会存在分歧。我们试图在这里确定最重要的选项（引用了 1986 年的指南中的一些要点）：

- 在评估致癌风险中，实验动物是人类的替代物；实验动物体内的阳性癌症生物测定结果被当作一种化学物质对人类有化学致癌潜力的证据（Ⅳ）。
- 人类的敏感性程度，与具有适当研究设计的生物测试中评估出的最敏感的动物物种、品系或性别相同（Ⅲ.A.1）。
- 在长期动物实验中呈阳性，并且显示出促进或者共同致癌活性的物质，应当被视为完全致癌物（Ⅱ.B.6）。
- 良性肿瘤是恶性肿瘤的替代，因此在评估一种化学物质是否是致癌物以及评估其强度时，将良性和恶性肿瘤都列入其中（Ⅲ.A.1 和Ⅳ.B.1）。
- 在诱发癌症方面，化学品的作用类似于低剂量的辐射。也就是说，即使只摄入一个化学分子，也有可能诱发癌症，而这种可能性是可以计算出来的，因此，适当的暴露—反应关系模型是线性多阶段模型（Ⅲ.A.2）。
- 重要的生物参数，包括化学物质的代谢速率，在人类和实验动物中都与体表面积相关。当将实验动物的代谢数据外推到人类时，我们可以利用实验物种的表面积与人类表面积的关系来调整实验动物的数据（Ⅲ.A.3）。
- 一种化学物质的给定摄入量有着相同的效果，而不管其摄入时间；化学物质的摄入量随时间而整合，不论摄入的速率和持续长短（Ⅲ.B）。
- 当摄入多种化学物质时，个别化学物质在诱导癌症时是独立于其他化学物质而产生作用的；当评估与暴露于化学物质的混合物相关的风险时，将风险相加（Ⅲ.C.2）。

EPA 从未阐明这些选项的政策依据。正如我们在前面引言部分（第二部分）所讨论的，EPA 应该选择并解释其选择的基本原则，以避免临时决策带来的危险。EPA 的选择在很大程度上是保守的——也就是说，它们代表了该机构在面对相互矛盾并且看似合理的假设时的隐含选择，即选择使用（作为默认选项）那些虽然合理，但被认为更有可能导致风险评估高估而不是低估人类健康和环境风险的假设。因此，EPA 的风险评估旨在反映当前科学知识所揭露的风险范围上限。

EPA 使用保守的假设来执行国会在几部法律中的授权，包括《清洁空气法》，以便在面临科学不确定性的情况下采取预防行动（参见 Ethyl v.EPA，541 F.2d 1（D.C. Cir.）（en banc），certiorari denied 426 U.S. 941（1976），由 1977 年《清洁空气法》修正案第 401 节批准），并且制定包括防范未知影响和计算风险错误的安全范围的标准［参见 Environmental Defense Fund v. EPA，598 F.2d 62，70（D.C. Cir. 1978）和 Natural Resources Defense Council v. EPA，824 F.2d 1146，1165（en banc）（D.C. Cir. 1987）］。

EPA 对默认选项的选择一直都存在争议。但是我们注意到，有关 EPA 做法的一些争论，与其说是针对保守主义，不如说是针对于该机构所采用的实施方法。我们认为，无论 EPA 选择的保守程度如何，前面章节中提到的、与定量不确定性分析相结合的迭代方法都将会改进该机构的做法。我们还注意到，在采用迭代方法的情况下，EPA 必须使用相对保守的模型来进行筛选估计，以表明一种污染物是否值得进一步分析和全面的风险评估。这样的估计是为了避免对那些被认为是可接受的，或者是最低限度（微不足道）的风险进行详细的评估。因此，根据定义，筛选分析必须足够的保守以确保可能对健康和福利构成威胁的污染物将得到全面的审查。

随着时间的推移，默认选项的选择对监管决策的影响可能会降低。随着科学知识的增长，不确定性也会减少。更好的数据以及对生物学机制不断提高的认识，将会使风险评估对默认假设的依赖减少，并使其能够更加准确地预测人类风险。

在评估 EPA 的风险评估方法时，我们发现该机构的指南，用 NRC 早前报告中的术语来说，有一部分是科学政策，而不纯粹是科学事实的陈述。上面提到的关于从高剂量到低剂量的外推的指南是说明性的。该指南并不是声称已知剂量和反应之间是线性关系，剂量和反应之间的真实关系是不确定的，而且可能是非线性的，这一点很容易得到认可。相反，该指南是基于：（1）科学的结论，即线性模型在现有数据和生物学理论上得到大力支持，并且对于大多数被确定为致癌物质的化学物质，没有任何一种替代模型有足够的支持以保证背离线性模型；（2）进一步的科学结论，即线性模型比大多数合理的替代模型要更加保守；（3）政策判断，即当存在模型不确定性时，应选择保守的模型。

背离默认选项

机构的政策应当鼓励更加深入的科学研究。风险评估者和管理者必须接受有关化学物质毒性效应的特性和大小的新的科学信息。然而，事实证明，将这个接受能力付诸实践是困难的。1983年的NRC报告批评了各机构如何执行其指南。报告指出“推断选项在具体风险评估中的应用普遍缺乏明确性”，这使得它“很难知道评估者是否遵守指南”（NRC，1983a）。NRC的报告认识到，有必要防止在特定风险评估中出现临时的、未记录的背离指南的情况。但是NRC报告明确提出，精心设计的指南“当科学合理时，应当允许接受新的、不同于之前认为的一般情况的证据”。NRC敦促人们认识到必须在灵活性与可预测性和一致性之间进行权衡（NRC，1983a）。

NRC主张各机构在缺乏弹性和临时判断之间寻求一条中间道路，但这种转变是很困难的。如果一个机构规定了背离其指南的标准，那么就能保持一致性和可预测性。如果这些标准本身应用得过于严格，这些指南可能会僵化成死板的规则；但是如果没有这些标准，那么这些指南可能会因为对风险评估的政策操纵而被随意地推翻。

NRC的方法要求各机构不将其推断选项视为具有约束力的规则，而是要当作一个指南，除非有足够的证据，否则都要遵循它。自NRC报告发布以来的10年里，EPA从未明确提出过背离默认选项的标准。我们相信，一个结构化的方法能够为科学界和公众提供更好的指导，并且能够确保只有当存在有效的科学原因时才能放弃默认选项，且确保放弃默认选项是科学可信且被公众所接受的。

EPA 的方法似乎允许在特定的情况下背离默认选项，这种情况是学识渊博的科学家一致认可的，现有的科学证据证明背离默认选项是合理的。EPA 显然既考虑了提交数据的质量，也考虑了用来证明背离理论的稳健性。

EPA 需要更精确地描述背离默认选项所需要的证据的种类和力度。因为关于所需要的证据分量的决定最终是一项政策，并且因为我们无法就实施这样一种标准的拟议措辞达成一致（见附录 N-1 和 N-2），所以我们不主张任何特定的标准。此外，我们意识到，在任何不容易被误解的语言描述的准则中捕捉判断的细微差别是很困难的。

我们认为，EPA 必须继续依靠其科学咨询委员会（Science Advisory Board，SAB）和其他专家机构，来确定何时应该背离 EPA 制定的默认选项。EPA 越来越多地借助同行评议和研讨会，以确保它已经仔细地考虑了背离默认选项的合理性。应继续使用这些以及其他方式来确保广泛的同行和科学参与，以尽可能地确保 EPA 的风险评估决策是在利用现有的最佳科学知识的情况下作出的。

我们还注意到 EPA 有一条艰难的路要走。EPA 因为在决定是否背离默认选项时拖延而一直被批评。不断增加的程序提高了进一步拖延的可能性，特别是在 EPA 预计要面临一段时间的预算紧缩的时期。EPA 可能会削减员工的薪资待遇，以吸引具有所需经验和训练的科学家来判断背离默认选项是否合理。国会应该意识到需要更多的机构资源来执行《清洁空气法》以及类似的法律。

在特定情况下，默认选项的替代方法可能获得同等的或者更大的科学支持，即使不放弃默认选项，我们认为也应该以叙述的方式告知决策者这些具体的信息，并且认为风险表征应当包括讨论替代方法对风险估计的影响。

目前 EPA 在背离默认选项方面的实践

如上所述，EPA 在接受需要背离默认选项的证据的同时，要注意到只有在特定情况下，当背离被证明合理时，才能背离默认选项。此外，该机构需要遵循一个允许同行参与和审查的过程。

下面我们将讨论 EPA 处理的一些案例，这些案例涉及是否要背离默认选项的问题。在每个案例中，EPA 背离默认选项的决定都降低了其对风险的估计；但是，值得注意的是，新的科学数据可能会增加对风险的估计，使其比使用默认选项得出的估计值更高。

例 1：动物癌症生物测试数据的使用

下面的例子背离了这两个默认选项，即：（1）癌症诱发的阳性感染动物实验结果足以证明对人类的癌症危害；（2）人类至少和最敏感的动物一样敏感。这个例子涉及用多种化学物质诱导雄性实验大鼠患肾癌，这些化学物质中最重要的是，1，4-二氯苯、六氯乙烷、异戊二酮、四氯乙烯、磷酸二甲酯、d-柠檬烯、五氯乙烷和无铅汽油（EPA，1991d）。1990 年《清洁空气法》修正案将前四种污染物列为有害空气污染物。

暴露于这些化学物质的雄性大鼠会患上与剂量相关的肾癌；最高发病率通常是 25%甚至更低。肿瘤不会发生在其他器官、物种或雌性大鼠身上。由于几种化合物和无铅汽油在经济上的重要性，人们进行了广泛的研究来了解肿瘤发生的机制。研究表明，雄性大鼠肿瘤的发生与一种特殊的机制有关。当有问题的化学物质被雄性大鼠吸入，这种化学物质或者其代谢产物会进入血液循环系统，并且与特定的蛋白质（α-2μ-球蛋白）形成复合物，这个复合物在雄性肝脏中产生，并且通过血液从肾脏中除去。当复合物被肾脏从血液中清除后，它以透明液滴的形式在肾脏累积，从而导致以细胞死亡、脱落物形成、矿化和增生为特征的肾脏疾病。由于暴露于化学物质而导致的累积，以及统计学上肿瘤的显著增加，只会发生在雄性大鼠身上。

与此相反，不具有相同浓度的 α-2μ-球蛋白的雌性大鼠，并没有因为暴露而导致肿瘤在统计学上显著增加。同样，这个蛋白在人体中无法检测到，因此，该机制不会对暴露于上述化学物质中的人类造成罹患肾癌的风险。因此有人建议，由于在人类中没有发现会导致肿瘤的特殊机制，EPA 在这种情况下应当背离其默认选项，这个默认选项是指在动物中会致癌的物质对于人类来说也是致癌物。作为回应，EPA（1991d）评估了在雄性大鼠体内通过化学物质诱导 α-2μ-球蛋白累积（alpha-2μ-globulin accumulation，

CIGAs）而导致肾脏肿瘤的证据，如那些提到的化学物质。EPA 的审查表明，雄性大鼠暴露于 CIGAs 而患的肾癌，仅仅是由于 CIGAs 通过 α-2μ-球蛋白累积而导致的肾脏疾病。例如，EPA 指出，CIGAs 与 DNA 没有反应，在短期遗传毒性测试中通常呈阴性。与此相反，传统的肾脏致癌物（或其活性代谢物）通常都是亲电子物质，它会与大分子共价结合，形成 DNA 加合物。传统的肾脏致癌物对实验动物和人类都可能有致癌性，而肾癌被推测是由于这些化合物或者其代谢物与 DNA 相互作用而导致的。传统的肾致癌物，如二甲基亚硝胺，在短时间暴露后，会在实验动物体内诱发肾小管癌，两性的发病率都很高，同时随着剂量的增加，肾肿瘤的发病率明显增加。因此，传统的肾致癌物质和 CIGAs 似乎通过不同的机制产生作用。

在审查数据之后，EPA（1991d）提供了具体的判断标准以将化学物质归类为 CIGA。一种物质只有符合所有的判断标准才能被归类，但是将化学物质归类为 CIGA 并不能阻止它因为其他的作用模式而被认为是致癌物。通过这种方式，EPA 精确地制定了背离默认选项的方案。EPA 认为，仅仅由于化学诱导的 α-2μ-球蛋白累积而导致的雄性大鼠肾小管肿瘤不能用到人类癌症危害识别或者剂量—反应推断中。此外，EPA 指出，即使雄性大鼠体内没有出现肾小管肿瘤，但如果 α-2μ-球蛋白综合征的病变存在，雄性大鼠体内相关的肾病也不能帮助确定非致癌危害或风险。

EPA 的文件审查综合了现有的科学信息，在一个公开会议上被提交给同行，经 SAB 环境健康委员会审查后，获 SAB 执行委员会许可，并转交给局长（EPA，1991d）。转交给局长时还附有 SAB 的许可书，该文件概述了一项科学合理的政策，以背离对这类特定化合物的默认选项。这个政策已经得到了科学界的支持。然而，值得注意的是，一些研究者（Melnick，1992）认为，另一种可以解释所有的观测数据的机制可能与 EPA 认可的机制相同或更可信。α-2μ-球蛋白可能是输送某些化学物质到肾脏的载体蛋白，在肾脏中这些化学物质的毒性代谢物可能被释放出来。这种机制将 α-2μ-球蛋白累积作为一种指标，而不是肾毒性的原因。如果是这样，人类可能有其他载体蛋白可以将毒素转运至肾，且在没有蛋白质液滴的情况下引起毒性或者致癌性，因此，认为大鼠研究与人类不相关的假设可能是错误的。

例 2：暴露、剂量和反应之间的联系

在前面的例子中，背离默认选项发生在危害识别阶段。正如在例 2、例 3 中所讨论的，这种背离也能被用来改进致癌物质的单位风险估计。

通过定量风险评估计算单位风险，需要了解物质暴露和反应之间的关系。这种关系一部分涉及暴露（即某种物质的摄入）和剂量（即被身体器官吸收的物质或者有害代谢物的数量）之间的联系。然而，这种理解是不完整的。EPA 的默认选项假设所有的物种对于给定的毒物或者其代谢产物的靶组织剂量是同样敏感的。测试物种和人类的表面积比率，是将测试物种所接受的剂量与可能会引起人类相似反应的剂量（pp.6-7，Ⅲ.A.3）联系起来的关键。然而，正如下面的示例所示，证据有时可能支持背离这个默认选项。

二氯甲烷

关于暴露于二氯甲烷是否会导致人类罹患癌症的流行病学研究得出了模棱两可的答案。因此，对二氯甲烷致癌风险的评估依赖于对实验动物数据的使用，尤其是一些长期的生物测试。叙利亚仓鼠在每周 5 天、每天 6 小时的高达 3 500 ppm[①]的暴露下，任何部位都没有表现出肿瘤反应，但是小鼠和大鼠在每周 5 天、每天 6 小时的高达 4 000 ppm 的暴露下，出现与暴露处理相关的致瘤效应。EPA 在评估数据之后，将二氯甲烷列为一种可能的人类致癌物（B2）。

根据 EPA 指南中的默认选项，通过利用体表面积换算系数将实验动物数据换算以应用于人类，从而估算了二氯甲烷的致癌强度。由此得到在 1 $\mu g/m^3$ 的暴露下，致癌风险的估计值为 4.1×10^{-6}（表 6-1）。经过进一步的审议，EPA 已经将这个估计值降低了一个数量级（EPA，1991d）。这个降低是基于对二氯甲烷代谢途径的研究。与其他一些致癌物一样，致癌风险并非来自二氯甲烷本身，而是来自其代谢物。

① 在中文出版规范中，ppm 为废弃单位，一般用 mg/kg、μL/L 等代替（译者注）。

表 6-1 暴露于二氯甲烷的 B6C3F1 雌性小鼠中癌症发病率和根据动物数据估计的人类致癌风险

动物数据				
给药浓度	转换后的动物剂量/［mg/（kg·d）］	人类当量/［mg/（kg·d）］	肝肿瘤发病率	肺肿瘤发病率
4 000	3 162	712	40/46	41/46
2 000	1 582	356	16/46	16/46
0	0	0	3/45	3/45

人类风险估计

外推模型	1 μg/m³ 的致癌风险[b]
LMS[a]，表面积	4.1×10^{-6}
LMS，PB-PK[c]	3.7×10^{-8}
Logit	2.1×10^{-13}
Weibull	9.8×10^{-8}
Probit	$<10^{-15}$
LMS-PB-PK 经过敏感性换算	4.7×10^{-7}

资料来源：修订自 Reitz et al.，1989。

注：[a] LMS=线性多阶段模型。

[b] 95%置信上限。

[c] PB-PK=基于生理学的药代动力学。

因此，正确计算二氯甲烷所带来的风险依赖于对人体代谢这种化学物质的过程的了解。

利用生物测试中的动物物种和人体组织的研究，揭示了二氯甲烷的代谢途径。大部分研究的目的是为基于生理学的药代动力学（PBPK）模型（Andersen et al.，1987，1991；Reitz et al.，1989）提供输入。这些数据被以各种方式建模，包括考虑了两种代谢途径。其中一个涉及混合功能氧化酶（Mixed-function oxidase，MFO）氧化，另一个涉及还原型谷胱甘肽转移酶（GlutathioneS-transferase，GST）。这两种途径都涉及潜在反应中间体的形成：MFO 途径中的甲酰氯和 GST 途径中的氯甲基谷胱甘肽。MFO 途径被模拟为遵循饱和动力学，或 Michaelis-Menten 动力学，GST 途径被模拟为一级反应，即与浓度成正比。分析表明，GST 途径中形成的反应代谢物与肿瘤的形成有关。根据分析，该途径只有在主要的 MFO 途径饱和的情况下，才对二氯甲烷的转化起重要作用。该分析进一步表明，与小鼠相比，GST 途径在人体组织中的活性较低。这表明，默认选项中通过表面积比例转换得到的人类风险估计值太高，难以令人信服。EPA 将药代动力学和代谢数据纳入其最近对二氯甲烷的风险评估中，尽管它还是保留了表面积修正因子，但现在认为这个因子是对种间敏感性差异的校正。连续暴露在 1 $\mu g/m^3$ 的情况下，新的风险估计值为 4.7×10^{-7}（表 6-1）。

EPA 运用 PBPK 模型得到二氯甲烷的现有风险估计值的过程涉及使用同行评审小组以及 SAB 审查，以就替代模型的有效性达成科学上可接受的共识。然而，在 EPA 重新评估之后，同行评审文献中的文章开始把注意力集中在 PBPK 模型的参数不确定上，不管是 EPA 还是二氯甲烷的最初的研究人员都没有考虑到这一点。在具体的二氯甲烷案例中，至少有一项分析（Portier 和 Kaplan，1989）表明：根据新的 PBPK 信息，EPA 如果想要持续采取保守的立场，那么它应该提高而不是降低其原来的单位风险估计。我们在第 9 章中讨论的更加普遍的观点是，EPA 必须同时考虑背离默认模型的证据以及生成或修改替代模型或默认模型的参数的需求。

甲醛

甲醛是一种应用广泛的化学物质，其毒性和致癌性已经得到深入研究并且最近被回顾审查（Heck et al.，1990；EPA，1991e）。由于观察到大鼠暴露于高浓度（14.3 ppm）的甲醛会导致鼻腔癌发病率的大幅增加，人们对于甲醛的人类潜在致癌性的关注也得到提高。这一观察推动了关于甲醛暴露人群的流行病学研究的开展和解释。总体上，已经报告的 28 项研究为人类致癌性提供了有限的证据（EPA，1991e）。使用“有限”这个分类，主要是因为上呼吸道癌症的发病率会被暴露于其他已知会提高癌症发病率的物质所干扰，如香烟烟雾和木屑。

对甲醛慢性吸入的影响的研究已在大鼠、小鼠、仓鼠和猴子身上开展。致癌性的主要证据来自两种性别和两种品系的大鼠，以及一种品系的雄性小鼠的研究，这些研究均显示出鼻腔鳞状细胞癌。

大鼠的生物测试结果已经被用来得出对人类癌症诱导的定量风险估计（Kerns et al.，1983）。表 6-2 展示了这些动物数据，以及基于不同暴露剂量模拟的人类致癌风险估计值（该表使用的是吸入型癌症单位风险，即持续暴露于 1 ppm 而产生的终身致癌风险）。1987 年 EPA 的风险评估（EPA，1987c）用空气中的甲醛浓度来测量暴露量。大鼠的生物测试表明，鼻腔癌诱导的暴露—反应关系呈现出陡峭的非线性关系。例如，在 5.6 ppm 下观察到两个肿瘤，而从 14.3 ppm 通过线性外推预计应当有 37 个。类似地，在 2 ppm 下没有观察到肿瘤，而从 14.3 ppm 通过线性外推预计应当有 15 个。

表 6-2 暴露于甲醛的 F344 大鼠鼻腔肿瘤发病率，与连续暴露于甲醛相关的人类致癌风险的 EPA 估计值对比

	暴露率/ppm[a]	大鼠鼻腔肿瘤发病率	
	14.3	94/140	
	5.6	2/153	
	2.0	0/159	
	0	0/156	
95%置信上限估计值			
暴露浓度/ppm	1987 年的风险估计[b]	1991 年的风险估计[c]	
		基于猴子	基于大鼠
1.0	2×10^{-2}	7×10^{-4}	1×10^{-2}
0.5	8×10^{-3}	2×10^{-4}	3×10^{-3}
0.1	2×10^{-3}	3×10^{-5}	3×10^{-4}
最大似然估计值			
1.0	1×10^{-2}	1×10^{-4}	1×10^{-2}
0.5	5×10^{-4}	1×10^{-5}	1×10^{-3}
0.1	5×10^{-7}	4×10^{-7}	3×10^{-5}

资料来源：改编自 EPA，1991b。

注：[a] 连续 2 年内，每周 5 天、每天 6 小时的暴露。

[b] 1987 年估计的吸入型癌症单位风险为 1.6×10^{-2}/ppm，其中使用空气浓度来测量暴露量。

[c] 1991 年估计的吸入癌症单位风险为 2.8×10^{-3}/ppm（大鼠）和 3.3×10^{-4}/ppm（猴子），其中使用 DNA-蛋白质交联来测量暴露量。

关键问题在于人类与老鼠的暴露—反应关系是否相同。为了回答这个问题，研究者投入了大量的精力来研究甲醛致癌的机制。研究的一种方向是表征 DNA-蛋白质交联，将其作为对甲醛内部剂量的测量（Heck et al.，1990）。这项最初在大鼠身上进行的研究表明，甲醛浓度与鼻腔组织中 DNA -蛋白质交联的形成之间存在一种陡峭的非线性关系。这表明这种交联与肿瘤之间存在相关性。

当研究扩展到猴子时，观察到暴露浓度和鼻部组织产生 DNA-蛋白质交联之间存在类似的非线性关系，但是每单位暴露浓度的 DNA-蛋白质交联浓度要比大鼠的低得多。因为人类的呼吸模式更接近于猴子，这些研究的结果表明，用大鼠替代人类可能会高估人体内的剂量，因而高估甲醛给人类带来的风险。EPA 最近的风险评估（EPA，1991e）将 DNA-蛋白质交联作为暴露指标，估计人类罹患癌症的风险（表 6-2）。EPA 指出，交联只是作为剂量的一种测量，目前的知识还不足以确定在致癌过程中 DNA-蛋白质交联在机制上的作用。

EPA 对甲醛的风险评估一直是广泛的同行评审和 SAB 审查的主题。1992 年的更新是由 SAB 环境健康委员会和执行委员会审查的。SAB 建议，EPA 尝试使用流行病学数据进行一项额外的风险估计，并准备一份修订后的文件来报告所有使用替代方法得到的风险估计值及其相关的不确定性。刚刚讨论的两个例子使用了机制数据和模型来改进对暴露—剂量关系的表征。随着知识的增加，也有可能构建出将剂量与反应联系起来的模型，这种可能性将在第 7 章中进一步讨论。

线性多阶段模型也是如此。正如前面提到的，这个模型假设风险和剂量之间是线性关系。然而，暴露于甲醛的大鼠呈现出陡峭的非线性暴露—反应关系。这就提出了一种可能性，即线性多阶段模型至少对一些化学物质来说可能是不适用的。随着对致癌作用的分子和细胞机制认识的进步，在个别情况或者一般情况下可能会需要使用其他模型。在第 7 章中可以找到关于这个问题的更多讨论。

所提倡的改进甲醛风险评估的策略建立在致癌过程的多阶段模型的基础上，该模型描述了在靶细胞中致癌前突变的累积以及这些细胞随后的恶性转化（图 6-1）。Moolgavkar-Venzon-Knudson 模型大大简化了致癌过程，但是提供了结构框架用来整合和检查 DNA-蛋白质交联、细胞复制以及甲醛致癌的其他生物现象的数据（Moolgavkar 和 Venzon，1979；Moolgavkar 和 Knudson，1981；Moolgavkar et al.，1988；NRC，1993b）。该模型的主要特点是对于靶组织剂量和暴露之间关系的定义，并将该剂量用作三个结果的决定性因素：与 DNA 的反应性、有丝分裂改变和细胞致死率。这些反过来会导致进一步的生物影响：DNA 反应导致基因突变、有丝分裂的刺激增加细胞分裂的速度、细胞死亡（细胞死亡刺激了补偿性细胞增殖）。如图所示的模型提供了一种结构化的方法来整合毒物的数据，如甲醛。预计模型将有助于了解在不同暴露浓度下，甲醛致癌中起主导作用的两种机制的相对重要性：突变和细胞增殖。提高对它们的作用的认识，可以为在线性多阶段数学模型（目前用于从高剂量推断到低剂量）和可能更具生物合理性的替代模型之间的选择提供一个机制上的依据。

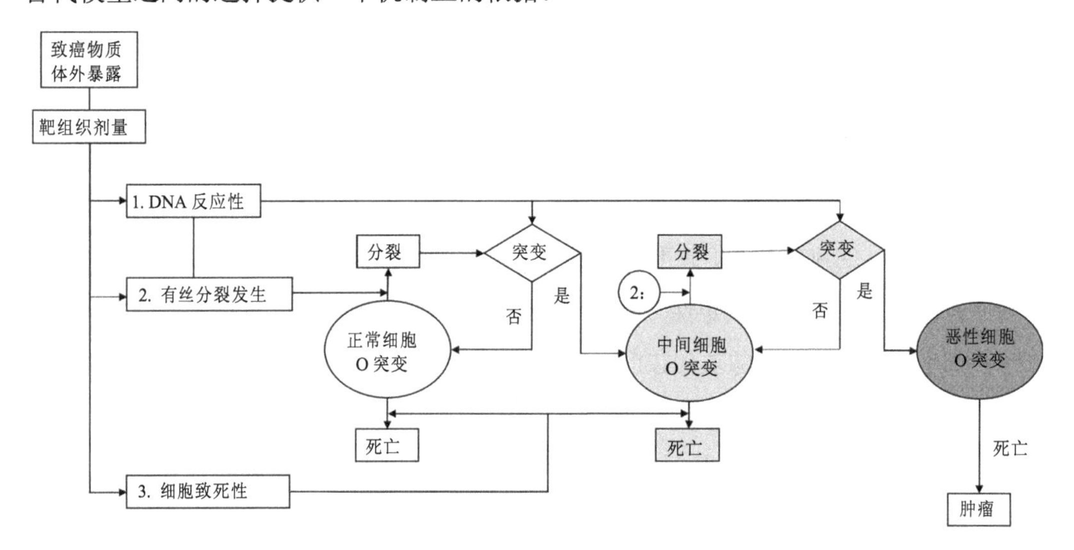

图 6-1 建立在 Moolgavkar-Venzon-Knudson 多阶段致癌模型基础上的化学物质致癌模型

资料来源：Conolly et al.，1992. Reprinted with permission，copyright 1992 by Gordon & Breach，London.

三氯乙烯

三氯乙烯（Trichloroethylene，TCE）是一种氯化溶剂，广泛应用于金属的工业脱脂。TCE 作为一种空气污染物、水污染物和经常存在于超级基金场地的地下水中的物质，受到 EPA 的关注。EPA 对 TCE 的风险评估记录在健康评估文件（Health assessment document，HAD）（EPA，1985d）以及含有附加的吸入型生物测试数据的增编草案（EPA，1987e）中。SAB 审查了这两份文件（EPA，1984a；EPA，1988j，k）。第二份文件还没有以最终形式发布，而且自1987年以来都没有对EPA关于TCE的风险评估进行进一步的修订。

三氯乙烯的致癌强度是基于B6C3F1小鼠的肝脏肿瘤反应，这种小鼠是特别容易出现肝肿瘤的一种品系。三氯乙烯的致癌性可能是由三氯乙酸（Trichloroacetic acid，TCA）导致的，三氯乙酸是三氯乙烯的代谢物，且已知会导致小鼠的肝肿瘤。TCA是引起肝细胞中过氧化物酶体（细胞内的一种细胞器）增殖的化学物质之一。过氧化物酶体增殖已被认为是肝肿瘤的一种因果机制，支持者声称这种肿瘤的风险评估应当使用不同于EPA默认假设的方法。特别是从这一机制来看，人肝细胞可能比小鼠肝细胞对肿瘤形成的敏感性低得多，而且剂量—反应关系在低剂量时可能是非线性的。

SAB在1987年举行了一个关于过氧化物酶体增殖的研讨会，作为对三氯乙烯和其他氯化溶剂的风险评估的审查的一部分。虽然赞同背离上述案例1中描述的关于α-2μ-蛋白机制的默认选项，但SAB拒绝支持过氧化物酶体增殖的这种背离，并且指出这个机制的因果关系是“貌似合理的，但是没有被证实”。SAB强烈鼓励进一步的研究，将小鼠肝肿瘤的机制描述为“最有希望立即应用于风险评估的”（EPA，1988k）。SAB批评了EPA关于TCE的增编草案（EPA，1987e），原因是其没有充分说明不确定性，也没有认真地评估最近关于过氧化物酶体增殖的研究（EPA，1988l）。

在TCE的案例中，在SAB审查并确认过氧化物酶体增殖机制是合理的之后，背离默认选项遭到拒绝。关于B6C3F1小鼠肝肿瘤的争议还将继续。一些科学家断言，EPA使用来自这些特别敏感的品系的肿瘤反应数据是不恰当的（Abelson，1993；ILSI，1992）。在TCE的例子中，在提高对小鼠肝脏肿瘤及其对人类癌症的影响的认识的基础上，背离默认选项可能会变得合适。尽管SAB在1987年拒绝认可这种背离，但是它鼓励进一步的研究以支持风险评估改进。

镉

镉化合物在大多数环境介质，包括空气、水体、土壤和食物中是处于微量水平的。镉数量的大量增加可能是由于人类活动导致的，包括采矿、电镀和处置城市垃圾。EPA编写了关于镉的HAD（EPA，1981b），后来更新了致突变性和致癌性的评估（EPA，1985e）。后者通过了SAB的审查，SAB指出许多不足以及对改进风险评估研究的需求

（EPA，1984b）。自1985年以来，对镉的风险评估没有进行过任何修改。

EPA使用流行病学数据为所有镉化合物制定了一个单一的单位风险估计。利用现有最佳生物测试的估计值会使镉化物的单位风险提高50倍。SAB和EPA在回应SAB评论时都认为，不同镉化合物的溶解度和生物利用度对于确定与不同镉化合物有关的风险是非常重要的，且这些差异可以解释流行病学数据和生物测试数据之间的差异。尽管EPA在对SAB的回应中已经明确提出它对于含镉的空气污染物的风险评估的重要性，但是应以生物利用度为基础对镉化合物进行评价的原则尚未得到贯彻执行（EPA，1985f）。

EPA现有的对镉的风险评估足以满足筛查目的。但是SAB的审查和EPA对此的回应表明，因为风险评估中没有包括生物利用度，所以与特定镉化合物相关的致癌风险可能被高估或者低估。特别是当根据1990年《清洁空气法》，镉化物的剩余风险显得很重要时，通过纳入生物利用度来改进风险评估是合适的。

镍

镍化合物在空气、水体、食物以及土壤中处于可检测到的水平。空气中镍浓度的升高是由于采矿和冶炼，以及含有微量镍元素的燃料燃烧造成的。使用焦化精炼工艺的冶炼厂中存在的镍化合物显然与人类致癌物有关。EPA编制的关于镍的HAD（EPA，1986b）中将来自炼油厂的粉尘和硫化镍列为A类（已知的人类）致癌物。一种稀有的镍化合物——羰基镍，基于足够的动物证据，被列为B2类。其他镍化合物没有被列为致癌物，尽管EPA表示（EPA，1986b）：

其他镍化合物的致癌潜力仍是需要进一步研究的重点领域。一些生物化学和体外毒理学研究似乎表明镍离子是镍和镍化合物的潜在致癌形式。如果这是真的，那么所有的镍化合物都可能具有潜在的致癌性，它们的致癌强度差异与它们进入易感细胞且生成镍的致癌形式的能力有关。然而，目前对镍化合物的生物利用度和致癌机制都还没有充分的认识。

SAB审查了镍的HAD，并同意EPA只将三种稀有镍列为A类和B2类致癌物（EPA，1986c）。

国家毒理学计划即将发布对三种类型的镍的生物测试结果，这些结果应该为修订镍化合物的风险评估提供依据。

镉和镍的例子指出了一个重要的附加默认选项：当怀疑某一类化合物具有致癌性时，哪些化合物应当被列为致癌物？无论是镉的风险评估、镍的风险评估，还是 EPA 的《致癌风险评估指南》（EPA，1986a），都没有针对这个问题提供具体的指导。

二噁英

二噁英是一类有机氯化合物的常用名称，它是由碳氢化合物和含氯物质燃烧或合成而产生的。其中的一种异构体，2,3,7,8-四氯二苯并-对-二噁英（2,3,7,8-tetrachlorodibenzo-*p*-dioxin，TCDD），是生物测试中测试过的最强的致癌物之一。EPA 发布了一份针对二噁英的 HAD（EPA，1985g），SAB 批评了其对非 TCDD 的同分异构体的处理，这些物质可能对二噁英混合物的总体毒性有重大影响（EPA，1985h）。

对 TCDD 的强度的计算一直是一个有争议的话题。研究表明，TCDD 的毒性作用可能是由于 TCDD 与 Ah（芳烃）受体的结合所致。1988 年，EPA 要求 SAB 审查一项修订 TCDD 风险评估的提案。SAB 同意 EPA 对线性多阶段模型的批评，以及对基于受体机制的替代模型的前景评估。但是 SAB 并不同意存在足够的科学依据来改变风险评估。SAB 谨慎地将其建议与一项 EPA 可能希望作为风险管理的一部分的改变区分开来（EPA，1989f）。

因此，专家组的结论是，目前关于 2,3,7,8-TCDD 的重要科学信息并不会迫使当前 2,3,7,8-TCDD 对人类致癌风险的评估发生变化。EPA 可能是出于政策原因，为 2,3,7,8-TCDD 的致癌风险设定了不同的特定风险剂量，但是专家组认为目前还没有科学依据来支持这种改变。专家组也不排除这样的可能性，即二噁英诱发癌症的实际风险可能小于或者大于目前使用线性外推法得到的估计值。

最近的一次会议肯定了 TCDD 受体机制的科学共识，但是就这个机制隐含的背离低剂量线性假设的依据还没有达成共识（Roberts，1991）。在会议结束以及在 SAB 的建议（EPA，1989f）之后，EPA 发起了一个新的研究来重新评估 TCDD 的风险。这个研究现在是起草阶段，并且计划于 1994 年接受 SAB 的审查。

EPA 已经利用毒性当量因子（Toxic-equivalency-factor，TEF）方法对其他二噁英异构体和二苯并呋喃类异构体的强度进行了评估（EPA，1986d）。在缺乏其他异构体数据的情况下，SAB 认为 TEF 方法是一种合理的过渡方法（EPA，1986e）。SAB 敦促进行更多的研究来收集这些数据。市政焚化炉的飞灰是具有监管重要性的异构体混合物的一个例子，可能适用于长期动物实验。

EPA 对 TCDD 进行审查的提议是 EPA 根据新的科学信息对致癌物质风险评估进行修订的为数不多的例子之一。二噁英和二苯并呋喃的独特之处在于，这类紧密相关的化学异构体之间的强度差异是通过一种经过 SAB 同行评审的正式方法处理的。

例 3：暴露—反应关系建模

如果化学物质在低剂量下像辐射一样诱发癌症——如即使只摄入一个化学分子就可以计算癌症诱发的相关概率——适当的暴露—反应关系模型是线性多阶段模型。

在 189 种有害空气污染物中，只有 51 种物质具有单位风险估计值，其中 38 种物质有吸入单位风险值（适用于存在于空气中的物质），13 种物质有口服单位风险值。后者在评估与空气相关的健康风险方面的适用性可能较差。所有 38 种吸入单位风险值都是用线性多阶段模型推导出来的，即假设该化学品产生作用的方式和辐射一样。这对于那些已知以类似于辐射的方式直接影响 DNA 的化学物质可能是一个合适的假设。对于其他化学物质，例如非基因毒性化合物如氯仿，假设它产生作用的模式类似于辐射可能是错误的，而且应当适当考虑使用基于生物学的暴露—反应模型而不是线性多阶段模型。

在可替代的暴露—反应模型中进行选择的过程比较困难，因为不能直接确认这些模型是否适用于评估监管关注的暴露情况下的终身致癌风险。实际上，获得暴露实验的动物癌症发病率数据，并仅在很小的范围内将它们与对照动物的癌症发病率区分开来是可能的，这个小范围是从超过 1%（10^{-2}）到大约 50%（5×10^{-1}）的癌症发病率。在监管化学物质时，外推可能是超过 4 个数量级的范围（从 10^{-2} 到 10^{-6}），从实验观测值到在监管关注的暴露下的癌症发病率的估计风险。一种可以提高测量结果与模型推测之间比较的准确性的方法是扩大实验群体的规模。然而，统计方面的考虑、研究大量动物的成本、在大规模研究中实验控制的难度，都造成了这种方法使用上的局限性。开展流行病学研究也存在类似的问题。

一个有吸引力的替代方案是利用分子和细胞致癌机制的先进知识。识别致癌作用的多步骤过程中与各个步骤相关的事件（如细胞增殖）和标识物（如 DNA 加合物、抑制基因、癌基因和基因产物），为在低暴露下模拟这些事件和产物创造了可能性。在不久的将来，不太可能直接测试暴露—反应模型在 10^{-6} 的风险下的有效性。然而，随着对癌前事件检测敏感性的一个数量级的提高，发生的概率下降到 10^{-3}～10^{-2}，我们将有机会在比过去低得多的暴露浓度下评价其他作用方式和有关的暴露—反应模型。例如，应该很快就能够评估那些具有多种作用方式的化合物（与 DNA 直接反应、基因毒性与细胞毒性），以及那些外推到现实暴露和低风险时可能会产生明显不同风险的替代模型（线性多阶段模型与无阈值模型）。

结果和建议

默认选项的使用

结果：当在选择适当的模型或理论方面存在疑问时，EPA 使用默认选项的做法是合理的。当科学理论还不足以确定正确答案时，例如，从动物数据推断出人类的反应，EPA 应该有方法来填补这个空白。

建议：EPA 应当继续将默认选项的使用作为处理选择适当模型或理论的不确定性的合理方法。

默认选项的说明

结果：EPA 在风险评估指南中没有明确说明一个特定的假设是默认选项。

建议：EPA 应当在将来的指南中明确指出每一个默认选项的使用。

默认选项的理由

结果：EPA 没有在其指南中完整地解释每一个默认选项的依据。

建议：EPA 应当清楚地说明每一个默认选项的科学和政策依据。

默认选项的替代

结果：EPA 的做法似乎允许在特定情况下背离默认选项，这种情况是当知识渊博的科学家一致认为现有的科学证据可以证明背离默认选项是合理的。但是，EPA 并没有明确规定允许背离的标准。

建议：EPA 应当考虑提供更加正式的背离标准，尝试给予公众更多的指导并减少对默认选项的临时、无记录的偏离的可能性，这种情况将会削弱该机构风险评估的科学置信度。与此同时，EPA 应当意识到人们不希望其指南演变成不可改变的规则。

背离默认选项的过程

结果：EPA 一直依靠科学咨询委员会和其他专家机构来确定知识渊博的科学家们之间何时存在共识。

建议：EPA 应当继续使用科学咨询委员会和其他专家机构。特别是，该机构应该继续最大可能地使用同行评议、研讨会以及其他方式来确保广泛的同行和科学参与，以此保证风险评估的决策可以通过这样一种允许科学界进行充分的公开讨论和同行参与的方式，获得现有的最佳科学依据。

默认选项缺失

结果：EPA 并没有在风险评估过程的每个步骤中列出所有的违约选项，也没有说明没有默认选项时使用的步骤。第 7 章和第 10 章将详细讨论这个问题，并且确定了几个可能的“缺失的默认选项”。

建议：EPA 应当明确风险评估过程中每一个通用的默认选项。

第7章

模型、方法和数据

引　言

健康风险评估是一个多方面的过程，依赖于各种各样的方法、数据和模型。风险评估的整体准确性取决于所选择的各种方法和模型的有效性，而这些方法和模型又取决于数据的范围和质量。风险评估中的可信度，取决于所选择的模型以及输入参数（即变量）的可靠性，也取决于对于输入参数、整个模型和整个风险评估的过程，不确定性的边界被量化的情况。

数据质量的定量评估、方法的验证以及模型性能的验证对于确保在风险评估中信任地使用它们至关重要。在使用数据库之前，必须建立其使用的有效性来保障它预期的应用。这种验证通常包括数据质量的表征和记录，以及用于生成数据的过程。数据质量的一些特征是总体稳健性、覆盖范围、时空代表性以及数据收集过程中执行的质量控制和质量保证协议。更具体的考虑包括测量的准确度和精确度的定义和显示、缺失信息的处理以及异常值的识别和分析。这些以及类似的问题在为预期的应用而描述数据集的范围和限制时是很重要的。

方法和模型的性能，就像数据库的性能那样，必须通过表征和验证来建立它的可信性。模型的评估和验证过程可能包括敏感性测试，以确定对输出值有最大的影响的参数，并评估其准确性、精密性和预测能力。模型的验证还需要适当的数据库。

本章讨论风险评估中使用的数据和模型的评估和验证。如果对性能或质量的评估不足，则提出研究建议。虽然在本章中，我们根据（修订过的）红皮书范式中的每个阶段的顺序考虑验证的问题，但是在这里我们的目标是使数据和模型质量的评估成为整个风险评估和风险表征过程中一个迭代的、相互影响的组成部分。

排放表征

如第 3 章中所述，排放的表征是基于排放因子、物质平衡、工程计算、已确定的 EPA 指南和测量。在每一种情况下，这种表征采用线性加法过程（即排放=产品 – ［原料+累积量］）、乘法模型（即排放=［排放因子］×［处理速率］）、或者指数关系（例如，排放=截距+［（排放因子）×（测量）^{exp}］）的结构形式。

加法形式基于质量平衡的概念。通过测量原料和产物确定特定设备或者特定过程的传递系数，从而进行估算。这个系数用于估计向大气中的排放量。可以用于加法形式的测量值往往不够精密和准确，不能产生关于输入和输出的完整信息（NRC，1990a）。例如，NRC 委员会（NRC，1990a）考虑了一个每天生产 500 万磅[①]乙烯的工厂，它使用超过 200 个监测点来报告产量，精确度为 1%，相当于每天 5 万磅乙烯。这个估计值的不确定性（5 万磅）远远超过了对排放的单独估计值 191 磅，这个值是通过工厂计算得出且经过监测排放点确认的。因此，尽管有良好的 1%以内的估计精度，这个加法方法是不可靠的。对于复杂的过程或者多个处理步骤，这似乎是普遍成立的。

其他形式都是基于指数和乘法模型。每个都可能是确定的或者随机的。例如，可以对来自界定清晰的类似来源的样本的排放进行测试，以确定一个代表所有来源的排放因子。使用这些函数形式（线性或者几个非线性形式之一）拟合的一般困难在于，形式的选择可能非常关键，但是很难验证。此外，必须假设计算中使用的来源数据直接适用于那些在工艺设计和管理中测试的源，并且运行源的构造维护方法在所有情况下都是相同的。

① 1 磅=0.453 6 kg（译者注）。

计算排放的指数形式的例子如图 7-1 所示。这张图展示了筛选值（测量值）和阀门无组织排放的泄漏率（排放率）之间的相关性。筛选值是通过利用像 OVA（有机气相分析仪）这样的仪器测量一台设备（在本例中，是用于燃气服务的阀门）所排放的碳氢化合物来确定的。泄漏率（即排放）是通过读取对应于筛选值的 y 轴上的值来确定的。注意，该图用的标度是对数—对数，即 x 轴上的“3”表示的是 1 000 ppm 的筛选值，其对应于 y 轴上的“–3.4”，或者在该筛选值下，燃气服务的每个值对应 0.001 磅/小时。这里的观察结果是基于对 24 个合成有机化学制造业（synthetic organic chemical manufacturing industry，SOCMI）单元的分析得出的，这些单元代表了该行业的一个截面（EPA，1981a）。

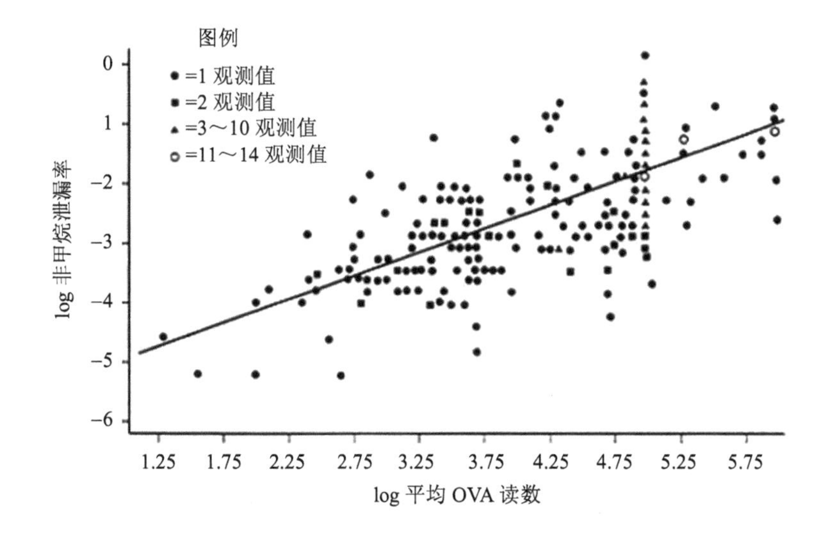

图 7-1　$\log_{10}$ 泄漏率与 $\log_{10}$ OVA 读数-燃气服务

资料来源：EPA，1981a。

该分析使用了一项六单元维护研究（EPA，1981a）来确定使用 OVA 仪器进行设备监测和维护对减排的影响。用于得出燃气服务排放量的方程仅解释了图 7-1 中 44%的数据点方差（相关系数的平方）。从其他可能的排放点也得到了类似的结果。

通过使用特定工厂的排放因子，SOCMI 研究中设备的排放估计值可以减少 29%～99%，这说明使用全行业平均水平来代表特定工厂行为是很困难的。

乘法形式改进了排放因子的方法，因为它结合了该过程的更多特点，尝试着将所有使用的设备、化学品的物理性质以及设备的活动融为一体。乘法模型的确定性形式是基于决定排放速率的化学和物理定律。测量的变量——蒸气压、分子量、温度等——是与排放速率有关的化学物理特性。乘法形式为简单曲线拟合之外的评估提供了一定的科学依据。然而，因为有一些特性不是恒定的，因此这也是有困难的。例如，作为决定排放率的一个因素，环境空气温度在一天内可能变化很大。在给定的期间内的平均温度，例如一个月，是用于简化计算的，但是这种做法也引入了一些误差。EPA 可能想要考虑一个更加详细的分析，在这个分析中，一个期间内发生的排放被分成若干组，每组在环境温度等变量上的变化较小。可以对每一组的排放量进行估算，并计算加权求和以提供更好的估计。

也许最准确的方法是不使用这些“形式”中的任何一个来确定排放，而是对每个排放源进行烟囱和排气的抽样。然而，这种抽样可能相当昂贵，而且成本可能使小排放源的拥有者负担过重。除了成本之外，这个方法的主要困难在于，它一次只能对一个地点进行估计，排放却会由于各种因素而发生变化。测试的一个替代方法是从监测数据中估计排放量。适用于少数的化学品的连续排放监测器（Continuous Emission Monitors，CEMs）被放置在烟囱或者靠近无组织排放点的地方，以测量所排放的化学品的浓度，这个浓度可以转换为数量。然而，CEMs 昂贵且难以维护，它们可能产生不完整或者不准确的测量结果。然而，当进行这种测试时，它们可能会显示出其他类型的估计是有严重错误的。例如，一项研究（Amoco/EPA，1992）将由排放因子估计得出的排放量与测试过程中确定的排放量进行了比较。由于各种原因，对排放进行测量的总体实际估计比有毒物质排放清单（Toxic Release Inventory，TRI）估计的两倍还要高，这些原因包括确定新来源、高估或者低估某些来源的重要性，以及缺乏根据特定法规报告源排放的要求。

EPA 实践的评估：EPA 一直在努力帮助那些因为监管目的而被要求提供排放估计的公众。这 20 年的工作提供了用于估计全世界空气污染物排放量的文件。然而，在某些情况下，EPA 不得不基于有关过程的很少的信息来提供排放估算因子；很难去证实这样一种假设，即计算过程与排放因子制定时所测试的过程相似。

EPA 使用其排放估算技术的方式存在两个基本困难。首先，大多数的估计是通过使用排放因子或者通过拟合线性或指数形式得到的。正如前面所讨论的，使用这个技术得到排放估计的准确性可能不高。

其次，生成信息的方式是只呈现点估计。尽管前面的讨论已经清楚地说明了这种估计中会有不确定性，EPA 有大量关于如何确定排放因子的文件，并且这些信息可能包含足够的点来生成排放分布，而不仅仅是一个点估计值。EPA 只提供了关于这个排放方法准确性的定性评级。这个评级不是基于估计的方差，而仅仅是基于用来生成数据的排放点的数量。如果有足够的点来产生一个排放因子，那么就有可能估计排放因子的分布，从中可以选择一个估计值来解决特定的暴露风险评估问题。

但是，相对于估计值所依据的数据质量和数量，排放因子只给予从 A（最佳）到 E 的"等级"。一个基于 10 个或以上工厂的排放因子可能会得到"A"等级，而基于质量可疑的单个观察的排放因子或者从类似过程的另一个因子推断得到的排放因子可能得到"D"等级或"E"等级。这个等级是主观的，而且没有考虑计算因子中使用的数据的方差。根据 EPA（1988e），这个等级应当"仅作为近似值，用于推断每个排放因子的误差范围或置信区间。'等级'最多应被认为是衡量某一特定因子的准确度和精确度的指标，该因子用于估计来自大量排放源的排放"。由于估计的不确定性，EPA 对 A-E 系统不满意，并且正在开发一个新的定性方法以表示不确定性。EPA 正在试图为各个行业的有害空气污染物生成估计因子，但是它不愿将任何形式的不确定性归咎于排放因子。

工厂运行过程中的一次中断会在一些时间段内（小时或天）增加排放速率。一个极端的例子是意大利赛维索的一个制造工厂排放的二噁英。这种突发事故不包括在任何排放表征中，只有在少数可以进行排放监测的情况下才会有。然而，在这些情况下，排放可能会非常高乃至超过了监测器的最大读数，因此只得到一个下界（如果发现了这个问题）或者甚至严重低估了实际排放量。此外，这种情况发生的频率和持续时间是不可预料的。

因此，EPA 还应尝试对某一类别中不同来源之间测量到的排放量的差异性进行定量评估，并对各个来源的排放估算的不确定性以及全部类别的不确定性进行定量估算。这个问题将在第 10 章进行更深入的讨论，但是可能涉及分析适用于特定排放源类型的四种情况——日常运行、定期维护、故障和罕见的灾难性事故。EPA 还可以注意到不同影响的因果关系动态对排放估计的影响，以及由此产生的对不同平均时间的暴露和暴露差异性的评估需求。

按化学成分的排放记录也存在问题。排放表征方法通常只提供 VOCs（挥发性有机化合物）的排放量。这些 VOCs 中特定化合物（苯、甲苯、二甲苯等）的数量通常没有单独报告。没有特定化合物的排放数据，就不可能提供风险评估过程中暴露模型所需要的信息。

EPA 似乎没有在改进用于评估排放的方法方面取得重大进展。尽管 EPA 正在努力分配已经产生的排放因子，但委员会发现，EPA 在评估用于得出排放估计数的基本方法的准确性或描述排放因子的不确定性方面，没有付出足够的努力。主要的例外是化学品制造商协会（Chemical Manufacturers Association，CMA）和 EPA 在无组织排放上的共同努力，称为工厂组织排放估计软件系统（Plant Organization Software System for Emission Estimation）或 POSSEE（CMA，1989）。在这种情况下，公司要测试工厂的无组织排放并收集有关化学和物理变量的数据，以得出基于确定性模型（使用物理和化学特性）而不是随机模型的排放估计。在增加对储罐排放估计的科学依据方面已经付出很多努力：美国石油研究所开发的数据已被用于发展上述乘法形式的估计方法。接下来的问题是，如何在暴露评估和风险评估中进行排放估计。质量平衡方法（加法形式）的不确定性很大，因而除了用于普遍的筛选之外，不应将其用于任何目的。用这个方法得出的排放估计不可能适用于风险评估。

在暴露评估中，线性排放因子方法可作为一种常见的筛选工具。EPA 在答复委员会的一个问题时指出：

虽然基于排放因子的估计对提供整个工业类别的排放总体情况方面很有用，但是利用这些因子来为特定地点的风险评估提供输入，可能会为这个评估带来很大的不确定性。

如果这种方法用于整个工业类别，那么至少应该确定每个排放因子的不确定性。如果有足够的信息推导出一个排放因子，那么就可以计算出一个概率分布。然后可能会对在何处选择排放估计的概率分布产生分歧。然而，如第 9 章所述，最好明确地作出选择。同样的情况也适用于用指数和乘法方法估计的排放量。EPA 应当在其所有的排放估计中纳入概率分布。

一种更容易的确定排放估计中不确定性的方法是要求每个人提交一份排放估计（适用于 SARA313 的要求、许可等）以涵盖对估计不确定性的评估。EPA 应当评估估算方法的不确定性，以确定估算是否正确。虽然这可能会稍微增加提交报告的费用，但是提交这个估计的组织可能会从结果中受益。无法负担这种分析的小型排放源可以改为限定一个与其运营中已知或容易确定的因子相一致的范围（例如，对于一个干洗店来说，每周衣服的磅数和每个月需要购买溶剂的加仑[①]数）。

EPA 正在审查、修订和发展用于 189 种化学物质的排放估算方法。它的重点是补充数据，而不是评估基本的方法——使用描述性模型而不是基于过程的模型来估计排放。从上述例子可以看出，排放的不确定性可以主导暴露评估，而且为了改善排放评估的协调一致的努力可以显著减少许多风险评估中的不确定性。应当鼓励工业界联合努力，来改进基于物理和化学性质的（而不仅仅是曲线拟合）估计无组织排放的技术。

暴露评估

一旦完成了排放表征，它就成为空气质量模型中的一项输入，以确定某一特定地点周围空气中的污染物量。然后用人群—暴露模型来确定在这个地点有多少污染物会被人体接触。

人群

必须确定可能暴露于污染物的人口规模。几个世纪以来，人群的数据已经被收集、发布和审查。许多这样的数据涉及整个人群或者亚群，因此抽样的代表性和统计方面的问题并不以它们通常的形式出现。即使在使用抽样的地方，大的技术和经验的背景也允

① 1 加仑=4.546 L（译者注）。

许进行复杂的评估和其他类型的建模，而不存在从高剂量到低剂量的有毒物质或从啮齿动物到人类的推断所固有的较大不确定性。

人口数据几乎总是在一定程度上受到非抽样误差（偏差）的影响，但是这个问题已经被很好地分类和理解，在风险评估背景下并不是一个严重的问题。例如，自从几乎普及了读写能力，特别通过出生证明以来，终端数字偏好（如趋向于以 0 或者 5 来报告年龄）已经变得很小了。虽然高龄（80 岁以上）的程度仍然被夸大了，但是在以风险评估为目的的年龄评估中这不是非常严重的问题（因为 EPA 仍然假设 70 岁是生命周期的上界）。在 1990 年的美国人口普查中，人口被低估的比例平均约为 2.1%，而在一些亚群体中，这一比例要高得多，可能高达 30%；然而，即使 30%的不确定性也比风险评估中遇到的许多其他错误来源要小。最大比例的不确定因素似乎是美国无家可归者的人数，估计的不确定性小于 10。

未经过直接检验的对人群或亚群特征的估计会受到额外不确定性的影响。例如，1992 年的人口不是直接统计的，而是使用标准技术从 1990 年人口普查中推断出来的，1990 年人口普查是一个近乎完整的人口统计。调查人员发现，早期的估计普遍相当准确，无论是严格按照数学方法（例如，基于线性外推法）还是基于人口统计方法（基于 1990—1993 年附加的 3 年核算，对死亡、3 岁以下人口的出生和净迁移进行调整）进行外推。对于州和较小地区来说这个问题更大，因为通常没有关于迁移（包括内部迁移）的数据。

误差会随着亚群的减小而增大，部分原因是统计变异性的增加（也就是说，采用任何分布式测量时，当样本数变小时，中心趋势的估计精确度都会降低），但是也因为小样本不能像较大的总体那样被很好地表征以及理解，并且人口数据通常是根据一项单一的全国性标准来进行收集的，该标准允许较小的偏差以便于适应特殊问题。

委员会对几乎所有人群特征和亚群体使用的已发表的人口数据感到满意。当可以通过调整来减少误差时，应该使用该方法；但是在风险评估的整体背景下，人口评估中的误差对不确定性的贡献不大。

在某些情况下，一项研究必须在没有官方普查和调查的帮助下界定并且识别其研究的人群。一个例子是，对于特定制造工厂雇佣工人的长期跟踪研究。当这样的研究是由熟练的流行病学家完成时，总计数、年龄和其他人口统计项的精确度往往在 2～3 倍。最大的不确定性可能出现在评估一些有毒物质的暴露中，这些通常都可以使用粗略的分类（高、中和低暴露）或者替代措施（例如，在工厂中的雇佣年限，而不是暴露量）来处理。这些工作中的误差都受到了极大的关注，但是它们往往是每个研究中特有的，因此会导致针对特定研究的设计、性能或者分析方面的补救措施。它们往往会小于其他类型的不确定性，但是如果假定的影响也很小，则仍然值得关注。

如上所述，从普查得到的并且经过估算方法强化的人口数据被认为是准确和有效的，并且引入风险评估的不确定性相对较小。但是，有必要获得关于未列入人口普查的其他人口特征的资料。另外，由于缺少活动模式的信息，人群暴露模型或个体—暴露—个人—暴露模型尚未得到充分的测试或验证，因为它们需要使用人们的活动模式来估计对空气中化学物质的暴露。EPA 为开发这样的一个数据库付出了很少的努力，即 EPA 的总暴露和评估方法（Total Exposure and Assessment Methodology，TEAM）项目以及加利福尼亚州 EPA 的活动模式研究。这些项目已经获得了有关人们活动的信息，这些活动导致了空气污染物的排放或者将人们置于一个可能会导致暴露的含有空气污染物的微环境中。有必要建立一个关于活动模式的国家数据库，用于验证那些评估人们对空气中有毒化学物质的暴露的模型。准确描述的活动模式加上人口特征（如社会经济）可用于进行风险评估，也可用于评估跨社会经济群体和种族的环境风险公平性。

当建立了暴露—表征模型并用于风险评估时，无论是否包括活动模式，都应明确界定和说明它们在计算暴露估计时产生的偏差和不确定性。之后，从一系列可能的模型中选择一个合适的模型应当基于（但不仅限于）对性能的定量测量，并且对选择该模型的标准说明应该包括其基本原理。

空气质量模型评估

空气质量模型是将污染物排放与环境空气质量联系起来的有力工具。大多数用于评估有毒空气污染物暴露的空气质量模型都已通过特定的数据集进行了广泛的评估，并对它们的基本数学公式进行了严格审查。相对于其他一些用于空气污染物风险评估的模型，空气质量模型在模型评估、改进和再评估方面的历史最长。例如，最初的高斯烟羽模型已经在20世纪50年代被开发和测试。但是，这不意味着不用再进行模型评估或者说在评估空气污染物暴露时应当取消模型评估；事实上，之前的研究已经表明了模型评估在每次应用中的益处。

评估空气质量模型和空气污染物风险评估中的其他组成要素，目的是确定特定应用中所需资料的准确性，并提供结果的可信度。在空气质量模型中，这一点尤其重要。当使用一般可获得的输入数据时，高斯烟羽模型可能无法准确预测出将在何处出现最大浓度（例如，机场等最近地点的风向可能与研究点附近的风向不同），但是应当合理估计该地点周边污染物浓度的分布情况。这对于某些应用来说可能是足够的，但是对于其他应用则不够。模型评估还可以洞察一个方法是否是“保守的”或者与之相反，并可以提供对不确定性的定量估计。

特别值得关注的是对模型要求更高的应用，例如在地形复杂的地区（如丘陵、河谷、高山和水面）、当沉降非常重要或者发生大气转化的情况下。正如下面所讨论的，在简单情况（模型是专门为之设计的）下使用模型是非常困难的。在特定应用中，总是应该尝试确定可以从给定的模型中获得的精度水平。为了解决这个问题，已经对大多数空气质量模型进行了充分的研究。

Zannetti（1990）审查了许多空气质量模型的评估，包括高斯烟羽模型。最近审查了光化学空气质量模型的评估方法（NRC，1991a）。类似的方法也适用于其他模型。本质上，模型应当被推到极限，以确定仍然可以得到可接受的模型性能的来自模型本身或其输入中的潜在误差范围，从而确定模型及其输入中的补偿误差（如气象学、排放、人口分布、暴露途径等）。这需要对模型不确定性和关键弱点进行定量评估。正如NRC（1991a）报告中所指出的，模型评估包括对输入数据的评估。在很多情况下，最大的限制就是输入数据的完整性和可用性；在大多数情况下，当可以获得高质量的输入数据时，许多模型能够给出可接受的结果。

模型评估的一个关键动机是在最终风险评估中具有很高的可信性。由于对污染物传输模型的评估涉及空气污染物的排放，它在一定程度上被忽略了，并且使用时没有经过充分讨论和分析。例如，ASARCO 冶炼厂的排放模型（EPA，1985b）显示出明显的偏差。然而，造成偏差和误差的原因还没有完全确定。20 世纪 80 年代初，在电力研究所（Electric Power Research Institute，EPRI）的支持下，一项大规模的烟羽模型的验证研究得以开展，这是对坐落于相对简单地形上的大型燃煤电厂的首次研究。该研究比较了三种高斯烟羽模型和三种一阶闭合数值（随机）模型，以及一个实验性的二阶闭合模型，该模型通过常规和强化测量计划来获得地面浓度（Bowne 和 Londergan，1983）。（一阶闭合和二阶闭合是指湍流效应的处理方法）作者得出的结论如下：

- 该模型在预测一个给定事件的浓度模式的大小和位置方面表现很差。
- 当作为平均时间的函数时，该模型在估计峰值浓度时表现出不均匀性；在 1 小时、3 小时和 24 小时的平均周期内并没有表现出很好的一致性。
- 模型预测的小时浓度的累积分布与整个浓度值范围内观察到的分布不一致。
- 高斯模型预测的峰值浓度随大气稳定度和距离的变化规律与实测峰值的变化规律不一致。
- 其中一种一阶闭合模型在估计与气象特征相关的峰值浓度方面优于高斯模型，但其预测能力较差，无法进行详细的风险评估，并且它系统性地高估了最大浓度的距离。
- 另一种一阶闭合模型系统地低估了羽流影响，但其预测能力优于高斯模型。
- 实验性的二阶闭合模型不能提供比当前模型更好的地面浓度估计。

预测和观测到的污染物浓度通常相差 2～10 倍。从不存在复杂地形、热岛影响或者其他复杂效应的研究中可以看出，扩散模型存在严重的缺陷。从那时起，扩散模型就开始发展起来，但是它们需要更进一步的发展和完善，而且当应用到新的地点或时期时需要进行评估。

规模较大的城市空气质量模型可以更好地预测二次污染物，如臭氧、二氧化氮和甲醛，尽管复杂的化学反应可能会使这项任务变得困难。平均的预测精度通常在 10%以内（NRC，1990a）。这种性能部分是由于模型中使用了更粗糙的空间分辨率，考虑到从原始来源扩散的化学转化时间，以及更好的污染源的空间分离。随着化学方面的细节和性能的提高，较低的空间分辨率导致了对模型的选择和评估的重新考虑：特定的模型应用需要什么类型的细节，以及预期可以达到什么样的性能水平？

总之，模型的评估是任何风险评估中的一个组成要素，并且对于确保模型的可信度至关重要。对各种类别的空气质量模型的评估程序已经建立。研究表明，空气质量模型能够给出合理预测，但并非总是（或者经常）有效。模型评估的结果可以应用于预测风险的不确定性分析。

评估 EPA 的实践。EPA 使用的人口暴露模型的有效性在很大程度上还没有经过测试。Ott 等（1988）运用 EPA 关于丹佛和华盛顿特区的一氧化碳（CO）的 TEAM 研究数据，来检验 SHAPE 模型的有效性，并且对比了基于 SHAPE 模型估算的一氧化碳暴露分布以及基于直接测量（个人监测）的分布。他们发现，这两种方法估算的平均暴露相似，但是估计的暴露分布的范围却有很大差异。SHAPE 暴露模型很好地预测了中值，但是在分布的尾部有很大差异。

Duan（1991）也利用了 EPA 关于华盛顿特区一氧化碳的 TEAM 研究的数据，发现浓度和时间的间隔是独立的，并且通过与 SHAPE 对比，测试了“方差分量暴露”模型的有效性。长期平均浓度和短期浓度波动在预测暴露中都很重要。Duan（1988）和 Thomas（1988）研究了几种用于微环境的统计参数，并且发现时间不变的成分（即不随时间变化的成分，通常作为背景水平）是占主导地位的。因此，在验证为了研究目的而建立的暴露模型方面已经做了一些工作。

然而，目前还没有进行系统的尝试去验证用于监管目的的暴露模型，无论是人类暴露模型（Human Exposure Model，HEM），还是国家环境空气质量标准暴露模型（National Ambient Air Quality Standard Exposure Model，NEM）。HEM 的扩散模型部分被拿来与其他简单的高斯烟羽模型进行了比较，结果是相似的。然而，既没有将实际的空气浓度，也没有将测量出的任何空气成分的综合暴露量与模型结果进行比较，以测试其在估计个人或人群暴露方面的效用。从少数现有数据中比较评估华盛顿塔科马市 ASARCO 冶炼厂的砷对健康的影响所用的特定地点的模型，结果显示边际准确度较低，并且正如第三章中所讨论的，暴露人群尿样中的砷含量与估计的暴露量之间没有很好的相关性。因此，在估计采用最大可实现的控制技术（MACT）后的剩余风险时，尽管了解这些模型的优势和局限性，包括预测的准确度和相关的不确定性很重要，但这些模型的有效性基本上都是未知的。

EPA在对有害空气污染物进行风险评估时，通常使用高斯烟羽模型。由于高斯烟羽模型没有得到充分论证，因此在预测污染物浓度时会出现误差（例如，高斯烟羽模型通常不适用于非线性化学或粒子动力学）。此外，这些模型的输入通常都不准确，并不适用于特定的应用。在实践中，对高斯烟羽模型的应用还没有进行充分评估，而且一些评估也显示出很大差异。更全面可靠的污染物传输模型（即更直接地适用于更广泛的情况）是可用的，包括随机拉格朗日和光化学模型，而且评估结果与直接观察结果相一致。在具体应用中，应当进行模型评估（通过污染物监测和评估模型输入和理论），并确定适用的范围。还应当展示，但不限于展示模型的假设合理地反映了污染物的物理化学行为、排放源结构和大气扩散。对于高斯烟羽模型表现不理想的环境条件，应考虑更全面的模型，然而，当将其作为风险评估中的替代方法时，应当记录其优异性能并清楚地展示出来。

EPA的暴露评估中一般不包括人群活动、流动性和人口统计数据，而且也没有充分地评估人口平均数在暴露评估中的使用（在HEM中默认使用）。暴露模型，例如NEM和SHAPE，已经发展到可以对个人活动作出解释。在暴露评估中应当使用人群活动模型，然而，在考虑将它们当作默认方法的替代方法之前，应当清楚地证明它们的准确性。人口统计资料也可能在确定风险方面发挥作用。在考虑用它们取代默认选项之前，有必要对一些与更全面的工具（如NEM和SHAPE）相比更简单的方法（如使用人群质心）进行进一步评估。

EPA目前使用HEM来筛选与固定源释放的有害空气污染物（Hazardous air pollutants，HAPs）相关的暴露。HEM-Ⅱ使用标准化的EPA高斯烟羽扩散模型，并且假设居住在户外特定地点的是非流动人群。当条件不符合标准HEM内在的简化暴露和扩散模型的假设时，HEM不能用来提供对于特定位置、特定来源和污染物暴露的准确估计。暴露模型系统可以采用其他的交通模型、个人活动模型和机动模型，以便对污染物暴露分布（包括差异性、不确定性和人口统计信息）提供更准确、科学和可靠的估计。这些模型可以链接到地理数据库，为暴露模型系统提供地理和人口信息。

HEM 的应用一般不包括有害空气污染物的非吸入暴露（如皮肤接触），但是这些路径可能很重要。类似于 HEM 扩展的模型系统已经被开发出来，以解释其他路径。除非有充分的证据表明相反的情况，否则在风险评估中应明确考虑和量化暴露于有害空气污染物的其他途径的贡献。

相对简单的暴露评估模型（如 HEM）可以提供有价值的信息来设定优先级，并且确定应当获取什么样的额外数据。然而，使用这种模型的暴露评估可能有很大的不确定性（例如，在 HEM 中由于使用高斯烟羽模型而造成的不确定因子是 2～10）。一般来说，高斯烟羽模型还没有被验证是否适用于反应性强且容易转化为其他化学物质的污染物，如有机气体（如甲醛）、颗粒物和酸类物质（如硝酸和硫酸）。多种暴露途径会对实际暴露增加更多的不确定性。不确定性可以作为评估 HEM 等模型性能的工具。这是因为 HEM 是基于对污染物动力学的非常简单的描述，并且被设计作为一种估计人类通过吸入获得的暴露量的筛选工具来使用。

应当在每个暴露情况中明确地说明使用 HEM 的预测准确性和不确定性。应当重申“计算出的暴露估计是保守估计”这一基本假设；如果没有，就应当在暴露评估中使用已被证明性能优越的替代模型。

毒性评估

基于动物实验评估人类毒性的第一步就是将大鼠、小鼠、猴子以及其他实验动物的观察结果外推到人类。风险评估中用来评估一种物质毒性的外推程序既是一种研究活动，也是一种作出实际决策的工具。它基于两个假设：一个物种对外部刺激的生物反应将发生在受到相同刺激的不同物种中，并且生物反应与刺激的大小成正比（除了非常小的刺激只会导致短暂的反应或者甚至没有立即反应）。当从动物外推到人类，或者从高剂量外推到低剂量时，这两个假设都被会被调用。癌症和其他终点将在这里单独讨论，因为与外推相关的考虑可能不同。

癌症

定性评估

癌症，被定义为异常和不受控制的生长，在高等生物中普遍存在，它在植物、动物和人类身上都会发生。在某些情况下，致癌物质可以被确定为物理或者化学物质或者自我复制的传染性病原体。许多流行病学研究已经证明，暴露于特定的化学物质与人类特定恶性肿瘤的发病率的增加之间存在关联（Doll 和 Peto，1981）。一些例子表明癌症与暴露于工业物质有关，例如苯胺燃料、芥子气、一些金属化合物和氯乙烯，在一般人群中，与暴露于烟草烟雾有关。或许在这方面最有说服力的证据是反复观察到，停止对某种化学物质的暴露（例如，停止吸烟、采取相应的减缓或卫生措施）可以降低癌症的发病率。在动物实验中，发现几乎所有已知的人类致癌物质都会在其他哺乳动物身上诱发癌症。这个规律也有一些例外，例如对实验动物来说烟草烟雾就不会导致癌症。致癌的基本机制在实验动物和人类身上通常是非常相似的，关于致癌的基本机制的最新研究进展使得动物致癌和人类致癌之间的关系更加可信，特别是当涉及致突变作用时（OSTP，1985；Barbacid，1986；Bishop，1987）。在其他情况下，关于理解特定物种致癌机制的研究进展并不支持人类和迄今为止被研究的特定实验动物之间的关系（Ellwein 和 Cohen，1992）。目前使用啮齿动物进行长期致癌生物测试，其中使用不会因为癌症以外的原因而降低存活率的最高剂量，即最大耐受剂量（Maximum tolerated dose，MTD）。从在 MTD 下进行的啮齿动物生物测试中获得的信息，可能会提供关于化学物质是否会在人体内导致肿瘤的信息，但是它通常无法提供化学物质是通过普遍的、间接的机制还是由于其特殊性质而直接导致肿瘤的信息。机制上的数据可以解决将生物测试的结果外推到人类是否有效的问题（NRC，1993b）。目前的监管实践认为，在缺乏相反信息的情况下，动物致癌物就是人类致癌物，但是支持这个假设的数据库是不完整的。

获取更多的关于致癌的生物学机制、剂量依赖性以及物种间相关性的信息，可以提供更好以及更加有效的定性和定量推断。例如，当涉及化学物质暴露与恶性肿瘤发生之间的关系时，人们倾向于重视观察结果，但是当某种化学物质诱发的是良性肿瘤时，就不会那么重视观察结果。认为一种异常增长总是有害的，而另一种是相对无害的，这可能过于简化了。肿瘤生物学要复杂得多。大多数情况下（如果不是全部的话），支气管腺癌在病发时会致死，而皮下脂肪瘤则不会；然而，切除恶性皮肤基底细胞瘤是一种治疗手段，但切除第八脑神经或脑下垂体的良性肿瘤则会致死。关于癌症成因和肿瘤生物学行为的现有知识让我们无法确定，一种会在实验动物身上引起良性肿瘤的化合物是否会在人类身上引起恶性肿瘤？在缺乏相反信息的情况下，保守的观点将异常增长等同于致癌性。在动物系统中产生良性肿瘤的情况可能会在人类身上导致异常生长，这将取决于相关的机制。许多良性肿瘤最容易在动物品系中产生，而这些品系本身就具有较高的自发性肿瘤发生率（例如，小鼠的肝和肺腺瘤、大鼠的乳腺肿瘤）。关于遗传、生化、内分泌以及其他决定肿瘤发展的因素的研究，可能会提高基于动物研究的人类风险评估的有效性，并且应当大力推行这些研究。

认为动物体内受化学物质影响的器官或组织也是人类受影响风险最大的部位，这一假设也应该谨慎对待。肿瘤形成的部位可能与暴露途径有关，并受多种药代动力学和药效学因素的影响。每一种暴露途径都可能导致致癌性，并且应当单独考虑。这样的假设可能是合理的，即在某些情况下，只要暴露的条件具有可比性，动物致癌模型能被用来预测人类肿瘤在特定位置的发生。然而，如果暴露条件不同，这可能就是不正确的。例如，如果认为实验动物皮下注射后产生肉瘤的药物会在人吸入后诱发肉瘤，那就很可能是错误的。动物模型可用于检测潜在的致癌性，但是，如果没有大量额外的机制信息，例如关于暴露途径、剂量和许多其他因素的影响的信息，包括所讨论的物质的代谢，那么从动物模型推断到特定的人体器官就是无效的。

EPA 实践的评估。经验表明，在广义上，从一种物种推断到另一种物种是合理的（Allen et al.，1988；Crump，1989；Dedrick 和 Morrison，1992）。假定在实验动物的组织成分中引起异常生长的物质在人类中也会导致同样的情况，这一假设是谨慎的。国家毒理学项目（National Toxicology Program，NTP）中最经常被用来预测人类致癌作用的动物物种（大鼠和小鼠）是因为方便而选取的，并不是因为它们已经被证明可以准确预测人类的风险。例如，使用大鼠和小鼠的动物实验可能低估了吸入性颗粒给人类带来的风险，动物强制性地使用鼻子呼吸，所以可能会过滤掉大部分粗糙的尘土。相反，一些人认为，当啮齿动物中致癌作用的机制不会发生在人类身上时，对啮齿动物的实验可能会高估了人类的风险（Cohen et al.，1992）。除了在吸入研究中使用了仓鼠外，NTP 似乎还没有认真地探索致癌实验中大鼠和小鼠的替代品。

原则上，从被测动物中最敏感的品系或物种中选择估计致癌强度的数据是保守的，但是它是否真的保守和准确还不得而知。这个默认假设增加了风险评估的不确定性，应该大力开展旨在调查啮齿动物和人类致癌作用的生物学机制的研究，以进行更加准确的风险评估。

定量评估

定量致癌风险表征中的关键术语是单位致癌风险和强度。根据 EPA 目前的估计，强度是用数学剂量—反应模型计算的、在低剂量情况下剂量—反应曲线的线性部分斜率的统计上界。单位致癌风险是基于强度的，是由于终身暴露于一个单位的致癌物质而导致癌症发生的概率估计的上界。对于空气中的物质，这个单位通常被定义为在 70 年的寿命中暴露的每立方米空气中含有 1 μg 的该种物质。

致癌强度通常是基于对啮齿动物进行的癌症生物测试所得到的剂量—反应关系，这些动物暴露的剂量比必须对其进行风险估计的剂量大几个数量级。除了对照组之外，生物测试通常包括两种、三种或三种以上的剂量，而且很少重复。通常，阳性的结果只能在一种剂量下获得。因此，对于大多数致癌物来说，只有很少几个明确的数据点可用于计算强度。此外，计算强度时经常会有几个假设，例如与组织剂量学相关的问题，其中从不同实验系统中获得的并且用在 PBPK 模型中的代谢数据，可以被用来代替生物测试暴露水平。基于相同生物测试数据的强度估计，在不同的风险评估中有很大差异是很正常的，这取决于这些额外的假设以及所使用的剂量—反应模型。因此，强度值通常与定量风险评估的其他方面一样充满不确定性。

EPA 目前使用线性多阶段模型来估计致癌强度（EPA，1987a）。该模型本质上采用的是经验曲线拟合过程来描述生物测试中剂量和反应之间的关系，并且将关系外推到低于实验范围的暴露情况下。该曲线的低剂量线性部分的斜率的统计上界，被认为代表了化学致癌强度的上界。多阶段模型是建立在20世纪50年代初由Armitage和Doll提出的致癌机制的理论基础上的。从本质上讲，靶器官中的正常细胞被设想为经历了一系列不可逆的基因转变，最终导致恶性肿瘤。每一个到新阶段的转变都假定以某一非零的本底速率进行。假定暴露于致癌物会增加一种或多种转化速率，与暴露的程度成比例（从技术上讲，是目标部位的剂量）。然而，实际的暴露情况要比这里简单描述的情况更加复杂。Armitage-Doll模型中不包括暴露或者其他致癌机制的潜在影响，例如诱导细胞增殖或受体介导的基因表达改变。关于暴露是如何影响转化的这一假设的一个重要结果是在低剂量下风险的线性关系，即风险的增加和减少与所提供的剂量成比例。产生这种结果的部分原因是，该模型假设处于第一次转化风险中的细胞数量（易感靶细胞群）是恒定的，与年龄、暴露程度和暴露时间无关。因此，该模型没有考虑细胞分裂、分化以及死亡的正常过程。

另一种致癌剂量—反应模型是两阶段模型，它是为了在风险评估中估计致癌强度而开发的，但是不经常用于监管目的。这个两阶段模型是由Moolgavkar、Venzon和Knudson开发的（Moolgavkar和Venzon，1979；Moolgavkar和Knudson，1981；Moolgavkar，1988；Moolgavkar et al.，1988；Moolgavkar和Luebeck，1990），该模型假定产生癌细胞需要两个关键突变。该模型假定三种细胞类别：正常干细胞、通过一个遗传事件而改变的中间细胞以及已经通过两个遗传事件而改变的恶性细胞。每个类别的大小都受到细胞出生、死亡和分化过程以及两个细胞类别之间转化速率的影响。该模型可以适应目前一些关于灭活的抑癌基因和活化的癌基因在致癌中的作用的概念。不同于Armitage-Doll模型，该模型可以明确地解释很多被认为在致癌作用中很重要的过程，包括细胞分裂、突变、分化、死亡和细胞种群的克隆扩增。应用两阶段模型需要了解作用的化学机制以及该机制的剂量—反应数据，然而，对于大多数化学物质来说这类数据很少。

强度估计通常是基于这样的假设，即在恒定条件下，70年的寿命中都暴露于特定的物质。该假设可能不适用于所有暴露人群，而且会产生保守的风险估计。使用单一的强度数值意味着所关注的生物反应，例如致癌作用，只取决于总剂量，因此与剂量速率（单位时间内接受的物质的量）无关。这个假设在某些情况下可能是无效的，例如，对低能量转移辐射致癌作用的研究表明，低剂量速率的暴露比高剂量速率的暴露影响小（NRC，1990b）。其他关于辐射的研究有不同的结果。

强度估计为比较动物数据和人类数据，以及对潜在致癌物进行排序提供了一种手段。对大约 20 种已知人类致癌物质的可用数据的分析表明，从动物致癌生物测试中得到的强度值一般与从流行病学研究中计算得到的人类的值相当吻合（Allen et al.，1988）。然而，根据强度对化学物质进行的排序不应该被当作对其相应的危害或者风险的排序。只有强度（单位风险）和暴露（剂量）的乘积才能得出对风险的估计。如果没有暴露的话，可能也就不需要有关强度的信息。

EPA 实践的评估。EPA 选择数学模型来估计强度是定量风险评估的一个关键步骤，其中替代假设可能导致风险估计的巨大差异。这种模型提供了明确、客观的规则，用于从受控的高剂量实验中观察到的风险，推断出那些与人们可能吸入的低剂量有关的风险。然而，所有的剂量—反应模型都是对潜在生物学现实的简化表征。这在一定程度上是由于对毒性机制的科学认识不足，也是要求模型可适用于多种情况导致的。

EPA 的挑战是将不断扩展的有关机制的知识纳入外推模型的设计中。那么，这些模型将更准确地描述低剂量时的剂量—反应关系，这是监管者所关注的，但是由于剂量太低，无法在动物研究中直接观察到，通常也无法在任何可行的人类研究中直接观察到。根据对机制的新的认识，检验 EPA 所使用的多阶段模型中所包含的简化机制假设可以说明这一挑战，而这些认识并没有包括在模型之中。

只要对某种化学物质的暴露对基因改变以外的细胞过程没有实质性影响，就不会将这些过程从多阶段模型中排除，从而损害由此产生的致癌风险估计。这个模型可能适合“直接作用”的致癌物，例如辐射，它是通过直接攻击细胞 DNA，从而导致基因转化。然而，近年来很明显的情况是，有许多物质会改变细胞的药效学，并且致癌机制完全不涉及与 DNA 的直接相互作用，而是通过间接改变基因表达而致癌。这种改变的一个后果可能是改变靶器官的细胞动力学。由于基因转化可以自发发生，因此许多靶器官中都包含处于多步致癌过程中不同阶段的细胞。暴露某种化学物质可能通过简单地增加对进一步的转化较为敏感的细胞而增强这些本底致癌过程。这种增强可能是对存活细胞间细胞损伤的再生反应，也可能是对暴露于高毒性物质后发生的细胞杀伤的再生反应。本底致癌过程的增强也可能是由于暴露而引起的激素平衡改变的间接反应，或者是对直接促有丝分裂物质（可以刺激正常细胞分裂的物质）的反应。即使这种物质对每个细胞分裂的转化概率没有直接影响，但是它们会通过增加细胞分裂的速率而增加突变的总概率。

同样，暴露于非基因毒性致癌物质或“启动子”可以在靶器官内创造有利于“启动”细胞生长的生理条件，即这些细胞已经从正常细胞经历了至少一次不可逆的变化。启动细胞群的克隆扩增可以通过暴露于启动子而诱导产生，从而增加了细胞转化和不通过直接影响 DNA 而产生的恶性肿瘤的可能性。

对基于生物学的模型（如两阶段模型）的使用进行有效管理的关键是，准确测定在靶组织中由于物质诱导的细胞死亡、分化、转化和分裂（如果有的话）的剂量—反应和时间—反应关系。与传统的多阶段模型转化速率中假定的低剂量线性反应相比，这些过程可能会展现出类似存在阈值的剂量—反应关系。相反，更好的理解可能会显示出超线性的关系。因此，使用两阶段药效动力学模型可能会预测出低于或者高于线性多阶段模型预测结果的低剂量风险。

在风险评估中成功地运用基于生物学的模型将需要比大多数化学物质的可用信息更多的关于致癌机制的信息和认识。在短期内，这种数据密集型的方法可能仅适用于具有重大经济价值的物质。从长远来看，随着知识和经验的累积，应该会更多地使用那些包含相关药效学数据的模型。这些模型与药代动力学模型结合使用以确定到达靶组织的剂量，将提高定量风险评估的准确性。因此，EPA 应该加强将其纳入致癌风险评估过程。有关两阶段模型的更多信息，请参阅 NRC 关于该主题的报告（1993c）。

致癌物分类

正如第 4 章（表 4-1）所述，EPA 在 IARC 的领导下，提供了对个别物质致癌性的现有证据的评估。证据的方向和强度被概括为一个字母：A、B1、B2、C、D 或者 E（表 4-1）。将一个物质归到某一类（实际上，是将可用的证据归为一类）几乎完全取决于流行病学证据和来自动物实验的证据。这些证据被 EPA 归类为“充分的”“不充分的”或“有限的”。一些其他类型的实验证据（如基因毒性）有时可能在分类中起到一定的作用，但是流行病学和生物测试的数据通常是最重要的。

EPA 的分类方案旨在提供关于危害的信息，而不是提供关于潜在的人类风险的信息；如果不对剂量—反应和暴露信息进行额外评估，就无法评估后者。EPA 将证据归到某一类仅仅是为了表明我们应该在多大程度上确信一种物质会对人类构成致癌危害。因此，分类是为了描述我们对人类致癌危害的认知状况。

在这里需要进一步强调危害和风险之间的区别。正如 EPA 目前的四步法所设想的那样，将一种物质确定为可能、很可能、确定会对人类造成致癌危害，只是意味着在某些未指明的条件下，该物质可能会导致人群患上更多的癌症。对特定人群的强度以及暴露情况的评估，提供了评估某种物质会在特定人群中导致癌症的可能性（风险）所需的信息。EPA 制定了这个分类方案，因为它认为除了风险评估之外，决策者还应当认识到支持确定某种物质是致癌物的证据的强度。EPA 所使用的证据强度（strength of evidence）和证据权重（weight of evidence）这两个术语一直存在一些混淆。有些人将强度解释为仅描述阳性证据的程度，权重适用于所有证据，包括阳性、阴性以及与人类相关性的证据。该委员会采纳了这些词的使用。在许多情况下，对人类的致癌性的证据是强的（A 类）物质，在特定情况下，将会产生相对较小的风险（因为低致癌强度或低暴露），而对人类的致癌性的证据不够有说服力（如 B2 类）的物质有可能会造成较大的风险（因为高致癌强度或高暴露）。决策者所面临的典型问题是，例如，应当对产生相对较小风险的 A 类物质施加更加严格的控制，还是应该对风险更大但级别更低的物质施加更加严格的控制。换句话说，这个问题涉及对具有相同风险但类别不同的物质实施不同程度的监管限制的理由。我们是否应该更仔细地控制那些已经确定会对人类致癌的物质，而不是那些对其了解相对有限的物质？尽管 EPA 在每个风险表征中都包含了证据强度分类，但是没有明确指出该分类是否以及如何影响最终的机构决策。

EPA 实践的评估。EPA 的方法是否准确地描述了关于人类致癌危害的知识状态？当然，关于不同物质导致人类癌症发生的科学知识水平在这些物质中是高度可变的。风险评估者应该有一种以相对简单的方式表达知识的手段，这似乎也是合理的。正是由于这个原因，应该仔细审查所有这类方案，以确保它尽可能详细地表达其所要表达的内容，并且它总结了从数据中得出的所有相关和适当的结果，没有无关的数据。

因为有两个结论（在某些暴露情况下，该物质可能会对人类构成致癌风险，以及动物数据可以无条件地外推到人类）隐含在当前的EPA分类系统中，在某些情况下，如果科学证据不支持一个或多个典型的默认假设（例如，途径到途径、高剂量到低剂量或动物到人类的外推），那么就会被认为具有误导性。例如，当有数据清晰有力地表明某些动物肿瘤不太可能在人类身上发生时，或当机制数据表明高剂量获得的结果与低剂量无关时，就会出现这种情况。尽管类型不同，但是EPA所确定的D类或者E类也可能会产生误导。例如，根据两种动物的阴性化学生物测试结果将某种物质划分为E级，但有更多的数据表明，这两种动物对这种物质的代谢与人类不同，那么就不能正确地推断出这种物质是否存在潜在的人类危害。

目前，EPA的方法也可能具有误导性，因为它太容易受到“命运的偶然”的影响。在流行病学研究中，检测一种会在人类中引起非常罕见的肿瘤（如氯乙烯会导致肝脏的血管肉瘤）的物质的致癌性，会比检测引起非常常见的癌症（如大肠癌）的物质的致癌性要容易得多。虽然关于后一种物质的现有动物数据在致癌性方面可能非常有说服力，而且完全有理由相信它和前者（即已知的人类A类致癌物）一样对人类有害，但是通常它会被归到B类，这可能被解释为危害的可能性较小。这样的区别可能只是由于我们在检测产生不同类型癌症的物质的致癌特性方面的能力不同，而不是由于它们在人类危害方面的任何实际差异。

EPA实践中可能的改进。在讨论改进EPA的致癌物分类方案之前，委员会首先审议了是否应该使用这类方案。如上所述，目前的方案很容易被误解，不熟悉的使用者可能会认为在特定类别中的所有物质都是同样有害或无害的。此外，在任何简单的分类方案中，都不可能获得支持关于人类致癌危险的性质及其存在条件的信息的完整性和复杂性。这些信息的质量、性质和范围在不同的致癌物中有很大差别，毫不夸张地说，就其危害的科学证据而言，每种物质都是独特的。

正是由于这些原因，委员会强烈建议EPA在风险评估的每一个危害识别部分都加入对致癌性证据的叙述性评估。这样的叙述至少应该包括以下内容：

- 对现有的人类和动物证据强度的评估。
- 对以下所有现有信息进行证据权重评估：所使用的动物模型以及从模型中得到的结果与人类的相关性；暴露条件（途径、剂量、持续时间和暴露时刻），其中已经测量了其他暴露条件（通常可能存在于环境暴露人群中的情况）下的致癌反应（无论是在人群中还是在实验动物中）。

这样的叙述似乎是描述用于评估致癌性危害的信息类型的最好方式，并且 EPA 在进行全面的风险评估时应当采用这种叙述。

尽管委员会一致认为这种叙述性的描述是展示科学证据的最好方式，但是也认识到对证据进行简单分类是重要的实际需求。例如，委员会承认由于实际原因，许多管制行动或行动计划需要编制致癌物质清单，而叙述性声明不太可能列入这些清单。如果没有一些简单的分类方案，这些清单可能会对表中物质的潜在人类危害完全不加区分。例如，当使用任何这类清单为全面风险评估或某种类型的监管设定优先级时，其结果可能会严重地误导决策者和公众。

但是，如前所述，委员会认为 EPA 目前的分类方案是不足的。如果该方案不仅包含“证据的强度”的信息，还有一些我们在叙述性说明中要求的其他信息，那么可以作出实质性的改进。

要为致癌物建立一个既包含有力证据又包含两个“相关性”考虑的分类方案并不容易。此外，EPA 并不是使用这种分类方案的唯一机构。的确，迫切需要就单一的分类达成国际协议。EPA 最好就这个问题召开一个研讨会，并且联合其他联邦机构和州政府、IARC 和其他国家及国际机构来参与制定一个全世界都可以接受的方案。IARC 最近在评估致癌物质时纳入了关于致癌机制的信息。这个做法对消除当前的方案中的不足和由于全球范围内分类方法的不同而存在的混乱至关重要。

委员会建议将表 7-1 中的方案作为草稿或者原型，以此避免目前 EPA 方案中的困难。此表中的建议结合了证据强度的考虑因素（正如现在的 EPA 和 IARC 的方案）以及上文所述的两个“相关性”信息。这个例子还减少了目前的分类方案对于“命运的偶然”的敏感性，它会人为影响不同物质的证据的有效性。

表 7-1 可能的致癌物分类方案

第一步：根据结果与人类的相关性进行分类

类别	证据性质
第 1 类 在任何暴露条件下都可能会对人类造成致癌危害。风险大小取决于剂量—反应关系和人类暴露程度	• 人类或者动物研究中的致癌性证据（证据强度不同，见第二步） • 没有可用的信息来质疑动物模型或者结果与人类的相关性 • 没有可用的信息来质疑暴露条件的相关性（途径、剂量、暴露时刻、持续时间等），其中观察到在环境暴露人群可能经历的暴露条件下的致癌效应
第 2 类 可能会对人类造成危害，但是仅限于有限条件下。特定情况下是否存在风险取决于这种条件是否存在。必须完成剂量—反应和暴露评估来确定风险存在的条件。	• 人类或者动物研究中的致癌性证据（证据强度不同，见第二步） • 现有的科学信息表明，致癌性表达的条件是有限制的，这是由于动物模型或结果与人类的相关性问题或者暴露条件（途径、剂量、暴露时刻、持续时间等）的相关性问题，其中观察到在环境暴露人群可能经历的暴露条件下的致癌效应
第 3 类 尽管有动物中致癌性的证据，但是在任何条件下都不太可能对人类造成致癌危害	• 动物研究中的致癌性证据 • 可用的科学信息表明，动物模型或者结果在任何条件下都与人类不相关
第 4 类 证据表明没有致癌性或者没有可用证据	• 没有致癌性证据或者非致癌性证据（阴性证据的权重不同，见第二步）

第二步：根据证据强度进行分类（a～d，证据强度递减）

		亚类			
类别	数据来源	a	b	c	d
I	流行病学	S	L	NI	NI
	动物研究	S/L/NI	S	S	L
II	流行病学	s	l	NI	NI
	动物研究	s/l/NI	s	s	l
III	流行病学	L/NI	NI		
	动物研究	s_i	l_i		
IV	流行病学	NI	NI/NA		
	动物研究	NI	NA		

注：S =充足证据，高相关性
L =有限证据，高相关性
NI =没有或证据不足
NA =没有充分研究的证据
s =充足证据，有限相关性
l=有限证据，有限相关性
s_i =充足证据，低相关性
l_i =有限证据，没有相关性

表 7-1 中的分类分两步进行。在第一步中，根据前面提到的两个相关的标准进行分类（分为Ⅰ～Ⅳ类）。需要注意的是，第Ⅰ类适用于所有具有阳性致癌性数据的物质，并且没有实质性数据支持将这些物质归入第Ⅱ类或Ⅲ类——也就是说，Ⅰ类是默认选项，适用于与相关性有关的数据薄弱或者缺失的情况。分类的第二步包括评估现有证据的强度。

这种分类方案可以为风险评估和各种监管工作的优先级设定提供指导。例如，第Ⅰ类中的物质在致癌性上将会受到比第Ⅱ类中的物质更多的关注；而且在第Ⅰ类中，受到关注的性质可能会受到现有证据强度的进一步影响（即Ⅰa＞Ⅰb＞Ⅰc＞Ⅰd）。例如，一个Ⅰa 类物质可能是立即严格监管的主要候选物质，而一个Ⅰd 类物质将会是高优先级信息收集的主要候选物质。

将物质归为第Ⅱ类并不意味着不需要采取监管措施。例如，需要去确定是否在任何情况下都存在潜在的风险暴露条件。这些分类不影响最终的行动，而只影响与不同物质有关的优先级和相对的、固有的关注程度。

尽管委员会建议，EPA 采用的任何分类方案都应包括与上述例子有关的内容，但它也认识到可能会有其他方法来获取和表达相同的信息。例如，一些成员建议，被列为致癌物的物质都应当附有一组编码来详细说明支持证据的强度以及可能与该证据解释有关的条件和限制（如果有的话）（例如，化学物质旁边的星号可能意味着“只有在吸入情况下才对人类有致癌作用”）。

其他毒性终点

用于监管与毒性的非癌症终点相关的化学物质的标准方法基于体内平衡理论。根据这一理论，维持体内平衡的生物过程存在于一个相互依赖的适应性反应网络中，这些反应会对改变最佳条件的刺激自动作出反应并进行补偿。只要任何调节最佳条件的刺激没有超过某个极限或者“阈值”，那么就可以一直保持最佳条件。出于监管的目的，毒理学范式将除癌症以外的其他毒性终点集中在一起，并假定任何能够引起不良反应的化学物质都有剂量阈值：低于一定的暴露量时预期不会发生任何不利影响。目前的方法——未观察到有害作用剂量（NOAEL）和不确定性因子——仅仅是一个用来防止可能会造成不利影响的暴露的半定量方法，而不是一个基于机制的用来评估可能的发生率和暴露人群中影响的严重性的定量方法。要想超越目前过于简化的监管方法，就需要更深入地了解疾病因果关系的机制、药代动力学以及每种疾病的个体间差异，就像致癌作用的情况一样。这种认识的提高最终将放弃使用过时的“阈值与无阈值”范式来监管致癌物和非致癌物。

EPA 实践的评估。目前 EPA 用来监管人类暴露于非致癌物的方法处于不断的变化过程中。过去 EPA 所使用的方法不够严谨。它不是基于对生物学作用机制的评估，也不是基于暴露人群之间和内部的易感性差异。此外，它还包括风险管理，而不是基于科学的风险评估技术，而且它也不允许将新获得的、更好的科学信息纳入其中。这个 NOAEL-不确定性因子方法在不久的将来作为一种筛选技术以及用于确定优先级可能是足够的，但是它的实证和科学依据是薄弱的。EPA 似乎通过增加不确定因子来继续追求简单化的经验技术。

风险评估中药代动力学信息的影响

风险评估的关键步骤之一是选择用于确定剂量—反应关系中的测量暴露的方法。现在基于化学物质的“给予剂量”来计算暴露量是很常见的，它是指在毒性研究中喂给动物的剂量或量，或者是人类从食物、水或空气中摄入的剂量或量。该剂量通常可以准确测量。

然而，风险评估感兴趣的剂量是到达特定靶组织的物质以生物活性形式存在的量。靶组织剂量是“到达剂量”，它的生物活性衍生物（如果有的话）是“生物活性剂量”。生物活性剂量会导致靶细胞和靶器官的毒性达到顶峰，理想情况下，它被用作定义剂量—反应关系和评估风险的基础。药代动力学试图使用直接准确的与到达剂量或生物活性剂量相关的信息来取代当前的假设，即给予剂量和到达剂量总是直接成比例的，因此以给予剂量为基础进行风险评估是合适的。

药代动力学模型用于研究给予剂量和到达剂量或者生物活性剂量之间的定量关系。这个关系反映了生物对暴露的反应范围，从整个生物体的生理反应到靶器官特定细胞内的生物化学反应。药代动力学模型明确地描述了生物学过程，并且可以准确预测到达暴露人群靶器官的物质活性代谢物的剂量。因此，使用药代动力学模型为剂量—反应模型提供输入，减少了与剂量参数相关的不确定性，并且可以更加准确地估计对人类的潜在致癌风险。

给予剂量和到达剂量之间的关系往往因人而异：因为这种差异，对于同样的给予剂量，一些人可能会非常敏感，而其他人则不敏感。给予剂量和到达剂量之间的关系可能会因为暴露的大小以及连续和间断暴露情况的不同而异，它可能因物种而异，相对于人类来说，有些物种在将给予剂量输送到组织或代谢得到具有生物活性或非活性的衍生物方面的效率会更高或者更低。给予剂量和到达剂量或者生物活性剂量之间关系的这些差异可能会显著影响剂量—反应模型预测的有效性，未能将这些差异纳入模型中会导致风险评估的不确定性。

给予剂量和生物活性剂量之间存在差异，是因为专门的器官系统会干预以调节身体对吸入、摄入或以其他方式吸收的有毒物质的反应。例如，肝脏可以通过产生酶来加速能够将物质分解为无害成分（代谢失活，或者“减活化”）的化学反应，从而对血液中循环的物质进行解毒。相反，有些物质可以通过新陈代谢被激活成为毒性更大的反应产物。激活和解毒可能同时发生，也可能发生在相同或不同的器官系统中。

此外，激活和解毒的速率可能会有自然的限制。因而，代谢失活可能会被高暴露浓度所压制，甲醛似乎就是这种情况：只有在空气中浓度较高时，暴露在空气中的大鼠的生物活性剂量和鼻肿瘤发展的风险才会迅速上升。许多人认为，甲醛的给予剂量和生物活性剂量之间存在简单的线性关系，这一假设会导致对低暴露浓度下致癌风险的高估。相反，随着给予剂量的增加，因为一个关键的酶系统超过了负荷，氯乙烯的代谢活化越来越慢；随着给予剂量的增加，生物活性剂量和由此产生的肝肿瘤反应增加得越来越慢。以氯乙烯为例，给予剂量和到达剂量之间线性关系的假设会导致低估与低剂量相关的致癌风险。这些例子说明，使用药代动力学模型能够通过修改剂量—反应模型中使用的剂量值来反映代谢的非线性，从而减少风险评估中的不确定性。

尽管大多数药代动力学模型来自实验动物数据，但它们为推断人类药代动力学行为提供了一个有用的生物学框架。物种间的解剖和生理差异被很好地记录下来，并且通过改变所研究物种的模型参数可以很容易地进行换算。药代动力学模型的这一方面减少了从动物实验推断到人类致癌风险的不确定性。例如，在开发被认为是啮齿动物致癌物的二氯甲烷的药代动力学模型方面已经开展了大量的工作。该模型最初是基于大鼠的数据开发的，后来扩展到预测人类的行为。将人类的预测结果与已发表的数据以及志愿者的实验结果进行了比较。结果表明，该模型能够准确预测吸入的二氯甲烷及其代谢物一氧化碳在两个物种中的药代动力学行为（Andersen et al.，1991）。与使用传统线性外推法和体表面积换算法得到的估计相比，在致癌风险评估中使用特定的二氯甲烷药代动力学模型可将饮用水中二氯甲烷的人类风险估计降低 50～210 倍（Andersen et al.，1987）。其他分析显示出不同的结果（Portier 和 Kaplan，1989）。然而，二氯甲烷的药代动力学模型不能预测二氯甲烷是否是人类致癌物。因此，尽管使用这个模型来取代传统的换算系数方法能提高剂量估计中的可信度，但是它不能预测人类暴露的结果。

另一个减少不确定性的方法是使用药代动力学模型在不同途径之间进行推断。例如，如果只有与在工作场所吸入某种物质有关的信息，但是需要对其通过饮用水摄入的风险进行评估，则可以建立适当的模型将吸入后的到达剂量与摄入后的预期剂量联系起来。据委员会所知，药代动力学模型尚未用于为这类监管目的而进行的风险评估中。

在剂量—反应模型中没有考虑药代动力学因素会增加风险评估的总体不确定性，但是不确定性也与它们的使用有关。这种不确定性有多个来源。第一，不确定性与药代动力学模型参数本身相关。参数值通常是根据动物数据估计得到的，并且可能来自不同的实验来源和条件。数量可以间接测量，它们可以在体外测量，而且可能因人而异。可以使用不同的数据集来估计相同参数的值。Hattis 等（1990）评估了七种用于四氯乙烯（全氯乙烯）代谢的药代动力学模型，发现它们的预测结果差异很大，主要是因为估计模型参数值时选用的数据集不同。此外，人类也需要类似的参数值——尽管一些值，例如器官重量，可以直接测量并且在人类中不会有很大的差异，但是其他的值，例如酶解毒和活化的速率常数都是难以测量并且高度可变的。

第二，在选择合适的组织剂量建立模型时也存在不确定性。例如，可以获得血液中某种物质的浓度、该物质在组织中的浓度或者它的代谢产物在组织中的浓度的信息。如果有一种代谢产物会造成生物效应，那么使用组织中其他代谢产物的浓度是不合适的。如果组织中只有一种类型的细胞受到影响，那么组织的总浓度可能不能准确反映出生物活性剂量。

组织剂量的适当度量方法的选择，会对致癌风险估计值产生影响。Farrar 等（1989）考虑了四氯乙烯组织剂量的三种度量方法：肝脏中的四氯乙烯、肝脏中的四氯乙烯代谢物以及动脉血中的四氯乙烯。利用 EPA 的四氯乙烯药代动力学模型和小鼠的癌症生物测试数据，他们发现根据所使用的不同剂量，人类的致癌风险评估结果有 10 000 倍的差异。有趣的是，估计值包括在剂量没有经过任何药代动力学转化的情况下获得的结果，如表 7-2 所示。

表 7-2　基于 EPA 药代动力学模型和小鼠癌症生物测试数据的四氯乙烯风险估计

剂量替代	风险估计 [a]
给予剂量	5.57×10^{-3}
到达肝脏剂量	425×10^{-3}
到达肝脏的代谢物剂量	$0.019\,5\times10^{-3}$
血液中的剂量	126×10^{-3}

资料来源：改编自 Farrar et al.，1989。
注：[a] 极大似然估计。

这个例子说明了在不同假设下可以得到的剂量和风险估计的变化，但是在不知道四氯乙烯作为啮齿动物致癌物的生物学作用机制，以及不知道它是否为人类致癌物的情况下，评估任何估计的有效性都无济于事。尽管肝脏中代谢物的剂量似乎是最合适的剂量选择，但是该剂量和小鼠肿瘤发病率之间存在高度的非线性关系。非线性表明，这个剂量不能代表这些作者所分析的特定性别—物种组合的实际生物活性剂量，或者该模型不能充分描述四氯乙烯的药代动力学。

药代动力学试图清楚地认识所有生物过程，一旦一种物质进入体内，这些生物过程就会影响它的性质。它包括许多活性生物过程的研究，例如吸收、分布、代谢（无论是激活还是失活）以及排泄。准确预测到达剂量和生物活性剂量需要对这些相互关联的过程建立全面的、基于生理学的计算机模型。因为药代动力学旨在用一个更加精确的、基于给予剂量和到达剂量或生物活性剂量之间特定关系的模型来替代一般的假设，它在风险评估中的应用将有助于减少过程中的不确定性和风险评估中的相关偏差。在进行归纳概括之前，必须获得许多物质的生物活性剂量的详细知识，所以进展将会比较缓慢，而且代价巨大。尽管如此，EPA 越来越多地将药代动力学数据纳入风险评估的过程中，它的使用是提高风险评估准确度的最明显的机会之一。

结论

开发评估化学物质对健康的长期影响的改进方法，取决于对基础科学更好的理解，以及对相关环境、临床、流行病学和实验室数据更有效的协调、验证和集成，每一类数据都受到各种误差和不确定性的限制。Goodman 和 Wilson（1991）已经表明，在研究的 22 种化学物质中有 18 种，基于啮齿动物数据的风险估计与流行病学研究之间有很好的一致性。与 Ennever 等（1987）对同一问题的定性评估相比较，他们的定量评估提供了更有力的证据，表明目前的风险评估策略对已知的人类致癌物进行了合理的评估（Allen et al.，1988）。

一个给定的健康风险评估的可靠性只能通过评估整体评估的有效性及其组成要素的有效性来确定。因为风险评估的有效性取决于它对人群健康影响的预测程度，因此需要流行病学数据来检验预测。如果没有所需的数据，流行病学研究就是必要的。纽约健康局在一项研究中对小学生体内的砷进行生物监测就是一个例子（New York Department of Health，1987）。研究者将他们的研究结果与 EPA 的风险评估预测的砷浓度进行了比较。估计值与儿童尿中砷的实际浓度之间的良好一致性为 EPA 的风险模型提供了支持。

委员会认为，有必要进行大量研究来验证风险评估中使用的方法、模型及数据。在某些情况下，不确定性的程度没有得到很好的理解，因为关于用于风险评估中的每个模型的预测过程的准确性的信息是不够的。我们也注意到，不确定性往往相差很大，例如，与从啮齿动物到人类的推断相比，估计人群特征的不确定性相对较低。

风险分析的质量将会随着输入质量的提高而提高。随着我们对生物、化学、物理和人口统计学的了解越来越多，我们可以更好地评估所涉及的风险。风险评估随着新模型和数据的出现和重新评估而不断发展。在许多情况下，新的资料证实了先前的评估，在其他情况下，它势必会改变，有时可能会变动很大。在这两种情况下，这一过程的公信力要求 EPA 尽可能作出最好的判断。对风险的评估可能会发生变化，但这不是对评估过程或者评估者的批评。相反，这是不断提高的知识和理解带来的自然结果。应当期待、接受、赞同风险评估的再评估并作出改变，而不是批评。

结果和建议

以下是关于评估风险评估方法、数据和模型的结果和建议的汇总。

模型的预测精度和不确定性

EPA 和其他组织可以使用各种方法和模型来进行排放表征、暴露评估和毒性评估。它们包括那些默认选项以及相应的替代选项，它们代表了与默认选项的偏差。在所有情况下，用于风险评估的方法和模型的预测准确性和不确定性都没有得到清楚的理解或充分披露。

- EPA 应当确定方法和模型的预测准确性和不确定性以及风险评估中使用的数据质量，并优先考虑支持默认选项的数据。EPA 和其他组织还应研究替代方法和模型，这些方法和模型可能在一定程度上偏离默认选项，以提供更好的性能，从而以更清晰和令人信服的方式进行更准确的风险评估。

排放表征

指南

EPA 还没有一套用于风险评估中排放表征的指南。

- EPA 应当制定这样的指南，要求其提供与特定风险评估需求相关的特定质量和数量的排放信息。

不确定性

EPA 还没有充分评估用于风险评估的排放估计的不确定性。

- 由于工艺的多样性以及这些排放源的不同运行维护情况，EPA 应当为评估和报告排放估计中的不确定性制定指南；这些指南可能取决于风险评估的水平。

外部协作

EPA 已经与外部组织合作进行排放表征的研究，这使得该机构从粗略转化为更加精细的排放表征。

- EPA 应当多与外部组织沟通合作，以改进整个风险评估过程以及该过程中的每一步。

暴露评估

高斯烟羽模型

在监管实践中，EPA 一直依靠高斯烟羽模型来估算人们接触到的有害污染物的浓度。然而，高斯烟羽模型是大气传输过程的粗略表示，因为它们并不总是准确的，所以会导致对浓度的低估或者高估。存在随机的拉格朗日模型和光化学模型，并且评估显示它们与观测结果有较好的一致性。此外，EPA 针对来自具有良好分散特性（即高热浮力、高排出速度、高烟囱）的工厂的标准污染物的释放和扩散，评估了高斯烟羽模型。EPA 还没有对高斯烟羽模型的有害空气污染物进行全面评估，也没有对实际的工厂参数和位置进行全面评估。

- EPA 应当在更加现实的条件下评估现有的高斯烟羽模型，包括距离场地边界较近、地形复杂、工厂扩散特性较差（即低烟羽浮力、低排出动量和短烟囱），以及在工厂附近有其他建筑物的情况。当有明确和令人信服的证据表明使用高斯烟羽模型会导致低估或者高估浓度（例如，根据监测数据）时，EPA 应当考虑将最先进的模型，例如随机扩散模型，纳入其浓度估算模型中，并且要包括用于选择和背离默认选项的标准的说明。

暴露模型

EPA 还没有充分地评估用 HEM-Ⅱ估计的暴露量，先前对暴露模型的评估表明，测量和预测的暴露量之间存在较大差异，即导致对暴露的预测偏低。

- EPA 应当对其所有的暴露模型进行仔细的评估，来证明其估计限制有害空气污染物的工厂周围暴露分布预测的准确性（通过污染物监测和对模型输入及理论的评估）。EPA 尤其应当保证，暴露估计是尽可能准确的，周围人群的暴露也没有被低估。

人口数据

EPA 此前没有使用人口活动、人口流动和人口统计来模拟对有害空气污染物的暴露，也没有充分评估假定人口普查区的人口都在该区人口中心位置时所产生的影响。

- 当有理由相信使用默认选项时暴露估计可能不准确时（例如，由监测数据表明），EPA 应当在暴露评估中使用人口活动模型。这在有可能低估风险的情况下尤其重要。人口流动和人口统计数据在确定风险和终身暴露时有一定的作用。EPA 应当使用简单的方法（例如，审查人口中心的使用）和更加全面的工具（如 NEM 和 SHAPE 暴露模型）进行进一步的评估。

人体暴露模型

EPA 使用人体暴露模型（HEM）来评估与固定源排放的有害空气污染物相关的暴露。该模型通常使用标准的 EPA 高斯烟羽模型，并且假设为居住在户外特定地点的是非流动人口。如果环境条件与标准 HEM 内固有的简化暴露和扩散模型假设不匹配，那么 HEM 结构就不能准确估计特定位置、特定来源和污染物的暴露情况。

- EPA 应当提供一份声明，说明在每次暴露评估中使用 HEM 的预测准确性和不确定性。应重申基于 HEM 计算的暴露估计值是保守估计值这一基本假设；如果不是，则应在暴露评估中使用已被明确证明性能优越的替代模型。这些替代模型应加以调整，将传输和个人活动以及移动性纳入暴露建模系统，以提供更准确、更科学、更可靠的污染物暴露分布估计（包括差异性、不确定性和人口统计信息）。可以考虑将这些模型与地理信息系统联系起来，为暴露建模提供地理和人口信息。

EPA 一般不包括对有害空气污染物的非吸入暴露（例如，皮肤暴露和生物累积）；其方法会导致暴露量的低估。其他途径可能是暴露的一个重要来源。目前已经开发了与 HEM 扩展相似的模拟系统用于解释其他途径。

- EPA 应当明确考虑非吸入途径，除非有证据表明例如沉积、生物累积、土壤和水分的吸收等非吸入途径是可以忽略不计的。

毒性评估

从动物致癌物数据外推

EPA 使用实验动物肿瘤诱导数据以及人类数据，来预测化学物质对人类的致癌性。使用动物模型预测潜在致癌性是谨慎合理的；然而，更多的信息将加强从动物模型到人类风险的定量推断。

- 在没有人类证据支持或反对致癌性的情况下，EPA 应当继续根据实验动物数据来评估化学物质的致癌性。然而，如果实验动物中的作用机制不太可能出现在人体中时，那么实验动物肿瘤数据不应作为将化学品列为人类致癌物的唯一证据；EPA 应制定标准，用于确定什么时候需要验证这个假设，并在发现所测试的物种与人类无关时收集更多的数据。

EPA 使用的数据通常假定，大鼠和小鼠在断奶后到 24 个月的范围内的暴露是用来保守地预测人类致癌性的最敏感和最合适的测试系统。这些剂量不包括断奶前的暴露，包括新生鼠。此外，在 2 岁时处死动物，使得随着年龄的增长发病率增加的疾病对健康的影响（如癌症）很难准确估计。

- EPA 应当继续利用小鼠和大鼠的研究结果来评估化学物质对人类致癌的可能性。应鼓励 EPA 和 NTP 去探索使用替代物种来验证从大鼠和小鼠中获得的结果与人类致癌是相关的这个假设，而且也应鼓励当特定化学物质有独特的敏感性，以及暴露效应与年龄相关时，使用较年轻的动物来进行实验。

EPA 通常假设到达剂量与给予剂量成比例（作为默认选项），将实验动物的数据外推到人类身上。替代的药代动力学模型很少被用来将暴露（给予剂量）与有效剂量相关联。

- 应鼓励 EPA 继续探索，并在科学上合适的时候，纳入基于机制的药代动力学模型，将暴露量与生物有效剂量联系起来。

肿瘤在人体中形成的位置与暴露途径、化学性质、药代动力学和药效因素有关，包括化学物质在全身中的系统分布。因此，暴露于同一种化学物质的人类和实验动物，其肿瘤出现位置可能不同。EPA 已经接受了将实验动物组织中的致癌性证据当作人类致癌性的证据，但没有必要假设肿瘤类型或者来源组织的对应关系。EPA 将致瘤性的证据从一种途径推断到另一种途径，其中考虑了该化学物质的特定分布特征。EPA 传统上几乎对所有诱发癌症的化学物质都采用类似的处理方法，即使用线性多阶段无阈值模型，从实验动物的大量暴露和相关的反应中推断出实验动物的少量暴露和人类癌症的低发病率的情况。

- 应当验证药代动力学和药效学的数据和模型，并且继续评估从动物测试到人类的定量推断，并将其应用于风险评估。EPA 应当继续使用线性多阶段模型作为从高剂量外推到低剂量的默认选项。如果关于癌症诱导机制的信息表明线性多阶段模型的斜率不适合进行外推，那么这个信息应当作为风险评估的一个明确的组成部分。如果可以获得足够的信息来进行其他推断，那么就应当进行定量评估。EPA 应该制定标准，以确定哪些信息足以支持其他推断。这两种评估的证据都应当提供给风险管理人员。

关于非致癌物动物数据的外推

EPA 采用半定量的 NOAEL-不确定性因子方法来监管人类对于非致癌物的暴露。

- EPA 应当制定基于生物学的定量方法，用于评估人群中的非致癌效应的发病率和可能性。这些方法应当纳入关于作用机制的信息，以及会影响到易感性的个体特征和人群差异的信息。应当继续使用最敏感的毒性终点来设置参考剂量。

致癌性证据的分类

EPA 对致癌危害证据的叙述性描述是恰当的，但是出于决策目的，还需要一个简单的分类方案。目前的 EPA 分类方案没有收集关于人类与动物数据相关性的信息，关于观察结果适用性的任何限制或者观察范围之外的致癌性范围的任何限制。因此，目前的制度可能会低估或者夸大某些物质的危险程度。

- EPA 应当提供关于致癌物所构成的危害的全面说明，包括对以下两个方面进行定性描述：1）关于物质风险的证据强度；2）动物模型和结果以及暴露条件（途径、剂量、暴露时刻和持续时间等）与人类的相关性，暴露条件是指人们在环境中可能暴露于致癌物质的条件。EPA 应当制定一个简单的、结合这两部分内容的分类方案。推荐了类似于表 7-1 中所提出的方案。EPA 应当寻求这个分类系统的国际认可。

强度估计

EPA 在风险评估过程中，将从剂量—反应曲线的斜率得出的化学品强度估计值作为单一值来使用。

- EPA 应当继续使用强度估计——单位致癌风险——来估计由于终身暴露于一单位致癌物而引起的癌症发生的概率上界。然而，应当像第 9 章中建议的那样描述有关强度估计的不确定性。

尽管 EPA 经常引用现有的人类证据，但它并不总是严格地将基于啮齿动物数据的定量风险评估模型与现有的致癌分子机制信息或流行病学研究的现有人类证据进行比较。

- 由于整体风险评估模型的有效性取决于它对人类健康影响的预测程度，因此 EPA 应当在分子和机制毒理学相关的领域获得更多的专业知识。此外，EPA 还应获得更多的流行病学数据来评估风险估计的有效性。部分数据可以通过与国家职业安全与健康研究所建立正式关系来获取，这样可以方便获取职业暴露的数据。

第8章

数据需求

本章讨论了在1990年《清洁空气法》修正案（CAAA-90）的背景下进行充分的风险评估所需数据的数量、质量和可获得性。本章首先讨论了优先级设置过程的需求，以及迭代的数据收集过程的需求，然后指出数据收集的合适优先级以及在每个关键的风险评估步骤中数据的可获得性，最后讨论了应当如何管理数据。

数据需求背景

大多数人都同意，在现有的最佳模型下，更多的相关数据将有助于得到更加准确和精确的风险评估。无论选择的模型有多好，为了避免经典的“垃圾输入、垃圾输出”的问题，数据的质量至关重要。在收集数据时，必须要经常在必要的数据、需要的数据，以及可得到的数据之间进行权衡。必须在要实现的风险管理目标的范围内确定可取性，这些目标可能是制定条例、设定标准或者筛选化学品以确定优先级。

风险管理框架越准确地界定风险评估一开始就要解决的问题，就越能清楚地回答问题所需的数据，在数据收集中就越少需要判断，而且收集到不适当或不足数据的可能性越低。作为推论，公众参与制定目标和问题，有助于避免公众对风险评估过程的批评和不信任，包括暴露和毒性数据的收集。公众相信，风险管理人员正在解决实际问题，而不是敷衍了事地走一个流程，风险评估是一项能够提高生活质量的活动，这对于风险评估的未来至关重要。风险管理者需要从一开始就明确说明要在何时何地保护谁不受到什么伤害，以及付出什么代价（包括将花费多少精力和资金来收集适当的数据），这样风险评估人员才能提供相关的信息。

优先级设置的作用

对 CAAA-90 中列出的所有 189 种化学品（或混合物）进行全面的健康危害评估，没有必要，也不符合成本效益。然而，重要的是，应审查整个列表，以确定可能有害的化学品，并在之后尽可能有效地对选定供进一步审查的每种化学品进行全面评估。一项全面的策略对于在收集资料的过程中确定各步骤的优先级并确定所需的评估程度，是必不可少的。

因为风险是暴露和毒性的函数，因此如果一种化学品对所有人的毒性都很低，并且所有人都很少暴露于这种物质，那么将会导致全面风险评估的整体优先级较低。显然，如果两者都是高优先级，将导致这种评估的整体高优先级，并且会要求收集所有类别的暴露和毒性的完整数据集。在低优先级和高优先级之间将存在多种中间级别。

在缺乏相关的人体数据的情况下，毒理学评估应当从最简单、最快速、最经济的测试开始，并且只有在最初的步骤得到保证时，才应进行更复杂、耗时更久和更昂贵的实验。同样地，无论是针对广大人群还是人群中的任何大量子集，排放、传输和暴露的数据都可用于对测试的化学物质进行排序，从具有相对较大暴露可能性的物质到那些具有非常低的显著暴露可能性的物质。当然，这里所说的“大量”取决于同时进行的针对毒性的评估，然后排序可以基于对相对适度或者有限的数据集的评估。

为了评估是否存在暴露的可能性，并衡量暴露的程度和持续时间，我们需要知道：

1．化学物质是否排放到了空气中？

2．化学物质是否足够稳定，可以从排放源传输到人群中？

3．如果化学物质没有被排放或者很不稳定，即在达到人群之前就分解为无害的产物，那么就没有必要进一步收集数据并进行进一步的风险评估。但是如果化学物质被排放，并且能够被传输到人群中，那么则需要考虑：谁会暴露于这些化学物质？暴露多少？时间有多久？

4．人类和动物的暴露（剂量）和反应（效应）之间的关系是什么？

在迭代数据收集过程中，处理与问题 1～4 相关的数据时，首先是收集每一步中最关键的数据，然后在进入下一个类别之前判断该类别中是否需要更多的数据。这个过程是迭代的，直到收集到足够的信息来得出结论——例如对公众健康的潜在威胁。

《清洁空气法》第 112 节要求 EPA 考虑 189 种特定化学物质的危害以及可能的监管。考虑到进行全面的风险评估所需要的努力以及 EPA 的资源，不可能在该法案规定的时间内完成这项工作。因此，基于法律要求和公共利益，EPA 对所列出的化学物质进行优先级设置是至关重要的。这些优先级首先应当基于对人类健康和福利的潜在影响。

189 种化学物质中，一些物质由于来源多样、暴露量大或致癌强度高，似乎存在重大问题。其他一些化学物质问题较小，例如，一些具有相对较少的来源，一些有着较低的人类暴露潜力，一些有着非常低的强度。投资大量的金钱和时间来研究和分析，来确定已知对最终风险评估无关紧要的因素，或者确认容易达成共识的可靠估计，是对资源的无效利用。因此，EPA 应当对所有列出的化学物质进行初步分析（筛选），以确定哪些化学物质值得进行详细的风险评估，而哪些不值得进行这样的工作。这些初步分析应由一个独立的委员会进行审查，以确保所产生的全面评估优先级的有效性。应根据新的数据不断重新评估和酌情改变优先级。设置优先级并保持更新并不简单，应该在有足够资源的情况下，将其列入 EPA 正在制订的实施 CAAA-90 的计划中。迭代的数据收集过程可以帮助为所需的研究确定优先级，以避免积累过多的数据而导致资金滥用和时间浪费。

风险评估的数据需求

接下来讨论优先级的设置，以及风险评估中每个关键的数据处理步骤中数据的可用性：排放、环境归趋和迁移、暴露和毒性。最后一部分总结了这些领域中的数据优先级，并说明如何利用这些数据为数据收集设置总体优先级。

排放

了解一种化学物质被排放到空气中的情况——具体而言，单位时间内从制造、储存、使用或处理它的每个地方排放的量（流量），加上它的物理或者化学状态——是表征预期该化学品的暴露程度的基础。

数据收集的优先级

第 7 章描述和评估了表征排放的具体方法。在此分析的基础上，用于排放表征的迭代数据收集过程大致可按以下步骤进行：

1．特定工厂的物料平衡；

2．全行业的排放因子；

3．特定工厂的排放因子；

4．设备测量，包括流量测定。

因为有各种各样的排放估算技术，以及各种排放有害空气污染物的设备类型，所以数据质量是至关重要的。EPA 在决策时通常是使用任何可获得的数据，并且没有发布关于风险评估中使用的排放数据质量的指南或标准。

由于确定优先次序时排放特征数据库是非常重要的，因此 EPA 应当审查提交的排放评估，以确保它们符合合理的质量标准，并确保一个场所内所有排放源的排放评估值都已提交。

数据可得性

EPA 计划使用超级基金修正和恢复法案（Superfund Amendments and Recovery Act，SARA）中第三章所要求建立的有毒物质排放清单（Toxic Release Inventory，TRI）数据库中可获得的排放信息。该数据库中可获得的信息展现在 EPA 提供给委员会的表格中，详见附录 A。TRI 数据库包括关于年度排放、设备选址和排放类型（包括无组织排放、点源或两者兼而有之）的信息。

这些数据在风险评估的应用中有两个严重的局限性。首先，这个数据库不包括某一设施所有操作的排放，例如，没有报告转移操作的排放。第二，该数据库不包括小于

10 万 t/a 的排放，也不包含排放点的位置或排放频率。一些信息可以在排放清单数据库中找到，这些数据库是各州实施计划（State implementation plans，SIP）要求的各州必须提交给 EPA 的，用于表明各州计划如何控制与 CAAA-90 相关的排放，但是这些信息不一定都被很好地描述。例如，VOCs 的排放作为一个总体被列出，而不是单个化学物质的排放；但风险评估一般针对单独的化学物质，而不是针对不同类别的化学物质。

Amoco 和 EPA 的一个研究提供了一个例子，这个例子是关于估算或计算的排放量（例如 TRI 数据库中列出的排放量）与通过直接测量确定的排放量之间的差异。这项研究发现"现有的对环境排放的估计不足以进行针对特定化学物质、多媒介以及设施的广泛评估"。报告指出了在使用 TRI 数据库来对设施进行深度评估时存在的几个具体问题：

- 缺少化学表征数据；
- 难以测量和表征小排放源；
- 使用估计的而不是实际的数据；
- 由于缺少对新排放源的识别而导致了低估；
- 由于采用标准化的全行业排放因子而高估了一些排放源；
- 没有要求在 TRI 数据库中报告所有的化学物质（例如，只要求报告所有碳氢化合物的 9%）；
- 将某些活动和排放排除在记录要求之外（例如，驳船装载，约占苯排放量的 20%）；
- 缺少关于附近人群和生态系统位置的 TRI 数据。

EPA 应当建立一种机制，以一致的方式收集刚刚列出的信息。这一机制可以包括 SARA 第三章的修改，它要求 TRI 报告 CAAA-90 第Ⅰ章或第Ⅴ章的信息需求并为其开发信息。虽然为 189 种化学物质建立排放特性数据库最初似乎是一项重大的任务，但是 CAAA-90 要求各州在 1992 年 11 月之前制定更加详细的排放清单并且更新它们。大多数设施都被要求以点为基础来估计它们的排放量，以满足州排放清单的要求。为取得许可证，也需要提供这方面的许多信息。

即使是简单的改变，也会带来一定的帮助，例如修改 SARA 第三章的要求以将 189

种有害空气污染物全部列入名单。CAAA-90 第三章 189 种化学物质中有 16 种不在 TRI 清单上（表 8-1）。此外，TRI 数据库只包含拥有 10 名或 10 名以上全职员工，以及生产、加工或使用特定化学品超过一定生产速度的排放源。这个限制排除了制造业中较小的排放源，而第三章则要求必须对这些排放源进行风险评估。设置一个与第三章的规定有关的排放阈值（例如，单一化合物为 10 万 t，混合化合物为 25 万 t）可能会更适合收集用于风险评估的信息。

表 8-1　不在有毒物质排放清单数据库中的第 112 节污染物列表

2,2,4-三甲基戊烷
乙酰苯
己内酰胺
二氯二苯基二氯乙烯（DDE）
二甲基甲酰胺细矿物纤维
六亚甲基二异氰酸酯
己烷
异佛尔酮
膦化氢
多环有机物
二氧化硫（无水）
TCDD
三乙胺

注：对于挥发性有机化合物的评估（其中大多数都在第三章的 189 种化学物列表上）可使用出于其他监管目的（例如 CAAA-90 的臭氧条款）而进行的排放估计。然而，这些数据通常都没有明确说明 VOCs 的化学成分。另外，只需要在未达标区域内报告 VOC 的排放信息，所有这些信息并不总是可得的。

环境归趋和迁移

排放的污染物可以在环境媒介内部和之间移动，并转化为不同的形式。完全了解环境中化学物质的变化情况是估计人类暴露并由此确定风险的基础之一。

数据收集的优先级

在本章开始所描述的迭代数据收集过程中，关于环境归趋和迁移的数据将大致按以下顺序获得：

1. 物理性质；
2. 环境的物理化学性质；
3. 化学性质或反应性；
4. 潜在的清除速率。

一旦有了这些信息，对附近空气中的预期浓度的模型计算就相对简单了。如果没有可用的信息，那么必须去获取或进行假设。

数据可得性

关于排放和物理性质的数据一般都是可以得到或可以估计的（Lyman et al.，1982）。就化学性质和反应而言，某些环境反应的数据是可得的，但并不是全部。就物理化学性质而言，美国的大多数地点的环境数据通常都是可得的。获取潜在的消除速率的信息较为困难并且昂贵。

仔细评估数据是非常必要的。例如，在实验室条件下确定并已公布的、从中等到低挥发性的有机化学物质的蒸气压可能严重失实并让人产生误解。对于所有的化学物质，当从实验室外推到外环境空气时，气相反应速率常数可能存在严重的错误。这些研究并不总是为了风险评估而开展的。

暴露

准确的暴露数据对有效的风险评估来说至关重要。例如，暴露数据必须与关注的健康终点相匹配。在暴露评估中的关键问题是：

- 研究终点（例如，急性与慢性毒性）；
- 存在风险的人群（具有潜在增加风险的一般人群与已确定的亚群）；
- 暴露途径（例如，空气、饮食或者皮肤）；

- 持续时间（例如，终身、一年或者瞬间）；
- 同时暴露于毒性物质的性质和程度。

这些问题很少能通过风险评估的暴露数据得到解决。收集数据的工作应该重点满足在风险管理方面评估目标的最低要求。

数据收集的优先级

在提议的迭代数据收集过程中，数据收集的顺序可以是：

1. 环境空气监测。最常见的情况是，环境空气监测是在固定时间内（如在固定采样站为 8 h 或 24 h）对样品浓度进行平均得到间隔浓度。采样站的数量、运行时间和相对于已知的排放源和有风险的人群的位置都必须是已知的，还有平均浓度值、方差或范围（用于评估不确定性）、使用方法的描述，包括潜在误差也是已知的。环境空气监测的时间间隔应与引起所关注的生理效应所需要的时间相匹配。

2. 有针对性的定点监测数据。这些数据通常是从高排放源（即“热点”）附近的采样站中获得，或者是为了回应一些真实的或感知到的公共卫生需求。它们应与环境空气监测的信息相同。如果有针对性的监测能够专注于污染物的高浓度、风险更大的人群或者二者兼而有之，那么有针对性的监测往往要比现存采样站的监测更加有用。

3. 峰浓度数据。无论是环境空气监测还是有针对性的监测，都可能会丢失峰值浓度，因为采样间隔时间很长，以至于所有的采样高峰和低谷都被平均了。需要使用瞬时分析仪（如分光光度计）或间隔分析仪进行采样，这些仪器可以接受短时间的样品，从而确定峰值。这对于间歇性释放的毒物来说可能相当重要。

4. 个体监测。个体监测中的浓度数据对于风险评估来说更加有用，因为它们显示了个体受试者的暴露程度，可以将活动模式与暴露联系起来。如果选择足够的受试者进行监测，就可以构造出人群暴露。由于进行一项全面研究所要花费的时间和费用很多，所以除了个别的毒物外，目前还没有这种信息。这主要是因为大部分化学物质缺少低成本的便携式采样装置。在个体监测中，相对于被动采样器，主动采样器可以提供更多直接用于风险评估的信息，这是因为主动采样器可以更直接地估计污染物浓度（以及剂量）。被动采样器不能提供具体的浓度，但是它们的成本和体积要远远小于主动采样器。

它们在筛选（即确定是否发生暴露）中是非常有用的。将被动采样器监测到的浓度与暴露和剂量联系起来的研究将会进一步提高它们的潜力。

5. 生物标志物。如果一种毒物能够产生代谢物、造成酶的改变或者产生其他暴露发生的信号，从而导致标志物和暴露程度之间的高度相关性，那么这些信息就能够减少预测风险的不确定性并且有助于风险评估。一方面，这将是最好的暴露信息，因为这表明毒物已经被吸收并且已经产生了生物效应（NRC，1987），但是它使得单一来源的暴露评估变得困难，因为它揭示了从所有暴露途径摄取的总量。除非生物标志物数据通过外部暴露数据进行了检验，否则它们就不能用来确定剂量。在实验动物身上验证外部浓度和生物标志物多少之间的相关性是有帮助的，但其中一个问题是很难对人类进行推断，因为人类可能不会像实验动物那样以同样的定量方式作出反应。在某些情况下，可以在职业环境中建立人类的标志物。

数据可得性

《清洁空气法》修正法案列表上的189种化学物质中的某些物质有较为充足的浓度数据，而有些则几乎没有。当浓度数据可得时，它们更可能来自环境空气监测，或者最多是有针对性的定点监测。只有一些化合物具有足够的暴露数据，可用于初步评估相对优先级以进行更详细的风险评估（附录A）。这个重大问题只能通过更广泛的州或联邦监管计划才能解决。一些州，例如加利福尼亚州，正在迅速开展一个有害空气污染物监测项目。州与联邦机构之间的协调是必要的，以防止稀少的资源浪费在重复的工作中。

收集有关人类的新暴露数据受到了现有的个体暴露监测方法（这些通常是昂贵的、准确度或者精确度较低的，并且通常是非定量的或者无法确定暴露的来源），以及获取可能影响吸收或暴露的人类行为信息的方法的限制。此外，没有可用于比较新数据的参考数据库，也就是说，没有可用于确定新数据是超出一般标准的暴露程度，还是属于以前研究所界定的可接受范围的参考。此外，当暴露数据被聚集到一起时，它们应以概率为基础来推断总体并估计暴露分布的尾部。

毒性

对物质固有毒性的全面评估需要结合结构—活性分析、体外或动物短期测试、慢性或长期动物生物测试、人体生物监测、临床研究以及流行病学调查（NRC，1984，1991c，d）。一项全面的危险识别可能需要审查所有这些类别的资料，然后才能确定是否有必要对该物质进行定量风险评估（Bailar et al.，1993）。

评估剂量—反应关系需要的数据包括大范围剂量的影响的数据，以及通过给定的暴露大小和模式（例如，吸收、解剖分布、代谢和排泄）将剂量传达到关键靶细胞的影响因素的数据（NRC，1987）、有关剂量—反应曲线的形状和斜率的数据、相关作用机制的数据（NRC，1991c），以及对一种物质的反应随着物种、性别、年龄、先前的暴露、健康状况、接触外来药剂和其他变量的变化程度的信息（NRC，1988a）。

数据收集的优先级

为了填补毒性评估中的数据空缺，最好的对策是针对不同的情况制定相应的对策，但对于可能会用到的毒理学数据的主要类型，其优先级设置如下所示。在所建议的迭代数据收集过程中，列在前三类的毒性数据（即一般毒性、急性毒性及急性哺乳动物致死率）应当作为针对每一种化学物质进行数据收集的起点，而其他更加昂贵的数据应该只收集那些根据这三类数据而受到关注的化学品的数据。

1. 一般毒性数据（结构—效应关系以及其他相关性分析的结果）；
2. 急性毒性数据（微生物的致死率，或者对体外哺乳动物细胞的影响）；
3. 急性哺乳动物致死率数据（通常是啮齿类）；
4. 毒代动力学数据，第 1 阶段（啮齿动物的吸收、分布、滞留和排泄）；
5. 遗传毒性数据（微生物、果蝇和哺乳动物细胞体外短期测试结果）；
6. 亚慢性毒性数据（啮齿动物 14 天或 28 天的吸入毒性）；
7. 毒代动力学数据，第 2 阶段（针对啮齿动物和其他哺乳动物物种的代谢途径和代谢归趋，特别关注吸入暴露）；
8. 慢性毒性数据（针对两种两性啮齿动物的致癌性、神经行为毒性、生殖和发育毒性以及免疫毒性，特别关注吸入暴露）；

9．人体毒性数据（临床研究、生物监测和流行病学数据）；

10．关于毒性机制、剂量—反应关系、修饰因素（如年龄、性别和其他变量）对易感性的影响以及化学和物理混合物的交互作用的数据。

这个优先级是基于收集这些数据的成本和复杂性确定的（NRC，1984）。收集临床和流行病学数据的计划通常是不可能的。对人类进行临床的毒理学研究通常是在实验控制条件下计划并执行的，由于伴随的危险，很少有人这样做。流行病学研究相对来说比较昂贵，并且产生的数据通常很难解释为特定有毒物质的影响。如果在不考虑成本、伦理或者其他方面的情况下设置收集数据的优先级，那么收集的顺序可能是

1．人类毒理学数据；

2．临床数据；

3．流行病学数据。

数据可得性

在189种化学物质中，所需数据的可得性差别很大。一方面，有些化学物质的初步毒性数据是可获得的，或者至少可以从结构—活性的相关性中估计得到。另一方面，189种化学物质中几乎所有的毒性数据都是不全的。

可获得的数据量是高度可变的，并且在很大程度上取决于不可控的偶然事件。一般来说，关于长期使用的个别化学品（如氯乙烯、某些溶剂等）和广泛使用的化学品（如杀虫剂）的数据集，比很少使用的化学品或其他化学品的副产品（如汽车尾气和香烟烟雾中的化学品）的数据集更好。EPA使用的综合风险信息系统（Integrated Risk Information System，IRIS）中的附加信息和分析将在第12章中提供。第6章讨论了测试模型所需要的部分数据。

总体优先级设置

大致按照复杂性增加的顺序汇总了风险评估中每一步所需要的数据（表8-2）。在迭代数据收集过程中，如果在表8-2的四列中，每一列的前一项或前两项中的信息未表明

风险潜力增加，那么全面风险评估优先级应该较低。前三列（例如，排放、环境归趋和迁移、暴露）的任何两个中的前几个项目的负面信息，和另一列中的正面信息的不同组合都可能会导致一个中等的优先级。列表中前两项或者前三项的项目中的正面信息可列为高优先级。当证据表明潜在危害超过议定的关注“界限”（通过法规或计划的程序设定的决策点）时，将开发每列中更复杂项目的数据。

表 8-2　可用于风险评估的数据类型

排放	环境归趋和迁移	暴露	毒性
1. 物料平衡	1. 物理性质	1. 环境固定点监测	1. 一般毒性
2. 全行业排放因子	2. 环境的理化性质	2. 目标固定点监测	2. 急性毒性（微生物或体外哺乳动物细胞的致死率）
3.特定工厂排放因子（EPA 协议）	3. 化学性质或反应性	3.风险人群的峰值浓度持续时间和频率	3. 急性哺乳动物致死率（啮齿动物）
4. 设施测量，包括通量确定	4.潜在清除速率	4. 平均和最大暴露个体的个人监测	4. 毒代动力学，第 1 阶段
		5. 生物标志物	5.遗传毒性（微生物、果蝇或哺乳动物细胞的短期体外测试） 6. 亚慢性（13 天或 28 天）吸入毒性（啮齿动物） 7. 毒代动力学，第 2 阶段 8. 慢性毒性：致癌性、神经行为毒性，生殖和发育毒性或免疫毒性 9. 人体毒性（临床、生物监测、流行病学） 10. 毒性机制和剂量-效应关系

虽然完整的优先级方案应该是一个连续的过程，但为制定一个更加详细的方案，可能出现以下几个关键点：

筛选风险评估

排放——项目 1 和项目 2

环境归趋和迁移——项目 1～3

暴露——项目 1～3

毒性——项目 1～3

- 如果以上所有项目（或者列表中下面的项目，如果可获得的话）的信息表明没有潜在的健康问题，那么就设置“低优先级”。
- 如果关于暴露（排放、环境归趋和迁移、暴露）的任何信息是正面的，那么就将该化学物质设置为“中等优先级”。
- 如果关于暴露（即排放、环境归趋和迁移或者暴露测量）的任何信息是正面的，而且毒性数据是阳性的，那么将这个化学物质设置为“高优先级”，并且进行全面风险评估。

全面风险评估

排放——项目 1～4

环境归趋和迁移——项目 1～5

暴露——项目 1～5

毒性——项目 1～10

- 如果四列中的高级别项目的信息都不是正面的，那么将这个化学物质设置为 2 级行动（延长响应时间）。
- 如果四列中的高级别项目的信息都是正面的，那么将这个化学物质设置为 1 级行动（短时间内响应）。

可靠的正面人类证据总是会导致高优先级和全面的风险评估。任何阳性的临床、毒理学或者流行病学人类数据将会在仅基于暴露和动物毒性数据的优先级之上，并且将该化学物质转到全面风险评估阶段。

为全面风险评估设置优先级的详细过程需要通过联邦政府和州政府协调确定，以确保为这一方案步骤最佳地利用有限的资源。例如，可能有一种基于排放、环境归趋和迁移、暴露和毒性数据的数值加权或评分的方法。EPA 应当考虑召集一个专家小组，来制定设置优先级的程序以及数据收集所需的迭代方法。

数据管理

需要更加重视数据管理，以确保填补重要的数据空白、风险评估使用的数据质量尽可能高以及相关信息（如阴性流行病学信息）没有被忽略。由于缺乏统一的数据采集方案，数据分析以及有效的风险评估对于风险管理目的来说既不一致也不可靠。

例如，风险评估通常要求评估者决定，是否要在获得最新以及更好的信息时放弃过去研究中的信息。最终需求是获得可信度，因此，使用公认的最好地代表了现实的信息是非常重要的。如果一项新研究的结果与之前研究中的成果相矛盾，但是对人类健康风险的“底线”估计只有很小的差异，那么应该同时使用这两种方法，并且应该修改当前风险评估的误差范围。然而，如果研究得出截然不同的结论，两者的使用都是可行的。例如，一些动物研究证据可能显示出一种重大健康危害，而也可能存在薄弱的、阴性的或模棱两可的动物研究结果。因此，应当在风险评估文件中仔细审查这些相互矛盾的数据，并且详细研究差异的可能原因。当结果似乎不可调和时，委员会建议要足够谨慎，并且风险评估要么基于较高的最终风险估计，要么推迟（就如在甲醛评估中所做的），直到完成更多的研究为止。

结果和建议

委员会的研究结果和建议如下。

风险评估中数据不足

EPA 没有足够的数据，在 1990 年《清洁空气法》修正案允许的时间内充分评估第三章中的 189 种化学物质的健康风险。

- EPA 应该对 189 种化学品进行筛选以确定评估健康风险的优先级，识别数据空缺并制定激励措施以加快其他公共机构（例如，国家毒理学计划、有毒物质和疾病登记处及州机构）和其他组织（产业界、学术界等）生成所需的数据。

数据收集指南的需求

EPA 还没有用于确定针对排放 189 种化学品中的一种或多种设施进行风险评估所需的数据类型、数量和质量的指南或过程。

- EPA 应当开发一种迭代的方法来收集和评估用于筛选和全面风险评估的排放、迁移和归趋、暴露和毒性方面的数据。EPA 应该在指南中规定数据收集和数据评价过程以供从事数据收集工作的人使用。为了制定这些指南，EPA 应当召集一个专家小组来制定一项利用数值加权和评分方法的设置优先级的方案。

排放和暴露数据的不足

EPA 经常使用非定点排放和暴露数据。这些数据通常不足以评估个体和受影响人群的风险。

- EPA 应当更加努力地收集个人监测和定点监测的排放和暴露数据。

作为风险评估排放数据的来源的 TRI 数据库的不足

EPA 用于排放表征的 SARA313 有毒物质排放清单数据以及其他可获得的数据，对于筛选的目的来说已经足够了，但是还不足以为特定设施展开详细的风险评估。目前收集排放数据的过程并没有为《清洁空气法》中所有的风险评估目的提供合适的信息。

- EPA 应修改与排放有关的数据收集活动，以确保其拥有或者将会获得进行筛选和全面风险评估所需的数据，特别是 CAAA-90 中列出的 189 种化学物质的数据。

缺乏足够的自然本底暴露数据库

EPA 没有关于 189 种空气污染物在自然本底暴露情况下的足够数据库，这个数据库可以用来评估生产或使用这些物质的设施所产生的总人体暴露数据。

- EPA 应当建立一个关于列出的 189 种有害空气污染物的户外环境暴露数据库。

分析技术解释不充分

EPA 并不总是充分解释其用于估算室外环境暴露的分析和测量方法。

- EPA 应当整理和解释其用于室外环境暴露的分析和测量方法，包括用于风险评估的所有方法的误差、精密度、准确度、检出限等。

风险评估数据管理系统的需求

EPA 需要更充分的机制来编制和维护数据库，以便用于健康风险筛查和评估。

- EPA 应审查其数据管理系统，并根据需要加以改进，以确保数据的质量和数量经常得到更新，并确保这些数据可充分用于风险筛查和风险评估。在本次审查和修订中，应突出 CAAA-90 中规定的 EPA 职责。

第 9 章

不确定性

在风险评估中应对不确定性的需求从 1983 年 NRC 的联邦政府的风险评估报告开始基本没有变化。该报告中发现：

在基于风险评估的决策过程中，主要的分析困难是普遍的不确定性……在估计或与拟议进行管制的具有经济效益的化学品有关的健康影响的类型、概率和程度，以及当前和今后人类可能暴露的程度方面，往往有很大的不确定性。目前，这些问题还没有合适的解决办法，原因在于我们对致癌作用与其他健康影响的因果机制认识不足，在确定与特定暴露相关的影响性质或程度的能力上也有所欠缺。

我们的知识体系中仍然存在这些欠缺，这给新的科学发现带来了困难。但是，对于欠缺造成的一些困难，存在着强有力的解决办法：对其造成的不确定性的来源、性质和影响进行系统分析。

不确定性分析的背景

EPA 的决策者很早就认识到不确定性分析的作用。正如前 EPA 局长 William Ruckelshaus（1984）所说：

首先，我们必须坚持将风险计算表示为估计值的分布，而不是在不考虑它们真正含义的情况下将其视作可以随意操纵的神奇的数字。我们必须设法对风险进行更现实的估计，以显示各种可能性。为了做到这一点，我们需要新的工具来量化和确定不确定性的来源，并深入地思考这些问题。

然而，10 年后，EPA 在将基于“神奇的数字”的风险评估“文化”替换为基于与我们目前知识及其欠缺相一致的风险值范围的信息的风险评估方面几乎没有取得任何进展。

正如我们在第 5 章中更加深入讨论的那样，EPA 一直对不确定性分析的有效性持怀疑态度。例如，在对超级基金场地进行风险评估的指南中（EPA，1991f），该机构总结道，定量的不确定性评估通常不适用于场地风险评估，这种评估也不是必要的。指南同样质疑不确定性评估的价值和准确性，表明这种分析过于依赖数据，且“可能会导致一种错误的确定感”。

与此形成鲜明对比的是，委员会认为不确定性分析是唯一打击“错误的确定感”的方式，这是由于拒绝承认和（尝试）量化风险预测中的不确定性而造成的。

本章首先讨论了一些可以用来量化不确定性的工具。其余部分讨论了对 EPA 目前做法的具体关注，提出了替代方案，并且提出了关于 EPA 未来应当如何进行不确定性分析的建议。

不确定性的性质

不确定性可以被定义为缺乏对真相的精确认知，无论是定性的还是定量的。缺乏精确认知造成了一个知识性问题——我们不知道“科学真理”是什么，以及一个实际问题——我们需要确定如何在这种不确定性的情况下评估和处理风险。本章重点关注实际问题，这个问题在 1983 年的报告中没有阐明，EPA 近来才开始以某些特定方式来处理这个问题。本章认为，不确定性总是存在的，学习如何在不确定性存在的情况下进行风险评估至关重要。科学真理总是有些不确定，而且随着新认识的发展，还可能进行修改，但是与其他科学政策领域相比，定量健康风险评估的不确定性相当大，而且需要风险分析人员的特别关注。这些分析者需要考虑以下问题，例如，面对不确定性，我们应该做些什么？在风险评估中应当如何识别和管理它？应当如何将不确定性的理解传达给风险管理者和公众？EPA 已经认识到需要进行更多和更好的不确定性评估的需求（见附录 B 中的 EPA 备忘录），其他研究人员也在所需要的困难的计算方面开始取得实质性的进展（如蒙特卡洛法等）。然而，这些变化似乎还没有影响到 EPA 的日常工作。

一些科学家反映了 EPA 所表达的担忧，不愿意量化不确定性。有人担心，不确定性分析会降低风险评估的可信度。然而，这种对不确定性的态度可能是错误的。风险评估的核心任务是运用手边或者可生成的任何信息来得到一个数字、范围、概率分布——任何能够最好地表达关于某些特定环境中某些危害的影响的当前知识状态的形式。简单地忽略所有过程中的不确定性，几乎可以肯定的是，它不能完全检验整个过程中的关键部分，从而增加不正确、不完整或者具有误导性的风险估计的可能性。

例如，过去对糖精致癌强度的不确定性分析表明，强度估计值可以变化高达 10^{10}。然而，在比较适当的模型时，这个例子不能代表强度估计的范围。只有当选择一些一般被认为没有生物合理性的模型，并且只有当使用这些模型从高剂量向低剂量进行大量外推时，效应估计值才会变化 10^{10}。明智地应用合理性和简约性的概念能够消除一些明显不合适的模型，并留下大量但可能不那么令人畏惧的不确定性。在这种极为不确定的情况下，最重要的不是最佳的估计也不是这个 10^{10} 倍范围的终点，而是对真实值在一个范围内的可能性的最可靠估计，在这个范围内采取一种而不是另一种补救措施（或没有）是合适的。真正的风险达到 10^{-2} 的可能性是不是很小？那么对于这种可能性非常小但是风险很大的情况，会对风险管理产生什么样的影响？不确定性分析主要就是要解决这些问题。对于不确定性分析方法的理解的提高——以及毒理学、药代动力学和暴露评估方面的改进——使得不确定性分析提供一个相对于以前来说更加准确，也许也不那么令人畏惧的关于我们现在已知和未知的描述。

分类

在讨论不确定性分析的实际应用之前，我们最好退后一步，将其当作一项脑力活动来讨论。风险评估中的不确定性问题是庞大、复杂且几乎难以解决的问题，除非将其分为更小且更易于管理的主题。如表 9-1（Bogen，1990a）所示，其中一个方法就是根据风险评估过程中它们发生的步骤将不确定性的来源进行分类。一些科学家们偏爱的更加抽象和一般化的方法是将不确定性分为三类：偏差、随机性以及真实差异性。这种分类不确定性的方法被一些研究方法学家使用，因为它提供了一个针对不确定性的完整划分，并且它可能得到更多理性的结果：偏差几乎完全是研究设计和性能的结果；随机性是指样本大小和测量不精确的问题；差异性是风险评估人员研究的内容，但也是风险管理中需要解决的问题（见第 10 章）。

表 9-1 风险评估中不确定性的一些一般来源

Ⅰ. 危害识别
未识别的危害
特定研究结果发生率的定义（发生率与暴露之间的正—负相关性）
不同的研究结果
不同的研究质量
—实施
—对照人群的界定
—所研究的化学物质与所关注的化学物质的物理—化学相似性
不同的研究类型
—前瞻性、病例对照、生物测试、体内筛选、体外筛选
—实验物种、品系、性别、体系
—暴露途径，持续时间
从可获得的证据外推到目标人群
Ⅱ. 剂量—反应评估
从测试剂量外推到人类剂量
给定研究中“阳性反应”的定义
—独立与联合事件
—连续与二分输入响应数据
参数估计
不同的剂量反应组
—结果
—质量
—类型
低剂量风险外推的模型选择
—剂量—反应关系的低剂量函数行为（阈值、次线性、线性、超线性、曲线）

—时间的作用（剂量频率，速率，持续时间；暴露年龄；终身暴露比例）
—有效剂量作为施予剂量的函数的药代动力学模型
—竞争风险的影响
III. 暴露评估
污染情景表征（生产、分配、家庭和工业储存和使用、处置、环境迁移、转化和衰减、地理边界、时间界限）
—环境归趋模型选择（结构性误差）
—参数估计误差
—场地测量误差
暴露情景表征
—暴露途径识别（皮肤、呼吸道、饮食）
—暴露动力学模型（吸收、摄入过程）
目标人群表征
—潜在暴露人群
—人群随时间的稳定性
综合暴露概要
IV. 风险表征
组成要素的不确定性
—危害识别
—剂量—反应评估
—暴露评估

资料来源：改编自 Bogen，1990a。

然而，对不确定性进行分类的第三种方法可能比这个方案更实用，而且与表 9-1 中的分类法相比，对于环境风险评估来说没有那么特殊。

第三种方法可以在 EPA 的新暴露指南（EPA，1992a）和关于风险评估不确定性的一般文献中找到，根据目前 EPA 的做法，这里采用第三种方法以促进沟通和理解。虽然委员会没有就使用哪种分类方法提出正式建议，但是 EPA 的工作人员可能会在之后的文件中考虑用上面的替代方法（偏差、随机性、差异性）补充当前的方法。我们首选的分类方法包括：

- 参数不确定性。参数估计的不确定性来自多个方面。有些不确定性来自测量误差，这些反过来会引起分析设备中的随机误差（例如，测量烟囱排放的连续监测器的不精确）或系统性偏差（例如，在测量室内环境空气的吸入时，不考虑淋浴热水中污染物挥发的影响）。第二个类型的参数不确定性出现在使用通用或者替代数据而不是直接分析所需的参数（例如，在工业化过程中使用标准排放因子）。参数估计误差的其他潜在来源有分类错误（例如，在历史流行病学中由于错误或模糊的信息而错误地分配了受试者的暴露量），随机抽样误差（例如，根据仅在小样本中观察到的结果来估计实验动物或暴露工人的风险），以及非代表性（例如，由于研究设计的问题，在确定干洗店的排放因子时是基于一个包括“脏”工厂的样本）。

- 模型不确定性。这些不确定性是由于在因果推论的基础上进行预测时所需的科学理论的空白。例如，关于致癌物剂量—反应线性无阈值模型的有效性的主要争论焦点在于模型不确定性。模型不确定性的常见类型包括关系错误（例如，错误地推断了化学结构和生物活性之间的关系基础），以及由于对现实的过度简化表示而引入的误差（例如，用二维数学模型来表示三维的含水层）。此外，任何模型在这些情况下都可能是不完整的，这些情况包括排除一个或多个相关变量（例如，将石棉和肺癌关联起来的时候不考虑吸烟对于暴露于石棉的人以及没有暴露的人的影响），使用不能测量的替代变量（例如，使用近机场的风速代表设施点的风速），或者未能解释相关性，这导致看似无关的事件发生的频率远高于预期（例如，核电站的两个独立部件都缺少一个特殊的垫圈，因为同一个新雇用的装配工把它们组装在了一起）。模型不确定性的另一个例子涉及模型中使用的聚合程度。例如，为了在基于生理的药代动力学（PBPK）模型中充分拟合挥发性化合物的呼出量数据，有时有必要将脂肪单独分为皮下组织和腹部脂肪部分（Fiserova-Bergerova，1992）。如果没有足够的数据表明使用单个聚合变量（全身脂肪总量）的不足，建模者可能会构建一个不可靠的模型。即使使用相同的数据来确定每个结果，由模型的不确定性引起的风险不确定性依然可能会高达 1 000 甚至更多。例如，当分析人员必须在线性多阶段模型和癌症剂量—反应关系的阈值模型中作出选择时，就会出现这种情况。

EPA目前处理不确定性方法上的问题

EPA目前针对不确定性采取的措施在本报告的其他部分也有描述，特别是在第5章中作为风险表征过程的一部分进行了描述。总体来说，EPA最倾向于采取定性的方法进行不确定性分析，并且倾向于强调模型不确定性而非参数不确定性。模型和假设中的不确定性在过程的每一步中都被列举出来（或者可能以叙述的方式描述），然后，将这些以非定量的形式呈现给决策者。

EPA还没有很好地研究定量不确定性分析。很少有关于如何评估和表达不确定性的内部指南提供给 EPA 的工作人员。一个有用的例外是对国家有毒空气污染物排放标准（NESHAPS）的放射性核素文件所做的分析，它为如何在风险评估中的暴露部分进行不确定性分析提供了一个很好的初始示例。然而，其他 EPA 的工作主要是定性而不是定量的。当 EPA 进行不确定性分析时，分析往往是零碎的，并且高度集中于对一些特定假设的评估准确性的敏感性分析，而不是对整个过程从数据收集到最终风险评估的全面探索，这些结果也没有系统地用于帮助决策者。

EPA 目前方法的主要的困难是，它没有用一系列的数值或对不确定性的定量描述来取代或补充人为精确的单一风险估计（"点估计"），而且它往往缺乏对不确定性的定性描述。尽管不确定性本身并没有消失，但是这掩盖了风险评估中固有的不确定性（Paustenbach，1989；Finkel，1990）。对不确定性缺乏充分关注的风险评估容易存在四个常见且可能严重的缺陷（Finkel，1990）：

1．它们不允许决策者对错误的概率和后果进行最优权衡，以便作出明智的风险管理决策。适当的风险描述将阐明估计值的不确定性程度，以便作出更明智的选择。

2．它们无法对替代决策进行可靠的比较，以便政策制定者通过比较几种不同的风险来确定适当的优先级。

3．它们未能向决策者和公众传达与对自然真实状态的不同评估相适应的控制选项范围。这降低了评估人员和利益相关者之间进行知情对话的可能性，并且当利益相关者对只产生点估计的风险评估中固有的过度自信作出反应时，可能会导致可信度降低。

4．它们排除了识别研究计划的机会，这些研究可能减少不确定性，从而降低意外情况所带来的其他可能性或影响。

也许最根本的是，没有不确定性分析，就难以确定估计的保守性。在理想的风险评估中，一个完整的不确定性分析能够为风险管理者提供在实际和预计的暴露情形下估计特定人群中个体风险的能力，它还可以用定量概率来估计每个预测中的不确定性。即使对不确定性进行不那么详尽的处理，也可以达到一个非常重要的目的：它可以揭示用来概括不确定风险的点估计是否“保守”，如果是的话，在多大程度上“保守”。尽管对于“保守水平”的选择是风险管理的特权，但是如果忽略或假设不确定性（以及所使用的风险估计值可能高于或低于真实值的程度）而没有进行计算，那么管理者可能会对这些选择的“保守”程度一无所知。

EPA 方法的替代

EPA 当前方法的一个有用的替代方案就是将定量评估不确定性作为目标。表 9-2 来自未来资源风险管理中心，其提出了一系列 EPA 可采用的步骤来进行定量风险评估。为了确定与排放源相关的风险估计中的不确定性，可能需要了解表 9-3 中所示的每个要素中的不确定性。接下来的部分更全面地描述了概率的发展以及将概率作为不确定性分析模型的输入的方法。

概率分布

概率密度函数（Probability density function，PDF）描述了所有可能风险值的不确定性，包括客观或主观概率，或两者兼而有之。当 PDF 以光滑的曲线表示时，任意两点之间的曲线下面积就是真实值落在这两点之间的概率。累积分布函数（Cumulative distribution function，CDF）是 PDF 到每个点的积分或者总和，它表示一个变量等于或者小于任何一个可取的可能值的概率。有时候可以通过使用适当地分析大量数据的统计技术进行经验估计。有时，特别是数据较少时，就会假设一个正态或对数正态分布，并根据可用数据估计其均值和方差（或者标准偏差）。当数据实际上正态分布在所有可能值的范围内时，均值和方差能够完全表征出这个分布，包括 PDF 和 CDF。因此，在某些假设下（如正态分布），可能只需要几个点就可以估计给定变量的整个分布，虽然选用更多的点会提高不确定性的表征且可以检查正态分布的假设。然而，仍然存在的问题是，在极端尾部的微小偏差可能会对风险评估产生重大影响（Finkel，1990）。此外，值得注意的是，正态分布的假设可能是不合适的。

表 9-2　可以改进定量不确定性估计的步骤

1. 确定所需的风险量度（如死亡率、寿命年损失、最大暴露个体的风险、处在高于“不可接受”风险的人数）。往往需要多种量度，但是对于每个方法，都需要从头开始执行其余的步骤。
2. 指定一个或者多个通过其组成要素来表征风险量度的数学关系，即“风险方程”。例如，R=C×I×P（风险等于浓度乘以摄入乘以强度）是一个有三个自变量的简单“风险方程”。必须注意避免具体信息过多和不足。
3. 针对每个组成生成不确定性分布。这通常涉及使用类比、统计推断、专家意见或者这些方法的组合。
4. 将单个分布组合成一个复合不确定性分布。这一步通常需要蒙特卡洛模拟（稍后介绍）。
5.“重新校准”不确定性分布。此时，推理分析应当进入或者重新进入过程中，以证实或更正第 4 步的输出结果。在实践中，它可能涉及改变分布的范围来解释变量之间的相关性，或者通过截断分布来排除在物理或逻辑上不可能的极值。根据需要重复第 3～5 步。
6. 总结输出的结果，强调对于风险管理的重要影响。这里决策者和不确定性分析者需要一起工作（或者至少理解对方的需求和限制）。在所有书面或口头展示中，分析者应当努力确保管理者理解了结果的以下四个方面：
• 它们对取代任何在没有考虑不确定性的情况下产生的点估计的影响。特别是，展示不确定性有助于推进用来生成点估计的标准程序在一般情况或特殊情况下是否过于“保守”的争论。
• 它们对于高估风险和低估风险成本之间平衡的看法（即不确定性分布的形状和宽度告知管理者不同风险估计可能有多谨慎）。
• 它们对根本无法解决的科学争议的敏感性。
• 它们对研究的影响，确定哪些不确定性是最重要的，以及哪些不确定性可以通过定向研究而减少。作为这一过程的一部分，分析者应当尝试在实施控制行动之前，用绝对值量化可以在减少不确定性方面投入多少精力（即使用标准技术估计信息的价值）

资料来源：改编自 Finkel，1990。

表 9-3 风险评估中可能需要概率分布的一些关键变量

模型组成	输出变量	独立参数变量
传输	空气浓度	化学物质排放速率 烟囱出口温度 烟囱出口速度 混合高度
沉降	沉降速率	干沉降速率 湿沉降速率 有雨的时间比例
陆地	地表水负荷	陆地径流中化学物质比例
水	地表水浓度	河流排放的化学物质在河流中的衰减系数
土壤	地表土壤浓度	表层土壤深度 暴露持续时间 暴露期间阳离子交换量 土壤中的衰减系数
食物链	植物浓度	植物截留比例 风化消除率 作物密度 土壤到植物的生物浓缩因子
	鱼类浓度	水到鱼的生物浓缩因子
剂量	吸入剂量	吸入速率 体重
	摄入剂量	植物摄入速率 土壤摄入速率 体重
	皮肤吸收剂量	暴露皮肤表面积 土壤吸收因子 暴露频率 体重
风险	总致癌风险	吸入致癌强度系数 摄入致癌强度系数 皮肤吸收致癌强度系数

资料来源：改编自 Seigneur et al.，1992。

当数据有缺陷或者不可获得时，或者科学基础不足以量化所有输入的变量的概率分布时，可以通过分析相似变量在相似情况下的不确定性来替代估计一个或多个分布。例如，可以用已经测试过的化学物质的强度频率分布，来近似得到一种未测试的化学物质致癌强度的不确定性（Fiering et al.，1984）。

主观概率分布

另一种概率评估方法是基于专家意见。在这种方法中，先得到选定的专家的意见，然后综合起来得出一个主观概率分布。该方法可用于估计参数的不确定性（参考文献：1989 年 Whitfield 和 Wallsten 对铅剂量—反应关系斜率的主观评价）。然而，主观评估更多地用于某一种风险评估组成要素，在该组成要素中可用的推断选项在逻辑上局限于一组可识别、可信且常常相互排斥的替代方案（即模型不确定性）。在这种分析中，根据可获得的最佳数据以及科学判断，替代情景或模型被赋予了主观概率权重；当缺少支持某个选项的可靠数据或者理论根据时，将使用相等的权重。例如，这种方法可以被用来确定风险评估者在进行剂量—反应评估时，应在多大程度上依赖于相对表面积和体重。作为 EPA 实施不确定性分析指南（见下文）的一部分，可以对特定推断背景下的特定主观概率权重集的应用进行标准化、编码和更新。

客观概率可能看起来比主观概率更加准确，但这并不总是正确的。正式方法（贝叶斯统计）的存在是为了将客观信息纳入主观概率分布中，这个主观概率分布反映了那些可能相关但是难以量化的事项，例如关于化学结构的知识、对同时暴露的影响的预期（协同作用）或者暴露的可能变化范围。客观概率分布的主要优点就在于它的客观性：无论对错都不太容易受到分析人员的重大或不可察觉的偏见的影响——这对于维护风险评估以及随后的决策具有明显的好处。第二个优势就是，客观概率分布通常更加容易确定。然而，客观的概率估计并不总是优于主观估计，反之亦然。

模型不确定性：“无条件的”与“有条件的”PDFs

无论是使用客观或者主观的方法来评估，参数不确定性和模型不确定性之间的区别都非常关键，并且对实施改进后的承认具有不确定性的风险评估具有一定影响。参数不确定性和模型不确定性之间最重要的区别，特别是在风险评估中，是如何解释每一个客观或者主观概率评估的结果。

我们可以很容易地为风险、暴露、强度或其他一些数量构建一个概率分布，这些概率分布反映了各种值（对应于基本不同的科学模型）所代表的真实状态的概率。因为这样的描述试图代表所有量化值的不确定性，所有我们称之为"无条件的 PDF"，它对于 EPA 必须作出的一些决策来说是非常重要的。特别是，如果无条件地提出每一种风险的不确定性，EPA 的研究办公室可能就应该利用资源来研究哪些特定风险作出更有效的决策。例如，可以这样报告无条件分布："化学物 X 的强度是 10^{-2}/ppm（空气）（由于围绕该值的参数不确定性，其不确定性系数为 5），但前提是 LMS 模型是正确的；相反，如果该化学物有一个阈值，那么在任何环境浓度下它的强度实际上都是 0。"它甚至可能有助于为当前对每个模型正确概率的思考分配主观权重，特别是在必须为许多风险作出研究决策的情况下。

此外，如果模型的不确定性没有量化，一些特定的监管决策——那些为了允许"权衡"或"抵消"而对不同风险进行排序的决策——也会受到影响。例如，两种化学物（Y 和 Z）具有同等强度——假设 LMS 模型是正确的——可能会涉及模型假设真实性的不同程度的可信性。如果我们判断化学物 Y 具有 90%，或者甚至有 20%的概率存在阈值，那么认为它和肯定没有阈值的化学物 Z 具有同等强度，然后允许增加 Z 的排放以换取 Y 减排的做法就是错误的。

然而，如果管理者将无条件的不确定陈述用于标准的制定、剩余风险的决策或者风险交流，尤其是当其他人误解了这些陈述时，这种不确定性陈述可能会产生误导。考虑两种情况，涉及相同的假设化学物质，其中相同数量的不确定性可能会有不同的含义，这取决于它是否是源于参数不确定性（情形 A）或者是由于对模型选择的无知（情形 B）。在情形 A 中，假设不确定性完全是由单个可用的生物测试中参数的抽样误差造成的，涉及的实验动物很少。如果在该生物测试中，测试的 30 只小鼠中有 3 只产生了肿瘤，那么在该剂量下针对小鼠的一个合理的风险中心趋势估计将是 0.1（3/30）。然而，由于抽样误差，大概有 5%的概率真实肿瘤数量是低至 0 的，这导致 0 成为风险的置信下限（LCL），且大概有 5%的概率真实肿瘤数量是 6 或者更高，这导致 0.2（6/30）成为风险的置信上限（UCL）。

在情形 B 中，假设不确定性完全是由于生物效应模型的不确定性造成的。在这种假设的情况下，在生物测试中 1 000 只小鼠中有 200 只发生了肿瘤；在该剂量下小鼠的风险是 0.2（因为样本量非常大，所以基本上没有参数不确定性）。但是，假设科学家们对小鼠的这种影响是否与人类有关存在分歧，因为这两种动物之间存在很大的代谢或其他差异，但他们可以同意为每种可能性分配 50%的相同概率。在这种情况下，人类风险的 LCL 将为 0（如果“非相关”理论是正确的），UCL 将是 0.2（如果“相关”理论是正确的话），而且很有可能报告一个 0.1 的“中心估计值”，它对应于两种可能结果的期望值，并根据它们分配的概率加权。在任何一种情形 A 或 B 中，从数学上说，以下说法都是正确的：“每年因暴露于这种物质导致的全国超额癌症死亡人数的期望值是 1 000；LCL 的估计死亡数是 0，UCL 的估计死亡数是 2 000。”

我们以为在这种代表了风险管理者必须处理的两种不确定性的情况下，像人们在情形 A 中可能更经常做的那样，简单地报告情形 B 的置信限值和期望值可能是错误的，尤其是当有人运用这些汇总统计量来制定监管决策时。将这种二分模型不确定性（情形 B）当作连续概率分布来处理的风险沟通问题是，它掩盖了关于必须解决的科学争议的重要信息。风险管理者和公众应该有机会去了解争议的来源，去理解为什么赋予每一个模型相应数值主观权重，当这两种理论（至少其中一种肯定是不正确的）预测了不同结果时，要自行判断什么行动是合适的。

更为关键的是，情形 B 中的预期值作为决策估计值时可能与情形 A 中的预期值具有显著不同的特征。情形 B 中 1 000 人死亡的估计数是主观权重的乘积，这并不意味着风险的真实价值，尽管这本身并不是一个致命缺陷；事实上，在每个决策中故意引入过度保护和保护不足两种错误的策略，有可能在长期类似的决策中是最优的。更根本的问题是，对于中心趋势的任何估计都不一定会形成最优决策。即使社会无意作出保守的风险管理决策，这也是事实。

简而言之，虽然古典决策理论鼓励使用考虑所有不确定性来源的预期值，将根本不同的预测视为可以“平均”的数量，而不考虑每个预测对最终决策的影响，这并不符合决策者或社会的最大利益。零死亡和 2 000 人死亡之间的投币赌博可能会导致监管者理性地采取行动，好像 1 000 人死亡才是必然的结果。但这只是对期望值决策的实际过程的简略描述，考虑到每个估计（以及每个决定）都可能是错误的，它讨论了与零死亡、1 000 人死亡和 2 000 人死亡估计相对应的决策的执行。换句话说，当存在如情形 B 所示的模型不确定性时，选择运用无条件的 PDF，是在过度保护与保护不足的可能性之间的一种选择——如果一个模型被接受，而另一个被拒绝——并且如果构造了 1 000 的混合估计值，那么肯定会在某个方向上犯错。因为在这个例子中，结果是可以用数学方法处理的数字，因此它报告的都是平均值，但是如果结果不是数值，这肯定是无意义的。例如，如果针对飓风会在墨西哥湾海岸的什么地方袭击存在模型不确定性，那么对预测风暴将在新奥尔良袭击的模型，以及另一种预测风暴将袭击帕劳的模型何为正确的概率进行主观判断是明智的。如果救援人员被不可撤回地部署在一个地方，但风暴却袭击了另一个地方，那么评估预期的生命财产损失也是合理的（“预期”损失按概率乘以大小来计算）。然而，如果在阿拉巴马州不可撤回地部署救援人员，理由是在模型不确定性下，这是介于新奥尔良和坦帕之间的“预期价值”，必然是愚蠢的——然而，这正是不加选择地使用由模型不确定性主导的分布中的平均值和百分位数所做的那种推理。

因此，我们建议分析人员对相关基础模型的每个独立选择所保留的参数不确定性进行单独评估。这与我们的观点并不矛盾，即模型的不确定性很重要，理想不确定性分析应考虑并报告所有重要的不确定性；我们只是怀疑，如果不加区分地将所有不确定性集中在一起，理解和决策可能会受到影响。每个“模型（以及每个参数不确定性分布）可能是正确的”的主观可能性仍然应该被指出和报告，但主要是为了帮助决策者判断哪个描述的风险及其相关的参数不确定性是正确的，而不是构造一个单一的混合分布（除了涉及优先级设置、资源分配等特殊目的）。在假设的情形 B 中，这意味着要同时展示两个模型、预测和主观权重，而不是简单地汇总统计数据，例如无条件平均值和 UCL。

模型不确定性的默认选项的存在（如在第二部分的介绍和第 6 章中的讨论）也限制

了对不确定性的无条件描述的需求和使用。正如我们建议的那样，如果 EPA 制定了明确的选择和修改其默认模型的原则，那么它还需要进一步规范这种做法，即对于每个风险评估，将存在一系列“首选”的模型选择，但是在存在科学争议的每个推理点上，只有一个模型是主导选择。因此，“默认风险表征”，包括不确定性，都将是不确定性分布（包含参数和情景不确定性的各种来源），它取决于 EPA 的指南和原则认可的对剂量—反应、暴露、吸收和其他模型的选择。对于每一个风险评估，这个 PDF，而不是目前使用的点估计，应当作为 EPA 将根据法案制定标准以及剩余风险决策的定量风险输入。

因此，鉴于目前的技术水平和决策的现实状况，尽管当决策者在综合作出监管决策所需的信息时，模型的不确定性可能很重要，但是它只应在风险评估和表征方面发挥辅助作用。我们认识到需要展示替代风险估计以及与替代模型相对应的 PDFs 的知识上和实际的原因，这些模型在科学上是可信的，但并没有取代 EPA 选择的默认模型。然而，我们指出从各种不同的模型中创建一个单一的风险估计或 PDF，不仅可能会破坏默认模型的整个概念（有充分的理由将其搁置），而且这可能导致误导性的、甚至毫无意义的混合风险估计。我们已经讨论了将不兼容模型的结果结合起来的陷阱，以支持我们敦促谨慎地将这些技术应用到 EPA 的风险评估中的观点。这种技术不应用于单位风险估计计算，因为可能对定量风险特征作出错误的解释。然而，我们鼓励风险评估者和风险管理者密切合作，探索模型不确定性对风险管理的影响，在这种情况下，明确描述模型不确定性可能会有所帮助。模型不确定性的表征对于风险交流和确定研究的优先级来说也可能是合适并且有用的。

最后，仔细区分基本模型不确定性与其他类型不确定性的影响，这种不确定性分析可以揭示关于模型选择的哪些争议对风险管理确实重要，而哪些争议是“小题大做”。正如常见的情况，如果所有参数不确定性（和差异性）的影响与模型选择的争议所造成的影响一样大或更大，那么解决关于模型选择的争议就不是当务之急了。换言之，如果根据某一模型或推理选项的最终正确答案识别的“信号”不大于由任一（全部）模型中的参数不确定性引起的“干扰”，那么应当把精力集中在减少参数不确定性的数据收集上，而不是集中在解决模型争论的基础研究上。

不确定性分析的具体指南

生成概率分布

以下的案例说明了在实践中如何生成概率分布，并且说明了本章前面讨论的一些原则和建议的程序。

- 案例 1。估计的排放速率可能与实际值显著不同。经验可能表明，基于排放因子、质量平衡或物质平衡的排放估计具有大约 100 倍的固有不确定性，而基于测试的估计往往在 10 倍左右。专家意见和此前对此类排放估计的研究分析可以为估算提供更明确的界限，并得到概率分布。例如，一个对数正态分布，计算的排放估计值的中值和几何标准偏差为 10（即基于排放因子）或者 10（基于测试的排放）。
- 案例 2。一个标准的动物致癌性生物测试为一个完整的不确定性分析的三个相关特征提供了原始资料。首先，由于可测试的动物数量有限，存在随机抽样的不确定性。假设在特定剂量下，50 只小鼠中有 10 只出现了白血病。每只小鼠最可能的风险估计是 0.2（群体中观察到的风险，10/50）。然而，由于偶然性的存在，如果不同组的 50 只动物暴露在 0.2 的风险下，在每次重复实验时，可能有 n 只，而不是 10 只动物会患上白血病。根据二项式定理，即独立的二分偶然事件（例如一个硬币掉落不是“正面”就是“反面”），如果多个 50 只动物的实验组都暴露于相同的 0.2 的终身风险中，那么有 99%的概率有 4～16 只动物会患上癌症。EPA 的标准程序只报告 $q1^*$强度值，相当于使用二项式定理计算随机不确定性的第 95 百分位（例如，假设观察到 10 个肿瘤，那么 14 个肿瘤将会是一个“保守的”估计），然后求出这个假设反应与对照组反应之间的直线斜率。这样一个点估计既不能提供大于或小于该值的合理斜率，也不能提供不同合理值的相对概率的信息。然而，q1 的分布是由 n 的二项概率分布推导得出的，可以解决这两个问题。

允许分析人员得出在剂量—反应关系中一些模型不确定性的第二个机会源于 LMS 模型的灵活性。即使这个模型经常被认为具有过度的限制性（例如，它不允许阈值或低剂量时的“超线性”剂量—反应关系），但它本身具有足够的灵活性来解决低剂量下的次线性剂量—反应关系（如二次函数）。EPA 的点估计方法强制 $q1^*$值与线性低剂量模型相关，但是 EPA 没有理由不能通过所有关于肿瘤反应二项式不确定性分布的值来建立一个无限制的模型，从而生成一个强度分布，其中包括真正的剂量—反应函数是二次或更高阶的可能性（Guess et al.，1977；Finkel，1988）。

最后，如果对每种致癌物都使用不止一组数据，那么 EPA 就可以解释参数不确定性的另一个来源。荟萃分析技术越来越多地被用于平均不同研究的结果以生成复合点估计（例如，第二次小鼠研究可能发现在相同剂量下 50 只中有 20 只患上白血病），也许可以更有效地用于生成复合不确定性分布。如果新的研究与第一项研究相矛盾，这种分布可能比在单一研究中考虑抽样不确定性而产生的二项分布范围更广；如果每项研究的结果都得到加强（即每个结果都在另一个的不确定性范围内），这个范围可能会更窄。

- 案例 3。LMS 模型经常被用于估计剂量—反应关系。虽然有许多模型可以用来估计这种关系，但是 LMS 模型和生物促动（Biologically motivated，BM）模型似乎有最好的生物学和机制基础。其他模型，例如 probit 和 logit 模型，就没有类似的基础，是通用的剂量—反应模型。BM 模型另一个优势是它能够灵活地适应在低剂量下可能没有其他反应的情况，即使在高剂量时有反应。目前，很少有足够的信息可以非常有信心地使用 BM 模型，一个关键的问题是低剂量下不会增加危害的合理性。如果有关生物化学、基因毒性和诱导细胞复制等方面的现有信息表明，低剂量不会增加高于本底水平的风险，那么就会出现这样的问题：低剂量时的主观风险概率是否应包括风险为零的正概率，以及如果不为零时强度水平的概率分布。在实际应用中，这可能会导致以下三项决策：

  ——如果有充足的数据使用 BM 模型、指定其参数，并且可以科学地断定这个模型是适当的（使用任何 EPA 根据委员会的建议制定的原则和证据标准），那么就可以使用 BM 模型。由于需要大量特殊类型的数据，这种情况在短期内可能不常见。

——如果这些数据能得出一个科学结论，即存在低剂量下强度为零的可能性，那么从 BM 模型和 LMS 模型得出的强度分布就可以单独呈现，可能会对分配给每个模型的概率权重进行叙述性的或定量的说明。

——如果数据没有显示出低剂量下零风险的可能性，则将继续只使用 LMS 模型。

生成概率的统计分析

在风险评估中，一旦为每个变量估计了所需的主观和客观概率分布，就可以结合这些估计来确定其对最终风险表征的影响。输入变量的联合分布通常在数学上难以处理，因此分析者必须使用近似的方法，例如数值积分或者蒙特卡洛模拟。这种近似的方法可以通过适当的计算方法得到任意精度。数值积分通过在一个非常精细的（多元的）自变量网格上汇总因变量的值，代替了常见的积分运算。蒙特卡洛方法是类似的，不过是将网格上随机点上计算的变量进行求和；当输入变量的数量或复杂性非常大，以致于在足够精细的网格上评估所有点的成本过高时，采用这个方法是特别有利的（例如，如果在所有可能的组合中，在 100 个点上分别对三个变量进行检验，那么网格就需要对 100^3=1 000 000 个点进行检验，而蒙特卡洛模拟可以提供几乎一样准确的结果，但是只需要 1 000～10 000 个随机选择的点）。

定量不确定性分析的障碍

确定客观概率的主要障碍是缺乏充分的科学认知和所需的数据。主观概率并不总是可用的。例如，如果对某些危害的基本分子生物学基础还不是很清楚，那么相关的科学不确定性就无法合理表征。在这种情况下，从科学上合理可行的保守结果中选用推断选项将是明智的公共卫生政策。定量剂量—反应评估，以及评估中不确定性的表征，可以在这组推断选项的条件下进行。这个“条件风险评估”通常可以与暴露的不确定性分析（可能不受基本模型不确定性的影响）相结合，从而产生对风险及其相关不确定性的估计。

委员会认识到在监管中使用主观概率的困难。一种原因是必须有人提供在监管环境中使用的概率。来自 EPA、大学或者研究中心的“中立”专家，可能不具备提供充分的主观概率分布所必需的知识，而那些可能最具专业知识的人可能存在或者被认为存在利益冲突，例如为受管制的排放源工作的人，或者在那些就此事已经表明立场的公共利益集团工作的人。关于某一化学品或问题的利益冲突或缺乏知识的指控可能损害主观评价最终结果的公信力。但是我们注意到，目前的点估算方法普遍存在同样的问题，即实际存在或感知到的偏见。

实际上，风险管理者和风险评估的其他最终用户如何解释风险分析中的不确定性是十分重要的。正确的解释往往很难。例如，在对数尺度上表示的风险（如一个方向上 10 倍的误差）通常会被误解为与另一个方向上 10 倍的误差相平衡。实际上，如果一个风险被表示为 10^{-5}，并且在任一方向上的不确定性都是 100，那么平均风险大约为 1/2 000，而不是 1/100 000。从某种意义上说，这是风险评估行业内部的风险交流的问题，而不是与公众交流的问题。

不确定性指南

与 EPA 的声明相反，本章中建议的定量技术“需要所有输入参数的分布的定义和参数之间依赖程度的知识（如协方差）”（EPA，1991f），蒙特卡洛或类似的不确定性分析方法不需要完整的知识。事实上，这样的声明是一种赘述：正是不确定性分析告诉了科学家们，他们对于“完整知识”的缺乏如何影响了他们对估计的信心。虽然最好能够准确地说明估计值的不确定性，但是对不确定性的不精确描述反映了对有关情况的不确定——能够承认这一点，要比通过使用过度自信的“神奇的数字”来回应“缺乏完整的知识”好得多。不确定性分析只是估计了假设模型和分析者选择使用的任何假设的或者经验性的输入的逻辑影响。

通过使用不确定性指南，可以减少记录不确定性的困难，这些指南能够为如何确定每个参数以及每个合理模型的不确定性提供一个框架。在某些情况下，客观概率是可得到的。在另一些情况下，对不确定性的主观共识可能基于所有现有的数据。一旦这些决策被记录下来，那么就可以减少在测定不确定性时遇到的许多困难。然而，注意到可能无法达成共识极为重要。如果在特定情况下对不确定性的“初步”描述被认为是不合适的，或者被新信息所取代，那么它可以通过第12章中列出的方法进行更改。

制定不确定性指南很重要，因为缺乏关于如何处理风险评估中的不确定性的明确说明，可能会导致EPA和其他组织在评估中针对不确定性的考虑程度，以及量化不确定性的程度不一致。为了促进理解风险评估中不确定性而制定的指南，应该能够提高监管和公众对风险评估的信心，因为指南能够减少方法上的不一致性，并且在仍然存在不一致性的地方，它们能够帮助解释为什么不同的联邦或州的机构在分析相同数据时会得出不同的结论。

风险管理和不确定性分析

不确定性分析最重要的目的就是改进风险管理。尽管在风险分析中表征不确定性仍然存在争论，但是它至少能够帮助决策者和公众明确在其他公共决策中风险分析的影响。当专家之间有争议时，不确定性分析还允许社会来评估专家作出的判断，这在民主社会中尤其重要。此外，由于问题并不总是能得到解决，而且经常需要重复进行分析，因此对不确定因素的识别和表征可以使重复变得更容易。

风险的单一估计

一旦EPA成功地用不确定性的定量描述替代单点估计，那么其风险评估人员仍然需要为风险管理人员总结这些分布（他们将继续使用风险的数值估计作为决策和风险沟通的输入）。因此，重要的是要了解，不确定性分析不是说用风险分布或者其他不太清楚的方法替代“风险数字”，它是指有意识地从对不确定性的理解中选择适当的数值估计。

无论适用的法规是否要求管理者平衡不确定性的收益和成本，或者确定什么程度的风险是“可接受的”，风险的基本总结都是一个非常重要的输入，因为它对于判断决策者对收益超过成本、剩余风险确实是“可接受的”有多大信心，以及其他必须作出的判断是非常重要的。这些总结至少应当包括三种类型的信息：（1）基于分位数的总结统计，例如中位数（第 50 百分位数）或者 95%置信上限，表示不确定的数量落在一些相关值之上或之下的非指定距离的概率；（2）分布的均值和方差的估计值，它与基于分位数的统计量一起提供了关于概率和绝对误差大小如何相互关联的关键信息；（3）说明这些分位数、均值和方差估计中可能存在的误差，它们可能源于基础模型的模糊性、为使分布符合标准数学形式而引入的近似值，或两者兼而有之。

与不确定性相关的一个重要问题是，产生点估计而不是一系列合理数值的风险评估可能过于“保守”（也就是说，过分夸大可能由特定环境暴露而造成的危害程度）。正如两个包括不确定性分析的案例研究（附录 F 和附录 G）说明的那样，这些调查可以说明“保守主义”实际上是否是一个问题，如果是，在多大程度上是一个问题。有趣的是，这两个研究在各自具体的风险评估情况中对“保守主义”得到了相反的结论，也许这表明了关于风险评估的“保守主义”的简单结论可能是错误的。一方面，附录 G 中的研究表明 EPA 针对 MEI 风险的估计（大约 10^{-1}）实际上相当“保守”，因为这个研究中计算的“合理的最大风险”仅有 0.001 5[6]。然而，我们注意到，这个研究实质上比较了不同且不兼容的丁二烯致癌强度模型，因此不可能分辨出任何一个估计值可能位于这种无条件不确定性分布上的百分位数（见上面的模型不确定性讨论）。另一方面，附录 F 中关于暴露和强度中的参数不确定性的蒙特卡洛分析表明，EPA 对于燃煤发电厂风险的点估计仅位于相关不确定性分布的第 83 百分位上。换句话说，一个标准的风险“保守”估计（第 95 百分位数）超过了 EPA 的值，在这个案例中是 2.5 倍。从附录 F 的图 5-7 可以看出，EPA 的估计值有 1%的可能性太低，超过 10 倍。应当注意的是，两个案例研究（附录 F 和附录 G）都没能区分不确定性的来源和个体差异性的来源，所以得到的相应“不确定性”分布，无论是在预测发生率还是预测一些特定（例如，平均、高暴露或者高风险）个体的风险中，都不能正确地表征不确定性（见第 11 章和附录 I-3）。

如上所述，获得整个 PDF 可以让决策者评估从分布中选择估计值中隐含的“保守性”程度。在风险管理者要求分析者通过一个或者多个汇总统计来总结 PDF 的情况下，委员会建议 EPA 根据附录 N-1 中讨论的两种不同的“保守性”（“保守水平”，风险的点估计值所处的相对百分位数；“保守量”，点估计值和平均值之间的绝对差）来考虑用一种特定类型的点估计汇总不确定性的风险。尽管这个估计值的具体选择应该留给 EPA 的风险管理者，而且可能还需要足够的灵活性来适应具体情况，但是确实存在一种估计值，可以同时解释百分位数以及一个数字与平均值之间的关系。例如，EPA 可以选择汇总不确定的风险，以报告分布前 5%的平均值。这是一个数学上的真理（对于风险评估中经常遇到的右偏态分布），即不确定性越大，平均值超过分布上任意百分位数的机会就越大（表 9-4）。因此，从定义上看，前 5%的平均值对于总体分布均值和第 95 百分位数来说都是“保守”的，而第 95 百分位数可能不是平均值的“保守”估计值。在大多数情况下，这个新估计值所固有的“保守性”不会像选择一个非常高的百分位数（例如 99.9）而不参考平均值那么极端。

表 9-4 计算显示对数正态分布上 5%的平均值（M_{95}）与其他分布统计量的关系

σlnx	不确定性因子	M_{95}	平均值	M_{95}/平均值	X_{95}	M_{95}/X_{95}	平均值所处的百分位数	M_{95}所处的百分位数
0.25	1.3	1.75	1.03	1.7	1.51	1.16	54	98.8
0.5	1.6	2.95	1.13	2.6	2.28	1.29	60	99.2
0.75	2.1	5.03	1.32	3.8	3.43	1.46	65	98.5
1	2.7	8.57	1.65	5.2	5.18	1.65	69	98.4
1.5	4.5	27.72	3.08	9	11.79	2.35	77	98.6
1.645	5.2	38.70	3.87	10	14.97	2.59	79	98.7
1.75	5.8	49.94	4.62	10.8	17.79	2.81	81	98.7
2	7.4	94.6	7.39	12.8	26.84	3.52	84	98.8
2.5	12.2	364.16	22.76	16	61.10	5.9	89	99
3	20.1	1 647.3	90.02	18.3	139.07	11.84	93.3	99.2
4	54.6	5 9023	2 981	19.8	720.54	81.92	97.7	99.7

因此，不确定性的问题包含了点估计中的保守性问题。不考虑不确定性而选择的点估计只是风险评估的开始。过度或不足的保守主义可能源于对不确定性的忽视，而非对不确定性的特定反应。仅仅为了减少或者消除潜在的保守主义而采取的行动不会减少，

甚至可能增加过度依赖点估计的问题。

总之，EPA 在不确定性分析问题上的立场（以超级基金为代表）貌似是合理的，但是它可能有些混乱。如果我们知道“所有风险值都在 10 倍以内”，那么为什么还要做任何分析呢？原因是，方差和保守性（如果有的话）都是针对特定情况的，在进行不确定性分析之前，很少能够准确估计它们。

风险交流

有关风险的科学和技术交流不足有时是误差和不确定性的来源，对风险评估人员在风险分析中包括哪些内容的指导应包括如何呈现风险。风险评估人员必须努力让别人理解（以及准确和完整），就像风险管理者和其他使用者在运用很难的概念时必须要让自己先理解一样。在跨专业交流中的这个不确定性来源似乎还没有被 EPA 或者其他任何官方机构注意到（AIHC，1992）。

风险评估的比较、排序和协调

正如第 6 章中所讨论的，EPA 没有试图应用一套单一的方法来评估和比较与参数不确定性有关的默认值和替代风险估计。在比较风险估计值时也存在同样的不足。当 EPA 对风险进行排序时，它通常在没有考虑每个评估中不同的不确定性的情况下对比点估计值。即使是不那么重要的监管决策（当对金融和公共卫生的影响非常小时），EPA 至少应当确保被比较的风险点估计是相同类型的（例如，一个风险的 95%置信上限不能与其他风险的中间值比较），并且要确保每项评估都对不确定性进行了详尽的分析（尽管有时是简短的）。对于更加重要的监管决策，EPA 应当估计这两种风险的不确定性比率，并明确考虑错误设置优先级的可能性和后果。对于任何涉及风险交易或者优先级设置的决策（例如，为了资源分配或“抵消”），EPA 应当考虑被排序的数量的不确定性信息，以此来确保这种交易不会增加预期的风险，以及这种优先级是以减少预期风险为目的的。当一种或者两种风险都具有高度不确定性时，EPA 还应当考虑在用一种风险交换另一种风险时出现严重失误的可能性和后果，因为这种情况可能会降低平均风险，但却会产生一个使风险大大增加的小可能性。

最后，EPA 有时试图通过议定一个共同的模型假设来“协调”自身与其他机构之间或自身项目之间的风险评估程序，尽管所选择的假设可能不会比替代方案在科学上更可信（例如，利用体重的 0.75 次方来代替 FDA 的体重假设和 EPA 的表面积假设）。这些做法并没有澄清或减少风险评估中的不确定性。当多个假设都是可信的，并且没有一个假设是有明显优势的时候，EPA 应当使用首选模型来计算和表征风险，但是应同时公布替代模型的结果（以及相关的参数不确定性）以告知决策者和公众，而不是选择其中一个假设以“协调”风险评估。然而，在不确定性分析中，“协调”确实起着重要的作用——如果机构相互合作来选择和验证一组共同的不确定性分布（例如，“体重的 X 次方”方程中不确定性指数的标准 PDF，或者从一组生物测试数据中得到 PDF 的标准方法），那么它将有助于而非阻碍风险评估。

结果和建议

尽管可能存在困难和成本，但是委员会强烈支持将不确定性分析纳入风险评估中。即使是对于较低层次的风险评估，也需要通过对现有数据的分析（尽管可能是简短的）明确不确定性的内在问题，也许还需要说明进一步的不确定性分析是否合理。委员会认为，更加明确地处理不确定性，对于提高风险评估的可信度以及它们在风险管理中的效用是非常重要的。

下面简要总结了委员会的结论和建议。

点估计和不确定性

EPA 通常最终只报告风险的一个单一点估计值。在过去，EPA 只是在其评估中定性地承认了其估算存在不确定性，一般是通过将风险估计称为“貌似合理的上界”与一个隐含在样板声明中的貌似合理的下界“该数字可能低至 0”。除非进行不确定性分析，否则无法辨别一个估计有多“保守”，因此在特定情况下，这两种说法都可能具有误导性或不真实。

- 单一点估计值的使用压制了由于选择的模型、数据集以及用来估计数据参数值的技术所导致的误差来源的信息。EPA 不应当放弃在决策中使用单点估计，但是这个结果必须同时考虑到风险以及不确定性估计，而不是从一个公式化过程中凭空得到的。换句话说，EPA 根据其知识、不确定性以及平衡高估和低估误差的期望，应当自由选择特定的风险点估计值来总结风险，但是它首先应当从风险评估的不确定性分析中得到这个数值（例如，使用一个汇总统计量，“分布的上 5%的平均值”）。EPA 不应该只是简单地说它的通用方法能够产生所需的百分位数。例如（虽然这是一个类似的处理差异性的过程，而不是不确定性），EPA 目前计算“高端暴露估计”（见第 10 章）的方法是临时的而不是系统的，应当改变。
- EPA 应当明确不确定性，并在风险管理决策中尽可能准确、充分地提出这些不确定性。在尽可能可行的情况下，EPA 应当以定量而不是定性的方式表示不确定性。然而，EPA 不一定要量化模型不确定性（通过主观权重或其他方法），但是应当尝试量化存在于科学模型的每一个合理选择中的参数和其他不确定性。这样，EPA 就可以根据指南，给予其默认模型应有的优先权，同时提供有用但不同的对风险和不确定性的替代估计。在风险表征的定量部分（在法案中，它将作为标准制定和剩余风险决策的重要输入），EPA 的风险评估人员只应考虑剂量—反应关系、暴露、吸收等首选模型选择的不确定性。
- 此外，只有在对风险认识的提高和对风险管理的影响表明需要花费时间和其他资源的情况下，才应该细化不确定性分析。

不确定性指南

EPA 在 1992 年的内部备忘录（附录 B）中承诺要在将来进行一些不确定性分析，但是该备忘录没有规定何时以及如何进行这样的分析。此外，它没有区分不同类型的不确定性或提供具体的案例。因此，它只是提供了不确定性分析的第一个关键步骤。

- EPA 应当制定不确定性分析指南——在其现有的每个风险评估步骤的指南（如暴露评估指南）中增加一套通用和具体的措辞。该指南应当在一定程度上深入考虑在风险评估的每个阶段中的所有不确定性类型（模型、参数等）。不确定性指南应要求在书面风险评估文件中报告模型、数据集和参数的不确定性及其对风险评估中总不确定性的相对贡献。

风险估计的比较

EPA 没有尝试使用一个一致的方法来评估和比较在存在参数不确定性的情况下的默认和替代风险估计。以不完整的形式表示数值会导致风险估计值之间不适当的比较，甚至可能造成误导。

- 当一个替代模型足够可信，可以考虑用于风险沟通，或者当证据充足，可以替代默认模型时，EPA 应当在相同的水平下分析默认和替代模型的参数不确定性。例如，在比较来自到达剂量和 PBPK 模型得出的风险估计值时，EPA 应当确定种间换算系数（针对前者）和用于优化 PBPK 方程的参数（针对后者）中的不确定性。这种比较可能表明，考虑到当前参数的不确定性，所选择的风险估计值对哪个模型是正确的判断并不是特别敏感。

风险评估方法的协调

EPA 有时会试图通过议定一个共同的模型假设来“协调”自身与其他机构之间或自身项目之间的风险评估程序，尽管所选择的假设可能不比其他选择更具科学合理性（例如，利用体重的 0.75 次方来代替 FDA 的体重假设和 EPA 的表面积假设）。这些方法没有澄清或者减少风险评估中的不确定性。

- 当多个假设都是可信的，并且没有一个假设是有明显优势的时候，EPA 应当继续在监管决策中使用默认假设而不是选择其中一个假设以“协调”风险评估，但是要指出任何一种方法都可能是正确的，并在风险评估中以不确定性的形式给出结果，或者给出多个评估，且在每个评估中说明不确定性。然而，在不确定性分析中“协调”确实起到了一个重要的作用——如果机构相互合作来选择和验证一组共同的不确定性分布（例如，“体重的 X 次方”方程中不确定性指数的标准 PDF，或者从一组生物测试数据中得到 PDF 的标准方法），它将有助于而不是阻碍风险评估。

风险排序

EPA 在对风险进行排序时，通常会比较各个点估计值，而不考虑每个估计值中不同的不确定性。

- 对于任何涉及风险交易或者优先级设置的决策（例如，为了资源分配或者“抵消”），EPA 应当考虑被排序的数量的不确定性信息，以此来确保这种交易不会增加预期风险，而这种优先级是为了减少预期风险。当一种或者两种风险都具有高度不确定性时，EPA 还应当考虑在用一种风险交换另一种风险时出现严重失误的可能性和后果，因为在这种情况下可能会降低平均风险，但却引入一个使风险大大增加的小可能性。

备　注

1. 虽然风险评估参数在不同个体之间的差异性本身就是一种不确定性，并且是下一章的主题，但是有可能将新的参数合并到风险评估中，以对这种差异性进行建模（例如，一个表示随机的个体每天呼吸空气量的标准偏差的参数），这些参数本身可能就是不确定的（见第 11 章中的“不确定性和差异性”部分）。

2. 需要注意的是，贝叶斯模型的分布包括对模型、数据集等的各种主观判断。这些都表示为概率分布，但是这些概率不应当被解释为不利影响的概率，而是应当解释为表示可能与评估不利影响的风险相关的模型、数据集等的可信度。这是一个重要的区别，当在风险管理中使用这种分布来定量表达不确定性时，应该记住这一点。

3．假设把测试动物的风险转换为人群的预测死亡数时，必须乘以 10 000。也许实验室剂量是人类剂量的 10 000 倍，但是有 1 亿人暴露在环境中。因此，例如，

$$0.2\left(\frac{风险}{实验室剂量}\right)\times10^{-4}\left(\frac{实验室剂量}{环境剂量}\right)\times10^{8}=\left(\frac{死亡}{环境剂量}\right)$$

4．需要注意的是，在优选模型集下只考虑参数不确定性的风险表征，可能不像它看起来那么严格，因为一些模型选择可以安全地转换为参数不确定性。例如，啮齿动物与人类之间的换算系数的选择，不需要归类为体重和表面积之间的模型选择（其中要求有两个单独的“条件 PDF”），而是可以将其视为方程 $R_{human}Ar_{Rodent}BW^{a}$ 中的一个不确定参数，这里的 a 可能在 0.5 和 1.0 之间变化（见第 11 章中的讨论）。在这种情况下，唯一的约束就是换算模型是体重比 BW 的幂函数。

5．人们所说的“在 X 倍的范围内是正确的”，是指分布的百分之几还不是很明确。如果不假设此人有 100%的把握，而假设此人有 98%的把握，那么因子 X 将覆盖中值任一侧的两个标准偏差，因此一个几何标准偏差将等于 X。

6．我们通过注意到边界风险的“基准情况”（附录 G 中的表 3-1）是 5×10^{-4}，并且“最坏的情况估计比基准情况估计高 2～3 倍”，从而得到 0.001 5，即 1.5×10^{-3}。

第 10 章

差异性

引言和背景

在健康风险评估工作中，总是很难确定真正的风险水平，它结合了测量、建模、推理或有根据的猜测。不确定性分析（第 9 章的主题）使我们能够掌握对未知量的最佳估计值与期望答案之间的距离。然而，在我们完成对答案不确定性的评估之前，必须认识到风险评估中的很多问题都有不止一个有用的答案。差异性——通常跨域空间、时间或个体——使寻找许多重要风险评估量的期望值变得复杂。

第 11 章和附录 I-3 讨论了如何在风险评估的每个组成要素中聚合不确定性和个体间差异。本章描述了差异性的来源，以及表征这些与预测风险相关的个体间差异的适当方法。

在许多科学领域，差异性是众所周知的“无法更改的事实”，但是它的来源、影响以及后果在环境健康风险评估和管理中还没有被认识到。因此，本章的第一部分将退一步处理这一普遍现象（使用一些与风险评估相关但不是唯一的示例），然后本章剩余部分只关注直接影响个人和人群风险计算的差异性。

当一个重要的数量不确定且可变时，就有可能从根本上误解或错估这一数量。

打个比方，地球与月球之间的确切距离既难以精确测量，又是变化的，因为月球的轨道是椭圆形而不是圆形。因此，如图 10-1 所示，不确定性和差异性两者可能互补或者相互混淆。当只有少量的地月距离测量数据可用时，它们之间的差异可能会导致天文学家得出这样的结论：他们的测量数据是错误的（归因于不确定性，实际上是差异性造成的），或者月球的轨道是随机的（不允许不确定性揭示看似无法解释的差异，而实际上这些差异是可变的和可预测的）。所有缺陷中最基本的一个就是假设少量的观测值就足够了（在校正测量误差后，如果适用的话），从而错误估计了真实的距离（图 10-1 中的第三个图）。这可能是与健康风险评估最相关的陷阱：将一个高度可变的量视为是不变的或仅仅是不确定的，从而得出对某些人群（或某些时间，或某些地点）来说不正确的估计，或者对整个人群的平均值的错误估计。

在风险评估范式中，差异性有很多来源。当然，对空气污染物的监管早已认识到化学物质在其物理性质和毒性上各不相同，而且在其排放速率以及特性上也各不相同，这种差异性实际上存在于任何风险评估或控制问题之中。然而，即使我们只关注从单一固定源排放出来的单一物质，从排放到健康或生态终点的每一个阶段也都存在差异性：

- 排放随着时间变化，包括通量和排放特性，例如温度和压力。
- 污染物的迁移和归趋随着一些众所周知的因素如风速、风向和日照（以及一些不太为人所知的湿度和地形等因素）而变化，所以其来源周围的浓度会在空间和时间上发生变化。
- 个体暴露会由于个体差异如呼吸速率、食物消耗和活动（例如，在每个微环境中花费的时间）而变化。
- 剂量—反应关系（“强度”）因每一种污染物而异，因为每个人都对致癌或其他刺激具有独特的易感性（这种固有的易感性可能在每个人的一生中都有所不同，也可能随着其他疾病或其他因素的影响而变化）。

这些差异性通常又是由几个基础的可变现象组成。例如，人类体重的自然差异性是由于遗传、营养和其他环境因素的相互作用。

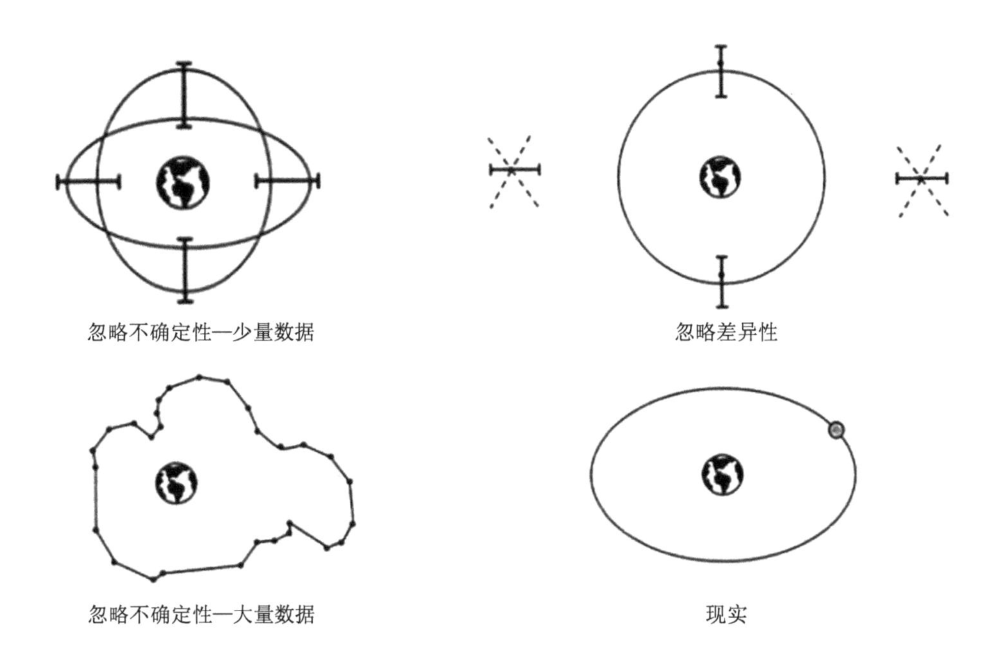

图 10-1 测量地球与月球距离时忽略不确定性以及忽略差异性的影响

根据中心极限定理，由相互作用的独立因素引起的差异性通常会导致群体或空间/时间维度的近似对数正态分布（在绘制空气污染物浓度时通常会观察到）。

当科学问题的答案不止一个，而寻求真理本身就是目的时，最终只有两个答案是令人满意的：收集更多的数据或者重新表述问题。例如，“月球距离地球有多远”这个问题不能被简单并且正确地回答。要么必须获得足够的数据来给出以下形式的答案“距离在 221 460 英里[①]和 252 710 英里之间”或者“月亮的轨道近似椭圆形，短轴为 442 920 英里，长轴为 505 420 英里，偏心距为 0.482”，要么必须将这个问题归结为只有一个正确答案的问题（例如，“在近地点月亮离地球有多远？”）。

当问题不是纯粹的科学问题，而是为了支持一项社会决策时，决策者会有更多的选择，尽管每一个行动方案都会产生一些影响，可能会影响到其他方案。简而言之，监管问题或科学政策问题的实质性差异可以通过四种基本方法解决：

① 1 英里=1.609 千米（译者注）。

1．忽略差异性并且期望最好的结果。当差异性很小，并且任何忽略它的估计并不会离事实太远时，这种策略往往是最成功的。例如，EPA 假设所有成年人体重是 70 kg 的做法，对于大多数成年人来说，这一假设很可能是正确的，误差在±25%以内，并且对几乎所有成年人来说，这一假设可能是有效的，误差在 3 倍以内。但是这种方法可能不适合儿童，因为儿童的差异性可能很大（NRC，1993e）。

2．明确地分解差异性。当数量在某一范围内平稳并且可预测地变化时，可以用连续的数学模型代替离散的阶跃函数来拟合数据。其中的一个例子就是用正弦波来拟合一种特定污染物的年浓度周期。在其他情况下，通过考虑所有或者相关的亚组或亚群，可以更容易地分解数据。对于个体间的差异，这涉及根据需要将人群分为尽可能多的亚群。例如，考虑到与年龄有关的易感性差异，对短期暴露于高水平的电离辐射进行风险评估时，可能会在人群中以 10 岁为一个年龄段进行单独的风险评估。对于时间差异性，这涉及在适当的时间尺度上以离散的而不是连续的方式建模或测量。例如，一种特定类型的空气污染监测仪可能每小时收集 15 分钟的空气，并报告一些污染物在 15 分钟内的平均浓度。然后，可以进一步聚合这些值，以在更粗糙的时间尺度上生成汇总值。对于空间差异性，这涉及选择适当的子区域，例如模拟全球变暖或者变冷时，在全球范围内以每 10 个纬度进行模拟，而不是对整体预测一个值，这可能会掩盖重要的区域差异。在不同情况下，会出现共同的特点：当整个数据集的差异性很“大”时，如果将数据分解为适当数量的质量上不同的子集，那么每个子集中的差异性就能够变得足够“小”（“小”是指上文中体重的例子）。当风险非常高（或者数据、估计非常容易获得）以至于增加单独评估不会消耗过多资源时，这种策略往往是最成功的。相比之下，在对全球气候变化等现象的研究中，风险非常高，在高度细分的基础上估计值可能也相当难以获得。

在健康风险评估中，选择合适的平均时间进行变量转化至关重要。一般来说，对于急性毒性的评估，需要对相对短时间（分钟、小时、天）内的暴露和/或吸收的差异性进行评估。对于诸如癌症之类的慢性效应，人们可以在不丢失必要信息的情况下，对暴露和/或在数月或数年内的数据进行建模，因为短期的“高峰和低谷”只在影响长期或终身平均暴露[2]的情况下，才会对致癌风险评估产生影响。长期的差异性通常（虽然并不总是）比短期的差异性要小得多（见备注3）。此外，平均时间越短，在人的一生之中包含这样的时间段就越多，暴露或吸收方面的罕见波动导致重大风险的机会就越多。例如，这就解释了为什么监管者在关注对流层臭氧的健康影响时会考虑短期浓度峰值与活动峰值的结合（例如，“运动哮喘”）。在所有情况下，暴露评估人员都需要确定哪些时间段与哪些毒性影响相关，然后查看是否测量暴露、吸收、内部剂量率等的现有数据能够提供在必要的平均时间内的平均值和差异性的估计值。

3．使用变化量的平均值。这种策略并不等同于忽略差异性；理想情况下，平均值可以根据差异性进行可靠的估计，并且它可以很好地替代变化量。例如，EPA 经常将70 kg 作为成年人的平均体重，大概是因为虽然有很多成年人的体重低至40 kg 或者高达100 kg，但是平均体重几乎与三个不同“情景”的体重或者整个体重分布一样有用（而且不那么复杂）。同样的道理，外行人可能满足于知道地球与月球之间的平均距离，而不是最小、平均和最大距离（更不用说其轨道的完整数学描述）——然而对于国家航空和航天局规划阿波罗任务时，平均值是无用甚至是危险的。因此，无论是出于科学或政策原因，当差异性很小，或者当数量本身是模型或决策的输入，其中最终结果的平均值（几个数量的组合）才是最重要的时，这种策略往往最成功（实际上可能是唯一合理的策略）。使用平均值的一个科学依据的例子就是空气中致癌物的长期平均浓度。如果剂量—反应函数是线性的（即“强度”是一个单一的数值），那么最终结果（风险）与平均浓度成正比。如果一个星期的浓度比平均值高10 ppm，并且另一周浓度比平均值低10 ppm，那么这个差异将不会对暴露者的终身风险产生影响，因此从生物学的角度来说，这种变化并不重要。一个政策依据的例子是，在暴露于不同浓度的空气致癌物的人群中使用癌症病例的期望值。如果一项特定的政策依据确定个体风险在整个人群中的分布并不重要，那么平均浓度、强度和人群规模的乘积等于预期发病率，并且平均浓度的分布同样不重要。当在长期内低估或者高估的错误（会导致监管不善或者过度监管）可能在大量的类似选择中趋于平衡，平均值也是社会决策选择的汇总统计量。

如果使用平均值，至少有两个原因可以解释为什么巨大的差异性会导致不可靠的决策。明显的问题是，与平均值相差甚远的个人特征或情况被“平均掉”，再也无法确定或报告。当差异性是二分的（或具有多个离散值），并且平均值对应于一个本质上不存在的值时，就会出现一个不太明显的陷阱。如果男性和女性对某些暴露情况的反应明显不同，例如，假设存在一个“平均人”（介于男性和女性之间），那么适合“平均人”的决策可能并不适合任一类别的真实的人（Finkel，1991）。

4．使用变化量的最大值或最小值。这可能是处理风险评估中的差异性的最常见的方法——关注一个时期（例如，峰值暴露时期），一个空间分区（例如，“最大暴露个体”居住的地方），或一个亚群（例如，运动性哮喘或者病理性摄入大量土壤的儿童），而忽略其他情况。当为保护或者考虑具有极值的人（或情况）而采取的措施足以满足其余部分的需要时，这种策略往往是最成功的。同样重要的是，要确保这个策略相对于其他方法（例如，对每个分区或者人群使用不同的控制措施，或者简单地使用平均值而不是极端的“尾部”来进行不太严格的控制）来说不会造成过高的成本。

关于这四种应对差异性的策略，要记住的关键一点是，除非有人测量、估计或至少粗略地模拟差异性的程度和性质，否则任何策略都是不稳定的。显然，策略 1（“期望最好的结果”）建立在差异性很小的假设上——对这种假设的验证至少需要注意到差异性。同样的，策略 2 需要定义每一个差异性很小的子区域或亚群，所以必须小心避免与策略 1 相同的难题（在你考虑到忽略差异性可能带来的后果之前，很难确定你可以忽略差异性）。不那么明显的是，为了将分布减少到平均值（策略 3）或“尾部”值（策略 4），仍然需要对差异性有一定的把握。我们知道 70 kg 是成年人的平均体重（实际上没有一个成年人的体重超过或低于 70 kg 的 3 倍），因为体重是可以直接观测的，并且我们知道人类生长的机制以及最大和最小的生物学极限。凭着我们的感知和这些知识，我们可能只需要几次观察就能大致确定最小值、平均值和最大值。但是像“人类肝细胞将二溴乙烷代谢成谷胱甘肽结合物的速率”这样的变量呢？在这里，从动物身上进行的一些直接测量或者推断是不够的，因为缺少关于在人群中这种变量分布情况的确定性证据（或者分布形成的机制），我们无法知道我们对平均值的估计反映真实平均值的可靠程度，也无法知道观察到的最小值和最大值反映真实的极端值的程度。

因此，在风险评估中应明确考虑代谢率等重要变量的分布情况，并且总体风险评估的可靠性应反映出对该特征的不确定性和差异性的认识。更加准确的风险评估的重要性可能促使对该变量进行额外的测量，以使用这些额外的数据更好地确定其分布。

本章集中讨论 EPA 是如何处理排放、暴露、剂量—反应关系中的差异性，以确定它通常使用上述四种策略中的哪一种，并且评估它是否充分考虑了每一项选择及其后果。本章的目标有三个：（1）指出 EPA 如何能够在定义差异性和处理其影响方面提高其复杂性；（2）提供关于如何改进风险交流的信息，以便国会和公众至少能够了解有哪些差异性以及哪些没有被考虑进去，以及 EPA 对差异性的处理是如何影响风险值中固有的“保守性”（或缺乏保守性）的；（3）推荐特定的研究，其结果可能导致风险评估程序的有益改变。

近年来，EPA 已经开始增加对差异性的关注。而且，过去缺乏关注的部分原因是，设置了一系列保守的默认选项（上述策略 4）而不是明确地处理差异性。至少在理论上，对于“你是如何在不知道整个分布的情况下知道分布的极端值的？”的问题可以这样回答：设置一个高度保守的默认值，并将举证责任推给那些希望通过证明极端情况（即便是“最糟糕的情况”）不现实而放宽默认值的人。例如，MEI（某人在 70 年中每天 24 小时在工厂边界附近的特定位置呼吸污染物）的概念一直因为不切实际而被批评，但大多数人都同意，作为“一生中花在某一地点的时间”的人群分布的总结，它可能是从该分布保守端开始的一个合理的起点。

EPA 在《暴露因素手册》（EPA，1989c）中直接处理了个体间的暴露差异，其中为暴露评估的某些组成要素（例如呼吸速率、水摄入量、对特定食品的消耗）提供观察到的差异性分布的各种百分位数（例如，5th、25th、50th、75th、95th）。然而，这份文件还没有成为许多 EPA 办公室的标准参考。此外，正如我们接下来讨论的，EPA 还没有充分处理差异性的其他几个主要来源。因此，EPA 在风险评估中管理差异性的方法依赖于一些有问题的分布，一些已验证和未经验证的点估计值如“平均值”，一些已验证和未经验证的点估计值如“最坏情况”，以及一些“丢失的默认值”（即忽略了差异性重要来源的隐含假设）的非典型组合。

此外，在风险评估和风险管理方面的几个趋势，增加了使用广泛且经过深入考虑的策略来处理差异性的紧迫性。其中三个最重要的趋势如下：

- 出现了用于风险评估的更加复杂的生物模型。随着药代动力学模型取代了给予剂量的假设，并且细胞动力学模型（如 Moolgavkar-Venzon-Knudson 模型）取代了线性多阶段模型，忽略人类差异性或采取保守措施来回避它的默认模型将被明确包含代表人类的生物测量值的模型所取代。如果后一种模型忽略了差异性或者对假定的平均或最坏情况使用了未经验证的替代选项，那么风险评估可能会倒退一步，在不知情的情况下变得更加保守或不保守。
- 越来越多的人对人们面临的实际暴露情况的详细评估感兴趣，而不是假设的最坏暴露情况。为了值得信赖，差异性的平均和最坏情况的替代都需要了解上面提到的关于分布的其余部分的信息。然而，人们还没有清楚地认识到，相对于上百分位数例如第 95 百分位数来说，平均值可能对整个分布的极端部分更加敏感。此外，对诸如实际的和最佳的估计之类的术语的使用具有一定的精确性，但这可能只适用于部分的暴露评估、剂量—反应关系或者风险评估。例如，如果我们能够精确地测量一种污染物在固定污染源周边社区中的空气浓度（即了解空间差异性），但是不知道人口的呼吸速率分布，那么我们就不能预测每个人的“实际暴露”。事实上，即使我们知道了这两种分布，但是如果不能将它们叠加（即知道呼吸速率与浓度的对应关系），那么预测值也会像任何一个基础分布一样变化。这种情况表明，如果我们希望提高风险评估的能力和现实性，就需要立即在许多研究和数据收集方面同时取得进展。
- 越来越多的人对以人为目标而非来源的风险降低措施感兴趣。毫无疑问，如果政府或行业希望通过购买他们的住房、向他们提供瓶装水以及限制进入风险“热点区域”等方式消除对于特定的个体来说不可接受的高风险，那么它们需要准确地知道这些人是谁以及这些热点发生的地点和时间。即使这些政策没有引起很大的争议，也很难以一种公平和社会响应的方式执行，但仅仅确定这些政策的预期目标，很可能就预先假定了超出我们现有能力的差异性。

暴露的差异性

人们对从某一特定污染源或者一组污染源中排放出来的污染物的反应差异性，可能来自暴露、吸收和个人的剂量—反应关系（易感性）特征的差异。暴露的差异性反过来又取决于影响暴露的所有因素的差异性，包括排放、大气过程（传输和转化）、个人活动以及暴露发生的微环境中的污染物浓度。关于这些差异性的信息没有常规地包含在EPA的暴露评估中，可能是因为很难确定描述这些变化的分布。

人们的暴露是由于人们接触了一些非零浓度的物质。因此，它与决定一个人位置的个人活动有关（例如，户外与室内，站在工业设施的下风向与坐在汽车里，在厨房与门廊上）；个人的活动水平和呼吸速率影响人们对空气污染物的吸收。暴露还与排放速率和大气过程有关，它们会影响到人们所处的微环境中的污染物浓度。这些过程包括室外空气渗透进入室内、大气平流（即盛行风的输送）、扩散（即大气湍流输送、化学和物理转化、沉积以及再挟带——每个过程中的差异性将会增加暴露的总体差异性）。大气排放过程、微环境的特征以及个人活动中的差异性不一定是相互独立的，例如，在特定位置的个人活动以及污染物浓度可能随着室外温度而改变；因为工业活动水平的变化，它们在工作日与周末也可能不同。

排放的差异性

根据具体情况，主要的四类排放差异性可能需要不同的评估方法：

- 常规——这是当前方法中最常见的类型。
- 日常维护——可能发生特殊排放，例如清洗布袋除尘器时。在其他情况下，某些排放可能只发生在维护期间，如当使用特定的挥发性清洁剂来冲刷或者清洗反应池时。如果这种模式被认为是重要的，那么可以专门观察和监测这些以获得所需的排放信息。
- 意外和故障——平均几天、几周、几个月内可能会发生不正常的操作，这取决于设备/工艺。这里就需要结合观察和建模方法。

- 灾难性故障——大型爆炸、储罐破裂等。

最后一种类型在《清洁空气法》的单独一个章节中进行了讨论，但是没有在本报告中讨论。

正如影响暴露评估一样，至少有两个主要因素会影响排放的差异性。首先，一个特定的源通常不会以恒定的速率进行排放。它受到诸如负载变化、故障、燃料变化、工艺修改和环境影响等因素的影响。有些排放源的性质是间歇性的或者周期性的。第二个因素是，由于使用年限、维护或者生产细节等方面的差异，两个类似的源（例如，相同排放源类别中的设施）可以以不同的速率进行排放。

汽车是这两种情况的很好的例子。假设有一辆性能良好、具有有效控制系统的汽车。当它启动时，催化剂还没有升温，排放量可能很高。洛杉矶几乎近一半的机动车排放都可能发生在冷启动期间。在催化剂达到其合适的温度范围后，在大部分的行驶时间，它能够非常有效地去除有机物质（＞90%），例如苯和甲醛。然而，强行加速可能会影响系统的能力并且导致较高排放。这些差异性会导致城市中排放的空间和时间的分布差异（例如，在具有大量的冷启动的区域中会有高排放，特别是在早上）。排放的组成，包括有毒物质，在冷启动以及行驶期间都是不同的。汽车之间的排放量也有所不同，而且往往差别很大。由于控制设备的差异，总排放量可能会有所不同，并且不同汽车在不同周期内的排放量可能有所不同（例如，冷启动和蒸发排放）。对汽车排放差异性的最后一个显著贡献是超级排放器的存在，它的控制系统失灵，并可能以正常运行情况下高 10 倍的速率排放有机物质。

因此，基于排放源类别中平均排放量的暴露分析将忽略该类别中各排放源之间的差异。而且，不考虑特定来源排放的时间变化的暴露分析将遗漏一个重要因素，特别是当排放与气象条件相关时。在许多情况下，很难或者不可能预先知道排放量将如何变化，特别是那些能够在短时间内导致高暴露的过程的异常。

大气过程的差异性

气象条件对于污染物的扩散、转化和沉积有很大的影响。例如，臭氧浓度在夏季下午最高，而一氧化碳和苯的浓度在上午（因为排放量大，稀释度低）和冬季出现峰值。甲醛的峰值会出现在夏季的下午（因为光化学反应产生）以及冬季的早上（因为高峰时段的排放和少量的稀释）。在城市地区，一次污染物（即排放）如苯和一氧化碳的浓度在冬季比较高，而许多二次污染物（即由一次污染物经过大气转化形成）如臭氧则是在夏季比较高。在区域变化中，气象条件也发挥了一定的作用。一些地区经历了长时间的空气停滞，这导致一次和二次污染物的浓度都非常高。一个极端的例子就是在 20 世纪 50 年代中期之前导致高死亡率的伦敦烟雾。风速和混合层高度也影响到污染物浓度（混合层高度是指，在该高度上污染物由于湍流而迅速混合；实际上，这是产生污染物稀释的大气体积的一个维度）。它们通常是相关的，当混合层高度很低时，冬季的盛行风和风速可能会与夏季有很大的不同。

关于气象差异性对污染物浓度的影响，已经有一些定量资料。在一段时间内在某个位置测量的浓度趋向于服从对数正态分布。浓度值有着显著的波动（Seinfeld，1986），通常变化超过 10 倍。极端浓度通常与时间和季节有关。这种浓度波动的幅度和频率通常随着与源的距离的减小而增加。污染物在复杂地形上（例如有山丘和高楼大厦）的传输通常是很难模拟的，这可能会进一步增加极端浓度中位数的相对差异。受复杂地形影响的两个例子是宾夕法尼亚的多诺拉（位于河谷中）以及比利时的缪斯谷。在这些地区，就像在伦敦一样，污染物浓度极高的时期导致死亡人数增加。在平坦地区的浓度估计无法形成这样的影响。

除了一些污染物，特别是标准污染物外（包括一氧化碳、臭氧、二氧化硫、颗粒物），关于浓度差异性的实证数据很少。关于甲醛和苯的浓度差异的一些资料是可以获得的。南海岸空气质量管理区（SCAQMD，1989）进行了一项关于洛杉矶地区通勤期间空气污染物暴露的有趣研究。作者观察了暴露对季节、车龄和高速公路使用变化的依赖关系。他们发现，老旧车辆的司机对苯的暴露量更大，并且在冬天对苯、甲醛、乙烯和铬的暴露量更大，尽管对二氯乙烯的暴露是在夏季更大。他们没有报告在相似车辆之间或者暴露分布（例如，概率密度函数）之间暴露的差异性。

微环境和个体活动的差异

微环境的差异性，特别是和个体活动差异结合时，可能会导致个体暴露的巨大差异。例如，作为一种极端情况，70 年的终身暴露已经受到指责，但是从个体活动特征的分布来考虑这个假设的个体是有意义的。虽然这是不太可能的，但是 70 年的终身暴露模式是个体活动以及在特定微环境中花费时间的差异范围内的极端情况。

在不同微环境中的浓度差异很大，并取决于多种因素，例如物种、建筑类型、通风系统、其他来源的位置以及街道、峡谷的宽度和深度。洛杉矶的研究（SCAQMD，1989）和新泽西的研究（Weisel et al.，1992）都揭示了在通勤期间暴露会增加，特别是在汽车本身存在缺陷时。许多空气污染物的主要来源都是室内，所以在那里会发现最高的污染物浓度。这些浓度可能是室外浓度的 10～1 000 倍（甚至更高）。但是，当室内通风时，污染物室内和室外浓度的差异就不会很大。不会与表面快速反应或沉降的化合物（如一氧化碳和许多有机化合物）的浓度，在室内通风时不会显著降低。如果这些室内化合物有其他来源，那么它们的浓度实际上可能会增加。反应性更强的化合物的浓度，如臭氧的浓度可以降低 2 倍或以上，这取决于通风速率和使用的通风系统（Nazaroff 和 Cass，1986）。颗粒物也可以被平流输送到室内（Nazaroff et al.，1990）。一个关注的点就是室外污染物通风到室内会增加其他污染物的生成（Nazaroff 和 Cass，1986；Weschler et al.，1992）。坐在家外门廊上终身暴露的人，可能是暴露于室外固定源排放物的一种极端，但是也可能是空气污染物净暴露的另一个极端，他们有效地避免了房屋和汽车中的“热点”微环境。

个体活动的增加会导致更多的吸收，差异性可能会增加 2 倍或以上。差异性中与活动相关的部分取决于微环境的差异性（例如，室内和室外）和个体特征（例如，儿童和成人）。

人类易感性的差异

人与人之间在行为、基因组成和生活历史方面的差异，共同赋予了个体对致癌作用的独特易感性（Harris，1991）。这种个体差异可以通过先天遗传或后天获得而得到。例如，在对物理或化学致癌物的易感性方面，已经观察到遗传差异，包括着色性干皮病患者因阳光诱发皮肤癌的风险显著增加，基因组成导致“不良乙酰化”表型的染料工人患膀胱癌的风险显著增加，以及具有“快速异喹呱羟基化代谢”表型的吸烟者患支气管癌的风险显著增加（这两者在附录 H 中进一步讨论）。同样，在实验动物中，暴露于致癌引发剂或者肿瘤启动子的不同近交系和远交系，它们的肿瘤反应可能有 40 倍的差异（Boutwell，1964；Drinkwater 和 Bennett，1991；Walker et al.，1992）。可显著影响个体致癌易感性的后天差异包括同时存在的病毒或其他传染病、营养因素（例如酒精和纤维的摄入量）以及时间因素（如压力和衰老）。

附录 H 描述了三类能够影响易感性的因素：（1）在人群中很罕见但会使受影响者的易感性大大增加的因素；（2）很常见但只会轻微增加易感性的因素；（3）并不罕见而且对受影响者不太重要的因素。附录 H 提供了属于这三类的五个决定性因素的详细信息。附录 H 中的材料既包括现有文献的汇总，也综合了一些最新的研究，我们希望读者能够关注这些重要的信息。

总体易感性

综上所述，附录 H 中描述的关于个体易感性介体的证据，支持易感性在人群中连续分布的合理性。易感性的一些决定性因素，例如活化酶或者可能致癌的蛋白质浓度，可能在人群中以连续变量的形式存在。即使是那些长期以来都被认为是二分性的因素，现在也变得更加复杂——例如，最近的一项研究发现，相当一部分人是共济失调毛细血管扩张症的杂合体，其易感性介于具有共济失调毛细血管扩张症的人和“正常”人之间（Swift et al.，1991）。最重要的是，大量的遗传、环境和生活方式影响的组合，即使每一个都是双峰分布的，也可能会产生本质上连续的总体易感性分布。正如 Reif（1981）指出的那样："我们期望在非亲缘交配的人类群体中发现与不同品系的近交小鼠的杂交结果相同：对任何特定类型的肿瘤都有不同的遗传倾向。"

"总体致癌易感性的个体差异"的分布范围的定义如下：如果我们确定易感性高（例如，我们知道他们代表了人群分布的第 99 百分位）的人和易感性低（例如，第 1 百分位）的人，我们可以估计出如果每个人在同样的致癌物暴露下，他们将面临的风险。如果第一类人的风险估计是 10^{-2} 并且第二类人是 10^{-6}，那么我们就可以说"人们对于这种化学物质的易感性变化范围至少是 10 000 倍"。[4]

有两种不同但互补的方法来估计总体致癌易感性中个体间差异分布的形式和广度。生物学方法是一种"自下而上"的方法，它使用介导易感性的特定因素的分布的经验数据来模拟总体分布。在对人类致癌易感性差异的可能程度进行的主要定量生物学分析中，Hattis 等（1986）回顾了 61 项研究，其中包含了六种可能与致癌过程相关的特征的个体数据。这六个特征分别是血液中特定生物活性物质的半衰期、药物代谢激活（体内）和公认的致癌物代谢活性（体外）、酶的解毒作用、DNA 加合物的形成、DNA 修复的速率（通过紫外线诱导的非常规 DNA 合成速率来测定），以及淋巴细胞暴露于 X 射线后诱导的姐妹染色单体交换。他们通过拟合数据的对数正态分布来估计每个因素的总体差异性，然后利用蒙特卡洛模拟方法来传递差异性，并且假设这些因素以乘法方式相互作用且在统计上是独立的。他们的主要的结论是，易感性分布的对数标准偏差在 0.9 到 2.7 之间（90%置信区间）。也就是说，最敏感的 1%人群和最不敏感的 1%人群之间的易感性差异，可能小到 36 倍（如果对数标准偏差是 0.9）或者大到 50 000 倍（如果对数标准偏差为 2.7）。[5]

另一种方法是推理或者"自上而下"的方法，并且将流行病学数据和被称为异质性动力学的人口统计技术相结合。异质性动力学是一种分析方法，用来描述异质性群体随成员年龄的变化特征。异质性动力学方法在解释人口数据最初令人困惑的方面以及挑战对人口行为的简单解释方面具有很强的能力，其根源在于它强调影响个体的因素和影响人群的因素之间的差异（Vaupel 和 Yashin，1983）。异质性动力学最基本的概念是，个体变化的速率与他们所属的群体不同，因为时间的流逝会影响群体的组成，就像它会影响每个成员的生活前景一样。在明显的异质群体中，尽管每个人都面临着不断增加的死亡风险，但总死亡率可能随年龄而下降，原因很简单，因为人群作为一个整体，随着较易受影响的成员被优先剔除，对死亡的“抵抗力”越来越强。特别是对于癌症来说，异质性动力学可以检验所观察到的人类年龄—发病率函数（对于许多肿瘤类型）与被认为适用于个体风险与年龄的关系的函数之间的渐进差异——也就是 Armitage 和 Doll 在 20 世纪 50 年代提出的年龄的幂函数（即风险随着年龄呈指数增长，这个整数指数可能是 4、5 或者 6）。近亲交配的实验动物组所表现出来的年龄—发病率函数通常遵循 Armitage-Doll 模型，与这些动物组相比，许多肿瘤的人类年龄—发生率曲线在更高的年龄开始趋于稳定和平衡。

许多使用异质性动力学来推断人类对癌症的易感性差异程度的开创性研究都是使用横截面数据，这些数据可能因暴露于癌症物质的长期变化而产生混淆（Sutherland 和 Bailar，1984；Manton et al.，1986）。Finkel（1987）进行了一项基于先前工作的调查，他收集了癌症死亡率的纵向数据，包括美国和挪威在 1890 年出生的所有男性和女性的死亡年龄和死亡原因。这项研究分别调查了因肺癌和结直肠癌导致的死亡人数，并试图推断可能导致观察到的年龄—死亡率关系偏离 Armitage-Doll（age^N）函数（如果所有人都具有相同的易感性，则适用于该人群）的人群异质性程度。该研究的结论是，作为第一近似值，差异性程度（对于任何一种性别、疾病以及国家）可以粗略地通过对数正态分布来模拟，其对数标准差在 2.0 左右（与 Hattis 等 1986 年的结果大致相同）。也就是说，5%人口的易感性可能比一般人高 25 倍（相应的有 5%人口的易感性小于 25 倍）；约 2.5%人口的易感性比一般人高（或低）50 倍，大约 1%的人口至少高（或低）100 倍。

后来的一项分析（Finkel，出版中）表明，这样的结论如果被证实，不仅将对个体风险评估有重要影响，也会对估计人群风险产生重要影响。在高度异质性的人群中，流行病学推断的定量不确定性来自相对较小的亚群（几千或者更少），以及频繁地将基于动物的风险估计应用于“小”亚群，这种不确定性将会因为小群体的平均易感性可能在不同群体之间显著不同而增加。

易感性是急性毒物和致癌物的一个重要问题。NRC 的渔业安全评估委员会在其名为《海产品安全》的报告中深入讨论了这个问题（NRC，1991b）。NRC 毒理学委员会最近发布了评估人体急性毒性作用的指南（NRC，1993d）。

结　论

本节记录了委员会对 EPA 在差异性方面的做法的分析结果。

暴露差异性和最大暴露个体

在过去的空气污染暴露和风险评估中，使用的有争议的默认值之一就是最大暴露个体（MEI），他被认为是风险最大的个体，并且通过假设这个人连续 70 年居住在工厂边界的户外来计算其风险。这是最坏的情况（对于暴露于特定污染源），并且不考虑一些很明显的、将会减少暴露于特定污染源排放的因素（例如这个人在室内的时间、上班的时间等）和其他事件（例如，更换住所）。这个默认值也不考虑其他可能与上述暴露差异性有关的抵消因素。弥补这一不足的建议包括减少对在这个位置居住时间的点估计以考虑人口的流动性以及使用个体活动模型（见第 3 章和第 6 章）。

EPA 最近的暴露评估指南（EPA，1992a）不再使用 MEI，而是创造了术语“高端暴露估计”（HEEE）和“理论上界暴露”（TUBE）（见第 3 章）。根据新的暴露指南（第 5.3.5.1 节），高端风险“是指风险高于人群分布的 90%，但是不高于人群中风险最高的人”。EPA 科学咨询委员会建议，高于 99.9%的风险被认为是大规模群体的“边界估计”（使用第 99.9 百分位数作为 HEEE）（假设将对数正态分布等无限分布作为计算暴露或者风险分布的输入）。对于较小的群体，指南指出对百分位数的选择应以分析目的为基础。然而，HEEE 和 TUBE 都与预期 MEI 没有明确相关性。

新的暴露指南（第 5.3.5.1 节）提出了四种估计 HEEE 的方法。按复杂程度降序排列如下：

- “如果能够获得足够的剂量分布数据，那么直接在高端范围内（within the high end）选取感兴趣的百分位数。”
- “如果……可以获得用来计算剂量的参数的数据，有时可以对分布情况进行模拟（例如暴露模型或者蒙特卡洛模拟）。在这种情况下，评估者可以从模拟分布中提取估计值。”
- “如果关于建立暴露或者剂量方程的变量的一些分布信息……是可获得的，那么评估者可以估计出高端部分的值……评估者通常是通过使用一个或者多个最敏感变量的最大或者近似最大值来进行这样的评估，而其他变量使用平均值。”
- “如果几乎没有可用的数据，评估者可以以一个边界估计开始，并放宽（backing off）其所用的限值，直到参数值的组合（根据评估者的判断）明确地在暴露或剂量的分布中……相关数据的可用性将决定，通过简单地调整或放弃边界估计中使用的极端保守假设，在多大程度上能轻松并且合理地得出高端估计（high-end estimate）。”

前两种方法比后两种更好，应尽可能使用。事实上，EPA 应当优先收集足够的数据（无论是特定或者一般案例），这样在估计暴露的差异性时就不需要后两种方法。通过测量或者模拟结果或者两者而获得的暴露的分布，应当被用来估计人群暴露，并且作为计算人群风险的一项输入。它也可以用来估计最大暴露个体的暴露情况。例如，最大暴露个体最可能的暴露值通常是表征暴露个体间差异性的累积概率分布的第 100[（N–1）/N] 百分位数，其中 N 是指用来构建暴露分布的人数。这是一个非常方便的估计量，因为它独立于暴露分布的形状（见附录 I-3）。其他对暴露于最高或在 N 个暴露个体中第 j（j<N）高的估计量是可获得的（见附录 I-3）。委员会建议 EPA 应当明确并且一致地使用一个估计量，例如 100[（N–1）/N]，因为它不是一个模糊的估计如“高于 90 百分位数的某个地方”，并且与 CAAA-90 中要求计算“最大暴露个体”风险相呼应。

最近，EPA 开始将以全国平均家庭居住年数为基础的暴露假设纳入分布，以取代其 70 年（例如平均寿命）的暴露假设。有人提出了一个类似的“背离默认值”的建议，即使用个体每天在住所花费的时间替代 24 小时假设。然而，这些分析都假设人们在改变住所或者每天离开家时都移动到了一个零暴露的地点。但是，人们从一个地方到另一个地方，无论是改变住所或者从家到办公室，对于某一种污染物的暴露都可能发生很大的变化，从相对较高的暴露到没有暴露都有可能出现。此外，应当考虑到有些污染物的暴露是可以相互替代的；从一个地方到另一个地方，可能会暴露于不同的污染物，将它们的影响进行相互替代可以得到一个整合的单一“暴露”。这个相互替代的假设可以是也可以不是现实的；然而，因为人们从一个地方转移到另一个地方，可以被看作一直暴露于混合污染物，有些时候同时存在，有些时候单独存在，所以对居住时间进行简单分析是不合适的。实际上，真正的问题是一个更为复杂的问题，即如何聚合对混合物的暴露以及对不同强度的单一污染物的多重暴露。

因此，居住时间的简单分布可能没有充分考虑到从一个地方移动到另一个地方的风险，特别是有高危职业的人，例如暴露于杀虫剂的农民，或者改变住所的人中社会经济地位低的人。此外，一些更可能居住在高暴露地区的亚群的流动性也可能较低（例如，受到社会经济条件的限制）。由于这些原因，为了计算最大暴露个体而作出的默认居住假设，在没有其他支持证据的情况下，应当使用当前美国预期寿命的平均值。这种证据可以包括对受影响地区进行的人群调查，这个调查能够表明在暴露于类似污染的居住区域之外的流动，还应当包括个体活动（例如，日常和季节性活动）。

如果在一种特定的情况下，EPA 确定必须使用第三种方法（将各种不同的“最大”“近似最大”以及平均值进行组合，作为暴露方程的输入）得到 HEEE 时，委员会提出了另一个警告：EPA 还没有证明这些点估计的组合产生的结果是否能够可靠地落在暴露差异性的总体分布的预期位置上（即在分布的“保守”部分，但未超过整体分布范围）。因此，EPA 应当验证（通过一般的仿真分析和具体的监测工作）它的点估计方法是合理并且可靠的，其结果接近于更复杂的直接测量方法或者蒙特卡洛方法获得的结果（也就是说，点估计结果大约在分布的第 100[（N−1）/N]百分位上）。不用说，第四种方法是非常武断的，除非边界估计可以被证明是“极端保守的”并且 EPA 更好地定义了“放宽”（backing off）的概念，否则不应该使用它。

易感性

人类对致癌作用的固有易感性有很大差异，无论是在一般情况下，还是对任何特定刺激或生物机制的反应都是这样。没有任何一个对某种物质致癌强度的点估计能适用于人群中的所有个体。差异性会影响致癌过程的每一步（例如，致癌物的吸收和代谢、DNA损伤、DNA 修复和错修复、细胞增殖、肿瘤发展和转移）。此外，差异性也是由许多独立的危险因素引起的，一些是先天的，另一些是环境的。在实质性理论和一些观察证据的基础上，似乎在人类群体中某些个体易感性决定因素呈双峰（或三峰）分布；在这种情况下，一类超易感的人（例如，那些在肿瘤抑制基因中有种系突变的人）的风险可能是其余人的几十、几百或者几千倍。其他决定性因素似乎或多或少都是连续和单峰分布的，并且具有或窄或宽的差异（例如，激活或者解毒特定污染物的酶的动力学或者活性）。

就这些问题在致癌方面所考虑到的程度而言，EPA 和研究界几乎都只考虑了双峰型变异，正常的大多数和超易感的少数（ILSI，1992）。该模型可能适用于非致癌效应（例如对 SO_2 的正常反应与哮喘反应），但它忽略了癌症的一个主要的差异性类别（连续的、“无声的”差异），并且它甚至没有捕捉到一些双峰的情况，在这些情况下过敏可能是常态，而不是例外（例如，不良乙酰化表型）。

由特定的获得性或遗传性癌症易感性因素而引起的人类差异性的程度和大小，应当通过分子流行病学以及其他由 EPA、国家健康研究所和其他联邦机构赞助的研究来确定。这类研究的两个优先事项如下：

- 探索并阐明每个测量因素（例如，DNA 加合物的形成）差异性与致癌易感性的差异之间的关系。
- 考虑到易感性差异对人群风险不确定性的影响，以及个体易感性和种族、族裔、年龄、性别等因素之间可能的相关性，为流行病学研究和风险推断提供有关如何构建合适的人群样本的指导。

研究结果应用于调整和改进对个人的风险估计（已确定、可确定或者不可确定）以及对一般人群预计发病率的估计。

癌症易感性个体间差异的人群分布，目前还不能很有把握地估计出来。关于这个问题的初步研究，包括生物学（Hattis et al.，1986）和流行病学（Finkel，1987），得出的结论是差异性可能被描述成近似对数正态分布，大约有10%的人与中值个体之间有25～50倍（易感性更高或者更低）的不同（分布的对数标准偏差大约为2.0）。虽然这些研究建议的易感性分布的估计标准偏差是不确定的，但根据本章前面回顾的生物化学和流行病学数据，目前美国人对致癌化学物质诱发癌症的易感性是完全相同的说法，在科学上是不合理的。EPA指南中并没有说明人与人之间易感性的差异，尽管有大量的证据和理论与此相反，还是会把所有人都当作是一样的进行处理。这是指南中一个重要的“缺失默认值”。EPA假设（尽管在这方面的表述不是很清楚），人类易感性的中值与啮齿动物特定性别—品系组合的易感性相似，这些动物在生物测试中是最敏感的，或者与流行病学研究中观察到的特定个体的易感性相同。后一个假设作为起点是合理的（Allen et al.，1988），但显然，对于特定的致癌物或致癌物整体来说，这两种假设在任一方向上都可能发生重大错误。

缺失的默认值（人类之间易感性差异）和可疑的默认值（人类的平均易感性）是直接相关联的。从啮齿动物到人类的推断中（或者是在流行病学分析中）任何高估的错误将会抵消由于EPA目前不区分不同程度的人类易感性而引入一些个人风险估计中低估的错误。相反，在物种之间任何低估的错误，将会加剧对每一个高于平均易感性的个体风险的低估。因此，EPA应当努力验证或者改进默认假设（即处在中值的人与用于计算强度的啮齿动物品系有类似的易感性），并且应当尝试评估现有假设的不确定性范围。有关更多信息，请参见第11章中的讨论。

此外，无论个体对癌症的易感性如何，EPA是有责任保护所有人的（这里说的保护并不是绝对的零风险，而是确保超额个人风险处于可接受的水平或低于最低水平）。根据CAAA-90的第112（f）（2）节，当考虑暴露和易感性时，“对排放物质的暴露量最多的个体”是否意味着是风险最高的个体这一点还是不确定的，但是这一解释是合理的，并且与事实相一致，即易感性的主要决定因素就是吸入或摄入污染物的代谢程度以及由此导致的体细胞和生殖细胞对于致癌化合物的暴露（即两种不同易感性的人，即使他们呼吸或者摄入相同的环境浓度也将会“暴露”于不同程度）。此外，EPA 有试图同时保护具有高暴露和高易感性的人群的记录，详见国家环境空气质量标准（NAAQS）中关于标准空气污染物（如 SO_2、NO_x、O_3等）的项目。

因此，EPA 在开始执行《1990 年清洁空气法修正案》中要求计算个人风险的决策前，应该对易感性采用一个明确的默认假设。EPA 可以选择在个人致癌风险估计中（不是针对人群风险）纳入一个“默认易感性因子”，该“默认易感性因子”大于将所有人类视为相同的绝对因子 1。如果要用于高暴露和高于平均易感性的个人，EPA 应明确选择一个大于 1 的默认因子[6]。如果要用于平均水平的人（就易感性而言），EPA 可以选择一个为 1 的默认因子。或者更好的是，EPA 可以开发一个易感性的“默认分布”，然后得到一个暴露与致癌强度（根据易感性）的联合分布，以找到用于风险评估的第 95 或 99 百分位数。这种分布是处理这个问题更可取的方式，因为它明确地考虑了同时具有高暴露和高易感性的个体的联合概率（可能是大的，也可能是小的）。

许多目前已知的个体易感性决定因素在细胞水平上因成百上千的因素而异；然而，许多这些风险因素（见附录 I-2）与“正常”因素相比，会使得易感人群有大约 10 倍的超额风险。虽然这些因素的总效应可能会使易感性增大超过 10 倍，但是委员会的一些成员建议如果 EPA 希望将法定风险标准（见第 2 章）应用到人群中更为敏感的个体，那么默认因子为 10 可能是一个合理的起点。相反，委员会其他成员认为，目前没有明确的理由认为默认因子为 10 是合理的。当只有一个单一的诱发因素将人群分为正常人群和超易感人群时，10 倍的调整可能产生对某些污染物易感性分布高端的合理的最优估计。

如果采用任何大于 1 的易感性因子，则短期实际效果是按同一系数增加对个人风险的所有估计，但针对有证据表明人类对该化学品的易感性差异大于或小于其他物质的特定化学品的风险估计除外。当可以获得更多关于个体易感性差异的性质和程度的信息时，对默认因子或者默认分布进行这样的一般调整可能是合适的。

当人类相对于啮齿动物来说对某种特定化学物质具有更高或者更低的易感性，或者这种化学物质的个体间差异明显大于或小于典型化学物质时，个人风险评估可能会背离新的默认值。因此，正如我们在第 6 章以及附录 N-1 和 N-2 中建议的那样，委员会鼓励

EPA 重新考虑一般情况下的默认值，并在符合其阐明的一般原则的特定情况下，允许违背默认值。

虽然已知由于诸如年龄、性别、种族和族裔等因素，个体之间存在易感性差异，但是这些差异的性质和程度并不为人所知，因此，开展更多的研究是至关重要的。随着知识的增长，科学也许能够描述处于风险中的人群的差异，并且通过某种类型的默认值或分布来识别这些差异，尽管需要谨慎地确保易感性和年龄、性别等之间的广泛相关性不会被解释为对所有个体都有效的确定性预测，或用于风险评估之外的领域时，没有对自主性、隐私和其他社会价值给予适当的尊重。

除了针对易感性差异对个人风险的影响采用默认假设之外，EPA 应当考虑到这些差异是否也会影响到人群风险的计算。人群风险的估计（即可能因为某些暴露而导致的疾病病例数或死亡数）通常都是基于对个体平均风险的估计，然后将其乘以暴露人数从而获得人群风险的估计。因此，个体具有的独特易感性这一事实应当与人群风险计算无关，除非忽略这些差异但会使得对平均风险的估计产生偏差。一些观察人士指出了 EPA 当前的方法可能会错误地估计平均风险的合理原因。即使假设等比例或其他种间转换方法正确地将实验动物的风险映射到“普通人的风险”上（我们鼓励 EPA 探索、验证或改进这一假设），也不清楚哪一个“平均值”是正确估计的——中位数（即一个人的易感性处在人群分布的第 50 百分位上）或者期望值（即平均个人风险，考虑到人群中的所有风险及其发生的频率或可能性）。

如果人与人之间的易感性差异很小或呈对称分布（如正态分布），那么中值和平均值可能就是相等的，或者是非常相似的，以至于他们之间的区别没有实际意义。然而，如果差异较大并且呈不对称分布（如在一个对数标准差是 2.0 或者更高的对数正态分布中——见前面的例子），那么平均值可能比中值大一个数量级甚至更多[7]。

委员会鼓励 EPA 探索，从高暴露的动物生物测试数据（或者流行病学研究）进行外推是否适合处于中值或者平均值的个体，并探索在中值和平均值被认为存在显著差异的情况下，在评估和沟通人群风险时应采取何种应对措施。起初，EPA 可能会假设动物测试和流行病学研究实际上会得到对暴露人群中值的风险估计。这将基于这样一种逻辑，即高暴露就有高风险（也就是说，大多数流行病学研究的数量级为 10^{-2}，生物测试的数量级为 10^{-1}），测试群体中的易感性差异的任何影响都可能被去除或者减弱。在这种情况下，任何易感性高于中值 X 倍的测试动物或者人类受试者所面临的风险（远）低于中值风险的 X 倍，因为在任何情况下风险都不能超过 1.0（确定性），因此这些个体对人群平均值的影响与他们的易感性不成比例。另外，当外推至中值风险接近 10^{-6} 的环境暴露时，一般人群中的中值和平均值之间的全部差异可能会表现出来。

因此，如果当前的方法正确估计了中值风险，那么人群风险的估计必须增加一个与平均值和中值的比率相对应的因子。

风险评估方法的其他变化

（1）儿童由于其自身的生理特征（如体重）、吸收特性（例如食物消耗模式）和固有的易感性，而成为一个容易识别的亚群。当要测量超额终身风险时，EPA 应当计算一个综合终身风险，要考虑到所有与年龄相关的变量，例如体重、吸收和平均易感性（关于这种计算的一个实例，见 NRDC，1989 的附录 C）。如果有理由认为风险和生物有效剂量之间没有线性关系，并且如果计算出的儿童和成人风险存在显著差异，EPA 应对儿童和成人分别进行风险评估。

（2）尽管 EPA 已经试图考虑非致癌效应的个体间易感性差异（例如，适用于臭氧或二氧化硫等空气污染物的标准），但是并没有看到这些工作对差异性的全面或部分关注。特别是，当从动物毒性外推时用来说明个体差异的“10 倍安全系数”还没有得到验证，从某种意义上说，EPA 通常不知道有多少人对任何特定有毒刺激的易感性处于中值的数量级之内。

虽然本章重点讨论了对致癌物的易感性，因为这个主题比非致癌物易感性受到的关注更少，但委员还是督促 EPA 继续改进对后一领域中差异性的处理。

（3）EPA 在使用各种基于生理学或者生物学的风险评估模型时，没有充分考虑生物特征的个体间差异。这些模型和假设的有效性，在很大程度上取决于驱动它们的人类生物学特征的准确性和精确性。在各种各样的情况下，个体间差异可能会掩盖简单的测量不确定性或者对“平均”个体进行估算时所固有的模型不确定性。例如，基于生理学的药代动力学（PBPK）模型需要有关分配系数、酶浓度和活性的信息；Moolgavkar-Venzon-Knudson 和其他细胞动力学模型需要关于细胞生长和死亡率以及分化时间的信息；而为特定化学物质设定剂量—反应阈值的特定替代模型需要配体—受体动力学或其他细胞现象的信息。EPA 已经开始收集数据以支持开发啮齿动物和人类的关键 PBPK 参数（如肺泡通气率、血流量、分配系数和 Michaelis-Menten 代谢参数）的分布（EPA，1988f）。然而，这个数据库的数据依然较少，尤其是关于人类参数的差异性方面。EAP 已经针对 72 种挥发性有机化合物的人类 PBPK 参数进行了点估计，其中只有 26 种在 CAAA-90 涵盖的 189 种有害空气污染物中。EPA 仅有关于 5 种化学物质（苯、已烷、甲苯、三氯乙烯和正二甲苯）的人群参数的假定平均值和范围的信息。也许值得注意的是，在一个 EPA 基于 PBPK 数据修订了某种有害空气污染物的单位风险系数的例子中（以二氯甲烷为例），没有使用到任何关于人类差异性的可能影响的信息（EPA，1987d；Portier 和 Kaplan，1989）。

即使默认模型的替代方案依赖于定性（而非定量）的区别，例如引发一些雄性大鼠的肾脏肿瘤中涉及的、可能与人类不相关的 α-2μ 球蛋白机制，也必须检查新模型以排除某些人不同于正常值的可能性。任何替代假设都可能存在缺陷，如果它在生物学上对一小部分人来说是不合适的。最后，虽然流行病学是一个强大的工具，可以作为从动物数据中得出的强度估计有效性的“现实检验”，但是必须获得足够数量的人类数据。在假定人类的易感性不同的情况下，一项研究为达到一定的置信水平所需要的样本量会增加。

当 EPA 提出建议采用另一种风险评估假设时（例如使用 PBPK 模型、细胞动力学模型或者确定某一特定动物的反应“与人类无关”），在估计模型参数或验证“不相关”假设时，应该考虑人类个体间的差异性。如果 EPA 无法获得数据以考虑人类的差异性，那么 EPA 应当能够自由地就其范围和影响作出任何合理的推断（而不是必须收集或等待此类数据），但是应当鼓励其他相关机构收集并提供必要的数据。一般情况下，EPA 应当对默认和替代风险评估都采用类似水平的差异性分析，以便它能够比较每种方法保守性相同的估计值。

风险交流

EPA往往不能与决策者、国会或公众充分地沟通在任何风险评估中考虑或没有考虑到的差异性，以及对产生的风险值的保守性和代表性的影响。EPA的每个风险评估报告都应当说明关于人类行为和生物学的特定假设以及这些假设的内涵。例如，对有害空气污染物较差的风险表征可能会认为“风险结果R是一个可信的上界”。更好的风险表征可能会认为“风险结果R适用于在35年的时间里每天8小时居住在警戒线中的人”。EPA应当尽可能地进一步说明，例如“我们建模时考虑的人被假定是具有平均易感性的，但是每天食用F克在后院种植的食物，与平均值相比，后一个假设相当保守”。

通常情况下，当在关键的风险评估输入中同时会存在不确定性和差异性时，风险交流和风险管理决策更加困难。在任何可能的情况下，从概念上分离这两种现象是很重要的，也许可以通过提出多种分析方法来对其进行分离。对于全面的（相对于筛选级别）风险评估，EPA应当告知所有的风险数据都是由三个部分组成：估计风险本身（X）、风险不高于X的置信水平（Y），以及X适用于的人群占总体的百分比（Z）。只有当EPA相信Y和Z都接近100%时，才能使用其目前的说法“可信的风险上界是X”。否则，它应当使用这样的陈述，例如“我们有Y%的概率确定Z%的人群的风险是不高于X的”或者使用等价的图形表示（图10-2）。

作为对Z值估计的替代或者补充，EPA能够并且应当尝试展现多个情景来解释差异性。例如，EPA可以展现一个明确适用于“从人群中随机选择的人”的风险结果（或不确定性分布——见第9章），一个适用于具有高易感性但是“正常”行为（迁移、呼吸速率、食物消耗等）的个体的风险结果，以及一个适用于其易感性和行为变量都处于其分布“相当高”的部分的个体的风险结果。

可识别性和风险评估

这里列出的所有建议，特别是那些关于易感性差异的建议，都适用于所有的监管情况。委员会注意到，过去每当确定有高风险或者易感性人群时，社会往往会感到通知和保护他们的责任要大得多。对于这种可识别的差异性，本章节的建议是非常适用的。然而，即使目前无法识别具有高和低相关特征值的特定人群，个体间的差异性也可能很重要。[8]无论现在差异性是可识别的（例如，某一特定食物的消耗速率）、难以识别的（例如，存在肿瘤抑制基因的突变等位基因）还是不可识别的（例如，一个人对致癌作用的净易感性），委员会认为重要的是要考虑其潜在的大小和程度，以便能够估计现有的估计平均风险和人群发病率的方法是否存在偏差或者不精确。

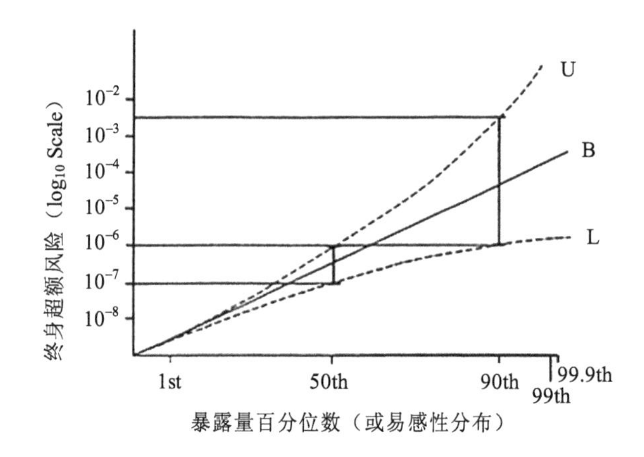

- 曲线 B 代表了暴露量（或易感性）与风险［以相对于其他人群的比例表示，而不是绝对暴露量（或易感性）单位］之间关系的最优估计。
- 曲线 L 代表这个关系的第 5（或更低）百分位数。
- 曲线 U 代表这个关系的第 95（或更高）百分位数。

因此，对于这个假设案例，风险交流可以说：

“我们有 90%的把握确信对于中等暴露的人来说风险在 10^{-7} 到 10^{-4} 之间”

以及/或者

“我们有 90%的把握确信对于高暴露（第 90 百分位数）的人来说风险在 10^{-4} 到 3×10^{-3} 之间”。

要将百分位数相关的暴露量转化为绝对暴露量，可以基于以下图形添加第二个X轴刻度：

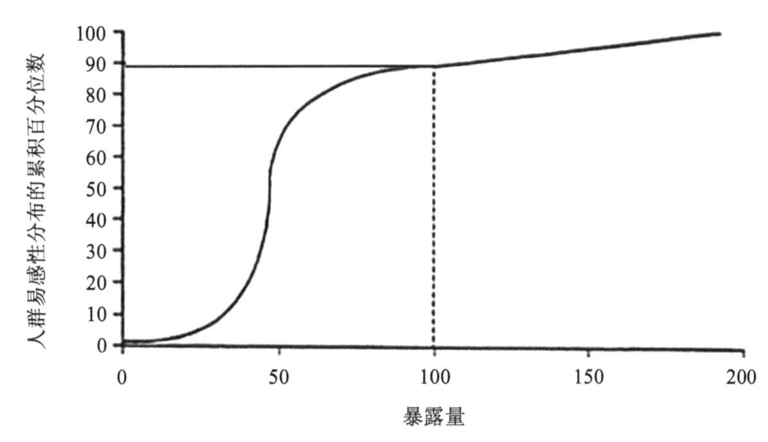

这样，结合上两张图将得到第二个X轴刻度：

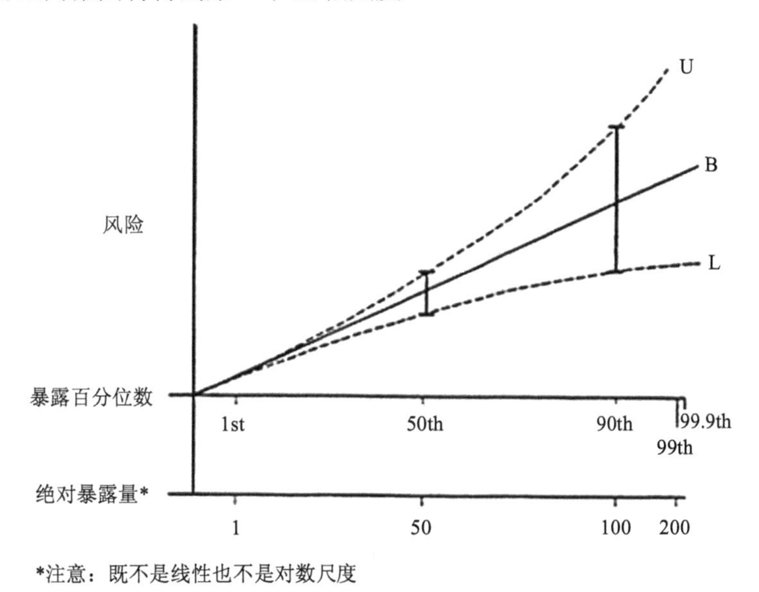

图10-2　以图形表示风险交流、不确定性和差异性

然而，与涉及平均风险和发病率的问题相比，委员会一些成员认为，在目前以及今后都无法确定差异性的情况下，个体易感性的分布以及每个人在该分布中所处位置的不确定性是无关紧要的。例如，一些人认为人们在这两种情况下是没有区别的，即其中一个风险确定为精确的 10^{-5}，另一个是他们有 1%的概率具有高易感性（风险为 10^{-3}）并且有 99%的概率能够免疫，而无法知道适用于谁。在这两种情况下，个体风险的预期值是 10^{-5}，并且可以认为风险的分布是一样的，因为无法识别哪些人会真正面临 10^{-3} 的风险，但面临这种风险的机会是均等的（Nichols 和 Zeckhauser，1986）。

一些成员还认为，随着我们对个体易感性的了解越来越多，我们最终可能发现一些个体处于极高的风险之中（即在极端情况下，平均个人风险 10^{-6} 可能代表着这样的情况，即每一百万人中一定有一个人会出现癌症而其他人是免疫的）。他们认为，当我们不断接近这一点时，社会将必须面对这样的事实，即为了保证人群中的每一个人都面临“可接受的”低风险水平，我们必须将排放量降低到难以想象的低水平。

其他委员会成员排斥或认为“风险最终不是 0 就是 1”这一观点无关紧要，他们认为，无论是个人对风险状况的预测或可容忍程度的评估，还是社会对风险分布的公平或不公平程度的评估，都必须报告关于无法识别的差异性的信息——它会影响这两种判断。为了支持他们的论点，这些成员引用了有关预期效用理论局限性的文献，这些文献的观点与实际调查数据相矛盾，即风险结果的均值分布不应该影响个体对情况的评估（Schrader-Frechette，1985；Machina，1990），并且实证研究发现在平均值和方差保持不变的情况下，随机选择对风险结果的偏度仍然对人们有影响（Lopes，1984）。他们还认为，EPA 应该在处理暴露差异性方面保持一致性，即使无法确定每个暴露水平的确切个体，EPA 也应该报告暴露的差异性；也就是说，即使 EPA 不能精确地预测最大值将发生在哪里（通常情况下都是这样），EPA 也需要报告空气浓度的变化以及来自排放源的最大浓度。如果易感性在很大程度上与人体细胞通过新陈代谢暴露的致癌物质的数量差异有关，那么它本质上是另一种形式的暴露差异性，并且与环境（体外）的暴露密切相关。最后，他们声称，在同意不确定问题是很重要的之后，EPA（和委员会）必须保持一致，并将无法识别的差异性视为是相关的（见附录 I-3）。我们在第 9 章中的建议反映了我们的观点，即不确定性很重要，因为个人和决策者确实认为除平均值之外的值是高度相关的。如果无法识别易感性，那么对于个人来说，它是个人风险不确定性的一个来源，并且委员会中的许多成员都认为必须像对待不确定性一样交流传达易感性。

旨在阐明人们对于风险中不可识别的差异性的关注程度、在风险管理中对其进行核算的成本以及人们希望政府在作出监管决策和设定优先级时考虑这些差异和成本的程度的社会科学研究，可能有助于解决这些问题。

结果和建议

下面简要概述了委员会的结论和建议。

暴露

历史上，EPA 将最大暴露个体（MEI）定义为最坏的情况——连续 70 年暴露于所估计的某种有害空气污染物的最大长期平均浓度。与这种做法不同，EPA 最近公布了使用人群实际或默认的暴露分布，来计算最大实际或可能的暴露边界估计值和“合理的高端”估计值的方法。新的暴露指南并没有明确定义与个人最高预期暴露水平相对应的分布点。

- 委员会赞成 EPA 使用边界估计值，但仅限于在筛选评估中确定是否需要进一步分析的情况下。为了进一步分析，委员会支持 EPA 根据可用的方法、模型结果或两者来制定暴露值的分布。这些分布也可以用来估计最大暴露个体的暴露情况。例如，最大暴露个体的最可能暴露值，一般是表征暴露中个体差异性的累积概率分布的第 100[（N–1）/N]百分位数，其中 N 是指用来构建暴露分布的人数。这是一个特别方便的估计方法，因为它独立于暴露分布的形状。委员会建议 EPA 明确且一致地使用诸如 100[（N–1）/N]这样的估计量，因为它不是一个模糊的估计“高于 90 百分位数的某个地方”，并且它响应了 CAAA-90 中提出的，计算“最大暴露个体”风险的要求。

最近，EPA 开始将以全国平均家庭居住年数为基础的暴露假设纳入分布，以取代其 70 年（例如平均寿命）的暴露假设。有人提出了一个类似的“背离默认值”的建议，即使用个体每天在住所花费的时间替代 24 小时假设。然而，这些分析都假设人们在改变住所或者每天离开家时都移动到了一个零暴露的地点。但是，人们从一个地方到另一个地方，无论是改变住所或者从家到办公室，对于某一种污染物的暴露都可能发生很大的变化，从相对较高的暴露到没有暴露都有可能出现。此外，应当考虑到有些污染物的暴露是可以相互替代的；从一个地方到另一个地方，可能会暴露于不同的污染物，将它们的影响进行相互替代可以得到一个整合的单一“暴露”。这个相互替代的假设可以是也可以不是现实的；然而，因为人们从一个地方转移到另一个地方，可以被看作一直暴露于混合污染物，有些时候同时存在，有些时候单独存在，所以对居住时间进行简单分析是不合适的。实际上，真正的问题是一个更为复杂的问题，即如何聚合对混合物的暴露以及对不同强度的单一污染物的多重暴露。因此，基于简单的居住时间分布的简单分析是不合适的。

- EPA 应使用当前预期寿命的平均值作为个人在高暴露区域居住时间的假设，或者使用居住时间的分布，该分布解释了更换住所可能不会显著降低暴露的可能性。类似地，EPA 应该对个人每天暴露的小时数进行保守估计，或者为个人每天在不同环境下暴露的小时数构建一个分布。这些信息可以在高暴露地区通过社区调查的方式来收集。需要注意的是，该分布仅适用于个人风险的计算，因为人群风险并不受暴露总和达到一定数值的人数的影响（如果风险与暴露率成线性关系）。

EPA 还没有在其暴露评估指南中提供有效的说明，以确保当数据匮乏时，用于确定“高风险暴露估计”（HEEE）的点估计方法能够在暴露的总体分布的期望位置得到一个可靠的估计值（根据指南，它位于第 90 百分位数之上，但是没有超过整个分布范围）。

- EPA 应当提供一个明确的方法和依据以确定何时可以或者应该使用 HEEE 的点估计，以替代整个蒙特卡洛方法（或类似的）来选择所需的百分位数。这个依据应当更加清楚地说明这种估计是如何生成的，应当提供更多的资料，以证明这种点估计方法确实能产生合理一致的期望百分位数，并且如果这一百分位数与对应于“最大暴露个体”的预期暴露值的百分位数不同，则应当证明选择这个百分位数是合理的。

强度

EPA 很少会处理人群易感性差异的问题，迄今为止有限的工作仅集中在与非致癌效应相关的差异性上（例如，对 SO_2 的正常和哮喘反应）。对非癌症终点差异性的合理反应（即识别“正常”和“超易感个体”的特征，然后决定是否要保护两个群体）可能并不适合致癌效应，在致癌效应中的差异性可能是连续和单峰的，而不是非此即彼。

- EPA、NIH 和其他联邦机构应当赞助分子流行病学和其他关于影响易感性和癌症的不同因素中的个体间差异程度，关于每个因素之间和健康终点之间差异性的关系，关于易感性和一些协变量例如年龄、种族、族裔和性别之间可能的相关性的研究。研究结果应用于调整和改进个体风险评估（已识别的、可识别的、或者不可识别的）以及对一般人群预期发病率的估计。随着研究的发展，自然科学和社会科学界应该合作探索所有可以被测试或者与其他遗传性状密切相关的易感性因素的影响，以确保所有的结果不会被误解或者在未进行适当考虑的情况下用于其他环境风险评估领域。

易感性

EPA 不考虑人与人之间癌症易感性的差异，因此在计算风险时，它将所有人都视为相同的、没有差异的。

- 在开始执行《清洁空气法》中提出的要求计算个人风险的决定之前，EPA 应当采用一种默认的易感性假设。EPA 可以选择将“默认易感性因子”纳入其对个人的致癌风险估计中，而不是将所有人都视为一致的隐含因子 1。如果要用于高暴露和高于平均易感性的个人，EPA 应明确选择大于 1 的默认因子。如果要用于具有高暴露但是具有平均易感性的人，EPA 可以明确地选择默认因子 1。更好的情况是，EPA 能够构建一个易感性的“默认分布”，然后生成一个包括暴露和致癌强度（根据易感性）的联合分布以便于找到每项风险评估的第 95 百分位（或第 99 百分位）的风险。

EPA 计算强度的假设是，一般情况下，人类与那些具有特定性别—品系组合的啮齿动物具有相似的易感性，这些啮齿动物在生物分析测试中最为敏感，或与流行病学研究中观察到的特定人群的易感性相同。

- EPA 应当继续并更加努力地验证或改进这个默认假设，即平均而言，在风险管理阶段受到保护的人类，其易感性与相关流行病学研究中纳入的人类相似，或与接受测试的最敏感啮齿动物相似，或两者兼而有之。

如果这两种情况都成立，忽略人类易感性的差异可能会导致对人群风险的严重低估：（1）目前将实验室生物测试或者流行病学研究的结果推断到一般人群的方法，能够正确地将测试人群中观察到的风险映射到具有中等易感性的人群，而不是整个人群的平均值；（2）一般人群中，易感性分布的倾斜程度很大，这会导致期望值在一定程度上超过中值。

- 除了要继续探索种间类推（或者流行病学外推）能够正确地预测人类的平均易感性这个假设外，EPA 还应当调查这个平均值是否对应于中值或者期望值。如果有理由怀疑前者的真实性，那么 EPA 应当考虑是否需要调整对人群风险的估计以解释这种差异。

儿童是一个容易识别的亚群，具有自己的生理特征（例如体重）、吸收特性（例如食物消耗模式）和固有的易感性。

- 如果有理由相信每单位剂量造成的不良生物效应的风险取决于年龄，那么 EPA 应当单独提供成人和儿童的风险估计。当需要测量超额终身风险时，EPA 应当考虑所有年龄相关的变量，计算综合终身风险。

当 EPA 在使用或评估各种基于生理学或生物学的风险评估模型（或评估一些数据，但在最终公开文件中没有报告）时，通常不会探索或考虑关键生物学参数的个体间差异。在其他情况下，EPA 确实收集或审查了与人类差异性相关的数据，但他们往往只考虑这些数据的表面数值，而无法保证它们是否代表了整个群体。一般来说，对风险有重要影响的特征数量越多，或者这些特征的差异越大，确定每个特征的平均值和范围所需要的人群样本就越大。

- 当 EPA 提出采用另一种风险评估假设（例如使用 PBPK 模型、细胞动力学模型或者确定某一特定动物的反应“与人类无关”）时，在评估模型参数或者验证“不相关”假设时应当考虑人类个体间的差异。当数据不足以考虑个体差异性时，EPA 应当能够自由地作出任何关于其范围和影响的合理推断（而不是必须收集或者等待此类数据），但是应当鼓励其他相关团体收集和提供必要的数据。一般来说，在建议 UAR4 的同时，EPA 应确保对默认风险评估和替代风险评估都采用类似的差异性分析，以便能够比较来自每个过程的同样保守的估计。

风险交流

EPA 没有和决策者、国会或公众充分交流任何风险评估中考虑或者没有考虑的差异性，以及对所产生的风险值的保守性和代表性的影响。

- EPA 应当在每一个风险评估中详细说明其对人类行为和生物学的特定假设的内涵。

对于全面（与筛选级别相对）风险评估，当不确定性和差异性都很重要时（通常情况下），EPA 进行风险交流和制定风险管理决策会更加困难。

- 只要有可能，EPA 应当从概念上区分不确定性和差异性，也许可以通过提供多种分析来实现。EPA 应该告知其所有风险结果都是由三部分组成：估计的风险本身（X）、风险不高于 X 的置信水平（Y），以及 X 适用于的人群占总体的百分比（Z）。此外，EPA 可以而且应当尝试呈现多种场景来探索和解释差异性，而不是同时报告 Y 和 Z。

备 注

1. 一些不同领域的专家经常使用“差异性”一词来表示与特定数量相关的可能值或实际值的离散性，通常指与未知（即不确定的）量的任何估计相关的随机差异性。本报告中除非另有说明，将使用个体间差异、差异性和个体间异质性这些术语来指代与预测风险相关的个体与个体之间在数量上的差异，例如在测量环境浓度、每单位环境浓度下的吸收或暴露量、每单位暴露下的生物有效剂量以及每单位有效剂量增加的风险，或用于模拟以上变量的参数中。

2．假定风险与长期平均剂量成线性关系，这是经典致癌模型（例如，使用给予剂量的 LMS 剂量—反应模型）的基础之一。然而，当涉及更加复杂的剂量—暴露模型（PBPK）和暴露—反应模型（生物动力学或细胞动力学模型）关系时，即使健康终点可能在长期内显现出来，更短的平均时间变得很重要。例如，在体内代谢激活和解毒的化学物质导致的致癌风险可能不是完全暴露的函数，而是排毒途径跟不上激活途径的暴露期。在这种情况下，平均长期浓度（以及其中的个体间差异）的数据可能完全错过了唯一与毒性有关的暴露期。

3．如上所述，在许多情况下，在较短平均时间内存在的差异性可能随着平均时间的增加变得越来越不重要。例如，平均来说，如果成年人每天呼吸 20 m^3 的空气，那么在任何随机的 1 分钟时间内，一组 1 000 名成年人中可能会有一些人（剧烈运动的人）的呼吸量是远远超过平均值 0.014（m^3/min），其他人（那些睡着的人）可能呼吸的更少。然而在一年中，平均值 7 300 m^3/a 左右的变化可能很小，因为大量的锻炼、睡觉和平均活动都是“平均的”。另外，一些不同的人类特征在较长的平均周期内基本上不会集合到一起。例如，人们每天喝苹果汁量的变化可能也反映了每月和每年的变化——那些在随机的一天中不喝苹果汁的人可能是很少或从不喝苹果汁的人，而在分布的另一个“尾部”的人（每天大概喝三杯）可能会日复一日地重复这种模式（换句话说，“每年喝的杯数”的分布可能从 0 一直延伸到 365×3，而不是围绕该范围的中点有小幅度的变化）。

4．类似地，这两个人可能面临相同的致癌风险，但是暴露量相差 10 000 倍。然而，另一种更适用于阈值效应的定义是将易感性差异称为两个不同个体产生相同效应所需的剂量比。

5．对数标准差等于对应于特定对数正态分布的正态分布的标准差。如果取对数标准差的反对数，就可以得到“几何标准差”（Geometric standard deviation，GSD），这个值具有一个更直观、更有吸引力的定义：偏离中位数的 N 个标准差对应中位数乘以或除以 GSD 的 N 次方。

6．此外，目前对总体易感性差异的研究表明，因子 10 可能包含高于标准人群中位数 1 个或者 1.5 个的标准偏差。也就是说，假设（正如 EPA 通过其明确的默认选项所做的那样）用于估计强度的处于中间的人和啮齿动物具有相似的易感性，一个附加因子 10 将啮齿动物的反应等同于大约人类反应的第 85 或 90 百分位数。这是一个具有保护性的，但不是高度保守的安全因子，因为可能有 10%或者更多的人口会比这个新的参照点的易感性更高。

纳入默认因子 10 可以使致癌风险评估过程在一定程度上与非致癌风险评估的主流做法保持一致，在非致癌风险评估中经常加入的因子 10 是为了解释人与人之间易感性的差异。

然而，如果 EPA 决定使用因子 10，它应当强调使用的是默认的方法，该方法试图解释在剂量—反应关系中的个体间差异，但是在特定情况下，这个方法产生的保护水平可能过高或过低，而无法为真正具有特殊易感性的人提供最佳程度的“保护”（或者将风险降低到“可接受”的水平）。它也不能确保对实际“最大风险”个体的风险评估具有预测性和保守性（结合可能实际对应于最大暴露个体或合理高端暴露个体的暴露估计值）。相反，一些易感性极高的人可能由于其易感性而没有面临高暴露。还有一种情况是，某些致癌的风险因素也使那些受影响的人易患其他可能无法预防的疾病。

7. 例如，假设一个国家的收入中位数是 10 000 美元，但是其中 5%的人的收入高于或者低于收入中位数的 25 倍，另外有 1%的人的收入高于或者低于收入中位数的 100 倍。那么平均收入就是[（0.05）（400）+（0.05）（250 000）+（0.01）（100）+（0.01）（1 000 000）+（0.88）（10 000）] = 31 321 美元，超过了收入中位数的 3 倍。

8.“目前”是一个重要的限定词，因为我们对癌症发生的分子机制的理解正在迅速增加。在未来的几十年里，科学将毫无疑问地变得更加擅长识别那些易感性高于平均水平的个体，而且甚至能够精确地找出这些个体对于哪些特定物质是敏感的。

第11章

聚　合

引　言

在定量风险评估和定量风险表征中，一个反复出现的问题是那些相互独立但又相互关联的风险的原因和影响的聚合（和分解）。有关原因或物质聚合的问题，与那些有关影响或终点聚合的问题略有不同，但是它们的相似之处足以让我们在本章中一起讨论它们。例如，人们可能暴露于一系列化合物的混合物中，而每种化合物都可能与一个或多个毒性终点的出现程度或者概率增加有关，有关协同作用的问题可能会使情况更加复杂。相比之下，剂量—反应的数据通常只能在单一物质剂量的单个终点上获得。我们该如何表征和估计暴露于有毒物质混合物所造成的潜在总毒性？

当所有关注的终点都被认为具有剂量—反应阈值或者无不良反应剂量（no-adverse-effect levels）时，聚合问题就简化了。在这个限制下，“可接受”“允许”或者“参考”剂量通常都是通过将经验确定的阈值估计值（如未观察到有害作用剂量，NOAEL）除以适当的安全或不确定因子（Dourson 和 Stara，1983；Layton et al.，1987；Barnes 和 Dourson，1988；Lu，1988；Shoaf，1991）来计算的。混合暴露的风险管理目标通常是为了避免出现那些超过任何相关阈值的暴露，同时考虑多种物质的联合效应。在环境和职业背景下，实施的一个策略就是确保与某一终点相关的已发生剂量与可接受剂量的比率之和小于 1（NRC，1972a，1989；OSHA，1983；ACGIH，1977，1988；EPA，1987a，1988g；Calabrese，1991；Pierson et al.，1991）。该方法是基于这样一种假设，即不同物质的剂量可以根据诱导的终点进行简单相加，这一假设与有关化学物质在混合物中共同作用的许多实验证据相一致。

与一般策略有关的关键问题之一是，目前用来确定可接受的毒物暴露的方法相当粗糙。对数据进行更多的定量处理，并在不考虑阈值的情况下专注于风险预测的建议（Crump，1984；Dourson et al.，1985；Dourson，1986）还没有被广泛采纳。系统性毒物的可加性假设使确定复杂混合物的安全摄入量的方法更加复杂化。作为 EPA 的一份技术支持性文件（EPA，1988g），使用可加性假设意味着，

当正在接近或者超过可接受水平时，关注水平将直线上升……以同样的方式对待所有的混合物是不正确的，因为用于得出这种推荐的可接受水平的估计值不具有相同的准确度或精密度，并且不是基于同样严重程度的毒性作用。此外，理论上超过这样的水平的剂量—反应曲线的斜率，预计会有很大差异。由于一般都缺少毒性数据，测定准确度、精密度或斜率极为困难。

尽管有缺点，针对阈值效应聚合问题的粗糙加和方法已经得到了相对简单和无争议的监管上的应用。

更多的争论集中在定量风险评估方法上，即假设的终点并不存在阈值剂量—反应关系，如癌症。特别是对多种化学物质的环境暴露方面，风险管理决策（例如，清洁标准）往往是由与暴露于导致无阈值终点的物质有关的低剂量风险所驱动。本章侧重于不同风险的聚合，以及可归因于综合、多途径暴露于具有无阈值效应的多种化学物质而引起的不同类型的风险的聚合。

暴露途径

任何与暴露于特定化学物质相关的健康风险综合评估，都必须考虑所有可能的人类暴露途径，即使预计在风险管理中的应用仅限于某些特定的介质，例如空气；或者特定

来源或类别，例如焦炉设施。这是因为在一种环境介质中的化合物，可能在发生暴露之前转移到另一种环境介质中。主要的暴露途径是吸入、摄入和皮肤吸收。在环境暴露的情况下，吸入是指在室内和室外，在休息或活动时呼吸吸入空气中的化合物；摄入是指肠道吸收化合物，这些化合物存在于任何摄入的物质中，包括水、液体食品、母乳、固体食品和土壤；皮肤吸收是指吸收沉积在皮肤上的化合物，包括在淋浴、泡澡或休闲游泳时存在于水中的化合物。针对暴露于特定源排放的物质的评估，必须考虑到该物质与人（或者环境生物群，如果正在进行生态影响评估）接触的所有潜在的重要途径。例如，从工业烟囱排放到空气中的汞可能会被周围的居民吸入，但是在烟囱烟羽中的汞沉积到湖水中后，在当地捕获的鱼类中摄入的生物浓缩汞可能会带来更大的健康风险。

EPA 在为超级基金法规合规提供的风险评估指导中，对综合多途径暴露问题给予了极大关注（EPA，1989a）。例如，EPA 建议对环境空气中的化合物的环境归趋和迁移的评估需要考虑到从自发的挥发到爆发等多样化的问题（EPA，1988h，1989a、c、d、e）。可参阅关于多介质迁移和多途径暴露评估的更多的信息（Neely，1980；Neely 和 Blau，1985；Cohen，1986；McKone 和 Layton，1986；Allen et al.，1989；Cohen et al.，1990；McKone 和 Daniels，1991；McKone，1991，1992）。

风险诱导物质

在危险废物、饮用水和空气污染控制方面，经常需要对暴露于多种有毒物质的环境风险进行定量评估。1990 年《清洁空气法》修正案特别列出了 189 种空气污染物，这些污染物既可以单独排放，也可以从各种指定的排放源类别中组合排放。

在过去的 20 年中，涉及复杂化学混合物的环境修复要求对与同时暴露于多种化学物质相关的潜在毒性问题和案例进行一般性审查（NRC，1972a，1980a、b，1988a，1989；EPA，1988i；Goldstein et al.，1990；Calabrese，1991）。早期的审查支持这样的观点，即通过剂量相加或者浓度相加来预测的毒性，这与急性毒物联合作用的数据是一致的（NRC，1972a，1980a、b；ACGIH，1977；EPA，1987a）。尽管已知一些急性毒物的超加和性的情况，例如有机磷农药组合的协同作用，其中一种化合物抑制另一种化合物的解毒作用，然而在解毒酶预计不会饱和的低剂量下，加和性被认为是合理的（NRC，1988b；Calabrese，1991）。

截至 1988 年，EPA 关于毒害作用的数据库已经涵盖了 331 项研究，涉及大约 600 中化学物质（EPA，1988g）。大多数研究集中于两种化合物混合物对急性致死率的影响；少于 10%的研究调查了慢性或者终身毒性。在所有的研究中，只有不到 3%的研究报告了协同作用的明确证据——即“对混合有毒化学物质的反应比其组分毒性所显示的要大”（EPA，1988g）。然而，EPA 还总结到，在从 331 项研究中随机抽取 10%得到的 32 项研究中，仅有 1 项研究的设计和统计方法的使用“与合理的结论相符”（EPA，1988g）。因此，EPA 已经声称

考虑到现有的化学相互作用数据的质量和数量，很少能够对相互作用的可能性、性质或程度进行概括。大多数已被量化的相互作用在基于剂量相加假设的预期活性的 10 倍以内（EPA，1988g）。

将沙门氏菌突变实验应用于复杂混合物（煤油燃烧颗粒、煤加氢材料、熟食中的杂环胺）的几个详细对比研究的结果，与复杂诱变混合物成分的诱变强度的近似加和相一致（Thilly et al.，1983；Felton et al.，1984；Schoeny et al.，1986）。

关于人类致癌物（通常包括长期吸烟）的协同作用的流行病学证据已经得到广泛评议（Saracci，1977；Steenland 和 Thun，1986；EPA，1988g；NRC，1988a，b；Kaldor 和 L'Abbé，1990；Pershagen，1990；Calabrese，1991）。虽然没有一个单一的数学表达式可以准确地表示联合效应，特别是考虑到人类反应的异质性时，但是这里的讨论主要关注这些反应是更明显的加法还是乘法。最充分的相互作用研究结果（例如，在烟草和氡或者烟草和石棉的联合暴露中）表明，在剂量范围内的严格相加模型可能低估了真实的联合效应 3～10 倍。例如，对氡和香烟烟雾联合暴露的流行病学研究结果表明，两种药物在诱发癌症的数量上存在着相加或可能是乘法的相互作用，在肿瘤诱导潜伏期内具有协同作用（NCRP，1984；NRC，1988a）。NRC（1988b）BEIR IV 委员会得出结论，关于吸烟和不吸烟的铀矿工暴露于氡的流行病学研究结果，特别是 Whittemore 和

McMillan（1983）的大型研究结果，与两种物质的乘法效应是一致的。

石棉暴露对有吸烟史的工人的影响被描述为（NRC，1988a）“一个关于两种不同的药物联合使用可以增加肺癌的发病率最新的和公认的例子（基于流行病学数据），发病率比单独使用两种药物预测的要高，而且这被大多数研究此问题的研究者认为是可以相乘的”。一个没有被 NRC 引用的、针对超过 1 600 个英国石棉工人的研究表明，在联合暴露烟草和石棉后，相对风险的增加是加法而不是乘法（Berry et al.，1985）。其他研究人员也得出结论，这些物质之间存在乘法相互作用的总体证据值得怀疑（Saracci，1977；Steenland 和 Thun，1986）。

考虑到大量关于动物体内癌症启动子作用的实验数据，包括超加性相互作用明确实例（EPA，1988G；Calabrese，1991；Krewski 和 Thomas，1992），流行病学检测人类致癌物中可能的相乘作用并不令人惊讶。利用“生物机制”多阶段致癌模型预测了几种非基因毒性癌症启动子与基因毒性物质的高度非线性、超加性协同作用。在这些模型中，细胞复制的增加可以通过直接增加癌前病变或恶性病变的产生率，或通过刺激自发发生的癌前病变的生长来增加恶性病变的发生率，或两者兼而有之，来发挥关键作用（Armitage 和 Doll，1957；Moolgavkar 和 Knudson，1981；Moolgavkar，1983；Bogen，1989；Cohen 和 Ellwein，1990a，b；1991；Ames 和 Gold，1990a，b；Preston-Martin et al.，1990）。从机制的角度来看，一些非基因毒性化合物现在被认为仅通过增加靶细胞的复制就能够促进自发的和实验化学诱导的致癌作用，这一现象可能有一个具有阈值的剂量—反应关系（Weisburger 和 Williams，1983；Weisburger，1988；Butterworth，1989，1990；Bogen，1990b；IARC，1991；Flamm 和 Lehman-McKeeman，1991）。EPA 正在考虑从机制的角度正式承认这种阈值致癌物（EPA 1988g，1991d），尽管这些案例仍然难以纳入 EPA 目前使用的 1986 年对潜在化学致癌性进行分类的通用方案（EPA，1987a）。

一般来说，生物学和统计学两方面的考虑都使我们难以排除化学诱导致癌的无阈值突变相关成分，而这种效应可能在低环境暴露中占据主导地位（Portier，1987；Portier 和 Edler，1990；Kopp-Schneider 和 Portier，1991；Weinstein，1991）。例如，由一些非基因毒性化合物诱导的靶细胞复制增加，可能具有低剂量、线性、无阈值剂量—反应关系。另外，在高度异质性的人群中广泛分布的阈值可能导致准线性或超线性的低剂量促进效应。因此，即使对于一些已知能够通过非基因毒性促进机制导致致癌风险增加的物质，在缺乏建立一个相关的、明确的、普遍适用的阈值剂量—反应关系所需要的数据时，低剂量线性依然被推荐为合理的默认假设（Lutz，1990；Perera，1991）。在这一默认假设下，机制型致癌风险模型和经典的多阶段致癌风险模型都预测，少量增加的风险会与小剂量基因毒性或非基因毒性致癌物或两者的联合剂量相关的风险近似成线性关系，而且它们的联合作用是近似相加的（Gibb 和 Chen，1986；NRC，1988a；Brown 和 Chu，1989；Krewski et al.，1989；Kodell et al.，1991b）。

假定的仅有两种可能的无阈值终点（即，只观察到终点存在或不存在）的一般低剂量线性假设，比如癌症在 70 岁之前发生，相当于假设 $P=p+qD$，其中 P 是指终身暴露于剂量 D 下的风险，p 是指 70 岁的本底致癌风险，q 是指 D 值较小时的强度（每单位剂量增加的风险）。感兴趣的是由于暴露于低剂量的无阈值毒性物质的环境混合物中而增加的癌症发生的总概率 P。如果对这两种因素中的每一种都假定线性模型，并且如果有一个额外的独立作用假设，即这些个体通过统计上独立的事件来增加风险 R，那么它将遵循 $P = q_1D_1 + q_2D_2$，并且 D_1 和 D_2 将非常小（NRC，1980b，1988b；Berenbaum，1989）。EPA 已经使用了一种更加一般的强度—剂量乘积和来近似估计在暴露多种致癌物的情况下的 P（EPA，1987a，1988g）。附录 I-1 表明，相同的一般假设意味着类似的积和关系可以用于粗略估计与混合物相关的风险，其中混合物中的每一种物质都具有一个或者多个不同特定终点的有效剂量率。在定量风险评估中对多个无阈值终点的关注是有意义的，下面会进行更加详细的讨论。

无阈值风险类型

定量风险评估会涉及多个毒性终点以及多个毒性物质。特别是，出于公共卫生监管的目的，除了癌症之外的毒性终点在某些点可能被假定具有无阈值剂量—反应关系。此外，癌症不是一种单一的疾病，而是在生命中不同时期发生在动物和人类不同组织中具有不同特征的多种肿瘤性疾病。人类癌症的整体风险通常是从动物生物测试数据中估计得出的，动物生物测试数据表明不止一种肿瘤类型（例如，肺癌和肾癌）的剂量相关风险显著增加。同样，遗传、生殖和发育风险可以以多种形式出现，这些形式可以在毒性测试中单独测量（例如，生育能力下降和某些骨骼的不完全骨化）。接下来将讨论多个终点以及特定终点的多种类型的风险聚合问题。如果假设作用机制和效应是相互独立的，那么这些聚合问题都可以使用附录 I-1 中的表达式 6 得到解决。

癌症

EPA（1987a）致癌风险指南中说明了如何使用表明多种肿瘤类型的剂量相关效应的生物测定数据，其方法如下：

为了获得致癌风险的总体估计，一个或多个组织上不同的肿瘤部位或类型明显升高的动物……其发病率应当进行合并，并用于风险推断。合并评估通常优先于基于单一类型或部位的风险评估。

如果观察到不同肿瘤类型的发病率增加，并已知在受试动物体内和之间以统计上独立的方式发生，那么 EPA 推荐的这种方法会导致对总强度或风险的不一致估计，因为在独立性假设下，合并的肿瘤发生率数据可能会随机排除相关信息（Bogen，1990a）。对于基于经典多阶段模型的强度估计，如果将总强度估计为肿瘤类型特异性强度之和，则可以避免这种统计问题（Bogen，1990a）。如果使用了后一种方法，则可通过附录 I-1 中的表达式 7 估计出以极低剂量诱发一种或多种肿瘤类型的总风险 P 的增加（针对一种致癌物）。特定类型的强度是一个不确定的量（一个原因是它们通常是根据生物测试数据估计的），所以必须使用适当的方法进行求和。

这个 EPA 估计总致癌强度的替代方法（附录 I-1 中的表达式 7）取决于假设的有效性，该假设是指不同的肿瘤类型在个体生物测试动物中独立发生。如果癌症易感性存在明显的动物间异质性，或者如果肿瘤类型是正相关的，那么多种肿瘤类型的发生可能集中在易感人群中。尽管在一些物种中发现了若干重要的肿瘤类型关联，但它们往往涉及相对较少的肿瘤类型（见附录 I-2）。

附录 I-2 总结了基于国家毒理学计划（NTP）2 年癌症生物测试数据，针对动物间肿瘤类型独立性的研究，这些数据是 EPA 量化大多数化学致癌物的强度的依据。利用来自 61 项大鼠研究和 62 项小鼠研究的对照动物数据，以及来自多个肿瘤类型显著增加的研究子集的处理动物数据，分别对四种性别—物种组合进行了分析（雄性和雌性小鼠、雄性和雌性大鼠）。在个别动物中对每对肿瘤类型发生的相关性进行了评估。在对照组和实验组的小鼠和大鼠中，几乎没有发现与肿瘤类型相关的证据。一些肿瘤类型组合在统计学上显著相关（通常呈负相关），但是在任何情况下相关性都不大。这些结果表明关于动物中肿瘤类型发生的统计独立性的一般假设，不太可能在根据 NTP 啮齿动物生物测试数据评估致癌强度时引入重大错误。

其他的无阈值终点

除了癌症以外，两大类可能的无阈值毒性类型通常与定量风险评估有关，分别为遗传突变（可能是由于到达并破坏性腺 DNA 的物质导致的）和生殖发育毒性（例如铅的发育神经毒性）。然而，一般来说，如果已经假定了低剂量下的剂量—反应线性关系以及这些效应的独立剂量诱导，那么它们可以与癌症一起使用已经讨论过的一般相加策略。接下来将考虑这些假设在多大程度上适用于遗传毒性和生殖发育毒性。

遗传效应

诱变剂可引起重要遗传组分的有害遗传效应，例如临床常染色体显性和隐性突变、X-连锁突变、先天性出生缺陷、染色体异常和起因复杂的多因素遗传病。除了复杂的多因素效应外，遗传效应在大约 2%的人中会自发发生，在出生时或者出生后出现；有 40%～80%的病例会出现染色体异常，或者显性或 X-连锁突变（“CADXMs”）（Mohrenweiser，1991）。此外，超过 25%的自发流产都被认为是基因缺陷造成的，大多数都涉及 CADXMs（Mohrenweiser，1991）。众所周知，在动物身上，这些遗传效应的发生率可能会因暴露于电离辐射等环境因素（电离辐射也会导致癌症）而增加。此外，与低剂量电离辐射相关的遗传和癌症终点，目前被建模为在本底剂量之上随剂量成线性比例增加（NRC，1972b，1980c，1990b；NCRP，1989；Favor，1989；Sobels，1989；

Vogel，1992）。

实验动物对诱变化学物质的暴露也会引起一些遗传效应，虽然化学引起的遗传损伤的具体特征似乎在某些方面与辐射引起的遗传损伤不同，例如显性和隐性特定基因座效应的比例（Ehling 和 Neuhauser，1979；Lyon，1985；Favor，1989；Rhomberg et al.，1990）。

实验数据并不完全符合由化学物质或电离辐射引起的遗传终点的线性无阈值剂量—反应关系（ICPEMC，1983a；Sobels，1989）。特别是化学诱变，涉及许多潜在的非线性和阈值过程，如反应物的输送、代谢活化和失活、DNA 修复以及化学诱导导致的功能变化和致死率（ICPEMC，1983a）。然而，很难（如果可能的话）通过实验证明一个复杂的、固有的统计生物学反应与背景没有区别（ICPEMC，1983a）。鉴于这种复杂性，国家研究委员会（NRC，1975，1977，1983b）得出若干结论，对于诱变化学物质来说，用于电离辐射的线性无阈值剂量—反应假设也是一个合理的默认假设。这个结论反映了这样一个事实："如果一种效应可以由一次单独的刺激、单个分子或者单位暴露引起，我们所讨论的效应在剂量—反应关系中不能有阈值，无论单一的刺激或事件产生这种效应的可能性有多大。同样可以得出类似的结论，线性无阈值剂量—反应关系是化学诱变剂的一个合理的默认假设（Ehling 和 Neuhauser，1979；ICPEMC，1983a、b；Lyon，1985；Ehling，1988；Favor，1989；Sobels，1989；Rhomberg et al.，1990）。

这种对诱导遗传风险中无阈值线性默认假设的支持，强调了与电离辐射或基因毒性化学物质暴露相关的人类总遗传风险定量评估中存在的不确定性。这种不确定性，特别是在估计可能增加的人类遗传疾病发病率方面存在问题，使一些人得出这样的结论：与环境暴露相关的总遗传风险的实际评估不会在短期内实现（NRC，1990b；Mohrenweiser，1991；Vogel，1992）。不同终点之间的不确定性差异很大，但是小鼠突变的剂量—反应数据以及人类自发发病率的相应估计，似乎为一些与遗传相关的简单而直接的终点，例如那些涉及 CADXMs 的终点，提供了进行合理的定量风险评估的依据（NRC，1990b；Mohrenweiser，1991；Vogel，1992）。

1986 年，EPA 通过了诱变风险评估指南，该指南没有明确支持线性无阈值默认假设。相反，他们指出 EPA "将努力使用最合适的外推模型进行风险分析"，"在进行低剂量外推时，将考虑基因与染色体突变的所有相关模型，并且选择最合适的模型”（EPA，1987a）。1986 年的指南要求 EPA 在数据可获得时尽可能地“评估与所有遗传终点相关的风险”，并且“以每代遗传病的估计增加数，或者以假定的人类自发突变率的部分增加来表示风险”。为了寻求实现其指南目标的方法，EPA 资助了一项关于直接作用诱变剂环氧乙烷的遗传风险评估的重要工作（Dellarco 和 Farland，1990；Dellarco et al.，1990；Rhomberg et al.，1990）。但是 EPA 现在还没有对环境中的化学诱变剂所造成的遗传风险进行常规定量评估，并将其作为任何监管计划的一部分。

EPA 1986 年的指南不仅没有明确规定估计诱变风险的特定方法，而且也没有规定如何将此类风险与其他终点（如癌症）的风险进行聚合。指南中建议的对遗传风险的度量，并不能很容易地与 EPA 常用的对个人或者群体增加的致癌风险的度量相聚合。然而，个体遗传风险可以表示为，如果父母从出生开始就以给定的有效剂量率暴露于特定相关化合物，则个体表达严重遗传终点的风险增加。在上述和附录 I 中讨论的低剂量线性和独立性假设下，将这种预测风险添加到相应的预测体细胞（癌症）的风险中是合适的。

电离辐射的风险评估为遗传和致癌风险的定量评估提供了先例（Anspaugh 和 Robison，1968；ICRP，1977a、b，1984，1985）。然而，EPA 还没有系统地考虑诱变和致癌风险的组合。在制定放射性有害物质国家排放标准（NESHAPs）的背景下，EPA 的辐射项目办公室在描述癌症和遗传终点的定量风险估计方面做了大量工作（EPA，1989b）。然而，遗传危险因素后来并没有在 EPA 随后的放射性空气污染物的定量放射性风险评估中使用（EPA，1989b），目前 EPA 关于如何计算危险废物场址放射性核素的初步超级基金修复目标的指南中也没有考虑这些因素（环境保护局，1991f）。

将遗传终点和癌症终点定量结合的重要性取决于任何给定化学物质导致遗传突变的能力与其致癌强度的比值。如果该比值远小于 1，那么对该化学物质进行遗传风险评估是没有必要的，因为它可能对监管行动几乎没有影响。例如，最近对环氧乙烷（Ethylene oxide，ETO）造成受暴露男性的子女遗传易位（Heritable translocations，HTs）的强度上界的估计值是持续吸入的空气中每百万分之一 ETO 为 0.00066。这一估计是基于 EPA 的一项分析，该分析将线性多阶段外推模型应用于小鼠 HT 诱导的剂量—反应数据；假定 21 天的临界暴露期可能对人类男性具有潜在的危害（Rhomberg et al.，1990）。相比之下，EPA 之前已经估计 ETO 的致癌强度是持续吸入的空气中每百万分之一 ETO 为 0.19——这个值是 HT 强度的将近 290 倍（EPA，1985c）。因此，与 ETO 相关的遗传风险不能构成遗传—致癌风险的一个重要部分，除非 HT 代表了所有可合理量化的 ETO 诱导的遗传终点中非常小的一部分（例如，小于 1/290）。这似乎不太可能，因为 HTs 占 CADXMs 的 5%～10%（ICPEMC，1983b）。

生殖/发育风险

人们仍在担心当前的方法（第 4 章中描述的阈值、线性、非线性、BD 等）是否足以描述与潜在生殖和发育危害相关的风险（Barnes 和 Dourson，1988；Mattison，1991）。关于阈值的问题仍然存在。虽然阈值机制似乎是合理的，但为确保安全而估计的剂量上限值在很大程度上取决于现有的研究和测量方法以及我们对器官和组织特异性修复机制的了解。这个问题值得继续讨论。NRC 在名为《海产品安全》的报告中也讨论了这个问题（NRC，1991b）。

已有和拟议的生殖和发育毒性风险评估的 EPA 指南，都是基于有争议的假设，这个假设是生殖和发育毒性的化学诱导通常具有一个真实或实际的阈值剂量—反应关系。正如 EPA 所述（1991a），这个阈值在暴露的个体之间是不同的，并且 EPA 传统上通过使用额外的不确定性系数或者安全系数 10 来解释这种个体间的差异，然而这个方法的适当性仍有待确定。

风险的度量和表征

总体表征目标

风险表征的一个重要组成部分就是风险的不同度量和特征的结合；风险评估人员必须以对风险管理有用的方式来传达预测风险的度量和特征。在风险聚合和表征的技术方面，不能也不应该与有用的、政治上负责任的和法律上站得住脚的风险可接受性标准的设计分开，因为此类标准通常必须基于遵循某些标准格式的风险表征，而该格式必须适应这些标准。随着新的、更复杂的风险评估和表征方法的提出——例如不确定性和差异性分析的结合——相应的更复杂的风险可接受性标准尚未达成一致。因此，将一种包含预测风险概要的格式作为风险表征的临时目标是适当的，这个概要准确、全面且易于理解，并回应了公众对风险的广泛关注。这个格式应当包括估计的人群风险（即预测的发病率），个人风险的大小和不确定性，替代风险管理选项所固有的成本和竞争风险的不确定性、风险在暴露个体中的变化程度以及存在风险的时间范围。

表征的一致性：不确定性聚合的示例

如果风险评估的某一特定综合特征（如不确定性）在预测风险的总体表征中被提及，那么应采用一致的方法来估计所考虑的各组成要素（如环境浓度、吸收和强度）的大小。在不确定性聚合的情况下，这种一致性将通过严格的、完全定量的方法实现（见第 9 章）。但这种完全定量的方法可能被认为是不切实际的，例如，在评估中对主观概率判断的量化可能较为困难或具有误导性。不确定性聚合的完全定量方法在筛选级别上的替代方法是使用一个定性的或者分类的方法，即以叙述性或者表格的形式描述分析的每个组成要素对预测风险的每个方面的影响。然而，一种完全定性、分类的方法通常是不切实际的，因为它不能有效地传达风险分析的基本定量结论，而这些结论对风险管理人员来说是直接有用的。

因此，最常使用的不确定性聚合的方法是包括具体的关键假设的半定量方法，这个假设的优点和影响都已经进行了口头讨论。这种方法的困难在于确保所得到的半定量表征得到正确的解释和传达。例如，如果最终风险估计值是通过聚合特定组成要素的估计值而得到的，这些估计值是最佳估计值和统计上置信限的混合，那么将最终风险估计描述为风险的“可信上界”是不合逻辑的，而且可能具有误导性。特别是当使用最佳估计值的组分也是那些被考虑的组分中已知最不确定的组分时，这一点尤其正确。例如，如果风险被建模为所估计的数量（如浓度、强度等）的简单乘积，当使用最佳估计值来代替相应的更大的上界值时，会丢失大量保守性（如果上界值接近于相应的最佳估计值，则使用上界值获得的保守性很小）。因此，如果使用半定量方法，从特定组分的点估计中获得有意义的风险“上界”点估计的唯一方法是将“上界”点估计完全基于所有组成要素数量的“上界”估计。下面将通过涉及 EPA 致癌风险指南的示例来说明这一点。

EPA 致癌风险指南将根据该指南得出的估计结果描述为致癌风险增加的“可信上界”。这种风险估计通常会涉及一组相关的动物生物测试数据、动物致癌强度估计和种间剂量换算系数。根据 1986 年的指南，风险评估将以体现最敏感反应的数据（即给出最高的估计强度或者一组相关值）为基础，并且所使用的动物致癌强度值是根据所选动物的生物测试数据估计得到的强度值的统计置信上限。该指南规定了一个剂量换算系数，它是基于 EPA 的一个故意保守的假设作出的，即如果致癌剂量以每单位体表面积的每日质量表示，那么不同物种之间的致癌剂量是相等的。最近，EPA（1992e）提出要采用一种新的、没有那么保守的换算系数，因为这个系数似乎更接近于对实际系数的最佳估计。同时，EPA（1992e）指出：

虽然通过新提出的系数得到的换算剂量很好地表征了以流行病学为基础的人类癌症的可能性与相应的动物实验确定的可能性之间的关系，但是个别化学物质可能与这个总体模式偏离两个数量级甚至在其他方向上偏离更多……提出的这个换算方法……代表了一个最佳的猜测……但存在着相当大的不确定性……它试图成为一个无偏见的推测；即它应该被认为是一个“最佳”而不是具有保守性的估计……例如“安全系数”或者其他旨在“在安全方面出错”（err on the side of safety）的有意偏差。

最近对急性毒性种间外推的不确定性进行的重新评估（Watanable et al.，1992），也指出了与种间剂量换算有关的同样大的不确定性。其他研究（Raabe et al.，1983；Kaldor et al.，1988；Dedrick 和 Morrison，1992）提供的证据表明，毫克/千克/终身的剂量指标在物种之间大致相等。这些研究比较了烷基化或放射性物质（用于人类治疗目的）的人类致癌性和动物致癌性。因此，剂量标度的不确定性可能远远大于与生物测试动物致癌强度的参数估计误差相关的不确定性，至少与选择用于分析的生物测试数据集相关的不确定性一样大。因此，当使用不确定性的半定量聚合来推导风险的“可信上界”时，EPA 提议的剂量换算政策将成为其一贯使用特定组分上界的合理做法的一个例外。获得这种上界剂量换算系数的最直接方法是使用现有的最佳相关经验数据，将基于流行病学的人类致癌强度与相应的实验确定的动物致癌强度联系起来进行计算（Raabe et al.，1983；Allen et al.，1988；Kaldor et al.，1988；Dedrick 和 Morrison，1992）。换算系数的不确定性分布可以从这些数据中得到，并且从中可以明确地选择适当的汇总统计信息，而不是通过法令实现并且不考虑不确定性（Watanabe et al.，1992）。

不确定性和差异性

到目前为止，我们在报告中有意将“不确定性”（uncertainty）和“差异性”（variability）两个概念分开处理，因为我们认为尽管它们有许多相同的术语（例如，“置信上限”“标准差”），它们在概念上也完全不同。的确，正如第 9 章和第 10 章所强调的，不确定性和差异性对科学和判断有着根本不同的影响：不确定性迫使决策者判断暴露人群中每位成员的风险被低估或者高估的可能性有多大，而差异性则迫使他们去应对一种确定性，即不同的个体将会面临高于或低于所选择的参考点的风险。[1]

因此，任何关于 EPA 评估或管理风险太“保守”的批评，都应当考虑并且解释哪种类型的保守性正在受到谴责。如果一个看似合理但高度保守的科学模型对社会或受监管的社区带来巨大成本，那么它的使用可能会让人质疑“有备无患”是否明智。与此相反，试图为处于暴露或风险分布的“保守”端的人提供保护的做法，决定了谁最终获得了多大程度的安全，因此需要进行不同的决策计算。在特殊情况下，可以“保守地”处理不确定性或差异性（或者两者兼而有之）。例如，在某种情况下，社会可能认为相对于只保护大多数人的成本，保护真正异常的超易感个体的边际成本太大，但仍然可能选择以高度保守的方式评估每个群体的风险。在另一种情况下，社会可能将不确定性风险的中心趋势视为一种适当的汇总统计数据，但也认为重要的是要保护那些风险远远高于中心趋势的个体。

另外，不确定性和差异性之间的风险管理的区分，不应当使人们忽视环境健康风险评估的一个核心事实：一般来说，风险同时具有不确定性和差异性。在典型的有害空气污染物风险评估案例中，我们可以考虑将附近的每位居民暴露于每种排放污染物的不同环境浓度的污染源；这些浓度值会由于每个个体独特的活动模式、吸收参数和易感性而更加多变。同时，这些“个性化”的参数都是难以测量或者难以通过确定的模型进行模拟（或两者兼而有之）的，并且所有的“一般”参数（例如每种物质固有的致癌强度）也都具有不确定性。总之，排放源导致的不是“一个风险”——它导致的是一系列的个体风险，其中的每一个风险只能被完全描述成一个概率分布而不是一个数值。

在本报告的其他部分，我们就评估差异性和不确定风险的挑战的两方面发表了意见：正确并且全面地传达它们（见本章的结果和建议），以及如何将差异性与不确定性联系起来，以便在不确定性的情况下，明确地将风险管理目标定位于期望的人群个体（平均值、“高端”、最大风险等）（见本章的结果和建议）。

在这里，我们简单地提一下由于不确定性和差异性协同作用而导致的另外两个问题。我们没有针对这两个问题提出具体的建议，因为我们认为 EPA 的分析人员和其他风险评估人员在逐步改进对不确定性和差异性这两种不同现象的处理方法时，需要灵活地处理这些技术问题。然而，重要的是要记住两者之间的另外两种关系：

（1）一个量的差异性可能导致另一个量的不确定性。这种现象最相关的例子涉及数量上的差异性对于平均值的不确定性的影响。正如第 10 章的引言中所提到的，处理个体间差异的一种方法就是用平均值代替不同的量，虽然这种方法使得无法在个体层面上进行有意义的分析。然而，这个简单方法也不是没有额外的问题，因为如果差异性相当大，新的参数（变量的总体平均值）是非常不确定的。虽然中心极限定理指出，平均值的不确定性是与观察的数量成反比的，但当观察的数量以数量级的形式变化时，即使是“大”数据集（数十个甚至数百个观测值）也不足以保证平均值具有所需要的精度。例如，在流行病学研究中观察有 1 000 个工人的小组，如果这个职业组偶然地（或由于系统性偏差）比人群总体具有更多或更少的异常值（特别是那些具有极高的易感性的人），那么其对于癌症的平均易感性可能显著大于或者小于整个人群的真实平均值。在这种情况下，从工人研究中得出的强度或人口发病率估计值可能过于“保守”（或不够保守）。

（2）差异性本身就是一个不确定的参数。至少有三个因素使差异性的估计更加复杂化。因此，尝试总结差异性的风险评估参数（作为其他计算的输入或者作为风险管理或者交流的输出）都应当被视为不确定的，除非这三个因素被认为是不重要的：①当进行易出错的测量时会出现“重复计数”或高估差异性——这些错误将倾向于使得人群中的极端差异比真实的更大；②即使测量是完美的，也不可能完全地从任何单个数据集中确定差异性的数量——随机参数的不确定性会引入这样一种可能性，即观察的群体可能天生就比整个人群具有更少或者更多的差异性；③在决定什么样的概率分布适合于变量观测值时，可能存在“模型不确定性”，因此，如果将标准偏差或置信上限等统计数据应用于无法准确描述实际差异性的分布，它们可能会出错。

总之，EPA 应当意识到对差异性本身的估计可能会太大或太小——如果“保守性”至关重要，那么既考虑差异性的不精确性，又考虑差异性本身，或许是有意义的。例如，如果鱼的消耗被认为是对数正态分布的，其标准偏差在（x – δ）和（x+δ）之间，那么针对鱼的消耗使用置信上限是合理的，这个置信上限反过来又取决于两种差异性的估计中更大的一个，即 x+δ。

不确定性和差异性的聚合

如果不确定性和个体间差异性（即风险人群之间的异质性或差异性）都是通过单独的输入组分（如环境浓度、吸收和强度）进行定量处理的，那么在整个分析过程中，应严格保持不确定性和差异性之间的区别，以便在计算的风险中清楚地反映不确定性和差异性。如果不区分与特定风险计算输入相关的不确定性分布和差异性分布，那么作为风险特征的任何分布都将反映出从暴露人群中随机选择的个体所面临的风险（Bogen 和 Spear，1987）。这一限制性结果将使此类分析对于环境监管来说用处不大，因为监管倾向于将注意力集中在高度易感或高暴露的人群成员增加的风险上。

区分不确定性和差异性的另一个优势在于，它能够让人们估计那些具有所有“平均”特征的个体所面临风险的不确定性，这些特征在面临风险的个体中具有异质性，而后者的风险可以用来估计预测的人群风险或病例数中存在的不确定性（Bogen 和 Spear，1987）。附录 I-3 记录了为计算个人和人群风险而聚合不确定性和个体间差异性时出现的技术问题。

结果和建议

多种暴露途径

尽管1990年《清洁空气法》修正案并没有特别提到多种暴露途径，但是EPA已经在监管中考虑了多种暴露途径，例如超级基金，从逻辑上讲，它关注的是可能在人类暴露之前转移到其他介质的特定污染物。

- 健康风险评估一般应考虑所有风险人群可能的暴露途径，并且这应该普遍适用于根据1990年《清洁空气法》修正案要求EPA所要监管的化合物。EPA对超级基金相关监管合规的风险评估指南（EPA，1989a）可以作为这方面的指导，但是EPA应当在分析多介质归趋和迁移数据时利用新的进展和方法。这将有利于在符合《清洁空气法》要求的设计和测量中系统地考虑多途径暴露。

多个化合物和终点

当聚合与暴露于多种化合物相关的致癌风险时，EPA在制定风险评估时将与每种化合物相关的风险相加。当唯一所需的风险表征是用于筛选级别分析的一个点估计时，这是合理的。但是，如果需要一个定量的不确定性表征，那么简单地将置信上限相加是不合适的。

- 如果需要定量地表征不确定性，EPA应当考虑使用适当的统计方法（如蒙特卡洛法）来聚合暴露于多种化合物的致癌风险。

目前，EPA在分析涉及多种肿瘤类型（如肺、胃等）发生的动物生物测试数据时，使用了一种特定的方法来估计与暴露于单一化合物相关的总致癌风险。在这个方法中，EPA将肿瘤发生显著高于对照水平的动物数量相加，具有多种肿瘤类型的动物与具有单一肿瘤类型的动物计数相同。这个方法不允许充分利用现有的数据，并且可能低估或者高估总致癌风险。

- 当分析涉及多种肿瘤类型发生的动物生物测试数据时，EPA应当使用以下默认方法。首先应该使用在涉及单一肿瘤类型的生物测试中使用的方法，分别估计所包含的每种肿瘤类型的致癌强度。然后，应将各种特定类型的强度相加作为上界，或者使用适当的统计方法（如蒙特卡洛法）。除非有特定的数据表明不同的肿瘤类型在每个动物体内的发生有显著的相关性，否则应该使用该方法。

遗传影响

目前 EPA 的指南并没有明确规定一个可合理用于定量风险评估的针对遗传效应的无阈值低剂量线性关系的默认选项。

- 对于存在足够数据（例如，染色体畸变、显性突变或 X 连锁突变的数据）的遗传效应，EPA 的指南应该明确规定一个无阈值低剂量线性关系的默认假设。这一默认选项允许进行合理的定量估计，例如，对由于环境化学物质暴露造成的第一代遗传风险的估计。

生殖和发育毒物

虽然 EPA 在不断地增加其基准剂量的使用，但是它仍然在针对生殖和发育毒物的监管建议中使用阈值模型。尽管阈值模型普遍适用于这些毒物，但是我们并不知道它预测人类风险的准确性。目前关于一些毒物的证据，尤其是铅和酒精，还没有明确证实任何“安全”阈值，因此引发了人们对“阈值模型可能只是反映了当前科学知识的局限性而不是安全的界限”的担忧。

- EPA 应当继续收集和使用评估阈值假设的有效性所需的数据，并且应当对推荐的模型作出必要的修正，以便准确估计人类风险，特别是那些具有高于平均易感性的个体的风险。

“上界估计”和“最佳估计”

在筛选级别或者半定量风险表征中，与预测致癌风险相关的组分的不确定性，一般都没有以严格的定量方式聚合。在这种情况下，通过组合所涉及组分的类似“上界”（而不是“最佳”）点估计值，特别是高度不确定的量（例如，剂量换算系数），来计算风险的“上界”点估计值是可行的。对于筛选级别的分析，EPA（1992d）建议采用一种新的种间剂量当量因子，这与 1986 年的指南中的规定“根据该指南估计的风险代表了致癌风险增加的‘合理上界’”不一致，它也不符合相应的规定，即在存在大量科学不确定性的致癌强度评估中，每一点都要使用“上界”或者在健康方面保守的假设。

- 对于筛选级别或者半定量的方法（其中与预测上界致癌风险相关的组分不确定性并没有以严格的定量方式聚合），为了确定上界致癌风险，EPA 的指南应当要求使用“上界”（即在健康方面合理保守的），而不是“最佳”的与最佳可用的科学信息相一致的种间剂量换算系数。

不确定性和差异性

如果所得到的定量风险表征是为了更好地服务于监管目的，特别是在定量风险表征的情况下，通常需要区分不确定性（即潜在误差的程度）和个体间差异性（即群体异质性）。

- 应当在独立的风险评估的组分（例如，环境浓度、吸收和强度）以及综合风险表征的水平上严格区分不确定性和个体差异性。

备　注

1．例如，20 世纪 80 年代，消费品安全委员会（Consumer Products Safety Commission，CPSC）不得不颁布一项关于婴儿床上的垂直板条放置距离的标准，目的是将全国范围内意外窒息事件的数量降至最低。据推测，一个普通婴儿的头部直径几乎没有不确定性，但在区分不同的婴儿时存在显著的差异性。因此 CPSC 必须决定将哪一种头部尺寸的估计与标准挂钩——“平均”估计、“合理的最坏情况”、最小的（即最保守的）合理值等。我们认为，用“有备无患”这句话来形容这种推理是不合适的，因为不确定性在这里不起作用。相反，在面对差异性时，决定是否保守取决于要在多大程度上确保安全的政策判断。

第三部分

结果的实施

委员会认为，其主要的职责就是根据1990年《清洁空气法》修正案的第三章第112节的全面修订，考虑如何实施其结果和建议。健康风险评估中的许多常见问题可能是由于EPA在过去10年中实施红皮书范式的两个最显著的特点而产生的：强调每个步骤的单个输出，然后将这些输出处理成单个数字来表示风险，以及将研究和分析职能分离成离散、连续的阶段。

优先级设置的分层制度将是标准制定和风险分析实践中的一项重要进展。目前，标准（实现健康和安全的目标）是根据国会的授权制定的，以提供“足够的安全范围”。当数据不存在（特别是针对低剂量的反应和毒性机制）时，EPA通常选择的默认选项除了与当前的科学知识保持一致之外，根据其得出的结果应该是保守的(即健康保护)。这种保护的方法为制定逐步、分层制度提供了基础，以确定潜在受监管的化学物质的优先级。作为第一层——通常是在缺乏数据的情况下——可以通过计算（使用适当的默认假设）得出可能的监管标准。如果这个标准很容易达到，就不需要进一步的分析。如果这个标准无法实现，将寻找数据来取代可能过于保守的默认假设。用更多特定化学物质的信息替代默认假设，通常会不那么严格，从而更容易达到标准（或者更高的“安全”剂量）。(不放宽标准的罕见情况意味着默认假设不足以保护健康，因此需要重新审查。)

用特定数据取代默认假设的逐步过程预期会产生越来越牢固确立的标准（监管剂量)；即由于拥有了更多信息，不确定性将会减少。因此，设定标准的分层过程，反映了从推测（“……是合理的”）通过信息到（人们希望）明智的哲学过程。

第12章（最后一章）从两个角度讨论了实施问题。首先，就EPA在监管范围内实施这些建议提供技术指导；其次，委员会讨论了风险评估和风险管理方面的制度问题。

第12章

实　施

健康风险评估是大多数环境决策的一个要素——关于评估的风险是否需要、如何以及在多大程度上减少的决策的组成部分。决策者可能考虑的因素取决于适用法规的要求、负责的政府机构内建立的先例以及良好的公共政策。本章讨论了本报告中的风险评估建议如何在1990年《清洁空气法》修正案第112节的范围内实施，并讨论了风险评估和风险管理中的几个制度问题。

优先级设置和第112节

正如我们在第2章中所讨论的，第112节要求EPA分两个阶段监管有害空气污染物。第一，要求排放源采取可行措施减少排放。第二，如果EPA认为第一阶段标准的实施并没有提供足够的安全范围，那么它必须制定“剩余风险”标准，以保护公共健康，并提供足够的安全范围。

目前既没有资源也没有科学数据来对第112节中列为有害空气污染物的189种化学物质进行全面的风险评估。正如我们在第二部分中指出的，在许多情况下也并不需要这样的评估。

因此，我们鼓励在风险评估中采用迭代的方法。这种方法将从相对便宜的筛选技术开始，然后转向资源更加密集的数据收集、模型构建以及根据具体情况的模型应用。为了防止低估风险的可能性，当存在不确定性时，筛选技术要足够保守和谨慎。这些技术的结果应当被用来为进一步收集数据以及应用更加复杂的技术设置优先级。然后，适当使用复杂技术以作出判断。迭代方法将是一个支持《清洁空气法》中要求的风险管理决策的过程，并且能够为进一步的研究提供动力，而不需要针对每种化学物质进行昂贵的逐个评估。

在迭代方法下，筛选分析之后要酌情改进估计值。实际上，每次的迭代都相当于一个更加详细的筛选。正如我们在第 6 章中所解释的那样，筛选分析需要包括保守的假设以排除对健康和福利构成危害的污染物没有得到全面审查的可能性。

考虑到对 189 种潜在的有害物质进行“全面”风险评估所需的工作量以及该机构目前的资源，如果由 EPA 自己进行全面的风险评估，那么在规定的时间内不太可能完成这项任务。本委员会建议，根据对每种化学品对人类健康和福利可能产生的影响的初步评估，制定一项优先级方案（如下文所述）。但是国会应该认识到，即使设置了优先级，在规定的时间内 EPA 目前可用的资源也不可能支持对每个排放源，甚至对每一类排放源进行全面的风险分析。因此，EPA 需要替代全面风险评估的方法，并且应注意资源分配的优先级设置。此外，应编制一份所需资源的完整说明，并提交国会供其在预算决策中使用，也帮助其对减少任务的理解和指导。

迭代风险评估

为了实施第 112 节，委员会支持 EPA 在其草案中提出的分层、迭代风险评估方法，详见附录 J。如 EPA 所述，这个方法是基于这样的概念，即随着风险评估全面性的增加，评估中的不确定性将会减少。

由于缺少足够的数据或者资源来准确表征每一个风险评估参数，EPA 故意使用默认选项来产生保护健康的风险估计。用于初步筛查的较低层级的风险评估严重依赖默认选项，其结果应当对健康有保护作用。如果低层级的风险评估表明，一个不可接受的风险与特定的暴露有关，并且监管机构认为这个风险被高估了，那么就需要进行更高层级的风险评估。更高级别的风险评估将基于更精确的（而且不确定性更低）暴露和健康信息，而不是依赖于默认假设。相反，如果 EPA 认为较低层级的风险评估低估了与特定暴露相关的健康风险，那么较高层级的风险评估可能得出更可靠的估计。

以下各节参照 EPA 计划如何实施其分层方法，对健康风险评估过程中的每个步骤进行评估。

暴露评估

EPA（1992f）提出了一项分层计划，利用健康风险评估来删除排放源类别并消除剩余风险。EPA 声称，除了涉及复杂地形的情况外，这个方法通过假设最大暴露水平提供了对健康具有保护作用的风险估计（在复杂地形情况下，应从 EPA 现有的复杂地形模型中选择一种替代的扩散模型，以估计空气中化学物质的最大浓度，从而估计最大暴露水平）。

在分层方法的第一步中（表 12-1），将一个设施的排放速率乘以表中的扩散值，该扩散值的选择基于两个特定的参数：烟囱高度和到站点边界线的近似距离。适用于所有非复杂地形的通用“最坏情况”气象状态，通常被用来获取一个具有最坏情况下的工厂参数（例如，零浮力烟羽和零出口速度）的简单高斯烟羽模型的扩散因子。

第二层使用了一个简单的高斯烟羽模型，它包含了关于场地边界距离、堆叠高度、出口速度、温度和直径；城乡分类以及建筑尺寸的特定场地的数据。同样，在计算中使用了通用的最坏气象状况。

在第三层中，构建模型将包括多点排放、局部气象特征和对特定受体位置的选择。最大暴露量是通过估计浓度乘以停留时间计算出来的。EPA 正在讨论它将在何种程度上使用少于终身居住的时间（即改变 70 年寿命的假设）。

在 EPA 向委员会所做的介绍中，第四层将包括时间—活动模型，就像在人类暴露模型Ⅱ（Human Exposure Model Ⅱ，HEM Ⅱ）中的那样。HEM Ⅱ使用一个类似于国家环境空气质量标准（NAAQS）中的暴露模型（NEM）的方法，该方法已经用于对标准污染物（对流层臭氧、二氧化硫等）的暴露评估。然而，NEM 还没有得到充分的评估和验证（NRC，1991a）。

表 12-1 EPA 展示给委员会的分层风险评估方法草案的摘要

第一层：查询表
- 两张表：短期和长期（根据 EPA 的 SCREEN 模型）
- 输入：排放速率，排放高度，围栏距离
- 输出：最大场外浓度（集中于最大暴露个体“Maximum Exposed Individual，MEI”），最大场外致癌风险（基于单位风险估计“Unit Risk Estimate，URE”），慢性非致癌危害指数（基于慢性健康阈值），急性非致癌危害指数（基于急性健康阈值）

第二层：筛选扩散
- 根据 EPA 的 SCREEN 模型（使用长期转换因子）
- 输入：第一层+烟囱直径，出口速度和温度，农村/城市分类和建筑尺寸
- 输出：最大场外浓度和顺风距离（集中于 MEI）致癌风险和/或非致癌危害指数

第三层：特定场地扩散模型
- 根据 EPA 的 TOXLT、TOXST 模型（使用 ISC 扩散模型）
- 输入：第一层+第二层+当地气象，释放点和围栏布局，地形特征，排放频率和持续时间
- 输出：长期特定受体风险，慢性非致癌危害指数（MEI），短期特定受体危害指数超标率（MEI）
- 环境监测，用于提高建模或者作为困难建模应用中个别情况的替代

第四层：特定场地扩散和暴露模型
- 根据 EPA 的 HEM Ⅱ模型
- 输入：第三层+人口模型
- 输出：最大场外浓度（MEI）、暴露分布和人群风险（发生率）以及可选的不确定性表征
- 个人监测，作为困难建模应用中个别情况的替代

资料来源：Guinnup，1992（见附录 J）。

注：1. 只考虑平坦或起伏的地形；
2. 根据具体情况使用复杂地形替代方案；
3. 分析仅考虑直接吸入暴露；
4. 层级从最保守和最不密集的数据（第一层）到最不保守和最密集的数据（第四层）。

在第一层中存在许多与方法相关的困难。首先，EPA 还没有明确应当采用的保守排放速率；它将把这个排放速率用于正常满负荷运转的工厂。此外，目前 EPA 的排放估计方法都没有考虑高于正常排放的“混乱”情况，也没有考虑到排放估计的不确定性。因此，当前的排放估计不能说一定是保守的。

第二，委员会重申了其早前对高斯烟羽模型的使用超出了较低层级的筛选级别的关注（见第 7 章）。即便如此，复杂地形也会造成严重的问题。EPA 的复杂地形模型关注

的是高架点源向山坡或山谷的一侧排放的废气，而不是山谷内来自点源或面源的物质的不利扩散。大气研究机构已经对复杂地形的模型进行了开发和评估。委员会没有推荐任何具体的模型，但是建议 EPA 在其现有的模型之外，找到在每种情况的特定复杂地形类型下模拟有害空气污染物扩散的最佳模型。此外，模型应当考虑到负浮力烟羽的可能性（即比空气重的气体）。

对于工厂内有多个排放点排放有害空气污染物的情况，EPA 还没有证明简单、单一的高斯烟羽方法（基于通用的最坏气象状况和最坏工厂扩散特性，从表格中选择扩散值）适用于它可能应用的所有情况。已经测试过高斯烟羽模型针对具有良好扩散特性（例如，高架点源、高热浮力和高出口速度）的点源排放的标准污染物的扩散的模拟。然而，并没有证明这个通用的最坏气象状况能够充分地代表任何位置，例如具有大量的局部扰动的扩散特征（表面粗糙度、街道峡谷、热岛效应等）的城市。委员会建议，在评估工作完成之前，用于删除污染源和评估剩余风险的暴露评估从 EPA 目前的第三层开始进行，其中结合了本地气象状况和受体位置选择的工业源复合（Industrial Source Complex，ISC）模型能够对最坏的情况提供更好的估计。如果确定第一层和第二层保守地估计了暴露量，那么可以将其纳入污染源删除、优先级设置以及剩余风险评估过程。

根据第 7 章中的讨论，委员会建议使用现有的经过评估的随机扩散模型来估计污染物浓度值分布，这些模型对大气扩散过程提供更加真实的描述，而且在评估中纳入了差异性和不确定性。如果筛选过程表明某个排放源不能排除在进一步审查之外，暴露评估应该更加全面，并纳入更加先进的排放表征方法、随机扩散模型和时间—活动模式，正如第 7 章中讨论的那样。必要的情况下，可以通过纳入更加明确的局部地形、气象状况以及其他特定地点的特征来改进暴露评估。然而，如果可以基于筛选分析（真正保守）对排放源进行监管，那么就没有必要进一步采取行动了。如果不是，那么就要根据 EPA 的指南和审查对这个排放源进行更高层级的分析。

毒性评估

在 EPA 提出的方法中，将使用四个指标来确定污染源的预计影响是否值得关注：

终身致癌风险、慢性非致癌危害指数、急性非致癌危害指数、急性危害指数超标频率。评估这些指标所需要的毒性数据，如证据权重特征、致癌作用的致癌强度、非癌症终点的参考浓度（RfCs），都可以通过综合风险信息系统（IRIS）在线数据库找到（附录 K）。这个数据库由研究与发展办公室内的 EPA 环境标准和评估办公室维护，以供 EPA 各计划办公室、国家空气质量和卫生机构以及其他依靠 EPA 提供关于化学物质毒性的最新信息的机构使用。

IRIS 数据库是这里所描述的分层风险评估方法的主要毒性数据来源。委员会认为 EPA 最好将 IRIS 作为其毒性信息的首选数据源，而不是去做拼凑和维护 IRIS 中关于第 112 节规定的 189 种化学物质的信息这类重复工作。对于需要更高层级风险评估的化学物质，EPA 可以用额外的数据、概率分布和建模方法来补充 IRIS 中的信息。对于那些没有包含在 IRIS 中的第 112 节的化学物质，EPA 必须收集和输入关于致癌和非致癌效应的数据。

在第 112 节所列的 189 种化学物质中，许多化学物质没有被纳入 IRIS，或者现有条目中不包括可疑致癌物质的致癌强度或者不包括可能会造成急性或者慢性非致癌影响的化学物质的 RfC。在这些情况下，EPA 应该对致癌强度和 RfC 进行粗略筛选估计以用于制订研究计划；如果将筛选值输入到 IRIS 中，应该明确把它们标记为筛选值。这些估计应当与暴露估计相结合，来计算潜在致癌风险以及急性或慢性非致癌健康影响的可能性。例如，这种估计可以基于体外致癌性实验、构效关系的专家判断以及有关该化学物质毒性的现有资料和判断。当支持性的数据不足时，这些粗略的估计不应当作为监管决策的基础。但是，一项条目可以而且应该总结一种化学物质可能对公众健康构成潜在重要威胁程度的当前信息。如果正在通过国家毒理学计划或者其他途径对该化学物质进行生物测试，那么应当在 IRIS 中说明可获得结果的预计日期。

EPA 科学咨询委员会（SAB）对 IRIS 的审查指出了 IRIS 对于 EPA 和非 EPA 使用者的重要性（附录 K）。如果将 IRIS 条目用于形成重大风险管理决策的风险评估，那么 EPA 必须确保它们的质量并保持更新。EPA 的标准做法是，必须对 IRIS 文件进行全面评估，以使致癌强度和 RfC 不会在没有对其科学依据进行相关说明的情况下发布；IRIS

不仅是数值数据的来源，而且也是定性风险评估信息的重要来源。对于让风险管理者和其他 IRIS 用户充分了解健康风险信息来说，对数值的适当说明和解释非常重要。

SAB 提出，特定化学物质的风险评估，例如健康评估文件（HAD）以及 SAB 对 HADs 的审查，都应当在 IRIS 中进行引用和总结。当不同的风险评估产生了不同的致癌强度或者 RfCs 时，该文件应该包含一个解释，将这些差异与数据、假设或建模方法的差异联系起来。文件中还应说明风险评估中的数据不足和弱点，这些不足和弱点可以通过进一步的数据收集和研究加以弥补。这样，IRIS 可以发展成为高质量的信息支持系统，以满足那些与第 112 节中的化学物质相关的 EPA 和其他用户的需求，这个系统不仅能够提供用于剂量—反应评估的一组数字，而且也总结了其他方法、它们的优缺点以及可以改进风险评估的进一步研究的机会。

总结

委员会支持 EPA 分层风险评估的一般概念，但是进行了两处修改。首先，分层方法需要保守的第一层分析。EPA 声称，除了在复杂地形的情况下，其方法提供了保守的风险估计。但是 EPA 还没有证明这个声明的有效性。第二，EPA 不应在某一点停止风险评估，而应当鼓励和支持一个迭代的风险评估过程，其中更准确的风险估计将会取代最初的筛选估计。这一过程将继续下去，直到达成三个可能的结论之一：（1）经保守评估，发现风险低于适用的决策水平（例如，百万分之一的超额终身致癌风险）；（2）模型或数据的进一步改进不会显著改变风险估计；（3）排放源或排放源类型决定了这种污染物的减排成本不高，所以不值得为进一步提高分析的准确性和精密度的研究进行投资。这个方法为私人部门提供了改进在分析中使用的模型和数据的机会。

EPA 必须避免无休止的分析。在某一时刻，决策的风险评估部分应该终止，并达成决策。必须为这项工作设置合理的时间（符合法定的时间限制）和资源限制，而且这些限制应结合监管约束和从额外的科学分析中获得的好处进行设定。在风险评估过程中，没有必要精确地确定或者测量每一个变量。相反，对风险评估影响最大的不确定性应该是风险评估人员最希望量化并减少的不确定性。

EPA 实践：考虑要点

委员会在整个报告中注意到了在风险评估过程中 EPA 目前使用的方法和委员会认为有用的做法之间的差异。委员会的建议（总结如下）强调了 EPA 在进行其提出的分层风险评估方法过程中应当考虑的差异。

- 在风险评估过程中，为每一个特定的应用选择并验证一个合适的排放和暴露评估模型。
- 使用能反映证据强度和相关性的致癌物分类方案，作为建议的叙述性描述的补充。
- 筛选 189 种化学物质以确定健康风险评估的优先级、识别 189 种化学物质的数据缺口、制定激励措施以加快生成所需的数据，并在使用这些数据前评估这些数据的质量。
- 阐明默认值以及它们的原理，包括现在“隐藏的”默认值，制定选择或者背离默认选项的标准。
- 明确风险评估中不确定性的来源以及程度。
- 开发一个默认因子或方法来解释人类易感性之间的差异。
- 使用特定的保守数学估计技术来确定暴露量的差异性。
- 当儿童面临的风险可能比成人更高时，进行儿童风险评估。
- 评估所有的暴露途径以解决多介质问题。
- 在筛选级别评估中使用上界种间剂量换算系数。
- 向公众充分传达每一个风险评估结果、风险评估中的不确定性以及保护程度。

对第三章活动优先级设置的影响

面对大量的有害空气污染物、数以百计的污染源类别以及这些类别中可能存在的数百个污染源，并且面对人力以及财政资源的紧张，EPA 需要对第 112 节规定的行动进行优先级设置。此外，修正案的第九条要求 EPA 进行健康评估的速度，要足以在需要时对第三章规定的剩余风险进行评估（每年约 15 次）。为了响应这些要求，EPA 必须确定数据需求、所需的分析水平和根据《清洁空气法》确定优先级的标准，以及寻求足够的资金来进行分析。

EPA 确定其风险评估活动的优先级是很重要的。在过去，EPA 经常是基于获得特定化学物质数据的容易程度来设置优先级。相反，EPA 应当确认列表上的 189 种化学物质（以及混合物）的现有数据的相关性和强度，找出科学知识上的空缺，并且设置弥补这些空缺的优先级，以便首先开展能够以最省时、最具有成本效益的方式提供最相关信息的研究。

目前，至少应当针对 189 种化学物质（或者混合物）的每一种编制一份相关化学、毒理学、临床以及流行病学文献的清单。对于每种缺失动物实验数据的化学物质，应当进行结构活性评估；对于每种混合物，应当分析现有的短期毒性实验结果。如果来自这一步骤的证据，或者来自临床、流行病学或者毒理学文献综述的证据表明存在潜在的人类健康问题，那么应当审查总排放数据以及对潜在暴露人群的估计。应公开发表已完成的初步分析，包括对评估过程和结果的描述（例如，IRIS 或者其他公众可获取的途径）。纳入暴露数据将代表着与过去的做法相背离，需要重新构造数据库以适应这些新信息。

对于那些初步结果表明存在潜在健康威胁的化合物（或者混合物），应使用更加准确的排放数据（包括现有的特定源数据）、化学物质（或者混合物）的环境归趋和迁移的信息、更准确的针对可能暴露于风险的人群的表征（例如，类型和估计的数量），包括潜在的敏感人群，如儿童和孕妇。此外，应该对现有的动物和人类证据（包括毒理学、临床和流行病学证据）的相关性和强度进行更深入的审查，以确定可能的人类健康终点。如果有关化学物质（或混合物）和暴露的证据仍然表明存在潜在的人类健康影响，那么 EPA 应当进行全面的风险评估。应该按照本报告其他部分的建议、数据的局限性以及相关假设来进行这项风险评估和交流，并在评估的最终结果中适当说明局限性、不确定性和差异性。

总之，这种收集和评估现有证据的迭代方法旨在对 189 种化学品（或混合物）中的每一种进行风险评估，该评估与现有证据的质量和数量、估计问题的大小以及基于这些证据对潜在的人类健康风险作出的最现实的科学判断相适应。委员会认为这个过程将产生一个具有时间和成本效益的机制，该机制能够有效确定189种化学物质（或者混合物）的优先顺序，且优先顺序与它们可能引起的公众健康问题的严重性相符。

模型评估和数据质量

除非可以明确判断数据具有足够高的质量，可用于像风险分析一样敏感的活动中，否则不应当使用这些数据。除非获得数据的方法在使用前已经经过了同行评议，否则不应将数据纳入风险评估过程中。表12-2展示了一些EPA可以采用的步骤，在使用前对模型和假设进行证实和验证。

表12-2 方法、数据和模型评估过程示例

数据库评估和验证

1. 制定数据质量指南，要求提交给机构的所有数据在使用前达到与预期应用相对应的最低质量水平。
2. 对数据收集和数据管理系统进行严格审查，以确保数据的质量和数量足以满足法案要求EPA承担的风险评估责任。
3. 记录生成数据的方法，包括为什么选择特定的分析或者测量方法及其局限性（例如误差来源、精确度、准确度和检测限）。
4. 通过描述整体稳健性、时空代表性和实施的质量控制程度来表征和记录数据质量；定义和展示测量的准确度和精确度；说明如何处理缺失的信息；识别数据中的异常值。
5. 解释数据收集和分析中的不确定性和差异性。

模型评估和验证

1. 制定模型验证指南，指出可以用于特定风险评估目的的模型的最低质量。
2. 对风险评估过程中使用的每个模型进行严格审查，以确保每个模型输出的质量和数量都能够满足法案要求EPA承担的风险评估责任。
3. 评估数据库，建立和记录其对于选中模型的适用性。
4. 进行敏感性测试，识别重要的输入控制参数。
5. 评估模型的准确性和预测能力。

EPA应当采取额外的步骤来确保其获得数据的方法是科学有效的，例如可以通过咨询其科学委员会或者其他咨询机构。应当提供一个公众审查和评论的程序，并要求EPA作出反馈，以便行业、环境团体或公众就EPA基于其风险评估过程作出决策的科学依据提出疑问。

默认选项

在前几章中我们已经提到，EPA 应当制定更明确的标准，以确定在风险评估中使用默认选项的替代方案是否合适。这种标准可以用一般标准的形式或者 EPA 认为可以接受的具体证据的形式来表示。

对 EPA 使用默认选项的批评者将其科学有效性的问题描述为两个方面：它们要么得到科学的支持（在这种情况下，它们被认为是合理的），要么受到新知识的反驳（在这种情况下，它们可能过于保守或保护不够）。EPA 面临的现实情况比这两种情况更加复杂。新的科学知识在第一次出现时很少是不容置疑的，并且很少能够立刻得到认同。相反，证据是不断累积的，并且其有效性和权重在过渡期内逐渐建立起来。EPA 面临的挑战是要确定在这一演变过程中，证据何时变得足够有力，可以证明推翻或补充现有的默认假设是合理的。

管理方面的考虑可以适当影响与偏离已有默认选项相关的科学政策决定。委员会强调，最好有明确的偏离默认选项的标准。如果新的科学证据表明，一个理应保守的默认假设并不像之前认为的那么保守，那么可能会被一个新的默认选项替代。EPA 需要一种程序机制以允许背离现有的默认模型和假设，应当建立一个更加正式的过程。

不确定性分析

不对分析中的不确定性进行表征可能会导致不适当的决策。此外，尝试在风险评估的每个步骤中纳入未知保守性的默认假设，可能会导致分析不充分或过于保守。

委员会认为，风险的不确定性（即风险表征）可以用三种方式处理：

1．进行保守的筛选分析。

2．进行一般性的不确定性分析。

3．进行测试或分析，以建立特定工厂和特定化学物质的概率分布。

表 12-3 中描述了一个可能的不确定性分析过程。如前文所述，决定增加不确定性分析的范围和深度的一个关键因素是预期的成本和风险可能会在多大程度上改变决策。

表 12-3 不确定性分析过程示例

准备步骤

1. 对风险评估过程中每一个步骤中的每一个参数进行审查，并在可能的情况下确定基于客观概率的默认分布，如果数据不充分时，则基于主观概率。如果因为缺少共识而无法使用主观概率，那么假设在合理下界和上界之间是连续均匀分布或是不连续的二项分布；或者如果单峰假设是合理的，那么就是三角分布（在合理上界和下界之间），或者是对数正态分布（几何平均数和标准偏差的合理估计值）。

改进一般的不确定性分析

2. 如果确定应该改进默认的不确定性分析，那么要审查每个参数的默认概率分布以确定默认分布是否合理。如果这个分布是不合理的，那么将使用以下两个方法之一进行第 3 步。

3a. 通过用相应的平均值代替每个组成要素的分布来进行敏感性分析。 3b. 基于经验、判断以及来自现有数据实例、参数值范围、最可能值或者最可能值范围的可获得信息，为最敏感参数选择概率分布。	3a. 通过识别每个模型组成要素中的最有影响力的参数来进行敏感性分析（敏感性指数=每单位参数值的变化导致模型结果的变化）。 3b. 确定每个参数的不确定性——例如，不确定性指数=参数 x 的标准偏差与参数 x 的平均值的比值，或者不确定性的数量级=log（顺序统计量上界与顺序统计量下界的比值）。 3c. 通过将每个参数的敏感性指数乘以其不确定性指数来得到模型敏感性-不确定性指数。 3d. 基于经验、判断以及来自现有数据实例、参数值范围、最可能值或者最可能值范围的可获得信息，只为有影响力的参数选择概率分布。

不确定性分析流程图

4. 进行蒙特卡洛分析，通过将参数的概率分布作为每个模型（例如，排放、暴露、剂量—反应关系）简化版本的输入，为每个模型的输出生成一组综合（蒙特卡洛）概率分布。除了蒙特卡洛以外的方法也是同样可行的。
5. 对于每个可能合理的科学模型（即默认的模型和任何可能合理的替代）来说，进行数值分析（例如，蒙特卡洛）来确定由于第 4 步中选择参数的不确定性而导致的风险的概率分布函数。分别展示每一个分布，或将它们结合形成一个单一的表示，清楚地表明分布中的哪一个部分是从关于哪个模型是正确的基本争论中得出的。
6. 进行“现状核实”来确保得出的风险估计分布应具有科学意义；如果没有，则需要进行调整。这个分析的目标是改进不确定性的展示。要清楚地说明，不确定性的展示并没有表征与估计的风险相关的所有不确定性。
7. 对决策中需要的每种风险测量（例如，个人风险、人群风险以及损失的寿命）类型进行重复分析。

风险管理

8. 判断哪一种概率提供了相对于监管决策需求来说足够的置信水平。例如，风险管理者可能认为分布的上 5%的平均值是一个对于监管决策来说是适当“保守的”点估计值。同时包括不确定分布的上尾和平均值是保证适度但具有一定保守量的简单方法。

在某些情况下，对于参数不确定性有足够的客观概率数据来估计概率分布。在其他情况下，可能需要主观概率。例如，委员会可能基于工程判断得出结论，用排放因子计算的排放估计值很可能是正确的，误差不超过100（见第7章的讨论），而且是近似对数正态分布。因此，估计分布的中值将设置为与观测到的或建模得出的排放估计值相等，几何标准差约为10。如果作出这样一个一般不确定性假设并从分布中选取一个保守估计量，以此得出的估计值超过相关决策阈值，那么应该根据该估计值来作出决策，除非受影响各方希望投入更多的资源来改进风险表征。如果风险表征对决策来说是足够的，那么就没有必要去改进它了。

风险评估和管理中的制度问题

前几章主要从技术角度评估了EPA的风险评估工作，目的是提高该过程的可靠性和置信度。但是EPA是在一种决策环境中运作的，这种环境给风险评估的进行带来了压力，这些压力导致了反复出现的科学可信性问题，其中最重要的问题在第2章中已经指出。

关于EPA风险评估的批评有多种形式，但其中许多都集中在三个基本决策的结构和功能问题上：不合理的保守性，通常表现为不愿意接受新的数据或者放弃默认选项；过分依赖风险评估产生的点估计；以及由于未能纳入诸如协同作用、人类差异性、不寻常的暴露条件和对既定程序的背离等问题而缺乏保守性。虽然其中的一些批评可能夸大了事实（在前面的章节中我们提供了证据），但是EPA必须了解其内部组织、决策实践以及与其他联邦机构之间相互作用的特点，正是这些导致其工作受到了批评。EPA关于风险评估的适当作用及其与风险管理的关系的普遍假设也应该重新进行审查。

稳定和变化

就像其他复杂的组织一样，EPA受到许多会影响到其决策的质量和可信度的相互竞争的体制压力。我们希望EPA能在风险评估中使用最好的科学方法，然而事实是评估经常必须在排除审议或继续研究的条件下进行。在整个 EPA 的历史中，机构内部的协调问题一直存在，导致风险评估者和管理者之间沟通不畅。该机构经常采用的灭火模式阻碍了有效的长期研究方案设计，甚至阻碍了产生科学问题的正确答案。正如在所有的官僚机构中一样，即使这些方法在科学上已经过时，但采用现有的方法往往似乎是最安全的。外部的压力，例如国家机构对精确指导的需求，强化了这种趋势。

任何负责根据不断变化的科学知识作出一致决策的监管机构都面临这些重要的管理问题。知识上的不确定性、差异性以及缺陷使得控制环境风险非常困难。为了在这种情况下对公众负责，像 EPA 这样的监管机构必须根据充分、公开阐明的并以可预测和一致的方式应用到每个案例的原则来评估科学的不确定性。风险评估指南以及默认假设是为实现这些目标而设计的，它们在很大程度上成功使 EPA 的工作既透明又可预测。

但是这种明确的决策规则的一个意想不到的副作用是，随着时间的推移它们可能变得僵化，从而损害科学的可信性。科学政策规则可以确保不同案例之间保持一致性，但它们做到这一点的部分原因是有时未能跟上科学界不断变化的共识。一些人批评 EPA 允许官僚的关于一致性的考虑凌驾于良好的科学判断之上。在试图确保类似的情况被同等对待时，EPA 可能没有承认，甚至没有认识到，一个新的表面上是相同类别的案例却在本质上与其他案例有完全不同的科学原因。简而言之，风险评估指南可以像不变的规则一样应用于实践，但正如前面关于指南和需求的讨论中所提到的那样，这是不幸的。

自 20 世纪 70 年代中期以来，许多报告和提议都提到了为 EPA 的决策收集最好的科学依据的问题。例如，我们注意到一份 1992 年 1 月的报告《保护未来》（EPA，1992f），提交给了 EPA 局长，包含了加强 EPA 科学能力的详细建议。这些报告强调了对高质量的科学建议、扩大同行审查以及对于科学家充分激励的需求——显然，一些重要的问题已经引起了 EPA 最高管理层的注意，但尚未得到有效执行。该机构的决策方法自 20 世纪 70 年代中期以来不断演变，形成了一个虽然缓慢但是正向的学习曲线。毫无疑问，在概念水平上，EPA 知道可以采取哪些步骤来改善其内部的科学能力以及与独立科学团体的合作。

管理是评估的指导

阻碍人们作出正确的风险决策的一个更加微妙并且没有被广泛识别的障碍，来自严格地将风险评估与风险管理区分开的原则。呼吁将这两个职能区分开，最初是为了回应一种普遍的看法，即 EPA 对某一特定物质作出的风险判断，并非基于科学依据，而是基于其对这种物质进行监管的意愿。然而，进行区分的目的不是在评估科学信息时防止使用任何政策判断，也不是阻止风险管理者影响评估人员将要收集、分析或者呈现的信息类型。事实上，红皮书明确指出，即使在风险评估阶段也需要进行判断（也称为风险评估政策或科学政策）。本委员会进一步得出结论，如果他们能更清楚地了解机构在风险管理中的优先级和目标，那么 EPA 在风险评估过程中作出的科学政策判断将会得到改进。在 EPA 着手监管有害空气污染物的剩余风险时，保护风险评估的完整性，同时建立更具成效的联系，使风险评估更加准确并且与风险管理更加相关，这一点是至关重要的。

《清洁空气法》的首要目标是保障公众健康，风险评估应该是这一目标的补充，而不是目的本身。在表示风险时，对准确度和客观性的合理期望可能会导致对数字的痴迷，以至于在以精确的数字形式表示风险评估的结果上花费了太多精力。由于没有充分注意到在特定情况下结果的边际性，或者没有考虑到提供基本输入的占用资源较少的新方法，因此可能会委托进行新的研究。

此外，在拥有“真相”和拥有足够信息，以使风险管理者可以从现有的选项中选择最佳行动方案的两种情况之间，可能会存在巨大的差异。后一个标准更适用于受到资源和时间限制的情况。确定是否存在“足够的信息”来进行决策，意味着需要评估所有的决策。因此，在给定情况下，进一步改进风险评估的估计值是不是一个最好的办法仍然存疑，特别是在这种改进不太可能改变决策，或者资源不成比例地被用于研究风险，而牺牲了一系列可供选择的决策选项的情况下。

风险比较

对于关于“抵消”或其他可交易行为的特定类别的决策，风险评估是否充分是值得怀疑的。一般来说，由于风险估计中模型和参数的不确定性很大且各不相同，除非对每个风险中的不确定性进行量化或在比较中加以考虑，否则几乎不可能准确地对相对风险进行排序。如果迫切需要对风险进行比较，可以尝试计算这两种风险比率的不确定性分布，并从中选择一种或多种适当的汇总统计量。例如，在给定的情况下，我们可以确定有 90%的概率化学物质 A 的风险高于化学物质 B，并且有 50%的概率至少是化学物质 B 的 10 倍。此外，如果 EPA 决定采用拟议的迭代方法进行风险评估，那么将这种比率比较应用于从不同分析层级得出的估计值是不可能的。这是因为每一层级的分析将以不同的方式进行，并产生不同准确性和保守性的风险评估。与不同暴露相关的风险聚合也是如此。

更加困难的是比较的风险数字的相对可靠程度的问题。例如，将精算风险和模型风险进行比较是否合适？这些和其他困难表明，EPA 应该比现在更加注意各种风险比较程序的适当性。一个科学合理的做法是修改风险评估过程，以便更加具体地表征每次风险比较中的不确定性——一些大于、一些小于单个风险评估中的不确定性——这个可以跨层级进行。

风险管理与研究

负责空气计划中监管工作的 EPA 空气质量计划和标准办公室（Office of Air Quality Planning and Standards，OAQPS），与研究和修订风险评估指南的研究和开发办公室（Office of Research and Development，ORD）之间合作的改进，有助于满足风险管理方面的研究需求。例如，两方可以联合发表一项关于有害空气污染物的研究议程，并提交给公众评议和 SAB 审查，再基于这些意见发表最终的议程，然后每年报告在该议程上取得了多少进展。EPA 应当有一个审查和研究管理系统，列出 SAB 以及同行审查过程中确定的风险评估的不足，当非常重要的风险评估得到研究经费时，这将有助于指导 EPA 内部开展弥补这些不足的研究（并指导其他联邦和州政府以及私营部门的策略）。在许多情况下，受监管各方可能愿意资助研究，使得风险评估中保护健康的默认选项被更复杂、更保守的替代方案所取代。EPA 需要保持其本身的研究能力，以了解和评估风险评估方面的进展。在某些情况下，EPA 会想要支持针对特定化学物质的风险评估研究和数据收集，这可能导致对此类化学物质风险评估的修订。在研究中，可能会发现当前的风险评估低估了健康风险，或者某种化学物质的信息基础不足，无法继续进行监管的情况。

当前，EPA 的做法是当致癌强度和 RfC 正在被审查时，暂时删除 IRIS 列表。这个做法使得非 EPA 用户感到沮丧，不仅仅是因为这些信息不可访问，而且因为 EPA 一直不愿意说明何时将这些信息返回系统内。委员会认为，更好的做法是 EPA 将列表保留在数据库中，告知用户正在进行审查，也许可能提供在此期间使用的替代方案，作为计算致癌强度和 RfC 的基础。IRIS 中每种化学物质的补充信息，应当告知用户每项计算中的基本假设、数据的来源、关于不确定性和差异性的判断，以及正在进行的改进化学物质风险评估的研究，以支持未来的监管决策。

作为政策指导的风险评估

公共卫生资源的分配反映了对健康改善所带来的潜在收益的评估，而风险评估是了解潜在公共健康影响的一个重要工具。从这个角度来看，风险评估应当成为公共卫生和监管计划的一个主要组成部分。根据政治选择，风险管理方法可能会大不相同。但是，通过持续进行全面的风险评估，确定各种资源分配对实现风险降低的相对影响，应该始终是一个目标。

例如，委员会关注的是，第 112 节和其他立法中都没有规定对来自移动和室内来源的有毒排放物进行适当的控制。强有力的证据表明，公众暴露于这些环境中的化学物质（和辐射），在许多情况下比固定源排放导致的室外暴露更容易增加公共健康风险。

将监管重点放在污染源上，而不是放在减少污染物的整体水平（及其对公共健康的潜在风险）上，在减少疾病方面是不太可能具有成本效益的，尽管它可以有效地降低个人风险并且减少公众对非自愿暴露的关注。由于分析和控制环境问题的资金有限，一些人认为 EPA 应当关注对公众健康构成最大威胁的环境毒物。

社会文化因素

虽然最大限度减少风险的原则是非常重要的，但同时也需要考虑一些可能导致不同的风险管理优先级的社会文化因素。

首先，从许多研究中可以明显看出，人们对相对风险的感知并不总是与技术专家们相一致。当谈到比较风险时，大多数人不仅评估发生不利结果的数学概率——技术专家们主要关注的问题——而且也评估风险方面其他不太明显的特征，其中大多数特征风险评估者都普遍没有加以考虑。这些关注的问题应当在风险管理阶段表达并反映出来。

例如，人们一般对概率相对较低但是具有灾难性后果的事件（例如飞机坠毁），要比对那些概率高但是危害较小的事件（例如汽车碰撞）感到更大的焦虑。人们都不愿意接受风险，不管多小，除非他们认为这个冒险的活动或者暴露给他们带来了一些个人利益。相对于自愿承担的风险，人们更难以容忍那些他人施加的风险。与此相关的是，人们认为由自然源导致的风险相对于其他人类创造的风险来说威胁要小得多。那些科学家不是很了解的风险，以及他们公开反对的风险，比那些已经达到很好的科学共识的风险要更令人担忧。支持这些观察的是另外一项研究，它能够帮助我们理解为什么人们和政府似乎有时更加焦虑并且愿意采取行动来应对与工业化学品相关的风险，而不是那些科学家认为从公众健康角度来看更加重要的风险（Slovic，1987）。例如，我们知道公众对监管需求的看法，受到人们对政府的信任、对专家作出保证的信任以及对社会正义的看法的影响。当公众舆论似乎在夸大与工业化学品相关的风险时，实际上他们的恐惧可能建立在对产生、评估和最终控制这些风险的制度背景的不信任之上，这是可以理解的。

总　结

除了具体的结果和建议，委员会报告的中心主题如下：

1. EPA 应当保留其保守的、基于默认选项的风险评估方法，以便为制定标准进行筛选分析；然而，为了保证这个方法正常工作，需要采取一些纠正措施。

2．EPA 应当更多地依靠科学判断，而不是依赖于通过在工作中采取迭代方法的严格过程。这样的判断需要对风险评估和风险管理之间的关系有更多的了解，并创造性地、有规律地将两者结合起来。

3．委员会提出的迭代方法能够改进分析中使用的模型和数据。然而，为了使这种方法正常工作，EPA 需要为其目前的默认选项提供依据，并且设置一个例如在报告中提出的允许背离默认选项的程序。

4．当向决策者和公众报告风险评估结果时，EPA 不仅应当报告风险的点估计，而且应当报告与估计相关的不确定性的来源和大小。

结果和建议

关于实施风险管理的一般结论和建议如下。

分层和迭代风险评估

EPA 建议采用分层的风险评估方法，从一个“查询”表开始，然后进行更深入的分析，随着估计的不确定性的减少，保守量一般会减少。

- EPA 应当发展进行迭代风险评估而不是进行分层风险评估的能力，允许不断地改进这个过程，直到保守估计的风险低于适用的决策水平（如 1×10^{-6} 等）；或者直到进一步的改进不会显著地改变风险估计；或者直到 EPA、信息来源或者公众确定这个风险水平不值得进行更进一步的分析。

验证风险评估的保守性

在分层方法中，EPA 计划使用针对标准污染物开发并验证的暴露模型，但其没有对包括有害空气污染物在内的更广泛的情况进行全面评估。特别是，它并没有表明，使用一种简单的、单一的高斯烟羽方法，加上一般的最坏情况，必然会在应用它的所有情况下都是保守的。

- 除非能够评估建议的模型的准确性和保守性，否则 EPA 应当考虑从第三层开始，其中特定地点的数据将为删除列表、优先级设置和剩余风险决策等关键决策提供更好的估计。

完整的暴露模型

即使是在第三层，EPA 计划使用的高斯烟羽模型也不包含复杂地形。EPA 的复杂地形模型集中在高烟囱，而不是山丘或山谷的影响，而且在这些模型中，来自低处或区域的污染物扩散能力很差。

- 委员会没有建议具体的模型，但是 EPA 应当在其当前使用的模型的基础上寻找适用于在复杂地形中有害空气污染物扩散的最佳模型。

IRIS 数据质量

EPA 计划将 IRIS 作为尽可能多的第 112 节中 189 种化合物的数据库。IRIS 数据库存在质量问题，并没有得到充分参考。

- EPA 应当加强和扩展每种化学物质的数据文件的参考资料，并且要包括每种化学物质的风险评估缺陷的信息以及弥补这些缺陷所需要的研究。此外，EPA 应当努力确保 IRIS 始终具有高水平的数据质量。IRIS 中特定化学物质的文件应当包括 EPA 健康评估文件和 EPA 进行的其他主要风险评估的参考文献和简短摘要、EPA 科学咨询委员会（SAB）对这些风险评估的审查，以及 EPA 对 SAB 审查的回应。也应当参考和总结其他政府机构或者私人部门所做的重要风险评估。

毒性数据的开发

189 种化合物中的一些物质缺少致癌强度或 RfC。

- 如果 IRIS 不包括致癌强度或者 RfC，EPA 应当开发一种进行粗略筛选估计的方法。这些估计一般不应用于监管，而是作为确定开展动物研究优先级的一种手段，其中可以使用 EPA 标准默认方法计算致癌强度和 RfC。EPA 应该从对 189

种化学物质的IRIS文件的审查中总结出健康风险研究的需求。EPA应当确定哪些研究是最重要的，有多少可能由其他机构完成，EPA和其他联邦机构应根据其保护公众健康的职责开展哪些研究。

用于优先级设置的完整数据集

EPA往往简单地基于特定化学物质数据的可得性来设置优先级。

- EPA至少应当为189种化学物质中的每一种编制其现有和相关的化学、毒理学、临床和流行病学文献清单。对于每一种特定的化学物质，EPA至少应当有结构活性评估；对于每一种重要的混合物，应当完成对现有的短期毒性实验（如Ames实验）的分析。如果对毒性信息的审查表明可能需要制定法规来保护人类健康，那么就应该开发总排放数据，并估计可能暴露的人群。

迭代的优先级设置

EPA有时似乎基于对不完整和初步数据进行的一次性分析，来设置优先级。

- EPA应当采用一种迭代的方法来收集和评估现有的证据，用于对189种化学物质进行某一级别的风险评估，这一级别与现有证据的质量和数量以及对潜在人类健康风险最现实的科学判断相适应。基于这些证据，EPA应继续对新的科学成果进行监督，以便确定是否需要对其已经评估过的化学物质进行重新检验。

优先级设置的充分和完整的文件记录

EPA并不总是清楚地传达其优先级设置分析所依据的方法和数据。此外，排放、暴露和毒性信息并不总是能在同一个数据库中获得。

- 一旦EPA完成了对列表上的某种化合物的初步优先级设置分析，那么就应该公开其使用的评估过程、结果，以及排放、暴露和毒性信息（例如，在IRIS中）。

指南与要求

EPA 和其他机构经常将风险评估这一术语解释为一种特定的方法学方法，用于从在高强度暴露下获得的、人类和动物的致癌性数据进行外推，以定量评估与人类（通常）经历的低得多的暴露有关的致癌风险。

- EPA 应当认识到进行风险评估不需要任何特定的方法学方法，最好不要将它看作一个数字甚至一份文件，而是作为一种汇总有关潜在危险活动或物质的知识的方法，并促进对这些活动或物质在特定条件下可能造成的风险进行系统分析。因此风险评估的局限性就可以被清楚地视为是我们目前科学理解的局限性造成的。因此，风险评估指南应当只是指南，而不是要求。EPA 应该对如何改进这一过程给予特别的长期关注，包括修改指南。

公众审查和评论的方法

EPA 并不总是提供途径，使工业、环境团体或公众能够就 EPA 在风险评估过程中所做决定的科学依据提出问题。

- EPA 应当提供一个公众审查、评论并且要求其作出回应的方法，以便外界能够确信用于风险评估的方法是科学合理的。

背离默认选项的申请

EPA 没有允许 EPA 以外的机构申请背离默认选项的程序机制。

- EPA 应当建立一个允许机构外的人申请背离默认选项的正式程序。

迭代的不确定性分析

由于 EPA 往往不能全面描述风险评估中的不确定性，所以可能会导致不适当的决策和不够充分或过于保守的分析。

- 委员会认为风险评估中的不确定性，可以通过一个迭代过程来处理：进行保守的筛选分析、进行默认的不确定性分析、进行测试或分析来为每个重要的输入建立特有的概率分布。决定增加不确定性分析强度的关键因素，应该是成本和风险估计的变化对风险管理决策的影响程度。

风险评估和风险管理

将风险评估与风险管理分离的原则，已经导致了风险评估中的科学政策判断的淡化。因此，风险评估有时会被误解为是独立于管理问题之外的对“真相”的探索。

- EPA 应当加强风险评估和风险管理之间在机制上和知识上的联系，以便更好地协调风险评估中的科学政策组成要素和广泛的风险管理政策目标。这必须以一种能够充分保护其风险评估的准确性、客观性和完整性的方式进行——但是委员会并不认为这两个目标是不相容的。编制和发布一份关于影响 EPA 风险评估和风险管理实践的科学政策问题和决策的报告，将有助于机构间和公众的理解。

风险比较

EPA 在对风险进行比较和排名时，往往没有阐明所有与技术准确性有关的考虑因素。

- EPA 应当进一步发展其风险比较的方法，并考虑到不同程度的不确定性和不同类别风险评估的保守性等因素。

关注固定源的政策

第三章主要关注有害空气污染物的室外固定源，而不考虑这些污染物的室内或者移动源。

- EPA 应当清楚地告诉国会与室内和移动源相关的排放和暴露，以及由此给公众带来的总风险，它很可能高于与固定源相关的风险。

风险管理和研究

EPA 似乎没有充分地利用风险评估来指导研究，而且可能由于数据不足而过早地放弃一些重要的风险评估和监管工作。

- 风险评估的开展以高度系统化的方式揭示了重大的科学不确定性，所以这对于提高风险知识的研究计划来说是一个很好的指导。因此，EPA 不应当在数据不足时放弃风险评估，而是应当探索其对研究的影响。风险评估的不确定性也有助于确定开展此类研究的紧迫性。特别是，通过联合发布有关有害空气污染物的研究议程等行动来改善 EPA 空气质量计划和标准办公室与其研究和发展办公室之间的合作，会很有帮助。

参考文献

[1] Abelson, P. 1993. Health risk assessment. Regul. Toxicol. Pharmacol. 17(2 Pt. 1):219-223 .

[2] ACGIH (American Conference of Governmental and Industrial Hygienists). 1977. TLVs: Threshold Limit Values for Chemical Substances and Physical Agents in the Workroom Environment with Intended Changes for 1977. Cincinnati, Ohio: American Conference of Governmental and Industrial Hygienists.

[3] ACGIH (American Conference of Governmental and Industrial Hygienists). 1988. TLVs: Threshold Limit Values for Chemical Substances and Physical Agents in the Workroom Environment with Intended Changes for 1988. Cincinnati, Ohio: American Conference of Governmental and Industrial Hygienists.

[4] AIHC (American Industrial Health Council). 1992. Improving Risk Characterization. Summary report of a workshop, Sept. 26-27 , 1991, Washington, D.C., sponsored by the AIHC, Center for Risk Management, Resources for the Future, and EPA. Washington, D.C.: American Industrial Health Council.

[5] Akland, G.G, T.D. Hartwell, T.R. Johnson, and R.W. Whitmore. 1985. Measuring human exposure to carbon monoxide in Washington, D.C., and Denver, Colorado, during the winter of 1982-83. Environ. Sci. Technol. 19:911-918 .

[6] Albert, R.E., R.E. Train, and E. Anderson. 1977. Rationale developed by the Environmental Protection Agency for the assessment of carcinogenic risks. J. Natl. Cancer Inst. 58:1537-1541 .

[7] Allen, B.C., K.S. Crump, and A.M. Shipp. 1988. Correlation between carcinogenic potency of

chemicals in animals and humans. Risk Anal. 8:531-544 .

[8] Allen, D.T., Y. Cohen, and I.R. Kaplan, eds. 1989. Intermedia Pollutant Transport: Modeling and Field Measurements. New York: Plenum Press.

[9] Ames, B.N., and L.S. Gold. 1990a. Too many rodent carcinogens: Mitogenesis increases mutagenesis. Science 249:970-971 .

[10] Ames, B.N., and L.S. Gold. 1990b. Chemical carcinogenesis: Too many rodent carcinogens. Proc. Natl. Acad. Sci. USA 87:7772-7776 .

[11] Amoco/EPA (U.S. Environmental Protection Agency). 1992. Amoco-U.S. EPA Pollution Prevention Project. Project Summary, Yorktown, Va., and Amoco Corp., Chicago, Ill.

[12] Andersen, M.E. 1991. Quantitative risk assessment and chemical carcinogens in occupational environments. Appl. Ind. Hyg. 3:267-273 .

[13] Andersen, M.E., H.J. Clewell III, M.L. Gargas, F.A. Smith, and R.H. Reitz. 1987. Physiologically based pharmacokinetics and the risk assessment process for methylene chloride. Toxicol. Appl. Pharmacol. 87:185-205 .

[14] Andersen, M.E., H.J. Clewell III, M.L. Gargas, M.G. MacNaughton, R.H. Reitz, R.J. Nolan, and M.J. McKenna. 1991. Physiologically based pharmacokinetic modeling with dichloromethane, its metabolite, carbon monoxide, and blood carboxyhemoglobin in rats and humans. Toxicol. Appl. Pharmacol. 108:14-27 .

[15] Anspaugh, L.R., and W.L. Robison. 1968. Quantitative Evaluation of the Biological Hazards of Radiation Associated with Project Ketch. UCID-15325. Biomedical Division, Lawrence Livermore Radiation Laboratory, University of California, Livermore, Calif.

[16] Armitage, P., and R. Doll. 1957. A two-stage theory of carcinogenesis in relation to the age distribution of human cancer. Br. J. Cancer 11:161-169 .

[17] Bacci, E., D. Calamari, C. Gaggi, and M. Vighi. 1990. Bioconcentration of organic chemical vapors in plant leaves: Experimental measurements and correlation. Environ. Sci. Technol. 24:885-889 .

[18] Bailar, J.C., III, E.A. Crouch, R. Shaikh, and D. Spiegelman. 1988. One-hit models of carcinogenesis: Conservative or not? Risk Anal. 8:485-497 .

[19] Bailar, J.C., III, J. Needleman, B.L. Berney, J.M. McGinnis, and J. Michael. 1993. Determining Risks to Health: Methodological Approaches. Westport, Conn.: Auburn House Publishing.

[20] Barbacid, M. 1986. Mutagens, oncogenes and cancer. Trends Genet. 2:188-192 .

[21] Barnes, D.G., and M. Dourson. 1988. Reference dose (RfD): Description and use in health risk assessments. Regul. Toxicol. Pharmacol. 8:471-486 .

[22] Berenbaum, M.C. 1989. What is synergy? Pharmacol. Rev. 41:93-141 .

[23] Berry, G., M. Newhouse, and P. Antonis. 1985. Combined effect of asbestos and smoking on mortality from lung cancer and mesothelioma in factory workers. Br. J. Ind. Med. 42:12-18 .

[24] Bishop, J.M. 1987. The molecular genetics of cancer. Science 235:305-311 .

[25] Bogen, K.T. 1989. Cell proliferation kinetics and multistage cancer risk models. J. Natl. Cancer Inst. 81:267-277 .

[26] Bogen, K.T. 1990a. Uncertainty in Environmental Health Risk Assessment. New York: Garland Publishing.

[27] Bogen, K.T. 1990b. Risk extrapolation for chlorinated methanes as promoters vs. initiators of multistage carcinogenesis. Fundam. Appl. Toxicol. 15:536-557 .

[28] Bogen, K.T., and R.C. Spear. 1987. Integrating uncertainty and interindividual variability in environmental risk assessment. Risk Anal. 7:427-436 .

[29] Boughton, B.A., J.M. Delaurentis, and W.E. Dunn. 1987. A stochastic model of particle dispersion in the atmosphere. Boundary-Layer Meteorol. 40:147-163 .

[30] Boutwell, R.K. 1964. Some biological aspects of skin carcinogenesis. Prog. Exp. Tumor Res. 4:207-250 .

[31] Bowne, N.E., and R.J. Londergan. 1983. Overview, Results, and Conclusions for the EPRI Plume Model Validation and Development Project: Plains Site. EPRI Report No. EA-3074. Prepared by TRC Environmental Consultants, Inc., East Hartford, Conn. Palo Alto, Calif.: Electric Power Research Institute.

[32] Brown, C.C., and K.C. Chu. 1989. Additive and multiplicative models and multistage carcinogenesis theory. Risk Anal. 9:99-105 .

[33] Brown, K.G., and L.S. Erdreich. 1989. Statistical uncertainty in the no-observed-adverse-effect level. Fundam. Appl. Toxicol. 13:235-244 .

[34] Butterworth, B.E. 1989. Nongenotoxic carcinogens in the regulatory environment. Regul. Toxicol. Pharmacol. 9:244-256 .

[35] Butterworth, B.E. 1990. Consideration of both genotoxic and nongenotoxic mechanisms in predicting carcinogenic potential. Mutat. Res. 239:117-132 .

[36] Calabrese, E.J. 1991. Multiple Chemical Interactions. Chelsea, Mich.: Lewis Publishers.

[37] CDHS (California Department of Health Services). 1985. Guidelines for Chemical Carcinogen Risk Assessments and Their Scientific Rationale. Sacramento, Calif.: California Department of Health Services, Health and Welfare Agency.

[38] Chen, J.J., and R.L. Kodell. 1989. Quantitative risk assessment for teratological effects. J. Am. Statist. Assoc. 84:966-971 .

[39] Cleverly, D.H., G.E. Rice, and C.C. Travis. 1992. The Analysis of Indirect Exposures to Toxic Air Pollutants Emitted from Stationary Combustion Sources: A Case Study. Paper No. 92-149.07. U.S. Environmental Protection Agency and Oak Ridge National Laboratory. Paper presented at the 85th Annual Meeting of the Air and Waste Management Association, June 21-26 , 1992, Kansas City, Mo. Pittsburgh, Pa.: Air and Waste Management Association.

[40] CMA (Chemical Manufacturing Association). 1989. Improving Air Quality: Guidance for Estimating Fugitive Emissions from Equipment, Vol. 2 . Washington, D.C.: Chemical Manufacturing Association.

[41] Cohen, Y., ed. 1986. Pollutants in a Multimedia Environment. New York: Plenum Press.

[42] Cohen, S.M., and L.B. Ellwein. 1990a. Cell proliferation in carcinogenesis. Science 249:1007-1011 .

[43] Cohen, S.M., and L.B. Ellwein. 1990b. Proliferation and genotoxic cellular effects in 2-acetylaminofluorene bladder and liver carcinogenesis: Biological modeling of the ED01 study. Toxicol. Appl. Pharmacol. 104:79-93 .

[44] Cohen, S.M., and L.B. Ellwein. 1991. Genetic errors, cell proliferation, and carcinogenesis. Cancer Res. 51:6493-6505 .

[45] Cohen, Y., W. Tsai, S.L. Chetty, and G.J. Mayer. 1990. Dynamic partitioning of organic chemicals in regional environments: A multimedia screening-level modeling approach. Environ. Sci. Technol. 24:1549-1558 .

[46] Cohen, S.M., E.M. Garland, and L.B. Ellwein. 1992. Cancer enhancement by cell proliferation. Prog. Clin. Biol. Res. 374:213-229 .

[47] Conolly, R.B., K.T. Morgan, M.H. Andersen, T.M. Monticello, and H.J. Clewell III. 1992. A biologically-based risk assessment strategy for inhaled formaldehyde. Comments Toxicol. 4:269-288 .

[48] Crump, K.S. 1984. A new method for determining allowable daily intakes. Risk Anal. 4:854-871 .

[49] Crump, K.S. 1989. Correlation of carcinogenic potency in animals and humans. Cell Biol. Toxicol. 5:393-403 .

[50] Dedrick, R.L., and P.F. Morrison. 1992. Carcinogenic potency of alkylating agents in rodents and humans. Cancer Res. 52:2464-2467 .

[51] Dellarco, V.L., and W.H. Farland. 1990. Introduction to the U.S. Environmental Protection Agency's genetic risk assessment on ethylene oxide. Environ. Mol. Mutagen. 16:83-84 .

[52] Dellarco, V.L., L. Rhomberg, and M.D. Shelby. 1990. Perspectives and future directions for genetic risk assessment. Environ. Mol. Mutagen. 16:132-134 .

[53] Doll, R., and R. Peto. 1981. The causes of cancer. Quantitative estimates of avoidable risks of cancer in the United States today. J. Natl. Cancer Inst. 66:1191-1308 .

[54] Dourson, M.L. 1986. New approaches in the derivation of acceptable daily intake (ADI). Comments Toxicol. 1:35-48 .

[55] Dourson, M.L., and J.F. Stara. 1983. Regulatory history and experimental support of uncertainty (safety) factors. Regul. Toxicol. Pharmacol. 3:224-238 .

[56] Dourson, M.L., R.C. Hertzberg, R. Hartung, and K. Blackburn. 1985. Novel methods for the estimation of acceptable daily intake. Toxicol. Ind. Health 1:23-33 .

[57] Drinkwater, N.R., and L.M. Bennett. 1991. Genetic control of carcinogenesis in experimental animals. Prog. Exp. Tumor Res. 33:1-20 .

[58] Duan, N. 1981. Micro-Environment Types: A Model for Human Exposure to Air Pollution. SIMS Tech. Rep. No. 47. Department of Statistics, Stanford University, Stanford, Calif.

[59] Duan, N. 1987. Cartesianized Sample Mean: Imposing Known Independence Structures on Observed Data. WD-3602-SIMS/RC. Santa Monica, Calif.: RAND Corp.

[60] Duan, N. 1988. Estimating microenvironment concentration distributions using integrated exposure measurements. Pp. 15-114 in Proceedings of the Research Planning Conference on Human Activity Patterns, T.H. Starks, ed. EPA-600/4-89/004. Washington, D.C.: U.S. Environmental Protection Agency, Office of Research and Development.

[61] Duan, N. 1991. Stochastic microenvironment models for air pollution exposure. J. Expos. Anal. Care Environ. Epidemiol. 1:235-257 .

[62] Duan, N., H. Sauls, and D. Holland. 1985. Application of the Microenvironment Monitoring Approach to Assess Human Exposure to Carbon Monoxide. Research Triangle Park, N.C.:U.S. Environmental Protection Agency, Environmental Systems Laboratory.

[63] Ehling, U.H. 1988. Quantification of the genetic risk of environmental mutagens. Risk Anal. 8:45-57 .

[64] Ehling, U.H., and A. Neuhauser. 1979. Procarbazine-induced specific-locus mutations in male mice. Mutat. Res. 59:245-256 .

[65] Ellwein, L.B., and S.M. Cohen. 1992. Simulation modeling of carcinogenesis. Toxicol. Appl. Pharmacol. 113:98-108 .

[66] Ennever, F., T. Noonan, and H. Rosenkranz. 1987. The predictivity of animal bioassays and short-term genotoxicity tests for carcinogenicity and non-carcinogenicity to humans. Mutagenesis 2:73-78 .

[67] EPA (U.S. Environmental Protection Agency). 1981a. Evaluation of Maintenance for Fugitive Emissions Control. EPA-600/52-81-080. Research Triangle Park, N.C.: U.S. Environmental Protection Agency, Office of Air Quality Planning and Standards.

[68] EPA (U.S. Environmental Protection Agency). 1981b. Health Assessment Document for Cadmium. EPA-600/8-81-023. Washington, D.C.: U.S. Environmental Protection Agency, Office of Research and Development.

[69] EPA (U.S. Environmental Protection Agency). 1984a. Review of Health Assessment Document on Trichloroethylene by Science Advisory Board. Washington, D.C.: U.S. Environmental Protection Agency.

[70] EPA (U.S. Environmental Protection Agency). 1984b. Letter report from the Science Advisory Board to the EPA administrator, Dec. 5 . Washington, D.C.: U.S. Environmental Protection Agency.

[71] EPA (U.S. Environmental Protection Agency). 1985a. Inorganic Arsenic NESHAPS: Response to Public Comments on Health, Risk Assessment, and Risk Management. EPA-450/5-85-001. Research Triangle Park, N.C.: U.S. Environmental Protection Agency, Office of Air Quality Planning and Standards.

[72] EPA (U.S. Environmental Protection Agency). 1985b. Compilation of Air Pollutant Emission Factors, Vol. I , Stationary Point and Area Sources, 4th ed. Research Triangle Park, N.C.: U.S. Environmental Protection Agency, Office of Air Quality Planning and Standards.

[73] EPA (U.S. Environmental Protection Agency). 1985c. Health Risk Assessment Document for Ethylene Oxide. EPA-600/8-84/009F. Washington, D.C.: U.S. Environmental Protection Agency, Office of Health and Environmental Assessment.

[74] EPA (U.S. Environmental Protection Agency). 1985d. Health Assessment Document for Trichloroethylene. Washington, D.C.: U.S. Environmental Protection Agency, Office of Research and Development.

[75] EPA (U.S. Environmental Protection Agency). 1985e. Updated Mutagenicity and Carcinogenicity Assessment of Cadmium. Final Report. EPA-600/8-83-025F. Washington, D.C.: U.S. Environmental Protection Agency, Office of Health and Environmental Assessment.

[76] EPA (U.S. Environmental Protection Agency). 1985f. Letter from Lee Thomas, EPA administrator, to Norton Nelson, chair of Executive Committee of the Science Advisory Board, Aug. 14 . Washington, D.C.: U.S. Environmental Protection Agency.

[77] EPA (U.S. Environmental Protection Agency). 1985g. Health Assessment Document for Polychlorinated Dibenzo-p-dioxins. Final Report EPA-600/8-84-014F. Washington, D.C.: U.S. Environmental Protection Agency, Office of Health and Environmental Assessment.

[78] EPA (U.S. Environmental Protection Agency). 1985h. Letter report to the EPA administrator from the Science Advisory Board, April 26 . Washington, D.C.: U.S. Environmental Protection Agency.

[79] EPA (U.S. Environmental Protection Agency). 1986a. Guidelines for carcinogen risk assessment. Fed. Regist. 51:33992-34003 .

[80] EPA (U.S. Environmental Protection Agency). 1986b. Health Assessment Document for Nickel and Nickel Compounds. EPA-600/8-83-012F. Washington, D.C.: U.S. Environmental Protection Agency, Office of Health and Environmental Assessment.

[81] EPA (U.S. Environmental Protection Agency). 1986c. Letter report to the EPA administrator from the Science Advisory Board on nickel and nickel compounds. Washington, D.C.: U.S. Environmental Protection Agency.

[82] EPA (U.S. Environmental Protection Agency). 1986d. Interim Procedures for Estimating Risks Associated with Exposures to Mixtures of Chlorinated Dibenzo-p-dioxins and Dibenzofurans (CDDs and CDFs). Risk Assessment Forum. Washington, D.C.: U.S. Environmental Protection Agency.

[83] EPA (U.S. Environmental Protection Agency). 1986e. Letter report to EPA administrator, Lee Thomas, from the Science Advisory Board, Nov. 4 . SAB-EC-87-008. Washington, D.C.:U.S. Environmental Protection Agency.

[84] EPA (U.S. Environmental Protection Agency). 1987a. Risk Assessment Guidelines of 1986. EPA-600/8-87/045. (Guidelines for Carcinogen Risk Assessment; Guidelines for Mutagenicity Risk Assessment; Guidelines for the Health Risk Assessment of Chemical Mixtures; Guidelines for the Health Assessment of Suspect Developmental Toxicants; Guidelines for Estimating Exposures). Washington, D.C.: U.S. Environmental Protection Agency, Office of Health and Environmental Assessment.

[85] EPA (U.S. Environmental Protection Agency). 1987b. Unfinished Business: A Comparative Assessment of Environmental Problems. Overview Report. Washington, D.C.: U.S. Environmental Protection, Office of Policy, Planning and Evaluation.

[86] EPA (U.S. Environmental Protection Agency). 1987c. Assessment of Health Risks to Garment Workers and Certain Home Residents from Exposure to Formaldehyde. Washington, D.C.: U.S. Environmental

Protection, Office of Pesticides and Toxic Substances.

[87] EPA (U.S. Environmental Protection Agency). 1987d. Update to the Health Assessment Document and Addendum for Dichloromethane (Methylene Chloride): Pharmaco-kinetics, Mechanism of Action, and Epidemiology (Draft Document). EPA-600/8-87/030A. Washington, D.C.: U.S. Environmental Protection Agency, Office of Research and Development.

[88] EPA (U.S. Environmental Protection Agency). 1987e. Addendum to Health Assessment Document on Trichloroethylene. Washington, D.C.: U.S. Environmental Protection Agency.

[89] EPA (U.S. Environmental Protection Agency). 1988a. Proposed guidelines for assessing female reproductive risk. Notice. Fed. Regist. 53 (June 30): 24834-24847 .

[90] EPA (U.S. Environmental Protection Agency). 1988b. Proposed guidelines for assessing male reproductive risk and request for comments. Fed. Regist. 53 (June 30):24850-24869 .

[91] EPA (U.S. Environmental Agency). 1988c. Proposed guidelines for exposure-related measurements and request for comments. Notice. Fed. Regist. 53(Dec. 2):48830-48853 .

[92] EPA (U.S. Environmental Protection Agency). 1988d. Protocols for Generating Unit-Specific Emission Estimates for Equipment Leaks of VOC and VHAP . EPA 450/3-88/010. Research Triangle Park, N.C.: U.S. Environmental Protection Agency, Office of Air Quality Planning and Standards.

[93] EPA (U.S. Environmental Protection Agency). 1988e. A Compilation of Emission Factors, Vol. 1 . AP-42. Washington, D.C.: U.S. Environmental Protection Agency.

[94] EPA (U.S. Environmental Protection Agency). 1988f. Reference Physiological Parameters in Pharmacokinetic Modeling. EPA-600/8-88/004. Washington, D.C.: U.S. Environmental Protection Agency.

[95] EPA (U.S. Environmental Protection Agency). 1988g. Technical Support Document on Risk Assessment of Chemical Mixtures. EPA-600/8-90/064. Washington, D.C.: U.S. Environmental Protection Agency, Office of Research and Development.

[96] EPA (U.S. Environmental Protection Agency). 1988h. Superfund Exposure Assessment Manual. EPA-540/1-88/001. Washington, D.C.: U.S. Environmental Protection Agency, Office of Emergency and Remedial Response.

[97] EPA (U.S. Environmental Protection Agency). 1988i. Request for comment on the EPA guidelines for carcinogen risk assessment. Fed. Regist. 53:32656-32658 .

[98] EPA (U.S. Environmental Protection Agency). 1988j. Review of Addendum to Health Assessment Document on Trichloroethylene by the Science Advisory Board. Washington, D.C.: U.S. Environmental Protection Agency.

[99] EPA (U.S. Environmental Protection Agency). 1988k. Letter report from the Science Advisory Board to the EPA administrator, March 9 . SAB-EHC-88-011. Washington, D.C.: U.S. Environmental Protection Agency.

[100] EPA (U.S. Environmental Protection Agency). 1988l. Letter report from the Science Advisory Board to the EPA administrator, March 9 . SAB-EHC-88-012. Washington, D.C.: U.S. Environmental Protection Agency.

[101] EPA (U.S. Environmental Protection Agency). 1989a. Risk Assessment Guidance for Superfund, Volume I , Human Health Evaluation Manual (Part A). Interim Final. EPA-540/1-89/002. Washington, D.C.: U.S. Environmental Protection Agency, Office of Emergency and Remedial Response.

[102] EPA (U.S. Environmental Protection Agency). 1989b. Risk Assessments Methodology. Environmental Impact Statement, NESHAPS for Radionuclides, Background Information Documents, Vols. 1, 2 . EPA-520/1-89/005 and EPA-520/1-89/006-1. Washington, D.C.: U.S. Environmental Protection Agency, Office of Radiation Programs.

[103] EPA (U.S. Environmental Protection Agency). 1989c. Exposure Factors Handbook. EPA-600/8-89/043. Washington, D.C.: U.S. Environmental Protection Agency, Office of Research and Development.

[104] EPA (U.S. Environmental Protection Agency). 1989d. Exposure Assessment Methods Handbook, Revised Draft Report. Washington, D.C.: U.S. Environmental Protection Agency, Office of Research and Development.

[105] EPA (U.S. Environmental Protection Agency). 1989e. Guidance Manual for Assessing Human Health Risks from Chemically Contaminated Fish and Shellfish. EPA-503/8-89/002. Washington, D.C.: U.S. Environmental Protection Agency, Office of Marine and Estuarine Protection.

[106] EPA (U.S. Environmental Protection Agency). 1989f. Letter report to EPA administrator, William Reilly, from the Science Advisory Board, Nov. 28 . SAB-EC-90-003. Washington, D.C.: U.S. Environmental Protection Agency.

[107] EPA (U.S. Environmental Protection Agency). 1991a. Guidelines for developmental toxicity risk assessment. Fed. Regist. 56(Dec. 5):63798-63826 .

[108] EPA (U.S. Environmental Protection Agency). 1991b. Health Effects Assessment Summary Tables. Annual FY-1991. Washington, D.C.: U.S. Environmental Protection Agency.

[109] EPA (U.S. Environmental Protection Agency). 1991c. Procedures for Establishing Emissions for Early Reduction Compliance Extensions, Vol. 1 . EPA-450/3-91-012a. Washington, D.C.: U.S. Environmental Protection Agency.

[110] EPA (U.S. Environmental Protection Agency). 1991d. Alpha-2u-globulin: Association With Chemically-Induced Renal Toxicity and Neoplasia in the Male Rat. EPA-625/3-91/019F. Washington, D. C.: U.S. Environmental Protection Agency.

[111] EPA (U.S. Environmental Protection Agency). 1991e. Formaldehyde Risk Assessment Update. Washington, D.C.: U.S. Environmental Protection Agency, Office of Pesticides and Toxic Substances.

[112] EPA (U.S. Environmental Protection Agency). 1991f. Risk Assessment Guidance for Superfund, Vol. 1 . Human Health Evaluation Manual (Part B, Development of Risk-based Preliminary Remediation Goals) Interim Publ. 9285.7-01B. Washington, D.C.: U.S. Environmental Protection Agency, Office of Emergency and Remedial Response.

[113] EPA (U.S. Environmental Protection Agency). 1992a. Guidelines for exposure assessment. Fed. Regist. 57(May 29):22888-22938 .

[114] EPA (U.S. Environmental Protection Agency). 1992b. Health Effects Assessment Summary Tables. Annual FY-1992. Washington, D.C.: U.S. Environmental Protection Agency.

[115] EPA (U.S. Environmental Protection Agency). 1992c. Guidance on Risk Characterization for Risk Managers. Internal Memorandum by F. Henry Habicht II. Feb. 26, 1992 . Washington, D.C.: U.S. Environmental Protection Agency, Office of the Administrator.

[116] EPA (U.S. Environmental Protection Agency). 1992d. Methylene Chloride. Integrated Risk Information System (IRIS). IRIS Record No. 68, as of August 1992. Washington, D.C.: U.S. Environmental Protection Agency.

[117] EPA (U.S. Environmental Protection Agency). 1992e. Draft report: A cross-species scaling factor for carcinogen risk assessment based on equivalence of mg/kg3/4/day. Fed. Regist. 57(June 5):24152-24172 .

[118] EPA (U.S. Environmental Protection Agency). 1992f. Safeguarding the Future: Credible Science, Credible Decisions. EPA-600/9-91/050. Washington, D.C.: U.S. Environmental Protection Agency.

[119] FAO/WHO (Food and Agriculture Organization/World Health Organization). 1965. Evaluation of the Toxicity of Pesticide Residues in Food: Report of the Second Joint Meeting of the FAO Committee on Pesticides in Agriculture and the WHO Expert Committee on Pesticide Residues. FAO Meeting Report No. PL/1965/10; WHO/Food Add./26.65. Geneva: World Health Organization.

[120] FAO/WHO (Food and Agriculture Organization/World Health Organization). 1982. Evaluation of Certain Food Additives and Contaminants. 26th Report of the Joint FAO/WHO Expert Committee on Food Additives (WHO Tech. Rep. Ser. No. 683). Geneva: World Health Organization.

[121] Farrar, D., B. Allen, K. Crump, and A. Shipp. 1989. Evaluation of uncertainty in input parameters to pharmacokinetic models and the resulting uncertainty in output. Toxicol. Lett. 49:371-385 .

[122] Favor, J. 1989. Risk estimation based on germ-cell mutations in animals. Genome 31:844-852 .

[123] FDA (U.S. Food and Drug Administration, Advisory Committee on Protocols for Safety Evaluation). 1971. Panel on carcinogenesis report on cancer testing in the safety evaluation of food additives and pesticides. Toxicol. Appl. Pharmacol. 20:419-438 .

[124] Felton, J.S., M. Knize, C. Wood, B. Wuebbles, S.K. Healy, D.H. Steurmer, L.F. Bjeldannes, B.J. Kimble, and F.T. Hatch. 1984. Isolation and characterization of new mutagens from fried ground beef. Carcinogenesis 5:95-102 .

[125] Fiering, M., R. Wilson, E. Kleiman, and L. Zeise. 1984. Statistical distributions of health risks. J. Civil Engin. Syst. 1:129-138 .

[126] Finkel, A. 1987. Uncertainty, Variability, and the Value of Information in Cancer Risk Assessment. D.Sc. Dissertation. Harvard School of Public Health, Harvard University, Cambridge, Mass.

[127] Finkel, A. 1988. Computing Uncertainty in Carcinogenic Potency: A Bootstrap Approach Incorporating Bayesian Prior Information. Report to the Office of Policy Planning and Evaluation, U.S. Environmental Protection Agency, Washington, D.C.

[128] Finkel, A. 1990. Confronting Uncertainty in Risk Management: A Guide for Decision Makers. Washington, D.C.: Center for Risk Management, Resources for the Future.

[129] Finkel, A. 1991. Edifying presentation of risk estimates: Not as easy as it seems. J. Policy Anal. Manage. 10:296-303 .

[130] Finkel, A. In press. A Quantitative Estimate of the Extent of Human Susceptibility to Cancer and Its Implications for Risk Management. Washington, D.C.: International Life Sciences Institute, Risk Science Institute.

[131] Fiserova-Bergerova, V. 1992. Inhalation anesthesia using physiologically based pharmacokinetic models. Drug Metab. Rev. 24:531-557 .

[132] Flamm, W.G, and L.D. Lehman-McKeeman. 1991. The human relevance of the renal tumor-inducing potential of d-Limonene in male rats: Implications for risk assessment. Regul. Toxicol. Pharmacol. 13:70-86 .

[133] Gaylor, D.W. 1989. Quantitative risk analysis for quantal reproductive and developmental effects. Environ. Health Perspect. 79:243-246 .

[134] Gibb, H.J., and C.W. Chen. 1986. Multistage model interpretation of additive and multiplicative carcinogenic effects. Risk Anal. 6:167-170 .

[135] Gold, L.S., T.H. Slone, B.R. Stern, N.B. Manley, and B.N. Ames. 1992. Rodent carcinogens: Setting priorities. Science 258:261-265 .

[136] Goldstein, R.S., W.R. Hewitt, and J.B. Hook, eds. 1990. Toxic Interactions. San Diego, Calif.: Academic Press.

[137] Goodman, G, and R. Wilson. 1991. Quantitative prediction of human cancer risk from rodent

carcinogenic potencies: A closer look at the epidemiological evidence for some chemicals not definitively carcinogenic in humans. Regul. Toxicol. Pharmacol. 14:118-146 .

[138] Guess, H., K. Crump, and R. Peto. 1977. Uncertainty estimates for low-dose-rate extrapolation of animal carcinogenicity data. Cancer Res. 37:3475-3483 .

[139] Guinnup, D.E. 1992. A Tiered Modeling Approach for Assessing the Risks Due to Sources of Hazardous Air Pollutants. EPA 450/4-92-001. Research Triangle Park, N.C.: U.S. Environmental Protection Agency, Office of Air Quality Planning and Standards.

[140] Harris, C.C. 1991. Chemical and physical carcinogenesis: Advances and perspectives for the 1990s. Cancer Res. 51:5023s-5044s .

[141] Hattis, D., L. Erdreich, and T. DiMauro. 1986. Human Variability in Parameters That Are Potentially Related to Susceptibility to Carcinogenesis--I. Preliminary Observations. Report No. CTPID 86-4. Center for Technology, Policy, and Industrial Development, Massachusetts Institute of Technology, Cambridge, Mass.

[142] Hattis, D., P. White, L. Marmorstein, and P. Koch. 1990. Uncertainties in pharmacokinetic modeling for perchloroethylene. I. Comparison of model structure, parameters, and preductions for low-dose metabolism rates for models derived by different authors. Risk Anal. 10:449-458 .

[143] Heck, H., M. Casanova, and T.B. Starr. 1990. Formaldehyde toxicity--New understanding. Crit. Rev. Toxicol. 20:397-426 .

[144] IARC (International Agency for Research on Cancer). 1972. Some Inorganic Substances, Chlorinated Hydrocarbons, Aromatic Amines, N-nitroso Compounds, and Natural Products. IARC Monographs on the Evaluation of Carcinogenic Risk of Chemicals to Man, Vol. 1 . Lyon, France: World Health Organization International Agency for Research on Cancer.

[145] IARC (International Agency for Research on Cancer). 1982. General principles for evaluating the carcinogenic risk of chemicals. In Chemicals, Industrial Processes and Industries Associated with Cancer in Humans. IARC Monographs on the Evaluation of the Carcinogenic Risk of Chemicals to Humans, Suppl. 4. Lyon, France: World Health Organization International Agency for Research on Cancer.

[146] IARC (International Agency for Research on Cancer). 1987. Overall evaluations of carcinogenicity. In Overall Evaluations of Carcinogenicity: An Updating of IARC Monographs, Vols. 1-42 .

[147] IARC Monographs on the Evaluation of Carcinogenic Risk to Humans, Suppl. 7. Lyon, France: World Health Organization International Agency for Research on Cancer.

[148] IARC (International Agency for Research on Cancer). 1991. Mechanisms of Carcinogenesis in Risk Identification: A Consensus Report of an IARC Monographs Working Group, June 11-18, 1991 . IARC Internal Tech. Rep. No. 91/002. Lyon, France: World Health Organization International Agency for Research on Cancer.

[149] ICPEMC (International Commission for Protection Against Environmental Mutagens and Carcinogens). 1983a. ICPEMC Publ. No. 10. Review of the evidence for the presence or absence of thresholds in the induction of genetic effects by genotoxic chemicals. Mutat. Res. 123:281-341 .

[150] ICPEMC (International Commission for Protection Against Environmental Mutagens and Carcinogens). 1983b. Committee 4 Final Report: Estimation of genetic risks and increased incidence of genetic disease due to environmental mutagens. Mutat. Res. 115:255-291 .

[151] ICRP (International Commission on Radiological Protection). 1977a. Recommendations of the International Commission on Radiological Protection. ICRP Publ. No. 26. Annals of the ICRP, Vol. 1, No. 3 . Oxford, U.K.: Pergamon Press.

[152] ICRP (International Commission on Radiological Protection). 1977b. Problems Involved in Developing an Index of Harm. ICRP Publ. No. 27. Annals of the ICRP, Vol. 1, No. 4 . Oxford, U.K.: Pergamon Press.

[153] ICRP (International Commission on Radiological Protection). 1984. Protection of the Public in the Event of Major Radiation Accidents: Principles for Planning. ICRP Publ. No. 40. Annals of the ICRP, Vol. 14, No. 2 . Oxford, U.K.: Pergamon Press.

[154] ICRP (International Commission on Radiological Protection) 1985. Quantitative Bases for Developing a Unified Index of Harm. ICRP Publ. No. 45. Annals of the ICRP, Vol. 15, No 3 . Oxford, U.K.: Pergamon Press.

[155] ILSI (International Life Sciences Institute). 1992. Summary Report of the Fourth Workshop on Mouse

Liver Tumors, Nov. 9-10 . Washington, D.C.: International Life Sciences Institute.

[156] IRLG (Interagency Regulatory Liaison Group, Work Group on Risk Assessment). 1979. Scientific bases for identification of potential carcinogens and estimation of risks. J. Natl. Cancer Inst. 63:241-268 .

[157] Jenkins, P., T.J. Philips, E.J. Mulberg and S.P. Hui. 1992. Activity patterns of Californians: Use of and proximity to indoor pollutant sources. Atmos. Environ. 26A:2141-2148 .

[158] Johnson, T.R., and R.A. Paul. 1981. The NAAQS Model (NEM) and Its Application to Particulate Matter. Draft report prepared for the U.S. Environmental Protection Agency by PEDCo Environmental, Inc., Durham, N.C. Research Triangle Park, N.C.: U.S. Environmental Protection Agency, Office of Air Quality Planning and Standards.

[159] Johnson, T.R., and R.A. Paul. 1983. The NAAQS Exposure Model (NEM) Applied to Carbon Monoxide. EPA-450/5-83-003. Report prepared for the U.S. Environmental Protection Agency by PEDCo Environmental, Inc., Durham, N.C. Research Triangle Park, N.C.: U.S. Environmental Protection Agency, Office of Air Quality Planning and Standards.

[160] Johnson, T.R., and R.A. Paul. 1984. The NAAQS Exposure Model (NEM) Applied to Nitrogen Dioxide. Draft report prepared for the U.S. Environmental Protection Agency by PEDCo Environmental, Inc., Durham, N.C. Research Triangle Park, N.C.: U.S. Environmental Protection Agency, Office of Air Quality and Planning and Standards.

[161] Kaldor, J., and K.A. L'Abbé. 1990. Interaction between human carcinogens. Pp. 35-43 in Complex Mixtures and Cancer Risk, H. Vainio, M. Sorsa, and A.J. McMichael, eds. IARC Scientific Publ. No. 104. Lyon, France: International Agency for Research on Cancer.

[162] Kaldor, J.M., N.E. Day, and K. Hemminki. 1988. Quantifying the carcinogenicity of antineoplastic drugs. Eur. J. Cancer Clin. Oncol. 24:703-711 .

[163] Kerns, W.D., K.L. Pavkov, D.J. Donofrio, E.J. Gralla, and J.A. Swenberg. 1983. Carcinogenicity of formaldehyde in rats and mice after long-term inhalation exposure. Cancer Res. 43:4382-4392 .

[164] Kimmel, C.A., and D.W. Gaylor. 1988. Issues in qualitative and quantitative risk analysis for developmental toxicology. Risk Anal. 8:15-20 .

[165] Kodell, R.L., R.B. Howe, J.J. Chen, and D.W. Gaylor. 1991a. Mathematical modeling of reproductive and developmental toxic effects for quantitative risk assessment. Risk Anal. 11:583-590 .

[166] Kodell, R.L., D. Krewski, and J.M. Zielinski. 1991b. Additive and multiplicative relative risk in the two-stage clonal expansion model of carcinogenesis. Risk Anal. 11:483-490 .

[167] Kopp-Schneider, A., and C.J. Portier. 1991. Distinguishing between models of carcinogenesis: The role of clonal expansion . Fundam. Appl. Toxicol. 17:601-613 .

[168] Krewski, D., and R.D. Thomas. 1992. Carcinogenic mixtures. Risk Anal. 12:105-113 .

[169] Krewski, D., T. Thorslund, and J. Withey. 1989. Carcinogenic risk assessment of complex mixtures. Toxicol. Ind. Health 5:851-867 .

[170] Layton, D.W., B.J. Mallon, D.H. Rosenblatt, and M.J. Small. 1987. Deriving allowable daily intakes for systemic toxicants lacking chronic toxicity data. Regul. Toxicol. Pharmacol. 7:96-112 .

[171] Liljegren, J. 1989. A New Stochastic Model of Turbulent Dispersion in the Convective Planetary Boundary Layer and the Results of the Atterbury 87 Field Study. Ph.D. Thesis, Department of Mechanical Engineering, University of Illinois, Urbana, Ill.

[172] Lopes, L.L. 1984. Risk and distributional inequality. J. Exp. Psychol. 10:465-485 . Lu, F.C. 1988. Acceptable daily intake: Inception, evolution, and application. Regul. Toxicol. Pharmacol. 8:45-60 .

[173] Lutz, W.K. 1990. Dose-response relationship and low dose extrapolation in chemical carcinogenesis. Carcinogenesis 11:1243-1247 .

[174] Lyman, W.J., W.F. Reehl, and D.H. Rosenblatt. 1982. Handbook of Chemical Property Estimation Methods: Environmental Behavior of Organic Compounds. New York: McGraw-Hill.

[175] Lyon, M.F. 1985. Attempts to estimate genetic risks caused by mutagens to later generations. Pp. 151-160 in Banbury Report 19: Risk Quantitation and Regulatory Policy, D.G. Hoel, R.A.

[176] Merrill, and F.P. Perera, eds. Cold Spring Harbor, N.Y.: Cold Spring Harbor Laboratory Press.

[177] Machina, M.J. 1990. Choice under uncertainty: Problems solved and unsolved. Pp. 134-188 in Valuing Health Risks, Costs, and Benefits for Environmental Decision Making: Report of a Conference, P.B. Hammond and R. Coppock, eds. Washington. D.C.: National Academy Press.

[178] Manton, K.G., E. Stallard, and J.W. Vaupel. 1986. Alternative models for the heterogeneity of mortality risks among the aged. J. Am. Stat. Assoc. 81:635-644 .

[179] Mattison, D.R. 1991. An overview on biological markers in reproductive and developmental toxicology: Concepts, definitions and use in risk assessment. Biomed. Environ. Sci. 4:8-34 .

[180] McKone, T.E. 1991. Human exposure to chemicals from multiple media and through multiple pathways: Research overview and comments. Risk Anal. 11:5-10 .

[181] McKone, T.E. 1992. CalTOX, the California Multimedia-Transport and Multiple-Pathway-Exposure Model, Part III: Multimedia- and Multiple-Pathway-Exposure Model. Prepared for the Office of the Scientific Advisor, Department of Toxic Substances Control, California Environmental Protection Agency. UCRL-CR-111456PtIII. Livermore, Calif.: Lawrence Livermore National Laboratory.

[182] McKone, T.E., and D.W. Layton. 1986. Screening the potential risks of toxic substances using a multimedia compartmental model: Estimation of human exposure. Regul. Toxicol. Pharmacol. 6:359-380 .

[183] McKone, T.E., and J.I. Daniels. 1991. Estimating human exposure through multiple pathways from air, water, and soil. Regul. Toxicol. Pharmacol. 13:36-61 .

[184] Melnick, R.L. 1993. An alternative hypothesis on the role of chemically induced protein droplet (2u-globulin) nephropathy in renal carcinogenesis. Regul. Toxicol. Pharmacol. 16:111-125 .

[185] Mohrenweiser, H.W. 1991. Germinal mutation and human genetic disease. Pp. 67-92 in Genetic Toxicology, A.P. Li and R.H. Heflich, eds. Boca Raton, Fla.: CRC Press.

[186] Moolgavkar, S.H. 1983. Model for human carcinogenesis: Action of environmental agents. Environ. Health Perspect. 50:285-291 .

[187] Moolgavkar, S.H. 1988. Biologically motivated two-stage model for cancer risk assessment. Toxicol. Lett. 43:139-150 .

[188] Moolgavkar, S.H., and D.J. Venzon. 1979. Two-event models for carcinogenesis: Incidence curves for childhood and adult tumors. Math. Biosci. 47:55-77 .

[189] Moolgavkar, S.H, and A.G. Knudson. 1981. Mutation and cancer: A model for human carcinogenesis. J.

Natl. Cancer Inst. 66:1037-1052 .

[190] Moolgavkar, S.H., and G. Luebeck. 1990. Two-event model for carcinogenesis: Biological, mathematical, and statistical considerations. Risk Anal. 10:323-341 .

[191] Moolgavkar, S.H., A. Dewanji, and D.J. Venzon. 1988. A stochastic two-stage model for cancer risk assessment. 1. The hazard function and the probability of tumors. Risk Anal. 8:383-392 .

[192] Morgan, M.G., and M. Henrion. 1990. Uncertainty: A Guide to Dealing with Uncertainty in Quantitative Risk and Policy Analysis. New York: Cambridge University Press. 332 pp.

[193] Nazaroff, W.W., and G.R. Cass. 1986. Mathematical modeling of chemically reactive pollutants in indoor air. Environ. Sci. Technol. 20:924-934 .

[194] Nazaroff, W.W., L. Salmon, and G.R. Cass. 1990. Concentration and fate of airborne particles in museums. Environ. Sci. Technol. 24:66-67 .

[195] NCRP (National Council on Radiation Protection and Measurements). 1984. Evaluation of Occupational and Environmental Exposures to Radon and Radon Daughters in the United States. NCRP Rep. No. 78. Bethesda, Md.: National Council on Radiation Protection and Measurements.

[196] NCRP (National Council on Radiation Protection and Measurements). 1989. Comparative Carcinogenicity of Ionizing Radiation and Chemicals. NCRP Rep. No. 96. Bethesda, Md.: National Council on Radiation Protection and Measurements.

[197] Neely, W.B. 1980. Chemicals in the Environment: Distribution, Transport, Fate, Analysis. New York: Marcel Dekker.

[198] Neely, W.B., and G.E. Blau, eds. 1985. Environmental Exposure from Chemicals, Vols. I and II . Boca Raton, Fla.: CRC Press.

[199] New York Department of Health. 1987. Biological Monitoring of School-Children in Middleport, N.Y., for Arsenic and Lead. New York Department of Health, New York.

[200] Nichols, A.L., and J.J. Zeckhauser. 1986. The dangers of caution: Conservatism in the assessment and the mismanagement of risk. Pp. 55-82 in Advances in Applied Micro-Economics: Risk, Uncertainty, and the Valuation of Benefits and Costs, Vol. 4 , V.K. Smith, ed. Greenwich, Conn.: JAI Press.

[201] NRC (National Research Council). 1970. Evaluating the Safety of Food Chemicals: Report of the Food Protection Committee. Washington, D.C.: National Academy Press.

[202] NRC (National Research Council). 1972a. Water Quality Criteria 1972. EPA Ecological Research Series, EPA-R3-73-033. Washington, D.C.: U.S. Environmental Protection Agency.

[203] NRC (National Research Council). 1972b. The Effects on Populations of Exposure to Low Levels of Ionizing Radiation (BEIR I). Washington, D.C.: National Academy Press.

[204] NRC (National Research Council). 1975. Principles for Evaluating Chemicals in the Environment. Washington, D.C.: National Academy Press.

[205] NRC (National Research Council). 1977. Drinking Water and Health, Vol. 1 . Washington, D.C.: National Academy Press.

[206] NRC (National Research Council). 1980a. Problems in risk estimation. Pp. 25-65 in Drinking Water and Health, Vol. 3 . Washington, D.C.: National Academy Press.

[207] NRC (National Research Council). 1980b. Principles of Toxicological Interactions Associated with Multiple Chemical Exposures. Washington, D.C.: National Academy Press.

[208] NRC (National Research Council). 1980c. The Effects on Populations of Exposure to Low Levels of Ionizing Radiation (BEIR III). Washington, D.C.: National Academy Press.

[209] NRC (National Research Council). 1983a. Risk Assessment in the Federal Government: Managing the Process. Washington, D.C.: National Academy Press.

[210] NRC (National Research Council). 1983b. Identifying and Estimating the Genetic Impact of Chemical Mutagens. Washington, D.C.: National Academy Press.

[211] NRC (National Research Council). 1984. Toxicity Testing, Strategies to Determine Needs and Priorities. Washington, D.C.: National Academy Press.

[212] NRC (National Research Council). 1986. Drinking Water and Health, Vol. 6 . Washington, D.C.: National Academy Press.

[213] NRC (National Research Council). 1987. Pharmacokinetics in Risk Assessment: Drinking Water and Health, Vol. 8 . Washington, D.C.: National Academy Press.

[214] NRC (National Research Council). 1988a. Complex Mixtures: Methods for In Vivo Toxicity Testing. Washington, D.C.: National Academy Press.

[215] NRC (National Research Council). 1988b. Health Risks of Radon and Other Internally Deposited Alpha-Emitters (BEIR IV). Washington, D.C.: National Academy Press.

[216] NRC (National Research Council). 1989. Part II. Mixtures. Pp. 93-181 in Drinking Water and Health. Selected Issues in Risk Assessment, Vol. 9 . Washington, D.C.: National Academy Press.

[217] NRC (National Research Council). 1990a. Tracking Toxic Substances at Industrial Facilities: Engineering Mass Balance Versus Material Accounting. Washington, D.C.: National Academy Press.

[218] NRC (National Research Council). 1990b. Health Effects of Exposure to Low Levels of Ionizing Radiation (BEIR V). Washington, D.C.: National Academy Press.

[219] NRC (National Research Council). 1991a. Human Exposure Assessment for Airborne Pollutants: Advances and Opportunities. Washington, D.C.: National Academy Press.

[220] NRC (National Research Council). 1991b. Seafood Safety. Washington, D.C.: National Academy Press.

[221] NRC (National Research Council). 1991c. Environmental Epidemiology. Public Health and Hazardous Wastes, Vol. 1 . Washington, D.C.: National Academy Press.

[222] NRC (National Research Council). 1991d. Opportunities in Applied Environmental Research and Development. Washington, D.C.: National Academy Press.

[223] NRC (National Research Council). 1993a. Issues in Risk Assessment: III. A Paradigm for Ecological Risk Assessment. Washington, D.C.: National Academy Press.

[224] NRC (National Research Council). 1993b. Issues in Risk Assessment: I. Use of the Maximum Tolerated Dose in Animal Bioassays for Carcinogenicity. Washington, D.C.: National Academy Press.

[225] NRC (National Research Council). 1993c. Issues in Risk Assessment: II. The Two-Stage Model of Carcinogenesis. Washington, D.C.: National Academy Press.

[226] NRC (National Research Council). 1993d. Guidelines for Developing Community Emergency Exposure Levels for Hazardous Substances. Washington, D.C.: National Academy Press.

[227] NRC (National Research Council). 1993e. Pesticides in the Diets of Infants and Children. Washington,

D.C.: National Academy Press.

[228] NRDC (Natural Resources Defense Council). 1989. Intolerable Risk: Pesticides in Our Children's Food. Washington, D.C.: Natural Resources Defense Council.

[229] OSHA (U.S. Occupational Safety and Health Administration). 1982. Identification, classification, and regulation of potential occupational carcinogens. Fed. Regist. 47(8):187-522 .

[230] OSHA (U.S. Occupational Safety and Health Administration). 1983. General Industry Standards: Subpart 2, Toxic and Hazardous Substances. 40 CFR 1910.1000(d)(2)(i).

[231] OSTP (Office of Science and Technology Policy, Executive Office of the President). 1985. Chemical carcinogens: A review of the science and its associated principles. Fed. Regist. 50(March 14):10371-10442 .

[232] OTA (Office of Technology Assessment). 1993. Researching Health Risks. Washington, D.C.: Office of Technology Assessment.

[233] Ott, W. 1981. Computer Simulation of Human Air Pollution Exposures to Carbon Monoxide. Paper 81-57 .6 presented at the 74th Annual Meeting of the Air Pollution Control Association, Philadelphia, Pa.

[234] Ott, W. 1984. Exposure estimates based on computer generated activity patterns. J. Toxicol.-Clin. Toxicol. 21:97-128 .

[235] Ott, W., J. Thomas, B. Mage, and L. Wallace. 1988. Validation of the Simulation of Human Activity and Pollution Exposure (SHAPE) model using paired days from the Denver, Colorado carbon monoxide field study. Atmos. Environ. 22:2101-2113. Paustenbach, D. 1989. Health risk assessments: Opportunities and pitfalls. Columbia J. Environ. Law 14:379-410 .

[236] Perera, F.P. 1991. Perspectives on the risk assessment for nongenotoxic carcinogens and tumor promoters. Environ. Health Perspect. 94:231-235 .

[237] Perera, F.P., and P. Bofetta. 1988. Perspectives on comparing risks of environmental carcinogens. J. Natl. Cancer Inst. 80:1282-1293 .

[238] Pershagen, G. 1990. Air pollution and cancer. Pp. 240-251 in Complex Mixtures and Cancer Risk, H. Vainio, M. Sorsa, and A.J. McMichael, eds. IARC Scientific Publ. No. 104. Lyon, France: International

Agency for Research on Cancer.

[239] Pierson, T.K., R.G Hetes, and D.F. Naugle. 1991. Risk characterization framework for noncancer end points. Environ. Health Perspect. 95:121-129 .

[240] Portier, C.J. 1987. Statistical properties of a two-stage model of carcinogenesis. Environ. Health Perspect. 76:125-131 .

[241] Portier, C.J., and N.L. Kaplan. 1989. The variability of safe dose estimates when using complicated models of the carcinogenic process. A case study: Methylene chloride. Fundam. Appl. Toxicol. 13:533-544 .

[242] Portier, C.J., and L. Edler. 1990. Two-stage models of carcinogenesis, classification of agents, and design of experiments . Fundam. Appl. Toxicol. 14:444-460 .

[243] Preston-Martin, S., M.C. Pike, R.K. Ross, P.A. Jones, and B.E. Henderson. 1990. Increased cell division as a cause of human cancer. Cancer Res. 50:7415-7421 .

[244] Raabe, O.G., S.A. Brook, and N.J. Parks. 1983. Lifetime bone cancer dose-response relationships in beagles and people from skeletal burdens of 226 Ra and 90 Sr. Health Phys. 44(Suppl.1):33-48 .

[245] Reif, A.E. 1981. Effect of cigarette smoking on susceptibility to lung cancer. Oncology 38:76-85 .

[246] Reitz, R.H., A.L. Mendrala, and F.P. Guengerich. 1989. In vitro metabolism of methylene chloride in human and animal tissues: Use in physiologically based pharmacokinetic models. Toxicol. Appl. Pharmacol. 97:230-246 .

[247] Rhomberg, L., V.L. Dellarco, C. Siegel-Scott, K.L. Dearfield, and D. Jacobson-Kram. 1990. Quantitative estimation of the genetic risk associated with the induction of heritable translocations at low-dose exposure: Ethylene oxide as an example. Environ. Mol. Mutagen. 16:104-125 .

[248] Roberts, L. 1991. Dioxin risks revisited. Science 251:624-626 .

[249] Ruckelshaus, W.D. 1984. Managing risk in a free society. Princeton Alumni Weekly, March 7, pp. 18-23 .

[250] Russell, A.G 1988. Mathematical modeling of the effect of emission sources on atmospheric pollutant concentrations. Pp. 161-205 in Air Pollution, the Automobile, and Public Health, A.Y. Watson, R.R.

Bates, and D. Kennedy, eds. Washington, D.C.: National Academy Press.

[251] Saracci, R. 1977. Asbestos and lung cancer: An analysis of the epidemiological evidence on the asbestos-smoking interaction. Int. J. Cancer 20:323-331 .

[252] SCAQMD (South Coast Air Quality Management District). 1989. In-vehicle Characterization Study in the South Coast Air Basin. South Coast Air Quality Management District, El Monte, Calif.

[253] Schoeny, R., D. Warshawsky, and G. Moore. 1986. Non-additive mutagenic responses by components of coal-derived materials. Environ. Mutagen 8:73-74 .

[254] Schrader-Frechette, K.S. 1985. Risk Analysis and Scientific Method: Methodological and Ethical Problems with Evaluating Societal Hazards. Dordrecht, The Netherlands: D. Reidel Publishing.

[255] Seigneur, C., Constantinou, E., and T. Permutt. 1992. Uncertainty Analysis of Health Risk Estimates. Doc. No. 2460-009-510. Paper prepared for the Electric Power Research Institute, Palo Alto, Calif.

[256] Seinfeld, J.H. 1986. Atmospheric Chemistry and Physics of Air Pollution. New York: Wiley-Interscience.

[257] Sexton, K., and P.B. Ryan. 1988. Assessment of human exposure to air pollution: Methods, measurements, and models. Pp. 207-238 in Air Pollution, the Automobile, and Public Health, A.Y. Watson, R.R. Bates, and D. Kennedy, eds. Washington, D.C.: National Academy Press.

[258] Shoaf, C.R. 1991. Current assessment practices for noncancer end points. Environ. Health Perspect. 95:111-119 .

[259] Shubik, P. 1977. General criteria for assessing the evidence for carcinogenicity of chemical substances: Report of the Subcommittee on Environmental Carcinogenesis, National Cancer Advisory Board. J. Natl. Cancer Inst. 58:461-465 .

[260] Slovic, P. 1987. Perception of risk. Science 236:280-285 .

[261] Sobels, F.H. 1989. Models and assumptions underlying genetic risk assessment . Mutat. Res. 212:77-89 .

[262] Steenland, K., and M. Thun. 1986. Interaction between tobacco smoking and occupational exposures in the causation of lung cancer. J. Occup. Med. 28:110-118 .

[263] Stevens, J.B. 1991. Disposition of toxic metals in the agricultural food chain. 1. Steadystate bovine milk biotransfer factors. Environ. Sci. Technol. 25:1289-1294 .

[264] Sutherland, J.V., and J.C. Bailar III. 1984. The multihit model of carcinogenesis: Etiologic implications for colon cancer. J. Chronic Dis. 37:465-480 .

[265] Swift, M., D. Morrell, R.B. Massey, and C.L. Chase. 1991. Incidence of cancer in 161 families affected by ataxia-telangiectasia. N. Engl. J. Med. 325:1831-1836 .

[266] Switzer, P. 1988. Developing Empirical Concentration Autocorrelation Functions and Average Time Models. Paper presented at Workshop on Modeling Commuter Exposure, Aug. 17-19 , Research Triangle Park, N.C. Thilly, W.G., J. Longweel, and B.M. Andon. 1983. General approach to biological analysis of complex mixtures . Environ. Health Perspect. 48:129-136 .

[267] Thomas, J. 1988. Validating SHAPE in a Second City. Paper presented at Workshop on Modeling Commuter Exposure, Aug. 17-19 , Research Triangle Park, N.C.

[268] Trapp, S., M. Matthies, I. Scheunert, and E.M. Topp. 1990. Modeling the bioconcentration of organic chemicals in plants. Environ. Sci. Technol. 24:1246-1252 .

[269] Travis, C.C., and H.A. Hattemer-Frey. 1988. Uptake of organics by aerial plant parts: A call for research. Chemosphere 17:277-284 .

[270] Vaupel, J.W., and A.I. Yashin. 1983. The Deviant Dynamics of Death in Heterogeneous Populations. No. RR-83-1. Laxenburg, Austria: International Institute for Applied Systems Analysis.

[271] Vogel, F. 1992. Risk calculations for hereditary effects of ionizing radiation in humans. Hum. Genet. 89:127-146 .

[272] Walker, C., T.L. Goldsworthy, D.C. Wolf, and J. Everitt. 1992. Predisposition to renal cell carcinoma due to alteration of a cancer susceptibility gene . Science 255:1693-1695 .

[273] Wallace, L.A. 1987. The Total Exposure Assessment Methodology (TEAM) Study: Summary and Analysis, Vol. 1 . EPA-600-87/002a. Washington, D.C.: U.S. Environmental Protection Agency, Office of Research and Development.

[274] Wallace, L.A. 1989. Major sources of benzene exposure. Environ. Health Perspect. 82:165-169 .

[275] Warren, A.J., and S. Weinstock. 1988. Age and preexisting disease. Pp. 253-268 in Variations in Susceptibility to Inhaled Pollutants: Identification, Mechanisms, and Policy Implications, J.D. Brain, B.D. Beck, A.J. Warren, and R.A. Shaikh, eds. Baltimore, Md.: The Johns Hopkins University Press.

[276] Watanabe, K., F.Y. Bois, and L. Zeise. 1992. Interspecies extrapolation: A reexamination of acute toxicity data. Risk Anal. 12:301-310 .

[277] Weinstein, I.B. 1991. Mitogenesis is only one factor in carcinogenesis. Science 2251:387-388 .

[278] Weisburger, J.H. 1988. Cancer risk assessment strategies based on mechanisms of action. J. Am. Coll. Toxicol. 7:417-425 .

[279] Weisburger, J.H., and G.M. Williams. 1983. The distinct health risk analyses required for genotoxic carcinogens and promoting agents. Environ. Health Perspect. 50:233-245 .

[280] Weisel, C.P., N.J. Lawryk, and P.J. Lioy. 1992. Exposure to emissions from gasoline within automobile cabins. J. Expos. Anal. Care Environ. Epidemiol. 2:79-96 .

[281] Weschler, C.J., M. Brauer, and P. Koutrakis. 1992. Indoor ozone and nitrogen dioxide: A potential pathway to the generation of nitrate radicals, dinitrogen pentoxide and nitric acid indoors. Environ. Sci. Technol. 26:179-184 .

[282] Whitfield, R.G., and T.S. Wallsten. 1989. A risk assessment for selected lead-induced health effects: An example of a general methodology. Risk Anal. 9:197-207 .

[283] Whittemore, A.S., and A. McMillan. 1983. Lung cancer mortality among U.S. uranium miners: A reappraisal. J. Natl. Cancer Inst. 71:489-499 .

[284] Zannetti, P. 1990. Air Pollution Modeling: Theories, Computational Methods, and Available Software. New York: Van Nostrand Reinhold.

附录 A

风险评估方法：EPA 对于国家科学院问题的回应

免责声明

本文件主要由空气质量计划和标准办公室中污染物评估处的工作人员编写。其中一些描述了对未来风险评估过程和政策的回应，代表了空气质量计划和标准办公室作者的观点，并不一定代表 EPA 的政策。

问题1：EPA认为实施1990年《清洁空气法》对风险评估的要求是什么？

Ⅰ.A. 引言

《清洁空气法》（CAA）第三章中若干条文的实施需要制定并考虑风险和危害评估。每项实施活动的适当评估程度取决于各种因素。这些因素包括但不限于具体规定的目的、法定时间以及和其他条文的关系、数据的可用性和分析方法。下面几节描述了实施第三章的监管流程和时间，确定了评估和审查水平，并描述了包含与风险相关要求的条文。

Ⅰ.B. 实施第三章的监管流程和年表

第三章的规定包括两个主要步骤：将基于技术的排放标准应用于主要固定工业源类别，其次是评估剩余风险，并且在必要时制定进一步的标准以确保公共健康得到充分的安全保障。根据所列污染物的排放量确定受影响的排放源类别。必须公开排放源类别列表和监管议程。除了遵守以技术为基础的标准之外，还可以拓展到进行自愿减排，记录安装控制设施的问题，或最近安装的控制设施。在遵守基于技术的标准（最大可实现的控制技术或MACT）之后，EPA需要评估剩余风险，并在必要时发布进一步的标准。遵守和执行该法规是通过州一级的经营许可计划来实现的。图1总结了第三章中的监管计划的流程。

除了监管要求之外，第三章中还有一些研究需要按不同的时间表向国会提交报告。这些研究的时间和主要的监管事件如图2所示。

Ⅰ.C. 风险评估级别

表1简要概述了那些包含风险评估要素的第三章中的条文，其中包括与每个活动相关的分析级别和审查级别的分类。下面简要描述了这些内容。它们的使用，正如在过去、现在或未来的工作中所体现的那样，将展现在对问题2的回答中。

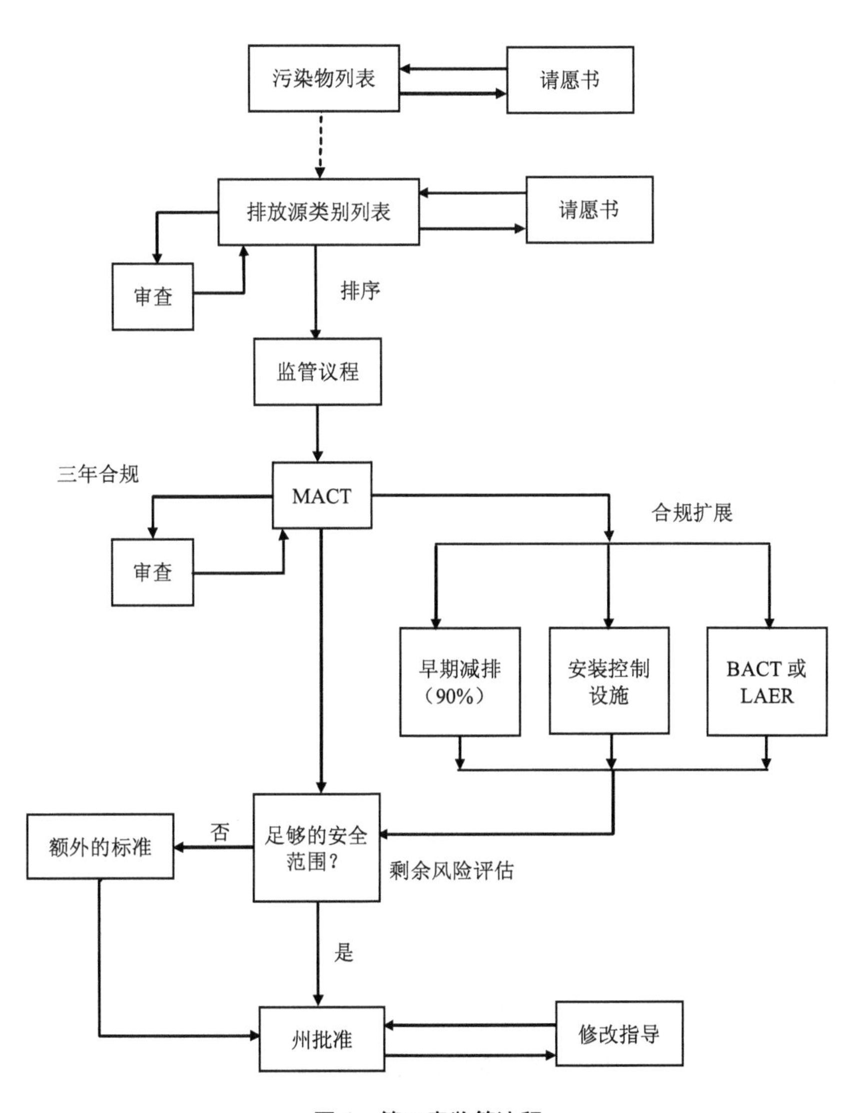
污染物列表
请愿书
排放源类别列表
请愿书
审查
排序
监管议程
三年合规
MACT
合规扩展
审查
早期减排
（90%）
安装控制
设施
BACT 或
LAER
额外的标准
否
足够的安全
范围？
剩余风险评估
是
州批准
修改指导

图 1　第三章监管流程

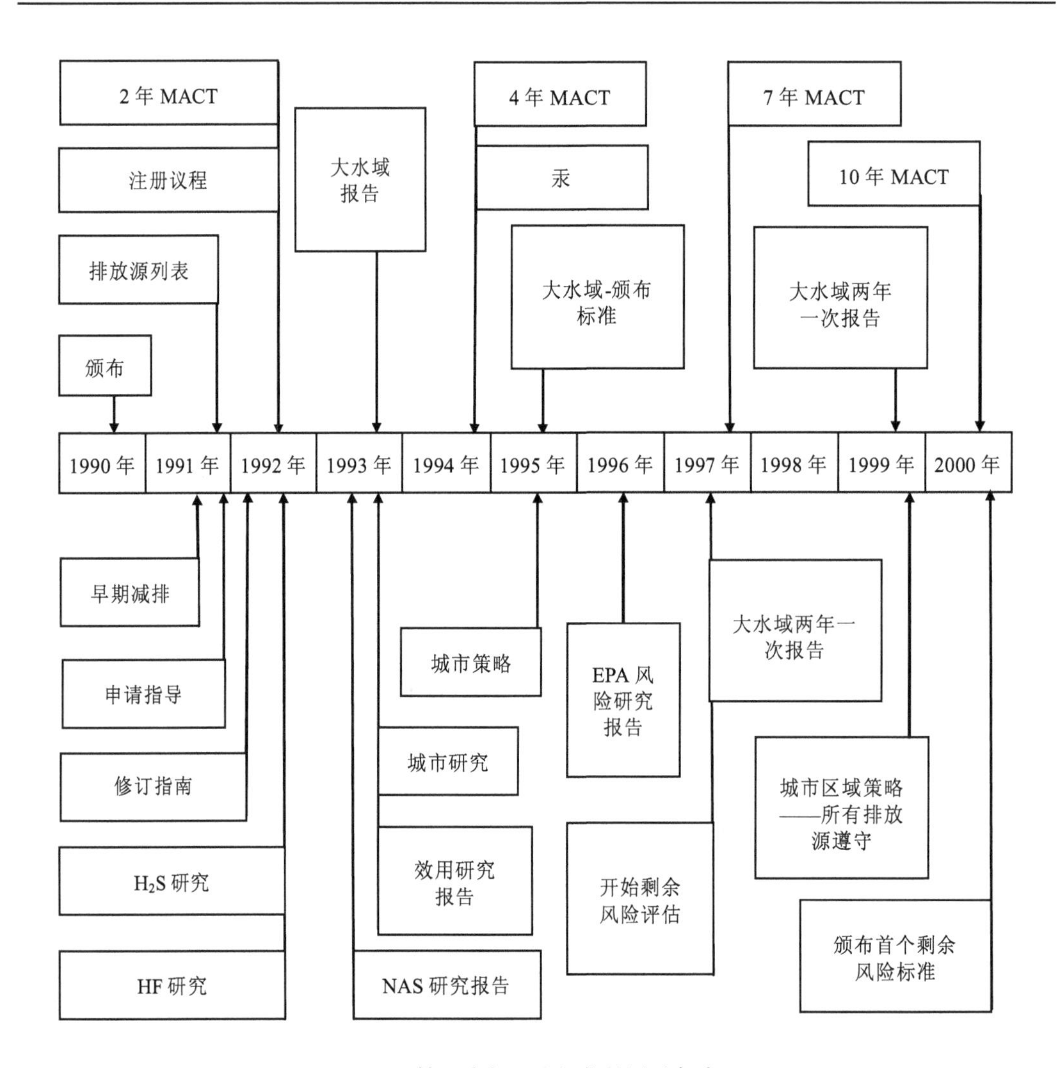

图2　第三章与风险相关的活动年表

表 1 CAA 第三章与风险相关的条文概述

法定引用/计划描述	法定截止日期	结果需要的数据	分析级别	审查级别
第 112（a）节较少数量排放率 —根据强度、持久性、生物累积潜力、污染物其他特征或者其他相关因素，修改首要排放源定义 —EPA 正在考虑的实施方案	—无明确截止日期	—识别关键健康影响的充足数据 —基于一般暴露模型评估风险 —考虑生物累积	RR	a，c，d
第 112（b）节污染物列入和清除列表 —EPA 自愿或者根据申请修改有害空气污染物（HAP）列表 —HAP 列入列表要求证明排放、环境浓度、物质生物累积或沉积已知或者预期会对人体健康或环境产生不利影响 —HAP 清除出列表需要提供相反的说明 —EPA 目前正在起草申请者指南	—列表的定期审查 —收到申请 18 个月内进行回应	—识别已知或者合理预期的不利影响 危害数据：足够识别关键效应 暴露数据：足够识别潜在暴露	RR	a，d，e
第 112（c）节排放源类别列表（清除列表） —EPA 自行或在接到申请后修改来源类别列表 —任何 I 类排放源导致的最大个人致癌风险不能大于 10^6 —非致癌风险：必须以“充足的安全范围”保护公众 —包括考虑环境影响 —EPA 目前正在起草申请者指南	—12 个月内拟定列表；列表建议 6/91 —收到申请 12 个月内进行回应	—识别上述效应和暴露 —使用数据需求不断增加的分层方法来评估潜在暴露	QRA	a，d
第 112（e）节排放源类别列表（计划表） —确定在 2 年、4 年、7 年或者 10 年内颁布的标准所涵盖的类别 —优先考虑已知或预期的健康和环境影响、排放源的数量和位置、潜在分类	—公布计划表，1992 年 11 月	—利用使用现有的效应和暴露数据的筛选评估来估计排放源类别的相对排名	RR	a，d
第 112（f）节剩余风险 —实施第 112 节（d）颁布的控制技术标准后，评估与排放有关的风险 —EPA/卫生局局长报告对用于评估健康风险、剩余风险的重要性、额外控制方案和相关成本、分析有关的不确定性和推荐的立法变更的方法评估 —如果国会不按照推荐的立法变更采取行动，那么默认使用以前的方法（例如，苯决策）	—EPA/卫生局报告，1996 年 11 月 —在第 112（d）标准生效后的 8 年内颁布其他标准	—利用定量的暴露和剂量—反应来表征影响 —考虑个人和人群风险	QRA	a，d，e

法定引用/计划描述	法定截止日期	结果需要的数据	分析级别	审查级别
第 112（g）节修订 —基于考虑到阈值和无阈值效应的诱发健康效应的潜力来识别 HAPs 的相对排序 —评估排放补偿时要考虑排序 —建立最低标准	—指南，1992 年 5 月	—使用现有的效应数据进行排序以评估 HAPs 的相对毒性，并建立最低标准	HR	a，c，d，e
第 112（i）节早期减排计划 —允许扩展对控制技术标准的合规 —特别考虑“高毒性”污染物	—提出规则，1991 年 6 月 —最终规则，1992 年春天	—如上述较小数量排放速率计划一样，建立高毒性污染物计划	HR	a，c，d，e
第 112（k）节城市区域排放源计划 —针对城市地区 HAPs 的排放源制订研究计划 —识别至少 30 种 HAPs，以及对城市公众造成最大威胁的相关排放源类别 —制定国家政策，包括至少 90%的已识别的 HAP 排放源，减少至少 75%的癌症发生率	—向国会报告研究活动，1993 年 11 月 —向国会报告国家策略，1995 年 11 月 —实施政策，使排放源合规，1999 年	—利用环境监测数据和估计排放量的模型来分析城市暴露 —识别关键影响和剂量—反应关系的充足的数据	RR，QRA	a，b，c，c（d，根据需要）
第 112（m）节大水域（great waters）研究 —调查 HAPs 的大气沉降对五大湖、切萨皮克湾、尚普兰湖、沿海水域的影响 —制定必要的规章制度，防止对健康和环境产生不利影响	—建立大水域监测网络，1991 年 12 月 —向国会报告，1993 年 11 月 —颁布额外的监管措施，1995 年 11 月	—识别关键 HAPs、潜在暴露和关键影响所需的充足数据 —需要考虑的关键参数包括：环境持久性、生物累积潜力、描述大气排放与其他排放源排放的贡献	RR，QRA	a，b，c，c（d，如果有必要）
第 112（n）节电力公用事业研究 —评估在第Ⅳ章（酸雨）规定实施后，与电动蒸汽发电机组排放的 HAPs 有关的健康风险 —如果需要的话，报告替代控制策略	—向国会报告，1993 年 11 月	—识别关键的 HAPs 及其风险、潜在和初始效应所需的充足的数据 —评估个人和人群风险	QRA	a，b，c
第 112（n）节汞的 NIEHS 研究 —建立汞的阈值浓度	—向国会报告，1993 年 11 月	—与建立汞的阈值浓度相关的充足的危害和剂量—反应数据	HA	b，c（有可能的话）

法定引用/计划描述	法定截止日期	结果需要的数据	分析级别	审查级别
第 112（n）节汞研究 —评估从公共设施、城市垃圾燃烧和其他排放源排放的汞	—向国会报告，1994 年 11 月	—识别健康和环境影响	RR	a，b
第 112（n）节硫化氢研究 —评估与开采石油和天然气的排放有关的公众健康和环境危害 —根据需要，制定和实施控制策略	—向国会报告，1992 年 11 月	—健康和环境影响方面充足的证据 —关于石油和天然气行业排放的充足的数据	RR	a，b （d，根据需要）
第 112（n）节氢氟酸研究 —评估 HF 排放的包括最严重的意外排放在内的潜在健康和环境危害 —适当时提供减少危害的建议	—向国会报告，1992 年 11 月	—关于健康和环境影响的充足的证据 —充足的排放数据和事故性排放事件的可能性	RR	a，b （d，根据需要）
第 112（o）节国家科学院研究 —审查 EPA 的风险评估方法 —探索改进当前方法的机会	—向国会报告，1993 年 5 月	—委员会认为有关的所有数据		e
第 112（r）节事故性排放计划 —识别主要污染物（≥100）以及相关的阈值数量 —包括污染物申请程序 —建立化学品安全委员会 —制订监管计划	—向国会报告危害评估的使用情况，1992 年 5 月 —颁布污染物清单和阈值数量，1992 年 11 月 —向国会报告监管建议，1992 年 11 月	—识别潜在的死亡、受伤、严重不良影响	QRA	a，d，e

注：1. 分析级别：HA，危害评估；HR，危害排序；RR 风险排序；QRA，定量风险评估，如Ⅰ.C 节所述。
2. 审查级别，如Ⅰ.D 节所述。

a．问题界定：问题界定活动通常包括界定研究范围，以广泛评估空气毒性物质问题的严重程度。

b．危害评估：危害评估是评估某种物质对人类健康或环境的潜在影响。它包括评估现有的效应数据以及其他信息，例如环境归趋、生物累积潜力和识别敏感亚群。

c．危害排序：危害排序是对单个污染物的危害评估中确定的信息进行相对比较。这类分析的目的是对公众健康或环境造成类似危害的污染物进行排序或分类。

d. 风险排序：风险排序是综合考虑排放或暴露信息以及健康影响数据情况下的比较排序。根据具体项目的需要，数据的质量可能会有所不同。

e. 定量风险评估：定量风险评估是对个人和人群风险的定量表征。它通常是针对单个排放源进行，但是其结果也可能跨行业排放源类别进行聚合。这一级别的分析需要广泛的数据收集和分析资源。

Ⅰ.D. 风险评估审查要求

用于实施空气有毒物质项目的评估和方法，都要经过一系列内部和外部的审查程序。审查的级别会有所不同，但是通常分为一个或者多个类别。第三章中每个实施活动的审查级别见表 1，并且在下面进行了详细说明。需要注意的是，风险评估中的各个组成要素可能有正式的同行评审。例如，危害评估文件总是要经过外部同行评审。

a）内部审查：通常是由 EPA 技术和科学人员、监管者和高级管理人员进行审查。它也可能包括机构层面的委员会审查，如风险评估论坛（Risk Assessment Forum，RAF）或者风险评估委员会（Risk Assessment Council，RAC）的审查。在监管和方法建立的所有阶段都涉及内部审查。

b）个人外部审查：这个审查由机构外、该领域的专业人士进行。

c）小组外部审查：这个审查是专家、有关团体或受影响组织的代表通过举行研讨会或会议进行的。

d）公众审查：作为正式规则制定过程的一部分，其包括公众对所有支持文件的审查，并在《联邦公报》上公布一项拟议的规则之后进行。

e）正式外部审查：这是由常设咨询委员会，例如 EPA 的科学咨询委员会（SAB）、国家科学院（NAS）、国家空气污染物控制技术咨询委员会（National Air Pollution Control Techniques Advisory Committee，NAPCTAC）进行的[①]。

---

① NAPCTAC 是一个由工业、环保团体以及州和地方机构的代表组成的委员会，根据 CAA 第 117 条建立。NAPCTAC 的重点是审查在制定排放标准时考虑的控制技术替代方案，其作用已经扩大到与实施第三章有关的其他领域。

Ⅰ.E. 第三章中与风险相关的条文

第三章中的若干条文包含了对风险或危害评估的要求，表 1 对其进行了总结。表中所列的分析和审查级别对应上述讨论的级别。表中使用的代码在表格最后一页的注释中进行了说明。

Ⅱ. 问题2：针对这些或类似的风险评估要求，EPA在过去做了什么？为什么 EPA 要采取这些行动？

Ⅱ.A 引言

以下部分介绍了特定活动中的风险评估框架。第一部分简要描述了这些活动，后续部分提供了过去、现在或计划的评估的实例。

Ⅱ.B 一般讨论

EPA 在进行风险评估时采用的方法，符合美国国家科学院的国家研究委员会于 1983 年提出的框架。这一评估过程在《联邦政府中的风险评估：过程管理》中进行了描述，并且其确定了风险评估包括以下四个组成要素中的一个或多个：危害识别、剂量—反应评估、暴露评估和风险表征。

根据 NRC 的建议，EPA 颁布了几个风险评估指南，涉及致癌性、发育毒性、化学混合物评估、生殖毒性、暴露评估和致突变性等领域。EPA 正在继续制定各种指南以解决各种问题，包括评估非致癌效应的风险评估方法，例如讨论免疫毒性和呼吸道毒性的指南。

以下部分讨论了制定风险评估指南的过程，并且举例说明了 EPA 在处理风险评估过程中的四个组成要素方面付出的努力。例如，在危害评估文件中纳入危害识别和剂量—反应评估的步骤。

Ⅱ.B.1 风险评估指南的制定

EPA 已经颁布了涉及风险评估中各方面的指南，以确保机构对环境污染物进行一致的评估。制定机构层面的风险评估指南的过程是一个将科学现状与内部和外部的专业知识结合起来的、多年的过程。这个过程如图 3 所示。这些指南有两个目的：（1）指导 EPA 科学家进行风险评估；（2）将这些过程告知 EPA 决策者和公众。EPA 风险评估指南中提出的原则，适用于该机构所考虑的所有基于风险的决策。

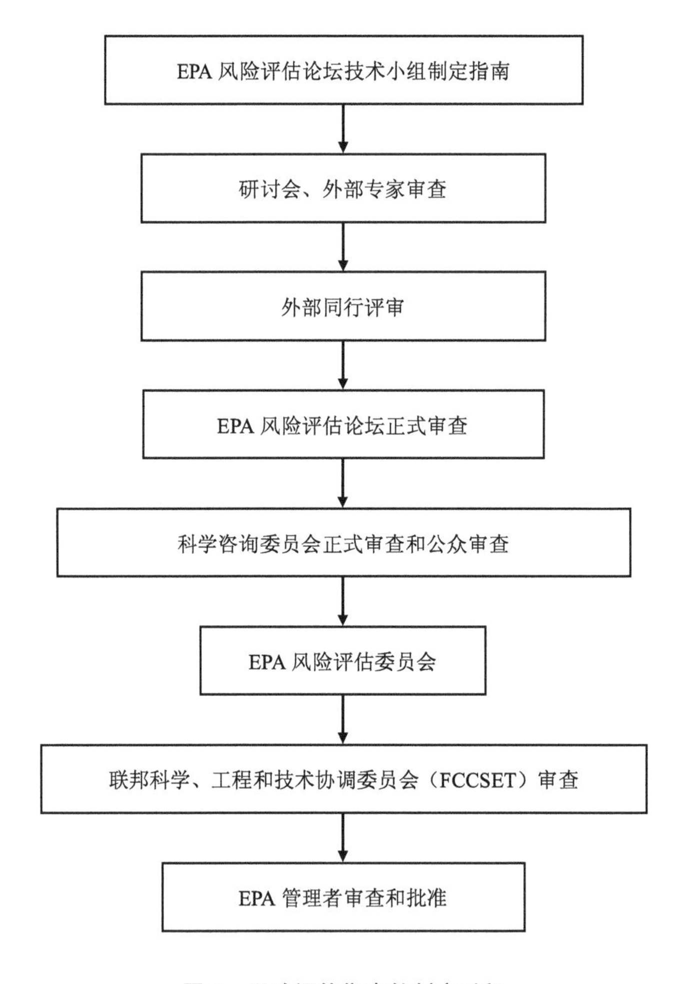

图 3　风险评估指南的制定过程

这些指南的重点是，风险评估应当是在具体案例基础上，考虑了所有相关信息的情况下进行的。所考虑的信息包括：满足风险管理者需求的分析水平、数据的可用性以及现有的合理解释科学数据的方法。指南还强调了有必要清楚地阐明每项风险评估的科学依据和基本原理及其相关的优点和缺点。此外，还必须对风险评估的不确定性、假设和局限性进行描述。

Ⅱ.B.2 危害评估文件的编制

危害评估文件（Hazard Assessment Documents，HADs）是根据 EPA 空气质量计划和标准办公室（OAQPS）的要求制定的，以提供 20 世纪 80 年代《清洁空气法》第 112 节所列的 30 多种物质的健康信息。1982 年，EPA 组建了研究和开发办公室（ORD），目的是制订一项编制危害评估文件的计划。他们专门负责确定文件的范围和内容、编制文件和同行审议的程序，以及在预期时间内编制文件时间安排和所需的资源。

该文件最直接的目的是满足 OAQPS 的要求，即通过对所有相关的健康文献和数据进行评估，以确定在环境空气浓度下暴露于化学品是否会对人类健康产生重大影响。委员会同意应当重点关注与空气有关的健康问题，但是也会考虑到其他 EPA 项目办公室会使用这些文件，所以要求在文件中要包括多介质评估。每个文件的内容将包括：

- 物理化学特性；
- 人为、自然排放源以及排放量；
- 环境分布和测量，包括测量技术、迁移和归趋、环境浓度和暴露（多介质）；
- 生态影响；
- 生物沉降、代谢和药代动力学；
- 健康影响的毒理学概述；
- 特定的健康影响，即致突变性、致癌性以及其他非致癌健康影响；
- 协同作用和拮抗作用；
- 健康风险信息。

根据之前的成果，文件的制定采用多层级的评估方法，依次进行更详细和更广泛的评估。每个层级上的结果都将由 OAQPS 审查，并连同 OAQPS 得出的暴露评估信息一起考虑，以确定进一步、更加详细的评估的必要性。该过程如图 4 所示。

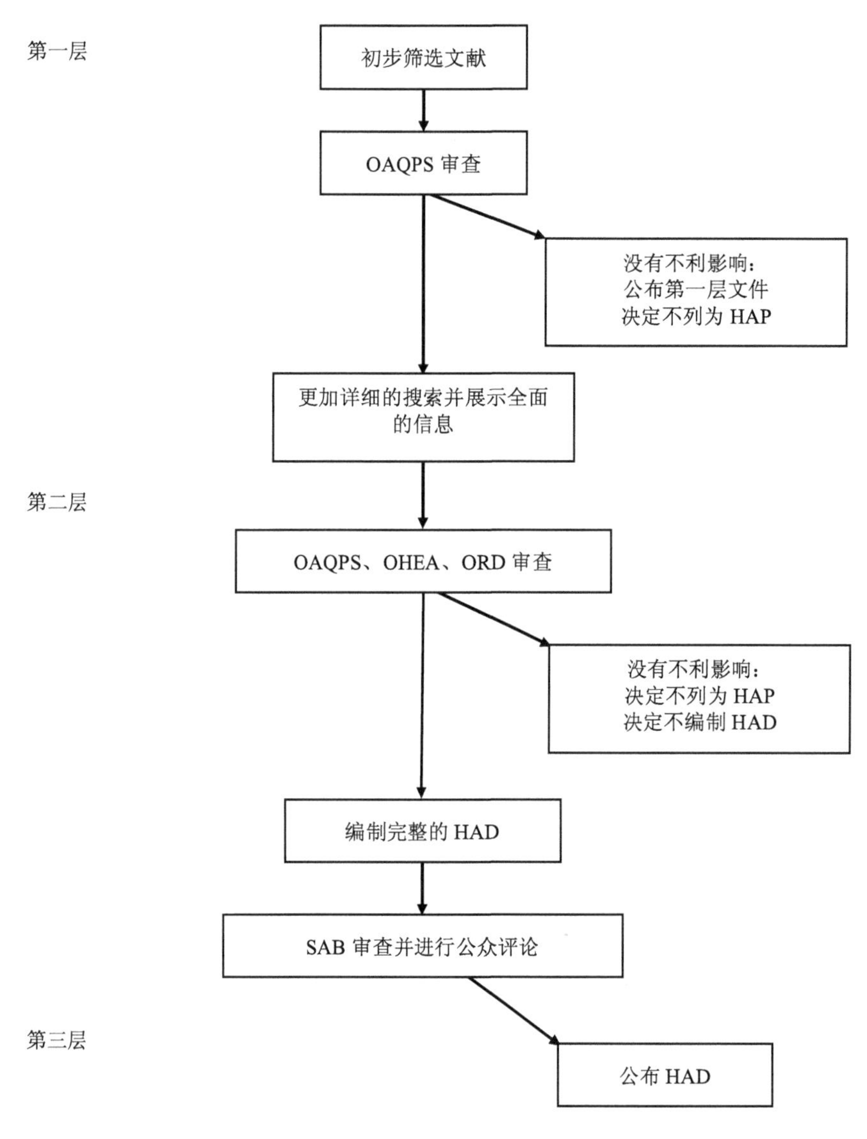

图 4　危害评估文件的编制

Ⅱ.B.3 暴露方法

首次对有害空气污染物（Hazardous air pollutants，HAPs）进行系统的暴露评估，是由于 1970 年《清洁空气法》中要求识别和列出有害空气污染物（HAPs），并且颁布这些有害空气污染物的排放标准。为了协助这些评估，OAQPS 开发了人体暴露评估模型（HEM），以便于在识别和评估 HAPs 候选物质时用作筛选模型。这一作用在 20 世纪 80 年代初扩大到用于对与 HAPs 固定排放源相关的健康风险（主要是癌症）进行更加详细的定量评估。

1986 年，EPA 颁布了暴露评估指南。制定该指南是为了协助未来的评估活动，并且促使改进那些需要或受益于使用暴露评估的 EPA 项目。指南的制定者也试图提高机构进行的各种暴露评估活动的一致性。指南认为暴露评估的主要目的是为风险表征提供可靠的暴露数据或估计值。由于风险表征需要联合暴露信息和毒性或效应信息，所以暴露评估过程应当与效应评估相协调。OAQPS 将这一重要考虑解释为在暴露评估的不确定性和影响评估的不确定性之间取得平衡，也就是说，定量毒性评估需得到定量暴露评估的支持。1991 年，EPA 修订了暴露评估指南，大幅更新了以前的指南。新的指南纳入了 1986 年以来暴露评估领域的进展，包括以前的工作和以前没有涵盖的主题。EPA 将会审查 HAPs 的暴露评估过程，以确保与新指南的一致性。图 5 展示了该过程。

Ⅱ.B.4 风险表征和不确定性处理

EPA 需要继续解决的问题之一是，表征和向各种受众（包括机构风险管理者、州和地方空气污染控制机构、公众、受影响行业、环境团体和其他相关方）传达估计的风险及其不确定性。OAQPS 传统上按照来源类别在全国范围内进行风险表征，而不是呈现每个排放点或设施所构成的风险。20 世纪 80 年代初期，风险评估主要用于对排放源类别进行排序（根据估计的潜在风险）。但是随着风险评估经验的积累，以及风险管理者需要更多的信息以作出更加明智的决策，针对排放源类别的分析逐渐演变为针对每个工厂，以及在某些情况下，针对每个排放点的分析。

风险表征过程结合了危害识别、剂量—反应评估和暴露评估的结果。在评估 HAPs 时，EPA 审查了可用的信息，并且确定了可能使用这些数据进行风险评估的最适当的水平。这些数据一般分为四类：（1）来源和排放；（2）污染物从排放源输送到目标人群；（3）目标人群的暴露情况；（4）暴露引起的不利影响。根据数据的数量和质量，风险评估可以是定性和/或定量的。

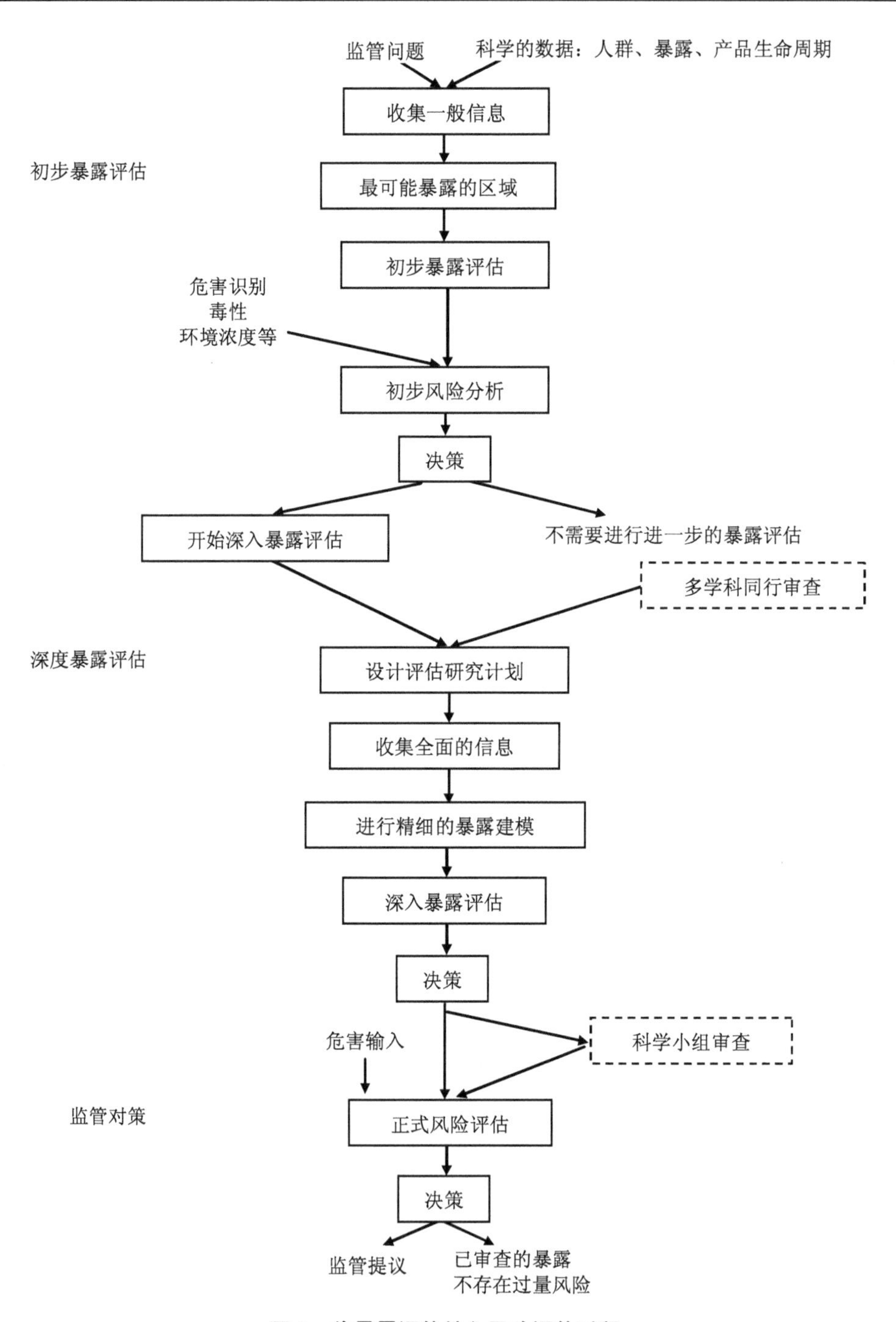

图 5　将暴露评估纳入风险评估过程

定性风险评估包括对现有数据库以及污染物对人群产生影响的可能性的分析。这个评估可能涉及将数据分为不同证据权重类别，并且将考虑对暴露人群预期影响的严重性。

定量致癌风险评估经常以三种形式展现信息：（1）估计的人群风险，以年平均发病率表示；（2）最高个人终身风险；（3）暴露人群中个人风险的分布，即在不同风险区间（例如，10^{-4}、10^{-5}、10^{-6}）内的个体数量。

对非致癌风险的评估通常是将估计得到的环境水平与参考水平相比较。例如，发育毒性的风险可以通过比较这种效应的参考剂量（RfDDT）和人体暴露估计量来推断，或者通过计算暴露限值（margin of exposure，MOE）。RfDDT 是将不确定因素应用于未观察到有害作用剂量（NOAEL）（或者观察到的最低有害作用剂量，LOAEL）而得出的，它与 RfD 不同，因为前者是基于短时间的暴露而不是慢性暴露。从最合适或最敏感物种得到的 NOAEL 与估计的人类暴露水平的比值即为 MOE，其与对证据权重（WOE）分类的讨论一起展示。WOE 整合了所有相关研究的信息，并且代表了基于集体数据库对暴露于特定物质对人类构成风险的可能性作出的判断。由于该机构假设存在效应的阈值，因此将一种物质置于特定的 WOE 类别，如“人类发育毒性的充分证据”中，并不意味着其在任一剂量下都会产生毒性。附录 A 提供了有关 EPA 发育毒性风险评估指南的更多信息。

随着非致癌风险评估领域的工具的发展以及现有数据库的扩展，有可能出现类似于对潜在致癌风险进行分析的定量风险评估。应当注意，在给出定性或定量的风险评估时，必须同时说明与分析有关的局限性，包括伴随的假设和不确定性。

由于风险管理者寻求用于决策的尽可能多的信息，人们更加重视对不确定性的表征。与风险评估过程相关的主要不确定性可以分为三个方面：健康影响量化方面的不确定性；模拟 HAPs 排放后的大气扩散的不确定性；人群暴露评估的不确定性。与健康影响量化相关的不确定性，来自使用线性多阶段模型来评估致癌强度、从高剂量外推到低剂量、从动物外推到敏感人群以及在多种暴露途径之间的推断。一个关键的需求是扩展我们对影响外推假设有效性的相关物理、化学、生物学机制的理解。与大气扩散模型相关的不确定性来自排放速率、气象和地形信息以及假设的烟囱参数和位置与实际值之间的关系的不确定性。人群暴露评估中的不确定性，是由暴露人群的位置和活动模式的不确定性、在每个微环境中的实际暴露时间的不确定性以及不同暴露情况之间外推的不确定性引起的。附录 P 包括一个图表，说明了苯排放评估中几个暴露参数的预期不确定性程度。EPA 为减少这些方面的不确定性而开展的活动在“暴露和风险评估方法的演变”一节（II.D.6）中进行说明。

Ⅱ.B.5 过去和现在的风险评估的区别

新的 CAA 扩大了空气中有毒物质的监管范围。所以，对每一级别的评估的期望都有所增加。例如，危害评估和危害排序目前更加注重危害的相对影响和强度。对暴露信息和排放数据的需求也在增加。例如，根据超级基金修正案和再授权法案（Superfund Amendments and Reauthorization Act，SARA）第 313 节建立的有毒物质排放清单（TRI）数据库，包含多种 HAPs 的排放数据，但是这些数据通常不足以支持定量风险评估。数据库也是有限的，因为它只涵盖某些行业类型，并且只适用于相对较大的工厂。虽然这类信息在过去可能有助于界定一个问题或得出粗略的暴露估计值，但是不足以进行定量风险评估。

CAA 需要解决的问题和需求不仅仅是数据问题。必须根据新的立法重新审查过去的评估程序。与确定剩余风险相关的需求给定量风险评估带来了额外的关注。其中的一些问题是：

- 评估来自多种污染物的剩余风险而不是来自某一类排放源中的单个污染物
- 确定适当的方法来评估最大暴露个体的风险
- 评估慢性非致癌风险
- 确定少于长期暴露的暴露，特别是急性暴露
- 在风险评估过程中考虑人口流动和活动模式
- 识别敏感人群
- 评估生态风险

虽然这些困难不是新的问题，但是 1990 年的 CAA 对这些问题给予了更大的关注。

Ⅱ.C 过去评估的例子

Ⅱ.C.1 问题界定

考虑到癌症和非癌症终点，暴露于 HAP 可能会导致各种不利的健康影响。为了更好地理解有害空气污染物暴露的“全貌”，EPA 于 20 世纪 80 年代开展了广泛的筛选研究，以评估这些污染物的排放以及对人体健康的相关影响。

其中一项题为“户外暴露于空气有毒物质的致癌风险”（附录 B）的研究，评估了与有害空气污染物暴露有关的潜在致癌风险的大小和性质。该研究最初在 1985 年进行，并且在 1990 年进行了更新，该工作广泛地评估了对 HAP 的长期暴露，以及与这些污染物相关的潜在致癌风险。根据最新的分析结果，由于对 HAP 的暴露，癌症病例每年增加 1 700～2 000 例。这些病例中大约 40%与来自固定源和移动源的排放有关。另外，最大个体致癌风险在几个地方的估计值超过千分之一。

Ⅱ.C.2 危害评估

EPA 的指南所定义的危害评估是对一种化学物质的毒性及其可能引起不利健康和环境影响的评估。它至少需要搜集科学文献并评估数据的数量和质量，包括剂量—反应数据的可用性。

对数据的定性评估包括评估现有的人类、动物和体外证据来确定一种化学物质在人类或其他暴露群体中引起不利影响的可能性。这类信息通常在证据权重分类方案的框架内进行审查。

如果有足够的定量数据，那么就可以进行剂量—反应评估。对于致癌物，EPA 传统上利用单位风险估计（Unit Risk Estimates，UREs）来表示剂量与致癌反应之间的关系。在低剂量线性假设下，URE 是对由于连续暴露于单位浓度（例如，吸入使用μg/m^3）而产生的超额终身风险的估计。对于非致癌物，有限的数据和风险评估方法只能确定效应水平而不能定量表示这些数据。

除了毒性数据外，危害评估中通常包含的其他信息有：某种化学物质的环境归趋、迁移或者在环境中的持久性。如果数据充足，那么危害评估将说明化学物质的毒性、潜在的健康和环境风险，以及相关的化学特性。实际上，HADs是最好的例证（见第Ⅱ.B.2节的讨论）。HADs包含了上面列出的所有信息。这些文件也要经过EPA的科学咨询委员会的同行评审（图4）。根据之前的第112节，这类评估是决定将化学物质列为HAPs的主要依据。

Ⅱ.C.3 危害排序

没有进行危害排序的先例。做过的排序是使用排放数据而不是毒性数据，在很大程度上，它们缺乏足够的强度数据来进行适当的排名。

Ⅱ.C.4 风险排序

图6说明了在通过1990年《清洁空气法》修正案之前，用于识别HAPs的过程。20世纪80年代中期，EPA修改了这个过程，在根据CAA第112节将化学品实际列入列表之前，先将其加入“意向列入”程序。表2列出了EPA在这段时间内正式评估的污染物，以及继续分析（意向列入）或停止分析（不进行监管）的决定。刊登在《联邦公报》上的公告的例子，见附录C。

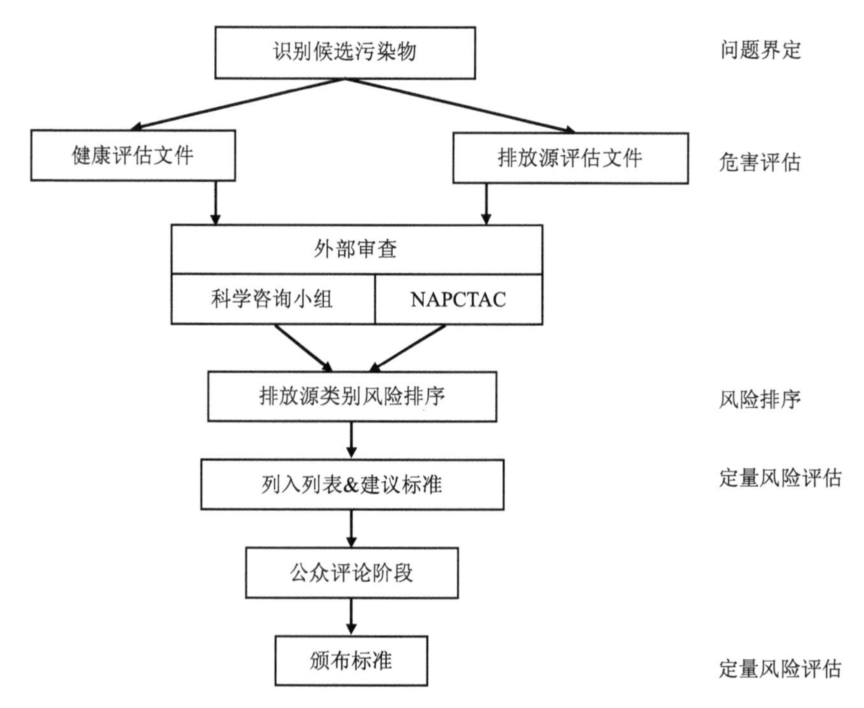

图6 有害空气污染物的识别、评估和监管

表 2　1984—1987 年有害空气污染物决策

污染物	行动	引用
丙烯腈	州推荐	50FR24319；1985 年 6 月 10 日
1,3-丁二烯	意向列入	50FR41466；1985 年 10 月 10 日
镉	意向列入	50FR42000；1985 年 10 月 16 日
四氯化碳	意向列入	50FR32621；1985 年 8 月 13 日
氟氯烃 113	不监管	50FR24313；1985 年 6 月 10 日
氯化苯	不监管	50FR32628；1985 年 8 月 13 日
氯仿	意向列入	50FR39626；1985 年 9 月 27 日
氯丁二烯	不监管	50FR39632；1985 年 9 月 27 日
铬	意向列入	50FR24317；1985 年 6 月 10 日
焦炉排放	列出公告	49FR36560；1984 年 9 月 18 日
铜	不监管	52FR5496；1987 年 2 月 23 日
环氧氯丙烷	不监管	50FR24575；1985 年 6 月 11 日
二氯乙烷	意向列入	50FR41994；1985 年 10 月 16 日
环氧乙烷	意向列入	50FR40286；1985 年 10 月 2 日
六氯环戊二烯	不监管	50FR40154；1985 年 10 月 1 日
锰	不监管	50FR32627；1985 年 8 月 13 日
甲基氯仿	不监管	50FR24314；1985 年 6 月 10 日
二氯甲烷	意向列入	50FR42037；1985 年 10 月 17 日
城市垃圾燃烧排放	提前通知拟议规则制定	52FR25399；1987 年 7 月 7 日
萘	不监管	53FR9138；1988 年 3 月 1 日
镍	不监管	51FR34135；1986 年 9 月 25 日
全氯乙烯	意向列入	50FR52880；1985 年 10 月 26 日
		*51FR7719；1986 年 3 月 5 日
苯酚	不监管	51FR22854；1986 年 6 月 23 日
多环有机物	不监管	49FR31680；1984 年 8 月 8 日
甲苯	不监管	49FR22195；1984 年 5 月 25 日
三氯乙烯	意向列出	50FR52422；1985 年 10 月 23 日
		*51FR7714；1986 年 3 月 5 日
偏二氯乙烯	不监管	50FR32632；1985 年 8 月 13 日
锌/氧化锌	不监管	52FR32597；1987 年 8 月 28 日

注：*说明通知。

Ⅱ.C.5 定量风险评估：苯的监管：1977—1989年

注：以下各节以苯的监管为主要例子，概述了在旧版的第112节下基于风险的决策的发展。该部分有多个附录，这些附录提供了这一时期决策文件以及简要材料的例子。

引言

1977年6月，EPA根据第112节将苯列为HAP。在接下来的12年里，在连续6位管理者的带领下，空气计划一直与已知的、且健康影响阈值无法确定的人类致癌物的监管做斗争，并被要求为公众健康提供充分的保障。在此期间，苯成为对法定语言的一系列程序性解释和重新解释的实验案例，最终1987年华盛顿特区上诉法院提出氯乙烯意见书（NRDC诉美国EPA，1987年7月28日），并且在1990年《清洁空气法》修正案中修订了该法规。

苯的监管也跨越了一个时期，在此期间，定量估计暴露于空气中致癌物的风险的方法不断发展，而这种评估在决策过程中的适当作用也在EPA的内部和外部引起了激烈的争论。由于这些原因，苯代表了定量风险评估及其在确定第112节下的适当控制水平的应用的一个有趣并且具有启发性的案例研究。根据第112节，EPA的监管政策年表见图7。

年份		方法
1971	石棉	“无可见的排放”
	铍	最佳技术
	汞	环境准则
1974—1975	氯乙烯	最佳可用技术（BAT）
1977—1981	苯/致癌物政策	BAT/超越BAT
1983—1984	风险管理	衡量所有因素
1987	氯乙烯意见	“安全”/充足的安全范围
1988	苯提案	“构建讨论框架”
1989	苯颁布	“模糊的界限”
1990	CAA修正案	现在的MACT/之后的剩余风险

图7 第112节监管政策制定年表

苯和空气致癌物政策（1977—1983年）

EPA 在 1977 年将苯列为一种 HAP，因为越来越多的证据表明职业暴露与急性髓性白血病发病率增加之间存在关联（附录 D—苯列表）。在将苯列入 HAP 之前，EPA 已经根据第 112 节监管了四种污染物：1971 年的石棉、铍、汞和 1974—1975 年的氯乙烯。由于缺少评估致癌风险的程序，最初的石棉标准是基于“无可见的排放”。铍还没有被确定为致癌物（值得关注的是铍中毒的影响），汞的毒性效应是根据环境空气准则处理的，同时考虑了其他途径的暴露（如摄入）。

直到 1974 年氯乙烯被列为 HAP，定量技术在 EPA 内不断发展。在颁布氯乙烯排放标准的同时，EPA 粗略地估计了血管肉瘤的发生率，但是被认为不确定性太大以至于不能用于决策当中。氯乙烯的标准主要是基于最佳可用控制技术（BAT）。

1976 年 5 月，EPA 发布了第一个致癌性指南（附录 E—可疑致癌物的健康风险和经济影响评估）。在将苯列为 HAP 之后的第二年，EPA 宣布进行苯的健康风险评估，并表明在判断“可以并且应当要求的控制程度”时要考虑“公众的相对风险”。这一包含苯的原始单位风险估计值的风险评估在 1979 年 1 月发表（附录 F—苯的人群风险）。

定量方法的出现以及第 112 节中更激进的计划的外部压力，导致 EPA 制定空气致癌物政策。该政策于 1979 年 10 月公布，作为一项拟议的解释性规则，概述了固定源排放的空气致癌物的识别、评估和管理程序（附录 G—空气致癌物政策）。这项政策反映了一种以技术为基础的排放标准制定方法，但同时也反映了定量风险评估在确定优先级和确保应用 BAT 后的剩余风险是合理的这两方面的作用有限。第一轮苯标准始于 1980 年对马来酸酐工厂的监管，遵循了拟议的方法，其简称为“BAT/超越 BAT”。虽然在 1981 年制定了拟议政策的最终版本，并纳入了公众意见，但该政策从未被颁布。然而，在 1983 年采用“风险管理”方法之前，这些方法一直得到非正式的使用。

同样在 1979 年，人体暴露模型（HEM）的发展（附录 H—HEM 的描述）提供了一种估计和汇总居住在排放源附近的人群的环境暴露量的方法。然后将这些估计与单位风险估计值相结合得出致癌风险估计值。在第一个苯标准中，计算了最大个体终身风险和年发病率。风险估计有时是一个小范围，包括一些可量化的不确定性。其他的不确定性通常以表格脚注的形式呈现（附录 I—拟议的马来酸酐标准）。

风险管理时代（1983—1985年）

1981 年的政府换届使人们越来越重视监管和监管改革的成本效益。因此，拟议的致癌物政策中的假设——由于风险评估的不确定性，至少应将空气致癌物的重要排放源控制到包含 BAT 的水平上——受到了质疑。对这一假定的重新审查导致了一项政策的修订，其中认为在确定适当的控制水平时（包括发现不需要进行控制），应当考虑风险信息以及其他相关因素。这种改变的一个结果是在决策过程中更加重视风险评估。

1984 年，在“权衡了所有因素”之后，EPA 对拟议的针对苯的规定作了几项修改，包括撤回马来酸酐提议，理由是该风险“太小以至于不足以让联邦机构采取行动”（附录 J—拟议标准的撤回）。NRDC 迅速地对这些决策提出质疑，它们质疑风险评估中的不确定性，以及根据第 112 节在监管决策中对成本的不适当考虑。所提出的问题类似于对原有的氯乙烯标准中进行修订的诉讼。

同样在 1984 年，根据新的人类和动物数据以及改进的方法，开始修改苯的单位风险估计值。研究和发展办公室在 1985 年年初将修改后的估计值转交给空气计划（附录 K—中期定量单位风险估计）。

氯乙烯意见书（1987年）

1987 年 7 月 28 日，Robert Bork 法官（为华盛顿特区巡回法院撰文）将氯乙烯修正案退还给 EPA，因为发现该机构过分强调技术可行性和成本，而不是法规中要求的“充足的安全范围”（附录 L—氯乙烯意见书）。该意见书还规定了一个符合法律要求的决策程序。

Bork 认为，在根据第 112 节制定标准时，EPA 必须先确定一个“安全”或者“可接受”水平，并且在设置这个水平时必须只考虑到污染物的潜在健康影响。一旦确定了一个可接受水平，就可酌情考虑其他因素，包括成本、技术可行性、负担能力等，来进一步降低这一水平以提供充足的安全范围。然而，法院也认为“安全”并不要求“无风险”，EPA 应当认识到“开车或者呼吸城市空气”等活动可能并不被认为是“不安全”的。

苯提案（1988年）

EPA 接受了退还的 1984—1985 年标准，并且在 1988 年颁布了与氯乙烯意见书一致的新提案。由于要求要确保“安全”，定量风险评估的重要性更加受到重视。这一点在高级管理层关于该提案的简报（附录 M—管理者简报）中很明显。但是，确定“安全”或“可接受风险”的水平仍然存在问题，部分原因是机构内部和外部对关于什么是“可接受风险”的意见不统一，而且法律意见书本身也存在分歧。该决定似乎将“开车或呼吸城市空气”作为社会认为是安全的活动的例子。这就导致了一个问题：社会是否仅仅根据这些活动对健康可能造成的影响来判断是否应该开车或住在城市，而不是考虑了所有的、不包含在 EPA 框架中的因素。

在提出提案前的几个月，EPA 已经考虑了确定“可接受”风险的几种方法。局长在备忘录中描述了首选方法，即对所有相关的健康信息进行逐一审议（附录 N—拟议的苯 NESHAP 决策）。

EPA 最终提出了四种方法来确定“安全”，构建了征求公众意见的讨论框架（附录 O—拟议的苯 NESHAP）。除了个别情况外，这些方法代表了风险目标的“明确界限”（bright line），无论是针对个人还是人群风险。在确定充足的安全范围时，应考虑所有的因素。

苯颁布（1989年）

EPA 收到了大量关于拟议规则的意见。此外，还广泛讨论了风险方法和估计，以及拟议的可接受标准。助理局长的简报（附录 P—考虑评论）说明了对风险方法和潜在不确定性的重视。在此期间，人们不仅对最大个体和人群风险估计越来越感兴趣，而且对暴露人群中个体风险的分布的兴趣也在增加。

1989 年 9 月，EPA 颁布了针对几类苯排放源的排放标准（附录 Q—最终的苯规则）。所采纳的决策标准是对若干拟议方案的混合。EPA 主张考虑所有相关的健康信息，并且为 “可接受的” 风险建立了“假定基准”。这一目标后来被称为“模糊的界限”，认为如果很少有个体暴露于超过万分之一的终身致癌风险，且尽可能多的暴露人群的终身风险低于百万分之一，那么风险就是可接受的。

“模糊的” 风险目标的选择更加强调风险表征结果的开发和交流。对于最终的苯规则来说，这一点在决策简报和问答材料（附录 R—关于苯的问题和回答）的编制以及向新闻媒体提供预先简报（附录 S—媒体的背景信息）的决定中都很明显。

《清洁空气法》修正案（1990年）

第 112 节的修正案要求将在主要和指定的区域排放源类别中应用基于技术的标准作为第一步。在遵守了最大可实现的控制技术（MACT）标准之后，EPA 被要求评估剩余风险，应用最终苯规则中使用的决策标准，以确定基于技术的规则是否提供了足够的安全范围来保护公共健康。风险评估将继续在执行第 112 节这条规定以及其他规定中发挥重要作用，并且不能低估适当的方法和表征不确定性的重要性。

Ⅱ.D 现在评估的例子

Ⅱ.D.1 问题界定

第三章的第 112（c）和（k）节规定了一项城市区域排放源计划，其中包括制定一项国家策略，以将与“对大多数城市地区的公共卫生构成最大威胁”的 30 种或更多的 HAPs 相关的癌症发病率降低 75%或者更多。为了实施这一国家策略，需要界定并解决许多问题，包括：

- 涵盖的排放源类型
- 选择涵盖的城市区域
- 选择要在各个终点进行监管的 30 种或更多 HAPs，并表征其环境浓度
- 表征排放参数
- 建立排放清单制度，以帮助证明策略目标正在得以实现
- 大气转化的作用

该计划需要制定政策和研究决策，以便实现在 1995 年列出排放源并且颁布受影响的排放源的后续标准这两个目标。

大水域研究（第 112［m］节）要求 EPA 与国家海洋和大气管理局合作，以确定和评估 HAPs 在五大湖、切萨皮克湾、尚普兰湖和沿海水域的大气沉降程度。向国会提交的报告应在颁布后的 3 年内提交，此后每两年提交一次。目前正在制订一项计划，以评

估现有的信息、需要的信息以及如何获得额外的信息。向国会提交的报告要求提供以下信息：

- 大气沉积对总污染负荷的贡献
- 环境和公众健康影响
- 污染物来源
- HAPs 对于水质破坏的贡献

为此，有必要：

- 进行大气沉降监测以进行排放源识别和模型验证
- 模拟包括直接和间接途径的大气传输和沉降
- 制定排放清单作为模型的输入
- 评估空气有毒物质对公众健康和环境的不利影响

大水域工作还将支持数据共享和制订补救行动计划（Remedial action plans，RAP）以及全湖管理计划（Lakewide management plans，LaMPs）。该研究的最终结果可能是颁布进一步的排放标准或采取必要和适当的控制措施，以防止产生不利影响。

Ⅱ.D.2 **危害评估**

随着新 CAA 的通过，危害评估的重点也发生了变化，从获得 HADs 转变为在数据支持此类分析的情况下，生成基于剂量—反应或强度的估计值。在选择适当的毒性信息时，考虑到了法定结果和规定期限下所需要的数据，包括关于致癌和非致癌效应的信息。对于致癌风险，到目前为止重点一直集中在现有的定量评估，包括单位风险估计（URE）（见第Ⅱ.C.2 节的讨论）和 ED_{10}s。

评估环境中 HAPs 浓度与其诱发不良非致癌效应的可能性之间的关系，面临着一些挑战。必须考虑的因素包括：评估长期和短期暴露、纳入效应严重程度的数据、考虑可逆和不可逆效应。最值得关注的终点可能包括呼吸效应、发育/生殖毒性和神经毒性。

目前对暴露于吸入性有害空气污染物导致的非致癌风险的量化主要关注对吸入参考浓度（RfCs）的推导。RfC 被定义为浓度的估计值（有不确定性），该浓度很可能不会对连续终身暴露的人群产生明显的有害影响。RfC 重点关注暴露人群中最敏感的个体，以及作为入口的呼吸系统。实验暴露水平代表未观察到有害作用剂量（NOAEL）的最高测试水平，NOAEL 从一项给定的研究中选择出来并且转化为人类当量浓度（$NOAEL_{HEC}$）。所使用的临界毒性效应一般是用最低的 NOAEL 来表征的。这个方法是基于这样的假设，即如果能够阻止临界毒性效应，那么所有的毒性效应就都可以被避免。RfC 是通过应用可以解释外推的不确定性因子，从 $NOAEL_{HEC}$ 中推导得出的。在将这些估算和 UREs 纳入 EPA 的综合风险信息系统（IRIS）之前，EPA 内部将对其进行审查。

根据 CAA 第九章的规定，EPA 需要为 HAPs 进行环境健康评估。除了危险评估信息外，这些概要文件还用于识别数据缺口，并在适当的情况下，确定更好地表征“可能对人体产生重大不利影响的暴露类型或水平”所需的其他活动。

注：关于修订当前 EPA 致癌风险评估指南的信息，将另行提供。

Ⅱ.D.3 **危害排序**

评估过程中的下一个步骤是基于 HAPs 对人体健康的相对危害对其进行排序。需要以一种能够比较化学危害的形式来收集数据，例如比较相似的研究终点。理想情况下，排序应当根据机构审查过的基准风险值，如 UREs 和 RfCs。实际上，由于缺乏健康数据，化学物质的排序可能不得不依赖于不太严格的评估值和许多假设或默认值。根据 CAA 的修改部分（第 112（g）节）以补偿为目的对 HAPs 进行的排序，提供了 EPA 可以使用的一种方法的示例。CAA 的这一部分要求 EPA 颁布指南，包括对阈值和无阈值污染物的排序。由于没有足够的相反数据，EPA 目前将所有的非致癌物都认为是阈值污染物，将致癌物认为是无阈值污染物。随着数据的增加，这种针对特定污染物的通用分类可能会发生变化。

根据第 112（g）节，目前考虑的排序方法是已经存在的方法，也就是根据《综合紧急响应和赔偿责任法》（Comprehensive Emergency Response and Compensation Liability Act，CER-CLA）建立可报告的数量（Reportable Quantities）。无阈值污染物（致癌物）是通过对比其强度估计（$1/ED_{10}$）和证据分类的权重来进行排序的。$ED_{10}s$ 被定义为与终身致癌风险增加 10%相关的估计剂量。阈值污染物是根据反映其慢性毒性的综合得分（composite scores，CS），或反映其急性毒性的关注程度进行排序的。综合评分考虑剂量—

反应和影响的严重程度。CS 的大小决定了化学物质的排序位置（综合得分高的污染物在低剂量下可导致严重的影响）。根据第 112（g）节，无阈值污染物排放量的增加，不能通过减少阈值污染物的排放进行抵消，但是反过来是可以的。排序必须提供无阈值和阈值化合物类别中相对危害的比较。因为有些污染物可能会由于急性暴露而造成严重影响，所以指南还为“高度关注”的阈值污染物提供了一个分类。就本节而言，这些污染物被认为比阈值污染物更危险，但是无法将这些污染物和无阈值污染物进行比较。

如果一种污染物没有足够的数据被列为阈值、无阈值或“高度关注”污染物，那么根据这一节，这个污染物是不可排序的。当前制定的一般方法已经得到科学咨询委员会和国家空气污染控制技术咨询委员会（National Air Pollution Control Techniques Advisory Committee，NAPCTAC）的审查，其应用也经过了几轮内部审查和公众评论。

Ⅱ.D.4 风险排序

在第三章中，许多正在进行的活动都与风险排序有关，或者将风险排序作为其组成要素之一。在排放源分类计划中，监管所列各类排放源的时间安排是根据第 112（c）节列表中每个排放源类别的风险排序制定的，预计将于今年发布以供评论。这个排序过程使用了排放源类别排序系统（Source Category Ranking System，SCRS），这是由 OAQPS 开发的一种方法。SCRS 过程使用健康信息、可用或估计的排放数据以及人口数据来为列表上的每一类别确定一个评分。然后对分数进行排序，形成一个优先级列表。一般来说，SCRS 首先针对每一个排放源类别中的所有污染物确定健康评分。每一种污染物的健康评分都是基于致癌性、生殖毒性、急性致死率和其他毒性的现有数据。然后 SCRS 针对该类排放源中的每一种污染物确定一个暴露评分。暴露评分是基于该类别中的每个设施排放的每种污染物的近似浓度，以及暴露于这些估计浓度的人群的估计数量。为了简化排序过程，在分类基础上对工厂烟囱参数、工厂边界、种群密度和气象条件采用了一般性假设。在没有数据的情况下，使用默认值和质量平衡排放估计值。

SCRS 过程的最终结果不是风险的估计值，而是表明排放源类别之间风险相对大小的评分。然后，该评分连同其他因素（如对特殊监管的排放源的分组效率、控制技术信息的可用性以及与源类别相关的不良健康影响的具体性质）一起用于协助制定法规。

较少数量排放率计划是风险排序评估的一个例子，因为它使用了暴露评估和健康影响数据。第三章第 112（a）节，允许局长基于 HAPs 的强度、持久性和潜在的生物累积性或其他相关因素，确定低于 10 t/a 和 25 t/a 的 HAPs 排放率。具有 UREs，并且被归类为已知、很可能或可能的人类致癌物的 HAPs 被首先筛选出来。此外还有 CERCLA 高度关注的化学物质。非致癌物质是根据其吸入型的 RfC、RfD、LC50 或者 LOEL 来选择的。通过使用标准参数，同时考虑可能的暴露持续时间，构建了一般暴露模型。该建模分析得出了在选定的代表最近住宅距离处的估计环境浓度。将该环境浓度与癌症 UREs 或者非致癌基准相比较，就可以确定需要关注的 HAPs。根据致癌物强度的数量级改变，将较少数量排放率（Lesser quantity emission rates，LQER）分配给选定的致癌物。LQER 的范围是 0.0001～1 t/a。根据基准浓度与估计的环境浓度的比较，确定选定的非致癌物质的 LQER。这个分析的主要结果是，如果某些来源的污染物排放速率超过了给定的 LQER，它们将被重新定义为主要排放源。

Ⅱ.D.5 定量风险评估

关于定量风险评估活动，目前有两项与 CAA 相关的活动涉及使用精确建模技术和特定地点的数据，以量化长期和短期暴露于来自固定源的有害空气污染物的风险。

排放源类别删除的申请过程

根据第 112（c）节，如果申请书可以证明，对于致癌污染物，“该类别中没有任何一种污染物的排放量能使人一生中罹患癌症的风险超过百万分之一”，并且对于非致癌物，“该类别中的任何排放都没有超过拥有足够的安全范围以保护公众健康的水平，并且任何排放都不会对环境造成不利影响”，那么可以通过申请程序将排放源类别从受监管的排放源类别列表中删除。

为了支持这个申请程序，EPA 正在为申请者制定指南，该指南中提出了评估与 HAPs 排放源相关的癌症和非致癌风险的可接受方法。该指南参考了描述用于估计最大风险的分层建模方法的文件（附录 T—分层建模方法）。该分层方法从筛选方法开始，以识别排放源类别中不存在足够大的风险，不需要进行更精细的分析的设施。筛选方法使用评估中最低限度的特定地点的数据（污染物排放速率、烟囱高度、最小围栏距离），因此结果是非常保守的。未在第一层筛选出的设施将接受更精细的“第二层”评估，需要额外的与每个建模设施有关的特定信息（烟囱直径、出口速度、现有温度、农村/城市分类、最近的建筑尺寸）。第三个建模层需要特定地点的数据（排放点和围栏线位置、当地气象数据、排放持续时间和每年频率），以提供对每个模拟排放源最精确的风险估计。

上述分析侧重于设施在工厂边界之外带来的最大风险，而不管有多少人处于这种风险水平。只要有人群位置和分布的数据，就可以将其纳入个案分析中，以便更加准确地估计最大暴露个体的风险。

剩余风险评估

根据 CAA 第 112（f）节，EPA 需要在与该类别相关的 MACT 标准颁布的 8 年内，评估与被监管的排放源类别相关的风险。EPA 正在评估实施这一规定的方案，并提出了很多的问题。EPA 目前正在探究许多技术和政策问题。在制定评估剩余风险的实施策略之前，必须解决它们。

为了全面描述在符合 MACT 标准后与排放 HAPs 相关的潜在风险，EPA 正在评估现有的风险评估方法的能力。目前，由于数据和方法有限，很难定量表征特定的风险（例如，非致癌风险）。EPA 正在评估各种方法，以收集额外的效应数据（见对问题 4 的回答），并且探索开发新的方法和修订现有方法以提高量化风险的能力。目前正在探索的具体领域包括：评估少于终身的暴露、纳入关于影响严重性的数据、纳入有关影响的可逆性（或不可逆性）的数据、开发基于生理学的药代动力学模型和基于生物学的剂量—反应模型。

目前，我们设想分层建模方法（如上文讨论源类别删除过程时所述）可以作为与排放源类别的剩余风险分析相关的扩散建模的基础。EPA 认为特定地点的排放估计将会推动风险评估过程。因此，EPA 正在计划扩大现有的排放测量方法和验证程序（目前，列表上只有 15%～20%的 HAPs 是采用经过验证的方法测量的）。此外，EPA 认为应当继续改进现有的排放计算方法（排放因子、表面蓄水排放估计方法等）。为了协助获取足够的特定地点的数据以进行定量风险分析，EPA 正在研究开发用户访问数据输入系统的方案。设计这样一种系统的目的必然是为了减轻向 EPA 提供最新数据的负担，并且防止未经授权而获取专有信息。与该系统有关的组织工作、报告要求和质量保证在现在看来都是没有充足答案的问题。

EPA 还在考虑通过纳入更为现实的暴露评估方法来改进风险评估，这些方法包括考虑人群流动、人群易感性、活动模式以及室内/室外暴露。由于需要大量的数据来充分考虑这些因素，所以正在考虑进行敏感性研究，以评估这些因素中的每一个对预测的暴露和风险所带来的不确定性范围。这类研究的结果有望使今后能够更有代表性地表征暴露人群中的风险分布情况。

Ⅱ.D.6 暴露和风险评估的演变

如前所述，暴露评估在空气毒物项目中的作用和范围正在发生改变。进行暴露估计主要有两个目的：①估计选定的有害空气污染物的高端和人群暴露；②评估各种空气污染控制方案在降低潜在暴露和风险方面的有效性。表 3 列出了在以前的暴露评估中通常使用的数据来源和假设。第三章中的排放源类别删除和剩余风险评估的规定，更加注重与多种排放源类型和污染物的复杂混合相关的排放源以及个体暴露。

表 3　暴露评估的数据来源

数据类型	筛选分析	特定地点评估
排放和释放参数（烟囱高度、烟囱出口速度）	工程估计。 假设所有排放都来自于工厂中心。 使用模式工厂（即代表排放源的烟囱高度）。 使用排放因子（AP-42）。	通过 CAA 第 114 节获得的行业数据。 来自排放源测试、行业协会的数据。 使用点位计划，将排放设定在其发生的地方。 来自许可证和工厂现场参观的数据。
工厂位置（经度、纬度）	来自 EPA 数据库（AIRS/NEDS）和其他来源的信息。 根据土地利用或者随机设置的工厂位置。	来自行业、地形图、实地考察。
气象	来自最近机场的国家气候中心数据（多年平均产生年度数据集）。	现场收集数据。 如果与现场类似，从最近的机场获得国家气候中心数据。

数据类型	筛选分析	特定地点评估
人口	最新的美国人口普查数据。 街区群/普查区，30 万个数据值。	相同。1990 年的数据将有 6 00 万个值。
环境空气界限	距离假设的工厂中心 200 m（约 30 英亩[①]）。	使用实际工厂大小或者一些近似
暴露持续时间	相当于健康信息。如果影响出现在 1 小时的暴露中，那么预测 1 小时浓度/暴露。对于癌症来说，估计假定持续 70 年（单位风险系数的平均时间）的年平均值。	相同。
暴露	假设室内浓度和室外相同。	相同。

EPA 为处理剩余风险而制定的程序将符合若干标准。州和地方的空气污染控制机构、受影响的行业和个人可能要求获取并且熟悉现有模型。此外，该程序还应当能够评估目前和未来的控制方案，因为相关各方可能希望在安装空气污染控制设施之前评估剩余风险。

如上所述，OAQPS 目前正在审查和开发改进的暴露评估技术。虽然这些改进仍然主要依靠预测方法（建模），但是从监测中获得或从生物体液和组织测量中重建的测定数据仍然是验证和表征的重要信息来源。机构将把改进的重点放在三个主要领域：

1）开发用户友好的模型，以使有关各方能够理解和使用模型。数据输入和特定模型的选择将通过包含数据检查的菜单屏幕完成。

2）使用蒙特卡洛方法，用分布而不是点估计来表示那些对暴露/风险估计有很大影响的参数（见附录 U，蒙特卡洛方法）

3）地理信息系统将与这些模型结合起来，通过纳入地形和土地利用信息以帮助选择合适的气象数据和区域排放源类别的位置，从而改进预测的环境浓度。此外，相对于仅使用美国人口普查局的数据，GIS 能够使 OAQPS 更加准确地定位人们可能居住的地点（见附录 V，GIS-暴露评估的应用）

目前可以使用分布形式来描述的 HEM 输入参数包括：

---

① 1 英亩=4 046.7 m^2（译者注）。

- 排放速率
- 微环境浓度
- 在每个微环境中花费的时间
- 关于人们预计在其主要住所中居住时间长短的信息
- 改变预测环境浓度的位置的能力

EPA/OAQPS 还开发了一个单独的模型——有害空气污染物暴露模型（Hazardous Air Pollutant Exposure Model，HAPEM），研究人口流动对暴露的影响（例如，通勤）（见附录 W，HAPEM-考虑流动性）。

由于针对每种被监管的 HAPs 排放源进行剩余风险分析是一个资源密集型的过程，因此分析方法已经发展成一种如上所述的分层方法。这与过去进行的大多数风险评估都不同，原因在于它允许在可能的情况下纳入有可能改进人群暴露和风险估计的特定地点的数据。由于 EPA 很难要求所有被监管的设施都提供特定地点分析所需的数据，所以 EPA 计划开发一个自愿的数据储存和检索系统，从而使这些设施能够向 EPA 提供特定地点的数据，以促进更加严格的风险评估过程。这不仅有助于 EPA 以更加有效的方式进行剩余风险分析，而且有助于降低与风险评估过程相关的“不必要的”保守性水平。在 EPA 没有特定地点建模参数的情况下，风险评估将以第一层级的水平进行，与过去的风险评估保持一致。在被分析的设施提供了更多数据的情况下，风险评估将会更加切合实际，并且风险估计值通常会降低（有时是数量级上的降低）。

表 4 简要地列出了输入需求、主要输出参数以及与每一层相关的假设，从而总结了上面讨论的 3 个建模层级的主要区别。此表可用于快速确定一个给定的情景是否可以基于特定地点的数据在任何层级上进行建模。在每一个层级中，分别需要癌症单位风险估计、慢性非致癌浓度阈值以及急性浓度阈值来将预测浓度转化为致癌风险、慢性非致癌风险和急性非致癌风险。

一般来说，为了进行特定地点的暴露评估，第一层级和第二层级分析可用于筛选设施，这些设施在更高层级的进一步分析中得出具有低风险。在缺少特定设施数据的情况下，可以使用带有排放因子或者排放工程估算的模式工厂方法来估计排放。在这种情况下，所有已知的或估计的排放可以假定来自工厂中心的一个典型烟囱，而工厂可以假定有一个圆形边界，距离工厂中心 200 m。预计工厂的位置数据（经纬度）可以从 EPA 的许可证中获得，这样就可以将预测的环境浓度与美国人口普查局数据中的潜在暴露人群相对应。并且，预计在现场数据足以支持此类分析的情况下，将进行更加严格的分析，以提供暴露人群的风险分布。

指南对暴露评估的主要影响在于量化不确定性。正在重新设计 HEM，以便于在可能的情况下量化不确定性。在前面的第Ⅱ.B.4 节中讨论了风险表征并且试图描述和传达不确定性。

表 4　暴露建模参数

建模层级	输入要求	输出参数	主要假设
第一层	排放速率、烟囱高度、到围栏的最小距离	最大场外浓度、最严重的致癌风险或者最严重的非致癌危害指数（短期和长期）	最坏气象状况、最坏气流下洗情况、最坏烟囱参数、同时发生短期排放、最大影响位于同一位置、致癌风险累加、非致癌风险累加
第二层	排放速率、烟囱高度、到围栏的最小距离、出烟速度、烟囱温度、烟囱直径、农村/城市分类、用于气流下洗计算的建筑尺寸	最大场外浓度、最严重的致癌风险和/或最严重的非致癌危害指数（短期和长期）	最坏气象状况、同时发生短期排放、最大影响位于同一位置、致癌风险累加、非致癌风险累加
第三层	排放速率、烟囱高度、围栏和排放点的实际位置、出烟速率、烟囱温度、烟囱直径、农村/城市分类、当地气象数据、预测浓度的受体位置、短期（间歇）排放频率和持续时间	每个受体位点的浓度、长期致癌风险估计、在每个受体位点的慢性非致癌危害指数估计、每个受体的年度危害指数超标率	致癌风险累加、非致癌风险累加

Ⅲ. 问题3：目前有哪些HAPs的数据可以用于现行的风险评估方法？

Ⅲ.A 引言

EPA在制定执行《清洁空气法》第三章中各项条文的策略时，收集了目前现有的关于有害空气污染物（HAPs）的数据。这些数据包括：基于控制技术标准的时间安排信息、最近的年度大气排放数据、对排放HAPs的设施数量的初步估计以及健康影响信息。

Ⅲ.B 可用数据摘要

表5总结了当前可用的健康数据（这是以前提供的表格的更新版本），摘自表6。

表5 健康效应数据总结（1993年11月1日）[1]

状态	癌症	非致癌
已验证的RfC		
在IRIS中		40
不在IRIS中		2
已审查但是没有验证的	58	
WOE和IUR	39	
WOE和OUR	14	
只有WOE	35	
正在审查[2]	11	23
没有状态	87	63
总HAPs	186	186

注：[1] 不包括铅、放射性核素或乙二醇醚。

[2] 在输入IRIS之前，由环境标准和评估办公室或者人体健康评估小组审查对RfC或者URE的推导，然后由RfC/RfD和CRAVE工作小组进行验证审查。

RfC：吸入参考浓度

WOE：证据权重，包括A～D类

IUR：吸入单位风险估计

OUR：口服单位风险估计

表6 有害空气污染物的现有数据

CAS #	化学名		M	A	C	T	1991	1990	1989	1988	IUR	OUR	EPA	RfC	LARC	Exp.	Genetic		Toxicity		Data		Repr/
			Y	E	A	R	Emis	Emis	Emis	Emis	per	per	WOE	mg/m^3	WOE	Asses.	MVV		MVT		NM		Dev
			2	4	7	10	(t/a)	(t/a)	(t/a)	(t/a)	$\mu g/m^3$	μg/L		Stat			So	G	M	C	S	E	Data
	列号	#SC			1		2	2	2	2	5	6	7	8	9	10	11		12		13		14
79345	1,1,2,2-四氯乙烷	2	X			X	32.1	22.3	17.7	22.9	5.8E-05	5.8E-06	C		3						+		X
79005	1,1,2-三氯乙烷	2	X			X	263.9	299.4	398.4	870.1	1.6E-05	1.6E-06	C	NV	3						–		
57147	1,1-二甲基肼	1	X				0.2	0.2	0.4	2.2			UR	NV	2B								
120821	1,2,4-三氯苯	1	X				204.8	188.4	575.7	760.1			D	2.0E-01			+				–		X
96128	1,2-二溴-3-氯丙烷						0.1					4.0E-05	B2	2.0E-04	2B			–+	+		+	+	X*
122667	1,2-二苯肼	1	X								2.2E-04	2.2E-05	B2	NV							+	–	
106887	1,2-环氧丁烷						29.9	39.7	59.8	54.1				2.0E-02					+	+	+		
75558	1,2-丙烯亚胺（2-甲基氮杂环丙烷）						0.2	0.3	0.3	0.3				NV	2B								
106990	1,3-丁二烯	19	X	X	X	X	1975.2	2518.8	2768.7	3268.4	2.8E-04		B2		2B	B	+				+		X
542756	1,3-二氯丙烯	1	X				10.2	29.7	25.5	26.2			B2	2.0E-02	2B						+		X
1120714	1,3-丙基磺酸内酯														2B								
106467	1,4-二氯苯（p）	1	X				168.1	409.1	793.6	904.2				8.0E-01	2B						–		
123911	1,4-二氧己环	1	X				359.3	299.2	390.1	270.4		3.1E-07	B2		1B				–		–		
540841	2,2,4-三甲基戊烷	3		X	X	X								NV									
1746016	2,3,7,8-四氯二苯并对二噁英			X	X										2B		–		+		–		X*

CAS #	化学名		M	A	C	T	1991	1990	1989	1988	IUR	OUR	EPA	RfC	LARC	Exp.	Genetic		Toxicity		Data		Repr/
			Y	E	A	R	Emis	Emis	Emis	Emis	per	per	WOE	mg/m^3	WOE	Asses.	MVV		MVT		NM		Dev
			2	4	7	10	(t/a)	(t/a)	(t/a)	(t/a)	μg/m^3	μg/L		Stat			So	G	M	C	S	E	Data
	列号	#SC			1		2	2	2	2	5	6	7	8	9	10	11		12		13		14
95954	2,4,5-三氯苯酚	1	X						0.1					NV							–		
88062	2,4,6-三氯苯酚	0						0.0	0.1	0.1	3.1E-06	3.1E-07	B2	NV	2B				+	–	–		
94757	2,4-D，盐，脂（二氯苯氧乙酸）	1				X	8.1	3.9	3.6	3.5					2B		–	–	+	+	–		X*
51285	2,4-二硝基苯酚	1	X				12.1	12.3	6.8	10.4				NV							–	+	
121142	2,4-二硝基甲苯	1	X				2.7	28.8	43.6	46.1		1.9E-05	B2	NV			–	–	–+		+	–	X*
95807	2,4-甲苯二胺	1	X				1.9	2.0	2.2	1.5				NV	2B								
584849	2,4-甲苯二异氰酸酯	2	X	X			661.9	28.7	61.3	113.9				V	2B						–		
53963	2-乙酰氨基芴																				+	+	
532274	2-氯苯乙酮	1	X											3.0E-05									
79469	2-硝基丙烷	1	X				52.9	42.1	112.6	418.6				2.0E-02	2B								
119904	3,3’-二甲氧基联苯胺							0.0	0.3						2B						+		
119937	3,3’-二甲基联苯胺	1	X											NV	2B								
91941	3,3-二氯联苯胺							0.0	0.1	0.1		1.3E-05	B2	NV	2B						+		
101779	4,4’-亚甲基二苯胺	1	X				6.6	9.8	23.9	75.1				UR	2B						+		
101144	4,4-亚甲基双（2-氯苯胺）	1	X				0.7	1.4	0.6	0.4				NV	2A								
534521	4,6-二硝基邻甲酚和盐							0.0	0.1					NV									
92671	4-氨基联苯														1		+		+		+	+	
92933	4-硝基联苯														3								

CAS #	化学名		M	A	C	T	1991	1990	1989	1988	IUR	OUR	EPA	RfC	LARC	Exp.	Genetic		Toxicity		Data		Repr/
			Y	E	A	R	Emis	Emis	Emis	Emis	per	per	WOE	mg/m³	WOE	Asses.	MVV		MVT		NM		Dev
			2	4	7	10	(t/a)	(t/a)	(t/a)	(t/a)	μg/m³	μg/L		Stat			So	G	M	C	S	E	Data
	列号	#SC			1		2	2	2	2	5	6	7	8	9	10	11		12		13		14
100027	4-硝基苯酚	1	X				4.8	3.8	3.9	3.9				NV									X
75070	乙醛	8	X	X	X	X	3540.5	3440.3	3762.1	3336.6	2.2E-06		B2	9.0E-03	2B		+		+		+	+	X
60355	乙酰胺	1	X					0.0							2B								
75058	乙腈	1	X				683.9	831.8	693.4	1022.1				UR									X
98862	乙酰苯	1	X										D	NV									
107028	丙烯醛	7	X		X		14.2	11.0	2.2	16.8			C	2.0E-05	3		–		+		+		X
79061	丙烯酰胺	2	X		X		32.1	25.0	12.5	13.1	1.3E-03	1.3E-04	B2	NV	2B		–	+			–		
79107	丙烯酸	2	X	X			205.3	213.5	178.7	399.3				3.0E-04	3								X
107131	丙烯腈	7	X	X	X	X	1094.4	1574.0	2191.9	2111.7	6.8E-05	1.5E-05	B1	2.0E-03	2A	B	–	–	+	+–	+	+	X
107051	烯丙基氯	1	X				90.1	103.0	87.8	73.2			C	1.0E-03	3						+		X
62533	苯胺	2	X		X		313.5	237.4	252.1	357.2		1.6E-07	B2	1.0E-03	3		–		+	+	–	–	
0	锑化合物	3			X	X	43.1	73.0	79.3	78.8													
0	砷化合物 （包括无机砷）	11			X	X	95.2	82.9	87.9	156.7	4.3E-03		A	5.0E-05	1	A	+	–	–	+	–	–	
1332214	石棉	A*					6.3	8.7	18.7	23.8	2.3E-01	Fib/ML	A		1	A	–		–+	+–	–	–	
71432	苯	28	X	X	X	X	8737.2	12203.4	12341.5	14144.9	8.3E-06	8.3E-07	A	UR	1	A	+–		–+	–	–	–	X*
92875	联苯胺	1			X						6.7E-02	6.7E-03	A	NV	1		+–		+–	+	+	–	
98077	三氯甲苯	1	X				3.9	4.2	12.6	12.5		3.6E-04	B2								+	+	
100447	苄基氯	3	X		X	X	13.4	16.8	13.6	21.7		4.9E-06	B2	NV			–		+–	+–	+	+	
0	铍化合物	3				X	0.1	0.1	1.7	2.3	2.4E-03	1.2E-04	B2	UR	2A	A			+	+	–	+	
57578	β-丙内酯	2	X		X									NV	2B								

CAS #	化学名		M	A	C	T	1991	1990	1989	1988	IUR	OUR	EPA	RfC	LARC	Exp.	Genetic		Toxicity		Data		Repr/
			Y	E	A	R	Emis	Emis	Emis	Emis	per	per	WOE	mg/m^3	WOE	Asses.	MVV		MVT		NM		Dev
			2	4	7	10	(t/a)	(t/a)	(t/a)	(t/a)	$\mu g/m^3$	μg/L		Stat			So	G	M	C	S	E	Data
	列号	#SC			1		2	2	2	2	5	6	7	8	9	10	11		12		13		14
92524	联苯	3	X		X	X	430.2	560.5	544.1	604.3			D	NV									
111444	双（2-氯乙基）醚（或二氯乙醚）	1	X				1.8	1.9	2.4	2.5	3.3E-04	3.3E-05	B2	NV	3		–				+		X
117817	邻苯二甲酸双（2-乙基己基）酯（DEHP）	1	X				521.7	672.3	539.4	563.9		4.0E-07	B2		2		–	+	–	–	–	–	X
542881	双（氯甲基）醚	1	X				0.3	0.0			6.2E-02	6.2E-03	A	NV	1						+		X
75252	三溴甲烷	16		X	X	X	0.1	24.1			1.1E-06	2.3E-07	B2						–		–		
0	镉化合物						34.7	45.0	59.9	64.8	1.8E-03		B1	UR	2A	B	–	–	+	+–	+		
156627	氰氨化钙						6.3	6.3	6.3	6.3													
105602	己内酰胺	4	X		X	X									4				–	–+	–		X
133062	克菌丹						3.6	9.6	12.6	7.9			UR	NV	3								
63252	胺甲萘	1	X				3.4	4.6	5.1	3.7				NV	3								
75150	二硫化碳	5	X		X	X	44669.6	49111.3	49897.7	62590.2				UR			+	+			–		X*
56235	四氯化碳	11	X	X	X	X	773.4	835.5	1683.6	1882.2	1.5E-05	3.7E-06	B2		2B	B	–				–	+	X
463581	羰基硫化物	3			X	X	8362.6	9317.4	9842.5	8994.8				NV									
120809	儿茶酚						2.9	13.9	2.1	1.8					3								
133904	草灭平							0.0															
57749	氯丹						0.7	2.2	1.9	0.3	3.7E-04	3.7E-05	B2	UR	3			–	–+		–		
7782505	氯	11			X	X	38804.7	52458.9	66174.1	66741.7			D										
79118	氯乙酸	3	X		X	X	256.8	12.7	12.4	13.1													

CAS #	化学名		M	A	C	T	1991	1990	1989	1988	IUR	OUR	EPA	RfC	LARC	Exp.	Genetic		Toxicity		Data		Repr/
			Y	E	A	R	Emis	Emis	Emis	Emis	per	per	WOE	mg/m³	WOE	Asses.	MVV		MVT		NM		Dev
			2	4	7	10	(t/a)	(t/a)	(t/a)	(t/a)	μg/m³	μg/L		Stat			So	G	M	C	S	E	Data
	列号	#SC			1		2	2	2	2	5	6	7	8	9	10	11		12		13		14
108907	氯苯	3	X		X	X	1198.1	2023.4	2025.4	1965.6			D	UR		B	+		+	–		–	X
510156	乙酯杀螨醇													NV	3								
67663	氯仿	6	X	X	X	X	9541.4	10881.2	12134.1	11265.1	2.3E-05	1.7E-07	B2	UR	2B	B	–		–	–	–	–	X
107302	氯甲基甲醚						1.7	0.1	0.1	0.1			A	NV	1						+		
126998	氯丁二烯（2-氯-1,3-丁二烯）	2	X	X			735.3	780.5	503.2	609.1				7.0E-03	3	B	+	+	–			+	X*
0	铬化合物（对于 IRIS+6）	31		X	X	X	278.2	384.8	1119.2	603.9	1.2E-02		A	UR	1	B	+	+	+	+	+	+	
0	钴化合物	3			X		16.9	25.9	60.8	43.1											+		
0	焦炉排放	2		X		X					6.2E-04		A		1	A							
1319773	甲酚/甲酚酸（异构体和混合物）	4	X	X		X	370.7	366.3	446.9	333.6				NV									
98828	枯烯（异丙基苯）	3	X	X		X	1638.8	2051.6	2197.5	2359.1				UR									
0	氰化物	7	X	X	X		385.1	569.1	274.5	317.5			D	V									
72559	DDE（*p,p′*-二氯二苯基-二氯乙烯）											9.7E-06	B2						+	+	–	–	
334883	重氮甲烷													NV	3								
132649	二苯并呋喃						20.1	15.1	31.9	35.4			D	NV									
84742	邻苯二甲酸二丁酯	3		X	X	X	75.1	54.1	116.1	107.8			D	NV					+		+		X

CAS #	化学名		M	A	C	T	1991	1990	1989	1988	IUR	OUR	EPA	RfC	LARC	Exp.	Genetic		Toxicity		Data		Repr/
			Y	E	A	R	Emis	Emis	Emis	Emis	per	per	WOE	mg/m³	WOE	Asses.	MVV		MVT		NM		Dev
			2	4	7	10	(t/a)	(t/a)	(t/a)	(t/a)	μg/m³	μg/L		Stat			So	G	M	C	S	E	Data
	列号	#SC			1		2	2	2	2	5	6	7	8	9	10	11		12		13		14
62737	敌敌畏						0.3	0.7	0.7	0.5		8.3E-06	C	5.0E-04	3								X
111422	二乙醇胺	1	X				135.5	191.8	242.1	314.1													
64675	硫酸二乙酯	1	X				2.1	2.7	4.4	3.1				NV	2A			+	+	+	+	+	
60117	二甲氨基偶氮苯																						
79447	二甲氨基甲酰氯													NV	2A		+		+	−+	+		
68122	二甲基甲酰胺	2	X			X								3.0E-02			−		−+	−	−		X
131113	邻苯二甲酸二甲酯	2	X			X	32.9	166.8	181.7	110.8			D	NV						−	−		
77781	硫酸二甲酯	1	X				5.1	4.9	8.2	5.4			B2	NV	2A		+	+	+	+	+	+	
106898	表氯醇（1-氯-2,3-环氧丙烷）	4	X	X			229.6	213.7	234.1	195.1	1.2E-06	2.8E-07	B2	1.0E-03	2A	B	−+	−	+−	+	+	+	X
140885	丙烯酸乙酯	3	X	X	X		115.9	102.1	85.6	125.4			UR		2B		+			+	−		X
100414	苯乙烷	23	X	X	X	X	4320.5	4308.8	4270.2	3358.5			D	1.0E+00			−		+		−		X
51796	氨基甲酸乙酯						9.9	2.0	1.7	72.7				NV	2B								
75003	乙基氯（氯乙烷）	4	X		X	X	1431.6	1971.0	2394.1	2310.5				1.3E+01									X
106934	二溴乙烷	1	X				19.1	29.0	29.6	31.7	2.2E-04	2.5E-03	B2	2.0E-04	2A		−	−	+	+	+	+	X*
107062	二氯乙烷（1,2-二氯乙烷）	4	X	X	X	X	1997.7	2798.0	2055.1	2383.7	2.6E-05	2.6E-06	B2		2B	B	−	−	+		+	−	X
151564	乙烯亚胺								0.3	0.3				NV	3								
75218	环氧乙烷	4	X	X	X		896.5	1223.7	1514.5	2300.1					2A		+	+	+	+	+	+	X
96457	乙烯硫脲						0.3	0.0	0.4	0.3					2B	B	−	−	−	−	+	+	

CAS #	化学名		M	A	C	T	1991	1990	1989	1988	IUR	OUR	EPA	RfC	LARC	Exp.	Genetic		Toxicity		Data		Repr/
			Y	E	A	R	Emis	Emis	Emis	Emis	per	per	WOE	mg/m³	WOE	Asses.	MVV		MVT		NM		Dev
			2	4	7	10	(t/a)	(t/a)	(t/a)	(t/a)	μg/m³	μg/L		Stat			So	G	M	C	S	E	Data
	列号	#SC			1		2	2	2	2	5	6	7	8	9	10	11		12		13		14
75343	二氯乙烷（1,1-二氯乙烷）	6	X		X	X							C	UR									
107211	乙二醇	3	X	X			5330.1	4694.4	6446.1	6640.3													
0	精细矿物纤维	1				X																	
50000	甲醛	22	X	X	X	X	5109.2	6383.0	6281.1	6199.7	1.3E-05		B1		2A		–+	–	+	+	+	+	X*
0	乙二醇醚	2	X	X			21957.1	24429.1	24238.7	24206.2													
76448	七氯							0.4	1.7	24.5	1.3E-03	1.3E-04	B2					–	–		+		
118741	六氯苯	1	X				0.4	0.7	2.3	2.5	4.6E-04	4.6E-05	B2	NV	2B			–		–	–		
87683	六氯丁二烯	1	X				1.7	2.5	1.8	1.3	2.2E-05	2.2E-06	C		3					–	–		X
77474	六氯环戊二烯						12.7	42.3	44.6	7.4			D			B							
67721	六氯乙烷	1	X				11.3	4.0	8.5	9.6	4.0E-06	4.0E-07	C	NV	3						–		X
822060	六亚甲基-1,6-二异氰酸酯													1.0E-05	2B								X
680319	六甲基磷酰胺													7.0E-06	2B								
110543	己烷	20	X	X	X	X							UR	2.0E-01									X
302012	肼	1				X	14.2	13.9	15.1	13.9	4.9E-03	8.5E-05	B2		2B			–		–	+	+	
7647010	盐酸	7		X	X	X	41460.7	36723.5	30371.2	36965.9				7.0E-03									X
7664393	氟化氢	7	X	X	X	X	4590.6	4273.0	4990.1	6054.5				UR									
123319	氢醌	4	X		X	X	5.4	5.7	6.4	5.1				NV	3								
78591	异佛尔酮	1	X									2.7E-08	C	NV							–		X
0	铅化合物	22		X	X	X	703.8	812.2	1224.9	1339.7			B2		2B		+–			–+	–	–	

CAS #	化学名		M	A	C	T	1991	1990	1989	1988	IUR	OUR	EPA	RfC	LARC	Exp.	Genetic		Toxicity		Data		Repr/
			Y	E	A	R	Emis	Emis	Emis	Emis	per	per	WOE	mg/m³	WOE	Asses.	MVV		MVT		NM		Dev
			2	4	7	10	(t/a)	(t/a)	(t/a)	(t/a)	μg/m³	μg/L		Stat			So	G	M	C	S	E	Data
	列号	#SC			1		2	2	2	2	5	6	7	8	9	10	11		12		13		14
58899	林丹						0.3	0.8	0.4	0.1				NV	2B								X*
108316	马来酸酐	3	X		X	X	229.5	246.5	225.3	382.1													
0	锰化合物	19		X	X	X	623.2	1126.4	2215.4	1582.8			D	4.0E-04		B					+	+	
0	汞化合物	11		X	X	X	1.4	0.6	14.6	12.9			D	3.0E-04									
67561	甲醇	6	X	X	X		99841.5	100706.2	105913.5	108892.6				UR									X
72435	甲氧氯						0.3	0.8	0.3	136.4			D	NV	3								
74839	甲基溴	1	X				1222.8	1102.9	1289.8	595.8			D	5.0E-03	3		+		+		+	+	X
74873	甲基氯	10	X	X	X	X	2849.4	3821.9	4437.4	4693.3				UR	3	B		+	+		+		X
71556	甲基氯仿（1,1,1-三氯乙烷）	4	X	X	X	X	68753.1	80699.8	84309.1	83541.5			D	UR	3	B							X
78933	甲基乙基酮（丁酮）	20	X	X	X	X	51710.9	60663.5	63815.9	62766.8			D	1.0E+00									X
60344	甲基肼	1	X											7.0E-05									
74884	甲基碘						12.7	14.9	12.7	4.5				1.0E-02	3		+		+		–		
108101	甲基异丁基甲酮	14	X	X	X	X	13599.3	13655.7	15341.4	15521.4				UR									X
624839	甲基异氰酸酯	1	X				3.9	7.2	7.5	5.1				NV									X*
80626	甲基丙烯酸甲酯	5	X	X	X		1278.7	1058.1	1571.9	1700.1					3								X
1634044	甲基叔丁基醚	1	X				1519.1	1392.3	1495.1	1384.7				5.0E-01	3								X
75092	二氯甲烷	9	X	X	X		39669.2	46248.6	54636.1	60653.4	4.7E-07	2.1E-07	B2	UR	2B		–		–	+	+		X
101688	二苯基甲烷二异氰酸酯	1	X				313.2	338.2	312.8	143.3				5.0E-05									

CAS #	化学名		M	A	C	T	1991	1990	1989	1988	IUR	OUR	EPA	RfC	LARC	Exp.	Genetic		Toxicity		Data		Repr/
			Y	E	A	R	Emis	Emis	Emis	Emis	per	per	WOE	mg/m^3	WOE	Asses.	MVV		MVT		NM		Dev
			2	4	7	10	(t/a)	(t/a)	(t/a)	(t/a)	μg/m^3	μg/L		Stat			So	G	M	C	S	E	Data
	列号	#SC			1		2	2	2	2	5	6	7	8	9	10	11		12		13		14
108394	间甲酚	1	X				38.9	3.8	6.3	9.2			C	NV									
108383	间二甲苯	6	X		X		718.1	601.1	583.7	1012.1				NV			–				–		X
121697	*N,N*-二甲基苯胺	1	X				25.6	25.4	45.9	49.5													
91203	萘	2	X	X			1335.9	1853.1	1656.9	1932.1	4.2E-06		C				–				–		
0	镍化合物	16		X	X	X	121.6	132.8	466.5	284.1	4.8E-04		A	UR	1	B	+	–	–+	+	+	–	
98953	硝基苯	1	X				26.3	33.1	19.4	19.6			D	UR			–				–		X
62759	*N*-亚硝基二甲胺	1			X						1.4E-02	1.4E-03	B2		2A			–	+	+	+	+	
59892	*N*-亚硝基吗啉														2B								
684935	*N*-亚硝基- *N*-甲基脲												B2										
90040	邻氨基苯甲醚	1	X				0.5	0.9	1.1	1.1				NV	2B								
95487	邻甲酚	1	X				30.6	19.6	29.8	44.5			C	NV									
95534	邻甲苯胺	1	X				5.4	3.7	12.8	23.5					2B		–		+–	+–	–	–	
95476	邻二甲苯	23	X	X	X	X	864.9	952.3	899.6	979.6				NV			–				–		X
56382	对硫磷						0.3	0.3	0.8	1.6			C		3								
82688	五氯硝基苯						0.1	0.1	1.1	0.5			UR		3								
87865	五氯苯酚	4	X		X	X	6.2	11.6	5.6	7.1		3.0E-06	B2	UR	2B				–	+	–		
108952	苯酚	12	X	X	X	X	3165.6	3827.4	5264.1	5083.3			D	NV		B	–		+		v		
75445	碳酰氯	2	X		X		2.2	2.4	4.1	10.8				NV									
7803512	磷化氢												D										
7723140	磷	5		X	X	X	11.7	12.1	30.1	9.6			D										

CAS #	化学名		M	A	C	T	1991	1990	1989	1988	IUR	OUR	EPA	RfC	LARC	Exp.	Genetic		Toxicity		Data		Repr/
			Y	E	A	R	Emis	Emis	Emis	Emis	per	per	WOE	mg/m³	WOE	Asses.	MVV		MVT		NM		Dev
			2	4	7	10	(t/a)	(t/a)	(t/a)	(t/a)	μg/m³	μg/L		Stat			So	G	M	C	S	E	Data
	列号	#SC			1		2	2	2	2	5	6	7	8	9	10	11		12		13		14
85449	邻苯二甲酸酐	5	X		X	X	315.9	343.7	325.1	273.6													
1336363	多氯联苯							0.0		0.1		2.2E-04	B2		2A		–	–		–	–		X
0	多环有机物	12		X	X	X							UR			B							
123386	丙醛	4	X			X	694.1	494.5	453.8	523.1				NV									
114261	残杀威							0.1	0.3	0.1			UR										
78875	二氯丙烷（1,2-二氯丙烷）	1	X				386.7	315.3	616.7	682.1			UR	6.0E-03	3								X
75569	氧化丙烷	16	X	X	X		533.3	680.0	897.1	1482.8	3.7E-06	6.8E-06	B2	3.0E-02	2A		+	–	+	+	+	+	
106445	对甲酚	1	X				67.8	119.5	127.4	320.4			C	NV									
106503	对苯二胺	1	X				1.8	0.4	2.1	56.9					3								
106423	对二甲苯	3	X		X		2639.2	2969.3	2360.1	3153.1				NV			–				–		X
91225	喹啉						22.5	13.8	31.8	24.7				NV									
106514	醌（1,4-苯醌）	1	X				2.1	0.8	0.9	5.7				NV									
0	放射性核素（包括氡）												UR			A							
0	硒化合物	15		X	X	X	18.5	15.3	16.7	14.8			D		3								
100425	苯乙烯	15	X	X	X	X	14238.2	15838.3	16650.9	17386.3			UR	1.0E+00	2B		+–			+	+		X*
96093	氧化苯乙烯	1	X				0.8	1.2	0.4	1.2					2A		–	–	+	+	+	+	X
127148	四氯乙烯	11	X	X	X	X	8343.7	10822.5	12752.4	15794.3					2B	B		–	+		–	–	X
7550450	四氯化钛						16.8	27.2	28.6	39.3													
108883	甲苯	39	X	X	X	X	99260.1	116912.8	127718.9	135811.9			D	4.0E-01		B	+		–			–	X*

CAS #	化学名		M	A	C	T	1991	1990	1989	1988	IUR	OUR	EPA	RfC	LARC	Exp.	Genetic		Toxicity		Data		Repr/
			Y	E	A	R	Emis	Emis	Emis	Emis	per	per	WOE	mg/m³	WOE	Asses.	MVV		MVT		NM		Dev
			2	4	7	10	(t/a)	(t/a)	(t/a)	(t/a)	μg/m³	μg/L		Stat			So	G	M	C	S	E	Data
	列号	#SC			1		2	2	2	2	5	6	7	8	9	10	11		12		13		14
8001352	毒杀芬										3.2E-04	3.2E-05	B2		2B			–			+		
79016	三氯乙烯	8	X	X	X	X	17529.2	18949.0	22162.8	24092.3			UR	UR	3	B	+	–	+–	+–	+	+	X
121448	三乙胺	1	X											7.0E-03									
1582098	氟乐灵						5.6	7.8	2.1	1.6		2.2E-07	C										
108054	乙酸乙烯酯	5	X		X		2743.2	2778.4	2699.1	2869.6			UR	2.0E-01	3					+	–		X
593602	溴乙烯						1.8	5.1	0.4	2.5				3.0E-03	2A						+		
75014	氯乙烯	4	X		X	X	523.7	567.9	634.4	687.2	8.4E-05	5.4E-05	A		1	A	+	–	+		+	+	X*
75354	偏二氯乙烯（1,1-二氯乙烯）	3	X			X	142.6	151.8	110.3	149.7	5.0E-05	1.7E-05	C	UR	3	B	–	–	–	–	+	+	X
1330207	二甲苯（同分异构体和混合物）	23	X	X	X	X	57776.5	69988.4	73743.4	71332.8			D	NV			–			–	–	–	X

列号和表格脚注：

1. 排放源排放的化学物质需要在 2 年、4 年、7 年、10 年的截止期内达到最大可实现的控制技术标准（在 X 前面的#表示 HAP 在源类别#SC）
2. 按 t/a 的毒性释放清单数据（TRI）（1988，1989，1990，1991）
5. IUR=吸入单位风险估计值 μg/m³；来自 EPA 的整合风险信息系统（IRIS）
6. OUR=口服单位风险估计值 μg/m³；来自 EPA 的 IRIS 数据库
7. WOE=分类证据的权重；来自 EPA 的 IRIS 数据库
8. RfC 工作组；已验证，在 IRIS 中，记为浓度，单位为 mg/m³

已验证，不在 IRIS 中，记为“v”

9. IARC（国际癌症研究委员会）WOE
10. 暴露评估：

A）为制定第 112 节的标准而进行风险评估的 HAPs

B）为列入列表而进行筛选分析的 HAPs

11、12、13. 遗传毒性信息；来自 EPA 健康效应研究实验室 Michael Waters 博士提供的基因活动档案数据库信息（1992 年数据）

“+”或“–”表示对该组信息的总体判断，其中可能包含多个测定。当该组内存在矛盾时，以“+–”（或“–+”）表征

第一个符号代表了对该组信息的主要判断
MVV=哺乳动物，体内
So=体细胞；G=胚胎细胞
MVT=哺乳动物，体外
M=变异；C=染色体异常
NM=非哺乳动物
S=伤寒沙门氏杆菌；E=大肠杆菌
14. 来源于非致癌健康效应数据库的数据，由 EPA 健康效应研究实验室的 John Vandenberg 博士提供
“X”表示可用数据；“X*”表示一些可用的人类数据
注意：数据包含母体毒性效应；所有数据来源于吸入暴露

使用的符号：UR=审查中
V=已验证
NA=不可用
NV=未验证

IARC 与 EPA：分类差异

EPA 对 IARC 方法的改进：
1. 在评估人类风险时考虑了一种物质和威胁生命的良性肿瘤之间的统计上显著的关联
2. 加入了“无可用数据”的类别
3. 加入了“无致癌性证据”的类别

按分类

EPA
A 级—已知人类致癌物
B 级—很可能的人类致癌物
B1—有限的人类数据
B2—不充分的人类数据，充分的动物数据
C 级—可能的人类致癌物

IARC
1 级—已知人类致癌物
2A 级—很可能的人类致癌物
2B 级—可能的人类致癌物
3 级—对人类的致癌性尚无法分类
4 级—可能对人类没有致癌性

Ⅳ.问题 4：EPA 认为信息收集需求的优先顺序是什么？EPA 在确定这个优先顺序时使用的标准是什么？

Ⅳ.A 引言

第 112 节所列的有害空气污染物（HAPs）的效应和暴露的现有数据支持《清洁空气法》（CAA）第三章下的各种决定。使用这些数据和及时收集额外数据的规则，将继续在 CAA 的日程安排上发布，一直延续到 2010 年。未来收集的关于 HAPs 的信息将支持剩余风险决策、两年一次的大水域报告、城市空气毒物报告和执行第 112 的节条文所需的其他活动。在 CAA 之外也存在对 HAPs 的研究兴趣。其他 EPA 管理的项目和其他机构的计划会涉及许多相同的化学物质和混合物。因此，无论收集什么数据，都将着眼于满足第 112 节的需求。

确定数据收集活动的优先级必须考虑许多因素。收集信息的决定将包含科学和管理两大部分。重要的考虑因素包括：作出法定裁决所需的信息类型、当前的科学状态、其他 EPA 工作的优先顺序、预算约束和法定期限。EPA 至今还没有决定数据收集的范围、机制或时间。下文大致描述了 EPA 关于有效实施 CAA 第三章所需要的信息收集的初步想法。

根据 CAA 的第九章，EPA 和其他机构将会全面考虑所有 HAPs 的研究需求。该章为规划促进标准测试以外的技术发展的研究提供了公开探讨的机会。由于该章节是在完成 FY91 的拨款程序后添加的，所以实施该章的计划目前还在制订过程中。

总体而言，平衡优先级和需求的目标可以表述为：

- 确保收集的数据符合必须作出的法律裁定的要求
- 确保及时收集数据
- 确保有效利用资源，考虑到其他数据收集工作
- 确保对于大量排放的 HAPs 投入足够的资源
- 避免以牺牲另一个重要的 HAP 为代价来充实一个已经很丰富的 HAPs 数据库

Ⅳ.B 效应数据收集计划的标准

计划健康和环境效应数据收集活动的重点在于确保有足够的数据来进行第 112（f）节要求的剩余风险评估。为了获得必要的数据来支持这些今后 10 年所需要的决策，EPA 必须立即开始数据收集工作。EPA 预计，该项工作将从 HAPs 的排序开始，其中需要考虑多个因素。这些因素包括：

- 控制技术标准的发布日期
- 评估某一特定 HAP 对由于某一排放源排放的多种 HAPs 导致的风险的贡献程度（使用现有的影响和暴露数据）
- HAPs 对大水域或者城市区域排放源计划的重要性
- 与其他 EPA 计划或政府机构的优先事项/兴趣相重叠（例如，正在进行的有毒物质和疾病登记处或国家毒理学计划的活动的时间安排）

收集与 HAPs 暴露相关的潜在不利影响的数据范围和类型的决定，还需要平衡几个因素，如纳入关于额外的数据可能会显著改变当前对特定 HAPs 毒性认知的可能性的专业判断。关键的因素包括：

- 当前数据库的丰富性
- 需要数据来支持现有的毒性数据在不同途径间的外推
- 需要在已确定的终点上扩展数据集，以改进剂量—反应表征
- 需要扩展数据范围以包含之前没有识别的终点
- 需要标准测试方法之外的研究以了解生物学归趋和转化或者作用机制

Ⅳ.C 效应数据收集范围的选择

由于尚未详尽地探索其他方法，并且还有大量工作有待完成，所以目前考虑三种选择。这些选择如下：

1．大范围。这种方法将对大量的 HAPs 进行分级测试，筛选一系列终点，并按照筛选分析的指示进行完整的终点测试。

2．中等范围。该方法将把筛选测试的重点放在排放量最多的 HAPs 上。测试策略将更加稳健并且处理关键的终点（至少包括致癌性和发育毒性）。其他排放量较大的 HAPs 将会在下面的小范围测试中考虑。

3．小范围。在此方法下，测试将侧重于补充数据库和增加现有数据库的可用性。例如，对于排放量很大的 HAPs，可以研究如何将口服数据“转化”为吸入数据或者阐明剂量—反应关系。这种小范围的测试可以包括药代动力学研究、90 天的亚慢性吸入研究或重复之前对终点的研究以更好地确定剂量—反应关系。

Ⅳ.D 获取效应数据的机制

可以使用多种机制来收集效应数据。目前主要的数据收集工作正在进行中，这些工作将补充第 112 节所使用的数据。例如，1986 年的超级基金修正案和再授权法案（SARA）要求有毒物质和疾病登记处（ATSDR）编制超过 200 种污染物的毒性档案。这些文件识别出了数据缺口，之后将会努力弥补这些空白。在 ATSDR 所研究的污染物中，有 76 种是 HAPs。第二个例子是欧洲共同体正在进行的工作。他们致力于为一个列表上的化学物质收集数据，这一列表与 HAPs 列表有重叠。此外，国家毒理学计划（NTP）正在与 EPA 合作确定 NTP 可以进行的针对几种 HAPs 的测试和研究。EPA 的健康和环境研究实验室（Health and Environmental Research Laboratory，HERL）正在进行涉及几种 HAPs 和城市有毒物质问题的研究。该实验室还开展了针对 HAPs 的药代动力学基础研究。其他的 EPA 实验室正在进行环境归趋、生态影响等方面的研究。收集数据的另一种方法是利用毒性物质管理法（TSCA）下的监管测试计划来要求行业进行测试。最后，CAA 第九章的研究计划将致力于 HAPs 的研究。把这些重叠的工作整合在一起，将成为 EPA 收集有关 HAPs 数据的一部分。

Ⅳ.E 改进用于 HAPs 暴露评估的数据库

除了建立 HAPs 浓度和健康或环境影响之间的定量关系，EPA 还要努力表征与 HAPs 来源相关的暴露水平。过去，为了获得足够的信息来准确描述工业源附近 HAPs 的暴露水平，人们一次只关注一种污染物。由于缺乏正在评估的排放源的信息，这些工作受到了极大的限制。EPA 采用了“模式工厂”类型的分析来代替用于暴露表征的特定地点的数据，该分析只依赖于来自一种类型排放源的抽样数据，并将暴露估计外推到其他排放源类别。这些分析本质上是非常保守的，所以往往会高估某一种工业来源造成的环境暴露水平。因此，这些分析经常被行业批评“过于保守”。

很明显，CAA 的剩余风险分析（在实施 MACT 之后）要求这种分析要基于特定地点的数据而不是“模式工厂”情景。因此这种分析需要比现有数据更多的特定地点的数据。此外，它们评估对某一特定排放源类别中的某一来源所排放的多种污染物的暴露程度，因此这些分析将不同于以往的分析。EPA 现在必须开始开发相关工具和过程，以获取足够的数据进行剩余风险分析。虽然这些工作将建立在过去的工作基础之上，但有几个必须解决的新的、具有挑战性的问题，包括：

1）必须获得来自一种排放源类别中的每一个排放源的每种 HAPs 的排放水平。由于 EPA 批准的测量方法并不适用于所有的 HAPs，所以这将需要研究和开发测量方法和针对特定地点的排放估计的技术。希望工业界内能够进行合作，来拓展这一领域内共享的专业知识。

2）基于排放源类别来获取数据。由于目前大多数数据库都是基于每一种污染物的，所以目前大部分数据无法达到这个目的。

3）精确的烟囱、排气口和无组织排放的位置以及每个设备的围栏位置对于减少暴露评估的不确定性至关重要。这方面的数据很少，并且不清楚大多数行业是否愿意提供这类数据。

4）在评估由于 HAPs 排放引起的暴露中，需要制定指南来探讨监测数据或其他对暴露更直接的测量的使用。具体地说，需要研究如何使用这些数据来补充建模分析。

5）可能需要建立一个用户友好、易于访问和集中的数据库和检索系统（例如电子公告板系统），为获取所需的数据提供便利。在建立过程中，工业界的投入和合作将是其成功的关键。确保工业界能够意识到，在缺少必要数据时，EPA 评估暴露的工作将会是“保守的”，所以这些工作可能需要合作。建立易于使用的数据库系统将大大减少工业界的负担，也能够减少此类信息请求所需的文书工作。

6）认真检查并确保用于暴露评估的数据质量，是数据收集过程中重要的一部分。

7）已经开始在全面的暴露评估过程中适当地纳入对人口流动和微环境暴露的考虑。然而，需要进行敏感性研究来确定这些因素对总体暴露和风险评估结果的影响程度。

8）对许多 HAPs 来说，短期暴露的量化是很重要的。已经有一些建模技术能够解决这个量化问题，但是通常缺乏关于短期排放变化的数据。这些信息的可获得程度将会决定 EPA 可以在多大程度上将这种差异性纳入暴露评估中。

9）对于大多数 HAPs 来说，通常缺乏用来协助验证人体暴露模拟结果的浓度测量。虽然已经实地验证了空气扩散模型，但是室内/室外区域以及多途径暴露还没有得到相同水平的验证。这一领域需要更多的数据。

EPA 欢迎委员会就提高实施 CAA 所必需的暴露和风险评估准确性的计划提出意见和建议。其中最重要的是专家组对于填补现有数据空白所需的大量工作的优先顺序的建议。

Ⅴ. 问题5：EPA认为风险评估决策中外部观察者难以看出的一些关键管理方面是什么？

当前的监管过程对风险管理者提出了一些具有挑战性的要求。根据监管和立法，他/她必须尝试进行各种分析——法律、经济、社会和科学——风险表征只是其中的一部分。由于这种多样性，风险管理者必须依赖于各类学科专家的科研成果。

在作出风险管理决策时，有一些外部观察者难以察觉但是需要考虑的因素。下面将介绍影响这些决策的一些因素。

1. 在处理科学问题时，风险管理者通常不具备风险评估领域的专业知识。这对风险评估过程提出了特别的要求。因此，风险评估过程的结果必须能够帮助他们作出决策。风险管理者常常对科学不确定性（作用机制、外推的不确定性等）的复杂讨论感到懊恼。相反，他们更喜欢对潜在问题的可能性和严重程度的最低限度的表征。在许多方面，目前癌症分类系统的普及主要在于它使用易于理解的分类方法（例如已知的、很有可能的、可能的致癌物）来表征总体证据权重并且展示致癌强度的测量方法。

EPA 增加了对风险评估中风险表征部分的重视，并且正朝着更全面地审查风险评估中的假设和不确定性的方向发展。然而，向风险管理者传达风险评估中的关键要素仍然是一个挑战。

2．一致性很重要。这并不意味着所有的风险评估都是一样的。重要的是，要采用一致的术语（即使该术语存在争议），并且风险管理者能够理解和交流。决策者以之前的决策和例子为基础，将当前的问题置于其中加以考虑。如果案例之间的格式和意义是不同的，这个过程可能会非常困难。

3．风险管理者并不期待完美的信息。批评风险评估不完美的人必须认识到，公共政策通常只是一个钝器而不是外科医生的解剖刀。决策往往是基于广泛的不确定性的，其中几倍的差异不会影响决策。

风险管理者和风险评估的批评者必须避免追求过于理想化的风险评估。这些人必须认识到现实世界的制约。这些限制包括时间、金钱和科学知识现状。

4．法定要求可能会限制开发和使用那些与我们对基础科学的理解不一致的风险表征数据。例如，建立风险目标（或界限），如 10^{-6}，被批评其在决策中没有考虑证据权重。另一个例子是要求该机构考虑空气中有毒物质的排放对“最大暴露个体”造成的风险。因此，法律框架限制对暴露人群中的风险分布的充分考虑。

5．法规或法庭诉讼通常在特定时间强制规定监管，实际上是根据现有数据强制作出决策。由于获取完整的健康和安全数据（例如，进行良好的动物生物测试、流行病学研究或者暴露研究）既需要资源，也需要时间，这一事实进一步深化了这一问题。

6．风险管理过程通常是外界关注和争论的焦点。当决策的代价非常昂贵或者它们对于会对组织良好的团体产生不利影响时尤其如此。在这些情况下，有一种自然的趋势是继续进行数据开发和分析，而不是在不确定性的情况下作出决策。虽然这样可能会导致拖延，但是它还能促进更严格地审查数据和仔细考虑各种方案。

7．对信息和更多研究的持续需求将导致分析瘫痪和有限资源的浪费。不采取任何措施带来的风险经常被遗忘。额外的信息需求必须与采取及时行动的需求相平衡，在风险评估过程中尤其如此，其中当前科学状态的限制常常阻碍得到明确的答案，并鼓励持续获取额外的数据。EPA 风险评估的审查者必须考虑到机构运作受到的合理资源限制。

附录 B

来自 Henry Habicht 的 EPA 备忘录

备忘录

主题：为风险管理者和风险评估者提供风险表征指南

F. Henry Habicht Ⅱ（副局长）寄

助理局长 地区局长 收

引 言

本备忘录为管理者和评估者在 EPA 报告、展示和决策中如何描述风险评估结果提供指导。该指南解决了一个影响公众对 EPA 科学评估和相关监管决策可靠性的认识的问题。EPA 有优秀的科学家，公众对我们科学结果质量的信心将会通过我们与同行科学家的公开互动以及展示风险评估和基础科学数据而得到增强。

具体来说，虽然在 EPA 风险评估的过程中进行了大量的详细分析和科学判断，但是随着评估结果在决策过程中的传递，重要信息通常会被忽略。当风险信息呈现给最终决策者和公众时，结果通常已经被归结为一个对风险的点估计。这种“简略”的风险评估方法不能充分传达在评估时考虑和使用的信息范围。简单来说，信息充足的风险表征阐明了 EPA 决策的科学基础，而数字本身并没有提供评估的真实情况。

这不仅仅是 EPA 的问题，机构的承包商、行业、环保组织以及在整个监管过程中的其他参与者都使用了这种“简略”方法。

我们必须竭尽全力确保风险评估每个阶段的关键信息都可以从风险评估者传递给风险管理者、从中层传递到高层管理人员、从 EPA 传递到公众、从其他地方传递到 EPA。风险评估委员会花了几个月的时间考虑这个问题，并得出以下 3 个结论：1）我们应当展现出一个完整的风险情况，包括用于进行评估的数据和方法可信度的声明；2）我们需要为跨机构项目的风险评估提供更高的一致性和可比性基础；3）在全面描述风险时，专业的科学判断起着重要的作用。委员会还指出机构范围内的指导会很有帮助。

背　景

风险评估委员会讨论过程中强调的原则总结如下，详见附录。

风险的全面表征

EPA 的决策一部分是基于风险评估的，即针对有关人类健康和环境现有和预计的风险的科学信息进行技术分析。根据 EPA 的实践，风险评估过程依赖于许多不同种类的科学数据（如暴露、毒性、流行病学），所有这些数据都用于“表征”对人类健康或环境的预期风险。风险评估过程的核心特征是有意识地使用不同来源的可靠数据。

评估的许多方面都可以获得高度可靠的数据。然而，科学不确定性是风险评估整个过程中的一个事实，因此，机构管理者会使用不那么确定的科学评估来进行决策。那么这个问题就变成了什么时候评估是足够科学可信的，因此可以用于决策，以及是否应当使用评估？为了作出这些决策，管理者需要了解评估的优点和局限性。

在这一点上，指南强调 EPA 的风险评估者和管理者应当坦诚地公布在描述风险和解释监管决策时的置信度和不确定性。具体地说，机构的风险评估指南要求对每个 EPA 风险评估中的不确定性进行充分和公开的讨论，包括在风险表征中突出展示关键的不确定性。数值型的风险估计应当始终都伴随着仔细挑选的描述性信息，以确保在风险评估报告和监管文件中对风险进行客观和均衡的表征。

科学家们呼吁进行全面的风险表征，不是质疑评估的有效性，而是要充分地告知他人评估中的关键信息。强调“全面”和“完整”的表征并不是指一个完全通过令人满意的科学数据来确定风险的理想评估；相反，完整的风险表征的概念意味着认真强调进行知情评估和使用评估所需的信息。因此，尽管风险表征详细说明了评估的局限性，但是对可靠的结论和相关不确定性的讨论增强而不是削弱了每一项评估的整体可信度。

这个指南并不是新的，相反，它是在当前的风险评估概念和实践基础上进行了重申、澄清和扩展，并且强调了风险评估过程中不完全成熟的方面。它阐明了这样的原则，即具有长期指导经验的风险评估者和充分知情的风险管理者需要认识到，最好不要将风险描述为一个类别或单一的数字，而是描述为来自许多不同来源的信息的组合，各来源具有不同程度的科学确定性。

可比性和一致性

委员会的第二个发现是需要更大的可比性，原因如下。一个是数据和数据比较的混乱——例如，很多人不明白，“平均”个体的 10^{-6} 风险估计不应当与“最大暴露个体”的 10^{-6} 风险估计相比较。在没有进一步解释的情况下使用这种明显相似的估计会导致对风险的相对重要性和降低风险行动的保护性的误解。另一个促进改变的催化剂是 SAB 的报告《减少风险：制定环境保护的优先级和策略》。为了执行 SAB 的建议，即我们的目标是实现最大限度的风险降低，我们需要共同的风险测量。

EPA 新修订的《暴露评估指南》提供了暴露和风险的标准描述。在机构所有的风险评估中使用这些术语将会促进一致性和可比性。使用多个而不是单个描述语，使我们能够更全面地了解暴露于大多数环境化学品的不同人群所遇到的不同暴露条件所对应的风险。

专业判断

对更广泛的风险表征的呼吁具有明显的局限性，例如，风险表征只包括评估中最重要的数据和不确定性（那些定义和解释主要风险结论的），所以决策者和公众不能获得有效但相对次要的信息。

处理可信度和不确定性的程度主要取决于评估的范围和现有资源。当特殊情况（例如，缺乏数据、极其复杂的情况、资源限制、法定期限）妨碍进行全面评估时，应当对这些情况作出解释。例如，紧急电话咨询不需要一份完整的书面风险评估，但是必须告知打电话的人，EPA 的评估是基于“粗略”计算得出的，与其他初步或简单的计算一样，不能被视为风险评估。

指导原则

关于制定、描述和使用 EPA 风险评估的指导原则在附录中列出。其中一些原则侧重于风险评估和风险管理的区别，强调每个过程的信息差异。其他原则在切实可行的范围内描述了 EPA 风险评估中预期的信息，强调对数据和数据可信度的讨论是完整风险评估的基本特征。附录中有针对每个原则的评论，EPA 的风险评估指南中有更加详细的指导（例如，《联邦公报》第 51 期 33992-34054，1986 年 9 月 24 日）。

与 EPA 的风险评估指南一样，这些指南适用于制定、评估和描述用于监管决策的机构风险评估。本备忘录没有针对在风险管理决策中使用已有的风险评估给出指导，也没有涉及在风险管理和决策中使用非科学的考虑因素（例如经济和社会因素）。虽然该指南侧重于致癌风险评估，但是该指南也大致适用于其他人类健康影响方面的评估（例如，神经毒性、发育毒性），并且通过适当的修订应该可用于所有的健康风险评估。专门针对生态风险评估的指南还在制定之中。

实 施

每个 EPA 办公室都要提供与新的机构报告、展示和决策包（decision packages）有关的几种风险评估信息，这一机构政策立即生效。一般来说，这些信息应当作为从整体评估中仔细筛选出来的重点呈现出来。就这一点而言，关于需要充分告知机构决策者的信息常识是确定在决策包和简报中需要强调的信息的最佳指导。

1. 就风险评估和风险管理之间的衔接而言，风险评估信息必须清晰地呈现出来，与任何非科学的风险管理因素区分。应当在考虑所有相关的科学和非科学因素的基础上讨论风险管理方案。

2. 就风险表征而言，必须强调关于数据和方法的关键科学信息（例如，使用动物或人类数据从高剂量外推到低剂量，使用药代动力学数据）。我们还期待一份评估可信度的声明，识别所有主要的不确定因素，并评论这些不确定因素对评估的影响，这与附录中的指南相一致。

3．就暴露和风险表征而言，EPA 的政策是提供从暴露情景中得出的暴露范围的信息，以及使用与附录和机构指南术语相一致的多个风险描述语（即中心趋势，高端个人风险、人群风险和重要亚群的风险）的信息。

本指南适用于所有的机构办公室。它适用于 EPA 工作人员以及承包商为 EPA 使用而进行的评估。我相信遵守这个机构范围内的指南，将会提高对机构风险评估的理解，形成更加明智的决策，并提高评估和决策的可信度。

从现在开始，所有机构办公室的展示、报告和决策都应当按照这里所描述的来表征风险以及相关的不确定性。请提前了解并与我讨论任何可能适当的程序修改。当然，我们不期望重写即将完成的风险评估文件。虽然这是直接适用于 EPA 主持下进行评估的内部指南，但我还是鼓励机构工作人员在评估从其他来源交付给 EPA 的评估以及和我或局长在讨论这些报告时使用这些原则。

该指南适用于管理人员和技术人员。请将此文件分发给那些开发或者审查评估的人，以及使用这些评估来实施机构计划的管理者。另外，我建议你与你的工作人员讨论这里列出的原则，特别是特定评估简报中的原则。

此外，我预计风险评估委员会将认可机构范围内的风险表征方法的新指南，目前正在由 EPA 风险评估指南的风险评估论坛制定，并且 EPA 和委员会将根据需要扩大该指南。

我和局长都认为，这项工作是非常重要的。它使我们在准备、报告和使用 EPA 风险评估方面更加严谨和坦率。上述任务可能需要您、您的管理者和您的工作人员付出额外的努力，但是它们对于全面执行这些原则是至关重要的。我们非常感谢你方 RAC 代表以及其他员工在整理这份文件时付出的辛勤工作。感谢您们在科学政策这一重要领域的合作，并期待着我们的讨论。

附件

抄送：局长

风险评估委员会

风险评估指南

第一部分 风险评估-风险管理衔接

第二部分 风险表征

第三部分 暴露评估和风险描述语

美国环境保护局

风险评估委员会

1991 年 11 月

第一部分　风险评估-风险管理衔接

因为意识到对于很多人来说，风险评估一词有着广泛的意义，所以国家研究委员会 1983 年的关于联邦政府的风险评估报告（以下简称“NRC 报告”）区分了风险评估和风险管理。

“风险评估”一词比我们所定义的更广泛的使用范围包括对感知到的风险的分析、与不同监管策略相关的风险的比较，以及偶尔对监管决策的经济和社会影响的分析——我们将这些功能分配给风险管理（重点补充）。

1984 年，EPA 认可了风险评估和风险管理之间的区别，供该机构使用，并且后来基于它们制定了风险评估指南。

这种区别表明，EPA 参与这一过程的人员可以基于其在风险评估和风险管理中的作用被分为两大类，每一类都有不同的职责。

风险评估

一个组是进行风险评估，通过收集、分析和整合科学数据来进行危害识别、剂量—反应和暴露评估，并且对风险进行表征。该组部分依赖于 EPA 的风险评估指南来解决科学政策问题和科学不确定性。

一般来说，这个组包括研究和发展办公室、农药和有毒物质办公室以及其他项目办公室的科学家和统计学家，此外还包括致癌物评估验证工作组和 RfD/RfC 工作组。

另一组利用第一组产生的分析来得到特定位置或媒介的暴露评估和风险表征，以用于制定监管措施。这些评估者依赖于现有的数据库（如 IRIS、ORD 健康评估文件和 RfD/RfC 工作组文件）来制定监管措施并评估替代方案。

一般来说，这个组中包括项目办公室、区域办公室以及研究和发展办公室的科学家和分析人员。

风险管理

第三个组将风险表征和适用法规中规定的其他非科学因素相结合来制定并且证明监管决策的合理性。

一般来说，该组还包括机构管理者和决策者。

由于风险评估和风险管理之间的区别，每个小组都有不同的职责。同时，风险评估过程涉及每个小组之间的定期互动，这些小组在整个过程的每个阶段存在职责的重叠。

需要遵循的指南为那些制定、审查、使用和整合风险评估用于决策的人概述了相关原则。

1. 风险评估者和风险管理者应当对风险评估和风险管理之间的区别非常敏感。

风险评估过程的主要参与者有很多共同的职责。重要的是，当职责不同时，参与者应该将任务限制在其职责范围内，而不是无意中模糊了风险评估和风险管理之间的差异。

评估者和管理者之间的共同职责包括关于评估的规划和实施的初步决定、在评估过程中进行讨论以及对完成评估和处理重要不确定性所需要的新数据的决定。在评估的关键时刻，这种协商决定了评估的性质和时间安排。

对于评估的实施者来说，区分风险评估和风险管理意味着在科学信息的选择、评估和呈现时不考虑非科学因素，包括科学分析可能会如何影响监管决策。评估者负责（1）产生可信、客观、实际和均衡的分析；（2）提供关于危害、剂量—反应、暴露和风险的信息；（3）通过明确地描述不确定性、假设以及这些因素（例如，置信区间、使用保守/非保守假设）对整体评估的影响，说明每个评估中的置信度。他们的职责不包括确定保护公众健康的风险可接受水平或者选择降低风险的方案。

对于将这些评估纳入监管决策中的风险评估使用者和决策者来说，风险评估和风险管理之间的区别在于，要避免因为考虑非科学因素（如监管结果）而影响风险描述，也不要为了避免法律约束、满足监管目标或服务于政治目的而捏造风险评估。这样的管理考虑通常是针对整个监管决策的合理考虑（见下一个原则），但是它们在评估或描述风险方面没有作用。

然而，决策者制定了能够确定机构风险评估整体性质和基调的政策方向，并在合适的时候针对困难和有争议的风险评估问题提供政策指导。风险评估优先级、保守程度和特定风险水平的可接受性等事件，由保护公众健康的决策的制定者负责。

2．风险评估产物即风险表征，是监管决策中使用的几种信息之一。

风险表征是风险评估的最后一步，是风险管理考虑的起点以及监管决策的基础，但它只是这些决策中的几个重要组成要素之一。EPA 管理的每一部环境法律都要求在监管过程的每个阶段考虑非科学事实。根据不同的法规授权，决策者对技术可行性（例如可处理性、检测限）、经济、社会和法律因素进行评估，作为分析是否需要监管的一部分；如果是的话，要在多大程度上考虑它们。因此，监管决策通常基于用于风险评估的技术分析与其他领域的信息。

因此，风险评估者和管理者应该明白，监管决策不仅仅是由风险评估的结果决定的。也就是说，对整个监管问题的分析可能与风险分析单独呈现的情况不同。例如，农药风险评估可能表明其对一些人构成中度风险，但是如果使用农药的农业利益对国家粮食供应非常重要，那么该产品就可能继续留在市场上，同时限制使用以降低可能的暴露。同样，评估工作可能会得到特定化学物质的 RfD，但是其他考虑因素可能会导致监管水平高于或者低于 RfD 本身。

对于决策者而言，这意味着和风险评估一起影响监管决策的社会考虑因素（例如成本、收益）应该像在风险表征中所述的科学信息一样得到全面描述。关于数据来源和分析的信息、它们的优势和局限性、评估的置信度、不确定性以及替代分析在这里与监管决策的科学组成要素一样重要。例如，决策者应该能够期望从经济分析中得到信息与从风险分析中得到的信息具有相同的严谨程度。

决策者不是“数字的俘虏”。相反，定量和定性风险表征只是最终决策时必须考虑的重要因素之一。风险管理决策涉及许多关于技术、经济和社会因素的假设和不确定性，这需要向决策者和公众明确说明。

第二部分 风险表征

EPA 风险评估的原则和方法有许多来源。EPA 颁布的环境法、国家研究委员会 1983 年关于风险评估的报告、机构的风险评估指南、各种特定计划的指南（例如超级基金的风险评估指南）都是重要的来源。EPA 在制定、维护和执行基于风险评估的法规方面 20 年的工作经验是另一个来源。这些不同的来源共同强调了明确解释 EPA 评估危害、剂量—反应、暴露和其他数据的过程的重要性，这些数据为风险表征提供了科学依据。

本节重点介绍针对全面风险表征的两个要求。首先，表征必须包括评估的定性和定量特征。第二，它必须确定评估中所有重要的不确定性，作为针对评估的可信度进行讨论的一部分。

强调全面描述评估中的所有要素，引起了对评估中定量和定性方面的重要性的关注。1983 年的 NRC 报告仔细区分了定量和定性风险评估，并且倾向于严格意义上不用数字表示的风险说明。

“风险评估”一词的含义往往比我们在这里采用的更为狭窄或更为广泛。对于一些观察者来说，这个词是定量风险评估的同义词，强调数值结果。我们更加广泛的定义包括定量和定性的风险表示。对风险的定量估计并不总是可行的，而且机构可能由于政策原因而回避开它们（原文中强调的）。

最近，一个风险报告的特设研究小组（来自 EPA、HHS 和私人部门的代表）通过指定风险表征的几个“属性”而加强和扩展了这些原则。

1. 风险的主要组成部分（危害识别、剂量—反应、暴露评估）在摘要中列出，和风险的定量估计一起，全面综合地展示证据。

2. 该报告明确了关键的假设、它们的理论基础以及科学共识的程度，因此接受的不确定性，以及合理的替代假设对结论和评估的影响。

3. 报告概述了正在进行的或者可能进行的能够澄清风险估计中不确定性程度的研究项目……

对于全面风险表征特别重要的是坦率和公开地讨论整个评估以及各组成要素中的不确定性。出于以下原因，说明不确定性是很重要的。

- 不同来源的信息的不确定性不同，当这些不确定性被组合在一起来表征风险时，了解这些差异是非常重要的。
- 必须就消耗资源获取额外的信息以减少不确定性作出决策。
- 对风险评估的含义和局限性的明确说明需要对其相关的不确定性进行清晰明确的说明。
- 不确定性分析使决策者能够更好地理解评估的含义和局限性。

对不确定性的讨论需要评论以下问题：可用数据的质量和数量、特定化学物质的数据空白、对一般生物现象的不完全理解，以及用于弥补信息空白的科学判断或者科学政策立场。

简而言之，对于全面展示风险的重要性达成了广泛的共识，特别是关于评估可信度的声明以及不确定性在合理范围内的声明。本节讨论风险表征的信息内容以及不确定性，第三节讨论风险表征中使用的各种描述语。

1. 风险评估过程要求结合定性信息、定量信息和关于不确定性的信息来表征风险。

风险评估基于评估者针对数据和数据对人类风险的影响提出的一系列问题。每一个问题都需要对现有研究进行分析和解释，选择最科学可靠和与当前问题最相关的数据，并就提出的问题给出科学结论。如下所述，由于问题和分析是复杂的，所以一个全面的表征包括几种不同类型的信息，这些信息都是根据可靠性和相关性精心挑选的。

a．危害识别——我们对一种环境物质导致实验动物和人类癌症（或其他不良影响）的能力了解多少？

危害识别是基于以下因素的定性描述，这些因素包括人类或实验动物数据的种类和质量、来自其他研究的辅助信息的可用性（例如，结构—活性分析、遗传毒性、药代动力学），以及来自所有这些数据来源的证据的权重。例如，为了进行描述，所要解决的问题包括：

1．在人类和实验动物身上进行的特定研究的性质、可靠性和一致性；

2．关于作用机制的现有信息

3．实验动物的反应及其与人类结果的相关性

这些问题清楚地表明，危害识别的任务是描述所有现有信息以及这些信息对人类健康的影响。

b．剂量—反应评估——我们对提供评估数据的实验室或流行病学研究中观察到的任何影响的生物学机制和剂量—反应关系了解多少？

剂量—反应评估检验了在研究中用于识别和界定所关注的影响的暴露（或剂量）与效应之间的定量关系。该信息随后与“真实世界”的暴露信息（见下文）一起使用，以估计对潜在风险人群产生不利影响的可能性。

建立剂量—反应关系的方法往往依赖于所使用的假设，而不是一个完整的数据库，所选择的方法对整体评估有较大的影响。这种关系意味着从高剂量到低剂量的外推程序的选择是非常重要的。因此，表征剂量—反应关系的评估者要考虑几个关键问题：

1．所选择的外推模型和生物机制的现有信息之间的关系；

2．如何从那些显示实验动物和人类可能强度范围的数据集中选择合适的数据集；

3．选择种间剂量换算系数，以解释从实验动物到人类的剂量比例的基础；

4．预期的暴露途径和危害研究中使用的暴露途径之间的对应关系，以及不同暴露途径潜在影响之间的相互关系。

EPA 的综合风险信息系统（IRIS）是这些信息的主要来源。IRIS 包含机构在仔细审查上述科学问题的基础上就特定化学品达成共识的数据摘要。

对于根据 IRIS 和其他来源的数据进行的风险评估，风险评估者应当仔细审查所提供的信息，并强调数据库的可信度和不确定性（见下文 d 节）。IRIS 的可信度声明应当作为危害和剂量—反应信息的风险表征的一部分。

c．暴露评估——我们对人类暴露的途径、模式、程度以及可能暴露的人数了解多少？

暴露评估检验了所研究物质的广泛暴露参数，这些参数与人们实际可能暴露的“真实”环境情景有关。暴露评估中所考虑的数据，从环境介质、食物和其他材料中化学物质浓度的监测研究到不同人群亚群的活动模式的信息都有涉及。表征暴露的评估者应当解决这几个问题：

1．每个暴露情景中使用的数值以及输入参数的基础。如果是基于数据的，那么就需要关于数据库的质量、用途和代表性的信息。如果是基于假设的，就应当描述提出假设的来源和一般逻辑（例如，监测、建模、类比、专业判断）。

2．敏感性和数据的缺乏被认为是造成暴露估计中最大不确定性的主要因素（例如，浓度、人体吸收、持续时间/暴露频率）。

3．暴露信息与风险描述语之间的联系在本附录第三节中讨论。正如描述语的选择所示，该问题包括情景的保守性和非保守性。

总之，用于表征风险的信息的可信度是可变的，因此风险表征需要一份关于评估人员对评估各个方面的信心的声明。

d．风险表征——其他评估者、决策者和公众需要了解哪些基本结论和假设，以及评估中的可信度和不确定性之间的平衡？

在风险表征中，关于危害和剂量—反应的结论与暴露评估的结论相结合。此外，还强调了这些结论的可信度，包括与最后风险摘要有关的不确定性的信息。如下所述，表征整合了之前所有的信息，以传达危害、暴露和风险结论的总体含义和可信度。

一般来说，风险评估中包含两类不确定性，每一类都值得考虑。测量不确定性是指伴随着科学测量（例如暴露评估的范围）的一般方差，它反映了用于生成估计值的单个测量值的累积方差。另一种不确定性来源于数据缺失——即完善评估使用的数据库所需要的信息。通常，数据缺失很多，例如缺少关于暴露于某种化学物质对人类的影响的信息，或者关于某种物质作用的生物学机制的信息。

这些领域的可信度和不确定性在多大程度上得到处理，很大程度上取决于评估的范围和现有的资源。例如，机构并不期望一个评估能够涉及每种可能的污染物的每个可能的暴露情景，或者调查所有存在潜在风险的易感人群，也不期望描述每一个可能的环境情景来确定对某种污染物的暴露和不利健康影响之间的因果关系。相反，不确定性分析应当反映出风险评估的类型和复杂性，分析和讨论不确定的工作量应与评估的工作量相对应。下面描述了可信度和不确定性的一些来源。

风险评估人员和管理人员通常只讨论评估的数字部分，从而简化了对风险问题的讨论。也就是说，只讨论证据权重、单位风险、致癌风险的特定风险剂量或者 q^{1*}、除了癌症以外的健康影响的 RfD/RfC，而不包括与风险情况有关的其他信息。但是，由于每项评估都带有不确定性，将风险简化为一个数字来表示是不完整的，而且常常具有误导性。因此，NRC 和 EPA 的风险评估指南要求“表征”风险时要包括定性信息、相关的数值风险估计以及对不确定性、局限性和假设的讨论。

关于方法、替代方案的解释和所使用的假设的定性信息是风险表征的重要组成部分。例如，在评估中使用动物研究而不是人类研究，这说明风险评估是基于人类对特定化学物质的反应的假设，而不是基于人类数据。人类暴露估计是基于受试者在化学事故附近的存在，而不是组织测量，这一信息界定了该研究中暴露部分的已知和未知方面。

这类定性描述提供了重要的信息，有助于理解数值风险估计。这种不确定性存在于科学研究和任何基于这些研究的风险评估中。这种不确定性并不会降低评估的有效性，相反，它们和其他重要的风险评估结论一起得到强调，以使他人充分了解评估结果。

2. 均衡的风险表征为其他风险评估者、EPA 决策者以及公众提供了关于评估的优点和局限性的信息。

风险评估过程需要确定和强调重要的风险结论以及相关的不确定性，部分是为了确保风险评估者之间的充分交流，部分是为了确保决策者得到充分的信息。通过确认值得关注的定性和定量因素来识别问题，这些因素会影响危害和风险的总体评估，进而影响最终监管决策。

关键词是“值得关注的”：在今后的风险评估和相关决策中，将保留对分析有重大影响的信息，也就是说，要注意到这些信息。对风险评估的可信度有很大影响的不确定性和假设需要特别注意。

如前所述，不确定性的两个主要来源是评估所依据的因素的差异性和基本数据的缺失。这种区别与风险表征的某些方面相关。例如，中心趋势和高端个人暴露评估旨在获得暴露、生活方式和人群的差异性。应当充分说明这些风险评估背后的关键考虑因素。相比之下，科学假设被用来填补知识空白，比如在剂量—反应评估中使用换算或外推因子、使用特定的置信上限。需要单独讨论这些假设和使用替代假设的影响。

对于评估的使用者和其他依赖评估的人来说，数字估计永远不应与风险表征不可或缺的描述性信息分开。所有的文件和展示中都应当包括这两者；在简短的报告中，这些信息会被缩减但是不会被省略。

对于决策者来说，在所有与决策中使用的评估相关的讨论和文件中都应当保留完整的风险表征（数值估计和关键的描述性成分）。充分可见的信息可以确保评估的重要特征在每一级决策中都能够立即用于风险是否可被接受的评估。简而言之，假设和不确定性的差异，加上各种环境法规所要求的非科学方面的考虑，在表面具有相同数量风险的情况下，显然会导致不同的风险管理决策；也就是说，单独的“数字”并不能确定决策。

关于替代方法的考虑包括审查选定的处理不确定性的合理方法。关键词是“选定的”和“合理”；列出所有选项，不管其优点是什么，都是多余的。

评估者应当列出每一种替代方法的优点和缺点，并合理估计中心趋势和差异性（例如，平均值、百分位数、范围和方差）。

描述选择的方法包含几个说明：

1．选择的理由

2．所选方案对评估的影响

3．与其他可行方案进行比较

4．新研究（正在进行、潜在的近期和/或长期研究）的潜在影响对于评估的使用者来说，注意所有涉及评估的决策和讨论中的不确定性，并在所有汇报中保留可信度的声明是非常重要的。对于决策者来说，理解不确定性对整个评估的影响，并解释不确定性对监管决策的影响是非常重要的。

第三部分 暴露评估和风险描述语

风险评估的结果通常在风险表征的部分传达给风险管理者。这种沟通通常是通过风险描述语来完成的，风险描述语传递信息并回答关于风险的问题，每个描述语提供不同的信息和见解。因为每个描述语都部分基于研究人群的暴露分布，因此暴露评估在制定这些风险描述语中起着关键作用。风险评估委员会（RAC）在过去两年中一直在讨论风险描述语的使用。

RAC 最近的工作为之后的讨论奠定了基础。首先，作为一篇关于各机构项目风险评估可比性的讨论论文的结果，RAC 讨论了在比较不同项目的风险评估时，风险的展示将会如何导致歧义。由于不同评估都提出了不同的风险描述语，而并不总是清楚其描述的内容，所以 RAC 讨论了对人群风险、个人风险、识别敏感或者高暴露的人群使用不同描述语的可取性。RAC 还讨论了各项目之间保持一致性的必要性，以及要求风险评估通过使用一组一致的风险描述语为管理者和公众提供大致相似的信息的可行性。

以下的指南以方便的顺序概述了不同的描述语，顺序不代表其重要性的等级。针对给定的评估目的、可用的数据、风险管理者需要的信息，这些描述语应当以不同的形式描述风险。使用一系列的描述语而不是单一的描述语，使得机构项目能够呈现出适用于大多数环境化学物质的不同暴露条件的风险情况。反过来，这个分析又使得风险管理者能够识别有较高和较低风险的人群，并且据此制定监管对策。

EPA 的风险评估预计将能够处理或提供以下描述语：（1）个人风险，包括中心趋势和风险分布的高端部分；（2）人群中重要的亚群，例如高暴露或者高敏感的群体或者个人，如果已知的话；（3）人群风险。评估人员还可以根据需要使用额外的风险描述语，这些描述语可以使陈述更加清晰。除了那些特定的描述语明显不适用的评估之外，这三种类型描述语中的一些形式应当定期制定并提供给 EPA 以用于风险评估。此外，风险评估信息的展示者应当准备好定期回答风险管理者提出的关于这些描述语的问题。

至关重要的是，展示者不仅要通过适当地使用这些描述语来交流评估的结果，而且还要表达他们对这些结果合理地描述了实际或预计的暴露量的信心。这个任务通常通过强调对结果有重大影响的关键假设和参数、选择这些假设/参数的理由以及选择其他假设的结果来完成。

为了使风险评估者能够成功地制定和呈现各种风险描述语，暴露评估必须以可以与暴露—反应或者剂量—反应关系相结合的形式提供暴露和剂量信息，从而估计风险。虽然人群中的个体在吸收、摄入率、易感性以及其他变量方面存在差异，高暴露不一定会导致高剂量或高风险，但在接下来的讨论中，假设暴露、剂量和风险之间存在中度或高度的正相关关系。由于所有描述语并不一定适用于所有风险评估，并且描述语的类型相当直接地转换为暴露评估者必须执行的分析类型，因此暴露评估者需要了解评估的最终目标。下面几节讨论了需要什么类型的信息。

1．关于个人暴露和风险的信息对于交流风险评估结果非常重要。

个体风险描述语的目的是解决群体中个人承担的风险问题，这些问题可采取以下形式：

- 风险最高的人是谁？
- 他们面临的风险水平如何？
- 他们在做什么、住在哪里等，这些因素可能会导致他们面临更高的风险吗？
- 在研究人群中个体的平均风险是多少？

风险分布的“高端”在概念上是指高于实际（测量或估计）分布的第 90 百分位数。这个概念范围并不意味着精确地定义这个描述语的范围，而是应当被评估者用作表征“高端风险”的目标范围。边界估计和最坏情景[①]不应当被称为高端风险估计。

高端风险描述语是对那些处在风险分布上端的个人风险的合理估计。该描述语的目的是呈现在分布上端的风险估计，但是要避免超过真实分布的估计。从概念上讲，高端

① 高端估计值侧重于对实际人群的暴露量或剂量的估计。另外，“边界估计”故意高估了实际人群中的暴露量或剂量，从而形成一种说法，即风险“不大于……”。“最坏的情况”是指一系列加在一起会产生可以想象到的最高风险的事件和条件的组合。虽然这种暴露、剂量或敏感性的组合可能会发生在特定的研究人群中，但是个体经历这种事件和条件组合的概率很小，以至于在现实中几乎不会发生。

风险意味着风险超过了人群分布的第 90 百分位数，但是不高于人群中的最大风险个体所面临的风险。

这个描述语是为了估计预期将发生在目标人群中较小但可确定的“高端”部分的风险。面临这些风险的个体可能属于特殊群体，或者是那些由于引起暴露增加的因素的内在随机性而导致在一般人群中具有高暴露的个体。如果不能在人群中确定易感性的特定差异，那么高端风险将与高端暴露或剂量有关。

在少数具有暴露和剂量的人群分布完整数据的情况下，高端暴露或剂量估计可以通过在分布中选择第 90 百分位数、第 95 百分位数或第 98 百分位数来表示。在适当的情况下，高端暴露或剂量可以被用来估计高端风险。

在大多数情况下无法获得完整的分布，有几种方法可以帮助估计高端暴露或剂量。如果可以获得足够的关于生活方式和其他因素差异性的信息，可以通过使用适当的模型来模拟这种分布，例如蒙特卡洛模拟，那么就可以使用模拟分布的估计结果。与上述方法一样，应当通过说明高于这个估计数的百分位数或人数来告知风险管理者这个估计数所处的高端范围。但是，评估人员和风险管理人员应该知道，除非对分布的高端暴露和剂量非常了解，否则这些估计将具有相当大的不确定性，而暴露评估人员需要描述这些不确定性。

如果只能获得关于暴露和剂量因素分布的有限信息，评估者应当通过识别最敏感的参数，并对其中一个或几个变量使用最大值或接近最大值，使其他变量保持其平均值，来估计最高值[①]。在此过程中，暴露评估者需要避免不一致的参数值组合，如低体重和高摄入速率的结合，并且必须牢记估计结果在实际预期的暴露和剂量分布范围内，而不能超过它们。

如果几乎没有关于各种参数范围的数据，那么就难以可信地估计高端暴露或者剂量，以及高端风险。在这种情况下使用的一种方法是从边界估计开始，然后“放宽”限制，直到根据评估者的判断，参数值的组合明显处在预期的暴露分布之内，并且仍然处

① 在几乎所有情况下，将所有变量最大化都会得到一个高于人群实际值的估计值。当剂量方程的主要参数（如浓度、摄入率、持续时间）被分解为子成分时，根据敏感性分析，可能需要对两个以上子成分参数使用最大值。

在暴露人群的上 10%之内。显然，这种方法的不确定性很大，需要作出解释。

涉及集中趋势的描述语可以是算术平均风险（平均估计）或中值风险（中值估计），也可以同时标明两者。当算术平均和中值都是可用的，但是它们的区别很大时，最好将两者都呈现出来。

用来近似算术平均值的平均估计值（average estimate），可以通过计算所有暴露因子的平均值得出。它不一定代表分布中的某一个特定个体。当人群的暴露量有几个数量级的差异或者当人群在距离点源的指定距离处被截断时，平均值估计并不是非常有意义。

由于典型暴露曲线的偏斜，算数平均值并不一定是分布中点（中位数，50 百分位）的良好指标。中值估计，例如几何平均值，通常是这种分布类型的良好描述语，因为有一半的人将高于这个值，另一半低于这个值。

2．关于人群暴露的信息引出了描述风险的另一种重要方式。

人群风险是指对整个人群的危害程度进行评估。从理论上讲，它可以通过将研究人群中所有个体的风险进行求和来计算。当然，这个工作需要的信息比正常情况下已有的信息（如果有的话）要多得多。

人群风险描述语要回答的问题包括：

- 在特定时间段内，估计这个人群中可能有多少特定健康影响的案例？
- 对于非致癌物，人群中有多大比例是处在某个基准水平的指定范围内，例如超过 RfD（剂量）、RfC（浓度）或者其他健康关注水平？
- 对于致癌物，有多少人是处于一定的风险水平之上，例如 10^{-6} 或者一系列风险水平如 10^{-5}、10^{-4} 等？

回答这些问题需要对人群的暴露频率分布有一定的了解。特别是解决第二个和第三个问题时可能需要绘制风险分布图。这些问题可能导致对人群风险的两种不同的描述。

第一个描述语是关于特定时间内人群中的健康影响病例的概率数量。

这个描述语可以通过以下方式获得：（a）当这些信息可用时，将人群中所有个体的风险相加；（b）使用风险模型，如假设对暴露的线性无阈值响应的致癌模型或方法。如果风险随暴露量成线性变化，那么了解平均风险和人群规模就可以估计对整个人群的危害程度，不包括需要使用不同剂量—反应曲线的敏感亚群。

显然，信息越多，对风险的估计就越准确，但是风险评估方法中的内在不确定性限制了评估的准确性。根据现在的科学状况，应当采取明确的步骤来确保这个描述语没有与对人群中案例的精准预测（基于大量经验数据的统计预测）相混淆。

虽然通过计算个体平均风险并乘以人群规模来估计人群风险有时候适用于使用线性无阈值模型[①]的致癌物评估，但是这并不适用于非致癌效应或者其他类型的癌症模型。对于非线性癌症模型来说，人群风险估计必须通过将个体风险相加来计算。对于非致癌效应，我们还没有开发出将风险概率相加的风险评估技术，因此使用下面的第二个描述语更合适。

人群风险的另一个描述语是指，估计超过特定风险水平的或者处在某些基准水平的指定范围（如超过 RfD 或者 RfC、LOAEL 或者其他特定水平）内的人群百分比或者人数。

这个描述语必须通过测量或者模拟总体分布来获得。

3．关于人群中不同亚群的暴露和风险分布信息是风险评估的重要组成部分。

风险管理者也可以就风险在目标群体各个部分中的分布提出问题，例如：

- 暴露和风险是如何影响各个亚群的？
- 特定亚群的人群风险是多少？

关于暴露和风险在这些人群中分布的问题需要额外的风险描述语。

可以确定高暴露的亚群，在可能的情况下进行表征，并且量化其风险大小。当（或者预期）一个亚群经历的暴露或者剂量与较大群体有明显不同时，这个描述语是有用的。

可以通过年龄、性别、生活方式、经济因素或者其他人口统计学变量来确定亚群。例如，在受污染的土壤中玩耍的幼儿以及那些食用较多鱼类的消费者代表了可能对某种污染物存在更大暴露的亚群。

还可以确定高易感性的亚群，并且在可能的情况下进行表征和量化其风险的大小。当（或者预期）特定亚群的敏感性或易感性与较大群体显著不同时，这个描述语是有用的。为了计算这些亚群的风险，有时需要使用不同的剂量—反应关系。

---

① 某些重要的注意事项适用。这些注意事项在机构的《暴露评估指南》中明确说明，暂定于 1991 年年底发布。

例如，当暴露于某种化学物质时，孕妇、老人和孩子以及患有某些疾病的人都可能比整个人群要更加敏感。

一般来说，对人群分组的选择要么是由于对某种类别的亚群感兴趣，在这种情况下，风险评估者和风险管理者可以共同商定要重点突出哪些亚群，要么是在评估过程中发现敏感或高暴露的亚群。在这两种情况下，一旦确定了亚群，就可以将其视为一个人群，并且可以像那些较大的群体一样使用人群和个体风险的描述语来进行表征。

4．特定情况的信息增加了对未来可能的事件或者监管方案的见解。

这些假设的问题通常是为了回答“如果”问题，这些问题要么是针对低概率但是后果较为严重的事件，要么旨在检验候选的风险管理方案。这些问题可能有以下形式：

- 如果农药使用者在施用农药时不使用防护设备怎么办？
- 如果这些地点将来变成住宅区怎么办？
- 如果将标准设定在 100 ppb，将会出现什么样的风险水平？

为了回答这些假定的问题所做的假设，不应当与在暴露基准估计中所做的假设或者进行敏感性分析时对参数值所做的调整相混淆。这些假定问题的答案不会给出这些值的组合在实际人群中出现的可能性大小，以及在现实世界中有多少人（如果有的话）可能面临计算出的暴露或风险的信息。

基于暴露评估中的特定假设或假定的实际因素组合的风险计算，作为风险描述语也是很有用的。询问和回答“如果”性质的特定问题，对于增加对风险评估的见解来说通常是很有价值的。

这些问题的答案所传达的唯一信息是，如果假定了条件 A、B 和 C，那么所得到的暴露或者风险结果将分别为 X、Y 和 Z。X、Y 和 Z 的值通常很容易计算，并且可以表示为点估计或者范围。每个评估中可能没有，或者有一个或几个这种类型的描述语。答案并没有直接提供在实际人群中出现这些值的组合的可能性，因此这些描述语的适用性存在一些限制。

参考文献

[1] National Research Council. Risk Assessment in the Federal Government：Managing the Process. 1983.

[2] U.S. EPA. Risk Assessment and Management：Framework for Decision Making. 1984.

[3] U.S. EPA. Risk Assessment Guidelines. 51 Federal Register 33992-34054. September 24，1986.

[4] Presentation of Risk Assessment of Carcinogens；Ad Hoc Study Group on Risk Assessment Presentation. American Industrial Health Council. 1989.

附录 C

暴露量的计算和模拟

本附录介绍了暴露评估中使用的一些数学关系和模型。

暴露量计算

评估对某种污染物的暴露量需要特定位置（微环境）的污染物浓度以及个人或者人群接触这些污染物的持续时间的信息。如果测量或者模拟一个人暴露的污染物浓度，并且知道其与污染物接触的时间，则可以由浓度和时间确定暴露量。当浓度随着时间变化时，从时间 t_1 到时间 t_2 的总暴露为

$$E = \int_{t_1}^{t_2} C(t)\,\mathrm{d}t$$

其中，E 是个体对浓度为 C 的污染物的暴露量；C（t）代表从时间 t_1 到 t_2，浓度与时间 t 的函数关系。在此期间的平均（“时间加权平均”）暴露是 $E/$（t_2-t_1）。

通常假设在一定的时间间隔 Δt_j 内，给定微环境 j 内的浓度是恒定不变的。因此，在给定微环境中的任何特定暴露量 e_j 为

$$e_j = \overline{C_j}\Delta t_j$$

这意味着个体在时间间隔 t_j 内所处微环境的平均浓度为 $\overline{C_j}$ 。个体对空气污染物的总暴露量 E 是其与污染物接触的所有微环境 M 的总和：

$$E = \sum_{j=1}^{M} e_j = \sum_{j=1}^{M} \overline{C_j} \Delta t_j$$

后一个等式包括了人们可能会在的所有地点和会参与的所有活动。

为了获得有 N 个人的人群总暴露 E_{pop}，需要将人群中的所有个体的暴露量 E_i 从 N=1 到 i 相加：

$$E_{pop} = \sum_{i=1}^{N} E_i = \sum_{i=1}^{N}\sum_{j=1}^{M} \overline{C_j} \Delta t_{ij}$$

通常，在每个微环境中花费的时间是暴露人群的平均值，

$$E_{pop} = N\sum_{j=1}^{M} \overline{C_j \Delta t_{ij}}$$

所以平均人群暴露量为

$$\overline{E_{pop}} = \sum_{j=1}^{M} \overline{C_j \Delta t_j}$$

因此，有必要估计人们暴露的污染物的大气浓度来获得 C_j，并且估计其活动模式来获得 t_j。

暴露模拟

直接测量个人或者人群的暴露量通常是不可能或不切实际的，取而代之的是使用数学模型来估计暴露量。微环境浓度是利用基于环境物理和环境化学的浓度模型估计得出的。个人在具有某种污染物的微环境中花费的时间是暴露模型的另一个重要输入。人群暴露模型将表示整个人群的时间—活动模式的数据与污染物浓度相结合。

高斯烟羽模型

EPA 使用高斯烟羽模型来估计某一污染物在离排放源一定距离处的浓度。这个模型表示一个烟囱排放的烟羽具有高斯分布或正态分布，中心线为最大值，如图 C-1 所示，所以以此命名。边界（例如地面或者大气逆温层）、多个排放源和沉积的影响可以改变基本的高斯分布。高斯烟羽模型已经扩展到考虑连续和间歇的排放，以及点排放（例如，

烟囱的集中排放)、面排放（例如，分布在整个建模区域的排放，如家庭供暖）和线排放（如道路)。高斯烟羽模型已经进一步扩展到复杂的地形区域（如山谷和水体）以及工业排放源。它们还被设计为不同的时间平均周期。许多高斯烟羽模型都有各自的名称，对应模型中使用的各种数学公式。常用的高斯烟羽模型具有工业源复合长期（Industrial-source complex long-term，ISCLT）模型和工业源复合短期（Industrial-source complex short-term，ISCST）模型，分别用于长期和短期的平均时间；LONGZ（基本长期模型)；Complex（针对复杂地形）和 Valley（针对山谷)。这些是 EPA 的 UNAMAP 模型库的一部分（见 Zannetti，1990，简要描述每一个模型以及如何获得这些模型)。

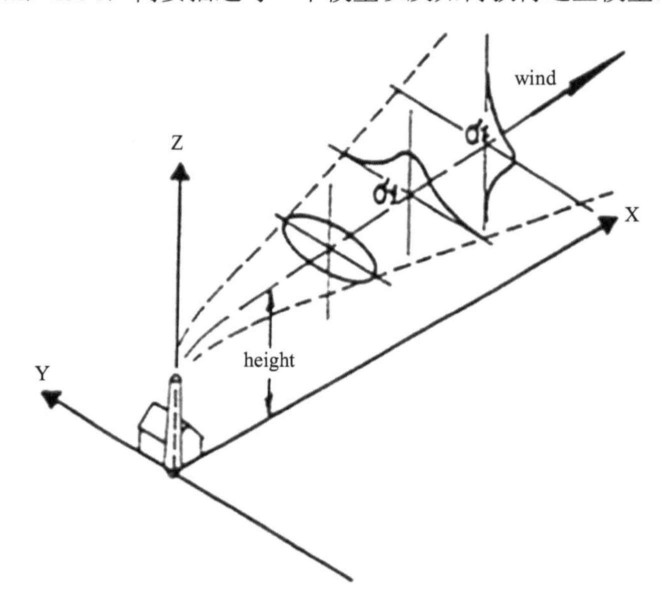

图 C-1 高斯烟羽模型所描述的污染物扩散的可视化

资料来源：Russell，1988。经许可重印；版权 1998，健康效应研究所，剑桥，马萨诸塞州。

高斯烟羽模型是最简单的大气扩散模型之一，但是它们仍然涉及许多复杂的问题。例如，许多排放源排放的废气高于环境温度，因此污染物往往会上升。上升是一个要描述的复杂过程，需要同时考虑传热传质、大气湍流和排放源特征。相反，污染物可能在没有足够浮力或动量的情况下被排放到建筑物或地形特征的下风湍流空气的尾流上方。

然后，污染物就会在尾流中被捕获并被冲下来，增加潜在暴露量。特定的高斯烟羽模型，例如 ISCLT 和 ISCST 模型，就是针对这种可能性而开发的（EPA，1987）。ISCLT 和 ISCST 模型通常被建议用于工业排放源的空气污染物暴露评估。EPA 采用的人体暴露模型（如下所述）也使用了工业源复杂模型。复合源可以通过将单个排放源的贡献叠加来处理。可以在高斯烟羽框架中纳入污染物的一阶化学衰减，以及气体和颗粒物的沉积。

虽然高斯烟羽模型已经使用了很多年，但是其计算结果仍存在较大误差。在许多情况下，特别是远离排放源时，它们预测高浓度会存在偏差。在复杂地形（例如丘陵地带或高层建筑物区域）中使用高斯烟羽模型会有更大的不确定性，并且可能导致显著的高估和低估。它们的构造过于简单，难以处理复杂的地形。

人体暴露模型（HEM）

HEM 是 EPA 开发的最常用的模型之一，结合了简单的高斯烟羽扩散模型和固定位置的人口模型。虽然 EPA 已经开发了几个高斯烟羽扩散模型，并对其进行了验证性研究，但是 HEM 是由包含了估计水平和垂直离散率的另一种方法的模型构建的。随后将模型与标准 UNIMAP 模型进行对比，后者由 EPA 的空气质量、计划和标准办公室发布，是国家环境空气质量标准（NAAQS）州实施计划的一部分。结果发现它们的一致程度在 3 倍以内。未与现场实测数据进行比较在最新版本中，ISCLT 模型被用作默认的扩散模型，因此可以对排放源区域内的多个排放点进行建模，而不是将复合源中所有的排放聚合成一个点源。

可以将其他扩散模型中的浓度数据替换到 HEM 中。例如，LONGZ 被用来模拟华沙塔科马 ASARCO 冶炼厂的砷扩散。LONGZ 是一个复杂的地形模型，经过优化以重现该工厂排放的二氧化硫的扩散。但是，还不清楚它是否已进行适当的修改以考虑颗粒物的沉降，并且发现在距离工厂 3 km 以内的距离，空气中砷浓度会被高估 5～8 倍，在更大距离上会高估 1.6～1.8 倍。尿液中砷的测定也表明，该模型大大高估了砷的暴露量。

对于分散的排放源，例如干洗剂中的全氯乙烯，面源的排放速率与区域人口成正比。对扩散模型进行了修正，纳入了表面粗糙度和热岛效应而导致的额外扩散，并且基于城市地理区域对参数进行了校正。

在 HEM 中，人口数据基于人口普查局的数据（普查区/街区群，ED/BGs）。ED/BG 平均容纳 800 人，从一个城市街区的一部分到数百平方公里不等。假设每个 ED/BG 的人群处于地理分布的中心（质心）。该位置的污染物浓度是由扩散模型的结果插值得到的。内插值在径向上是对数的，在水平方向上是线性的。对整个区域内人口和浓度的乘积求和，即可得到每年的人口总暴露量。

NAAQS暴露模型

NAAQS 暴露模型（NEM）的建立是为了估计对标准污染物的暴露量（例如二氧化碳、一氧化碳）。1979 年，EPA 开始通过建立用于估计室外污染物暴露的人类活动模式的数据库来开发这个模型（Roddin et al.，1979）。然后将这些数据与 NEM 中测量得到的室外浓度相结合，来估计对 CO 的暴露量（Biller et al.，1981；Johnson 和 Paul，1983）。NEM 已被修订，通过纳入室内空气质量模型（Indoor Air Quality Model，IAQM）来包括室内暴露（Hayes 和 Lundberg，1985）。IAQM 建立在对单室质量平衡模型的递推（逐步）求解的基础上，并包含三个基本的室内微环境：家、办公室或学校、交通工具。它已被用来估计臭氧暴露的分布（Hayes 和 Lundberg，1985），并用于评估五种情景下室内污染物暴露的减缓策略，例如对学校燃气锅炉排放的 CO 的暴露（Eisinger 和 Austin，1987）。

人体空气污染物暴露模拟（Simulation of Human Air Pollution Exposure，SHAPE）**模型**

SHAPE（Ott，1981）是一种计算机仿真模型，可以生成假设的人体样本的综合暴露曲线；暴露曲线可以总结为对暴露量的测量——例如综合暴露量——来估计所关注的暴露量的分布。该模型主要估计了由于本地排放源导致的污染物暴露曲线；假设偏远排放源的贡献与没有本地排放源时的背景点浓度一样。因此，总暴露的估计是指本地排放源导致的暴露加上背景点的环境浓度。

对于假设样本中的每一个人，模型可以生成特定时间内（如 24 小时）当地污染源的活动曲线和污染物浓度曲线。活动曲线由修正过的 Markov 模型生成。更新后的 SHAPE 版本可以纳入给定的活动曲线，而不是使用模拟来生成活动曲线。在曲线的开始部分，起始的微环境是根据可能花费在其中的时间分布生成的，而花费的时间根据特定微环境的概率分布生成：每个微环境有其持续时间的特定概率分布。在持续时间结束时，根据另一个持续时间的转移概率分布，得到向另一个微环境的转变。该过程重复进行，直到给定的时间结束。对于在给定微环境中花费的每一个时间单位，例如一分钟，根据特定于微环境的概率分布生成一个污染物浓度，每个微环境对于其污染物浓度具有特定的概率分布。所有随机值都是独立生成的。

卷积模型

Duan（1981）最初开发了用于由本地源导致的综合暴露的卷积模型，后来（1987年）将其使用扩展到更加广泛的范围。在这个模型中，暴露量的分布是通过在每个定义的微环境中观察到的浓度分布和在这些微环境中花费的时间分布来计算的。因此，通过假设浓度值和时间可以从暴露分布中独立获得并且结合产生一系列个体暴露量，来计算人群的暴露量分布。然后可以对暴露量随时间进行累加，来得到人群中个体的时间累积暴露量。足够多的案例可以提供整个人群的暴露分布。

方差分量模型

方差分量模型假设短期污染物浓度由时变分量和时不变分量组成。如果时变分量和时不变分量都不可忽略，那么 SHAPE 和卷积方法都不适用；而需要使用方差分量模型，该模型同时包含了时变和时不变分量。根据分析者的需要，可以将两个分量相加或者相乘来估计模拟的浓度值。污染物浓度通常在较高的情况下变化更大，因此乘法形式可能更加实际。

首先需要确定两个分量的分布。如果有属于同一微环境的随机采样点，并且至少有一个随机采样点的连续监测数据，则可以直接估计浓度随时变和时不变分量的分布。如果有完整的个人监测数据，那么可以使用 Duan（1987）所述的方法。一旦有了这些分布，暴露量分布就可以使用类似于 SHAPE 的计算机模拟进行估计。然而，与 SHAPE 中独立生成每个时间单位内的污染物浓度不同，该模型生成每个时间单位内的时变和时不变分量的值，然后将其组合来确定每分钟的平均浓度。仿真模拟的其余部分与 SHAPE 相同。

参考文献

[1] Biller, W.F., T.B. Feagans, T.R. Johnson, G.M. Duggan, R.A. Paul, T. McCurdy, and H.C. Thomas.1981. A general model for estimating exposure associated with alternative NAAQS. Paper No. 81-18 .4 in Proceedings of the 74th Annual Meeting of the Air Pollution Control Association, Philadelphia, Pa.

[2] Duan, N. 1981. Micro-Environment Types: A Model for Human Exposure to Air Pollution. SIMS Technical Report No. 47. Department of Statistics, Stanford University, Stanford, Calif.

[3] Duan, N. 1987. Cartesianized Sample Mean: Imposing Known Independence Structures on Observed Data. WD-3602-SIMS/RC. The RAND Corporation, Santa Monica, Calif.

[4] Eisinger, D.S., and B.S. Austin. 1987. Indoor Air Quality: Problem Characterization and Computer Simulation of Indoor Scenarios and Mitigation Strategies. Report No. SYSAPP-87/170. Systems Applications, Inc., San Rafael, Calif.

[5] Eisinger, D.S., and B.S. Austin. 1987. Indoor Air Quality: Problem Characterization and Computer Simulation of Indoor Scenarios and Mitigation Strategies. Report No. SYSAPP-87/170. Systems Applications, Inc., San Rafael, Calif.

[6] Hayes, S.R., and G.W. Lundberg. 1985. Further Improvement and Sensitivity Analysis of an Ozone Population Exposure Model. Draft final report to the American Petroleum Institute. Report No. SYSAPP-85/061. Systems Applications, Inc., San Rafael, Calif.

[7] Johnson, T.R., and R.A. Paul. 1983. The NAAQS Exposure Model (NEM) Applied to Carbon Monoxide. EPA-450/5-83-003. Prepared for the U.S. Environmental Agency by PEDCo Environmental Inc., Durham, N.C. under Contract No. 68-02-3390. U.S. Environmental Protection Agency, Research Triangle Park, N.C.

[8] Ott, W. 1981. Computer Simulation of Human Air Pollution Exposures to Carbon Monoxide. Paper 81-57.6 . Paper presented at 74th Annual Meeting of the Air Pollution Control Association, Philadelphia, Pa.

[9] Roddin, M.F., H.T. Ellis, and W.M. Siddiqee. 1979. Background Data for Human Activity Patterns, Vols. 1, 2 . Draft Final Report prepared for Strategies and Air Standards Division, Office of Air Quality

Planning and Standards, U.S. Environmental Protection Agency, Research Triangle Park, N.C.

[10] Russell, A.G. 1988. Mathematical modeling of the effect of emission sources on atmospheric pollutant concentrations. Pp. 161-205 in Air Pollution, the Automobile, and Public Health, A.Y. Watson, R.R. Bates, and D. Kennedy, eds. Washington, D.C.: National Academy Press.

[11] Zannetti, P. 1990. Air Pollution Modeling: Theories, Computational Methods, and Available Software. New York: Van Nostrand Reinhold.

附录 D

审议美国环境保护局《致癌风险评估指南》修订草案的工作文件

公　告

本文件是初稿。在美国环境保护局将其正式公布在《联邦公报》上之前，1986 年《致癌风险评估指南》中提出的政策仍然有效。本工作文件不代表美国环境保护局针对致癌物质风险评估的政策。

健康和环境评估办公室
研究和发展办公室
美国环境保护局
华盛顿特区

免责声明

本文件仅是为了审查目的而草拟的工作文件，不是机构的政策。本文提到的商品名称或者商业产品不代表认可或者推荐使用。

作者和贡献者

本工作文件草案是由EPA一个内部工作组编写的，由健康和环境评估办公室的Jeanette Wiltse主持本次编写工作。

审查美国环境保护局《致癌风险评估指南》修订草案的工作文件

本文件确定了一些机构的科学家们一直讨论的致癌风险评估问题，作为 EPA 1986 年《致癌风险评估指南》进行修订的基础。这份工作文件正在提交给其他科学家，以便尽早就许多尚未发现或仍在讨论的问题发表意见。这份文件不是一个提案。它还没有经过任何 EPA 官员的审查或批准，最终获得批准的提案可能会与这份文件有很大的不同。当修订草案准备就绪时，EPA 将在《联邦公报》上公布以征求公众意见。

在美国环境保护局 EPA 在《联邦公报》上发表正式声明之前，1986 年《致癌风险评估指南》中提出的政策仍然有效。本文件不代表美国环境保护局在致癌风险评估方面的政策。

前 言

美国环境保护局 1986 年关于《致癌风险评估指南》（51 FR 33992，1986 年 9 月 24 日）指出，“……目前，致癌过程的机制在很大程度上尚不清楚……”这已不再准确。近年来，癌症分子生物学的研究取得了突破性进展。这一新知识才刚刚开始应用于生成有关环境物质的数据。指南修订的目的是灵活并且公开地使用这类新的数据，即使指南不能完全预测未来致癌性测试和研究可能采取的形式。同时，该指南涉及对目前致癌性评估的基础数据类型的评估，这是过去 20 年风险评估科学发展的结果。因为方法和知识的变化速度比指南的实际修改速度更快，因此今后该机构开发的大部分致癌风险评估程序将在机构风险评估论坛的支持下通过技术工作的开展来完成。该论坛的技术文件是由一般科学团体和 EPA 的科学家来完成的。这些文件可供公众查阅，并且可以通过 EPA 科学咨询委员会和其他组织来进行同行评审。论坛赞助了两个研讨会，在这里来自公共和私人团体的科学家们讨论了对指南的修订（USEPA，1989a；USEPA，1991a）。

1986 年指南的主要变化

本工作文件中的修订与机构 1986 年的指南在很多方面有所不同。变化的原因是出现了新的研究成果，特别是关于癌症的分子生物学的研究成果，以及在应用 1986 年的指南时得出的经验。

变化的一个方面是更加强调针对风险评估的各个部分（危害、剂量—反应、暴露和风险评估）进行表征讨论。这些是对评估的总结，重点是说明证据的范围和权重、解释和原理的要点、证据和分析的优缺点以及值得认真考虑的其他结论。

其他两个发生主要变化的方面是：

（1）物质[①]潜在危害的证据权重的表示方式；

（2）剂量—反应评估方法。

1．为了表示致癌危害潜力的证据权重，1986 年的指南提供了关于人类研究和动物生物测试的分级汇总排序。这些证据的汇总排序被整合到一起，将所有的证据分到为 A 到 E 组，A 组是指具有最大的致癌可能性。其他的实验证据对排序起调整作用。对于暴露途径（例如，口服或者吸入）以及作用机制等因素并没有在表征中明确体现出来。

这些修订采取了不同的方法。对各类证据进行汇总排序的思想得到了保留和拓展，但是以不同的方式整合证据，并且以叙述性的证据权重特征说明的形式进行表达。

{字母数字混合排序是否将成为这个说明的一部分，仍然是 EPA 正在讨论的尚未解决的问题。}

进行叙述性说明之前是对人类观察证据和所有实验证据的汇总排序。实验证据的汇总排序由长期动物生物测试证据和所有其他与致癌性有关的生物和化学性质的实验证据组成。这种逐步的方法预期会在分析过程中收集证据和组织结论，以方便审查。它还对先前被认为具有“调节”作用的某些实验证据赋予了明确的权重。

叙述性说明中可以分暴露途径描述数据，并且可以描述在表征人类致癌性证据的总

① 术语“物质”是指正在评估的化学物质、混合物或者物理或生物实体（除非另有说明）。

体权重时，作用机制数据对危害评估和剂量—反应方面的影响。

2．另一个主要的改变是剂量—反应的评估方法。它要求在危害评估中得到潜在作用机制的结论之后继续进行逐步分析。分析可划分为监测数据范围内的建模和低于观测数据范围的剂量—反应分析两个步骤。

{将所有与人类致癌潜力相关的发现相结合的过程，是EPA持续讨论的问题。本工作文件提出了若干建议的方法之一。其目的在于进行全面综合的判断，同时指导各学科的青年科学家如何整理和呈现研究结果。}

{这些工作文件中没有完整地说明要如何在剂量—反应评估中使用机制信息。在后面几节中会指出具体问题。}

致癌性评估展望

以下各段概述了目前对癌变过程中发生的事件的部分认识。引用的大多数研究都是使用不常用来研究环境物质的实验方法进行的。不过，正如现状所示，将会有更多的实验方法用来测试环境物质的具体作用机制。甚至在此之前，目前某些物质的可用信息就可以根据已有的认识进行解释，从而对该物质在分子水平上可能发挥的作用作出明智的推断。

正常情况下，组织中的细胞生长是由一个复杂且没有被完全理解的过程控制的，这个过程控制着有丝分裂（细胞分裂）和细胞分化的发生和频率。成人的组织，包括那些由快速复制的细胞构成的组织，都保持了恒定的大小和细胞数量（Nunez et al.，1991）。这似乎涉及三种细胞归趋之间的平衡：（1）继续复制或者丧失复制能力；（2）分化以承担特定功能；（3）程序性细胞死亡（Raff，1992；Maller，1991；Naeve et al.，1991；Schneider et al.，1991；Harris，1990）。导致细胞分化的过程失活或细胞死亡，因此复制的细胞相比于其他细胞可能具有竞争性的生长优势，并且可能导致肿瘤的生长克隆扩增（Sidransky et al.，1992；Nowell，1976）。

细胞经历的路径是由定时的生物化学信号序列决定的。信号传递途径（或细胞中的“回路”）涉及与受体结合的化学信号，它们会在通路中产生进一步的信号，其目标在许多情况下是控制一组特定基因的转录（Hunter，1991；Cantley et al.，1991；Collum和Alt，1990）。细胞产生自己的结构受体、信号传感器和信号，并且受到其他细胞（例如，在内分泌组织中，相邻细胞或者远处细胞）产生的信号影响（Schuller，1991）。除了内分泌组织生成的激素外，许多可溶性多肽生长因子已经被确定能够控制细胞正常生长和分化（Cross和Dexter，1991；Wellstein et al.，1990）。对特定生长因子有响应的细胞是那些表达与特定生长因子相结合的跨膜受体的细胞。

我们可以设想许多方式来破坏这种生长控制途径，包括增加或者减少信号、受体、传感器的数量，或者增加或者减少它们各自的效率。事实上，那些导致个体易患癌症的人类遗传疾病涉及可能存在这些影响的突变（Hsu et al.，1991；Srivastava，1990；Kakizuka et al.，1991）。在没有遗传疾病的个体中发现的肿瘤细胞也显示发生了具有这些后果的突变（Salomon et al.，1990；Bottaro et al.，1991；Kaplan et al.，1991；Sidransky et al.，1991）。例如，急性早幼粒细胞白血病（Acute Promyelocytic Leukemia，APL）个体的肿瘤细胞具有可以阻碍成髓细胞进行细胞分化的突变，这通常会使得血液中白细胞增加。这种突变明显改变了正常情况下对分化信号作出积极响应的受体。出现这种突变的APL患者已经通过口服视黄酸成功治愈了，该视黄酸起到了化学信号的作用，其功能明显超过了突变的影响，并促使肿瘤细胞停止复制和分化。这种“分化疗法”证明了这些细胞的生长控制信号所带来的力量（Kakizuka et al.，1991；de The et al.，1991）。

在人类和动物癌症中已经发现了几种基因突变[①]，其中包括被称为肿瘤易感基因的基因突变。其中一种是放大正信号以促进复制或者避免分化的突变，被称为癌基因（原癌基因处于正常状态）。另一种是涉及产生负增长信号的基因突变，被称为肿瘤抑制基因（Sager，1989）。已经在许多动物和人体组织的肿瘤细胞中发现了这两种基因的损伤，包括最常见的人类患癌部位（Bishop，1991；Malken et al.，1990；Srivastava et al.，1990；Hunter，1991）。基因的功能和脱氧核糖核苷酸（DNA）碱基序列在进化过程中具有高度的跨物种保守性（Auger et al.，1989a，b；Kaplan，1991；Hollstein et al.，1991；Herschman，1991；Strausfeld et al.，1991；Forsburg和Nurse，1991）。迄今为止，已经识别出大约

① 术语“突变”包括以下DNA永久性结构变化：单一碱基对变化、缺失、插入、颠换、易位、扩增和重复。

100 个癌基因和几个肿瘤抑制基因，只有少数几个的特定功能是已知的。

在没有永久性的基因改变的情况下，也可以通过影响信号受体的响应、信号浓度或者基因转录水平等方式来改变生长控制途径（Holliday，1991；Cross 和 Dexter，1991；Lewin，1991）。这些可以通过模拟或者抑制一个信号，或者通过生理变化（例如改变激素水平以影响一些组织中的细胞生长）来实现。

目前的推论认为由于 DNA 序列或者 DNA 转录水平的改变、生长控制信号转导水平的变化或者补偿组织毒性损伤的细胞复制而引起的细胞增殖，可以通过增加对可能导致不受控制的生长的进一步事件易感的细胞数量而开始肿瘤性改变的过程。这些进一步事件可能包括正常情况下发生率很低的 DNA 复制错误或者暴露于诱变剂的影响。由于内源性原因，几乎所有动物的生长控制途径都可能受到持续的影响（包括永久的和暂时的）。已知外源性物质（如辐射、化学物质、病毒）也会以多种方式影响这一过程。

内源性事件和外源性原因（如化学暴露）似乎会通过增加对生长控制途径的一个或多个部分产生影响的概率来增加癌症的发生概率。外源物质黄曲霉毒素 B1 对于肿瘤抑制基因的特殊作用是基于分子流行病学而假设的。肿瘤抑制基因 p53 的突变通常存在于更常见的人类癌症中，例如结肠癌、肺癌、脑部和乳腺肿瘤（Levine et al.，1991；Malkin et al.，1990）。高度暴露于黄曲霉毒素 B1 的人群的肝癌发病率较高，显示 p53 基因的一个特定密码子上发生碱基变化（Hollstein et al.，1991）。然而，在病毒相关的肝细胞癌和其他散发性肿瘤部位中发现的碱基变化模式与在黄曲霉毒素 B1 暴露人群中发现的模式不同，这支持了特定密码子的变化是黄曲霉毒素 B1 作用的标志这一假设（Hayward et al.，1991）。

研究继续揭示了关于细胞生长周期的更多细节，并且阐明了在分子水平上的致癌事件。随着分子生物学研究的发展，将有可能更好地了解环境致癌物的潜在作用机制。人们早就知道，许多致癌物也会导致突变。识别癌基因的作用和肿瘤抑制基因的突变，为化学诱变与细胞生长周期之间的关联提供了具体思路。其他不会导致突变的物质，如激素和其他刺激细胞复制的化学物质（有丝分裂原），可以假定它们通过直接作用于信号通路（例如生长信号）或干扰信号传导来发挥作用（Raff，1992；McCormick 和 Campisi，

1991；Schuller，1991）。

虽然在分子水平上已经揭示了很多可能的作用机制，但是关于肿瘤的发生仍然有很多需要了解的地方。一个已经转化的细胞（有可能产生一系列生长成肿瘤的细胞）很可能不会意识到这种潜力。动物和人类的肿瘤发生过程是一个多步骤的过程（Bouk，1990；Fearon 和 Vogelstein，1990；Hunter，1991；Kumar et al.，1990；Sukumar，1989；Sukumar，1990），并且正常的生理过程似乎与转化细胞不受控制的生长是完全相反的（Weinberg，1989）。与相邻正常细胞的接触所产生的强烈抑制信号是已知的一个阻碍（Zhang et al.，1992），另一个是免疫系统（至少对病毒感染来说是这样的）。但是还不清楚具有致癌潜力的细胞是如何获得使其能够克服这些和其他抑制过程所必需的其他特质。迄今为止所研究的已知人类致癌物，从致癌物质暴露到发展成肿瘤之间通常存在几十年的潜伏期，这可能表明了一个进化的过程（Fidler 和 Radinsky，1990；Tanaka et al.，1991；Thompson et al.，1989）。

实验性的肿瘤发生事件被描述为包括三个阶段：引发、促长和进展。引发阶段用于描述细胞获得致癌潜力的时刻。促长是包括细胞增殖在内的进一步变化的阶段，进展是恶性肿瘤发展的最后阶段（Pitot 和 Dragan，1991）。整个过程同时涉及内部和外部原因以及影响。个体的易感性可能是由遗传因素和病史（Harris，1989；Nebreda et al.，1991）、生活方式、饮食和暴露于环境中的化学和物理物质共同决定的。

许多关于致癌作用的关键问题都没有答案——例如：需要多少个事件？对事件的顺序有要求吗？对于不同的组织和物种来说，尽管整个过程的性质似乎是一样的，但是这些问题的答案也可能有所不同。整个过程的性质在不同物种间似乎是相同的这一事实，是使用有关该过程的常识的假设来填补某一特定化学物质的经验数据的空白的基础。在特定情况下适用的机制知识，必须从所有的数据和科学界已经达成共识的原则中进行推断。

来自支持关于作用机制推论的研究的信息，在风险评估中有几个应用。对于人类研究，分析从人体中取得的肿瘤细胞的 DNA 病变，并结合在实验系统中推定的致瘤物质引起的病变的信息，可以支持或反对该物质和人体效应之间的因果关系推论（Vahakangas et al.，1992；Hollstein et al.，1991；Hayward et al.，1991）。

在实验中观察到能够引起突变的物质可能被推断具有潜在的致癌活性（EPA，1991a）。如果这种物质在动物身上表现出致癌性，那么推断其作用机制很可能是通过致突变而造成的。如果一种致癌物在实验系统中不能引起突变，但是能促进有丝分裂、影响激素水平或引起毒性损伤，随后引起细胞代偿性生长，那么可推断其对生长信号传导有影响或具有辅助致癌作用。在不同情况下，这些推论的可信度取决于所有可用数据的性质和范围。

这些在分子水平上不同的作用机制对物质活性有不同的剂量—反应影响。直接作用的诱变剂的致癌活性，应当是其接触 DNA 并与 DNA 反应的概率的函数。在具有许多潜在的受体靶点的信号通路的水平上产生干扰的某种物质的活性，应当是复合反应的函数。通过产生毒性并造成随后的补偿性生长而发挥作用的物质，其活性应当是毒性的函数。

1. 引言

1.1 指南的目的和范围

新的指南将修订并取代 1896 年 9 月 24 日发布在 51 FR 33992 上的 EPA《致癌物风险评估指南》。通过这个指南，EPA 向其工作人员和决策者提供了执行和使用风险评估时所必需的指导和观点。EPA 指南的出版也为参与机构程序，或者参与有关指南所涵盖主题的基础研究或科学评论的人提供了关于机构风险评估方法的信息。

正如国家研究理事会在 1983 年指出的那样，风险评估过程中遇到了很多基于科学知识无法回答的问题（NRC，1983）。为了消除在没有达成科学共识领域中存在的不确定性，必须进行推断以确保评估过程能够继续进行。由于科学推断的应用是必要和有用的，因此必须不断审查这些推断的基础，以确保它们与占主导地位的科学思想保持一致。

指南包括了基于对现有信息进行评估而得到的基本原则和科学政策，描述了在数据不完整时使用的一些通用假设。标准的默认值是为了保持评估之间的一致性和可比性。然而，这些指南也说明了这些假设会在有适当的数据时被事实或者更好的推断所取代。在没有取代的情况下，对任何有希望的替代方案的分析将与默认值一同呈现。

这些指南有两个必须平衡的政策目标：首先，保持程序的一致性，以维持机构决策的规律性；第二，适应科学的发展。每个风险评估都必须平衡这些目标。为了帮助平衡这些和其他科学政策，EPA将依靠其建立的科学同行评审过程来得到科学家的帮助。EPA将不断调整其做法以适应环境致癌科学的发展，并酌情重申或修订风险评估过程的原则、程序和假设。将通过修订这些指南，或者（更常见的）发布关于在EPA风险评估论坛的支持下制定的科学观点、程序和科学政策的文件来作出改变。

1.2 致癌性评估中使用的数据类型

根据这些指南，所有可用的直接和间接证据都被用于评估综合证据权重是否能够支持关于潜在人类致癌性的结论。人类致癌性的直接证据来自对癌症的流行病学研究，或者在少数情况下来自病例报告。其他可以提供直接证据的数据可能来自长期动物癌症生物测试。间接证据来自与致癌性有关的毒理学和生物化学效应的各种信息。

识别和表征一种物质的人类致癌潜力的最直接的证据来自人类流行病学研究，其中癌症被归因于对特定物质的暴露。因为识别和跟踪足够大的人群并且人群有足够的暴露量以检测潜在的风险几乎是不可行的，所以这类研究很少。此外，经常发生的情况是暴露于许多潜在的但是不可识别的致病因素，这使得很难将癌症的发生在统计上归因于单一物质。人类的许多证据来自职业研究，在这些研究中，对某种物质的工作场所暴露量一直很高，并且与该物质有关的癌症发病率的增加与其他潜在原因是有区别的。在统计学上不足以识别环境暴露量和肿瘤发生之间的关系，也无法区分潜在的致病因素的研究，不能表明某种物质不具有致癌性。然而，如果能够很好地进行，这类研究仍然可用来估计物质的致癌强度“上界”。

相对于流行病学研究，长期动物癌症测试更常用于获得各种物质的数据。国家癌症研究所和国家毒理学计划已经测试了约400种物质（Huff et al.，1988；NTP，1992），并且许多其他物质已经由其他机构进行测试。在可以进行比较的有限的案例中，人类研究中的阳性结果和长期动物癌症生物测定结果之间的一致性很高（Tomatis et al.，1989；Rall，1991）。在缺少流行病学信息的情况下，动物实验中的肿瘤诱导仍然是评估潜在人类致癌危害的最好的直接证据（OSTP，1985）。动物研究的结果必须与其他相关数据（例如用于比较动物和人类的代谢和药代动力学数据）一起进行仔细分析，以便评估结果的生物学意义、因果关系和可重复性，来确定他们所支持的关于人类危害的合理推论（Allen et al.，1988；Ames 和 Gold，1990）。

能够或多或少影响肿瘤发生过程的某种物质的物理化学特性和生物效应的数据，为致癌潜力的影响提供了重要的支持证据。这些包括，改变遗传信息的能力、对细胞生长、分化和死亡的影响，以及类似于其他致癌物质的结构和功能。

1.3 指南的组织

这些指南遵循其他两个提供基本信息和一般原则的出版物，应该和它们一起阅读。它们是：科学和技术政策办公室（OSTP，1985）《化学致癌物：科学及其相关原则的审查》（50 FR 10371）、国家研究委员会（NRC，1983）《联邦政府中的风险评估：过程管理》（华盛顿，美国国家科学院出版社）。1983 年的 NRC 文件为 1986 年的指南提供了风险评估的组织主题，即危害识别、剂量—反应评估、暴露评估和风险表征。这一组织方式在这些指南中稍作了修改，以便重点关注在评估的各部分中表征的重要性。尽管如此，这四个方面需要解决的四个问题仍然是相同的：该物质会对人类构成致癌危害吗？暴露水平是什么？人体暴露的条件是什么？风险的总体特征是什么，以及数据在多大程度上支持关于风险性质和程度的结论？

1.4 指南的应用

这些指南将在适用的 EPA 法规所提供的政策框架中使用，并且不会改变这些政策。该指南为分析和组织可用的数据提供了指导。这并不意味着一种数据或另一种数据是控制、禁止或者允许使用致癌物的监管行动的先决条件。

监管决策包括两个部分：风险评估和风险管理。风险评估确定了暴露于有毒物质的不利健康影响。风险评估独立进行，不考虑监管行动的影响。风险管理将风险评估与监管立法的指令，以及社会经济、技术、政治和其他方面的考虑相结合，以决定是否或者在多大程度上控制未来对可疑有毒物质的暴露。

2. 危害评估

2.1 引言

危害评估涵盖与"一种物质是否会对人类造成致癌危害？"这一问题有关的各种数据。可用数据可能包括：长期动物癌症生物测试和人类研究、物质的理化性质和与其他致癌物的结构上的关系、关于细胞和分子相互作用与作用机制的研究，以及关于实验动物和人体内一种物质的生物利用度和转化的毒理学测试和实验的结果。危害表征总结了危害评估的结果，传达了可用数据的性质和影响以及关于人类致癌危害的合理科学推论。

经验表明，关于每种物质的可用信息的性质和范围都是不同的，可能从具有丰富的流行病学数据到只有理化性质。通常来说，长期动物致癌作用测试的结果是唯一可用于评估的直接证据。这些指南遵循的假设是：在动物研究中有证据表明具有致癌性的化学物质，在某些条件下可能对人类构成致癌危害（OSTP，1985）。同时，可能存在机制、生理、生化或者进入途径方面的区别，这些区别使得人类的毒性结果与特定动物测试中观察到的结果有所不同。当将动物实验的结果外推到人类身上时，在高剂量的连续暴露中观察到的影响经常被用于预测低剂量或者间歇性的暴露，并且从一种暴露途径得到的结果经常被外推到其他暴露途径。风险分析必须要检查每一个假设和外推在机制以及生物学方面的合理性。以下所述的危害评估要素是这些检查的基础。对某种物质的人类致癌危害潜力的表征，取决于所有相关证据的权重。根据研究质量、敏感性和特异性的公认标准评估这些研究，这在几个出版物中都有描述（Interagency Regulatory Liaison Group，1979；OSTP，1985；Peto et al.，1980；Mantel，1980；Mantel 和 Haenszel，1959；Interdisciplinary Panel on Carcinogenicity，1984；National Center for Toxicological Research，1981；National

Toxicology Program，1984；EPA，1983a，b，c；Haseman，1984）。危害表征描述了该物质对人类有致癌性的可能性，包括判断该危害是否取决于特定的暴露条件（例如，口服或者皮肤接触）。危害表征总结了从数据中得到推论的依据和可信度，以及得出证据权重相关结论的理由；同时对无法通过现有信息解决的问题和不确定性作出判断。

针对潜在危害的表征是定性的。它没有说明在实际暴露条件下影响的大小或程度。同时，与定量剂量—反应分析相关的危险表征中的观察结果和结论在定量剂量—反应分析一节，而那些与实际暴露条件相关的部分将在风险表征中进行讨论。

2.2 危害评估的综合数据

针对人类潜在致癌危害的评估是将多种数据整合在一起，以检验它们所支持的推论和结论的过程，这个过程是以跨学科的方式进行的。

尽管接下来的讨论沿着不同的学科方向探讨了数据分析，并提供了对人类观测数据和实验数据的中间总结，但是必须认识到这只是为了方便组织和梳理想法，各个分析是相互依赖而不是相互独立的。每一种分析，从对人类研究的评估到构效关系分析，都要从其他分析那里寻求解释上的支持和视角。结论的可信度建立在从不同类型的数据得出推论的整体一致性，以及每个数据集的可信度的基础上。

例如，作为人类研究分析的一部分，在研究因果关系问题时，我们会利用动物系统中该物质的生物活性及其结构、代谢和其他特性的相关知识，来解决因果关系假设的生物合理性问题。同样地，在没有流行病学研究的情况下研究动物反应与人类潜在危害之间的相关性，需要使用人类数据来研究动物和人类在代谢、药代动力学、生理学和疾病历史方面的比较生物学。

2.3 人类数据分析

2.3.1 流行病学研究

流行病学是针对疾病在人群中的分布以及可能影响疾病发生的决定性因素的研究。流行病学研究提供了人类暴露于可疑致癌物的相关反应的直接信息，并且不需要利用动物毒理学数据进行种间推断。

2.3.1.1 暴露关注点

识别人群中的危害在很大程度上取决于暴露评估，它由两部分组成：（a）定性地确定环境中是否存在一种物质；（b）定量评估。加入对个体暴露量的归因的暴露评估是更加精确的，并且将在人类危害评估中发挥更大的作用。在许多流行病学研究中，都对人群进行了选择和回顾性研究，因为癌症的潜伏期，从暴露和观察到影响之间的时间是很长的。过去的暴露量是一个关键的决定性因素。但是在环境中，由于缺少对过去暴露量的测量，所以通常难以实现定量的暴露评估。这也就是为什么基于工作类别的职业暴露研究经常被用于识别环境危害的原因之一。过去的职业暴露通常被认为是比环境中的暴露水平要高，因此，需要解决的问题是已确定的任何危害在低暴露水平下是否存在。

当暴露于一种由未完全识别的化学物质组成的复杂混合物时，暴露评估会变得更加复杂。此外，与动物致癌性研究中使用的受控暴露方法相比，人们对于某种物质的暴露途径可能不止一种（例如，对于溶剂的职业暴露可能通过吸入或者皮肤吸收发生）。另一个需要考虑的因素是表征暴露模式以识别暴露—效应关系。流行病学研究中重要的暴露量测量包括累积暴露（有时候是时间加权）、暴露持续时间、峰值暴露、暴露频率或强度和“剂量”率。从对疾病过程本身的了解中，我们可以得出一些结论，即对暴露量的测量是预测癌症的最佳指标。

在流行病学研究中，“生物标志物”通常是一种物质、其代谢物与DNA或蛋白质的反应产物或者其他暴露量的标志物（例如，代谢物在尿液中的排泄），越来越被认为是暴露量的可靠测量。但很难找到特别针对某种物质的效应的标志物（Vahakangas et al., 1992）。有关暴露量或者效应与标志物之间关系的信息，往往来自动物代谢和动力学研究。需要验证其与人类可比数据之间的关系，以确保使用这些标志物的可信度。

{使用暴露和效应的生物标志物的一般问题仍然在考虑中。}

2.3.1.2 流行病学研究类型

各种类型的流行病学研究或报告可以为识别有害物质提供有用的信息。一个重要的考虑因素是所研究的人群相对于所关注群体的有效性和代表性。研究设计包括队列、病例对照、现状研究、临床实验和相关研究。此外，集群调查和案例报告虽然不是研究，但是在某些情况下可能产生有用的信息（例如，与暴露于氯乙烯和己烯雌酚相关的报告）。上述设计具有明确的优点和局限性（Breslow et al.，1980；1987；Kelsey et al.，1986；Lilienfeld 和 Lilienfeld，1979；Mausner 和 Kramer.，1985；Rothman，1986）。

2.3.2 分析的关键要素

对本节所述的现有人类数据的各个方面进行评估，以确定暴露于该物质与癌症发病率增加之间是否存在因果关系。分析的某些要素会对因果关系的标准造成影响，这将在2.3.2.5 节中列出并进行讨论。一般来说，这些要素涉及研究设计和实施；识别出与其他风险因素相比，可疑物质潜在的作用能力；评估研究对象和对照人群对该物质和其他危险因素的暴露程度，以及考虑到以上所有因素，研究的统计效力。

2.3.2.1 暴露

暴露是评估所有暴露—效应关系的基础。通常情况下不是暴露于一种物质，而是暴露于多种物质的组合（例如，暴露于氯甲基甲醚及其无处不在的污染物二氯甲基醚）。当暴露同时发生时，一般认为对每种化学物质的暴露都对暴露—效应关系有贡献。

可以分层次来界定暴露。能够更为准确地界定和量化暴露的研究将被赋予更大的权重。对暴露最广泛的界定是针对生活在一个地理区域上的群体进行推断得出的暴露。在这个层次上，并不知道是否所有个体都暴露于该物质，并且假如都暴露了，也不知道暴露的模式和时间。结果就造成了高暴露个体与那些低暴露或者没有暴露的个体的混合，这会导致暴露的错误分类，如果是随机分类的话，就可能导致一项研究发现潜在风险升高的能力下降。出于同样的原因，在缺少定性或者定量数据的情况下，按照广泛的职业类别来界定暴露会产生较少的关于个人暴露程度有用信息。

最近在流行病学研究中的一个应用是使用工作—暴露矩阵来推断对特定物质的半定量和定量暴露水平（Stewart 和 Herrick，1991）。工作暴露矩阵适用于至少存在一些当前和历史监测数据的职业情景。在检查从工作—暴露矩阵推断的暴露水平时，必须考虑监测数据的基础——数据是来自日常监测还是反映了事故排放的情况（即高于平均）。

生物标志物是生物系统内加工过程的指标。使用这些标志物作为暴露的度量是最可靠的数据层次，因为它测量的量能够更加精准地表征生物学上可获得的剂量，而不是通常从大气浓度的测量中推断得来的呈现给个体的暴露量（NAS，1989）。经过验证的标志物是最理想的，即具有暴露高度特异性的标志物和对疾病具有高度预测性的标志物（Blancato，OHR Biomarker Strategy，cite published paper；Hulka 和 Margolin，1992）。例如，尿液中的砷（Entertine et al.，1987）和由于暴露于环氧乙烷而导致的烷基化血红蛋白（血红蛋白加合物）（Callemen et al.，1986；van Sittert et al.，1985）。

2.3.2.2 人群选择标准

确定和审查研究人群、对比或对照人群是为了确定人群之间的对比是否合适，并且确定由于选择而产生的偏差程度。除了暴露于可疑物质之外，理想的参考人群应该在其他各方面都与研究人群相似。潜在的偏差（例如，健康工作者效应、回忆偏差、选择偏差和诊断偏差）和研究人群在更大人群中的代表性都被考虑到。

一般来说，队列研究中的对照包含较大群体（例如美国人口）的死亡率和发病率。在职业队列研究中特殊的一类偏差来自健康工作者偏差，它断言就业人群比一般人群更加健康（McMichael，1976）。健康工作者效应的影响会降低暴露人群中的死亡率，这种影响会随着年龄的增长而减少，并且对特定部位的癌症发生率的影响较小。健康工作者效应的影响可以通过使用内部对照组（例如来自同一个公司但不属于研究人群的员工的发病率或者死亡率）来使其最小化。

在病例对照设计中，需要评估病例组和对照组之间在回顾过去事件时的差异（回忆偏差）。还需要讨论对照组的特征。医院对照具有局限性，即可能与所研究的暴露相关。随机选择的人群或社区对照组在病例对照研究中更为合适，但是回复率通常较低。

2.3.2.3 混杂因素

一个混杂变量是正在研究的疾病的一个风险因素，它在暴露和未暴露人群中分布不均。在研究设计中（例如匹配关键因素）或者对结果的统计分析中，都可以调整可能的混杂因素。如果由于数据的呈现或研究过程中没有收集到所需信息而无法在研究数据内进行调整，那么可以进行间接比较（例如，在没有来自研究人群的直接吸烟数据的情况下，对吸烟可能对肺癌风险增加的贡献以及对相关暴露的影响的研究可能包括来自其他来源的信息，例如美国癌症社会纵向研究）(Hammond，1966；Garfinkel 和 Silverburg，1991)。

在一组异质性研究中，可能的混杂因素通常随机分布在各个研究中。如果在所有研究中都观察到致癌风险的持续增加，虽然个别研究还没有完全去除混杂因素，重点应该放在正在调查的病因因素身上。

2.3.2.4 **敏感性**

包含大量充分暴露于一种假定的致癌物质中的个体并且有足够长的时间用于癌症的发展或检测的流行病学研究，具有更强的检测致癌风险的能力。然而，被审查的研究并不总是符合这些标准。此外，检测与环境暴露相关的相对风险增加是非常困难的，因为环境暴露的模式和水平不同，可能使风险偏向于无效应的零假设。

如果潜在风险实际上有所增加，那么对高风险人群的审查可以提高研究的检测能力。此类审查可包括对有较高或峰值暴露、较长时间暴露或自首次暴露以来时间最长（考虑到效应的潜伏期）的个体、年龄较大的个体和潜伏期较长的个体进行风险评估。

没有观察到风险增加的研究有助于人们推测可能的人类风险上限。统计再分析是检验一项研究结果敏感性的另一种方法。例如，甲醛暴露的队列研究（Blair et al.，1986）中报告的剂量—反应关系被多个研究者检验过（Blair et al.，1987；Sterling 和 Weinkam，1987；Collins et al.，1988；Marsh，1992）。这些进一步的分析是对暴露组的重新聚合或者是对亚群对较大群体发病率的影响的检验。

在收集数据时经常采用统计方法来同时审查若干项研究，这种方法通常被称为荟萃分析，用于对比和合并不同研究的结果以提高敏感性。在荟萃分析中，会评估研究结果是否随机地与无效应的零假设有所不同（Mann，1990）；荟萃分析假设观察到的结果是没有偏差的。如果不存在潜在的影响，那么观察到的结果应当是随机分布的，并且在合并研究时能够互相抵消（Mann，1990）。有几个重要的问题与荟萃分析有关，包括在合并研究之前控制偏差和混杂，纳入研究的标准，对每个研究的权重赋值，以及可能公布并汇总偏误。Greenland 除了确定方法外，还讨论了这些问题（Greenland，1987）。

{1992 年 12 月 4 日，致癌风险评估问题风险分析协会的与会者被要求进行荟萃分析。}

2.3.2.5 因果关系的标准

在研究满足以下标准的情况下，因果关系的解释会得到加强。除时间关系外，所有标准本身都不应被视为建立因果关系的必要或充分标准。这些标准都是模仿 Hill 在检验吸烟和肺癌时所建立的标准（Rothman，1986）。

a．时间关系：这是唯一的绝对要求，它本身并不能证明因果关系，但是在考虑因果关系时必须要有时间关系。在初始暴露之后，疾病会在一个生物学上合理的时间范围内发生。在大多数流行病学研究中，某种物质的初始暴露是公认的起点。

b．结果的一致性：在几项不同人群具有相似暴露的独立研究之间具有关联。如果在同一研究中，不同亚群之间的关联具有一致性，那么这个标准也是适用的。

c．关联强度：当风险估计量很大并且精确（较小的置信区间）时，因果关系更可信。

d．生物梯度：风险比与暴露或剂量的增加呈正相关。考虑到混杂不太可能与暴露相关，所以跨越暴露类型、潜伏期和持续时间类别的强剂量—反应关系对因果关系是支持性的，而不是决定性的。无论如何，缺乏剂量—反应关系本身不应被视为缺乏因果关系的证据。

e．特异性关联：如果单次的暴露产生了一种特定的影响（在其他研究中也发现了一种或多种癌症）或者一个特定的影响具有独特的暴露，那么因果关系解释的可能性就会增加。

f．生物学合理性：这种关联在生物学方面是有意义的。来自动物毒理学、药代动力学、构效关系分析和关于该物质对致癌过程中事件的影响的短期研究的信息都要考虑到。

g．生物学一致性：因果关系的解释在逻辑上符合对疾病自然史和生物学的认识，也就是关于该物质的全部知识。

2.4 人类证据的总结

{将所有与人类致癌潜力相关的发现结合起来的过程有待进一步发展。总结人类证据以及第 2.5 节中的实验证据的需求，是 EPA 的一个公开问题。}

每一个流行病学研究都要严格地评估其与暴露—响应关系、暴露评估（包括强度、持续时间、初始暴露以来的时间），以及方法问题（例如研究设计、对照组的选择和表征、样本大小、对于延迟的处理、混淆和偏差）之间的相关性。

经过严格的评估之后，评估人类致癌性的证据被总结为以下四个类别之一，它代表着对所有人类证据权重的判断，即使只有一项关于该主题的研究。判断很少能基于一系列的案例报告，更多情况下，评估可能会涉及几个研究。从汇总分析（例如，荟萃分析）中得出的推论，可以为分类提供依据。此外，如果存在表明某种物质可以被代谢成一种化合物的独立的人类证据，也可以为分类提供依据。

在评估中赋予特定研究或分析的权重，取决于它的设计、实施和避免偏差的情况（选择、混杂和测量）（OSTP，1984）。鉴于研究的严谨性，阳性结果和零结果都进行了考虑。证据的权重是基于关联的合理性以及观察到的结果的结论性得出的。如果能够按照因果关系的标准（包括与其他证据的一致性，如动物毒理学等）来解释暴露—效应关系，那么这种关系就更可信，也更有说服力。暴露—效应关系的合理性也可能由于以下因素而加强或减弱，包括对良好表征的物质进行构效关系分析的证据、作用机制的研究、对代谢途径的了解和其他与人类影响有关的间接证据。当因果关系可以归因于一种混合物而不是其单一成分时，该混合物（例如，香烟烟雾、焦炉排放物）可能被分类为一种物质。

2.4.1 类别 1

存在合理的证据，并且可以根据这个证据得出结论性的因果关系。因果关系得到精心设计和实施的研究结果的支持，在这些研究中可以合理地排除随机或非随机误差。

2.4.2 类别 2

有证据表明因果关系是合理的，但是，由于缺乏一致性、广泛的置信区间（可能包括，也可能不包括风险）或缺乏剂量—反应关系等原因，这些证据并不具有结论性。在个别研究中，可能会影响到风险比偏离零的随机或者非随机的误差是最小的。这一类别涵盖了广泛的证据权重。在该类别中排在首位的具有高度提示性，但缺乏令人信服的证据；排在这一类别底部的具有提示性，但证据薄弱。在将数据列为类别 2 时，需要说明该数据在这个连续体中的相对位置。

2.4.3 类别 3

证据不具有决定性。从现有数据来看，对因果关系的断言是不可信的，因为在这些数据中质量相同的研究结果相互矛盾，而随机或非随机误差更有可能是观察到的风险增加的合理解释。这个类别也适用于没有流行病学数据的情况。

2.4.4 类别 4

现有的研究设计具有检测风险增加的能力，由此产生的风险比是精确的，具有较窄的置信区间。从研究中得出的证据一致表明，可疑的物质和癌症之间没有正相关关系。证据显示在研究的暴露水平下没有因果关系。除非证据充分表明不具有潜在人类致癌性，否则在任何情况下都不能认为该物质是非致癌的。

2.5 长期动物研究分析

对长期的动物研究进行评估，以确定实验组和对照组动物是否出现了生物学上的显著反应，以及反应是否在统计学上显著增加。比较的单位是在一个物种中进行的一种性别的一个实验。

2.5.1 反应的显著性

致癌性的证据是基于对特定器官或组织的生物学和统计学上显著的肿瘤反应的观察。国家毒理学计划（NTP，1987）已经建立了生物测试中动物致癌性证据强度的分类标准。对动物研究的结果进行了设计和实施的适当性的评估（40 CFR Part 798）。对结果进行了描述，并评估了观察到的毒性的生物学意义（包括非肿瘤终点）。

{为了供 EPA 使用，评估动物癌症生物测试的标准仍然在审查中，并且可能与 NTP 的标准有些不同。然而，EPA 获得的大部分动物癌症数据都带有“清楚、有些、不明确或者没有”的 NTP 界定。}

通过审查靶器官的毒性和其他可能在慢性早期或者其他毒理学研究中被注意到的非肿瘤影响（例如免疫和内分泌系统的变化）有助于解释动物研究。肿瘤发生前病变和肿瘤病变的发生率随时间和剂量的相关变化也有助于解释长期动物研究中的反应。

人们认识到，诱发良性肿瘤的化学物质也经常会诱发恶性肿瘤，并且某些良性肿瘤可能发展为恶性肿瘤。当科学可靠时，会将良性肿瘤和恶性肿瘤的发生率相结合来分析致癌危害（OSTP，1985；Principle 8）。

EPA 将国家毒理学计划的框架与特定部位的良性和恶性肿瘤的发生率相结合（McConnell，1986）。

针对在充分的实验中升高的肿瘤发生率，研究分析了其生物学和统计学意义。一般来说，如果一项实验的统计结果显示，在 5%的显著性水平上剂量—反应呈正相关趋势（即假阳性结果的可能性小于 5%），那么就支持实验结果是阳性的结论。如果假阳性结果是一个非常严重的问题，那么应当考虑使用正式的多重对比校正程序。任何严格的决策规则都不应该用来替代科学判断。如果趋势检验在统计上不显著，或者出于某些原因不适用于某一特定实验，则可以采用其他统计学检验。如果对同一数据进行多次比较，那么应当调整显著性水平，以避免增加假阳性的总体可能性（Haseman，1983，1990；FDA，1987）。

所有长期动物研究的数据，无论是阳性还是阴性的，在评估致癌性时都要加以考虑。由于物种、性别、品系、给药途径、研究持续时间或影响部位的不同而出现不同结果并不意外。问题是，不同的结果是如何影响证据的权重，以及这些差异是否表明了可能有助于判断人类相关性的任何特定作用机制或组织敏感性。

2.5.2 历史对照数据

{读者须知：如何考虑历史对照数据和高本底肿瘤发生率的问题非常棘手。对于高本底肿瘤发生率有不同的看法，有些质疑相关性，但是通常没有足够的关于作用机制的数据来质疑其相关性。有人指出，人类和动物都具有高本底肿瘤发生率的组织。}

历史对照数据经常为评估致癌反应提供有价值的视角（Haseman et al.，1984）。对于罕见肿瘤的评估，与历史数据相比，即使肿瘤反应较同期对照有微小的增加，也可能具有重要意义。历史数据也可以识别出测试品系中具有高本底肿瘤发生率的部位。然而，历史对照数据与同期对照数据相比具有局限性。一个局限性是随着时间的推移，实验室品系可能发生基因漂移，这会使得历史数据在几年后不那么有用。另一个局限性是不同时期和不同实验室的病理检查的差异。这是由于随着时间的推移，评估病变的标准发生了变化，以及不同实验室之间组织样本的制备技术和读取方式发生了变化。其他差异可能包括来自不同提供者的动物品系之间的生物学和健康方面的差异。出于这些原因，同期对照对于判断动物实验中观察到的效果是否与处理相关来说更有价值。

如果观察到的反应完全在历史对照数据范围内，那么将与处理相关的观察到的反应与历史对照进行比较可能会引起对反应的质疑。无论何时将历史对照数据和当前数据进行比较，都应当给出判断历史对照数据足以代表当前预期反应本底值的理由。

2.5.3　高本底肿瘤发生率

需要特别考虑具有高本底肿瘤发生率的部位的肿瘤数据（OSTP，1985；Principle 9）。关于动物（和人类）中高本底肿瘤发生率的问题是，它们是否是由于特定的遗传倾向或者正在进行的增殖过程（这是肿瘤反应的物种特异性先决条件）引起的，以及是否代表了由于物种间相似的生物过程而引起的易感性。要回答这些问题，除了在标准动物研究中获得的数据外，还需要大量的研究数据。除非有研究数据表明，某个部位的肿瘤数据是由于具有高本底发生率的物种、品系、性别所特有的一种作用机制而引起的，否则与其他肿瘤数据一样，这类肿瘤数据也被考虑在证据的总体权重中，它们可能比其他肿瘤数据获得相对较少的权重。

2.5.4　剂量问题

在最大耐受剂量（Maximum tolerated dose level，MTD）或者接近最大耐受剂量水平上的长期动物研究，被用于确保有足够的能力来检测一种物质的致癌活性（NTP，1984；IARC，1982）。MTD 是指在长期研究中会产生最小毒性作用（例如，体重的轻微降低），但是不会缩短动物寿命或者过度损害正常健康的剂量，除非是化学诱导致癌（International Life Sciences Institute，1984；Haseman，1985）。可能已经超过或者还没有达到 MTD 的测试需要进行特别的审查。

研究中超过 MTD 的剂量可能会引起继发于组织损伤或者生理损伤的肿瘤发生，并且这更多地是由于损伤的作用，而不是特定测试物质的致癌影响。从研究中得出的推论必须考虑观察到的非肿瘤毒性和受影响的组织，以及在不受超标影响的组织和剂量下存在的致癌作用。如果毒性损伤非常严重以至于影响到解释时，可以不使用超过 MTD 剂量的研究结果。

在超过 MTD 的暴露水平上进行的长期动物研究中，如果动物的生存能力受到严重损害以至于该研究的敏感性显著低于在 MTD 水平上的传统慢性动物研究，那么零结果可能是不可接受的。暴露水平低于 MTD 的非阳性研究的结果可能由于缺乏检测效应的能力而受到影响。

2.5.5 人类的相关性

肿瘤反应与人类危害的相关性是分析生物测试结果时不可或缺的判断要求。根据这些指南可以做作这样的假设，即如果在任何动物组织部位中观察到肿瘤，可以推断人类也会在某些部位作出反应。随着可以获得针对特定反应的有关该问题的数据，会重新审视这个假设。EPA 将根据不时发表报告的需求，对相关性问题进行分析（USEPA，1991b）。

如果关于肿瘤发生机制的信息支持这样的结论，即在动物研究中看到的反应是该物种或者品系特有的，则认为该反应没有为人类潜在危害提供证据（USEPA，1991a）。EPA 风险评估论坛支持制定并公布了这类有关特定动物反应的机构决定。这种机制的独特性与剂量—反应的数量差异是不同的，这种差异本身不是相关性的问题。

2.6 分析与致癌性有关的证据

一种物质的结构、化学和生物特性提供了有关其可能引起或影响致癌事件的关键信息。这些特性和物种之间的比较研究，提供了支持致癌危害识别和比较不同物种间潜在活性的信息。以下各节为将这类证据的分析纳入危害识别提供了指导。

2.6.1 物理化学性质

物理化学性质可能会影响体内物质的吸收、组织分布（生物可利用性）、生物转化或者化学降解，将作为危害潜力证据的总体权重的一部分进行分析。这些包括但不限于：分子量、大小和形状；物理状态（气体、液体、固体）；可能会影响保留和组织分布的水溶性或者脂溶性；在体内化学降解或者稳定的潜力。

第二个主要方面是细胞成分的相互作用以及大分子物质的反应。需要分析分子大小和形状、亲电性和电荷分布等因素，以确定它们是否能够促进该物质的这种反应。

2.6.2 构效关系

构效关系（Structure-activity relationship，SAR）分析在评估相关物质的致癌风险方面的作用，取决于该物质的毒理学数据的可用性和质量。对于那些从合理的研究中获得数据的化学物质，SAR 分析有助于提供信息以确定可能的作用机制，这对于危害识别和确定定量风险评估中的适当方法很重要。对于那些致癌性数据不满意或不充分的化学物质来说，SAR 分析可用于产生、加强或者减轻化学物质的致癌性问题，这取决于 SAR 分析的强度和可信度。此外，SAR 分析还可以作为指南来评估未测试的化学物质的致癌潜力。

目前，SAR 分析对于那些被认为（至少最初被认为）是通过与 DNA 的共价相互作用而产生致癌作用的化学物质（DNA 反应性诱变亲电性或亲电性化学物质）来说至关重要（Ashby 和 Tennant，1991；Woo 和 Arcos，1989）。在分析 DNA-反应性诱变化学物质的 SAR 时，应当考虑以下参数（Woo 和 Arcos，1989）：

a．亲电部分的性质和反应活性；

b．通过化学、光化学或者代谢活化形成亲电反应中间体的潜力；

c．亲电部分附着的载体分子的贡献；

d．物理化学性质（例如物理状态、溶解度、辛醇-水分配系数、水溶液中的半衰期）；

e．结构和亚结构特征（例如，电子的、硬脂的、分子几何的）；

f．代谢模式（例如代谢途径、活化以及解毒率）；

g．化学物质的可能暴露途径。

在发展结构类似物的致癌性数据库时，上述参数被用于比较并将化学品按其致癌潜力列入其类似物或者同系物中。此外，分析还补充了有关该化学物质的毒性效应、潜在代谢物和结构类似物的各种可用信息。相关的毒性效应是指那些有助于致癌的效应，例如免疫抑制或者致突变。

对非 DNA 反应性化学物质和不与 DNA 共价结合的 DNA 反应性化学物质进行适当的 SAR 分析，需要了解或假设最可能的致癌结构类似物的作用机制（例如受体介导的、细胞毒性相关的）。检验所研究物质的物理化学和生物化学性质，可以评估这种机制适用于该化学物质的可能性，并根据机制确定进行 SAR 分析的可行性。

2.6.3 代谢和药代动力学

对物质的吸收、分布、生物转化和排泄的研究可用于不同物种的比较，以帮助确定动物反应对人类危害评估的影响、支持毒理学活性代谢物质的鉴定、识别在剂量范围内以及物种之间的分布和代谢途径方面的变化以及比较不同的暴露途径。

在缺乏比较物种的数据的情况下，需要假定药代动力学和代谢过程是可以定性比较的。如果数据是可获得的（例如，血液/组织分配系数和所研究物种的相关生理参数），那么可以构建基于生理学的药代动力学模型，以帮助确定组织剂量、物种之间的剂量外推和途径之间的外推（Connolly 和 Andersen，1991）。

在数据允许的情况下，适当的代谢和药代动力学数据分析可应用于以下方面。当可获得体内数据时，结论最可信。

a．识别代谢产物和代谢反应中间体，并确定这些中间体中的一个或者多个是否是导致观察到的影响的原因。关于反应中间体的这一信息将会支持并适当地重点关注 SAR 分析、潜在作用机制的分析，以及结合基于生理学的药代动力学模型来估计风险评估中的组织剂量（D'Souza et al.，1987；Krewski et al.，1987）。

b．识别和比较动物和人类相关代谢途径的相对活动。这个分析可以深入了解将动物研究中的结果外推到人类时是否会产生有用的结果。

c．描述预期在体内的分布，并识别可能的靶器官。水溶性、分子量和结构分析可以用于支持关于预期定性分布和排泄的推论。此外，描述所研究的物质或者代谢物是快速还是缓慢排泄，还是被储存在特定/各类组织中以备日后使用，能够识别在比较物种和构建剂量—反应评估方法中的问题。

d．识别药代动力学和代谢途径随着剂量的增加的变化。这些变化可能导致有毒物质在解毒酶饱和后的形成和累积。这些研究为致癌性研究中的剂量选择提供了重要的理论依据。此外，这些研究可能对于为了剂量—反应评估而估计从高到低暴露范围内的剂量非常重要。

e．通过分析不同暴露条件下的吸收过程来确定不同进入途径的生物利用度。这项分析有助于识别未测试过的进入途径的危害。此外，物理化学数据（例如，辛醇-水分配系数信息）能够用于支持关于皮肤吸收可能性的推论（Flynn，1990）。

在上述列出的所有研究领域中，都试图尽可能地阐明和描述由于物种、性别、年龄和进入途径的不同而预期的差异性。药代动力学信息的利用考虑到了这一点，即由于代谢缺陷或与其他人群的药代动力学或代谢的差异（遗传或环境决定），可能有一些个体特别容易受到某种物质的影响。

2.6.4　机制的信息

{本节的内容只是一个开始。特定物质的风险评估可能很少甚至根本没有这类数据。即使数据可用，也没有标准可以确定哪些是可接受的或者哪些是预期的。如果没有数据，那么我们将不得不使用默认值。除非在这方面的测试很普遍，否则很难说明多少信息是足够的。}

"在所有情况下，关于致癌机制的知识都是不完整的。但是，关于特定物质是如何引起癌症的信息，可能更有助于准确地认识这种物质对人类造成的危害"（IARC，1991）。短期毒理学测试、分子和细胞机制研究的结果有助于解释在危害识别和表征中使用的流行病学数据和啮齿动物慢性生物测试数据。这些数据可以为剂量—反应模型提供指导。

致瘤性检测通常是在长期测试中进行的，其中暴露可能贯穿动物的大部分寿命。

来自长期动物研究和之前的毒性研究的数据（例如，病变进展或没有进展，以及与瘤变相同部位的增生的证据），可能为进一步研究提供线索。细胞坏死通常是早期发现（例如，20～90天），这为随后的组织再生和代偿性生长机制在没有被直接观察到时提供了间接证据。在慢性前期研究中观察到的其他早期变化包括生化变化、激素水平变化、器官增大（增生）以及特定和显著的组织病理学变化（Hildebrand et al.，1991）。

传统的动物癌症生物测试方法提供的作用机制信息很少。短期动物测试通常有更明确的研究设计，以提供有关潜在作用机制的信息。大量的短期生物测试检验了与致癌过程相关的生物活动（例如突变、肿瘤促进、细胞间异常交流、细胞增殖增加、恶性转化、免疫抑制）。未来，基于机制的终点在致癌风险评估中会发挥越来越重要的作用。

2.6.4.1 遗传毒性测试

由一种物质引起的基因损伤事件的信息揭示了一种致癌物质可能的作用机制。尽管遗传毒性测试在预测癌症方面的有效性受到了质疑（Brockman 和 DeMarini，1988），但是这些测试检测致突变致癌物质的能力尚未受到严重挑战（Brockman 和 DeMarini，1988；Prival 和 Dunkel，1989；Tennant 和 Zeiger，1992；Shelby et al.，1992；Jackson et al.，1992）。

最近对癌基因的研究为突变和癌症之间的联系提供了证据（Bishop，1991）；可以通过点突变、DNA 插入或者染色体易位将原癌基因激活成为癌基因（Bishop，1991）。此外，肿瘤抑制基因（抗癌基因）的失活可以通过染色体缺失或非整倍体（染色体丢失）以及有丝分裂重组实现（Bishop，1989；Varmus，1989；Stanbridge 和 Vavenee，1989）。

在各种综述中都有遗传毒理学测试的描述（Brusick，1990；Hoffman，1991）。EPA 发布了检测致突变性的各种测试要求和指南（EPA，1991a）。由美国 EPA 开发的遗传活动概况（Genetic activity profile，GAP）方法是一个有效的用图形“刻画”数据的方法，其为分析提供了一个合理的起点（Garrett et al.，1984；Waters et al.，1988）。

已经开发了许多测试系统来测定物质的致突变潜力[①]，包括测定基因的 DNA 碱基对的变化（即基因突变）以及显微镜下可见的染色体结构或数量上的变化。结构的畸变包括缺陷、重复、插入、倒置和移位。其他不测量基因突变或者染色体异常的检测，提供了一些关于物质 DNA 损害潜力的信息（例如，对 DNA 的加合物、链断裂、修复或者重组的检测）。

在确定作用机制时，将致癌物质区分为诱变剂还是非诱变剂是一个非常重要的决策点。要将一个假定的致癌物指定为诱变剂，必须要确信其主要作用目标是 DNA。涉及 DNA 结构稳定变化的诱变终点因其与肿瘤发生的相关性而受到重视，包括基因突变和染色体畸变。

遗传毒理学数据必须符合科学审查的要求，才能在致癌风险评估中发挥作用。在许多测试系统中一直能够诱导 DNA 直接结构变化的物质更有可能是诱变剂。虽然可以从体外实验中获得重要的信息，但是包括体内证据的数据集更可信。强调体内数据是因为

① 诱导 DNA 结构和内容发生可遗传的或稳定变化的能力。

许多物质需要代谢转化为活性中间体才能产生生物活性。代谢活化系统可以纳入体外实验，然而，它们并不总是完美地模仿了哺乳动物的新陈代谢。如果可以获得的话，与致癌作用相关的人类遗传毒性终点是重要的体内数据。

说明所有的潜在证据是不可能的，并且在得出结论时必须作出判断。除了基因突变和染色体畸变之外，测试 DNA 损伤潜力（如 DNA 修复活性、DNA 加合物或 DNA 链断裂）的某些反应可以为提高指定致癌物为诱变剂的可信度提供依据。

物质还能通过其他机制引起继发于其他效应的遗传损伤。例如，一种物质可能会干扰 DNA 修复，或者增加氧化自由基的产生而增加 DNA 损伤（Cerutti et al.，1990）。依靠诱导基因突变或染色体异常的证据来定义诱变致癌物，并不意味着淡化这些继发机制或其他遗传终点的重要性。

非整倍体（即染色体数目变化）可能在某些肿瘤的发展过程中起到重要作用（Kondo et al.，1984；Cavenee et al.，1983；Barrett et al.，1985），但是它可能是与细胞成分（例如有丝分裂器）而不是与 DNA 的相互作用而导致的。因此，非整倍体并不是将致癌物指定为诱变剂的证据。非整倍体是关于通过其他遗传机制的潜在致癌性的重要信息，并且应当被纳入有关作用机制的评估中。

由于观察到诱变致癌物可在多个物种和多个位点诱发肿瘤，所以多物种或性别中的诱变性和肿瘤反应的证据都显著增加了对一种物质的人类致癌潜力的关注。在多个测试系统中缺乏诱变性，使我们能够深入了解非诱变致癌物可能发挥作用的其他机制。考虑其他非致突变机制并不一定会为不予考虑动物癌症生物测试中的阳性结果提供依据，因此也不能消除对人类风险的担忧。另外，在慢性啮齿动物生物实验中，非诱变性和缺乏反应的证据增加了人们对该物质不会对人类造成危害的信心。

2.6.4.2 其他短期测试

除遗传毒性测试外，关于细胞增殖增加、细胞转化、细胞间异常交流、受体介导作用、基因转录的变化（涉及基因组功能改变的事件）的信息可以为评估致癌机制和深入了解某一种物质的致癌潜力提供帮助。不可能描述在特定物质评估中涉及的所有数据，因此描述一些最常规的或目前强调的数据即可。

细胞增殖在致癌过程的每个阶段都扮演着重要的角色，细胞增殖率的增加与致癌风险的增加有着密切的联系。这种风险的增加是由于增殖细胞对自发遗传损伤和诱变剂诱导的遗传损伤的敏感性增加而导致的。因此，诱变剂的促进有丝分裂活性有望进一步增加诱变的可能性，从而致癌。细胞增殖或者突变本身不足以引发肿瘤；细胞要脱离生长控制，获得独立生长的能力以及侵袭性，还需要更多的事件。

细胞分裂速率增加的证据可以通过以下方式获得：测量有丝分裂指数，向细胞提供特定的 DNA 前体物（例如，3H-胸苷或溴脱氧尿苷）并且计算进入复制 DNA 的前体细胞的百分比，或者增殖的特异性抗原的免疫检测。这些分析是在体外进行的，在慢性研究前期，或作为长期动物癌症生物测试的一部分。

非诱变致癌物比诱变致癌物更有可能影响特定的性别或器官。具有潜在高细胞复制率的稳定细胞群通常比具有天然高复制率的细胞群更容易受到影响。这些特征已经被用于开发基于乳腺、膀胱、前胃、甲状腺、肾脏和肝脏的肿瘤前病变或肿瘤的两阶段引发-促长研究。这样的实验为致癌性提供了机制上的见解和支持性证据（Drinkwater，1990）。

一些短期测试对诱变和非诱变致癌物均有反应。测量间隙连接介导的细胞间通信干扰的测试可能提供致癌性，特别是促长活动的信息，并提供机制方面的信息（Yamasaki，1990）。由于体外细胞转化被认为与体内致癌过程有关，细胞转化分析已经被广泛地用于研究化学致癌作用的机制。

2.6.4.3 致癌作用的短期测试

除了更加常规的长期动物研究外，其他短期动物模型也能提供有关致癌物质的有用信息。一些更常见的测试诸如小鼠皮肤（Ingram 和 Grasso，1991）、胎盘和新生儿癌变（Ito，1989）、乳腺肿瘤研究和肿瘤前病变或细胞病灶改变（例如在肝、肾、胰腺）。目前，研究的重点逐渐放在慢性啮齿类动物癌症测试的替代方法上。例如，使用鱼类模型正在取得重大进展（Bailey et al.，1984；Couch 和 Harshbarger，1985）。

2.6.4.4 机制研究的评估

研究审查了关于物质的物理化学性质、与致癌物质的构效关系，以及体内和体外生物活性的全部数据，以寻求对其作用机制的见解。在体内观察该物质的致癌活性的重要性和意义可能会受到几个领域现有数据的很大影响，所有这些都应该加以考虑。讨论中应当总结关于该物质对DNA结构或表达及其对细胞周期影响的可用数据。需要考虑的信息类型包括：该物质是否是诱变致癌物或者非诱变致癌物、对于原癌基因或肿瘤抑制基因和DNA转录的特异性作用，以及具有上述作用的物质的结构或功能类似物。

显示对细胞周期影响的信息包括：有丝分裂发生、对分化的影响、对细胞死亡（凋亡）的影响、组织损伤导致代偿性细胞增殖、受体介导对生长信号转导的影响、具有上述作用的物质的结构或功能类似物。

显示对细胞相互作用影响的信息包括：对生长的接触抑制的影响、对细胞内通信或者免疫反应的影响、具有上述作用的物质的结构或功能类似物。

这些数据并不意味着要排除那些没有列出来的其他相关数据。此外，对该物质在动物和人体内的药代动力学和代谢的现有数据进行了评估，以考虑在人类和动物中是否存在类似的作用机制（IARC报告过一个类似的证据总结：IARC，1991）。

在评估致癌潜力和作用机制时，除了基于短期实验的分析和结论之外，还讨论了所有数据的可信水平。可信水平基于以下（不一定是排他的）因素：（a）与致癌作用有关的终点范围，用于检测每一个终点的研究数目，以及在不同实验系统和不同物种中所得结果的一致性；（b）体内和体外的观察结果；（c）测试结果的一致性；（d）测试系统中结果的重现性；（e）存在剂量—反应关系；（f）测试是否是按照该领域的专家商定的适当方案进行的。例如，在描述一种物质对致癌过程的潜在影响时，其高可信度是基于涵盖了一系列与癌变阶段相关事件的研究结果，并且包括体内实验在内的若干研究显示出一致的趋势和良好的一致性。低可信度的数据集是指数据较少或结果不一致，并且没有明确的数据趋势的数据集。

对上述领域中的数据进行分析所得出的关于作用机制的假设的强度，应该按照以下标准进行说明：

a．致癌作用发生的机制必须利用一组研究数据进行解释，并且已被科学界普遍接受为一种致癌机制；

b．必须有大量的实验数据来说明所研究的物质是如何参与到作用机制中的。在没有关于物质作用机制的数据的情况下，使用默认值作出决策；

c．动物效应与人类效应相关；

d．该物质在低剂量下影响致癌作用，剂量和反应成线性关系。

在缺乏更好的数据的情况下，目前对致癌过程的了解支持上述两种科学政策假设。必须在特定物质的风险评估中审查每一个假设，并且当存在足够的科学数据时，替换或加入其他分析。

2.7 实验证据的总结

{主要问题是对实验证据进行分类的标准和示例，特别是关于新型基因和生长调控信号转导途径的研究数据的证据权重。}

这里总结了与人类致癌潜力相关的所有实验证据。

随着显示致癌反应的动物种类、品系或实验数量和剂量的增加，一种物质对人类具有致癌潜力的可信度会增加。随着受到该物质影响的组织部位数量的增加，以及肿瘤发生时间或死亡时间随剂量增加而减少，可信度也会增加。如果观察到的肿瘤类型在该物种中是历史上罕见的，那么随着恶性肿瘤的比例随剂量的增加而增加，可信度也会增加。

{在总体证据权重中，应注意分子生物学数据的适当使用。从肿瘤易感性或基因效应等数据中得出的推论的强度这一问题尚未解决。}

其他实验证据的权重会以下列方式增加或减少与人类危害有关的调查结果的权重。在体内的发现比在体外的发现能更快地增加证据权重。

- 物理化学性质和结构或功能类似物可以支持关于潜在致癌性的推论；
- 一些短期研究中的一致结果能够支持关于潜在人类影响的推论；
- 原癌基因或抑癌基因突变作用的证据；
- 细胞生长信号转导影响细胞分裂、分化或细胞死亡的证据；
- 在培养细胞或体内细胞中肿瘤行为特征的诱导。

对实验证据的总结仅指一种物质对人类是否致癌的证据的分量，而不是关于剂量—反应关系，这将是另一项分析的主题。

以下四类被用于总结所有与推断人类致癌潜力有关的实验数据。EPA 发现的与推断人类危害无关的肿瘤反应没有被给予权重。在证据分类中还指出了未确定相关性的其他反应。分类是科学判断问题，下面的说明是进行判断的指南，而不是绝对的标准。

2.7.1 类别1

下面的例子说明了关于致癌潜力的有说服力证据。其他数据组合也可能具有说服力。未来，对物质在原癌基因和抑癌基因突变中的作用的继续研究，以及对受体介导的生长控制基因的相关研究，也可以提供有说服力的数据。

示例：

1．长期动物实验显示恶性和良性肿瘤增加。

a．在多个物种或者多个实验中肿瘤的发病率增加时（即，结果因不同的给药途径而复杂化，或者影响一系列的剂量水平）

—在多个部位，或者

—在具有来自结构—活性分析或者短期测试的证据支持的有限几个部位上。

b．当一项实验中出现异常反应，涉及本底发生率低的肿瘤的高发病率、异常的肿瘤部位或类型，或发病早期

—高度恶性肿瘤或者癌症的早期死亡随剂量增加而增加，或者

—有来自结构—活性分析或者短期测试的证据支持。

c．在多个实验的同一个部位

—有来自 SAR 分析的重要证据，以及在短期研究中对致癌效应的一致结果，或者

—随着剂量增加肿瘤恶性程度增加。

2．具有以下证据，即一种物质很容易转化为一种代谢物，其代谢物的独立的人类或动物证据可归为类别 1，并且数据支持药代动力学的结果，或者该物质的短期测试结果与代谢物的结果是可比的。

3．短期实验证明了物质对体内致癌过程的影响与体外研究、SAR 和高度支持致癌物质活性的物理化学性质是一致的。表明所研究的物种与人类之间的代谢和药代动力学具有可比性的研究也支持这些。

2.7.2 类别2

该类别的示例包括：

1．一项或多项长期动物实验表明恶性肿瘤或没有被归入类别 1 的恶性和良性复合肿瘤的发病率增加。

2．具有以下证据，即一种物质很容易转化为一种代谢物，其代谢物的独立的人类或动物证据可归为类别 2，并且数据支持药代动力学的结果，或者该物质的短期测试结果与代谢物的结果是可比的。

3．在 2.6.4.4 中所述的短期研究和其他证据，以及支持物种间的代谢和药代动力学相似性的证据。

2.7.3 类别3

实验证据不支持任何一种关于潜在致癌性的结论，因为：

- 可用数据太少；
- 证据仅限于致瘤性，并且仅在给药方式（如注射）或者研究方案的其他方面存在解释困难的研究中发现该现象；
- 在一个或者多个实验中，在单一物种和性别中的单个动物部位中发现致癌性证据，这种反应是很弱的，并且没有任何特征能够支持潜在人类致癌性的结论。

例如，如果除了动物反应以外的实验数据不支持任何对该物质致癌潜力的积极推断，并且如果动物反应具有以下大多数特征，那么数据就不具有结论性：

- 至少测试两个物种，并且只有在最高剂量、一种性别、一个物种中发现肿瘤反应。
- 肿瘤是良性的，并且只在一个靶器官中发现。
- 该肿瘤是在该物种、品系和性别中常见的肿瘤类型。此外，观察到的肿瘤率虽然在实验中具有统计学意义，但是仍然处于或者接近历史控制发病率的上限。
- 在研究期间，这些肿瘤不会导致受影响动物的死亡，并且实验组不会比对照组出现得更快。这些证据可能会给人类研究结果增加一些分量。

2.7.4 类别4

如果在至少两项包括两种性别不同物种的精心设计和良好执行的动物研究中没有

发现肿瘤发生率的增加，那么这一总结是适用的。暴露量是明确的，所以该总结的含义是这种物质不是致癌物，或者这些研究没有足够的能力来检测其影响。

2.8 人类危害表征

来自危害评估的所有要素的证据被汇总在一起，以表征潜在的人类危害，如图 1 所示。

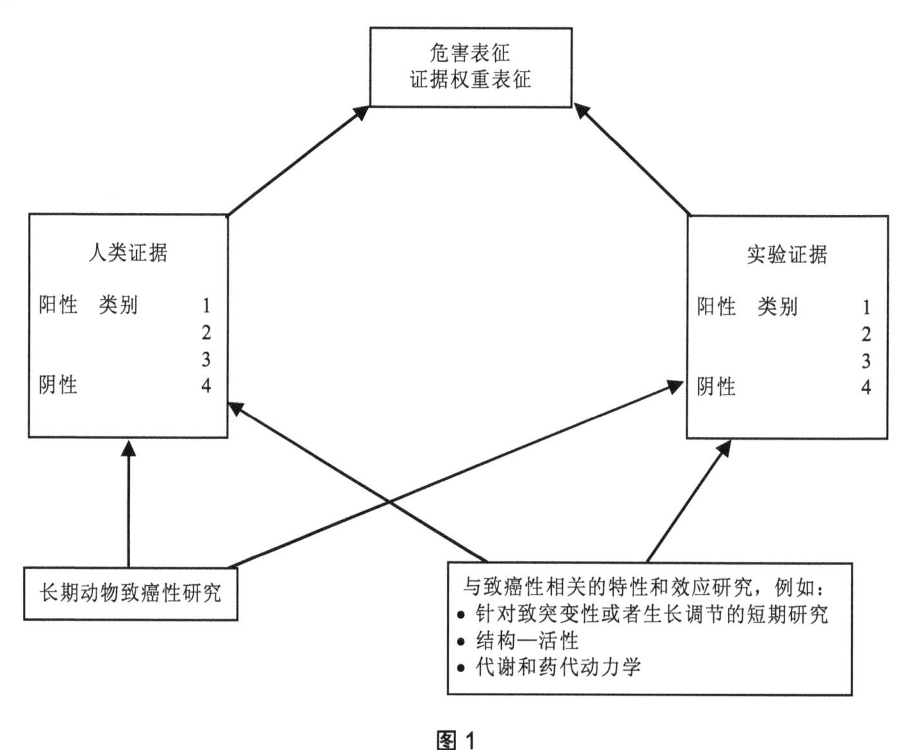

图 1

2.8.1 表征的目的和内容

危害表征清楚地描述了观察到的人类证据、实验证据和推论的主要内容。特别突出和强调了在面对相互矛盾的数据时所做的主要判断，以及为解决信息缺失问题而作出的假设或推论。描述了现有数据的优点和缺点，并且与由此产生的表征的可信度相关联。危害表征不仅涉及致癌特性的问题，而且在数据允许的情况下，还涉及表述这些特性的条件问题（剂量、持续时间、途径）。

为了给在最终风险表征中结合危害和环境暴露数据提供依据，如果可以确定不同暴露途径的危害差异，那么可以在危害表征中指出根据暴露途径可以预期的差异。如果这是合理的并且不与现有数据相矛盾，那么可以作出危害不是特定于某一种途径的这一假设。危害表征描述了可能的作用机制并解释了其对剂量—反应评估的影响，包括剂量和持续时间。

2.8.2 人类致癌性证据的权重

{读者须知：关于是否完全放弃我们的字母数字系统，或者将其与叙述性陈述合并的问题尚未解决。我们可以为不同权重的证据组保留 A、B、C 等标签。}

简短的叙述以总结证据的权重。它包含了对危害评估所有要素的数据的判断。总结性的说明无法解决数据解释问题，它只能关注于那些判断并帮助传达。其目的是让风险管理者了解证据的意义、风险评估者对数据及其对人类致癌潜力的解释的信心，并且可以比较对不同案例的证据权重的判断。证据结论的权重包括对作为结论基础的一组数据的可信度，以及该组数据所支持的推论的一致性的判断。

证据结论的权重基于来自人类研究的观察数据和实验数据。危害评估中包含的所有分析要素构成了判断的依据。实验证据和人类证据的总结是证据权重说明的重要组成部分。应当注意的是，EPA 认为与推断人类危害无关的动物肿瘤反应并没有考虑在内。但是，在陈述中也注意并且考虑到了所有关于相关性的未解决的问题。

第一步，确定证据是否足以进行表征。“不充分”意味着现有数据总体上不足以支持一个结论，要么因为数据太少，要么因为实验的设计和操作而导致数据有缺陷，要么因为实验结果不足以支持关于潜在人类致癌性的推断。通常，类别 3 中的人类或实验数据不适合用于表征。

如果证据足以确定证据权重，那么就在叙述性说明中进行描述。叙述性说明通过总结每项证据的内容和贡献并解释它们如何结合起来构成证据的总体权重，来对证据权重加以解释。该说明强调了数据的质量和范围以及他们支持的推论的一致性或不一致性，还强调了用于解决知识空白问题的默认值。

该说明根据暴露途径列出证据权重，指出预期差异的原因，以及是否使用了默认值来进行不同途径间危害潜力的推断并且使用这种假设是否合理。根据不同途径的吸收差异，指出了不同途径之间预期强度的差异（见 2.6.3 节，代谢和药代动力学）。

该说明讨论了数据对作用机制的影响。根据危害数据所暗示在低于观察到的剂量范围内的剂量—反应性质，它推荐了进行剂量—反应评估的一般方法。通过任何机制产生危害的证据的权重都得到了表征。因此，例如，一种不可能引起永久性遗传变化的雌激素被定性为致癌危险，并且说明了剂量的任何限制。定量剂量—反应估计或剂量—反应曲线的形状不影响危害证据的权重。

该说明指出其来源是单个的 EPA 办公室还是整个 EPA 的共识。在总体结论中将使用以下描述语之一："已知""很有可能"或者"可能"是人类致癌物；"一些证据"或者"在研究的暴露水平或者环境暴露条件下不太可能是人类致癌物"。这些描述语是按照一种物质具有人类致癌潜力的可能性来连续排列的。如果不同给药途径的证据权重不同，那么可能会针对一种物质使用多个描述语。另外，如果一个途径的证据被认为是介于两个描述语之间，那么就可能会使用两个描述语。提供这些标准的描述语的目的在于保持每个案例之间结论表达的一致性。叙述性说明是传达关于证据权重信息的主要手段。

2.8.2.1 描述语

{用于证据总体权重的描述语类别的数量一直是一个问题。证据是连续的，但需要多少描述语来表示这种连续性？建立这些的标准又是什么？}

按照危害评估中对证据的总结，对与描述语相关的证据级别的解释如下：

"已知"是人类致癌物，是指物质通过特定的暴露途径在人体中产生可观察到的致癌作用的证据是令人信服的（类别 1）。

"很有可能"是指：

1．有关于致癌性的具有说服力的实验证据（类别 1），和有提示性的人体证据（类别 2）；

2．有说服力的实验证据（类别 1）表明非常强烈的动物反应（在多个物种中出现多个肿瘤位点）；

3．已知通过一种暴露途径会在人体中产生致癌作用（已知）的物质，也会通过其他途径被吸收，“很有可能”通过第二条途径产生致癌作用。

“有可能”是指：

1．有说服力的实验证据（类别1）；

2．有来自人体数据的具有提示性的证据（类别2），以及支持所观察到的人类影响可能是由于相关物质的实验证据（类别2）。

“一些证据”是指：

1．有实验证据（类别2）；

2．有提示性的人类证据（类别2）。

但是，由于发现的结果不一致或者有很多数据缺失，所以证据整体是较薄弱的。

“在研究的暴露水平或者环境暴露条件下不太可能是人类致癌物”是指：

1．人类证据表明在研究的暴露水平上没有影响（类别4），并且没有阳性的动物研究结果；

2．实验证据表明在研究的暴露水平上没有影响（类别4），且没有阳性的人类研究结果；

3．某一个特定的人体环境暴露途径（口服、皮肤、吸入）预期不会产生致癌作用，因为通过该途径物质不会被吸收；

4．物质的致癌机制只会在高于合理的环境暴露范围时才会起作用，例如致癌作用是只在高剂量下发生的其他效应的次级效应；

5．致癌作用的发生取决于物质的给药方式，这个方式与注射聚合物等合理的环境暴露无关。

这个描述语在叙述性说明中被解释为仅适用于该说明中给出的研究的特定暴露水平或者环境暴露条件。

2.8.2.2　叙述性说明的例子

化合物 X

在回顾了所有有关 X（CAS#000001）对人体的潜在致癌危害的现有数据后，EPA 办公室得出结论，在环境水平下 X 不太可能通过任何途径对人体产生致癌作用。这个结论基于实验证据。目前还没有关于 X 的人体研究可用于评估。支持这个结果的证据是动物反应。

在饮食管理下，高剂量水平（>30 000 ppm）的 X 导致雄性 Charles River CD 大鼠中膀胱增生和肿瘤（膀胱过渡性细胞乳头瘤和癌）的发生率在统计学上显著增加，而在雌性大鼠中则没有。只有在肾脏、输尿管和膀胱中产生结石的剂量水平下才能看到肿瘤。膀胱结石的存在与尿液 pH 值的下降有关。膀胱结石几乎总是伴随着膀胱增生（>90%）。X 的主要代谢物在大鼠的其他生物测试中没有引起肿瘤发生率的增加。在操作良好的实验中，X 不会对小鼠产生致癌作用。

关于 X 的体内（小鼠微核实验）和体外（细菌和酵母）短期研究表明，在中等可信度上 X 不具有遗传毒性。构效关系分析未发现与 X 相关且可诱发肿瘤的化学物质。结论是，在雄性大鼠中的肿瘤反应在高剂量下是继发于结石形成的，这可能是雄性大鼠特有的一种现象。除非发现了人体暴露的高剂量环境，否则不建议进行剂量—反应分析。

化合物 Y

在回顾了所有有关 Y（CAS#000002）对人体的潜在致癌危害的现有数据后，EPA 认为 Y 通过任何暴露途径都可能对人体造成致癌危害。这个结论基于实验证据。目前还没有关于 Y 的人体研究可用于评估。支持关于 Y 的结论的强有力证据是动物实验和构效关系。

啮齿动物研究显示，在两个独立且良好开展的研究中，两种小鼠的肝肿瘤（结合肝细胞腺瘤和癌）的发生率均有统计学意义上的增加。在高剂量和低剂量下都出现了肝肿瘤的增加。Y 在一定剂量下会引起雄性和雌性小鼠胃肿瘤（乳头状瘤）的显著增加，同样也引起了显著的死亡和体重减轻（整个研究中为–18%～–23%），以及个别动物中出现白点病灶和胃溃疡。

在一项良好开展的研究中，口服 Y 没有在 F344 大鼠中引起肿瘤。来自急性吸入毒性和皮肤吸收研究的数据表明，Y 可以通过皮肤和呼吸暴露被吸收。

Y 可引起 *D. melanogaster* 的基因突变和染色体畸变以及酵母的 DNA 损伤，但是在哺乳动物体外或体内都没有诱变作用。诱变数据集的可信度较低，它既不支持也不反对与致癌性相关的推论。此外，它没有显示出一种作用机制。

构效关系分析表明，Y 与其他 8 种化学物质在结构上有非常密切的相关性，这些化学物质都会在大鼠、小鼠或者两者中产生肝肿瘤。

基于上述分析，我们建议剂量—反应分析采用低剂量线性的默认值，并且将小鼠肝肿瘤作为合适的终点。

3. 剂量—反应评估

3.1　剂量—反应评估的目的和范围

剂量—反应评估检验了某种物质已经产生了影响这一假设，并且描述了该物质和它所引起的反应之间的关系。在风险评估中，从实验或流行病学研究中观察到的剂量和反应，通常用于预测在环境中遇到的较低暴露水平下的反应[①]。此外，外推中使用的数学模型是基于对致癌过程本质的一般假设。对那些正在被评估的特定物质来说，这些假设可能都没有经过测试（Kodell，in press）。如果从实验动物研究中得到了剂量—反应关系，那么必须从动物外推到人类。由于这些固有的不确定性，远远超出观测数据范围的预测被视为边界估计，而不是真实值，故药代动力学和代谢反应在人类和动物中相似的信息能够大大增加剂量—反应分析的可信度。表明物质通过一个共同的作用机制在人体和动物中产生影响的数据，也会大大提高低剂量外推的可信度。在缺乏此类数据的情况下，默认方法能够提供低剂量—反应的上界估计值，并且其极低剂量下的下界为零。

---

① 在这个讨论中，“暴露”是指物质与有机体外边界的接触。“施予剂量”是指提供给吸收屏障并可供吸收的物质的量。“内部剂量”是指通过吸收过程穿过吸收屏障（如皮肤、肺和消化道）的量；可与器官或细胞相互作用的量是该器官或细胞的“传达剂量”。详细讨论参见《暴露评估指南》FR（1992）。

在某一类中的一些物质缺少剂量—反应数据时，可以通过参考该类别中已经被表征的物质来构建一组毒性当量因子（Toxicity equivalence factors，TEF），用于量化剂量—反应关系。

3.2 剂量—反应评估的要素

剂量—反应分析中的要素包括选择反应数据和剂量数据，然后进行逐步剂量—反应分析。剂量—反应分析的第一步是拟合研究观察范围内的数据；第二步，如果需要的话，是将剂量—反应关系外推到人类暴露范围。

剂量—反应评估应当充分利用现有数据来支持具有更高可信度的分析。当数据缺失时，就使用基于当前对致癌和药代动力学过程中生物事件的了解的假设。

3.2.1 反应数据

剂量—反应评估会使用适当的反应数据以及来自危害表征的机制信息。数据的质量及其与人体暴露的相关性是选择时重要的考虑因素。

如果有足够的人类流行病学阳性数据，它们通常是首选的分析依据。分析阳性数据可以估计在观测范围内对环境暴露的反应（USEPA，1992a）。如果需要的话，可以外推到较低的环境暴露水平。如果在没有发现任何影响的、设计良好和进展良好的流行病学研究中存在足够的暴露数据，那么有可能得到关于潜在风险的上界估计。如果可行，还提出了基于动物的估计，并将动物结果与人类数据的上界估计进行一致性的比较。

当使用动物研究时，如果存在这种效应的信息，应该使用与人类反应最相似的物种的反应数据。当在几项包含多种暴露途径和剂量以及不同动物物种、品系和性别的实验中测试这种物质时，通常采用以下方法来选择数据集：

a．根据器官位置和肿瘤类型将肿瘤发生率数据分为不同的数据集。

b．检查所有生物学和统计学上可接受的数据集。

c．根据暴露途径分析数据集。

d．根据生物学标准判断哪一个数据集最能代表总体，以用于估计人类反应。对实验数据中用于建模的数据的统计适用性的判断可以加以补充。危害表征是初步判断的依据。数据具有以下特征会有利于其选择：

- 高质量的研究方案和实施；
- 恶性肿瘤；
- 肿瘤发病较早；
- 有更多的数据点来确定剂量和反应之间的关系；
- 实验动物的本底发病率不高；
- 使用最敏感的物种；
- 相关效应（例如 DNA 加合物的形成）数据或增强肿瘤的机制数据。

展示结果的适当方式包括使用单个数据集，结合不同实验的数据（Stiltler et al.，1992），展示来自多个数据集的一系列结果，通过将动物和肿瘤结合来展示一项实验中的所有反应，或者是这些方式的组合。要展示选择某种方法的理由，包括所涉及的生物学和统计学因素。目的是对如何展示这些观察到的数据提供最佳判断。

如果认为良性肿瘤有可能在同一个组织中发展成为相关的恶性肿瘤，那么在风险估计中通常将良性肿瘤和恶性肿瘤相结合（McConnell，1986）。当将这些肿瘤结合起来时，就表示为良性肿瘤对总体风险的贡献。应当在剂量—反应表征和风险表征中讨论如何考虑良性肿瘤的贡献这一问题。

与肿瘤诱导相关的某些终点的数据可用于将剂量—反应分析扩展到可观察到肿瘤的相对高剂量范围以下的范围。这些数据能够扩展曲线拟合分析（Swenberg et al.，1987），并可为应用基于机制的模型提供参数（EPA Dioxin Assessment，1992c）。数据可能包括关于受体结合、DNA 加合物形成、生理影响如激素活动中断或者细胞分裂速率的特异性改变的信息。在考虑是否可以应用这些终点时，关键问题是数据反映了该物质的致癌作用，以及剂量—效应趋势很好地测量了这些终点的可信度。

3.2.2 剂量数据

无论来源、动物实验或者流行病学研究如何，在确定剂量的适当测量方法时都需要解决几个问题。一个问题是数据是否足以估计内部剂量或到达剂量，其中要解决的问题是，母体化合物、代谢物还是两者在代谢途径上更接近于致癌形式。

传达到靶器官的剂量是剂量的首选测量方法。在实践中，很少或者几乎没有关于活性物质在作用位点的浓度或特征的信息；因此，能够比较途径和物种之间的施予剂量和到达剂量是一个很难达到的理想状态。即便如此，尽可能地结合数据也是可取的。

即使药代动力学和代谢数据足以测量传达到靶器官的剂量，但是剂量—反应关系仍然受到靶器官的反应动力学（药效学）和肿瘤发展中其他步骤的影响。除了少数例外，目前这些过程都是不明确的。

以下的讨论假设分析人员在不同的情况下拥有关于药效动力学和代谢的不同细节的数据。本文概述了处理有限数据的方法，以及基于附加数据进行更复杂分析的方法和判断。

3.2.2.1 基础案例—少量数据

如果没有足够的数据来确定物种之间的等效到达剂量，那么假设靶组织上传达的剂量与施予剂量成正比。这一假设建立在哺乳动物解剖学、生理学和生物化学的相似性基础上，这些相似性在不同物种间普遍存在。这个假设在低施予剂量浓度下更加合适，在这种情况下非线性来源（例如，酶活性的饱和或者诱导）是不太可能发生的。

默认的方法是按照体重的 3/4 次方（$W^{3/4}$）来换算一生中所经历的每日施予剂量。将空气、食物或者水中的暴露浓度换算为以百万分之一为单位，是相同默认方法的一个替代方法，因为每日摄入量与 $W^{3/4}$ 成比例。这个因子的理论基础是基于经验观察的，即生理过程的速率始终趋向于与 $W^{3/4}$ 成比例关系。关于支持 EPA 采用这种换算系数的理由和数据的更加广泛的讨论可以在（USEPA，1992b）中找到。

暴露途径（口服、吸入、皮肤）之间的生物过程可能有很大差异，例如，由于首过效应以及不同暴露模式带来的不同结果。在缺乏关于物质的良好数据的情况下，进行各种途径之间剂量—反应数据的定量外推时，没有一种普遍适用的方法来解释吸收过程中的这些差异。因此，在各种途径之间剂量数据的外推将基于对可用数据的个案分析。当有关该物质的数据有限时，外推分析可以基于物质的物理化学性质、结构类似化合物的性质和特定途径的数据，或者关于该物质的体内或体外吸收数据。如果模型参数适用于所研究的化合物，那么可以采用途径—途径吸收模型。目前，这些模型被认为是临时的方法；进一步的模型开发和验证需要更加广泛的数据（Gerrity 和 Henny，1990）。

3.2.2.2 药代动力学分析

基于生理学的数学模型可能是解释影响剂量的药代动力学过程的最全面的方法。模型建立在生理房室模型的基础上，并试图将组织灌注动力学和涉及化合物代谢的酶动力学结合起来。

一个全面模型需要关于由母体化合物或代谢物所产生的致癌活性的经验数据，以及用来比较不同物种之间代谢和消除动力学的数据。模型结果的呈现伴随着对可信度问题的讨论（Monro，1991），这包括考虑模型验证和强调模型预测性能的敏感性分析。另一个假设是，当到达剂量用于动物到人类的剂量—反应数据外推时，靶组织的药代动力学在两个物种中是相同的。应当讨论这个假设，并且在呈现结果时要考虑接受它的可信度。

药代动力学数据可以通过解释在不同施予剂量水平上，施予剂量和内部剂量之间的比例或者施予剂量和到达剂量之间的比例变化的来源，来改进剂量—反应评估。许多潜在非线性的来源，涉及在高剂量下的酶饱和或酶诱导过程。如果是从实验剂量—反应曲线的次线性或超线性部分进行外推，考虑非线性（例如，由于酶饱和动力学）的分析能够帮助避免低剂量下的高估或者低估（Gillette，1983）。药代动力学过程在低剂量下趋于线性，这一预期比低剂量下的线性反应更加稳健（Hattis，1990）。因此，尽管非线性可以更好地描绘高剂量水平下的曲线形状，但是无法确定低剂量水平下的反应是线性还是非线性的（Lutz，1990；Swenberg et al.，1987）。

3.2.2.3 人类研究中剂量方面的其他考虑

在人类研究中施予剂量具有不确定性，因为与实验动物的受控暴露相比，人类经历的暴露量存在波动。在前瞻性队列研究中，有机会监测一段时间内的暴露量和人类活动模式，这有助于估计施予剂量（USEPA，1992a）。在回顾性队列研究中，暴露是基于历史数据、同期数据或两者相结合，重建得到的人类活动模式和水平。在进行这种重建的同时，还要对在剂量估计的敏感性分析中考虑到的不确定因素进行分析（Wyzga，1988；USEPA，1986）。这些不确定性也可以评估任何混杂因素，由于混杂因素的存在而对剂量—反应数据进行了定量调整（USEPA，1984）。

研究总体中不同人群的暴露水平通常以一个平均值表示，而实际上它们处于一个范围内。在可能的情况下，将在剂量—反应分析中分析和描绘所有数据（USEPA，1986）。

在模拟人类数据时，通常会使用物质的累积剂量。就像在动物研究中一样，在缺少支持使用不同替代剂量的数据时，可以采用默认值。如果有良好的数据，那么可以使用剂量率或者峰值暴露作为累积剂量的替代值。

3.3 选择定量方法

因为在相对较低的暴露水平上的风险不能直接通过动物实验或者有合理样本量的流行病学研究进行测量，所以开发了一些数学模型来从高剂量推断到低剂量。不同的外推模型可能与观察到的数据相当吻合，但是会导致预测的低剂量下的风险存在巨大差异。正如 OSTP（1985，见第 26 条原则）所述，没有任何一种数学方法是最适合用于致癌作用的低剂量外推的。低剂量外推方法中也可以使用机制或经验模型。当存在确定和描述一种作用机制的足够的生物信息时，低剂量外推可能基于该机制的数学表达式。当作用机制不明或者信息有限时，低剂量是根据与现有信息相符的经验拟合曲线得出的。

如果一种致癌物质是通过加速导致本底癌症发生的同一致癌过程而发挥作用，那么预计在本底水平以上的低剂量下对人群影响的增加是线性的。在本底水平以上，物质直接作用于 DNA 时，人群反应可能还是线性的，或者可能受到个体对激素稳态破坏或受体介导活性等现象的敏感性变异的影响。如果物质产生作用的机制没有内生对应物，那么可能存在人群反应阈值（Crump et al.，1976；Peto，1978；Hoel，1980；Lutz，1990）。EPA 审查了每一项针对致癌机制的证据和其他表明了特定模型适用性的生物学或统计学证据的评估。当存在关于肿瘤发展的纵向数据时，可以使用并首选肿瘤发生时间模型或者生存模型。在所有情况下，都需要证明使用所选模型是合理的。

选择一种方法的目标是尽可能使该方法与在危害评估中发现的物质作用机制保持一致。如果在现有数据基础上，危害评估表明有多种合理且有说服力的机制，那么将考虑在剂量—反应分析中使用相应的替代方法。

3.3.1 观察范围中的分析

在观察数据范围内描绘剂量—反应时，分析纳入了尽可能多的可靠信息。药代动力学数据或种间转换被用来推导动物施予剂量的人类当量。所分析的经验反应数据包括肿瘤发病率，如果可能的话，还包括导致肿瘤反应的效应发生率，例如 DNA 加合物或者其他效应标志物数据（Swenberg，1987）。

剂量—反应模型跨越了一个层次结构，反映了吸收不同种类信息的能力。如果可以获得支持的数据，那么基于机制的方法就是建模的首选方法。基于机制的方法是为了反映生物学过程而设计的。参数的理论值，例如理论细胞增殖率，不能应用于基于机制的模型（Portier，1987）。如果没有这些数据，就不会使用基于机制的模型。机制模型的一个例子是 EPA 正在开发的二噁英受体介导毒性模型（EPA，1992c）。

下一个需要大量信息的是基于作用机制一般概念的剂量—反应模型。对于某种特定物质，模型参数从实验研究中获得的。例如由 Moolgavkar 等（1981）和 Chen 等（1991）开发的引发、克隆扩增和进展两阶段模型。这一模型需要大量的数据来构建模型的形式，并估计模型与观察到的致癌性数据的一致性。

不包含作用机制信息的经验模型，构成了层次结构的其余部分。其中，肿瘤发生时间模型包含了肿瘤发展的纵向信息。简单的定量模型仅使用了每个剂量水平上的最终发病率。线性化多阶段过程是经验模型的一个例子。

如果基于机制的模型是不合适的，则将使用经验模型进行分析，这个经验模型中的基本参数对应于危害表征中确定的假定作用机制。当时间是反应概率的主导因素时，将反应时间作为随机变量的多阶段模型（Zeise et al.，1987）是合适的。当危害表征中描述的可用信息与个体反应没有阈值的假设相一致时，就采用这种方法。当群体中个体阈值的分布决定效应的概率时，可以采用将剂量作为随机变量的模型。当作用机制已经确定为，例如破坏体内激素平衡，这可能是一种合适的方法。

{EPA 仍在讨论合适的剂量—反应模型的问题。}

通常希望模型能够很好地拟合观察到的剂量—反应信息。大多数对观测值的拟合优度检验的结果并不能有效地区分所有提供适当拟合的模型。虽然一个模型能够很好地拟合观察到的剂量—反应信息，但是所有模型在描述潜在过程和在观察到的信息之外进行预测的能力方面都是有限的。一个主要因素是模型误差的可能性，也就是说，一个模型可能与观察到的数据相吻合，然而是建立在对实际潜在机制不充分的数学描述基础上的。当在观察范围之外进行推断时，这一点尤其重要，因为替代模型能够很好地拟合观察到的信息，但是在观察范围之外却有着显著的差异。

有时可以通过纳入更多的信息来改善拟合的质量。例如，除非将毒性致死的竞争风险、肿瘤发生时间和生存调整都考虑在内，否则高死亡率的数据可能拟合的效果很差。如果无法进行良好的拟合，那么可能有必要降低那些与低剂量风险最不相关的观察结果的权重，例如，在具有多个剂量水平的研究中的最高剂量的观察结果。

统计因素可能会影响模型估计的精度。这包括剂量水平的数量和间距、样本量以及剂量测量的精度和准确性。敏感性分析可以用来描述模型对观测数据中的轻微变化的敏感性。置信范围的上限和下限之间的巨大差异表明模型不能在该范围内作出精准的预测。在确定数据能够支持的模型范围时，所有这些考虑因素都很重要。

近年来，随着计算能力的增强，计算机密集型方法创造模拟的生物数据已被采用，这些数据与所观察到的信息具有可比性。这些模拟可用于敏感性分析，例如，用来分析观察的数据中微小且合理的差异将如何影响风险估计。这些模拟还可以提供关于风险估计中实验不确定性的信息，包括与观察的数据相一致的风险估计分布。然而，由于这些模拟是基于观察的数据，它们不能协助评估整体数据在多大程度上是特殊的，而不是真实的风险状态。

通过数据建模，可以确定曲线的最低可靠面积。如果只有动物肿瘤反应数据可用，那么这一点的反应水平一般不低于 1.0%（这个 1.0%的反应水平大约比一项标准的啮齿动物研究检测效应的潜在能力低了一个数量级）。如果是基于更有力的研究、联合研究或者将肿瘤反应数据分析和其他效应的标志物数据相结合，那么最低可靠面积可能会扩展到 1.0%的反应水平以下。这一最低可靠面积提供了一个估计数，可用于与类似的对一种物质观察到的非致癌效应范围的分析相比较（USEPA，1991f）。

3.3.2 外推

将第一步分析中的最低可靠点作为起点，如果数据支持，那么第二步分析的首选方法还是基于机制的模型。如果已经使用基于机制的模型描述观察到的数据，那么这一步的问题就是，使用该模型进行外推是否可靠。如果数据不足以支持使用基于机制的模型，那么就采用默认方法进行外推，其参数反映了现有生物信息所支持的一般作用机制。

如果正在考虑的作用机制可以导致预期的线性剂量关系，那么线性多阶段模型或者无模型方法可能是合适的（Gaylor 和 Kodell，1980；Krewski，1984；Flamm 和 Winbush，1984）。

正在考虑的作用机制可能表明，人群中剂量—反应关系受到易感性差异的影响最大。在这种情况下，可以使用包含公差分布参数的模型来估计处于特定剂量的风险下的人口比例，例如 1/1 000、1/10 000 的终身风险水平。这种方法需要数据来对分布进行数学描述。

{注意：当已经识别假定的作用机制但是数据不支持基于机制的模型时，适用于外推的经验模型方法仍然是一个未解决的问题。在本节结束之前，有必要进行进一步的技术分析和讨论。}

或者，该机制可能涉及一个人群阈值。在这种情况下，不进行外推。相反，在风险表征中给出了“暴露边界”。本文中的暴露边界是指从观察到的数据中得出的最低可靠剂量—反应面积除以环境剂量水平。

3.3.3 人类研究分析中的问题

每个案例都分析了在基于流行病学研究的剂量—反应评估中出现的问题和不确定性。在剂量—反应分析中需要处理几个不确定性因素。需要考虑研究人群以及代表肿瘤本底发生率的人群中的暴露量和死亡率经验数据。在这一方面，数据中可能存在错误或不确定性，或者对有关人群暴露发生或水平、人群死亡率、个体的不完全随访、个体暴露于（或不暴露于）混杂因素，或者考虑反应潜伏期的数据进行调整。这些都是在数据允许的情况下，通过分析剂量—反应研究结果对误差的敏感性来进行评估的。由于样本量太小，其他类型的不确定性也可能存在，因为这可能会放大错误分类的影响或者改变作为统计显著性检验基础的统计分布假设（Wyzga，1988）。讨论这些不确定性，在可能的情况下，还会分析结果对数据中潜在差异的敏感性。

讨论各种可用的数学方法对量化与研究物质的暴露相关的风险的适用性。这些方法

（例如，绝对风险、相对风险、超额附加风险）适用于不同的暴露持续时间和背景风险，当数据允许时，在分析中可以使用一种或多种方法。当可以获得关于研究结果的不同见解时，鼓励使用多种方法。

3.3.4 毒性当量因子的使用

毒性当量因子（TEF）是一种用于推导某一类物质的定量剂量—反应估计值的方法。TEF 基于物质的共同特征，当癌症生物测试数据不足时可利用这些特征对某类物质的致癌强度进行排序（EPA，1991c）。这种排序是通过参考该类别中一个或多个经过充分研究的物质的特征和强度来进行的。此类别中的其他物质会根据一个或者多个共同特征索引到参考物质，以此得到它们的 TEF。TEF 通常以 10 倍的增量进行索引。非常好的数据可以允许使用较小的增量。使用的共同特征包括，例如，受体结合特征、与致癌性有关的生物活性测试结果或构效关系。

当没有更好的数据时，可以生成 TEF 并用于评估环境介质中的物质或混合物。当可以获得一种物质的更好的数据时，应当替代或修订 TEF。

成功应用 TEFs 的指导标准如下（EPA，1991c）：

1．已经被证明的需求。除非明确需要这样做，否则不应当使用 TEF 方法。

2．一组明确界定的化学物质。

3．广泛的毒理学数据基础。

4．不同毒理学终点的相对毒性的一致性。

5．已经证明可以将一组物质的毒性相加以进行混合物评估。

6．机制上的理由。

7．科学家之间的共识。

3.4 剂量—反应表征

在表征部分给出了剂量—反应分析的结论。由于在选择剂量数据、反应数据或外推方法时，替代方法可能是合理且有说服力的，所以表征中呈现了在这些选择中作出的判断。在呈现利用所选择的方法得出的结果的同时，要针对最能代表现有数据和最符合从危害评估中得到的作用机制的结果，给出理由。

探究在剂量和反应数据以及外推方法中的显著不确定性，是表征的一部分。如果可能的话，通过敏感性分析和统计不确定性分析对它们进行定量描述。如果无法进行定量分析，则定性描述显著的不确定性。剂量—反应估计值可以适当表示成一个范围，或者当发现同样有说服力的方法时，用其他方式表示。

剂量—反应估计值是一个重要的数字，它们被界定为是否代表了中心趋势或风险的合理上界，或者代表了高估或低估风险的误差方向。例如，作为默认选项的直线外推法通常被认为是给低剂量风险设置了一个合理上界。另外，如果实际上机制是线性且无阈值的，那么使用默认的公差分布模型来描述人群的特定风险反应分布，可能会大大低估风险（Krewski，1984）。

在某些情况下，如果已经确定了一种机制，它会对儿童早期接触有特殊影响、对不同性别产生不同影响或者会对敏感亚群造成其他问题，这些都会进行解释。同样地，对高剂量率暴露可能改变部分人群风险状况的任何预期都进行了描述。这些以及其他观点都被记录下来，用于指导暴露评估和风险表征。

4. 暴露评估

致癌物和其他物质的暴露评估指南被发表在 EPA（1992a）中。暴露表征是暴露评估的关键部分，它是对暴露评估的总结说明。暴露表征

a. 提供评估的目的、范围、详细程度和方法；

b. 以符合预期风险表征的方式，按照暴露途径展示个体、人群分组和人群的暴露和剂量估计；

c. 提供针对整体评估质量的评估，和作者对暴露和剂量评估以及得出的结论的信心；

d. 将暴露评估的结果传达给风险评估者，风险评估者能够使用暴露表征以及关于其他风险评估要素的表征来进行风险表征。

一般来说，暴露的程度、持续时间和频率为生物体暴露的致癌物质浓度估计提供了基本信息。这些数据是从监测信息、建模结果和合理估计中获得的。对暴露的适当处理

需要考虑通过摄入、吸入和皮肤渗透的方式对相关暴露源的潜在暴露，包括来自同一暴露源的多种途径。

当人类暴露情况表明暴露方式，例如途径和剂量，与相关动物研究中使用的不同时，就会出现特殊问题。以终身每日平均暴露量表示终身接受的累积剂量，是一种适当的测量致癌物质暴露量的方法，特别是对一种通过破坏 DNA 而发挥作用的物质。这一假设是在短时间内获得的高剂量的致癌物相当于贯穿一生的低剂量。当暴露变得更加激烈但是不太频繁，特别是当有证据表明该物质的作用机制涉及剂量—速率效应时，这个方法就存在问题。

5. 人类风险表征

5.1 目的

风险表征是为了将风险评估的结果传达给风险管理者而准备的，其目标是评价风险管理者可以使用的科学，这些科学知识和其他决策资源一起来协助制定公共卫生决策。一个完整的表征将风险评估展示为针对危害、剂量—反应和暴露的集成分析。风险分析者需要传达的不仅是证据和结果的总结，还有对现有数据质量的看法和风险估计中的可信度。这些观点包括解释可用数据的约束条件以及所研究现象的知识现状。

5.2 应用

风险表征是所有关于风险的机构报告的必要组成部分，无论该报告是支持将资源分配给进一步研究的初步报告，还是支持监管决策的全面报告。即使在一份文件中只包括风险评估的一部分（例如危害和剂量—反应分析），风险表征也将会对文件所涵盖的所有内容进行表征。

5.3 内容

风险表征中应当包含以下内容。

5.3.1 呈现和描述语

评估结果的呈现应当符合上述目的部分所提出的目标。总结借鉴了根据这些指南分别进行的危害、剂量—反应和暴露分析的各个表征中的关键点。总结将这些表征整合到整体风险表征中（AIHC，1989）。

结果的展示明确解释了用来描述数值估计的风险描述语。例如，当使用个体风险估计或者估计人群风险（发病率）时，风险管理者需要理解这些估计中的几个特征，例如，这个数值是否代表了平均暴露情况或者最大潜在暴露。应该说明处于风险中的人群规模以及人群中个体的风险分布。当已经识别和表征对敏感亚群的风险时，解释中就涵盖了这个群体的特殊表征。

5.3.2 优点和缺点

风险表征总结了分析中收集的各种数据以及评估所依据的推论。该描述说明了评估的主要优点和缺点，这些优点和缺点是由于数据的可获得性和对癌症病因过程理解的局限性造成的。健康风险是危害、剂量—反应和暴露这三个要素的函数。因此，风险评估结果的可信度是每个因素的分析结果的可信度的函数。对数据的重要问题和解释进行解释，并且向风险管理者提供在评估的重要方面存在或缺少共识的明确情况。当数据和指南政策支持不止一个证据权重或剂量—反应表征的结果，并且在它们当中进行选择非常困难时，会呈现所有结果。如果选择了其中一个，那么需要给出理由；如果没有，那么它们都将被视为合理的结果。如果数据的定量不确定性分析是适当的，那么将在风险表征中展现出来；在任何情况下，对重要的不确定性进行定性讨论都是合适的。

参考文献

[1] Allen, B. C.; Crump, K. S.; Shipp, A. M. (1988) Correlation between carcinogenic potency of chemicals in animals and humans. Risk Anal. 8: 531-544.

[2] American Industrial Health Council, (1989) Presentation of risk assessment of carcinogens. Report of an Washington, D.C. ad hoc study group on risk assessment presentation.

[3] Ames, B. N.; Gold, L. S. (1990) Too many rodent carcinogens: mitogenesis increases mutagenesis.

Science 249: 970-971.

[4] Ashby, J.; DeSerres, F. J.; Shelby, M. D.; Margolin, B. H.; Isihidate, M. et al., eds. (1988) Evaluation of short-term tests for carcinogens: report of the International Programme on Chemical Safety's collaborative study on in vivo assays. Cambridge, United Kingdom: Cambridge University. v. 1,2; 431 pp., 372 pp.

[5] Ashby, J.; Tennant, R. W. (1991) Definitive relationship among chemical structure, carcinogenicity and mutagenicity for 301 chemicals tested by the U.S. NTP. Mutat. Res. 257: 229-306.

[6] Auger, K. R.; Carpenter, C. L.; Cantley, L. C.; Varticovski, L. (1989a) Phosphatidylinositol 3-kinase and its novel product, phosphatidylinositol 3-phosphate, are present in Saccharomyces cerevisiae . J. Biol. Chem. 264: 20181-20184 .

[7] Auger, K. R.; Sarunian, L. A.; Soltoff, S. P.; Libby, P.; Cantley, L. C. (1989b) PDGF-dependent tyrosine phosphorylation stimulates production of novel polyphosphoinositides in intact cells. Cell 57: 167-175 .

[8] Aust, A. E. (1991) Mutations and Cancer. In: Li, A. P. and Heflich, R. H., eds., Genetic Toxicology. Boca Raton, Ann Arbor, and Boston: CRC Press. p. 93-117 . Bailey et al. (1984)

[9] Barrett, J. C.; Oshimura, C. M.; Tanka, N.; and Tsutsui, T. (1985) Role of aneuploidy early and late stages of neoplastic progression of syrian hamster embryo cell in culture. In: Dellarco, V.L.; Voytek, P. E. and Hollaender, eds., Aneuploidy: etiology and mechanisms, New York: Plenum, in press.

[10] Birner et al., (1990) Biomonitoring of aromatic amines. III: Hemoglobin binding and benzidine and some benzidine congeners. Arch. Toxicol. 64(2):97-102

[11] Bishop, J. M. (1991) Molecular themes in oncogenesis. Cell 64:235-248 .

[12] Bishop, J. M. (1989) Oncogens and clinical cancer. In: Weinberg, R.A. (ed). Oncogens and the molecular origins of cancer. Cold Spring Laboratory Press. pp.327-358 .

[13] Blair, A.; Stewart, P.; O'Berg, M.; Gaffey, W.; Walrath, J.; Ward, J.; Bales, R.; Baplan, S.; Cubit, D. (1986) Mortality among industrial workers exposed to formaldehyde. J. Natl.Cancer Inst. 76: 1071-1084 .

[14] Blair A.; Stewart, P. A.; Hoover, R. N.; Fraumeni, J. F.; Walrath, J.; O'Berg, M.; Gaffey, W. (1987) Cancers of the nasopharynx and oropharynx and formaldehyde exposure. (Letter to the Editor.) J. Natl.Cancer Inst. 78: 191-192 .

[15] Blair, A.; Stewart, P. A. (1990) Correlation between different measures and occupational exposure to formaldehyde. Am. J. Epidemiol. 131:570-516 .

[16] Blancato, J. ( )

[17] Bottaro, D. P.; Rubin, J. S.; Faletto, D. L.; Chan, A. M. L.; Kmieck, T. E.; Vande Woude, G. F.; Aaronson, S. A. (1991) Identification of the hepatocyte growth factor receptor as the c-metproto-oncogene product.

[18] Bouk, N. (1990) Tumor angiogenesis: the role of oncogenes and tumor suppressor genes. Cancer Cells 2: 179-183 .

[19] Breslow, N. E.; and Day, N.E. (1980) Statistical methods in cancer research. Vol.I - The analysis of case-control studies. IARC Scientific Publication No. 32. Lyon, France: International Agency for Research on Cancer.

[20] Bressac, B.; Kew, M.; Wands, J., Oztuk, M. (1991) Selective G to T mutations of p53 in hepatocellular carcinoma from southern Africa. Nature 429-430 .

[21] Brockman, H. E.; DeMarini, D. M. (1988) Utility of short-term test for genetic toxicity in the aftermath of the NTP's analysis of 73 chemicals. Environ. Molecular Mutagen. 11: 121-435 .

[22] Brusick, H. E.; DeMarini, D. M. (1990)

[23] Callemen, C.J.; Ehrenberg, L.; Jansson, B.; Osterman-Golkar, S.; Segerback, D.; Svensson, K; Wachtmeister, C.A. (1978) Monitoring and risk assessment by means of alkyl groups in hemoglobin in persons occupationally exposed to ethylene oxide. J. Environ. Pathol. Toxicol. 2:427-442 .

[24] Callemen et al. (1986)

[25] Cantley, L. C.; Auger, K. R.; Carpenter, C.; Duckworth, B.; Graziani, A.; Kapeller, R.; Soltoff, S. (1991) Oncogenes and signal transduction. Cell 64: 281-302 .

[26] Castagna, M.; Takai, Y.; Kaibuchi, K.; Sano, K.; Kikkawa, U.; Nishizuka, Y. (1982) Direct activation of calcium-activated, phospholipid-dependent protein kinase by tumor-promoting phorbol esters. J. Biol.

Chem. 257: 7847-7851 .

[27] Cavenee, W. K.; Dryja, T. P.; Phillips, R. A.; Benedict, W. F.; Godbout, R.; Gallie, B. L.; Murphree, A. L.; Strong, L.C.; White, R. L. (1983) Expression of recessive alleles by chromosome mechanisms in retinoblastoma. Nature 303: 779-784 .

[28] Cerutti, P.; Larsson, R.; and Krupitza, G. (1990) Mechanisms of carcinogens and tumor progression. Harris, C.C.; Liiotta, L. A., eds. New York: Wiley-Liss. pp. 69-82 .

[29] Chen, C.; Farland, W. (1991) Incorporating cell proliferation in quantitative cancer risk assessment: approaches, issues, and uncertainties. In: Butterworth, B.; Slaga, T.; Farland, W.; McClain, M. (eds.) Chemical induced cell proliferation: Implication for risk assessment. Wiley-Liss.

[30] Collum, R. G.; Alt, F. W. (1990) Are myc proteins transcription factors? Cancer Cells 2: 69-73 .

[31] Connolly, R. B.; Andersen, M. E. (1991) Biological based pharmacodynamic models: tools for toxicological research and risk assessment. Ann. Rev. Pharmacol. Toxicol. 31: 503-523 .

[32] Coouch and Harsbarger (1985)

[33] Cross, M.; Dexter, T. (1991) Growth factors in development, transformation, and tumorigenesis. Cell 64: 271-280 .

[34] Crump, K. S.; Hoel, D. G.; Langley, C. H.; Peto, R. (1976) Fundamental carcinogenic processes and their implications for low dose risk assessment. Cancer Res. 36: 2973-2979 . deThe, H.; Lavau, C.; Marchio, A.; Chomienne, C.; Degos, L.; Dejean, A. (1991) The PML-RAR_fusion mRNA generated by the t (15;17) translocation in acute promyelocytic leukemia encodes a functionally altered RAR. Cell 66: 675-684 .

[35] Drinkwater, N. R. (1990) Experimental models and biological mechanisms for tumor promotion. Cancer Cells,, 2(1):8 .

[36] D'Souza, R. W.; Francis, W. R.; Bruce, R. D.; Andersen, M. E. (1987) Physiologically based pharmacokinetic model for ethylene chloride and its application in risk assessment. In: Pharmacokinetics in risk assessment. Drinking Water and Health. Vol 8 . Washington, DC: National Academy Press.

[37] Fearon, E.; Vogelstein, B. (1990) A genetic model for colorectal tumorigenesis. Cell 61:959-767 .

[38] Fidler, I. J.; Radinsky, R. (1990). Genetic control of cancer metastasis. J. Natl. Cancer Inst. 82: 166-168 .

[39] Flamm, W. G.; Winbush, J. S. (1984) Role of mathematical models in assessment of risk and in attempts to define management strategy. Fundam. Appl. Toxicol. 4: S395-S401 .

[40] Flynn, G. L. (1990) Physicochemical determinants of skin absorption. In: Gerrit, T. R.; Henry, C. J. (eds.) Principles of route to route extrapolation for risk assessment. New York, NY: Elsevier Science Publishing Co. pp. 93-127 .

[41] Forsburg, S. L.; Nurse, P. (1991) Identification of a G1-type cyclin pug1+ in the fission yeast Schizosaccharomyces pombe . Nature 351: 245-248 .

[42] Garfinkel, L; Silverberg, E. (1991) Lung cancer and smoking trends in the United States over the past 25 years. Cancer 41: 137-145 .

[43] Garrett, N. E.; Stack, H. F.; Gross, M. R.; Waters, M. D. (1984) An analysis of the spectra of genetic activity produced by known or suspected human carcinogens. Mutat. Res. 134: 89-111 .

[44] Gaylor, D. W.; Kodell, R. L. (1980) Linear interpolation algorithm for low-dose risk assessment of toxic substances. J. Environ. Pathol. Toxicol. 4: 305-312 .

[45] Gaylor, D. W. (1988) Quantitative risk estimation. Adv. Mod. Environ. Toxicol. 15: 23-43 .

[46] Gerrity, T. R.; Henry, C., eds. (1990) Principles of route to route extrapolation for risk assessment. New York, NY: Elsevier Science Publishing Co.

[47] Gillette, J. R. (1983) The use of pharmacokinetics in safety testing. Safety evaluation and regulation of chemicals 2. 2nd Int. Conf., Cambridge, MA: pp. 125-133 .

[48] Greenland, S. (1987) Quantitative methods in the review of epidemiologic literature. Epidemiol. Rev. 9:1-29 .

[49] Hammand, E. C. (1966) Smoking in relation to the death rates of one million men and women. In:

[50] Haenxzel, W., ed. Epidemiological approaches to the study of cancer and other chronic

[51] diseases. National Cancer Institute Monograph No. 19, Washington, DC.

[52] Harris, C. C. (1989) Interindividual variation among humans in carcinogen metabolism, DNA adduct

formation and DNA repair. Carcinogenesis 10: 1563-1566 .

[53] Harris, H. (1990) The role of differentiation in the suppression of malignancy . J. Cell Sci. 97: 5-10 .

[54] Haseman, J. K. (1990) Use of statistical decision rules for evaluating laboratory animal carcinogenicity studies. Fundam. Appl. Toxicol. 14: 637-648 .

[55] Haseman, J. K. (1985) Issues in carcinogenicity testing: Dose selection. Fundam. Appl. Toxicol. 5: 66-78 .

[56] Haseman, J. K. (1984) Statistical issues in the design, analysis and interpretation of animal carcinogenicity studies. Environ. Health Perspect. 58: 385-392 .

[57] Haseman, J. K.; Huff, J.; Boorman, G.A. (1984) Use of historical control data in carcinogenicity studies in rodents. Toxicol. Pathol. 12: 126-135 .

[58] Haseman, J. K. (1983) Issues: A reexamination of false-positive rates for carcinogenesis studies. Fundam. Appl. Toxicol. 3: 334-339 .

[59] Hattis, D. (1990) Pharmacokinetic principles for dose-rate extrapolation of carcinogenic risk from genetically active agents. Risk Anal. 10: 303-316 .

[60] Hayward, N. K.; Walker, G. J.; Graham, W.; Cooksley, E. (1991) Hepatocellular carcinoma mutation. Nature 352: 764 .

[61] Herschman, H. R. (1991) Primary response genes induced by growth factors or promoters. Ann. Rev. Biochem. 60: 281-319 .

[62] Hildebrand, B.; Grasso, P.; Ashby, J.; Chamberlain, M.; Jung, R.; van Kolfschoten, A.; Loeser, E.; Smith, E.; Bontinck, W. J. (1991) Validity of considering that early changes may act as indicators for non-genotoxic carcinogenesis. Mutat. Res. 248: 217-220 .

[63] Hoel, D. G. (1980) Incorporation of background in dose-response models. Fed. Proc., Fed. Am. Soc. Exp. Biol. 39: 73-75 .

[64] Hoffmann, G. R. (1991) Genetic toxicology. Casarett and Doull's Toxicology: The Basic Science of Poison. Pergamon Press. Fourth Edition, pp. 201-225

[65] Holliday, R. (1991) Mutations and epimutations in mammalian cells. Mutat. Res. 250: 351-363 .

[66] Hollstein, M.; Sidransky, D.; Vogelstein, B.; Harris, C. C. (1991) p53 mutations in human cancers. Science 253: 49-53 .

[67] Hsu, I. C.; Metcaff, R. A.; Sun, T.; Welsh, J. A.; Wang, N. J.; Harris, C. C. (1991) Mutational hotspot in human hepatocellular carcinomas. Nature 350: 427-428 .

[68] Huff, J. E.; McConnell, E. E.; Haseman, J. K.; Boorman, G. A.; Eustis, S. L. et al. (1988) Carcinogenesis studies: results from 398 experiments on 104 chemicals from the U.S. National Toxicology Program. Ann. N.Y. Acad. Sci. 534: 1-30 .

[69] Hulka, B. S.; Margolin, B. H. (1992) Methodological issues in epidemiologic studies using biological markers. Am. J.Epidemiol. 135: 122-129 .

[70] Hunter, T. (1991) Cooperation between oncogenes. Cell 64: 249-270 .

[71] Ingram, A. J.; Grasso, P. (1991) Evidence for and possible mechanism of non-genotoxic carcinogenesis in mouse skin. Mutat. Res. 248: 333-340 .

[72] Interagency Regulatory Liaison Group (IRLG). (1979) Scientific basis for identification of potential carcinogens and estimation of risks. J. Natl. Cancer Inst. 63: 245-267 .

[73] International Agency for Research on Cancer. (1982) IARC Monographs on the evaluation of the carcinogenic risk of chemicals to humans, Suppl. 4. Lyon, France: IARC.

[74] International Agency for Research on Cancer (1991) Mechanisms of carcinogensis in risk identification: A consensus report of an IARC Monographs working group. IARC Internal Technical Report No. 91/002. Lyon, France: IARC.

[75] International Life Sciences Institute. (1984) The selection of does in chronic toxicity/carcinogenic studies. In: Grice, H. C., ed. Current issues in toxicology. New York: Springer-Verlag, pp. 6-49 .

[76] Ito, N.; Imaida, K.; Hasegawa, R.; Tsuda, H. (1989) Rapid bioassay methods for carcinogens and modifiers of hepatocarcinogenesis; CRC Critical Review in Toxicology. 19(4): 385-415 .

[77] Jackson, M. A.; Stack, H. F.; Waters, M. D. (1992) The genetoxic toxicology of putative nongenotoxic carcinogens; Mutat. Res. (in press).

[78] Kaplan, D. R.; Hempstead, B. L.; Martin-Zanca, D.; Chao, M. V.; Parada, L. F. (1991) The trk

protooncogene product:a signal transducing receptor for nerve growth factor. Science 252:554-558 .

[79] Kakizuka, A.; Miller, W. H.; Umesono, K.; Warrell, R. P.; Frankel, S. R.; Marty, V.V.V.S.;Dimitrovsky, E.; Evans, R.M. (1991). Chromosomal translocation t(15;17) in human acute promyelocyte leukemia fuses RARwith a novel putative transcription factor, pml. Cell 66: 663-674 .

[80] Kelsey, J. L.; Thompson, W. D.; Evans, A. S. (1986) Methods in observational epidemiology. New York: Oxford University Press.

[81] Kodell, R. L.; Park, C. N. Linear extrapolation in cancer risk assessment. ILSI Risk Science Institute (in press).

[82] Kondo, K. R.; Chilcote, R.; Maurer, H. S.; Rowley, J. D. (1984) Chromosome abnormalities in tumor cells from patients with sporadic Wilms' tumor. Cancer Res. 44: 5376-5381

[83] Krewski, D.; Murdoch, D.J.; Withey, J. R. (1987). The application of pharmacokinetic data in carcinogenic risk assessment. In: Pharmacokinetics in risk assessment. Drinking Water and Health. Volume 8 . Washington, DC: National Academy Press. pp. 441-468

[84] Krewski, D.; Brown, C.; Murdoch, D. (1984) Determining "safe" levels of exposure: Safety factors of mathematical models. Fundam. Appl. Toxicol. 4: S383-S394 .

[85] Kumar, R.; Sukumar, S.; Barbacid, M. (1990) Activation of ras oncogenes preceding the onset of neoplasia. Science 248: 1101-1104 .

[86] Levine, A. J.; Momand, J.; Finlay, C. A. (1991) The p53 tumor suppressor gene. Nature 351: 453-456 .

[87] Lewin, B. (1991) Oncogenic conversion by regulatory changes in transcription factors. Cell 64:303-312 .

[88] Lilienfeld, A. M.; Lilienfeld, D. (1979) Foundations of epidemiology. 2nd ed. New York: Oxford University Press.

[89] Lutz, W. K. (1990) Dose-response relationship and low doseextrapolation in chemical carcinogenesis. Carcinogenesis 11: 1243-1247 .

[90] Malkin, D.; Li, F. P.; Strong, L. C.; Fraumeni, J. F., Jr.; Nelson, C. E.; Kim, D. H.; Kassel, J.; Gryka, M. A.; Bischoff, F. Z.; Tainsky, M. A.; Friend, S. H. (1990) Germ line p53 mutations in a familial

syndrome of breast cancer, sarcomas, and other neoplasms. Science 250: 1233-1238 .

[91] Maller, J. L. (1991) Mitotic control. Curr. Opin. Cell Biol. 3:269-275 .

[92] Mann, C. (1990) Meta-analysis in a breech. Science 249: 476-480 .

[93] Marsh, G. M.; Stone, R. A.; Henderson, V. L. (1992) A reanalysis of the National Cancer Institute study on lung cancer mortality among industrial workers exposed to formaldehyde. J.Occup. Med. 34: 42-44 .

[94] Mantel, N.; Haenszel, W. (1959) Statistical aspects of the analysis of data from retrospective studies of disease. J. Natl. Cancer Inst. 22: 719-748 .

[95] Mantel, N. (1980) Assessing laboratory evidence for neoplastic activity. Biometrics 36: 381-399 .

[96] Mausner, J. S.; Kramer, S. (1985) Epidemiology, 2nd ed. Philadelphia: W. B. Saunders Company.

[97] McConnell, E. E.; Solleveld, H. A.; Swenberg, J. A.; Boorman, G. A. (1986) Guidelines for combining neoplasms for evaluation of rodent carcinogenesis studies. J. Natl. Cancer Inst. 76: 283-289 .

[98] McCormick, A.; Campisi, J. (1991) Cellular aging and senescence. Curr. Opin. Cell Biol. 3: 230-234 .

[99] McMichael, A. J. (1976) Standardized mortality ratios and the "healthy worker effect": Scratching beneath the surface. J. Occup. Med. 18: 165-168 .

[100] Moolgavkar, S. H.; Knudson, A. G. (1981) Mutation and cancer: a model for human carcinogenesis. J. Natl. Cancer Inst. 66: 1037-1052 .

[101] Monro, A. (1992) What is an appropriate measure of exposure when testing drugs for carcinogenicity in rodents? Toxicol. Appl. Pharmacol. 112:171-181 .

[102] Naeve, G. S.; Sharma, A.; Lee, A. S. (1991) Temporal events regulating the early phases of the mammalian cell cycle. Curr. Opin. Cell Biol. 3: 261-268 .

[103] National Academy of Sciences (NAS). (1989) Biological markers in pulmonary toxicology. Washington, DC: National Academy Press.

[104] National Research Council. (1983) Risk assessment in the Federal government: managing the process. Committee on the Institutional Means for Assessment of Risks to Public Health, Commission on Life Sciences, NRC. Washington, DC: National Academy Press.

[105] National Toxicology Program. (1984) Report of the Ad Hoc Panel on Chemical Carcinogenesis Testing

and Evaluation of the National Toxicology Program, Board of Scientific Counselors. Washington, DC: U.S. Government Printing Office. 1984-421-132 : 4726.

[106] Nebert, D. W. (1991) Polymorphism of human CYP2D genes involved in drug metabolism; possible relationship to individual cancer risk. Cancer Cells 3: 93-96 .

[107] Nebreda, A. R.; Martin-Zanca, D.; Kaplan, D. R.; Parada, L. F.; Santos, E. (1991) Induction by NGF of meiotic maturation of xenopus oocytes expressing the trk proto-oncogene product. Science 252: 558-561 .

[108] Nowell, P. (1976) The clonal evolution of tumor cell populations. Science 194: 23-28 .

[109] Nunez, G.; Hockenberry, D.; McDonnell, J.; Sorenson, C. M.; Korsmeyer, S. J. (1991). Bcl-2 maintains B cell memory. Nature 353: 71-72 .

[110] Office of Science and Technology Policy (OSTP). (1985) Chemical carcinogens: review of the science and its associated principles. Federal Register 50: 10372-10442 .

[111] Peto, R. (1978) Carcinogenic effects of chronic exposure to very low levels of toxic substances. Environ. Health Perspect. 22: 155-161 .

[112] Peto, R.; Pike, M.; Day, N.; Gray, R.; Lee, P.; Parish, S.; Peto, J.; Richard, S.; Wahrendorf, J. (1980) Guidelines for simple, sensitive, significant tests for carcinogenic effects in long-term animal experiments. In: Monographs on the long-term and short-term screening assays for carcinogens: a critical appraisal. IARC Monographs, Suppl. 2. Lyon, France: International Agency for Research on Cancer. pp. 311-426 .

[113] Pitot, H.; Dragan, Y. P. (1991) Facts and theories concerning the mechanisms of carcinogenesis . FASEB J. 5: 2280-2286 .

[114] Portier, C. (1987) Statistical properties of a two-stage model of carcinogenesis. Environ. Health Perspect. 76: 125-131 .

[115] Prival, M. J.; Dunkel, V.C. (1989) Reevaluation of the mutagenicity and carcinogenicity of chemicals previously identified as "false positives' in the Salmonella typhimurium mutagenicity assay. Environ. Molec. Mutag. 13(1):1-24 .

[116] Raff, M. C. (1992) Social controls on cell survival and cell death. Nature 356: 397-400 .

[117] Rall, D. P. (1991) Carcinogens and human health: part 2. Science 251: 10-11 .

[118] Rothman, K. T. (1986) Modern Epidemiology. Boston: Little, Brown and Company.

[119] Salomon, D. S.; Kim, N.; Saeki, T.; Ciardiello, F. (1990) Transforming growth factor_- an oncodevelopmental growth factor. Cancer Cell 2: 389-397 .

[120] Sager, R. (1989) Tumor suppressor genes: the puzzle and the promise. Science 246: 1406-1412 .

[121] Schneider, C.; Gustincich, S.; DelSal, G. (1991) The complexity of cell proliferation control in mammalian cells. Curr. Opin. Cell Biol. 3: 276-281 .

[122] Schuller, H. M. (1991) Receptor-mediated mitogenic signals and lung cancer. Cancer Cells 3: 496-503 .

[123] Shelby et al. (1989)

[124] Sidransky, D.; Mikklesen, T.; Schwechheimer, K.; Rosenblum, M. L.; Cavanee, W.; Vogelstein, B. (1992) Clonal expansion of p53 mutant cells is associated with brain tumor progression. Nature 355: 846-847 .

[125] Sidransky, D.; Von Eschenbach, A.; Tsai, Y.C.; Jones, P.; Summerhayes, I.; Marshall, F.; Paul, M.; Green, P.; Hamilton, P.F.; Vogelstein, B. (1991) Identification of p53 gene mutations in bladder cancers and urine samples. Science 252: 706-710 .

[126] Srivastava, S.; Zou, Z.; Pirollo, K.; Blattner, W.; Chang, E. (1990) Germ-line transmission of a mutated p53 gene in a cancer-prone family with Li-Fraumeni syndrome. Nature 348(6303): 747-749 .

[127] Stiltler et al. (1992)

[128] Starr, T. B. (1990) Quantitative cancer risk estimation for formaldehyde. Risk Anal. 10: 85-91 .

[129] Stanbridge, E. J.; Cavenee, W. K. (1989) Heritable cancer and tumor suppressor genes: A tentative connection. In: Weinberg, R. A. (ed.) Oncogenes and the molecular origins of cancer. p. 281 .

[130] Sterling, T. D.; Weinkam, J.J. (1987) Reanalysis of lung cancer mortality in a National Cancer Institute study of "mortality among industrial workers exposed to formaldehyde": additional discussion. J. Occup. Med. 31: 881-883 .

[131] Stewart, P. A.; Herrick, R. F. (1991) Issues in performing retrospective exposure assessment. Appl. Occup. Environ. Hygiene.

[132] Strausfeld, U.; Labbe, J. C.; Fesquet, D.; Cavadore, J. C. Dicard, A.; Sadhu, K.; Russell, P.; Dor'ee, M.

(1991) Identification of a G1-type cyclin puc1+ in the fission yeast Schizosaccharomyces pombe . Nature 351: 242-245 .

[133] Sukumar, S. (1989) ras oncogenes in chemical carcinogenesis. Curr. Top. Microbiol. Immunol. 148: 93-114 .

[134] Sukumar, S. (1990) An experimental analysis of cancer: role of ras oncogenes in multistep carcinogenesis. Cancer Cells 2: 199-204 .

[135] Swenberg, J. A.; Richardson, F. C.; Boucheron, J. A.; Deal, F. H.; Belinsky, S. A.; Charbonneau, M.; Short, B. G. (1987) High to low dose extrapolation: critical determinants involved in the dose-response of carcinogenic substances. Environ. Health Perspect. 76: 57-63 .

[136] Tanaka, K.; Oshimura, M.; Kikiuchi, R.; Seki, M.; Hayashi, T; Miyaki, M. (1991) Suppression of tumorigenicity in human colon carcinoma cells by introduction of normal chromosome 5 or 18. Nature 349: 340-342 .

[137] Tennant, R. W.; Zeiger, E. (1992) Genetic toxicology: the current status of methods of carcinogen identification. Environ. Health Perspect. (in press)

[138] Thompson, T. C.; Southgate, J.; Kitchener, G.; Land, H. (1989) Multistage carcinogenesis induced by ras and myc oncogenes in a reconstituted organ. Cell 56: 917-3183 .

[139] Tomatis, L.; Aitio, A.; Wilbourn, J.; Shuker, L. (1989) Jpn. J. Cancer Res. 80: 795-807 .

[140] U.S. Environmental Protection Agency. (1983a) Good laboratory practices standards—toxicology testing. Federal Register 48: 53922 .

[141] U.S. Environmental Protection Agency. (1983b) Hazard evaluations: humans and domestic animals. Subdivision F. Springfield, VA: NTIS. PB 83-153916.

[142] U.S. Environmental Protection Agency. (1983c) Health effects test guidelines. Springfield, VA: NTIS. PB 83-232984.

[143] U.S. Environmental Protection Agency. (1984) Estimation of the public health risk from exposure to gasoline vapor via the gasoline marketing system. Washington, DC: Office of Health and Environmental Assessment.

[144] U.S. Environmental Protection Agency. (1986) Health assessment document for beryllium. Washington,

DC: Office of Health and Environmental Assessment. EPA/600/.

[145] U.S. Environmental Protection Agency. (1986a) The risk assessment guidelines of 1986. Washington, DC: Office of Health and Environmental Assessment. EPA/600/8-87/045.

[146] U.S. Environmental Protection Agency. (1989a) Interim procedures for estimating risks associated with exposures to mixtures of chlorinated dibenzo-p-dioxins and -dibenzofurans (CDDs and CDFs) and 1989 update. Washington, DC: Risk Assessment Forum. EPA/625/3-89/016.

[147] U.S. Environmental Protection Agency. (1989b) Workshop on EPA guidelines for carcinogen risk assessment. Washington, DC: Risk Assessment Forum. EPA/625/3-89/015.

[148] U.S. Environmental Protection Agency. (1989c) Workshop on EPA guidelines for carcinogen risk assessment: use of human evidence. Washington, DC: Risk Assessment Forum. EPA/625/3-90/017.

[149] U.S. Environmental Protection Agency. (1991a) Pesticide Assessment Guidelines: Subdivision F, hazard evaluation: human and domestic animals. Series 84, Mutagenicity. PB91-158394, 540/09-91-122. Office of Pesticide Programs.

[150] U.S. Environmental Protection Agency. (1991b) Alpha-2u-globulin: association with chemically induced renal toxicity and neoplasia in the male rat. Washington, DC: Risk Assessment Forum. EPA/625/3-91/019F.

[151] U.S. Environmental Protection Agency. (1991c) Workshop report on toxicity equivalency factors for polychlorinated biphenyl congeners. Washington, DC: Risk Assessment Forum. EPA/625/3-91/020.

[152] U.S. Environmental Protection Agency. (1991f) Guidelines for developmental toxicity risk assessment . Federal Register 56(234): 63798-63826.

[153] U.S. Environmental Protection Agency. (1992a) Guidelines for exposure assessment. Washington, DC: Federal Register 57(104): 22888-22938.

[154] U.S. Environmental Protection Agency. (1992b) Draft Report: A cross-species scaling factor for carcinogen risk assessment based on equivalence of mg/kg3/4/day. Washington, DC: Federal Register 57(109): 24152-24173 .

[155] U.S. Environmental Protection Agency. (1992c, August) Health assessment for 2,3,7,8-tetrachlorodibenzo-

p-dioxin (TCDD) and related compounds (Chapters 1 through 8). Workshop Review Drafts. EPA/600/AP-92/001a through 001h.

[156] U.S. Food and Drug Administration. (December 31, 1987) Federal Register 52: 49577 et. seq. Vahakangas et al. (1992)

[157] Van Sittert, N.J.; De Jong, G.; Clare, M.G.; Davies, R.; Dean, B.J. Wren, L.R. Wright, A.S. (1985) Cytogenetic, immunological, and hematological effects in workers in an ethylene oxide manufacturing plant. Br. J. Indust. Med. 42: 19-26 .

[158] Varmus, H. (1989) An historical overview of oncogenes. Cold Spring Harbor Laboratory Press, pp. 3-44 .

[159] Waters et al. (1988)

[160] Weinberg, R. A. (1989) Oncogenes, antioncogenes, and the molecular bases of multistep carcinogenesis. Cancer Res. 49: 3713-3721 .

[161] Wellstein, A.; Lupu, R.; Zugmaier, G.; Flamm, S. L.; Cheville, A.L.; Bovi, P. D.; Basicico, C.; Lippman, M. E.; Kern, F.G. (1990) Autocrine growth stimulation by secreted Kaposi fibroblast growth factor but not by endogenous basic fibroblast growth factor. Cell Growth Differ. 1: 63-71 .

[162] Woo, Y. T. and Arcos, J. C. (1989) Role of structure-activity relationship analysis in evaluation of pesticides for potential carcinogenicity. ACS Symposium Series No. 414. Carcinogenicity and pesticides: principles, issues, and relationship. Ragsdale, N. N.; Menzer, R. E. eds. pp. 175-200 .

[163] Wyzga, R. E. (1988) The role of epidemiology in risk assessments of carcinogens. Adv. Mod. Environ. Toxicol. 15: 189-208 .

[164] Yamasaki, H. (1990) Gap junctional intercellular communication and carcinogenesis. Carcinogenesis 11:1051-1058 .

[165] Zeise, L.; Wilson, R.; Crouch, E. A. C. (1987) Dose-response relationships for carcinogens: a review. Environ. Health Perspect. 73: 259-308 .

[166] Zhang, K.; Papageorge, A.G.; Lowry, D.R. (1992) Mechanistic aspects of signalling through ras in NIH 3T3 cells. Science 257: 671-674 .

附录 E

利用药代动力学将动物数据外推到人类

引　言

在经典毒理学中，（通常）将动物数据外推到人类应用的问题被表述为：

- 剂量到剂量（通常是从动物实验中的高剂量到应用中的低剂量）。
- 途径到途径（例如，摄入和吸入）。
- 物种到物种（动物或细胞培养到人类）。

药代动力学（Pharmacokinetics，PK）能够帮助理解有关化学物质的吸收、分布、代谢和排泄的信息和预测结果。传统的方法是直接利用手头的数据并借助于总体质量平衡的简单数学模型来进行经验分析。最近，基于化学转移进出身体器官（甚至器官的一部分）的房室模型，已开发用于描述和预测给予剂量与关键靶组织中的母体化合物或代谢物的生物有效浓度之间的关系。这些基于哺乳动物的解剖学和生理学、使用大量已发表的比较生理数据的模型，被称为基于生理学的药代动力学（Physiologically based Pharmacokinetic，PBPK）模型。在 Bischoff 的一篇综述中给出了详细信息（1987）。

下面简要介绍三种主要的外推类型。

剂量到剂量

如果有足够的物理化学性质、生理学、药理学和生物化学方面的信息，那么 PBPK

允许从一个剂量到另一个剂量的合理外推。这种情况并不常见，因为一个物质从物理化学性质到生物化学方面的已知信息很少；但是，PBPK 模型清楚地揭示了它们需要什么数据，因此需要什么实验才能产生有用信息。如果 PBPK 方法模拟的动力学过程都与给药浓度成正比，那么推断就会相对简单。然而，这种情况并不常见，尤其是在高剂量时，代谢或清除过程可能发生饱和。尽管存在这些困难，文献中仍然有很多有用的 PBPK 分析的例子。虽然 PBPK 分析并不总是直接解决药效学的问题（关键靶组织的生物有效剂量是如何与该组织中的毒性反应相关的），但是这种分析能够提供与该问题相关的见解。

途径到途径

需要考虑两类特定途径的毒性："无腐蚀性"和"腐蚀性"。在前者中，一种化学物质通过某种途径进入人体并且在身体内部产生作用；它必须进入血液循环中才能发挥作用。在后者中，一种非常活跃的化学物质可以在进入点产生直接作用，例如大鼠案例中的高甲醛水平、皮肤上的硝酸或者灌胃管顶端的二溴乙烯。一些化合物，例如二溴乙烷，既可以是有腐蚀性的，也可以是无腐蚀性的。

大多数有毒物质是无腐蚀性的，而有关生理学和药理学的知识可以允许在暴露途径之间进行外推，因为重要的信息是血液中的浓度以及向作用点的转运和吸收。如果暴露后的峰值浓度决定毒性的大小，则仍可能存在途径之间的差异。例如，静脉注射的吸收可能比口服更快（因此峰值较高）。PBPK 模型允许估计峰值浓度，所以它们是有用的。

物种到物种

物种之间的推断是 PBPK 最有用的方面之一，因为所有的哺乳动物都有相同的大循环解剖结构，并且对它们生理学特征的比较维度（器官体积、血流速率、某些间隙等）有较多的了解。通常将基本数据表示为体重增加到某个的分数次方（W^b）的函数，其中 $b=0.7–1.0$（所谓的"类比法"）。这个方面相对简单，然而其他方面可能更加复杂，特别是那些涉及新陈代谢的方面。例如，物种之间可能存在定性的差异，例如存在或者不存在特定的酶将会导致代谢能力之间的差异（潜在的剂量依赖性），并使得其代谢物有所不同。

附录 F

健康风险估计的不确定性分析

引　言

在估计与有害空气污染物排放相关的公众健康风险时通常存在很大的不确定性。这种不确定性出现在：（1）构建用于模拟环境和食物链中化学物质的归趋和迁移、公众暴露、剂量和健康风险的模型；（2）估计模型输入的参数值。

通过使用对相关物理化学过程进行更全面处理的模型，可以在一定程度上降低模型构建带来的不确定性（但是，应当指出的是，随着一个模型变得更加全面，对输入数据的要求可能会大幅增加；当与模型构建相关的不确定性减少时，与输入参数相关的不确定性可能会增加）。Seigneur 等（1990）为选择具有不同的准确度的健康风险评估数学模型提供了指导。在此，我们将重点放在特定健康风险评估模型的输入参数所带来的不确定性上。

参数值的不确定性有三个原因。第一，该值可能已经被测量过了，在这种情况下，一些不精确与测量过程相关。但是，在本报告中，与其他类型的不确定性相比，测量误差可能是微不足道的。第二，该值已经被测量，但是测量时的条件和应用的条件不同，在这种情况下，额外的不确定性来自参数随时间和空间的变化。第三，该值可能根本没有被测量过，而是通过与已知或者已测量的其他值的关系估计出来的，在这种情况下，参数的不确定性来自已测量的值的不确定性，以及估计关系的不确定性。

通过表征模型输入参数的不确定性，并研究这些参数的变化对模型预测的影响，可以估计出预测中由于输入不确定性而产生的那一部分不确定性。

可以通过概率分布来表示不确定性。也就是说，并不确切知道某一个参数值，但是，例如，它可能被认为位于 90～100 之间，概率为 0.5，在 85～120 之间，概率为 0.75，以此类推。有时，这种概率分布可以通过一些参数进行概括，如平均值和标准偏差。输入参数中的不确定性分布通过模型传播，以此产生输出参数的概率分布。图 1 为不确定性通过模型传播的示意图。

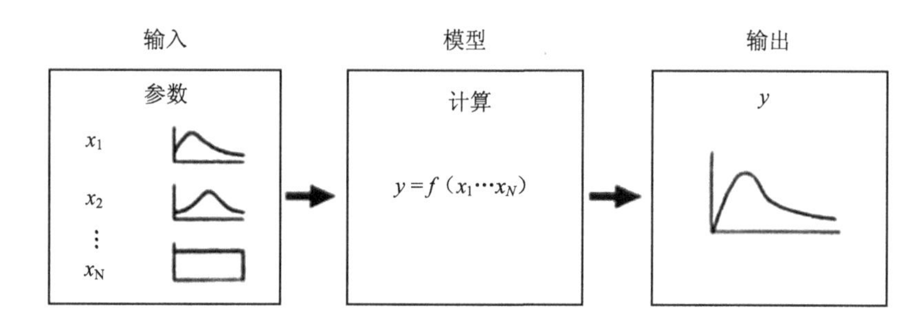

图 1　不确定性传播

本文提出了一种结构化的健康风险评估参数不确定性分析方法。这个方法包括：(1) 针对用于进行健康风险计算的模型的敏感性分析；(2) 确定一系列输入参数的概率分布（即对输出变量影响最大的参数）；(3) 不确定性在模型中的传播。

这种方法适用于燃煤电厂排放导致的致癌健康风险的估计值的不确定性分析。

不确定性分析方法

概述

健康风险评估模型结合了许多模型来模拟空气、地表水、地表土、地下水和食物链中化学物质的迁移和归趋。通过归趋和迁移模型计算得到的浓度，被暴露—剂量模型用于计算暴露个体的剂量，然后个体剂量又被用于计算健康风险。

在不确定性分析方法的描述中，我们将每个模型组成要素看作一个函数 Y（因变量），有一系列的参数 X^1、X^2 … X^n（自变量）。综上所述，我们认为该方法包括以下 5 个步骤：

步骤 1：健康风险评估模型的敏感性分析：该分析可以确定模型中的影响参数，也就是需要纳入不确定性分析的参数。

步骤 2：通过建立响应面模型将健康风险评估参数化：这个参数化可以简化不确定性的传播，因此允许在分析中纳入大量的参数。

步骤 3：选择输入参数的概率分布。

步骤 4：参数不确定性的传播：该任务是通过模型的参数化版本进行的，并且提供模型输出中的不确定性。

步骤 5：分析风险估计的概率分布。

下面将更加详细地描述方法的每一个步骤。

敏感性分析

描述物理现象的数学模型通常由包含大量输入参数的相对复杂的方程组构成。但是，其中的一些参数对模型计算得到的健康风险没有显著影响，即模型输出对这些输入参数值不敏感。因此，并不需要准确知道对健康风险值没有显著影响的参数，并且不确定性分析应当着重于健康风险值最敏感的参数。

敏感性分析能够确定模型对哪类参数是最敏感的，这些参数将被称为影响参数（influential parameters）。

在处理复杂的模型时，例如多媒介健康风险评估模型，应当针对模型的每个组成要素以及整个模型进行敏感性分析。

模型输出（因变量）对模型输入参数的敏感性，可以通过模型输出的变化量与输入参数扰动量的比值来测量。我们将这个比值定义为敏感性指数 SI。对于参数 i 来说：

$$\mathrm{SI}_i = \frac{\Delta Y}{\Delta X_i}$$

其中，ΔX_i 为输入参数的扰动，ΔY 为模型输出的相应变化。为了比较不同输入参数的敏感性指数，应当使用无量纲的敏感性指数来表示：

$$\mathrm{SI}_i^* = \frac{\Delta Y / \overline{Y}}{\Delta X_i / \overline{X_i}} = \frac{\Delta Y^*}{\Delta X_i^*}$$

其中，$\overline{X_i}$ 和 $\overline{Y}$ 分别为参数 X_i 和 Y 的平均值或者其他参考值；ΔY^* 和 X_i^* 表示归一化的扰动。

必须注意敏感性指数的两个特征：

- 除了模型输出变量和输入参数之间是线性关系的情况之外，敏感性指数是输入参数扰动的函数。
- 除了模型输出变量和输入参数之间是线性关系的情况之外，敏感性指数可能是其他模型输入参数值的函数。

尽管敏感性指数充分描述了特定输入参数变化对模型结果的影响，但是在给定的输入参数变化范围的情况下，它并没有提供模型输出的变化范围。换句话说，如果参数的变化范围很小，那么具有高灵敏度指数的参数对模型输出的影响可能也很小。电厂烟囱高度是一个参数的例子，该参数对大气地面浓度有显著影响，但具有较小的不确定性。对于这里所研究的发电厂来说，烟囱高度的 100%变化会导致产生的浓度变化 73%。然而，由于烟囱高度的不确定性可能是由测量误差导致的，所以预期不超过±2%。因此，该参数对模型结果的实际影响很小。

我们将不确定性指数定义为与参数 X_i 有关的不确定性测量。虽然这个不确定性指数可能有几个定义，但是我们通过使用参数的标准偏差和平均值，选择了一个在统计学意义上客观的定义。不确定性指数定义为：

$$\mathrm{UI}_i = \frac{\sigma_i}{\overline{X_i}}$$

其中，σ_i 为参数分布的标准偏差，$\overline{X}$ 为参数 X_i 的平均值。

因此，不确定性指数测量了参数 X_i 在其可能值范围内的预期变化。

模型对参数的敏感性和该参数中的不确定性的组合，提供了评估哪些参数需要包含在不确定性分析中所需的信息。我们定义敏感性/不确定性指标如下：

$$I_j = \mathrm{SI}_i \mathrm{UI}_i = \frac{\Delta Y^*}{\Delta X_i^*} \frac{\sigma_i}{\overline{X_i}}$$

因此，敏感性/不确定性指标是一个参数对模型结果影响的代表性度量，可以用来选择纳入不确定性分析的模型影响参数。图 2 为敏感性分析过程中的步骤示意图。

虽然在不确定性和灵敏度/不确定性指标的定义中使用了参数标准偏差的概念，但是获得敏感性分析中所有参数的实际标准偏差是不太可能的。由于敏感性分析是一个筛选过程，其目标是最小化最终不确定性分析中所包含的参数数量，所以通常宜使用其他更容易获得的度量方法来表征参数的差异性。例如，可以使用预期的变化范围而不是实际的标准偏差。

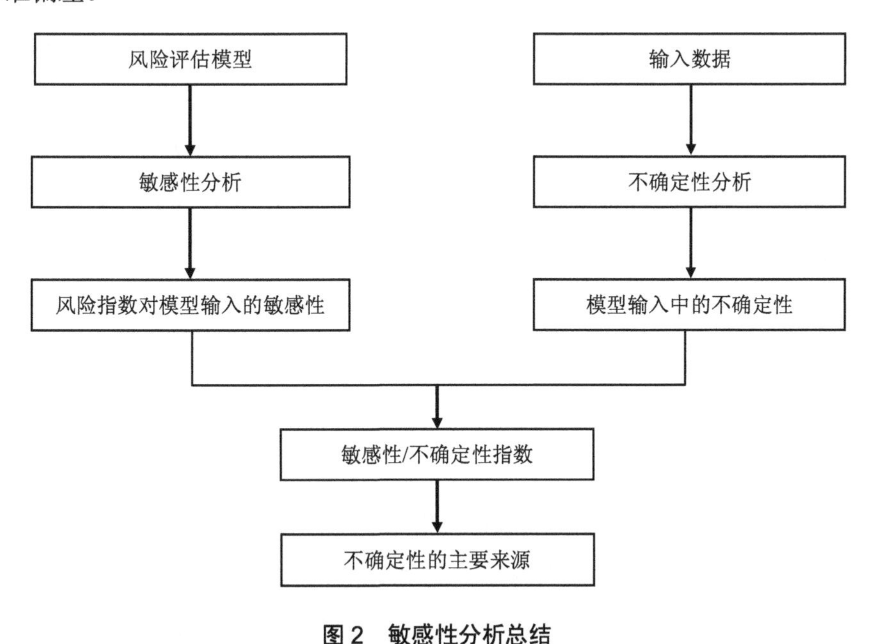

图 2 敏感性分析总结

模式的参数化——响应面构造

多媒介健康风险评估模型通常涉及大量的输入参数，并包含多个用于模拟归趋和迁移、暴露、剂量和健康影响的单独模型。这种模型在计算上要求很高，因此对大量的参数进行不确定性分析是不可行的。所以，有必要将模型的各个组成要素参数化，以便减少计算量。模型的参数化可以通过构建响应面来实现。

响应面是实际模型的简化形式，在不确定性分析中可以有效地代替实际模型使用。在只有单个方程式的简单分析模型（例如剂量模型）的情况下，构建响应面只需要进行很小的简化。这种简化可以通过从方程的每一项中提出所选的有影响的参数，并使用从模型的先前结果中计算出的一个集总参数表示该项的剩余部分。因此，响应面可采取以下形式：

$$\mathrm{rY} = \sum_{i=1}^{m} (X_{i1}^{P_{i1}} \cdots X_{1K_i}^{P_{1K_i}})\ A_i$$

其中，m 为因变量表达式中的项目数；K_i 为第 i 项中包含的自变量数目；A_i 为计算得到的第 i 项的集总参数。

对于复杂模型（例如环境迁移模型），可以使用以下方法建立响应面：对于模型中所有的影响参数，选择参数集中的 K 个数 X_i=（$X_{i1} \cdots X_{in}$），i=1，K，并对实际复杂模型进行实验运行。然后运用参数集 $X_1 \cdots X_k$ 以及相应的模型结果 $Y_1 \cdots Y_k$ 来构建响应面。

响应面的一个简单的例子就是大气传输模型，其中空气浓度 C_a 可以表示为四个独立的影响参数和六个常数参数，如下所示：

$$C_a = Q_e F_1 F_2$$

$$F_1 = A_1 + A_2 V_s = A_3 V_3^2$$

$$F_2 = A_4 + A_5 (T_s - T_a) + A_6 (T_s - T_a)^2$$

其中，C_a 为空气中化学物质的浓度；Q_e 为化学物质的排放速率；V_s 为烟囱出口速度；T_s 为烟囱出口温度；T_a 为环境空气温度；A_i 为计算得到的常数参数（气象数据、排放源特征和环境背景的函数）。

响应面是模型的参数化，它使得人们能够用较少的计算量来计算模型结果。但是，响应面通常是针对特定的模型应用的。也就是说，一些案例研究特征（例如气象学、水文学）隐含在响应面的常数参数中。

选择输入参数的概率分布

一旦确定了影响参数，并且构建了模型中每个部分的响应面，就必须选择概率分布来表示每一个参数。

如前所述，参数值可以直接测量，或者通过估计方法间接估计得到，该过程通常涉及将一组实验点拟合成一条曲线。

在直接测量参数的情况下，不确定性来自测量过程中的不确定性，有时可以通过重复测量进行估计。然而，通常可用的数据量不足以生成有意义的直方图或概率图。通常可用的是一个范围，真实的参数值落在其最有可能的范围内。在这种情况下，将由我们的判断和经验来决定哪一个概率分布是合适的。

在通过曲线拟合间接估计参数的情况下（如生物富集系数、致癌强度系数），不确定性既来自拟合曲线时的统计误差（可通过统计方法估计），也来自曲线形式的不确定性（有待判断）。

在统计学理论中，将先验专家判断与现有信息以可用的直接或间接测量的形式结合起来，以获得参数概率分布的方法，称为贝叶斯方法。如果测量是直接的、精确的并且足以描述参数的变化模式，那么先验判断可能对所得的概率分布几乎没有影响。相反，如果测量是间接的并且不准确的，那么先验判断可能非常重要。

模型不确定性的传播

在此步骤中，可以将为模型中不同组成部分而开发的响应面组合在一个电子表格中，该表格可以以简化的方式执行整个风险评估模型的功能，以供案例研究使用。在给定模型输入参数概率分布的情况下，有几种技术可用于建立模型输出的概率分布。蒙特卡洛和拉丁超立方体模拟是这些技术中的标准示例。在概率分布相似并且简单（例如正态分布）的特殊情况下，模型输出的概率分布可以通过解析计算得到。但是，对于不能使用简单分析方法的一般情况，可以将电子表格模型耦合到几个商业软件包之一（e.g.@Risk；Palisade Corp.，1991），这个软件包利用指定的参数概率分布，和电子表格计算一起生成一组合成模型结果。

分析模型健康风险估计的概率分布

如果概率合成模拟的重复次数足够多，那么可以对合成结果进行统计分析，从而得到因变量的合理可靠的概率分布（即健康风险）。如果正确执行了不确定性分析程序，那么这个概率分布应该代表对预期健康风险更加完整和现实的表征，因为它提供了一系列可能的值以及它们相应的可能性，而不是单一的确定性点估计。

多媒介健康风险评估模型的介绍

在本节中，我们将介绍在应用中使用的多媒介健康风险评估模型。这个模型是由许多单独的模型组合而成的一个综合的多媒介模型，这些单独模型处理了空气、地表水、地表土、地下水和食物链中的化学物质的归趋和迁移。以下各段简要介绍了它的各个组成部分和整体结构。Constantinou 和 Seigneur（1992）提供了详细的描述。

该模型由以下九个部分组成：

- 大气归趋和传输模型
- 沉积模型
- 陆地模型
- 地表水归趋和迁移模型
- 渗流带归趋和迁移模型
- 地下水归趋和迁移模型
- 食物链归趋和迁移模型
- 暴露和剂量模型
- 健康风险模型

多媒介健康风险评估模型将所有的模型组成部分组合成一个单独的计算机程序，该程序以排放流特征和环境物理参数为输入，计算得到致癌和非致癌健康影响。图 3 表示得到最终模型结果的一般计算步骤。

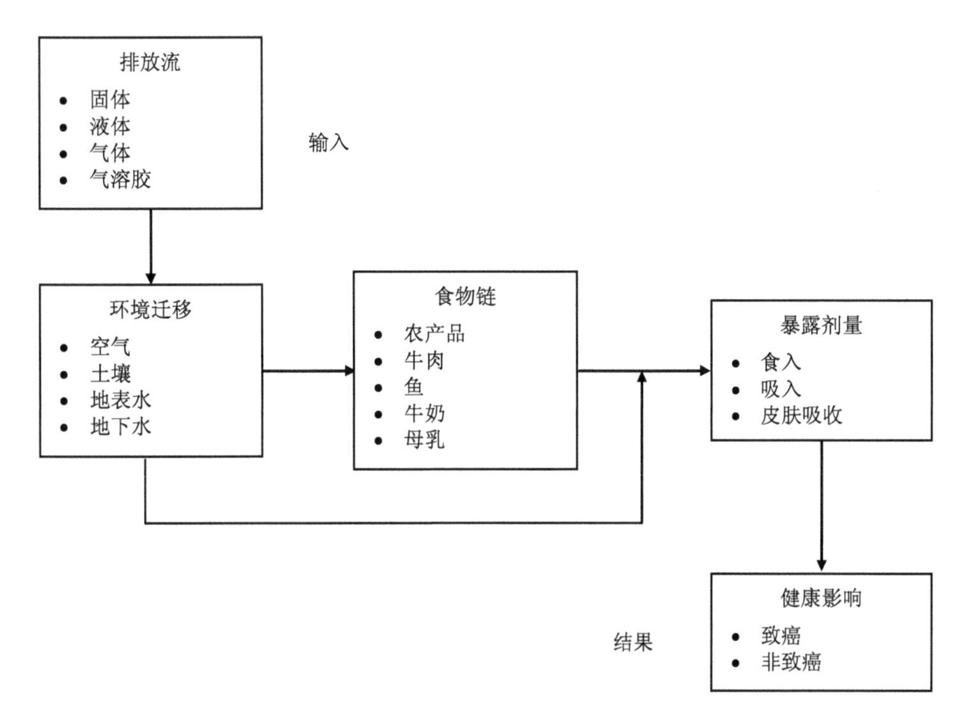

图 3　多媒介健康风险评估模型

确定性健康风险评估

本文所研究的电厂锅炉是一台燃烧高硫烟煤的 680 MW 机组。从该设备 200 m 高的烟囱中取样得到四种具有致癌作用的化学物质。分析中只考虑了烟囱的大气排放，忽略了液体和固体废物的排放。

此次应用中的研究区域界定为发电厂周边半径 50 km 内的区域。该区域被同心圆网格划分为 40 个子区域。该地区的主要地表水体包括一条河流和一个大型湖泊。为了计算健康影响，认为所有的公众供水都来自这个河流，所有的鱼类都来自这个湖泊。

计算研究区域内每个子区域中的致癌和非致癌健康影响。本报告中提出的不确定性分析的结果与最大风险子区域的致癌健康影响相对应。这里没有考虑非致癌风险。

在烟囱废气中检出的致癌物质是铬、砷、镉和苯，相应的化学物质排放速率分别估计为 1.08×10^{-2} g/s、4.4×10^{-4} g/s、5.39×10^{-4} g/s 和 1.4×10^{-2} g/s。由于没有铬的化学形态，所以根据铬排放总量由 5%铬（Ⅵ）和 95%铬（Ⅲ）组成的假设，计算了相应的健康效应。计算得到最大风险子区域中所有化学物质和途径的累积致癌终身风险为 2.2×10^{-8}。

通过计算发现铬（Ⅵ）和砷是致癌风险的两个主要因素，其贡献率分别为 59%和 32%。镉占 8%，苯占 1%。在分析中考虑的三种暴露途径中，吸入是主要因素，占 85%；摄入排名第二，占 15%；皮肤吸收的贡献微不足道，仅为 0.4%。

结果表明，农产品在食物链中对摄入风险的贡献最大，为 92%；鱼和土壤摄入的贡献分别为 5%和 3%；而饮用水的贡献仅为 0.3%。

应当指出的是，在分析中包含的四种致癌化学物质中，只有砷和苯是通过非吸入途径致癌的。由于苯的贡献很小，因此不确定性分析中不包含苯。尽管砷会通过摄入途径产生致癌作用，但目前在综合风险信息系统（IRIS）数据库中没有列出该途径的致癌强度值（1992 年 10 月）。在确定性健康风险评估中使用的该参数的值是 IRIS 中列出的最新值。

不确定性分析

敏感性分析

对各个模型组分和整体多媒介健康风险评估模型进行敏感性分析，是为了帮助识别影响参数。本文共审查了 49 个参数，根据计算得到的敏感性/不确定性指数，最终选取 22 个参数进行不确定性分析。表 1 列出了审查的所有参数及其对应的符号和单位。

推导得到了各个模型组分和整体风险评估模型中输入参数的敏感性/不确定性指数。本分析中包含的三种化学物质的指数如表 2 所示。

表 1 参数参考列表

参数索引	参数描述	参数符号（单位）
1	化学物质排放速率——砷	Q_{e1}（g/s）
2	化学物质排放速率——镉	Q_{e2}（g/s）
3	化学物质排放速率——铬	Q_{e3}（g/s）
4	化学形态比例	α（–）
5	烟囱高度	H_s（m）
6	烟囱出口温度	T_s（K）
7	烟囱出口速率	V_s（m/s）
8	烟囱直径	D_s（m）
9	环境温度	T_a（K）
10	混合高度	h_m（m）
11	砷干沉降速度	V_σ（m/s）
12	湿沉降速度	V_w（m/s）
13	下雨时间比例	R_f（–）
14	陆地径流中的化学物质的比例	OR_f（–）
15	河流排放	Q_r（m^3/s）
16	河流中砷的化学衰减系数	K_r（d^{-1}）
17	湖水交换率	Q_L（m^3/s）
18	湖泊中砷的化学衰减系数	K_L（d^{-1}）
19	表面土壤深度	d_s（m）
20	暴露持续时间	ED（a）
21	暴露开始时间	EST（a）
22	阳离子交换量	CEC（meq/100cc）
23	土壤中砷的化学衰减系数	KDES（d^{-1}）
24	土壤渗透率	kp（cm^2）
25	土壤孔隙度	θ

参数索引	参数描述	参数符号（单位）
26	土壤容重	ρ_b（kg/m^3）
27	化工厂截留比例	IF（–）
28	风化消除速率	K_{et}（d^{-1}）
29	作物密度	CD（kg/m^2）
30	砷从土壤到植物的生物富集系数	BCF_p（–）
31	砷从水到鱼的生物富集系数	BCF_f（–）
32	吸入速率	IR（m^3/d）
33	植物摄入速率	INR_p（kg/d）
34	土壤摄入速率	INR_s（kg/d）
35	水摄入速率	INR_w（l/d）
36	鱼摄入速率	INR_f（kg/d）
37	暴露于土壤的皮肤表面积	SA_s（cm^2）
38	土壤吸收因子	ABS（–）
39	土壤黏附因子	AF（mg/cm^2）
40	土壤暴露频率	EF_s（d/a）
41	暴露于水体的皮肤表面积	SA_w（cm^2）
42	砷的渗透常数	PC（cm/h）
43	水体暴露频率	EF_w（d/a）
44	体重	BW（kg）
45	吸入致癌强度系数——砷	CPF_{11}［kg/（mg·d）］
46	摄入致癌强度系数——砷	CPF_{21}［kg/（mg·d）］
47	皮肤吸收致癌强度系数——砷	CPF_{31}［kg/（mg·d）］
48	吸入致癌强度系数——镉	CPF_{12}［kg/（mg·d）］
49	吸入致癌强度系数——铬（Ⅵ）	CPF_{13}［kg/（mg·d）］

表 2 敏感性/不确定性指数

模型组分	输出变量描述	输出变量	参数	模型组分敏感性/不确定性指数			总体模型敏感性/不确定性指数		
				铬（Ⅵ）	砷	镉	铬（Ⅵ）	砷	镉
ISCLT	空气浓度	C_a	Q_e（1，2，3）	0.91	0.38	1.19	0.91	0.38	1.19
α	0.60	NA	NA	0.60	NA	NA			
H_s	–0.03	–0.03	–0.03	–0.03	–0.03	–0.03			
T_s	–0.07	–0.07	–0.07	–0.07	–0.07	–0.07			
V_s	–0.14	–0.14	–0.14	–0.14	–0.14	–0.14			
D_s	–0.03	–0.003	–0.003	–0.03	–0.03	–0.03			
T_a	0.07	0.07	0.07	0.07	0.07	0.07			
h_m	0.02	0.02	0.02	0.02	0.02	0.02			
沉降	沉降速率	DR	V_d	NA	0.76	NA	NA	0.35	NA
			V_w	NA	0.24	NA	NA	0.11	NA
			R_f	NA	0.05	NA	NA	0.02	NA
陆地	表层土壤负荷	L_{ss}	OR_f	NA	–0.18	NA	NA	–0.07	NA
WTRISK	表层水体浓度	C_{sw}	Q_r	NA	–0.09	NA	NA	–0.002	NA
			K_r	NA	0.0	NA	NA	0.0	NA
			Q_L	NA	–0.09	NA	NA	–0.002	NA
			K_L	NA	0.0	NA	NA	0.0	NA
SESOIL	表面土壤浓度	C_{ss}	d_s	NA	–0.67	NA	NA	–0.29	NA
ED	NA	0.20	NA	NA	0.09	NA			
EST	NA	1.43	NA	NA	0.64	NA			
CEC	NA	0.0	NA	NA	0.00	NA			
KDES	NA	0.0	NA	NA	0.00	NA			
k_p	NA	0.0	NA	NA	0.00	NA			
θ	NA	0.0	NA	NA	0.00	NA			

模型组分	输出变量描述	输出变量	参数	模型组分敏感性/不确定性指数			总体模型敏感性/不确定性指数		
				铬（Ⅵ）	砷	镉	铬（Ⅵ）	砷	镉
ρb	NA	–0.18	NA	NA	–0.08	NA			
AT123D	NA	NA	NA	NA	NA	NA	NA	NA	NA
食物链	植物浓度	C_v	IF	NA	0.00	NA	NA	0.00	NA
			K_{el}	NA	0.00	NA	NA	0.00	NA
			CD	NA	0.00	NA	NA	0.00	NA
			BCF_p	NA	0.5	NA	NA	0.21	NA
	鱼浓度	C_f	BCF_f	NA	0.5	NA	NA	0.01	NA
剂量	吸入剂量	D_1	IR	0.40	0.40	0.40	0.21	0.21	0.21
摄入剂量	D_2	INR_p	NA	1.32	NA	NA	0.60	NA	
		INR_s	NA	0.05	NA	NA	0.02	NA	
		INR_w	NA	0.00	NA	NA	0.00	NA	
		INR_f	NA	0.02	NA	NA	0.01	NA	
皮肤吸收剂量	D_3	SA_s	NA	0.40	NA	NA	0.005	NA	
		ABS	NA	0.50	NA	NA	0.007	NA	
		AF	NA	0.50	NA	NA	0.007	NA	
剂量	皮肤吸收剂量		EF_s	NA	0.50	NA	NA	0.007	
			SA_w	NA	0.00	NA	NA	0.00	
			PC	NA	0.00	NA	NA	0.00	
			EF_w	NA	0.00	NA	NA	0.00	
	总剂量	D_1，D_2，D_3	BW	–0.28	–0.28	–0.28	–0.28	-0.28	
风险	总致癌风险	R	$CPF_{1(1,2,3)}$	3.39	0.39	0.93	3.39	0.39	
			$CPF_{2(1,2,3)}$	NA	1.91	NA	NA	1.91	
			$CPF_{3(1,2,3)}$	NA	0.01	NA	NA	0.01	

注：以上列出的总体模型敏感性/不确定性指数对应于每种化学物质的致癌风险。

模型简化

使用所选择的影响参数，针对多媒介健康风险评估模型的各个组成部分构建响应面。在食物链模型、暴露—剂量模型和风险模型等简单模型中，响应面是通过提取方程的影响参数，并用基于模型结果计算出的常数表示方程的其余部分来构建的。在更复杂的环境迁移模型中，通过在假定的变化范围内改变影响参数来进行额外的敏感性测试。

在大气传输模型 ISC-LT 中，确定了四个影响参数：化学物质排放速率（Q_e）、烟囱出口速度（V_s）、烟囱出口温度（T_s）和环境空气温度（T_a）。T_s 和 T_a 的影响是相关的，因为影响结果的是烟囱和环境温度之间的差值（T_s–T_a），而不是它们的绝对值。因此，这两个参数可以视为一个参数，即温度差（T_s–T_a）。

通过在假定的变化范围内改变 V_s 和（T_s–T_a）进行多次运行，以确定它们对最终的最大地面化学浓度的单独和综合影响。这两个参数对模型结果的影响均呈指数衰减（即随着 V_s 和（T_s–T_a）的增加，浓度呈指数下降），它们的变异规律在参考点（即确定性计算中使用的参数值）进行二次多项式拟合。

两个参数的组合响应面是通过结合各参数的曲线得到的。应该注意的是，这种方法只适用于本分析中考虑的扰动范围。对于较大的参数变化范围，应通过多元回归得到两个或者两个以上影响参数的模型响应面，其中会同时检验所有参数对模型结果的影响。图 4 展示了 ISC-LT 的响应面。

简化的多媒介健康风险评估模型的完整方程式组如下：

- 大气传输模型（模型组分 1）

$$C_a = \alpha Q_e F_1 F_2 A_{1j}$$

$$F_1 = A_{12} + A_{13} V_3 + A_{14} V_3^2$$

$$F_2 = A_{15} + A_{16}(T_s - T_a) + A_{17}(T_s - T_a)^2$$

其中，C_a 为地面空气浓度；Q_e 为化学物质排放速率；α为化学形态比例（仅适用于铬）；V_s 为烟囱出口速度；T_s 为烟囱出口温度；T_a 为环境温度；A_{1j} 为模型组分 1 的常数 j。

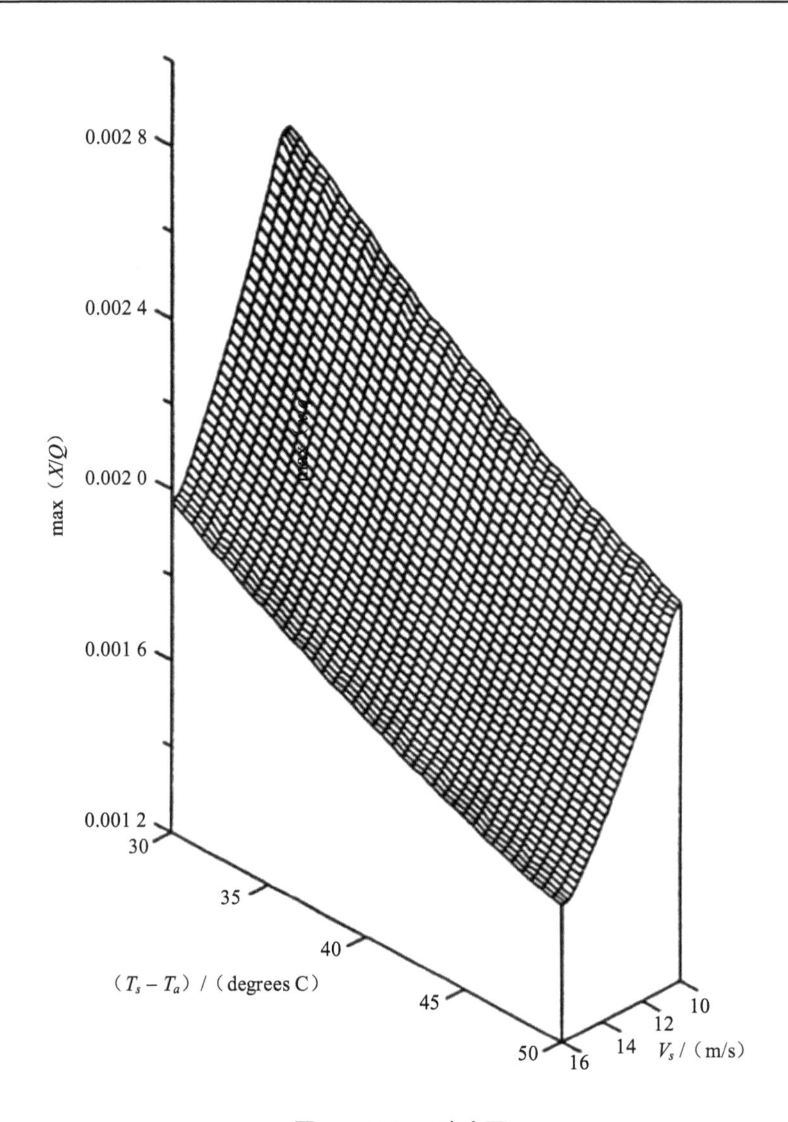

图 4　ISC-LT 响应面

- 沉积模型（模型组分 2）

$$\mathrm{DR}=C_a(V_d+V_wA_{21})\ A_{22}$$

其中，DR 为化学物质沉积速率；V_d 为干沉积速率；V_w 为湿沉降速率；A_{2j} 为模型组分 2 的常数 j。

- 陆地模型（模型组分 3）

$$L_{ss} = DR(1 - OR_f)\ A_{31}$$

其中，L_{ss}为表层土壤化学物质负荷；OR_f为归因于地表径流的化学物质沉积比例；A_{3j}为模型组分 3 的常数 j。

- 土壤迁移模型（模型组分 4）

$$C_s = L_{ss} d_s^{-1}(\mathrm{EST} + \mathrm{ED}/2)\ \rho_b^{-1} A_{41}$$

其中，C_s为表层土壤浓度；d_s为表面土壤深度；EST 为暴露开始时间；ED 为暴露持续时间；ρ_b为土壤容重；A_{4j}为模型组分 4 的常数 j。

- 食物链模型——植物（模型组分 5）

$$C_p = C_s \mathrm{BCF}_p$$

其中，BCF_p为土壤到植物的生物富集系数。

- 剂量模型（模型组分 6）

（1）吸入

$$D_1 = C_s \mathrm{IR\ ED\ BW}^{-1} A_{61}$$

其中，D_1为吸入剂量；IR 为吸入速率；BW 为体重；A_{6j}为模型组分 6 的常数 j。

（2）摄入

$$D_2 = (C_p \mathrm{INR}_p + A_{62})\mathrm{EDBW}^{-1} A_{63}$$

其中，D_2为摄入剂量；INR_p为植物摄入速率。

- 风险模型（模型组分 7）

$$\mathrm{R} = D_1 \mathrm{CPF}_1 + D_2 \mathrm{CPF}_2 + A_{71}$$

其中，R 为总致癌风险；CPF_1 为吸入致癌强度系数；CPF_2 为摄入癌症强度系数；A_{7j} 为模型组分 7 的常数 j。

应当注意的是，上面给出的全部方程式只适用于砷。镉和铬不会通过非吸入途径致癌，因此，对于它们只考虑大气传输、吸入剂量和吸入风险方程式。

概率分布的选择

根据已有的统计数据、文献值范围和个人判断，对模型的 22 个影响参数的概率分布进行了评估。所选择的概率分布以及分布类型和参数所依据的信息汇总在表 3 中。

表 3　概率分布的选择

影响参数指数	参数符号	概率分布	
		类型	参数
1	Q_{e1}——砷	对数正态分布	$\mu' = -7.76$，$\sigma' = 0.39$
2	Q_{e2}——镉	对数正态分布	$\mu' = -7.73$，$\sigma' = 1.06$
3	Q_{e3}——铬	对数正态分布	$\mu' = -5.25$，$\sigma' = 1.30$
4	a-铬（Ⅵ）	正态分布	$\mu = 0.06$，$\sigma = 0.015$
5	T_s	均匀分布	$a = 318$，$b = 328$
6	V_s	均匀分布	$a = 10.4$，$b = 15.6$
7	T_a	均匀分布	$a = 278$，$b = 288$
8	V_d	正态分布	$\mu = 0.005$，$\sigma = 0.0025$
9	V_w	正态分布	$\mu = 0.1$，$\sigma = 0.05$
10	OR_f	正态分布	$\mu = 0.47$，$\sigma = 0.047$
11	d_s	对数正态分布	$\mu' = -3.10$，$\sigma' = 0.75$
12	ED	对数正态分布	$\mu' = 2.24$，$\sigma' = 0.58$
13	EST	均匀分布	$a = 0$，$b = 100$
14	P_b	正态分布	$\mu = 1550$，$\sigma = 175$
15	BCF_p	均匀分布	$a = 0.01$，$b = 0.05$
16	IR	三角分布	$a = 14$，$m = 22$，$b = 30$
17	INR_p	对数正态分布	$\mu' = -2.58$，$\sigma' = 0.61$
18	BW	正态分布	$\mu = 71.5$，$\sigma = 17.0$
19	CPF_{11} –砷	均匀分布	$a = 4.4$，$b = 26.7$
20	CPF_{21} –砷	三角分布	$a = 0$，$m = 1.75$，$b = 15.0$
21	CPF_{12} –镉	正态分布	$\mu = 6.3$，$\sigma = 2.93$
22	CPF_{13} –铬	三角分布	$a = 10.5$，$m = 42.1$，$b = 295.2$

说明：上述概率分布类型定义如下：			
• 均匀分布	[a，b] a=最小值 b=最大值	• 正态分布	（μ，σ） μ=分布的平均值 σ=分布的标准偏差
• 三角分布	[a. m. b] a=最小值 m=最可能值 b=最大值	• 对数正态分布	（μ，σ'） μ=基础正态分布的平均值 σ'=基础正态分布的标准偏差

在健康风险评估中，与健康效应参数（即在目前应用中的致癌强度系数）相关的不确定性是非常重要的。EPA 推荐的这些参数值通常是根据有限的动物研究或流行病学研究得出的，这些研究的条件可能与风险评估中应用这些值的条件有很大的不同。

在流行病学研究中，不确定性与从高剂量到低剂量的外推以及与研究人群的二次暴露、饮食和卫生因素有关。数据是用一个假定的模型拟合的，EPA 通常推荐使用最大寿命估计（Maximum lifetime estimate，MLE）。

在动物研究中，不确定性与种间外推以及从高剂量到低剂量的外推有关。由于在这种情况下种间外推的额外不确定性，EPA 通常建议使用上界值（第 95 百分位数）。

本应用中包含的三种化学物质的致癌强度系数，都是基于流行病学研究得出的。

在吸入砷的情况下，CPF 是基于两组独立的美国冶炼工人的数据推导得出的（EPA，1984a）。收集到的数据由 5 名不同的调查员进行分析，他们使用线性无阈值模型推导出了 5 个不同的 CPF 值。EPA 推荐的值推导得出的 CPF 的几何平均值。在这个应用中，我们选用上述 5 个调查员提供的范围值内的均匀分布来代表砷吸入 CPF 的不确定性。

在摄入砷的情况下，CPF 是基于对台湾人群暴露在高砷浓度饮用水中的流行病学研究推导得出的（EPA，1984a）。对这些数据的分析得到了一个 CPF，在与美国有限的研究结果对比之后，EPA 认为结果过于保守。由于低估了台湾人群的暴露，并且没有在分析中考虑到人群中较差的饮食和卫生情况，所以 CPF 值较高。然后，该值被 EPA 调整为更低的、能够更好地代表美国人群的 CPF 值。由于推导过程的不确定性，最近已经从

IRIS 中删除该 CPF，直到得到更加可靠的值才会恢复。在这个应用中，我们选择用三角分布来代表砷摄入 CPF 的不确定性，这个分布下界为零，且最可能的值等于最近被列在 IRIS 上的换算值（1991 年 9 月），上界值等于从台湾人群数据中推导得出的值。

在吸入镉的情况下，CPF 是基于美国冶炼工人的流行病学数据推导得出的（EPA，1985）。EPA 推荐的值是通过使用线性无阈值模型拟合这些数据得到的。在 MLE 周围建立了一个仅基于统计考虑的 90%置信区间。在这个应用中，我们选择用正态概率分布来表示与镉吸入 CPF 相关的不确定性，其平均值等于最大似然估计，标准差是根据估计的置信区间计算得出的。

在吸入铬（Ⅵ）的情况下，CPF 是基于美国铬酸盐工厂工人的流行病学数据得出的（EPA，1984b）。EPA 的推荐值是通过两阶段模型拟合这些数据得到的。围绕 MLE 设置了一个下界和一个上界，以解释由于分析中没有考虑较差的卫生条件、吸烟习惯和化学物质形态而高估或低估暴露量的可能性。在这个应用中，我们选择使用由最佳估计、上界和下界定义的三角分布来表示与铬（Ⅵ）CPF 相关的不确定性。

蒙特卡洛分析——健康风险概率分布

推导出的响应面被组合在一个简化的电子表格模型中，这个模型耦合到软件包 @RISK 中（Palisade Corporation，1991），这个软件包通过模型对输入参数不确定性进行传播。对简化模型进行了 5000 次迭代的蒙特卡洛分析，产生了一组与所研究的燃煤电厂相关的综合致癌健康风险。对综合结果进行统计分析，得出风险的概率分布。确定性风险评估中计算得到的风险值（2.2×10^{-8}）估计处于概率分布的第 83 百分位数。这个分布的统计参数总结如下：

- 平均值（期望值）$\mu=1.5\times10^{-8}$（即确定值的 68%）
- 众数（最可能的值），$Mo=2.5\times10^{-9}$
- 标准差，$\sigma=3.4\times10^{-8}$
- 偏度，$\gamma=13.6$（即正偏-右尾）
- 百分位数：5%，$F_{0.05}=1.2\times10^{-9}$；25%，$F_{0.25}=3.2\times10^{-9}$；50%，$F_{0.5}=6.9\times10^{-9}$；75%，

$F_{0.75}$=1.6×10^{-9}；95%，$F_{0.95}$=5.1×10^{-9}。

推导出的概率密度图如图 5 所示。

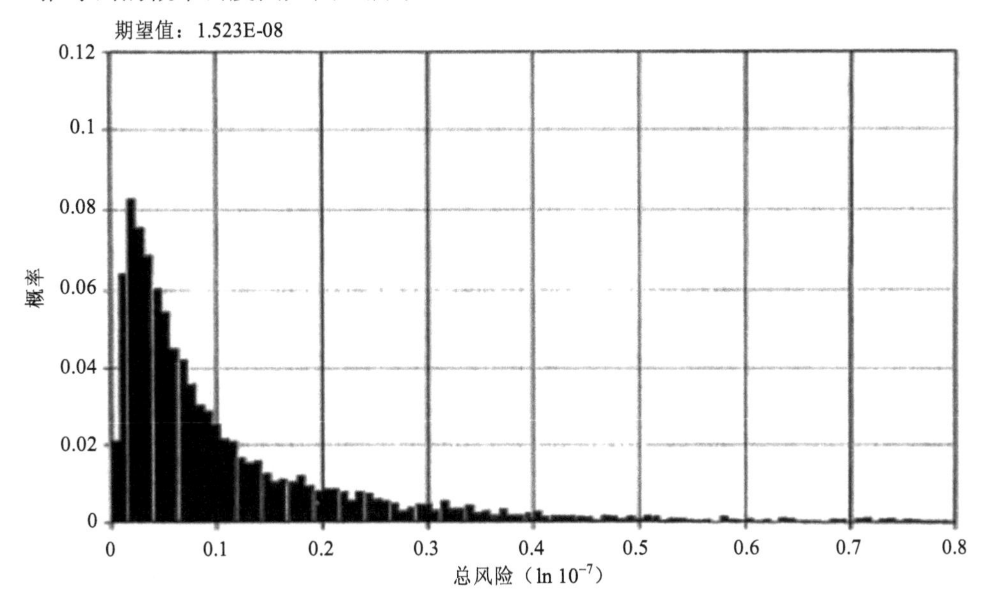

图 5 总致癌风险概率分布

结 论

本文提出了敏感性/不确定性分析的一般方法，并将其应用于多媒介健康风险评估模型。本文将燃煤电厂的案例研究作为应用基础，还研究了与电厂排放有关的致癌风险的不确定性。结果表明，原始风险评估研究中计算得到的确定性风险值为保守估计，对应于风险概率分布上较高的风险百分位数。

致 谢

该工作是在与加利福尼亚州帕洛阿尔托电力研究所签订的第 3081-1 号协议下进行的。非常感谢 EPRI 项目主管 Leonard Levin 博士的大力支持。

参考文献

[1] Constantinou, E. and C. Seigneur. A Mathematical Model for Multimedia Health Risk Assessment. Submitted for publication in Environmental Software, 1992.

[2] Palisade Corporation. Risk Analysis and Simulation Add-In for Microsoft Excel, Windows or Apple Macintosh Version, Release 1.02 User's Guide, March , 1991.

[3] Seigneur, C., C. Whipple, et al. Formulation of Modular Mathematical Model for Multimedia Health Risk Assessment, American Institute of Chemical Engineers Summer Meeting, San Diego, California, August , 1990.

[4] U.S. Environmental Protection Agency. Updated Mutagenicity and Carcinogenicity Assessment of Cadmium. Addendum to the Health Assessment Document for Cadmium (May 1981). EPA/600/8-81/023, June , 1985.

[5] U.S. Environmental Protection Agency. Health Assessment Document for Inorganic Arsenic. Environmental Criteria and Assessment Office, Research Triangle Park, NC. EPA/600/8-83-021F, 1984a.

[6] U.S Environmental Protection Agency. Health Assessment for Chromium - Final Report. EPA/600/8-83-014F, August , 1984b.

附录 G

利用特定地点和化学物质的信息来改进人体健康风险评估：案例研究

Del Pup，J.，[①] Kmiecik，J.，[②] Smith，S.，[③] Reitman，F.[①]

1.0 引言

EPA 将 1,3-丁二烯（丁二烯）分类为 B2（“可能的”）致癌物[④]。EPA 报告了保守的筛选级别的致癌风险估计值，以便对与丁二烯的排放相关的排放源和优先监管行动进行排序，这些排放来自得克萨斯州的内奇斯港 Texaco 化工公司的、最大个人风险为 1/10 的设备。虽然 EPA 强调，这个筛选级别的估计值只应视为对所评估的设备导致的相对风险的粗略估计，而不应当解释为代表患癌的绝对风险，但风险估计值引起了高度关注。在本文中，我们讨论了使用特定地点的数据、丁二烯代谢的物种差异、蒙特卡洛方法和其他因素来估计对社区的风险的结果。其中一些因素的影响是深远的。例如，使用这些信息，估计最近居住地的风险范围为 1/10 000 000～3/10 000，其不确定性在很大程度上

---

① Texaco 有限公司。

② Texaco 化工公司。

③ Radian 公司。

④ EPA 将实验动物中有足够证据表明致癌性，而在人体中没有致癌性证据或证据不充分的化学物质列为 B2 级，“可能的人类致癌物”。

是由于斜率系数中使用的丁二烯吸收和代谢的物种差异造成的。

该研究的目的有两个：

1）通过提高由于设备排放丁二烯导致的潜在风险的估计精度，以解决 EPA 筛选级别的风险估计所带来的问题。

2）演示使用特定地点的数据代替默认值，从而提供更加科学可信的估计值的过程。

本文的目的既不是评估 1,3-丁二烯暴露和人体癌症之间的任何因果关系，也不是为 1,3-丁二烯提供最科学合理的致癌强度估计值。本文提及的风险是用于监管目的的假设估计值。作为监管政策的问题，这些估计值假定对丁二烯的低剂量线性致癌反应会发生在人类身上。如果丁二烯在这些暴露水平下对人体没有致癌性，那么实际风险将为零。

Texaco 公司在 1990 年开始了这项评估（Radian 公司，1990）。这项评估的重点是在丁二烯现代化项目完成后，根据更现实的排放、扩散和暴露情况，提高 EPA 筛选级别风险估计的准确性。该项目围绕着改变蒸馏过程中使用的萃取溶剂，并将“直流”冷却水系统改为循环冷却塔系统，以减少丁二烯排放。虽然在可能的情况下，风险评估都是基于特定地点的信息，但它指出了几个影响风险估计解释的不确定性来源。主要的不确定性来源是估计的排放速率、与扩散建模分析相关的假设和算法、用于计算吸入暴露的假设和丁二烯对人类的致癌强度的理论估计（如果有的话）。

丁二烯现代化项目目前已经基本完成，从产品纯度和环境方面来看，其生产过程更为清洁。丁二烯的排放量减少了 90%以上。假设在距核电站中心 200 m 处且处于最大预计年平均地面浓度情况下暴露 70 年，重复先前的 EPA 筛选级别分析，预测得到该项目完成后的最大个体致癌风险为 1/1 000～5/1 000。目前的研究是为了重新审查风险估计中的一些不确定性因素，并使用特定地点和特定化学物质的信息（Radian，1992A）更新风险估计。最终得到最近住所的风险估计范围为 1/10 000 000～3/10 000，这远远低于 EPA 原来的 1/10 的风险估计值。此外，我们还使用蒙特卡洛分析对最近的住所和学校的风险进行了估计。这些都提供了使风险估计更低的中心趋势。

作者所进行的健康风险分析通过重新评估与确定最大暴露个体风险和社区中不同位置的风险相关的假设，改进了 EPA 的健康风险评估。表征了在传统的“最坏情况”

70 年暴露、30 年上限暴露、9 年平均住宅暴露，以及基于全国人类活动模式分布的第 95 百分位数的终身暴露等情况下的风险。还评估了在开发 EPA 批准的丁二烯单位风险系数中使用的假设，以及使用单位风险系数替代假设对风险大小的影响。这项评估中也评估了复合工业源长期（Industrial Source Complex Long-Term，ISCLT）大气扩散模型和复合工业源短期（Industrial Source Complex Short-Term，ISCST）大气扩散模型预测地表浓度之间的差异。此外，还评估了使用该地区的两个气象数据集以及丁二烯的各种衰减系数的结果。

本研究处理了吸入途径风险评估中固有的许多问题、假设和不确定性。但是，应当指出的是，目前研究中进行的分析是针对特定地点的，因此这些结果可能不适用于其他排放源配置、气象数据集或者其他受体人群。该研究的目的是说明以下过程：即通过使用现有的特定地点和特定化学物质的信息来改进人类风险评估。

2.0 排放说明

该设备通过从 C4 原油中进行溶剂萃取来生产丁二烯。该过程包括蒸馏提取的丁二烯以除去重质馏分，最后精制得到纯度为 99.7%的丁二烯产品。丁二烯的潜在排放源包括过程单元中的设备部件、罐区和产品装载架；冷却塔；燃烧过程；码头燃烧；蒸汽锅炉；污水处理厂；裂化装置；丁二烯球体。丁二烯排放估计主要基于实际的工艺数据和特定排放源的信息，以及空气控制委员会和/或 EPA 批准的排放因子。

人们意识到在内奇斯港地区还有其他的丁二烯排放源（例如，来自其他地方的设备排放的丁二烯），但这个分析中不包括其他的丁二烯排放源。

3.0 环境归趋和传输模型

大气归趋和传输通常使用数学大气扩散模型进行估计。在 EPA“空气质量模型指南”（修订）（EPA，1987）中将复合工业源（Industrial Source Complex，ISC）模型列为“首选”模型。ISC 模型有两个版本，包括复合工业源短期（ISCST）模型和复合工业源长期（ISCLT）模型，它们都是稳态高斯烟羽模型，适用于地势平坦的复合工业源，例如在设施区域内的工业源。

3.1 复合工业源模型对比

ISCST 模型使用从一小时到一年的平均周期来预测浓度，使用离散的每小时气象数据。ISCLT 模型用于预测年平均浓度。该模型利用 STAR 总结格式的气象数据，它是一个包括风速、风向和稳定性类别的联合频率分布，由离散的小时观测数据处理而成。使用这种气象数据总结使得 ISCLT 扩散模型程序能够比 ISCST 更快地计算环境浓度，因为扩散计算只针对少数气象类别而不用针对一年中的每个小时。ISCLT 和 ISCST 使用相同的方程式来计算环境浓度，除了在使用 STAR 总结时有几个必要的修改。

使用特定地点输入的模型比较显示，长期和短期结果之间具有良好的一致性（Radian，1992b）。使用长期模型预测得到的最大地面空气浓度比短期模型高 12.5%，但是两个模型预测的所有受体位置的平均浓度相同。鉴于两个模型之间良好的一致性，评估丁二烯长期或慢性影响的要求以及更快的模型计算速度，本文选择 ISCLT 模型进行分析。

3.2 在 ISCLT 中使用大气衰减系数的影响

ISCLT 模型提供了一种通过物理或化学过程去除污染物的机制。三种主要的化学反应对评估丁二烯的大气浓度非常重要，包括：1）与羟基自由基反应（·OH）；2）与臭氧反应（O_3）；3）与三氧化二氮自由基反应（·NO_3）（EPA，1983）。与羟基自由基的反应主要是在白天，与三氧化二氮自由基的反应主要是在晚上，臭氧反应白天和晚上均有发生。所有的反应都依赖于温度，因而丁二烯在冬季的停留时间更长，这些反应还取决于在特定的通风条件下可以发生反应的化学物质。

Radian 公司基于特定地点的温度和气流数据开发了年度污染物衰减系数以用于 ISCLT 模型中。这些衰减是按年计算的，以解决研究中长期或慢性暴露的问题。由于丁二烯的溶解度较低，污染物融入云层和雨中等物理清除过程并没有被认为是重要的污染物降解过程，并且在本分析中也没有考虑。

图 3-1、图 3-2、图 3-3、图 3-4 分别显示了在丁二烯无衰减、低衰减、中等衰减、

高衰减情况下的浓度等值线。这些结果表明，在丁二烯的传输和归趋分析中包含污染物的衰减对预测设备附近的地面浓度影响很小。然而，随着与设备的距离增加，在归趋和传输分析中包含丁二烯的衰减将显著降低预测的地面浓度。

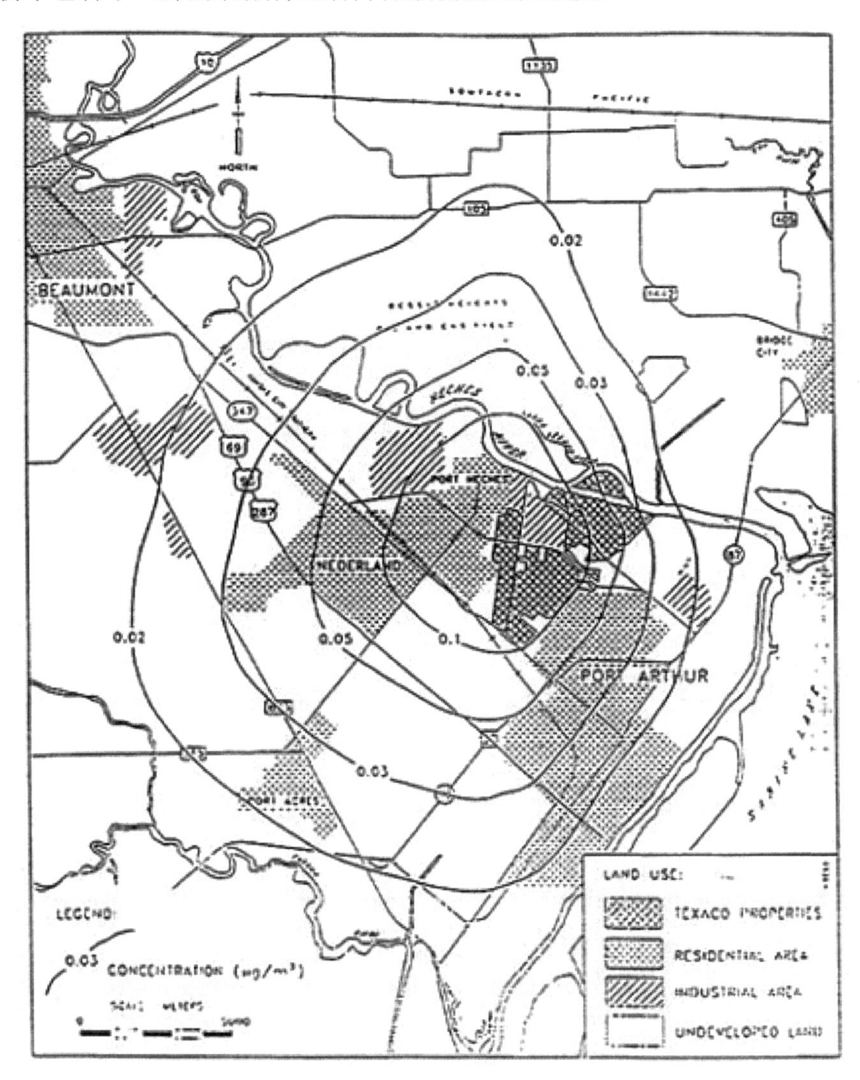

图 3-1 浓度等值线（$\mu g/m^3$）（无丁二烯衰减）

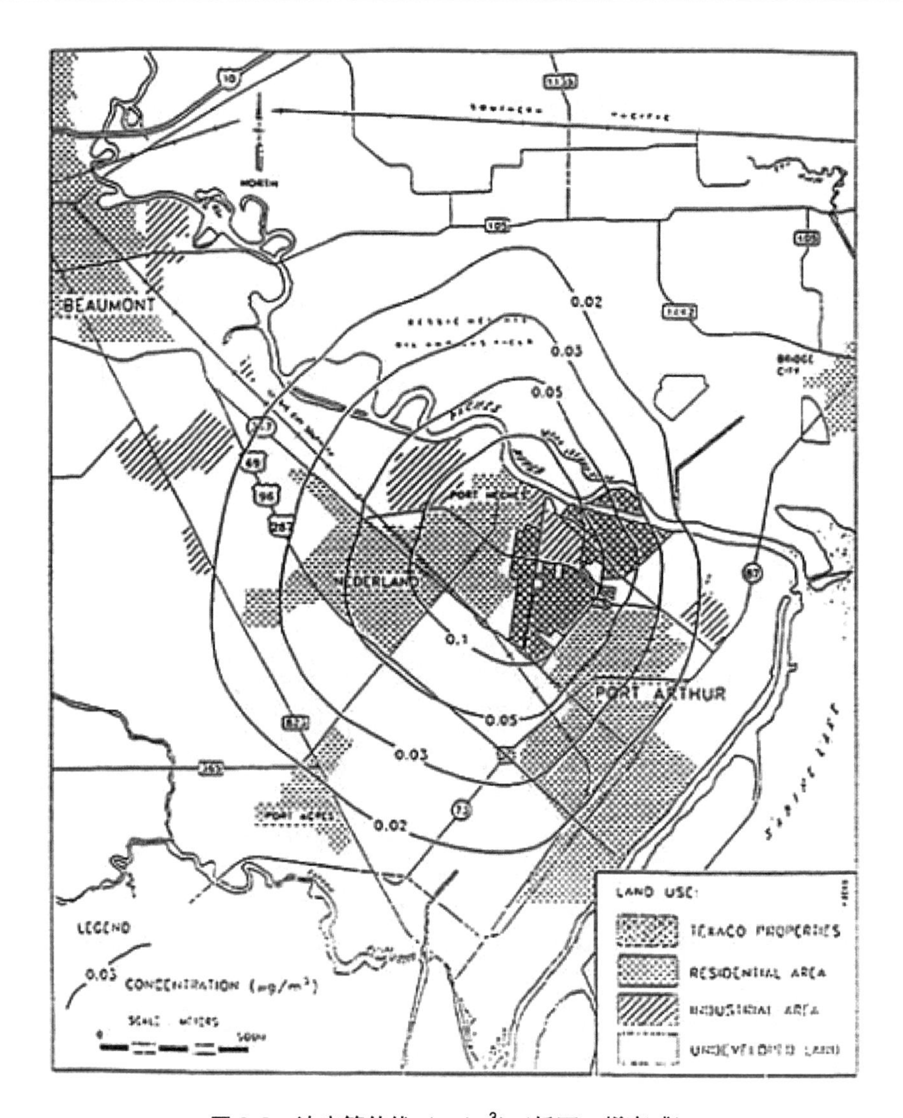

图 3-2　浓度等值线（μg/m^3）（低丁二烯衰减）

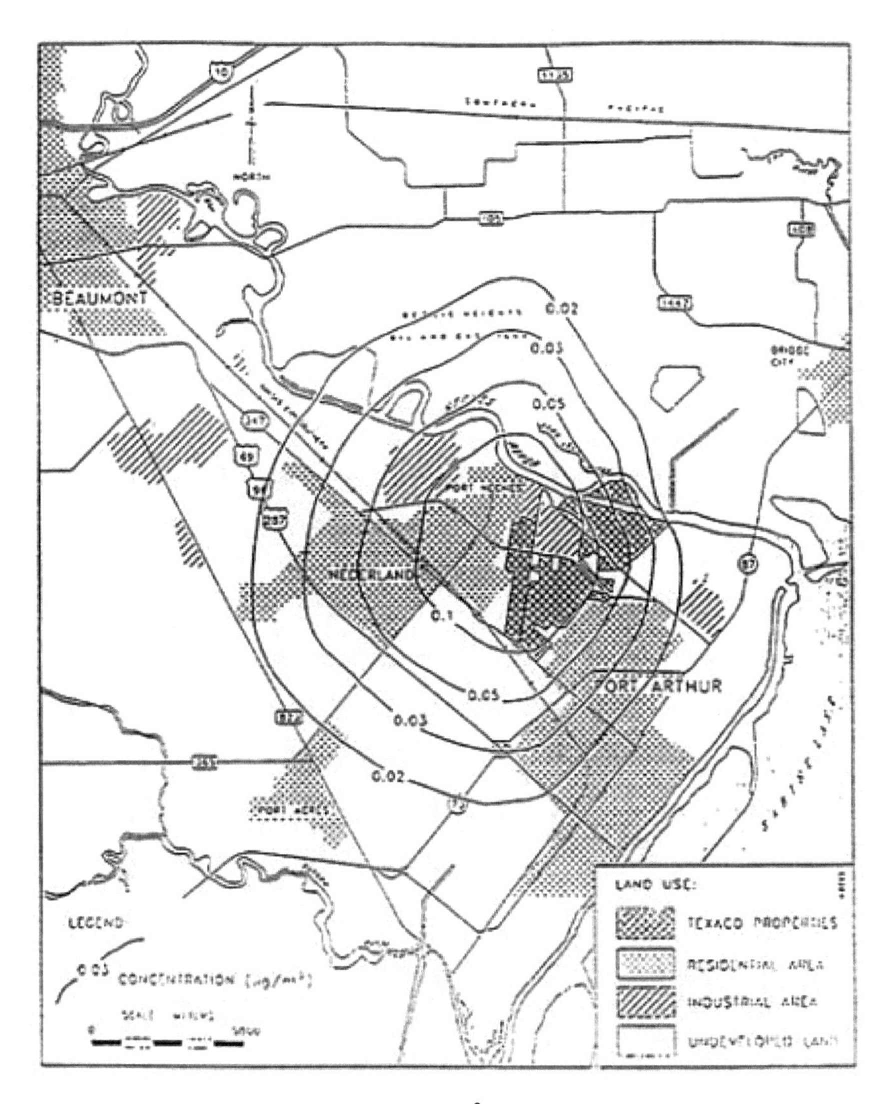

图 3-3 浓度等值线（μg/m³）（中等丁二烯衰减）

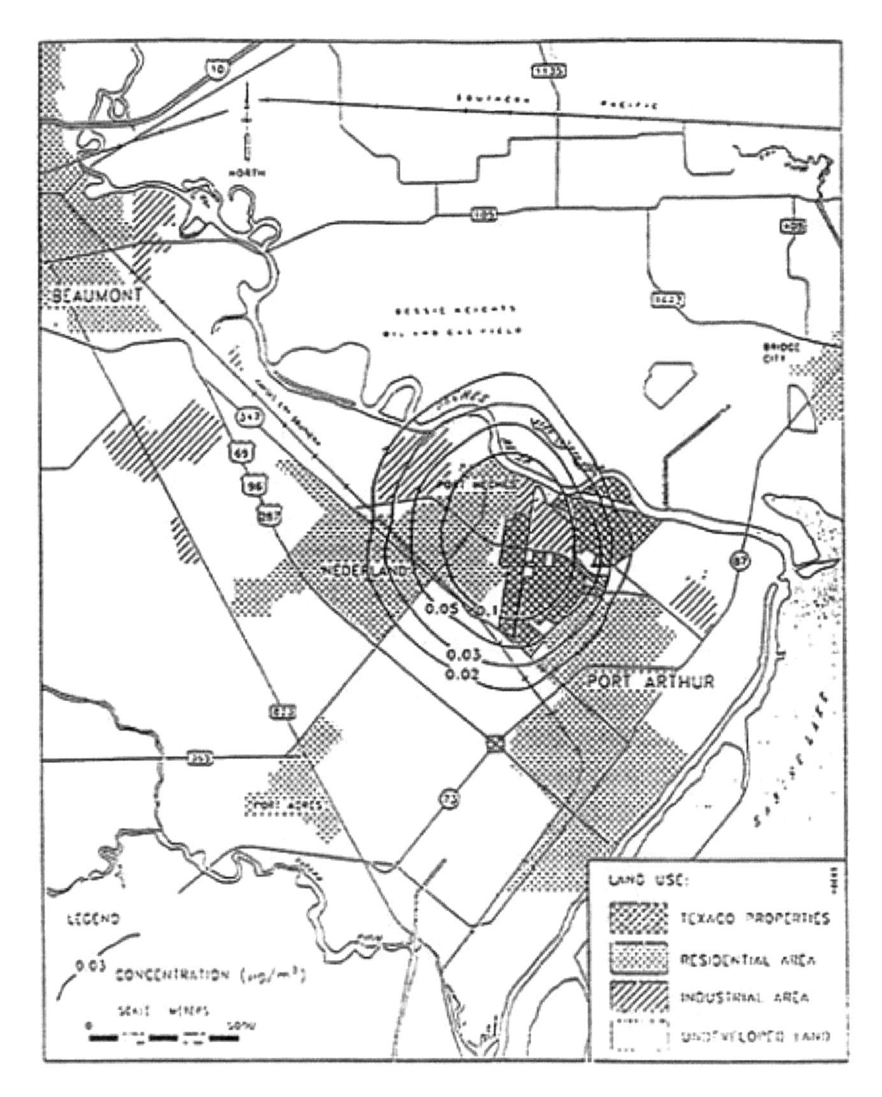

图 3-4 浓度等值线（μg/m³）（高丁二烯衰减）

3.3 ISCLT 模型的替代气象数据集比较

本研究评估了两组气象数据，以用于分析：1）一个是风速、风向和稳定性等级(STAR)数据的14年复合年度联合频率分布，这些数据是对国家气象局(National Weather

Service，NWS）在距离工厂边界约 4 英里的县机场中的每小时地面观测值进行处理得出的；2）一个是 2 年的复合 STAR 数据集，这些数据是对 1990 年和 1991 年区域计划委员会（Regional Planning Commission，RPC）在另一个距离工厂边界约 3 英里的县机场的连续观测值进行处理得出的。由于观测的连续性和混合高度的使用，RPC 数据被用于大多数分析中。然而，为了检验风险估计对气象数据集变化的敏感性，在相同的输入条件下运行 ISCLT 扩散模型，只改变气象数据。在附近地区，利用 RPC 数据预测得到的浓度会比使用 NWS 数据预测得到的浓度高 25%～100%。使用 RPC 数据，浓度等值线将向东延伸并且更加圆滑。使用 NWS 数据，等值线会显示出更多的南北偏差（Radian，1992a）。

4.0 人体健康评估

风险表征包括将暴露和毒性信息整合到潜在健康风险的定性表征中。对于潜在的致癌物，例如丁二烯，可以通过估计致癌效应的潜力或者通过根据基于健康的环境指南或标准估计的环境空气浓度来表征风险。

为了表征潜在的致癌效应，通过预计的摄入量和致癌斜率系数计算得到个体由于终身暴露于丁二烯而患癌症的风险。致癌斜率系数将每日摄入量直接转化为新增风险的估计：

$$\text{Dose(mg / kg} \cdot \text{day)} \times \text{Cancer Slope Factor(mg / kg} \cdot \text{day)}^{-1} = \text{Lifetime Excess Cancer Risk}$$

根据实验动物数据和剂量—反应曲线中低剂量部分的线性假设，斜率通常是反应概率的 95%置信上限。因此，致癌风险估计一般是一个上界估计，表明“真实风险”（如果有的话）可能不会超过基于斜率系数的风险估计，并且可能会低于预测值。

个体可能会通过吸入在气相或吸附在微粒上的化学物质而暴露于空气中的化学物质。皮肤吸收气相化学物质（例如丁二烯）的量低于吸入和摄入的量，因此在本项风险评估中没有进行量化（EPA，1989）。吸入空气中的气相化学物质可以通过以下公式进行量化：

$$\text{Intake(mg / kg} \cdot \text{day)} = \frac{\text{CA} \times \text{IR} \times \text{ET} \times \text{EF} \times \text{ED}}{\text{BW} \times \text{AT}}$$

其中，CA 为空气中的污染物浓度（mg/m^3）；IR 为吸入速率（m^3/h）；ET 为暴露时间（h/d）；EF 为暴露频率（d/a）；ED 为暴露持续时间（a）；BW 为体重（kg）；AT 为平均时间（平均暴露时间，d）。

必须评估终身暴露以确定致癌风险。为了保守分析终身暴露，假设暴露人群（以平均体重为 70 kg 的成人为代表）在 70 年的暴露持续时间中 365 d/a、24 h/d 地连续吸入（平均速率为 20 m^3/d）预测的地面浓度。最近，EPA 采用了“合理的最大值”假设，即 24 h/d、350 d/a，一共 30 年。

4.1 风险表征

为了表征风险，将健康变量和暴露变量组合为以下三种情景：基准情景、最差情景和最佳情景（表 4-1）。例如，最差情景包括高保守性的输入，而基准情景和最佳情景利用了不同复杂程度的特定地点的数据、暴露假设以及最近有关丁二烯吸收和代谢的生物学数据。

表 4-1 描述三种情景的关键变量

变量	基准情景	最差情景	最佳情景
气象数据			
1. SETPC	√	√	√
2. NWS			√
丁二烯衰减			
1. 无衰减		√	
2. 低衰减			
3. 中等衰减	√		
4. 高衰减			√
暴露假设			
1. 传统的最差情况（24 h/d、365 d/a、70 a）		√	
2. 合理的最大值（24 h/d、350 d/a、30 a）①	√		
3. 终身暴露比例的第 95 百分位数（基于全国人类活动模式分布）			
4. 终身暴露比例平均值（基于全国人类活动模式分布）			√
丁二烯斜率系数			
1. EPA 斜率系数	√	√	
2. 用因子 30 调整后的 EPA 斜率系数			
3. 用因子 590 调整后的 EPA 斜率系数			√

注：① 由美国 EPA 定义，1989。

ISCLT 模型计算了模型输入中提供的每个点（或受体）的环境浓度。设置受体的位置是为了确定最大远离资产浓度的位置。另外在几个方向上的最近的住宅和学校也设置了一些受体，因此可以确定几个敏感点的浓度。表 4-2 汇总了在基准情景下每个临近受体位置的最大个体风险。最近住宅处的风险估计为 1/10 000。最大远离资产浓度处的风险估计值大约高出 5 倍。学校的风险估计值较低，从 4/1 000 000 到 7/100 000 不等。这可以与美国人口中大约 1/4 的罹患致命癌症的本底风险相比较（Harvard School of Public Health，1992）。通过评估影响风险估计的其他变量，对该评估进行了改进。其中一些，特别是斜率系数，具有很高的不确定性。

表 4-2 基准情景下在特定受体位置上估计的最大个体致癌风险

受体位置[a]	基准情景下最大个体致癌风险[b、c、d]
远离资产的最大值（西方建筑红线）	5E-04（5/10 000）
住宅 1	1E-04（1/10 000）
住宅 2	1E-04（1/10 000）
学校 1	5E-05（5/100 000）
学校 2	7E-05（7/100 000）
学校 3	5E-06（5/1 000 000）
学校 4	4E-06（4/1 000 000）

注：[a] 与设备相关的受体位置见图 3-1。

[b] 基于 EPA“合理的最大值”吸入暴露（EPA，1989）和 EPA 致癌强度斜率系数 1.8（mg/kg·day）$^{-1}$。基于住宅暴露模式的合理最大暴露假设应用于所有位置。

[c] 从零到下述数值的风险范围。

[d] 在美国，本底致命致癌风险值约为 1/4。

4.1.1 暴露假设的影响

实际上，很少有人在同一个地方待一辈子。为了计算暴露持续时间少于一生的情况，可以使用以下公式量化终身平均每日暴露（Lifetime Average Daily Exposure，LADE）（Price et al.，1991）：

$$LADE(mg/kg-day)=\frac{CA\times IR\times FLE}{BW}$$

其中，CA 为空气中污染物浓度（mg/m^3）；IR 为吸入速率（mg/m^3）；FLE 为终身暴露比例（量纲一）；BW 为体重（kg）。

从国家统计数据中可以获得个体在一个住宅居住的时间上限（30 年）和平均值（9 年）（EPA 1989，1991）。在计算合理的住宅最大暴露量时，使用“上限”值作为暴露持续时间，使用 350 d/a 的暴露频率，即假设有 15 天是不在家的。假设 70 年的寿命，终身暴露比例的平均值为 0.12，合理的最大值为 0.41。

根据流动性、死亡率和日常活动模式等信息，使用点源暴露模型（Point Source Exposure Model，PSEM）来表征长期接受的暴露分布（Price et al.，1991）。PSEM 将在受影响地区居住的时间以及在家中度过的时间作为变量进行建模，从而生成终身暴露比例的概率密度函数。该模型预测，平均每个人在现在的住宅中居住 16.5 年，每天在家待 18 小时。PSEM 利用国家统计数据计算得到的终身暴露比例平均值为 0.16，中位数是 0.12，分布中的第 95 百分位数是 0.42。基于住宅暴露假设并使用这些终身暴露比例值来计算所有受体位置的吸入暴露量。本报告假设 1，3-丁二烯在室内和室外的浓度是相同的。这里没有尝试验证这一假设。

在本次评估中审查了几种暴露情况，包括：1）“最差情况”（24 h/d、365 d/a、70 a）；2）“合理的最大值”（24 h/d、350 d/a、30 a）；3）基于全国人类活动模式分布第 95 百分位数的终身暴露比例；4）基于全国人类活动模式分布的平均终身暴露比例。图 4-1、图 4-2、图 4-3 说明了使用传统的“最坏情况”、合理最大值和平均暴露假设的多个风险水平所包含的区域范围。如图所示，特定风险水平所涵盖的区域范围对暴露时间、频率和持续时间的变化非常敏感。

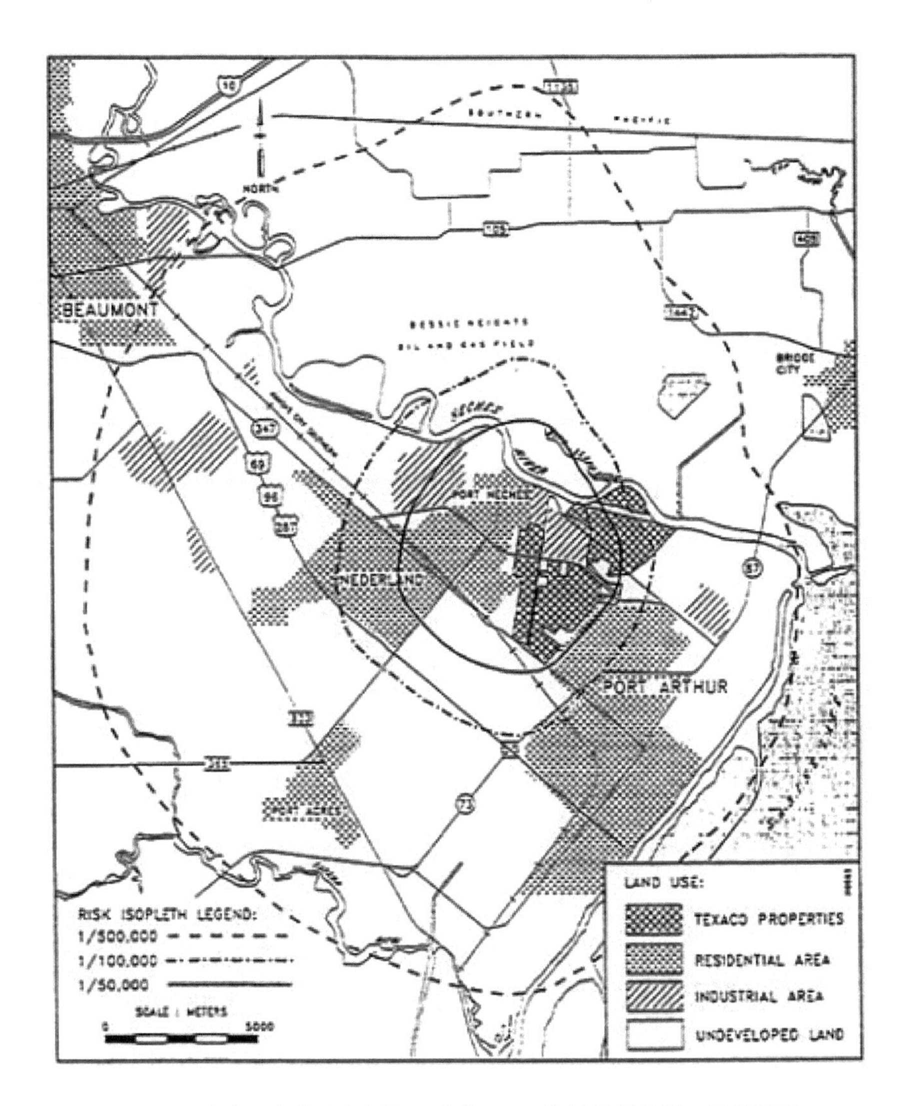

图 4-1 特定风险水平包括的区域范围——传统的最差情况暴露假设

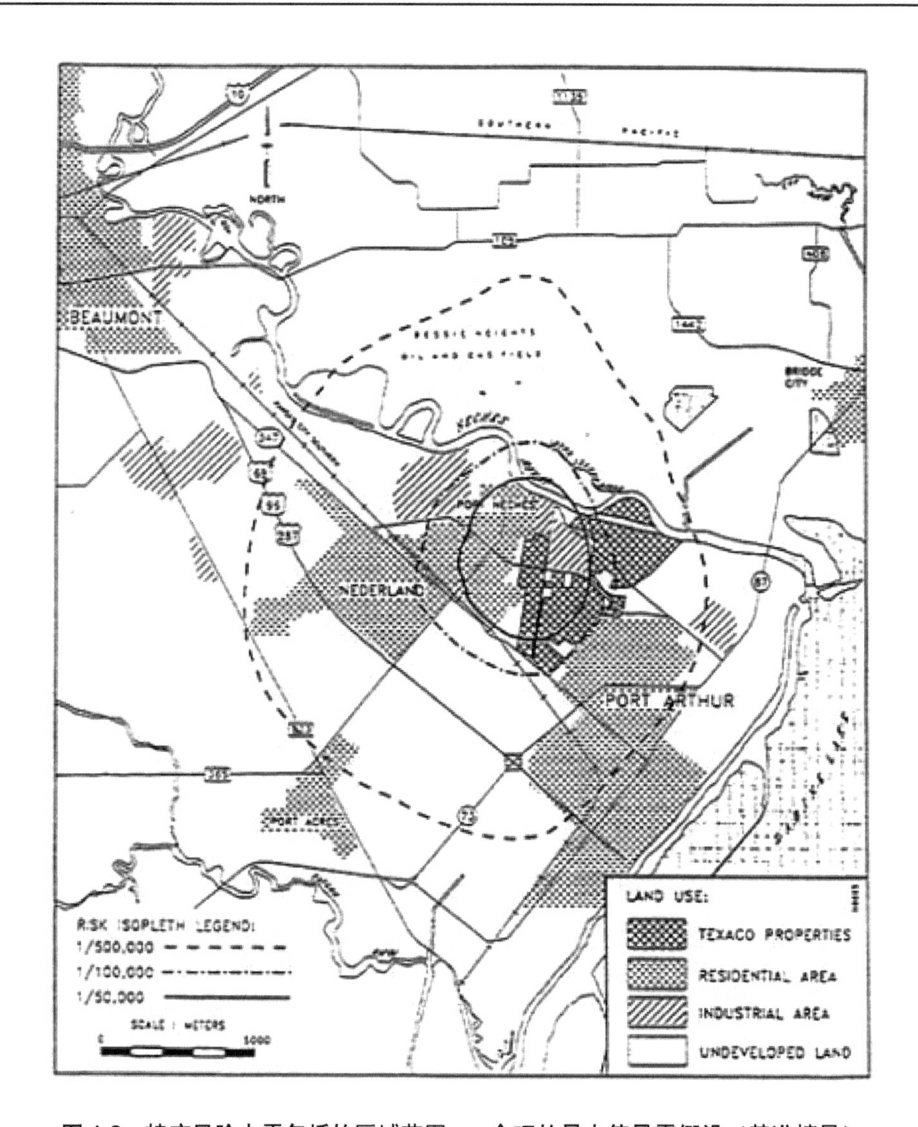

图 4-2 特定风险水平包括的区域范围——合理的最大值暴露假设（基准情景）

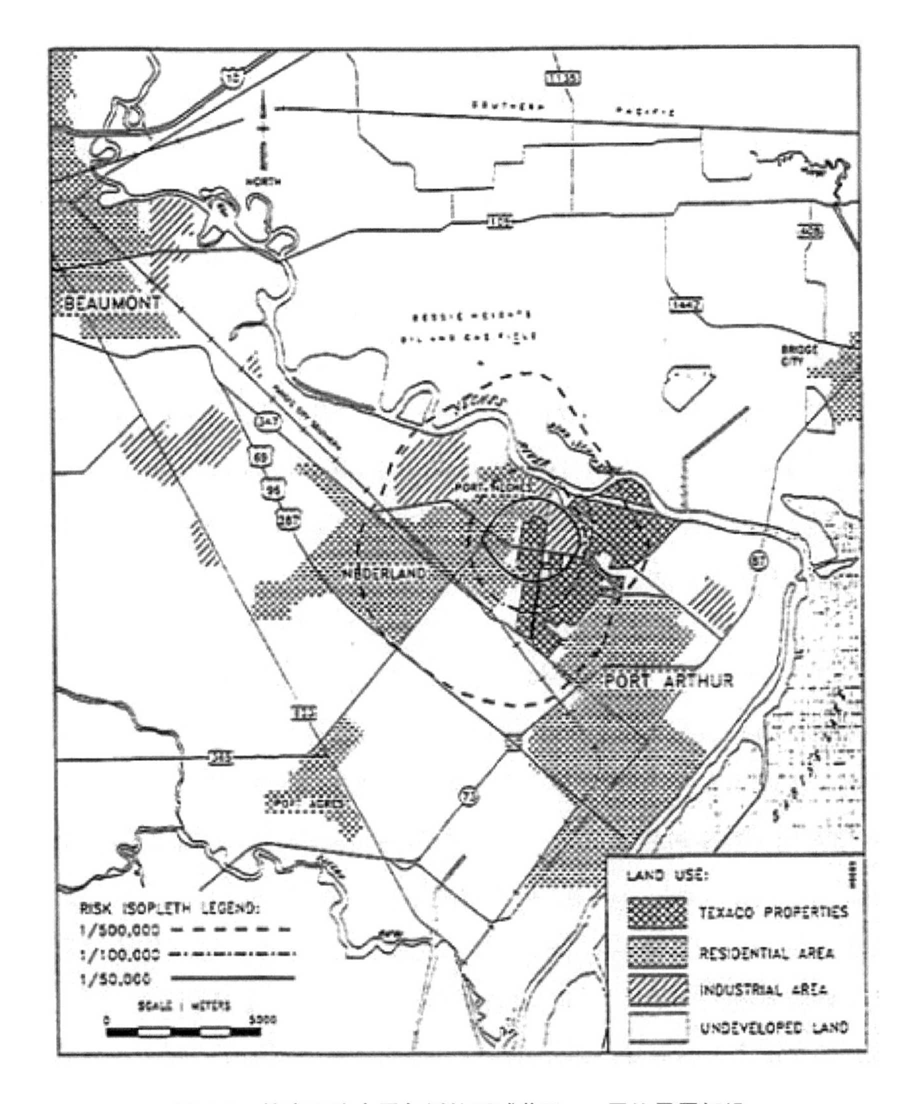

图 4-3 特定风险水平包括的区域范围——平均暴露假设

4.1.2 致癌斜率系数假设的影响

在之前的所有分析中都使用EPA认可的丁二烯斜率系数1.8（mg/kg·day）$^{-1}$（IRIS，1992）。然而，由于一些研究发现EPA斜率系数可能会高估人类风险，所以在当前的分析中使用了替代的斜率系数[①]来生成风险估计值。致癌斜率系数可以转化为单位风险估计值，以确定空气或者水中单位浓度的风险。通过假设暴露期为70年，将斜率系数除以70 kg（成年人的平均体重），再乘以20 m^3/d（成年人平均吸入速率），可以计算得到吸入单位风险（EPA，1989，1991）。

EPA基于54%的吸收系数计算的丁二烯吸入风险估计为2.8～4（μg/m^3）$^{-1}$，这个吸收系数是从国家毒理学计划（NTP）资助的一项小鼠吸收研究的初步结果中得出的。由于在高浓度下，内部剂量（mg/kg）与外部浓度不成正比，因此调整了确定从动物剂量得到等效人体剂量的方法。NTP研究的最终报告已经发表，与初步结果有显著的不同（Bond et al.，1986）。最终报告的结果表明，初步研究中小鼠的丁二烯保留率可能被高估了5倍。根据这些数据，使用EPA认可的丁二烯值计算得到的风险估计应当下调约5倍。根据发表在EPA综合风险信息系统（IRIS，1992）中的讨论，EPA在计算斜率系数时利用的吸收系数是54%。IRIS指出，最初和最终研究中报告的丁二烯保留率之间的差异已经在EPA的计算中进行了解释。假设这是正确的，那么就没有必要根据EPA的值对风险估计进行调整。但是，动物上限斜率系数与EPA在1985年发布的相同，这表明以上数据还没有作出修改（EPA，1985）。如果还没有进行修改，那么下调5倍是适当的。

人类的呼吸系统在很多方面与实验动物不同。这些差异导致了气流、吸入物质的沉积以及物质的保留率上的差异。部分可溶性气体的剂量，例如丁二烯，是与氧气消耗成正比的。反过来，氧气消耗又与体重成正比，所以又与气体在体液中的溶解度成正比，这表示为气体的吸收系数。在缺乏相反的实验证据的情况下，假设所有物种的吸收系数都是相同的。因此，在动物研究中使用的丁二烯暴露浓度（ppm）假定与人类的浓度相

---

① 1943—1979年，对该厂雇用的工人的流行病学队列研究显示，全死因和所有癌症均具有统计学上显著的赤字，但是从统计数据上看，淋巴肿瘤的死亡率明显超过平均水平，这主要集中在雇用不到10年以及在1946年之前首次雇用的工人（Divine, 1990）。

同。但体型较小的动物每单位体重具有较高的每分钟呼吸量，以满足它们较高的氧气需求。由于丁二烯的剂量（通过吸入）与氧气消耗成正比，因此每分钟呼吸量越高的物种，其体内的丁二烯负荷越高。

已有研究表明，非人类灵长类动物吸收的丁二烯比老鼠少得多（Dahl et al.，1990）。当浓度为 10 ppm 时，老鼠体内的丁二烯含量约是猴子的 6.6 倍。无论是在生理上还是结构上，人类与猴子之间的关系比与小鼠之间的关系更为密切，因此，灵长类动物的保留率应当作为估计人类保留率的依据。在此基础上，根据 EPA 认可的毒性值计算得到的风险估计应当向下调整 6 倍。

在定量风险模型中，使用丁二烯的内部浓度作为剂量的度量。然而，在这一过程中，丁二烯代谢的物种差异被忽略了。在 NTP 资助的研究中（Dahl et al.，1990），小鼠血液中单环氧化物（丁二烯的一种 DNA 反应性和诱变代谢物，假设是一种有毒代谢物）的含量比灵长类动物高约 590 倍[①]。基于人类代谢丁二烯的方式与非人类的灵长类动物更为相似的假设，人类对丁二烯致癌效应的易感性应当比小鼠低约 590 倍。因此，估计的风险应当调整 590 倍，以解释丁二烯代谢在物种之间的差异。使用单环氧化物的内部浓度可以避免对吸入丁二烯的保留率差异进行调整。

现有的比较研究表明，丁二烯在人类中的等效强度可能远远低于 EPA 用于计算致癌斜率系数的依据的强度。根据现有数据，斜率系数可以向下调整（即表明人类中较低的强度）30 倍（5×6，基于当前小鼠的保留率和小鼠/灵长类动物的保留率差异）到 590 倍（基于小鼠/灵长类动物血液中单环氧化物浓度的差异）。由于风险的变化与丁二烯斜率系数的变化成比例，因此使用替代斜率系数的风险将降低 30～590 倍。图 4-4、图 4-5、图 4-6 说明了丁二烯斜率系数的变化对特定风险水平包括的区域范围的影响。

① 通过与标准品共蒸馏，初步鉴定了代谢物。

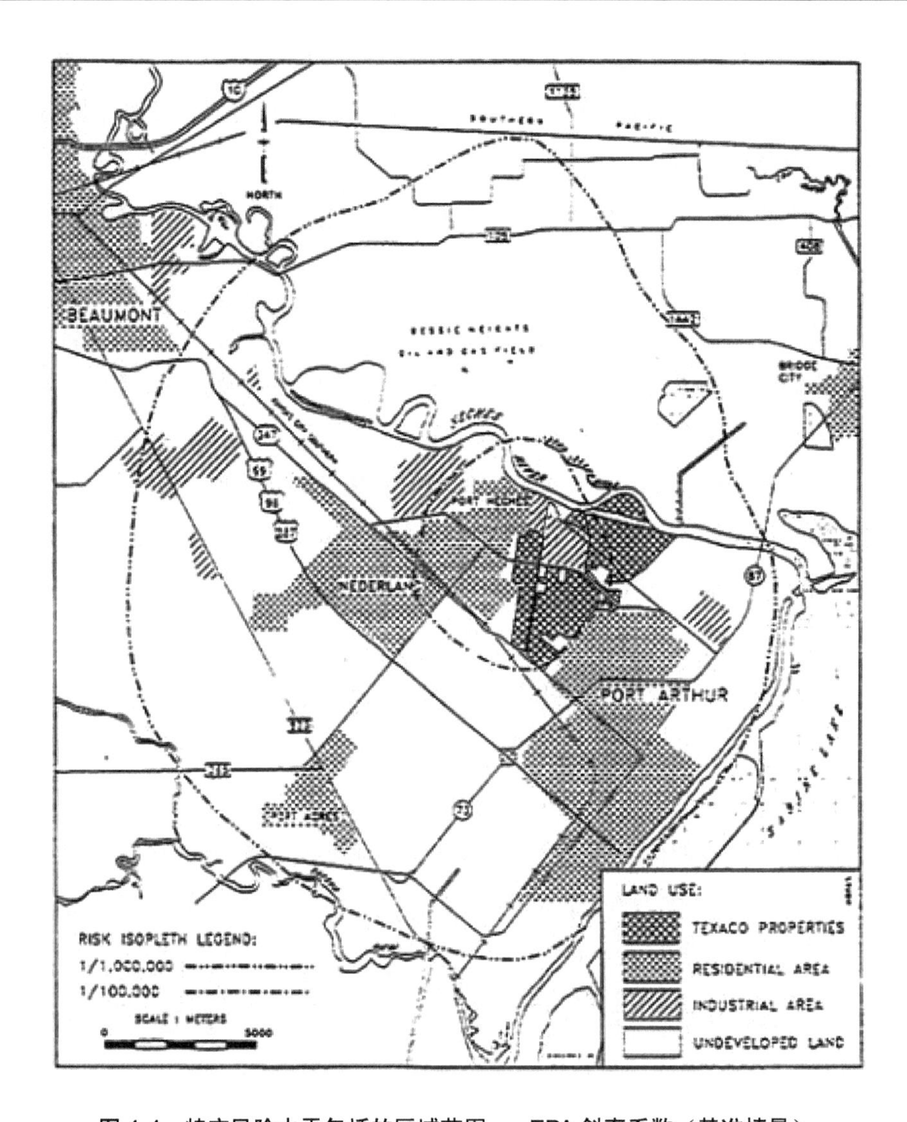

图 4-4　特定风险水平包括的区域范围——EPA 斜率系数（基准情景）

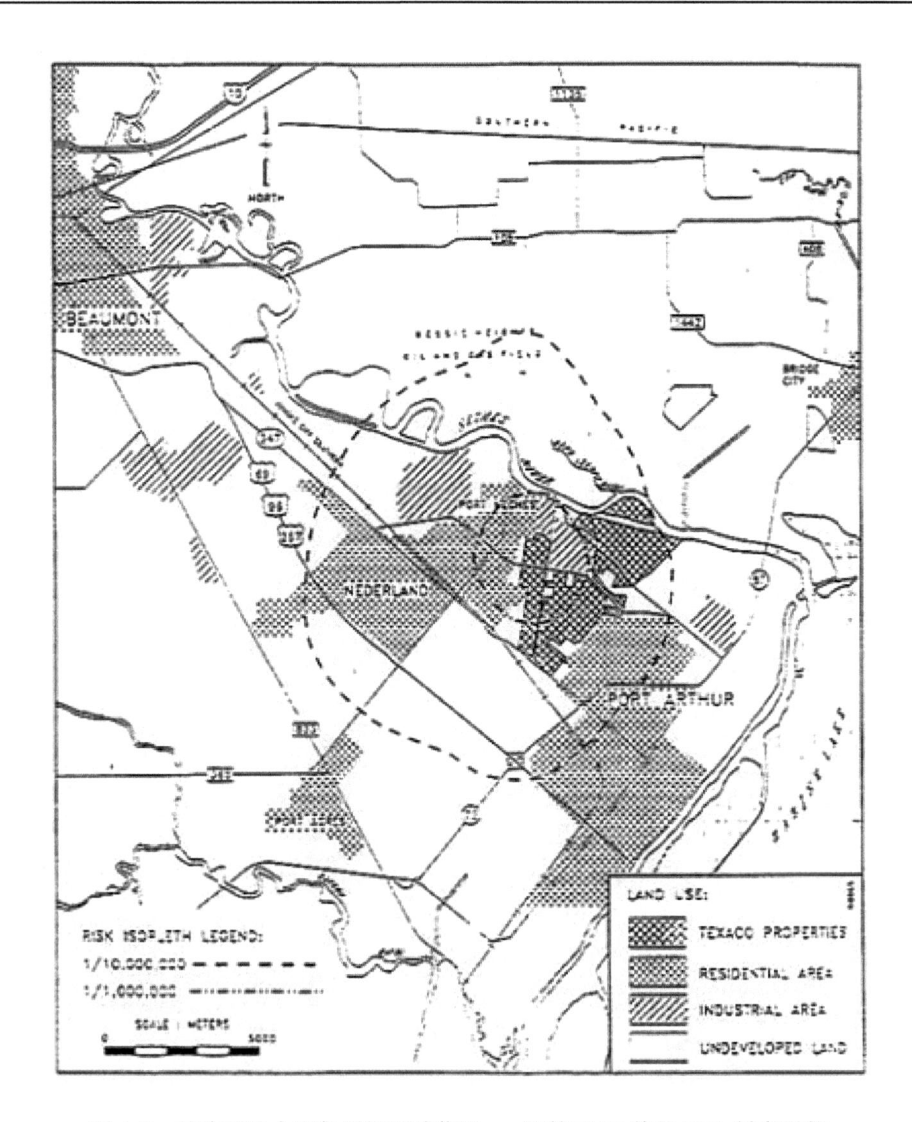

图 4-5　特定风险水平包括的区域范围——调整了 30 倍的 EPA 斜率系数

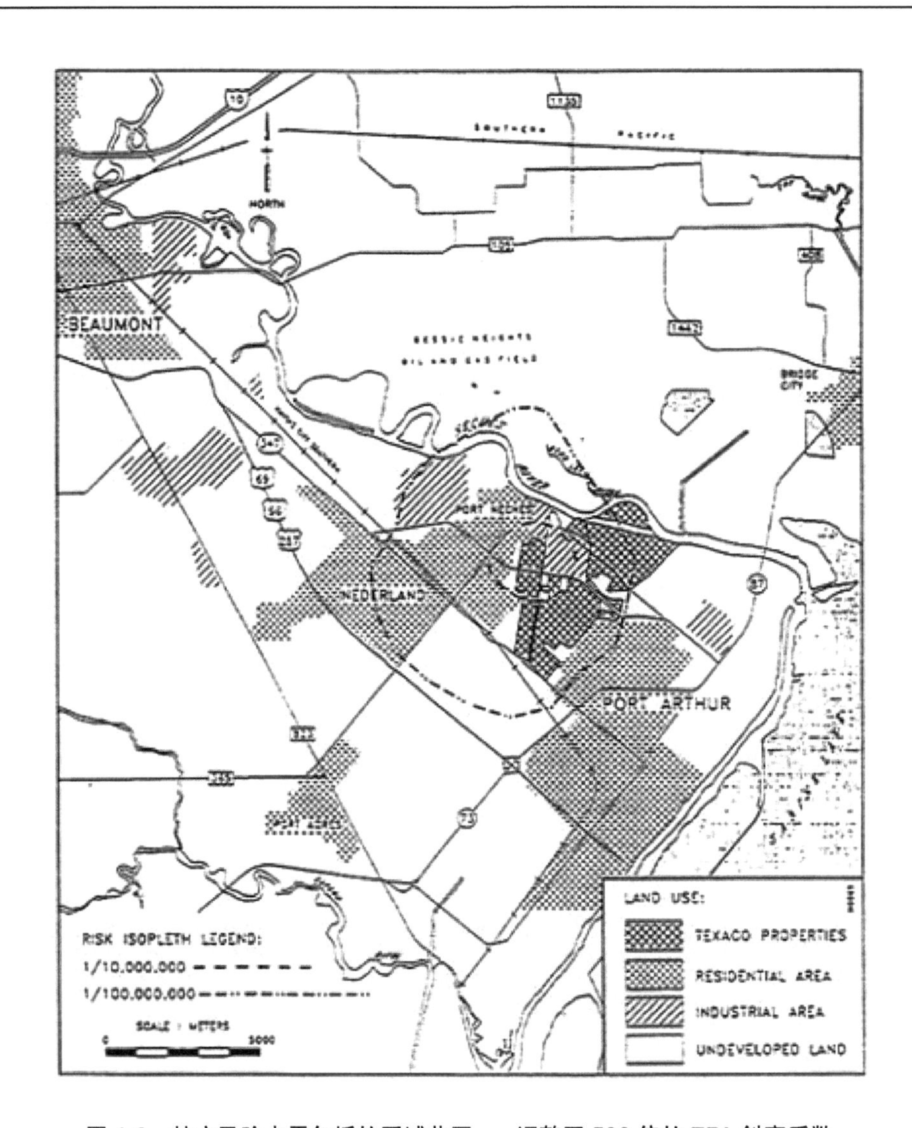

图 4-6　特定风险水平包括的区域范围——调整了 590 倍的 EPA 斜率系数

5.0 概率蒙特卡洛模拟

根据一系列“最差情况”假设得到的风险估计可能会高估实际风险。但是，监管机构、行业代表、潜在暴露人群或者其他相关利益群体都没有办法解释保守程度。预计EPA的风险评估将处理包括中心趋势和风险分布的高端部分在内的风险范围（EPA，1992）。此外，预期它们将包括对风险评估本身可信度的说明。风险的随机分析提供了一种基于输入参数的概率密度函数而不是单个点估计。

蒙特卡洛模拟使用从概率函数中随机生成的值进行多次迭代来计算风险。由此产生的风险估计分布，在不牺牲保守性的前提下，更充分地利用了与暴露和理论风险相关的科学证据和数据。蒙特卡洛避免了“最差情况”假设和不确定性的混合，并且提供了关于风险不确定性的定量信息。

分布的形状以及低端和高端估计之间的范围反映了评估中包含的不确定性，可以用于解释评估的置信水平。第5百分位数和第95百分位数之间的狭窄分布意味着总体不确定性较低，因此评估具有较高的置信水平。范围较宽意味着不确定性水平较高。

在此项评估中，最近的住宅的风险估计范围从第5百分位数到第95百分位数是4/100 000 000～2/10 000（Radian，1992b）。这个范围跨越了4个数量级，表明存在非常高的不确定性。最近的学校的风险估计范围从第5百分位数到第95百分位数是5/10 000 000 000～6/1 000 000。这个范围超过了4个数量级。在这个位置上风险范围跨度略大，是由于随着距离的增加，大气中丁二烯衰减的潜在影响也会增大。因此，对该设备与丁二烯有关的风险估计的可信度较低。

6.0 结论

在风险评估中审查的很多变量对最终的理论风险估计产生显著影响。这些变量包括：1）在传输和归趋模型中使用的气象数据；2）丁二烯衰减系数；3）暴露时间、频率和持续时间；4）丁二烯的斜率系数。

本项评估通过利用相对保守的关键变量的输入得到了基准情景的估计值，并且评估了基准情景估计对这些关键变量输入的敏感性。基准情景预测的最近的住宅处的风险为1/10 000，最近的学校处的风险范围为 4/1 000 000～7/100 000。最差情景的估计结果只比基准情景的估计结果高 2～3 倍。

最佳情景的估计值比最差情景的估计值低 3～4 个数量级，它提供与估计值有关的不确定性程度的另一种度量方法。丁二烯斜率系数对分隔最差情景和最佳情景的理论风险估计值贡献了近 3 个数量级。虽然丁二烯衰减系数不会对附近位置的风险估计产生显著影响，但这种影响取决于地点。基准情景风险估计值（在最近的住宅处是 1/10 000）代表了与设备排放的丁二烯相关的风险上界。“真正的风险”不可能更高，甚至很可能更低。对影响理论风险估计的一些关键变量的研究表明，在最近住所处的最大个人风险可能低至 1/10 000 000。本报告中的风险估计应当考虑与美国人口中约 1/4 的本底致命癌症风险进行比较。在所有情况下，如果丁二烯在当前暴露水平下对人体没有致癌性，那么风险将为零。

参考文献

[1] Bond, J.A., Dahl, A.R., Henderson, R.F., Dutcher, J.S., Mauderly, J.L., Birnbaum, L.S., 1986. Species differences in the disposition of inhaled butadiene. Toxicol. Appl. Pharmacol. 84:617-627 , 1986.

[2] Dahl, A.R., Bechtold, W.E., Bond. J.A., Henderson, R.J., Muggenburg, B.A., Sun, J.D., and Birnbaum, L.S., 1990. Species Differences in the Metabolism and Disposition of Inhaled 1,3-Butadiene and Isoprene . Environ. Health Perspect. 86: 65-69 , 1990.

[3] Divine, B.J. 1990 An Update on Mortality Among Workers at a 1,3-Butadiene Facility -Preliminary Results. Environmental Health Perspectives 86: 119-128 .

[4] Harvard School of Public Health, The Center for Risk Analysis. Annual Report. 1992.

[5] Integrated Risk Information System (IRIS), 1992. U.S. EPA Information Network On-Line Database. Data retrieved January , 1992.

[6] Price, P.S., Sample, J., Streiter, R., 1991. PSEM. A model of Long-Term Exposures to Emissions from Point Sources. Presented at the 84th annual meeting of the Air and Waste Management Association,

Vancouver, British Columbia, June 16-21 , 1991. 91-172.3.

[7] Radian Corporation, 1990. Site-Specific Evaluation of Potential Cancer Risk Associated with 1,3-Butadiene Emissions from the Texaco, Port Neches Facility. Prepared for Texaco Chemical Company, May 14 , 1990.

[8] Radian Corporation, 1992a. Site-Specific Evaluation of Potential Cancer Risk Associated with 1,3-Butadiene Emissions from the Texaco, Port Neches Facility. Prepared for Texaco Chemical Company, April 16 , 1992.

[9] Radian Corporation, 1992b. Technical Memorandum from Randy Parmley, Radian Corporation to Jim Kmiecik, Texaco Chemical Company on "Summary of ISCST and ISCLT Model Comparison," dated 31 January 1992.

[10] Radian Corporation 1992c. Site-Specific Evaluation of Potential Cancer Risk Associated with 1,3-Butadiene Emissions from the Texaco, Port Neches Facility. Addendum I-Probabilistic Monte Carlo Simulation. August 10 , 1992.

[11] U.S. Environmental Protection Agency (EPA), 1983. Health and Environmental Effects Profile for 1,3-Butadiene. EPA/60/0-84/120. May , 1983.

[12] U.S. Environmental Protection Agency (EPA), 1985. Mutagenicity and Carcinogenic Assessment of 1,3-Butadiene. EPA/600/8/85-004f.

[13] U.S. Environmental Protection Agency (EPA), 1987. Industrial Source Complex (ISC) Dispersion Model. Addendum to User's Guide. 1987.

[14] U.S. Environmental Protection Agency (EPA), 1989. Risk Assessment Guidance for Superfund. Volume 1 Human Health Education Manual (Part A). Interim Final. EPA 540/1-89-002. December , 1989.

[15] U.S. Environmental Protection Agency (EPA), 1991. Risk Assessment Guidance for Superfund. Volume 1 Human Health Evaluation Manual. Supplemental Guidance. Standard Default Exposure Factors. March 25 , 1991.

附录 H-1

关于差异性的一些定义上的问题

三种主要的差异类型（时间、空间和个体）可以通过三种方式进行表征，如下所述（这些例子都与人类易感性的差异有关，虽然也有其他例子）：

- 差异性是离散或连续的。例如，白化病患者对阳光的敏感度是其他人群的许多倍，所以适合使用一个离散（二分法）的假设。相反，由于体重的变化是连续的，因此，在不损失大量信息的情况下，一种物质单位剂量的致癌风险不能使用二分法来进行建模。
- 差异性是可识别或不可识别的。白化病患者是可识别的差异性的一个很好的例子，然而，如果没有侵入性检测，可能无法辨别一个人对某种特定的活性代谢中间体的解毒能力，因此对大多数人来说都是不可识别的。
- 可识别的差异性依赖于或独立于社会认为突出的其他变量特征。例如，一些导致对化学物质的致癌效应具有遗传易感性的因素与种族、性别或年龄相关。如果社会认为那些有这种倾向的人由于其他因素已经值得特别注意，那么这种差异的重要性就更加突出了。但是一些可识别的差异性，例如体重和苯丙酮尿症，可能是“不涉及价值判断的”或者与任何特征都不相关的。

附录 H-2

个体易感性因素

一种对影响癌症易感性的各种因素进行分类的方法，是根据每个因素在人群中的广泛性和该因素能够改变易感性的程度这两方面将他们定性并分为不同级别。Finkel（1987）指出大多数非常常见的因素（表 H-1）往往只会使受影响人群的相对风险有微小的增加（不到两倍的易感性）。长期以来被认为会带来极高风险的许多其他诱发因素，往往非常罕见（表 H-2）。

表 H-1　常见的诱发因子示例

诱发因子	影响癌症易感性的机制
A. 时间因素[a]	
• 昼夜节律	
• 改变摄入和吸入特征	
• 抑郁和压力	
B. 营养因素[b]	
• 维生素 A 和铁缺乏	可能会增加对致癌碳氢化合物的易感性
• 膳食纤维摄入量	摄入不足可能会增加致癌物质与消化道上皮细胞接触的时长
• 酒精摄入	可能会通过影响肝脏来影响易感性
C. 并发疾病[c]	
• 呼吸道感染和支气管炎	通过阻碍肺清除或者促进瘢痕形成而导致肺癌
• 病毒性疾病，例如乙型肝炎	可能会激活原癌基因并且导致肝脏坏死和再生
• 高血压	可能会增加外周淋巴细胞 DNA 损伤的可能性

注：[a] 数据来自 Fraumeni，1975；Borysenko，1987。

[b] 数据来自 Calabrese，1978。

[c] 数据来自 Warren and Weinstock，1987。

表 H-2 罕见的诱发因子示例

诱发因子	影响癌症易感性的机制
• 共济失调毛细血管扩张症	染色体脆弱，导致对基因重组物质的易感性增加
• 布卢姆氏综合征	超突变性
• 白细胞异常色素减退综合征	能够抵抗早期恶性肿瘤的“自然杀伤”细胞的衰竭
• 唐氏 21 三体综合征	白血病风险增加 10 倍
• 邓肯病	巴尔病毒感染者中的淋巴瘤
• 疣状表皮发育不良	与人乳头状瘤病毒的慢性感染有关的皮肤癌
• 家族性结肠息肉病	APC 抑癌基因突变导致良性结肠生长，易发生恶性转化
• 范科尼氏贫血症	可能缺乏清除活性氧化物的酶
• 谷胱甘肽还原酶缺乏症	过高的白血病风险
• 遗传性视网膜母细胞瘤	因肿瘤抑制基因的一个等位基因的突变而易患视网膜癌
• 李-佛美尼综合征	P53 抑癌基因的种系突变容易诱发多种癌症和肉瘤
• X-连锁无丙种球蛋白血症	免疫缺陷，易患白血病
• 着色性干皮病	无法修复某些类型的 DNA 损伤，易因紫外线辐射而患皮肤癌

注：数据来自 Swift et al.，1991；Orth，1986；Kinzler et al.，1991；Nishisho et al.，1991；Groden et al.，1991；Cleaver，1968；Friend et al.，1986；Harris，1989。

然而，癌症易感性的几个重要的决定因素对人们来说可能既不罕见也不重要，一些人推测这可能对社会风险评估非常重要。本节讨论了五个可能是最重要的因素。

致癌物代谢

大多数化学致癌物质都需要代谢活化来发挥致癌作用，其产生的致癌物的数量取决于活化和解毒两个途径的相互竞争作用。因此，致癌物质代谢上的个体差异是癌症易感性的重要决定因素。

化学致癌物的代谢是通过各种可溶性的膜结合酶进行的。化学致癌物例如多环芳烃（PAHs）的氧化代谢中涉及多种形式的人体细胞色素 P450（CYP）。在经 CYP1A1 催化的胎盘丙烯烃羟基酶（AHH）活性中观察到几千倍的个体间差异；其中一些变异是直接由基因控制的，但是，由于母亲暴露于环境致癌物，例如烟草烟雾，酶诱导过程也会导致变异。CYP1A1 的一种遗传多态性（在 CYP1A1 中，蛋白质的血红素结合区域中的氨基酸置换增加了多环芳烃的催化活性），与增加吸烟者对肺鳞状细胞癌的易感性有关（Nakachi et al.，1991）。具有易感基因的日本人在低吸烟水平下具有 7.3（95%置信区间，2.1～25.1）的优势比；在高吸烟水平下，基因型之间的易感性差异减小了，这表明个体间差异对于风险评估目的来说可能在涉及“低”暴露时特别重要。致癌物代谢过程中涉及的这些以及其他遗传多态性的频率可能因种族而异。

CYP2D6 活性是多形态的，并且与肺癌风险有关（Ayesh et al.，1984；Caporaso et al.，1990）。CYP2D6 会羟基化外源性物质，例如异喹胍（抗高血压药物）和特定烟草的亚硝酸。个体的多态性表型通常是以常染色体隐性遗传的方式遗传的。异喹胍的 4-羟基化速率有几千倍的差异，并且肺癌、肝癌或者晚期膀胱癌患者会比非癌症对照组的人更可能具有快速羟基化代谢表型。在美国的一个肺癌病例对照研究中（Caporaso et al.，1990），快速羟基化代谢表型比缓慢羟基化代谢表型具有更大的致癌风险（优势比 6.1；95%的置信区间，2.2～17.1）。风险的增加主要是在除了腺瘤之外的其他病理类型上。具有快速羟基化代谢表型，以及暴露于大量的石棉或多环芳烃的英国工人，患肺癌的风险增加（优势比 18.4；95%置信区间，4.6～74 和 35.3；95%置信区间，3.9～317）（表 H-3）（Caporaso et al.，1989）。CYP2D6 可能会激活烟草烟雾中的一些化学致癌物质，例如 N-亚硝胺，或者是灭活尼古丁（烟草烟雾的成瘾成分），从而降低其稳态浓度并导致风险增加。因此，具有快速羟基化代谢表型的人可能具有更大的致癌风险。另一个假设是 CYP2D6 基因的等位基因与另一个影响癌症易感性的基因处于连锁不平衡状态。

N-乙酰化多态性受同一基因位点上的两个常染色体等位基因控制，其中快速乙酰化为显性性状，缓慢乙酰化为隐性性状。致癌芳香胺的缓慢乙酰化和快速乙酰化都被认为是致癌风险因素。缓慢乙酰化表型与染色工人中的职业性膀胱癌有关，这些染色工人暴露于大量的 *N*-取代芳基化合物（Cartwright et al.，1982）。在三分之二的结肠癌病例研究中，都能见到快速乙酰化表型（Lang et al.，1986；Ladero et al.，1991；Ilett et al.，1987）。

表 H-3 遗传癌症因素和环境致癌物之间相互作用的例子

候选基因	条件	癌症位置示例	环境致癌物	优势比（95%置信区间）	参考文献
XPAC	着色性干皮病	皮肤	阳光	>1，500	Cleaver，1968
未知	疣状表皮发育不良	皮肤	阳光和人类乳头瘤病毒	（#30%的被影响人群）	Orth，1986
CYP2D6	快速羟基化代谢表型	肺	烟草烟雾；石棉；PAH[a]	6.1（2.2～17.1）；18.4（4.6～74）；35.3（3.9～317）	Caporaso et al.，1990 Caporaso et al.，1989 Caporaso et al.，1989
YP1A1	快速代谢表型[b]	肺	烟草烟雾	7.3（2.1～25.1）	Nokachi et al.，1991
Ha-ras	限制片段长度多态性（罕见等位基因）	肺[c]	烟草烟雾	4.2（1.1～16）	Sugimura et al.，1990
NAT2	缓慢乙酰化表型（隐性遗传）	膀胱	芳香胺染料	16.7（2.2～129）	Cartwright et al.，198
NAT2	快速乙酰化表型（显性遗传）	结肠	未知	1.4（0.6～3.6）；4.1（1.7～10.3）	Lang et al.，1986 Ilett et al.，1987
CYP1A1	活化和解毒之间的代谢平衡	肺[d]	芳香烃	9.1（3.4～24.4）	Hayashi et al.，1992 Seidegard et al.，1986 Hayashi et al.，1992
GSTI	活化和解毒之间的代谢平衡	肺[e]	芳香烃	3.5（1.1～10.8）	Seidegard et al.，1986

注：[a] 多环芳烃。
[b] 日本人发病率上升。
[c] 非裔美国人的非腺癌肺癌。
[d] 日本人的鳞状细胞癌。
[e] 腺癌。

在解毒致癌物的酶中同样也发现了广泛的个体差异。例如，在苯并[*a*]芘活化成亲电二醇环氧化物的代谢途径的每一步中，都发现了竞争性的解毒酶。最近对苯并[*a*]芘代谢所涉及的几种酶的研究证实了先前的观察结果，研究显示人与人之间的酶活性存在10倍以上的差异，并间接证明了烟草烟雾诱导了许多这样的酶（Petruzzelli et al.，1988）。此外也报道过苯并[*a*]芘通过转化为水溶性代谢物而解毒的遗传控制（Nowak et al.，1988）。

谷胱甘肽 S-转移酶（GST）是多功能蛋白质，它能够催化谷胱甘肽与亲电体的结合，包括苯并芘[*a*]的最终致癌代谢物，并且被认为是一种解毒致癌物多环芳烃的工具。GST的三种同工酶（α-、μ 和 π）在其底物特异性、组织分布和活性上存在个体差异。GST-μ的表型是常染色体的显性遗传，具有低 GST-μ 活性的人可能会面临更大的因吸烟而患上肺癌的风险（Seidegard et al.，1986，1990）。此外，已经观察到 GST-μ 和 CYP1A1 基因型之间的交互作用（Hayashi et al.，1992）。具有纯合子缺失的 GST-μ 基因型、细胞色素P450 酶中血红素结合区的 CYP1A1 遗传多态性的人，患上肺鳞状细胞癌（优势比 9.07；95%置信区间，3.38～24.4）和肺腺癌（优势比 3.45；95%置信区间，1.10～10.8）的风险增加。

DNA 加合物的形成

DNA 加合物是一种由化学致癌物引起的基因损伤，并且可能导致在复制细胞中激活原癌基因和抑制抑癌基因的突变。加合物的稳态浓度取决于可结合的最终致癌物的数量和通过酶修复过程从 DNA 中去除的速率。加合物的形成和修复基因组的分布是非随机的，受到 DNA 序列和染色质结构的影响，包括蛋白质和 DNA 的相互作用，这个相互作用可以防止致癌物质的活化形式对 DNA 的亲电攻击。

尽管到目前为止在体外模型中研究的化学致癌物质的主要的 DNA 加合物在性质上是相似的，但是人与人之间和各种组织类型之间存在数量上的差异。由于个体间和个体内组织间的差异所造成的在 DNA 加合物形成过程中的差异，在人类中的范围为 10～150倍。个体分布一般为单峰分布（即单峰曲线），并且差异程度与药物代谢的药物遗传学研究中发现的类似（Harris，1989）。

DNA 修复率

DNA 修复酶通常在去除 DNA 加合物的反应中修复致癌物质造成的 DNA 损伤。针对着色性干皮病供体细胞的研究对于加深对 DNA 切除修复及其可能与致癌风险的关系的理解具有特别重要的意义。DNA 修复的速率而非准确度可以通过测量非常规的 DNA

合成和DNA加合物的去除来确定；已观察到的DNA修复率在个体中存在显著差异（Setlow，1983）。DNA 修复的准确度也可能因人而异，识别哺乳动物的 DNA 修复基因及其分子机制中的最新进展应当很快能够为研究切除修复的准确性提供机会。除了具有隐性遗传着色性干皮细胞的个体的细胞切除修复率严重降低之外，在一般人群中还发现，淋巴细胞在体外暴露于紫外线下引起的非常规DNA 合成的差异约有 5 倍（Setlow，1983）。DNA修复可能涉及数十种酶和辅酶因子，编码这些修复酶的基因的遗传多态性可能是导致个体间和群体间差异的原因。

O^6-烷基脱氧鸟嘌呤-DNA 烷基转移酶的活性存在个体间的差异，这种酶可以修复 O^6-脱氧鸟嘌呤的烷基化损伤。在人们的不同类型的组织中发现这种 DNA 修复活性的巨大差异（大约为 40 倍）（Grafstrom et al.，1984；D’Ambrosio et al.，1984，1987），胎儿组织的活性仅为相应的成年人组织的 20%～50%（Myrnes et al.，1983）。

在体外的人类淋巴细胞中观察到了苯并[*a*]芘二环物-DNA 加合物修复速率的单峰分布（Oesch et al.，1987）。其中个体间的差异明显超过个体内的差异，这表明了遗传因素的影响。在一般人群中，DNA 修复速率的差异对确定组织位置和致癌风险的影响还有待确定。

致癌物的协同作用

暴露于一种致癌物质的人，如果同时或依次暴露于其他类型的致癌物质时，患癌症的风险可能会增加（表 H-4）。吸烟者已经比非吸烟者有更大的肺癌风险，如果他们在职业上暴露于石棉（Selikoff 和 Hammond，1975；Saracci，1977）或者氡（Archer，1985），则会有更大的风险。近年来，乙肝病毒与黄曲霉毒素 B1 在肝癌发病中的协同作用已经得到了研究（Ross et al.，1992）。

年　龄

暴露于致癌物的儿童可能比成年人有更高的致癌风险（NRC，1993；ILSI，1992）。对原子弹爆炸幸存者和接受过癌症治疗的人的研究发现，当暴露年龄较低时，其乳房、肺、胃、甲状腺和结缔组织的致癌风险会更大（Fry，1989）。另外，由于免疫监视的减弱、暴露于多种药物或者仅仅由于 DNA 损伤的更大的累积（使得一些细胞处于再一次“打击”就发生基因突变的高风险中），老年人可能对其他致癌刺激更敏感。

表 H-4 物理、化学和病毒致癌物协同作用的例子

癌症类型	致癌物	优势比（95%置信区间）	参考文献
肝脏	乙型肝炎病毒；+ 黄曲霉毒素 B_1 暴露	4.8（1.2～19.7） 60（6.4～561.8）	Ross et al.，1992
食道	烟草烟雾；+ 酒精饮料	5.1（–）；44.4（–）	Tuyns et al.，1977
口腔	烟草烟雾；+ 酒精饮料	2.4（–）；15.5（–）	Rothman 和 Keller，1972
肺	烟草烟雾；+ 职业； 石棉暴露	8.1（5.2～12.0） 92.3（59.2～137.4）	Selikoff 和 Hammond，1975 Saracci，1977

参考文献

[1] Archer, V.E. 1985. Enhancement of lung cancer by cigarette smoking in uranium and other miners.Pp. 23-37 in Cancer of the Respiratory Tract: Predisposing Factors. Carcinogenesis—A Comprehensive Survey, Vol. 8, M.J. Mass, D.G. Kaufman, J.M. Siegfried, V.E. Steele, and S. Nesnow, eds. New York: Raven Press.

[2] Ayesh, R., J.R. Idle, J.C. Ritchie, M.J. Crothers, and M.R. Hetzel. 1984. Metabolic oxidation phenotypes as markers for susceptibility to lung cancer. Nature 312:169-170 .

[3] Borysenko, J. 1987. Psychological variables. Pp. 295-313 in Variations in Susceptibility to Inhaled Pollutants: Identification, Mechanisms, and Policy Implications, J.D. Brain, B.D. Beck, A.J. Warren, and R.A. Shaikh, eds. Baltimore, Md.: The Johns Hopkins University Press. Calabrese, E.J. 1978. Methodological Approaches to Deriving Environmental and Occupational Health Standards. New York: Wiley Interscience.

[4] Caporaso, N.E., R.B. Hayes, M. Dosemeci, R. Hoover, R. Ayesh, M. Hetzel, and J. Idle. 1989. Lung cancer risk, occupational exposure, and the debrisoquine metabolic phenotype. Cancer Res. 49:3675-3679 .

[5] Caporaso, N.E., M.A. Tucker, R.N. Hoover, R.B. Hayes, L.W. Pickle, H.J. Issaq, G.M. Muschik, L. Green-Gallo, D. Buivys, S. Aisner, J.H. Resau, B.F. Trump, D. Tollerud, A. Weston, and C.C. Harris. 1990. Lung cancer and the debrisoquine metabolic phenotype. J. Natl. Cancer Inst. 82:1264-1272 .

[6] Cartwright, R.A., R.W. Glashan, H.J. Rogers, R.A. Ahmad, D. Barham-Hall, E. Higgins, and M.A. Kahn. 1982. The role of N-acetyltransferase phenotypes in bladder carcinogenesis: A pharmacogenetic epidemiological approach to bladder cancer. Lancet 2:842-846 .

[7] Cleaver, J.E. 1968. Defective repair replication of DNA in xeroderma pigmentosum. Nature 218:652-656 .

[8] D'Ambroiso, S.M., G. Wani, M. Samuel, and R.E. Gibson-D'Ambrosio. 1984. Repair of O6-methylguanine in human fetal brain and skin cells in culture. Carcinogenesis 5:1657-1661 .

[9] D'Ambrosio, S.M., M.J. Samuel, T.A. Dutta-Choudhury, and A.A. Wani. 1987. O6-methylguanine-DNA methyltransferase in human fetal tissues: Fetal and maternal factors. Cancer Res. 47:51-55 .

[10] Finkel, A. 1987. Uncertainty, Variability, and the Value of Information in Cancer Risk Assessment. D. Sc. Dissertation. Harvard School of Public Health, Harvard University, Cambridge, Mass.

[11] Fraumeni, J.F., Jr., ed. 1975. Persons at High Risk of Cancer: An Approach to Cancer Etiology and Control. Proceedings of a conference, Key Biscayne, Florida, December 10-12 , 1974. New York: Academic Press.

[12] Friend, S.H., R. Bernards, S. Rogelj, R.A. Weinberg, J.M. Rapaport, D.M. Albert, and T.P. Dryja. 1986. A human DNA segment with properties of the gene that predisposes to retinoblastoma and osteosarcoma,. Nature 323:643-646 .

[13] Fry, R.J.M. 1989. Principles of carcinogenesis: Physical. Pp. 136-148 in Cancer: Principles and Practice of Oncology, Vol. 1 , V.T. DeVita, S. Hellman, and S.A. Rosenberg, eds. Philadelphia: Lippincott.

[14] Grafstrom, R.C., A.E. Pegg, B.F. Trump, and C.C. Harris. 1984. O6-alkylguanine-DNA alkyltransferase

activity in normal human tissues and cells. Cancer Res. 44:2855-2857 .

[15] Groden, J., A. Thliveris, W. Samowitz, M. Carlson, L. Gelbert, H. Albertsen, G. Joslyn, J. Stevens, L. Spirio, and M. Robertson 1991. Identification and characterization of the familial adenomatous polyposis coli gene. Cell 66:589-600 .

[16] Harris, C.C. 1989. Interindividual variation among humans in carcinogen metabolism, DNA adduct formation, and DNA repair. Carcinogenesis 10:1563-1566 .

[17] Hayashi, S.I., J. Watanabe, and K. Kawajiri. 1992. High susceptibility to lung cancer analyzed in terms of combined genotypes of P450IA1 and Mu-class glutathione S-transferase genes. Jpn. J. Cancer Res. 83:866-870 .

[18] Ilett, K.F., B.M. David, P. Detchon, W.M. Castleden, and R. Kwa. 1987. Acetylation phenotype in colorectal carcinoma. Cancer Res. 47:1466-1469 .

[19] ILSI (International Life Sciences Institute). 1992. Similarities and Differences Between Children and Adults: Implications for Risk Assessment, P.S. Guzelian, C.J. Henry, and S.S. Olin, eds. Washington, D.C.: ILSI Press.

[20] Kinzler, K.W., M.C. Nilbert, K.L. Su, B. Vogelstein, T.M. Bryan, D.B. Levy, K.J. Smith, A.C. Preisinger, P. Hedge, D. McKechnie, R. Finniear, A. Markham, J. Groffen, M.S. Boguski, S.F. Altschul, A. Horii, H. Ando, Y. Miyoshi, Y. Miki, I. Nishisho, and Y. Nakamura. 1991. Identification of FAP locus genes from chromosome 5q21. Science 253:661-665 .

[21] Ladero, J.M., J.F. Gonz_lez, J. Ben_tez, E. Vargas, M.J. Fern_ndez, W. Baki, and M. Diaz-Rubio. 1991. Acetylator polymorphism in human colorectal carcinoma. Cancer Res. 51:2098-2100 .

[22] Lang, N.P., D.Z.J. Chu, C.F. Hunter, D.C. Kendall, T.J. Flammang, and F.F. Kadlubar. 1986. Role of aromatic amine acetyltransferase in human colorectal cancer. Arch. Surg. 121:1259-1261 .

[23] Myrnes, B., K.E. Giercksky, and H. Krokan. 1983. Interindividual variation in the activity of O6-methylguanine-DNA methyltransferase and uracil-DNA glycosylase in human organs. Carcinogenesis 4:1565-1568 .

[24] Nakachi, K., K. Imai, S. Hayashi, J. Watanabe, and K. Kawajiri. 1991. Genetic susceptibility to

squamous cell carcinoma of the lung in relation to cigarette smoking dose. Cancer Res. 51:5177-5180 .

[25] Nishisho, I., Y. Nakamura, Y. Miyoshi, Y. Miki, H. Ando, A. Horii, K. Koyama, J. Utsunomiya, S. Baba, P. Hedge, A. Markham, A.J. Krush, G. Petersen, S.R. Hamilton, M.C. Nilbert, D.B. Levy, T.M. Bryan, A.C. Preisinger, K.J. Smith, L. Su, K.W. Kinzler, and B. Vogelstein. 1991. Mutations of chromosome 5q21 genes in FAP and colorectal cancer patients. Science 253:665-669 .

[26] Nowak, D., U. Schmidt-Preuss, R. Jorres, F. Liebke, and H.W. Rudiger. 1988. Formation of DNA adducts and water-soluble metabolites of benzo[a]pyrene in human monocytes is genetically controlled. Int. J. Cancer 41:169-173 .

[27] NRC (National Research Council). 1993. Issues in Risk Assessment: I. Use of the Maximum Tolerated Dose in Animal Bioassays for Carcinogenicity. Washington, D.C.: National Academy Press.

[28] Oesch, F., W. Aulmann, K.L. Platt, and G. Doerjer. 1987. Individual differences in DNA repair capacities in man. Arch. Toxicol. 10(Suppl.):172-179 .

[29] Orth, G. 1986. Epidermodysplasia verruciformis: A model for understanding the oncogenicity of human papillomaviruses. Ciba Found. Symp. 120:157-174 .

[30] Petruzzelli, S., A.M. Camus, L. Carrozzi, L. Ghelarducci, M. Rindi, G. Menconi, C.A. Angeletti, M. Ahotupa, E. Hietanen, A. Aitio, R. Saracci, H. Bartsch, and C. Giuntini. 1988. Long-lasting effects of tobacco smoking on pulmonary drug-metabolizing enzymes: A case-control study on lung cancer patients. Cancer Res. 48:4695-4700 .

[31] Ross, R.K., J.M. Yuan, M.C. Yu, G.N. Wogan, G.S. Qian, J.T. Tu, J.D. Groopman, Y.T. Gao, and B.E. Henderson. 1992. Urinary aflatoxin biomarkers and risk of hepatocellular carcinoma. Lancet 339:943-946 .

[32] Rothman, K., and A. Keller. 1972. The effect of joint exposure to alcohol and tobacco on risk of cancer of the mouth and pharynx. J. Chronic Dis. 25:711-716 .

[33] Saracci, R. 1977. Asbestos and lung cancer: An analysis of the epidemiological evidence on the asbestos-smoking interaction. Int. J. Cancer 20:323-331 .

[34] Seidegard, J., R.W. Pero, D.G. Miller, and E.J. Beattie. 1986. A glutathione transferase in human

leukocytes as a marker for the susceptibility to lung cancer. Carcinogenesis 7:751-753 .

[35] Seidegard, J., R.W. Pero, M.M. Markowitz, G. Roush, D.G. Miller, and E.J. Beattie. 1990. Isoenzyme(s) of glutathione transferase (class Mu) as a marker for the susceptibility to lung cancer: A follow up study. Carcinogenesis 11:33-36 .

[36] Selikoff, I.J., and E.C. Hammond. 1975. Multiple risk factors in environmental cancer. Pp. 467-484 in Persons at High Risk of Cancer: An Approach to Cancer Etiology and Control, J.F. Fraumeni, ed. New York: Academic Press.

[37] Setlow, R.B. 1983. Variations in DNA repair among humans. Pp. 231-254 in Human Carcinogenesis, C.C. Harris and H.N. Autrup, eds. New York: Academic Press.

[38] Sugimura, H., N.E. Caporaso, G.L. Shaw, R.V. Modali, F.J. Gonzalez, R.N. Hoover, J.H. Resau, B.F. Trump, A. Weston, and C.C. Harris. 1990. Human debrisoquine hydroxylase gene polymorphisms in cancer patients and controls. Carcinogenesis 11:1527-1530 .

[39] Swift, M., D. Morrell, R.B. Massey, and C.L. Chase. 1991. Incidence of cancer in 161 families affected by ataxia-telangiectasia. N. Engl. J. Med. 325:1831-1836 .

[40] Tuyns, A.J., G. P_quignot, and O.M. Jensen. 1977. Esophageal cancer in Ille-et-Vilaine in relation to levels of alcohol and tobacco consumption. Risks are multiplying. Bull. Cancer (Paris) 64:45-60 .

[41] Warren, A.J., and S. Weinstock. 1988. Age and preexisting disease. Pp. 253-268 in Variations in Susceptibility to Inhaled Pollutants: Identification, Mechanisms, and Policy Implications, J.D. Brain, B.D. Beck, A.J. Warren, and R.A. Shaikh, eds. Baltimore, Md.: The Johns Hopkins University Press.

附录 I

聚 合

本附录分为三个部分。第一部分讨论了暴露于多种物质（假设独立产生作用）所导致的一个或多个无阈值、定量毒性终点发生的总风险。第二部分是对 NTP 啮齿动物生物测试数据库中动物间肿瘤类型发生独立性的综合评估。第三部分讨论了聚合预测得到风险中的不确定性和个体间差异性的方法。

附录 I-1　暴露于多种物质（假设独立产生作用）所导致的无阈值、定量毒性终点的总风险

由于暴露于 m 种有毒物质中的环境混合物中所导致的 n 个（假定的）无阈值终点的任何一个出现的总增加概率 P 可以在几个一般假设下进行表示。首先，假设 m 种物质在环境混合物中相应的浓度是 C_i，其中 i=1，2，…，m，每一种物质在暴露的人中产生的终身、时间加权平均生物有效剂量率为 D_{ij}，每种物质导致 n 个（全部或无）毒性终点 T_j 中的一种或多种，其中 j=1，2，…，n（图 I-1）。用 O_{ij} 表示由有效剂量率 D_{ij} 导致的第 j 个终点 T_j 的发生率，假定 T_j 存在与所有相关物质的总有效剂量 D 相关的背景发生概率 p_j=Prob（$O_{ij}\,{}^{1}_{1}D=0$），并且 O_{ij} 的增加只可能是由于独立于这些事件的事件造成的，这些事件是使 T_j 的背景发生率增加或者对于任何 g 和 h，使事件 O_{gh} 增加，其中 $g \neq i$，

$1 \leqslant g \leqslant m$，$h \neq j$，$1 \leqslant h \leqslant n$ 的事件。最后，对于非常小的 D_{ij} 来说，假定相应的 T_j 增加的发生率是 D_{ij} 独立“一次击中”（无阈值、低剂量线性）函数表示。在下文中，∩、∪和上划线表示逻辑交、并和否定操作。

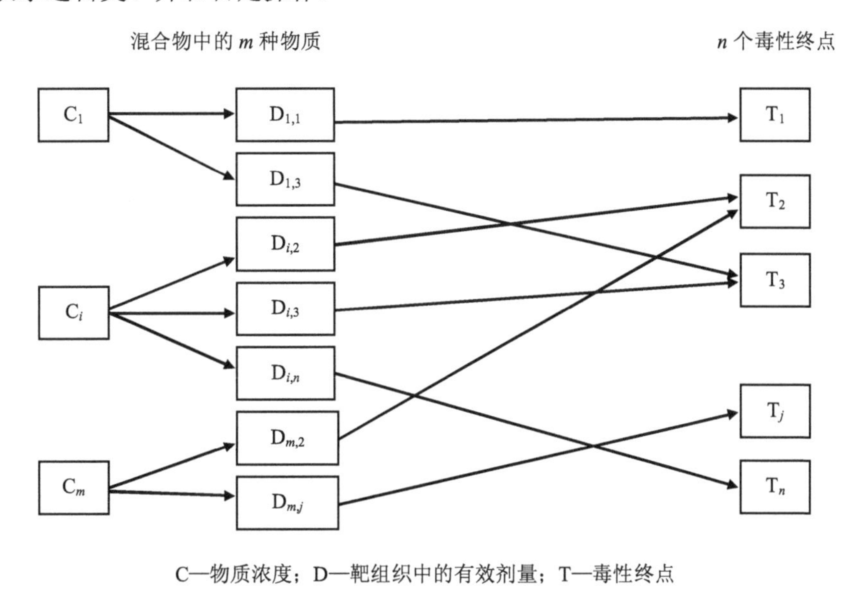

C—物质浓度；D—靶组织中的有效剂量；T—毒性终点

图 I-1　与多个毒性终点相关的多种物质

根据所述的假设和定义，在独立的背景发生率 p_j 的条件下，由 D_{ij} 引起的增加 T_j 发生的概率 P_{ij} 为

$$P_{ij} = \text{Prob}\left(O_{ij}\right) = \frac{\text{Prob}\left(T_j / D = D_{ij}\right) - P_j}{1 - P_j} \tag{1}$$

其中，q_{ij}（剂量的线性系数）是表征化学物质 i 引起终点 T_j 的“强度”（或者低剂量下每单位剂量增加的发生概率）的参数。根据所述的假设，对于任何不受 D_{ij} 单独影响的第 j 个终点 T_j 来说，$P_{ij}=q_{ij}=0$，而不考虑其他物质的并行剂量。因此，由于 m 种物质中的任何物质导致的 n 种终点中的任何终点的总体增加的发生率 P 可以表示为

$$P = \text{Prob}\ (O_{1,1} \cup O_{1,2} \cup \cdots \cup O_{1,n} \cup O_{2,1} \cup \cdots \cup O_{m,1} \cup \cdots \cup O_{m,n} \tag{2}$$

根据德摩尔根法则，可以写为

$$P = \mathrm{Prob}(\overline{O_{1,1}} \cap \overline{O_{1,2}} \cap \cdots \cap \overline{O_{1,n}} \cap \overline{O_{2,1}} \cap \cdots \cap \overline{O_{m,1}} \cap \cdots \cap \overline{O_{m,n}} \tag{3}$$

根据式（1）和独立假设，可以得到

$$P = 1 - \prod_{i=1}^{m}\prod_{j=1}^{n}(1 - P_{ij}) \tag{4}$$

$$P = 1 - \mathrm{e}^{(-\sum_{i=1}^{m}\sum_{j=1}^{n} q_{ij} D_{ij})} \tag{5}$$

对于与环境监管有关的 P 的极小值（≪1）来说，P 近似于

$$P \approx \sum_{i=1}^{m}\sum_{j=1}^{n} q_{ij} D_{ij} \tag{6}$$

如果没有关于特定靶组织的药代动力学信息，那么 D_{ij} 有时会被认为是吸收剂量率（例如，每天每千克体重吸收物质 i 的毫克数）或者有效剂量的全身替代（例如，每天每千克体重代谢的物质 i 的估计毫克数），也就是说，对所有考虑到的特定毒性终点都采用相同的剂量度量。在这种情况下，对于任何给定的第 i 种物质来说 $D_{ij}=D_i$ 独立于 j，因此式（6）可以重新写为

$$P \approx \sum_{i=1}^{m} Q_i D_i \tag{7}$$

其中，Q_i 是 j 从 1 到 n 的 q_{ij} 的总和，并且代表了物质 i 引起 n 种终点中至少一种的总强度。

当应用如式（5）～式（7）中所示的关系时，q、Q、D 和 P 可能代表受到通过不同的概率分布进行表征的不确定性或个体差异性的影响的数量。如果涉及分布变量，那么不能通过对所有 q、Q 和 D 的相同边界进行求和来获得 P 的有意义的置信界限。在特殊情况下，例如式（7）中的 Q_i 和 D_i 是独立的，并且 m 足够大，P 的估计趋向于正态分

布；但是，在 m 和 n 相对较小的情况下，渐近正态性可能不太适用。如果需要得到 P 的统计学置信上界，一般使用蒙特卡洛方法。

附录 I-2 NTP 啮齿动物生物测试数据库中动物间肿瘤类型发生的独立性

动物癌症的生物测试数据是估计一种化学物质致癌强度（即在非常低的剂量下每单位剂量增加的风险）的基础，这些化学物质是具有平均易感性的人可能终身暴露的物质（Anderson et al.，1983；EPA，1986，1992）。现有的生物测试数据可能表明，一种物质在暴露的测试动物体内可诱发多种肿瘤类型。在这种情况下，通常需要估计化合物在生物测试动物中表现出的总致癌强度，也就是说，该化合物在实验动物中诱发任何一种或者多种肿瘤类型的有效性。在生物实验动物中估计的总致癌强度可用于推断该化合物在具有平均易感性的人类中的相应强度（EPA，1986，1992）。本附录既不讨论种间外推，也不讨论人类在癌症易感性上的个体差异问题（第 10 章讨论），而是重点关注生物测试动物中肿瘤类型相关性的程度，这反过来又涉及如何正确估计在生物测试动物中诱导多种肿瘤类型的化合物的总致癌强度。

一种估计在生物测试动物中总致癌强度的方法是将剂量—反应模型应用于肿瘤发生率，其中分子是具有一种或多种组织学上明显升高的肿瘤类型的动物数量（EPA，1986）。通过该方法，无论是具有多种肿瘤类型的对照或者实验动物，都和只有一种肿瘤类型的动物的计数相同。如果在生物测试动物中肿瘤类型以一种统计学上独立的方式发生，那么这种方法可能会低估或高估真实的总强度，因为它受到随机排除与对照和实验动物有关的肿瘤反应信息的影响（Bogen，1990）。

如果使用多阶段模型（这实际上是非常低剂量下的一次击中模型）来估计强度，并且如果在测试的动物中肿瘤类型是独立的，那么总强度就是特定肿瘤类型的强度（即独立的特定终点）的总和，完全可以避免 EPA 肿瘤汇总方法引起的统计学问题（见附录 I-1）。然而，这一 EPA 方法的替代方法取决于生物测试动物体内肿瘤类型发生的独立假设的有效性，这也是本附录（I-2）的主题。

少数关注单个动物体内肿瘤类型关联的研究已经注意到一些重要的关联，在相关关系中主要涉及一种或两种特异性肿瘤类型的负相关关系。Breslow 等（1974）进行了一项包含 4 000 多个暴露于 DDT、氨基甲酸乙酯或者没有暴露的 CF-1 小鼠的实验，在调查的 6 种肿瘤类型的 21 对性别特异性配对中，有 5 对的年龄和治疗调整相关性显著（ $p \ll 0.05$ ）：淋巴瘤与肝细胞瘤（男性）、肺瘤（男性和女性）、乳腺和卵巢肿瘤（女性）之间呈负相关，淋巴瘤和骨肿瘤（男性）之间呈正相关。经过多重显著性检验调整后（Wright，1992），在该研究中观察到的淋巴瘤和乳腺肿瘤之间的相关性可能在 0.05 的水平上不显著。Breslow 等（1974）认为，在与淋巴瘤的负相关关系中，除了那些涉及肝肿瘤的，其他可能都是假的，“因为淋巴瘤往往以相对较快的速度杀死它们的携带者”。后来在考虑了相对较快的淋巴瘤致死率的情况下，淋巴瘤和肝肿瘤之间显著的负相关关系在 1 478 只同样暴露的 CF-1 小鼠中也得到了证实（Wahrendorf，1983）。在 1 858 只雄性 ICI 小鼠中发现了在死亡/处死时恶性淋巴瘤和增殖性肝细胞损伤之间显著的负相关关系（Young 和 Gries，1984）。Haseman（1983）也注意到，在 25 个国家毒理学计划（NTP）生物测试的 F344 大鼠的原始肿瘤发生率数据中，二者存在显著的负相关关系（未在单个动物水平上进行分析）。

该类型的最全面的研究，针对 3 813 只伽马射线照射的雌性 BALB/c 小鼠在死亡/处死时的 12 种肿瘤类型（66 对）之间的经过年龄和处理调整的相关性进行了研究，报道了 21 种显著（ $p \ll 0.05$ ）的正相关或者负相关关系，其中 10 种是负相关的且涉及被认为是快速致命的网状肿瘤，并且通常还包含对研究动物致命的肿瘤；由于致死率的影响，这 10 种关联中的大多数都被认为是假的（Storer，1982）。其余的显著相关性一般为正相关，并且涉及内分泌相关的肿瘤（哈德尔氏腺、乳腺、肾上腺和脑垂体肿瘤），这些都与肝脏肿瘤无关。除了与网状肉瘤的相关性之外，在经过多重检验进行统计学调整之后（Wright，1992），Storer（1982）报告的 55 种可能关联中只有 3 个在 0.05 的水平上是显著的，所有这些都涉及哈德尔氏腺肿瘤，与卵巢、肾上腺和脑垂体肿瘤在动物实验中都是非致死的。最近的一项关于肝肿瘤和网状细胞肉瘤的研究利用了 1 004 只 γ-照射的雌性 C3H 小鼠，即使是在利用该研究中可用的死因信息调整了网状肿瘤的相对致死率之后，这个研究仍然支持这些肿瘤类型的负相关性（Mitchell 和 Turnbull，1990）。

在其他较小的研究中，死亡/处死时肿瘤类型的独立性假设与以下数据显示的是一致的，包括 366 只对照雌性 BALB/c 小鼠中四种不同肿瘤类型和 193 只暴露于 2-乙酰氨基氟的小鼠中增加的 6 种肿瘤类型（Finkelstein 和 Schoenfeld，1989）的 ED01 数据、在 142 种暴露于二溴氯丙烷的雄性白化病大鼠中增加的三种不同肿瘤类型的 Hazelton 实验室数据（Bogen，1990）。

目前，大多数环境化学物质的致癌强度评估都是基于广泛的 NTP 啮齿动物生物测试数据，但尚未对死亡/处死时发生的动物特异性肿瘤类型进行全面研究。本报告介绍了代表 NRC 的有害空气污染物风险评估委员会进行这种分析的结果（Bogen 和 Seilkop，1993）。

数据描述

利用从 NTP 致癌生物测试数据库的一个现有子集中获得的 62 项 B6C3F1 小鼠实验和 61 项 F/344N 大鼠实验的病理数据，对对照和实验动物进行了肿瘤类型关联的研究。大多数研究都是 2 年，虽然有一些时间更短（例如 15 个月）。分别对表 I-1 中所示的化合物和物种对应的四种性别/物种组合（雄性和雌性小鼠、雄性和雌性大鼠）进行了分析。分析仅限于以下常见的肿瘤类型（发生率＞5%）：

大鼠：肾上腺：髓质嗜铬细胞瘤（良性或恶性）

甲状腺：C 细胞腺瘤或癌

垂体：癌或腺瘤

乳腺：纤维瘤、纤维腺瘤、癌或腺瘤

白血病：淋巴细胞的、单核细胞的、单核或未分化型

小鼠：肺：肺泡/支气管腺瘤或癌

肝脏：肝细胞腺瘤、肝细胞癌、肝母细胞瘤

淋巴瘤：组织细胞型、淋巴细胞型、混合型、NOS 型或未分化型

表 I-1 使用 NTP 研究的数据

化学物质	小鼠[a]	大鼠[a]
邻氯苄基丙二腈（CS-2）		X
1,2,3-三氯丙烷	X[b]	X[c]
1,3-丁二烯（丁二烯）	X	
2,4-二氨基酚盐酸盐	X	X
2,4-二氯苯酚	X	X
3,3′-二甲氧基联苯胺二盐酸盐		X[c, d]
3,3′-二甲基联苯胺二盐酸盐		X[c, d]
4,4-二氨基-d,d-二苯乙烯二磺酸	X	X
4-羟基乙酰苯胺	X	X
4-乙烯基-1-环己烯二环氧化物	X	X
烯丙基缩水甘油醚	X	
苯甲醛	X	X
乙酸苄酯	X	X
三溴甲烷	X	X
γ-丁内酯	X	X
C.I. 酸性红 114		X[c, d]
C.I. 直接蓝 15		X[c, d]
香芹酮	X	
氯胺	X	X
氯乙酰苯	X	X
对氯苯胺	X	X
对氯苄基丙二腈（CS-2）	X	
C.I. 颜料红 23	X	X
C.I. 颜料红 3	X	X
香豆素	X	X
DL-苯丙胺硫酸盐	X	X
敌敌畏	X	X
二氢香豆素	X	X
乐果	X	X
苯妥英	X	X
麻黄宁 HCl	X	X
氯乙烷	X	X

化学物质	小鼠[a]	大鼠[a]
乙二醇	X	
亚乙基硫脲	X	X
阻燃剂 FF-1 多溴联苯	X	X
呋喃	X	X
糠醛	X	X
HC 黄 4 号	X	X
六氯乙烷		X
对苯二酚	X	X
硫酸锰	X	X
氯化汞	X	X
甲基溴	X	
一氯乙酸	X	X
N-羟甲基丙烯酰胺	X[b]	X
萘	X	
对硝基苯胺	X	
呋喃妥因	X	X
邻氯苄基丙二腈（CS-2）	X	
邻硝基苯甲醚	X	X
赭曲霉毒素 A		X
对硝基苯胺	X	
五氯苯甲醚	X	X
五氯苯酚,联苯酚 CD-7	X[e]	
五氯苯酚,工业级	X	
季戊四醇四硝酸酯	X	X
苯基丁氮酮	X	X
聚山梨醇酯 80	X	X
丙磺舒	X	X
槲皮素		X
间苯二酚	X	X
罗丹明 6G	X	X
硝酚胂酸	X	X
叠氮化钠		X
氟化钠	X	X

化学物质	小鼠[a]	大鼠[a]
琥珀酸酐		X
滑石	X	
四硝基甲烷	X	X
二氯二茂钛		X
甲苯	X	X
氨苯蝶啶	X	X
磷酸三（2-氯乙基）酯	X	X
乙烯基甲苯	X	X

资料来源：Bogen 和 Seilkop，1993。

注：[a]在本分析中，除对照动物数据外，还采用实验动物数据进行 NTP 研究，这些研究用一个上标表示。

[b] 实验动物中的肝脏和哈德氏腺体效应。

[c] 实验动物中的外耳道腺和阴蒂或包皮腺效应。

[d] 实验动物中的肝脏和皮肤效应。

[e] 实验动物中肝脏和肾上腺效应。

对实验动物中肿瘤发生的相关性的分析基于对照动物数据的子集，包括 NTP 宣布具有在多个部位上产生影响的“明确证据”的研究，以及在多个研究中发现了这些效应的研究（使用了五个大鼠研究和四个小鼠研究）。实验动物研究涉及的肿瘤类型与对照动物的不同，即大鼠的肝脏、外耳道腺、阴蒂/包皮腺和皮肤；小鼠的肝脏、肾上腺和哈德尔氏腺。在对照和实验动物分析中，从个别研究中收集的相关性证据如下。

统计学方法

在动物体内显著升高的肿瘤类型之间的关联，可能与肿瘤发病率或死亡率或者两者有关。众所周知，死亡率之间的关联有时可能会与肿瘤发病率有所不同，由于竞争风险的时间性作用，前者可能受到后者的严重影响（Hoel 和 Walburg，1972；Breslow et al.，1974；Wahrendorf，1983；Lagakos 和 Ryan，1985）。例如，如果两种肿瘤的发病率在统计学上是相互独立的，但是两者都是快速致命的，那么它们在同一个动物中共同发生的概率就很小，因此它们的死亡/处死发生率将呈负相关。这个事实是在先前对啮齿动物肿瘤类型关联的评估中，得出可能涉及快速致死肿瘤类型的“假”负相关关系的结论的基础（Breslow et al.，1974；Storer，1972）。

明确检验不同肿瘤类型发病率之间的相关性需要连续死亡信息或者特定动物和特定肿瘤的致死率信息（Hoel 和 Walburg，1972；Wahrendorf，1983；Lagakos 和 Ryan，1985；Mitchell 和 Turnbull，1990），但是这里的 NTP 数据分析无法得到这些信息。因此，当前的分析主要局限于评估死亡/处死时的肿瘤类型经过年龄调整后的相关性。这种方法仅在所有肿瘤类型都是偶然死亡的情况下，才能提供关于发病率（以及终末期患病率）的确切信息。然而，如下所述，我们还使用从研究数据中得到的肿瘤致死率粗略估计了发病率的相关性。

对死亡/处死时观察到的单个死亡动物中肿瘤类型对之间发生相关性的评估，是基于对之前 24 个类似研究中经过年龄调整后的信息（Breslow et al.，1974；Storer，1982；Young 和 Gries，1984；Finkelstein 和 Schoenfeld，1989）。每个研究中使用了 5 个存活年龄层：（1）前 365 天；（2）366～546 天（1.5 年）；（3）547～644 天（～1.75 年）；（4）644 天至最终死亡（～2 年）；（5）最终死亡。进一步的分层涉及最高的两个剂量组。因此，潜在的分析层数为 24 乘以 2（剂量水平的数量）。Mantel 和 Haenszel（1959）的方法用于组合特定层中列联表的结果并评估肿瘤发生之间总体相关性的双侧显著性。总体相关性表示为特定层中测量结果的加权平均值，以该层中的动物数量作为权重。通过使用 Hommel 修正后的 Bonferroni 方法对零假设进行多重检验，所有对照和实验大鼠和小鼠都得到了校正后的 p 值（Wright，1992）。

在缺乏连续死亡或致死率的情况下，采用以下两种粗略的技术对单个 NTP 生物测试动物中的肿瘤类型对之间的相关性进行评估。第一种，如上所述进行单独的相关性分析，但是只利用最终的死亡数据。这种方法只有在终末期处死之前没有动物死亡的情况下，才能提供关于发病率（以及终末期患病率）相关性的明确信息，但如果有足够多的动物能够存活到最终，也可以提供有意义的信息。第二种方法是 Mitchell 和 Turnbull（1990）提出的用来检测疾病发病率相关性的三乘三的列表法，该研究要求对每种动物的每种肿瘤进行致死率测定。如果人们质疑这种致死率，Mitchell 和 Turnbull（1990）建议谨慎地将特定事件归类为致死事件，因为尽管错误的分类可能会降低测试的有效性，但零分布不会受到影响。因此，Mitchell-Turnbull 测试是在对于所有可能是致命的肿瘤类型来说，其中某一肿瘤类型的发生都是致命的假设下进行的。使用对比有肿瘤和无肿瘤动物的存活时间的秩和检验（Mann-Whitney U）来研究肿瘤类型的致死性，其中通过将所有的 U 统计量相加，然后除以相应方差之和的平方根，将所有对照和实验物种和性别的特定研究结果都结合起来形成一个总体检验。

结果和讨论

表 I-2 中总结了我们分析对照组的大鼠和小鼠在死亡/处死时的肿瘤类型发生率之间相关性的结果。这些结果表明，在所研究的 20 对性别/肿瘤类型组合（两种性别中垂体和白血病、雌性中乳腺癌和白血病或垂体——其中所有涉及白血病的都是阴性的）的大鼠中有四组有显著（$p^* < 0.05$）但较小的相关性，在 12 对性别/肿瘤类型组合的小鼠中没有类似的显著相关性。表 I-3 总结了实验组大鼠和小鼠的相应结果。12 对性别/肿瘤类型组合（雄性中的外耳道腺和包皮腺、肝脏和皮肤肿瘤）的实验组大鼠中有 2 对具有显著（$p^* < 0.05$）但是同样的较小的相关性，并且 4 对性别/肿瘤类型组合（雌性中的肝脏和哈德尔氏腺）的实验小鼠中有 1 对也是这样，其中与肝脏有关的相关性都是正相关的。

表 I-2 对照组死亡/处死时肿瘤患病率的相关性

物种 肿瘤类型	性别	相关性	n	P 值	调整后的 p^* 值
大鼠					
肾上腺×白血病	雌性	0.060	2 794	0.017	0.272
	雄性	0.025	2 786	0.257	1
肾上腺×甲状腺	雌性	0.041	2 692	0.138	1
	雄性	–0.024	2 593	0.342	1
甲状腺×白血病	雌性	–0.032	2 942	0.120	1
	雄性	–0.045	2 827	0.076	1
垂体×白血病	雌性	–0.158	3 057	＜0.001	＜0.020
	雄性	–0.080	2 990	＜0.001	＜0.020

物种 肿瘤类型	性别	相关性	n	P 值	调整后的 p^* 值
乳腺×白血病	雌性	–0.074	3 088	<0.001	<0.020
	雄性	–0.025	3 045	<0.001	1
乳腺×垂体	雌性	0.076	3 057	<0.001	<0.020
	雄性	0.027	2 990	0.301	1
垂体×甲状腺	雌性	–0.002	2 916	0.982	1
	雄性	0.026	2 784	0.254	1
垂体×肾上腺	雌性	–0.029	2 770	0.268	1
	雄性	–0.010	2 739	0.659	1
乳腺×肾上腺	雌性	–0.015	2 794	0.597	1
	雄性	0.008	2 786	0.835	1
乳腺×甲状腺	雌性	–0.011	2 942	0.642	1
	雄性	0.008	2 827	0.846	1
			小鼠		
肝脏×肺	雌性	–0.003	3 058	0.978	0.204
	雄性	–0.022	3 011	0.322	1
肝脏×淋巴瘤	雌性	–0.029	3 059	0.185	1
	雄性	–0.053	3 014	0.017	0.204
肺×淋巴瘤	雌性	–0.054	3 071	0.018	0.204
	雄性	–0.008	3 016	0.791	1
垂体×肺	雌性	0.014	2 898	0.592	1
	雄性	0.025	2 725	0.879	1
垂体×肝	雌性	0.020	2 891	0.393	1
	雄性	–0.074	2 724	0.307	1
垂体×淋巴瘤	雌性	–0.041	2 899	0.058	0.580
	雄性	0.011	2 727	0.806	1

资料来源：Bogen 和 Seilkop，1993。

表 I-3 在化学影响组中肿瘤死亡率的相关性

物种 肿瘤类型	性别	相关性	n	p 值	调整后的 p~值
大鼠					
肝脏×外耳道腺	雌性	0.005	498	0.927	0.961
	雄性	0.004	499	0.961	0.961
外耳道腺×阴蒂/包皮腺	雌性	–0.117	590	0.012	0.12
	雄性	–0.152	577	0.003	0.033
皮肤×外耳道腺	雌性	–0.065	500	0.272	0.961
	雄性	–0.071	500	0.213	0.961
肝脏×皮肤	雌性	0.041	498	0.630	1
	雄性	0.172	498	0.002	0.24
肝脏×阴蒂/包皮腺	雌性	0.034	488	0.658	1
	雄性	–0.078	487	0.187	1
皮肤×阴蒂/包皮腺	雌性	0.023	489	0.762	1
	雄性	0.027	487	0.735	1
小鼠					
肝脏×肾上腺	雌性	0.153	194	0.245	0.49
	雄性	0.257	196	0.076	0.228
肝脏×外耳道腺	雌性	0.236	190	0.004	0.016
	雄性	0.024	191	0.889	0.889

资料来源：Bogen 和 Seilkop，1993。

终末期处死的动物占表 I-2 中提到的对照组小鼠的 66%～68%，占对照组大鼠的 53%～63%。对这些动物的肿瘤患病率的相关性进行分析，发现只有雌性大鼠的乳腺肿瘤和垂体肿瘤之间（$r = 0.080$，$p^* = 0.013$）存在单一显著的相关性（$p^* < 0.05$）。因此，后一种正相关（尽管很小）可能与发病率以及死亡/处死时的患病率的相关性有关，而对于所有大鼠而言，上述与白血病有关的相关系数均为负，但这并没有体现在终末期处死的动物中。这一发现可以用与啮齿动物白血病/淋巴瘤相关的相对致死率来解释，这在之前的研究中已经提出（Breslow et al.，1974；Wahrendorf，1983；Young 和 Gries，1984；

Portier et al.，1986)。终末期处死的动物只占表 I-3 中提到的实验组大鼠的 14%～16%，占实验组小鼠的 20%～55%。对这些实验动物的相关性分析没有显示出显著的相关性（$p^* < 0.05$），由于这些动物具有更强的非代表性，因此它们对揭示肿瘤发病率的相关性的作用较小。

我们对患有特定肿瘤和没有肿瘤的动物的存活时间差异进行了研究，发现对照组和实验组大鼠中存在一些显著差异。在所研究的两种性别的对照组 F344 大鼠中，白血病与平均存活时间的显著降低均相关（$p < 0.001$）。然而，这种减少是相当适度的：75%的白血病动物一直存活到研究的第 23 个月，有 50%一直存活到终末期处死。相比之下，有 75%的无白血病动物一直存活到终末期处死。因此，白血病致死性在导致与其他癌症的负相关关系方面的影响可能是很小的。

还有证据表明实验组大鼠中的外耳道腺肿瘤导致存活时间缩短（雄性，$p < 0.001$；雌性，$p = 0.003$），雄性的平均存活时间减少约 4 个月（546 天和 427 天——比对照组雄性白血病减少得更多），雌性中减少约 1 个月。假定导致动物在终末期处死之前死亡的白血病和外耳道腺肿瘤是致命的，其他所有肿瘤类型都是偶然发生的，那么 Mitchell-Turnbull 实验得出的结果与未经修改的年龄层分析得出的结果相似。特别是它提供了强有力的证据，证明在对照组的大鼠中，白血病和垂体肿瘤之间较小的负相关性不是偶然发生也不是因为致死性的差异造成的（雄性 $p < 10^{-9}$，雌性 $p = 0.000\,057$），并且这也表明，在实验组大鼠中外耳道腺肿瘤和包皮/阴蒂腺肿瘤之间存在较小的负相关性（雄性，$p = 0.009$；雌性，$p = 0.002$）。

综上所述，在对照组和实验组的大鼠和小鼠中，虽然有少数几个较小的相关性在统计学上是显著的，但是没有发现任何证据表明任何肿瘤组合的发病率或在死亡/处死时的患病率有大的相关性。鉴于所分析数据的限制，这个结果是基于间接测量肿瘤类型的发病相关性得出的。总之，这些发现表明 NTP 生物测试分析中使用的 B6C3F1 小鼠和 F344 大鼠中的肿瘤发病在大多数情况下都是独立的，而且不独立的情况（它们确实会发生）很少。

参考文献

[1] Anderson, E.L., and the Carcinogen Assessment Group of the U.S. Environmental Protection Agency. 1983. Quantitative approaches in use to assess cancer risk. Risk Anal. 3:277-295.

[2] Bogen, K.T. 1990. Uncertainty in Environmental Health Risk Assessment. New York: Garland Publishing.

[3] Bogen, K.T., and S. Seilkop. 1993. Investigation of Independence in Inter-animal Tumor type Occurrence within the NTP Rodent-Bioassay Database. Report prepared for the National Research Council Committee on Risk Assessment for Hazardous Air Pollutants, Washington, D.C.

[4] Breslow, N.E., N.E. Day, L. Tomatis, and V.S. Turusov. 1974. Associations between tumor types in a large-scale carcinogensis study. J. Natl. Cancer Inst. 52:233-239.

[5] EPA (U.S. Environmental Protection Agency). 1986. Guidelines for carcinogen risk assessment. Fed. Regist. 51(Sept. 24):33992-34003.

[6] EPA (U.S. Environmental Protection Agency). 1987. Risk Assessment Guidelines of 1986. EPA/600/8-87-045. U.S. Environmental Protection Agency, Washington, D.C.

[7] EPA (U.S. Environmental Protection Agency). 1992. Guidelines for exposure assessment. Fed. Regist. 57(May 29):22888-22938.

[8] Finkelstein, D.M. and D.A. Schoenfeld. 1989. Analysis of multiple tumor data for a rodent experiment. Biometrics 45:219-230.

[9] Haseman, J.K. 1983. Patterns of tumor incidence in two-year cancer bioassay feeding studies in Fischer rates. Fundam. Appl. Toxicol. 3:1-9 .

[10] Hoel, D.G., and H.E. Walburg, Jr. 1972. Statistical analysis of survival experiments . J. Natl. Cancer Inst. 49:361-372 .

[11] Lagakos, S.W., and L.M. Ryan. 1985. Statistical analysis of disease onset and lifetime data from tumorigencity experiments. Environ. Health Perspect. 63:211-216 .

[12] Mantel, N., and W. Haenszel. 1959. Statistical aspects of the analysis of data from retrospective studies

of disease. J. Natl. Cancer Inst. 22:719-748 .

[13] Mitchell, T.J., and B.W. Turnbull. 1990. Detection of associations between diseases in animal carcinogenicity experiments. Biometrics 46:359-374 .

[14] Portier, C.J., J.C. Hedges and D.G. Hoel. 1986. Age-specific models of mortality and tumor onset for historical control animals in the National Toxicology Program's carcinogenicity experiments. Cancer Res. 46:4372-4378 .

[15] Storer, J.B. 1982. Associations between tumor types in irradiated BALB/c female mice. Radiation Res. 92:396-404 .

[16] Wahrendorf, J. 1983. Simultaneous analysis of different tumor types in a long-term carcinogenicity study with scheduled sacrifices. J. Natl. Cancer Inst. 70:915-921 .

[17] Wright, S.P. 1992. Adjusted p-values for simultaneous inference. Biometrics 48:1005-1013 .

[18] Young, S.S., and C.L. Gries. 1984. Exploration of the negative correlation between proliferative hepatocellular lesions and lymphoma in rats and mice-establishment and implications. Fundam. Appl. Toxicol. 4:632-640 .

附录 I-3 不确定性和差异性的聚合

本附录说明了如果要对人群风险或个体风险中的不确定性进行定量表征，为什么必须维持输入变量中的不确定性和个体间差异性之间的区别。在这里，针对大小为 n 的暴露人群，考虑了两种用于预测风险的数学模型。第一个模型是一个简单的模型，其中预测与暴露相关的增加风险 R 近似于 U（一个完全的不确定变量）和 V（一个模拟个体间差异性的完全的异质性变量）的乘积。

$$R = 1 - \exp\{-(U_1U_2U_3)(V_1V_2V_3)\} \approx (U_1U_2U_3)(V_1V_2V_3) \text{ for } R \ll 1, \approx \text{UV for } R \ll 1 \quad (1)$$

其中，U_i 和 V_i 分别代表不确定和异质性变量，i=1，2，3。也就是说，对于给定的

i，V_i对处于风险中的 n 个个体的 n 个特定（已知或假设的）量的集合进行模拟，而 U_i 对（在这种情况下，使用一个单一的、不确定的乘积因子）与 n 个量中的每一个相关的不确定性进行了模拟；Bogen 和 Spear（1987）以及 Bogen（1990）进一步解释了这种区别。在这个简单模型中，例如，U_1 和 V_1 可能是指寿命时间加权的平均暴露量，U_2 和 V_2 指每单位暴露的生物学有效剂量，U_3 和 V_3 指癌症强度（在剂量接近于零的情况下，每单位生物有效剂量增加的致癌风险）。在这种情况下，V_3 将模拟个体间对剂量诱发癌症的易感性的差异。

一个更加复杂的风险模型假设风险 R 等于一些更一般的函数 H（U，V），其中 U 和 V 分别是完全的不确定变量和完全的异质性变量。在下面的讨论中，上划线表示所有与上划线数量相关的差异性变量（V）的期望值，角括号< >表示与括号内数量相关的所有不确定变量（U）的期望值，即 $\bar{R} = E_V(R)$ 和 $< \mathrm{R} >= E_U(R)$，其中 E 是期望算子。另外，对于任何给定变量 X 的一些特定值 x 来说，$F_X(X)$ 表示 $X \leqslant x$ 的累积概率。

人群风险

人群风险 N 是与预测风险 R 相关的额外病例数。根据定义，N 是一个不确定变量，而不是一个异质性变量。然而，N 的不确定性在这个假设下通常会被忽略，即在 n 较大的情况下，N 的不确定性相对于 N 的期望值来说必然很小。例如，在最近的放射性核素国家有毒空气污染物排放标准的不确定性分析中，EPA（1989）指出：

由于人群风险是个体风险的总和，所以个体风险中的不确定性在求和过程中往往相互抵消。因此，人群风险估计的不确定性要小于与人群中每个成员相关的风险估计的不确定性。因此，[我们的]不确定性分析将仅限于个体风险中的不确定性。

在 n 较大的情况下，通过将 n 个相同但极不确定的个体风险的情况（a）与 n 个相同的个体风险都等于已知常数（即完全确定的值）r 的情况（b）相比较就可以得知，这个假设显然是错误的。情况（a）中人群风险的不确定性必然是独立于 n 的，而在情况（b）中 N/n 比值的累积概率分布函数（cdf）只是一个标准化的二项分布，当 n 趋向于正无穷大时在真值 r 附近的方差将越来越小。关键在于，在 n 个不确定的个体风险与相应的不确定的人群风险之间的关系中，每一个个体风险中的许多不确定特征都不是独立的，而是反映出例如对所有处于风险中的个体相同或大致相同的强度参数估计误差值或模型设定误差值，因此在任何情况下都不能在求和时“抵消”。

在 n 较大的情况下，人群风险 N（预测的案例数）的不确定性程度，可以用不确定性数量 $n\bar{R}$ 来近似表示，其中对于简单风险模型，$\bar{R}=U\bar{V}$；对于较复杂的风险模型，$\bar{R}\approx H(U,\bar{V})$ 作为一阶近似（Bogen 和 Spear，1987）。当 n 较大并且 $0\leqslant j\leqslant n$ 时，F_N（j）通常可以很好地近似于泊松概率的期望值，复合泊松变量是不确定性参数 $n\bar{R}$；例如，

$F_N(0)=\int 1/0\mathrm{e}^{-nr}dF_{\bar{R}}(r)$（Bogen 和 Spear，1987）。传统上，风险的期望值 $<N>=n<\bar{R}>$ 被用于确定风险可接受标准；然而，对于与 N 相关的不确定性，相对保守的标准在逻辑上应当是指 N 的某个置信上界，而不是期望值。

个体风险

上述的预测风险 R 是一个能够清楚反映不确定性和个体差异性的变量。它假设一个给定个体的风险估计——在 n 个具有风险的人中排在第 j 位（$1\leqslant j\leqslant n$）高风险的人，风险在不确定性方面有特定的置信水平——可以直接从预测风险 R 中进行计算，而不需要区分不确定变量和异质性变量。实际上，“不确定性分析”（例如，见附录 F 和 G）通常是在如下情况下进行：即用蒙特卡洛方法来近似 F，这种方法对所有变量以相同方式处理，而不需要区分不确定变量和那些代表个体差异性的变量。除了一些不重要的情况，例如 n=1，以这种方式计算的 $F_R(r)$ 只能解释为与整个人群（$F_R(r)$ 是基于这个人群得到的）中随机抽样的个体风险相关的 cdf。

更为典型的是，监管者可能对处于平均风险（与上述的人群风险直接相关）的个体的（不确定）风险 $\bar{R}$ 感兴趣；更保守的话，感兴趣的是处在第 j 个高风险或第 q 分位数（差异性的 100*q 百分位数，而不是不确定性）的个体的不确定风险 $R_{(j)}=R_{(qn)}$ 有关的 cdf、$F_{R(j)}(r)$，其中 $q=j/n$，q 可能是某个上界值例如 0.99。在最保守的风险评估中，最感兴趣的是最高风险（q=1）个体的不确定风险 $R_{(n)}$。显然，只有当所有人都面临相同（虽然

可能不确定）风险时，$R_{(j)}=R$。

当用来预测 R 的模型中同时包含异质性变量和不确定变量时，可能很难计算 $R_{(j)}$的 cdf。下面将讨论一些可行的方法。如果所有异质性变量都使用截断右尾的分布来进行模拟的话，那么可以简单地用这些变量的最大值来近似 $R_{(n)}$。因此，在简单的情况下 $R_{(n)}=U\text{Max}(V)$；在复杂情况下，$R_{(n)} \approx H[U, \text{Max}(V)]$ 作为一阶近似。如果不是所有的异质性变量都使用截断分布，则需要对其进行仔细和详细的分析。无论是否对所有输入变量都使用截断分布，近似值都将过于保守，也许是高度保守的。

$R_{(j)}$可以描述成一个复合次序统计量，因为 $R_{(j)}$的 cdf 有两个不确定性来源：有关用于模拟 R 的所有不确定变量的综合影响的不确定性，以及更加常规的次序统计变量的不确定性，它与从 n 个不同（也是不确定的）值中抽取第 j 个 R 的最高个体值有关，这些值的差异来自模拟 R 的所有异构性变量（而不是不确定变量）。对于简单的风险模型，假设 V 和 U 是统计学上独立的，因此 $R_{(j)}= U\ V_{(j)}$，其中 $V_{(j)}$是一个有序统计量，因此是一个具有以下 cdf 的不确定量（Kendall 和 Stuart，1977）：

$$F_{V_{(j)}}(V)=\sum_{k=j}^{n}\binom{n}{k}F_{v}(v)^{j}1-F_{v}(v)^{n-j}=1_{F_{v}(v)}(j,n-j+1) \tag{9}$$

其中，$F_v(V)$是模拟 V 的异质性的 cdf；I 是不完全的 β 函数。在 $j=n$ 的情况下，$F_{v(n)}(V)=\{F_v(V)\}^n$。

因此，$V(n)$的中值是 V 的第 $2^{-1/n}$ 分位数（即 $100\times(2^{-1/n})^{\text{th}}$ 百分位数），近似于 $n>9$ 时 V 的 $\{1-[Ln(2)/n]\}^{\text{th}}$ 分位数。V（n）的特征值被定义为 V 的 $[1-(1/n)]^{\text{th}}$ 分位数，这是指：超过概率为 $1/n$ 的 V 值，它应该低于或者等于 $V(n)$，$V(n)$的第 0.368（即，第 e^{-1}）分位数，通常也是 V（n）最常见或最可能的值（Ang 和 Tang，1984）。

对于更加复杂的风险模型，部分或全部 j 的有序风险 $R_{(\text{itj})}$在明确意义上可能并不存在，因为表征例如在特定个体 h 和 k 的风险 R_h 和 R_k 中的不确定性的 cdfs，可能在除了 0 和 1 的一个或多个概率水平上相交（Bogen，1990）。虽然总是有可能估计 n 个 R 值（对应于 V 中的 n 个样本）中的第 j 高的“上界”风险，其中所有 R 值都是在预先设定的不确定分位数上评估的，但是对于包含不确定性和差异性的复杂风险模型，这种方法很难或不可能通过蒙特卡洛方法实现。相比之下，估计预期风险的第 j 个最高值$<R>_{(j)}$ 相对简单；例如，对于j=n，如上所述，这个值通常可能是$F^{-1}/<R>(1-n^{-1})$，其中$<R>\approx H$（$<U>$, V）可能作为一阶近似（Bogen 和 Spear，1987）。因此，比率 $P_n=[F^{-1}/<R>(1-n^{-1})]/<\overline{R}>$ 可以用来表征人口规模为 n 的人群中，预期的个体风险的个体间差异（或“不平等”）的大小。

应当注意的是，无法识别的个体间差异（即已知在个体之间不同的但是不能分配给特定个体的一个量的已知值），实际上，就个体风险表征而言，相当于与这些值相关的不确定性。但是，无法识别的个体间差异性和真正的不确定性之间的区别在于它们对估计的人群风险的不同影响。特别是，如果对风险的所有其他贡献都是相等的，那么在一些风险的决定因素（例如易感性）方面，个体间差异的正向变化——无论它是否可识别——往往会导致相应的人群风险估计的方差小于（因此不确定性大于）由一种同分布的风险决定因素（其分布反映了纯粹的不确定性）导致的方差。例如，如果两个人分别面临一定的但是不同的风险，分别为 0 和 1（不管是否知道谁面临哪一种风险），那么预期情况的期望值和方差分别是 1 和 0；在这里，有一种情况肯定会出现。但是，如果这两个人都有 0.5 的概率面临等于 0 或者 1 的不确定风险，那么预测情况的期望值仍然是 1，但是这种情况的方差也是 1；出现 0、1 和 2 情况的概率分别为 0.25、0.5 和 0.25。

一般来说，如果 n 个人面临 n 个已知风险 p_j=1，2，…，n，这些风险的平均值 $E_{(p)}$ ＞0 且方差 $\mathrm{Var}_{(p)}$＞0，那么可知无论谁面临哪种特定风险，N 个预期情况的期望值和方差分别为 $E(N)=nE(p)$和 $\mathrm{Var}(N)=n\{E(p)[1-E(p)]-\mathrm{Var}(p)\}$。现在考虑一种类似的情况，即个体差异性被不确定性所取代。在这种情况下，所有人都面临着一个共同但不确定的风险 p，这个风险 p 与 p_j 有着相同的分布，即 Prob（p=p_j）$=1/n$，$j=1$，2，…，n，因此平均值 $E(p)$和方差 $\mathrm{Var}(p)$也是相同的（在这种情况下，这些都与不确定性有关，而不是个体差异性）。在这种情况下，很容易再次证明 $E(N)=nE(p)$，但在这里 Var（N）= $n\{(p)[1-E(p)]+(n-1)\mathrm{Var}(p)\}$，超过了之前方差 N 的表达式 n^2Var（p）。

总结

总之，即使是在涉及具有不确定和相互独立的可变参数的复杂风险模型的情况下，$F_{\bar{R}}(r)$（表征一般个体的风险的不确定性，以及人群风险中大致的不确定性）和 $F_{<R>}(r)$（表征预期风险的个体间差异性）都很容易估计。这些估计值一般足以满足监管决策的需要，即设法解决人群风险中的不确定性和个人风险的差异性。例如，假设风险可接受标准是为了确保个体的终身风险都是最小的并且不是严重不公平的，而且 70 年的人群风险很可能是零，那么相应的定量标准的一个例子可能是关系式 $F_{\bar{R}}(10^{-6}) > 0.99$ ，$p_n > 10^3$，$F_N(0) < 0.50$ 都适用的标准。

参考文献

[1] Ang, A. H-S., and W.H. Tang. 1984. Probability Concepts in Engineering Planning and Design, Vol.II: Decision, Risk, and Reliability. New York: John Wiley & Sons.

[2] Bogen, K.T. 1990. Uncertainty in Environmental Health Risk Assessment. New York: Garland Publishing.

[3] Bogen, K.T., and R.C. Spear. 1987. Integrating uncertainty and interindividual variability in environmental risk assessment. Risk Anal. 7:427-436 .

[4] EPA (U.S. Environmental Protection Agency). 1989. Risk Assessments Methodology. Environmental Impact Statements: NESHAPS for Radionuclides. Background Information Document, Volumes 1 and 2. EPA/520/1-89-005 and EPA/520/1-89-006-1. Office of Radiation Programs, U.S. Environmental Protection Agency, Washington, D.C.

[5] Kendall, M., and A. Stuart. 1977. The Advanced Theory of Statistics, 4th ed., Vol. 1 . New York: Macmillan.

附录 J

评估有害空气污染物导致的风险的分层建模方法

David E. Guinnup

免责声明

本报告已经过美国环境保护局空气质量计划和标准办公室的审查，并已获批准出版。一切提及的商品名称或商品并不代表支持或推荐使用。

美国环境保护局

空气质量计划和标准办公室

技术支持部门

三角研究园，NC27711

1992 年 2 月

1.0 引言

1.1 背景和目的

1990年《清洁空气法》修正案（CAAA）第三章提出了一项基于执行最大可实现的控制技术（Maximum achievable control technology，MACT），以规制有害（或有毒）空气污染物主要来源的框架。该框架下，在加装各类污染物控制技术设施时不需要预先评估与每个排放源相关的健康或环境风险。规制流程按照排放源类别逐一开展。该排放源类别的清单在1991年年底发布，而针对排放源的规制计划则在一年后发布。MACT推广完成后，美国环境保护局（Environmental Protection Agency，EPA）负责评估受规制的排放源类别周边人群的剩余健康风险。剩余风险评估的结果将决定是否有必要进一步控制该排放源类别的有毒物质排放（参见CAAA第122（f）节）。这些决策主要取决于确定每个排放源"最大暴露个体"的终身致癌风险大小以及确定是否有"充足的安全范围"保护每个排放源周边的暴露人群免受非致癌健康影响。确定终身致癌风险涉及估计有毒空气污染物的长期浓度，而确定非致癌健康影响同时涉及估计有毒空气污染物的长期和短期大气浓度。

由于逐个测量排放源附近有毒空气污染物（第112（b）节所列的189种污染物）的长期和短期浓度是一项极其昂贵的任务，因此在分析剩余风险过程中将同时模拟每种排放源类别中所有排放源（或部分排放源）的有毒空气污染物的扩散。该模拟结果随后将与健康影响信息相结合，并与现有数据进行比较，以量化人体暴露、致癌风险、非致癌健康风险和生态风险。

除了强制执行的剩余风险评估流程外，CAAA还规定，如果能够证明与某一排放源类别或污染物相关的风险低于规定水平，则该排放源类别或污染物可以免于MACT的规制。需要进行EPA批准的风险评估以证明这种豁免是合理的，此外，CAAA还规定了申请程序，以批准或拒绝针对某一排放源类别或特定污染物的豁免申请。

本文件的目的是为使用EPA批准的程序提供指导，这些程序可用于评估有害空气污染物排放与扩散所导致的风险。这里所描述的技术很可能为有关实施 CAAA 第三章的决策过程提供帮助（例如，从有害空气污染物列表上增加或删减污染物的申请，从排放源类别列表中删减一类排放源的申请，排放源改造补偿的证明等）。此外，该程序还可作为上文所述的确定剩余风险过程的基础。本指南阐释了有明确排放量的有害空气污染物扩散后的长期和短期大气浓度估算方法，及其导致的致癌和非致癌风险的量化手段。它描述了一种从简单的保守筛选评估（以查询表的形式提供）到使用计算机模型和特定地点数据进行复杂建模的分层方法。除了提供指导以协助 CAAA 第三章的实施外，本指南还将向公众提供指导，以协助州和地方空气污染控制机构以及危险污染物源对这些污染源的影响进行评估。

虽然本指南涵盖了评估有害空气污染物影响的最新方法，但仍然要根据未来最新的科学发展及时修订。这些新的科学信息可能来源于国家科学院（National Academy of Sciences，NAS）根据 CAAA 第 112（o）节（1993 年 5 月 NAS 向国会提交的报告）的授权而开展的风险评估方法的研究结果。

1.2 CAAA 第三章中的风险评估

如上所述，CAAA 第三章的部分条目详述规定了在建立有毒空气污染物的监管体系时，需要考虑其浓度及相关的健康风险。具体来说，有以下几点：

1. 如果“无法合理预估某物质的大气浓度能够产生任何不利的健康影响”（第 122（b）（3）（C）节），可申请将其从受规制的有害或有毒污染物列表中删除。

2. 如果“能够明确证明或合理预估某物质的大气浓度引起不利的健康影响”，那么该污染物可被添加到列表中（第 112（b）（3）（B）节）。

3. 对于致癌污染物，如果“能够证明该排放源类别中没有任何排放源的……（致癌）空气污染物排放量可导致人群终身致癌风险大于百万分之一，”（第 112（c）（9）（B）（i）节），对于非致癌有毒污染物，如果“能够证明该排放源类别中没有任何排放源的排放……超过可以提供足够的安全范围以保护公众健康的水平，或导致不利的环境影响”（第 122（c）（9）（B）（ii）节），那么可以将整个排放源类别从列表中删除。

4．在某排放源类别受 MACT 规制的 8 年内，EPA 须根据该类别排放源剩余风险的评估结果决定是否需要对该排放源类别采取额外的规制。针对污染物的非致癌健康影响，如果“为了提供足够的充足安全范围以保护公共健康，需要发布这类标准”；或针对致癌物，MACT 标准“没有将最多暴露于排放源类别或子类别的个体终身致癌风险减少到百万分之一的概率以下”；或“需要更加严格的标准以防止不利环境影响”（第 112（f）（2）（A）节），在上述情景下都可以认为有必要对排放源类别采取额外规定。

在这些条目的规定下，具体的决策应根据污染源的预测影响是否超过关注水平而制定。为了与特定的关注水平比较，可用以下四种方法量化排放源的影响：

1．终身致癌风险；

2．慢性非致癌危害指数；

3．急性非致癌危害指数；

4．急性危害指数超标频率。

下面几章将会更详细地讨论度量这些影响的方法。需要注意的是，在了解某些特定的有害污染物环境影响的前提下，也可以使用生态危害指数来量化这种影响。这些指标的计算将与健康危害指数的计算同时进行。

对于致癌污染物，关注风险指由于终身暴露于某大气污染浓度下导致个体罹患癌症的风险，或称终身致癌风险。为实现第 112（c）节中的目标，CAAA 规定暴露于最高预测污染物浓度的个体，或最大暴露个体终身致癌风险的标准是百万分之一（针对其他目标，终身致癌风险的具体关注水平可能会更高或更低）。终身致癌风险的计算是将特定污染物的预测年均大气浓度（$\mu g/m^3$）乘以该污染物的单位风险系数或单位风险估计（Unit risk estimate，URE）[1]，其中单位风险系数等于吸入单位浓度（1 $\mu g/m^3$）该物质的终身致癌风险的上界。由于预测的排放源周边的年均污染物浓度随地点的变化而变化，终身致癌风险估计值也会不同。因此，涉及某一来源或一组来源的影响是否超出某种关注水平的决策通常集中在设施围栏外预测的最高浓度上（因此也是预测的最高终身致癌风险）。EPA 已针对一些可能的、极有可能的或已知的致癌物制定了单位风险系数，并将在可获得更多信息的情况下制定其他的癌症单位风险系数。出于本文件的目的，将加和所有单个污染物的致癌风险以评估暴露于多种致癌物的混合物所致的致癌风险，而不考虑任何特定的致癌物可能导致的具体癌症类型[2]。

对于因慢性或急性暴露而造成非致癌健康影响的污染物而言，关注水平分别是慢性和急性浓度阈值，而这些阈值可以在考虑科学不确定性的情况下根据健康影响数据计算得到。为评估有害空气污染物潜在的长期影响，EPA 已为一些污染物制定（并将为其他污染物制定）慢性吸入参考浓度（Reference concentration，RfC）值，这些值被定义为人群终身暴露并且不会产生明显有害影响的单个污染物的最低浓度。为评估某些特定的慢性非致癌风险，EPA 直接指定 RfC 值，或一个分数，或一个整倍数，作为长期非致癌关注水平。为评估某些特定的急性非致癌风险，EPA 直接指定急性参考阈值作为短期非致癌关注水平。出于本文件的目的，长期非致癌关注水平被称为慢性浓度阈值，短期非致癌关注水平被称为急性浓度阈值。为了方便操作，急性浓度阈值将被指定为 1 小时平均值。1 小时急性浓度阈值并不一定意味着暴露数据表明暴露 1 小时会有害健康，而是在关注的暴露持续时间内具有保护性。

危害指数被用来量化暴露于某一种或一组污染物导致的长期或短期有害非致癌健康风险。慢性非致癌危害指数由某种污染物的模型模拟所得的年均污染浓度除以其慢性浓度阈值得到。急性非致癌危害指数由某种污染物的模型模拟所得的 1 小时浓度除以其急性浓度阈值得到。如果需要评估多种污染物的风险，则对于任何位置（慢性或急性）危害指数的计算方法为将该位置的预测（年均或 1 小时）浓度除以其（慢性或急性）浓度阈值后求和[2]。如果危害指数大于 1.0，表明该位置的风险情况超过了关注水平。对于因急性暴露而导致急性有害健康影响的污染物，在整个模型模拟过程中的任何位置和时间都可能出现超过关注水平的情况。因此，任何位置出现风险超标的频率也将成为模拟排放源风险的一种度量。急性危害指数超标频率只能通过本文件中提到的最精细的分析方法来计算。

URE 和 RfC 的具体信息可通过 EPA 环境标准和评估办公室（Environmental Criteria and Assessment Office，ECAO）综合风险信息系统（Integrated Risk Information System，IRIS）获取，地址与联系方式为：俄亥俄州辛辛那提，（513）569-7254。

1.3 文件概述

本文件主要分为三个部分，每部分所讨论的建模过程具有不同水平的复杂程度，简称为“层级”（tiers）。第一层是一个简化的筛选程序，在这一层上用户可以估计最大场外地面浓度，而不需有关排放源的大量知识和计算机设备。第二层是一个更加复杂的筛选技术，在这一层中需要有被模拟排放源的更加详细的信息，并要求利用计算机程序。第三层涉及特定站点的计算机模拟，这里要借助计算机程序和详细的排放源参数。由于有毒空气污染物的影响包括短期和长期两个层面，所以每一层都被分为两个部分。第一部分用于估计长期浓度的扩散模拟（从致癌或者慢性非致癌影响角度来看都很重要），第二部分用于估计短期浓度的扩散模拟（从急性毒性角度来看非常重要）。

应当注意的是，本文件需要与模型 SCREEN [3]、TOXST [4] 和 TOXLT.[5] 的用户指南结合使用，它并不打算替代或复制这些文件中的内容。此外，读者可参考“空气质量模型指南（修订版）”[6] 以获得与空气质量模型应用有关的详细信息。建模者也可使用 EPA 的 TSCREEN[7] 建模系统来协助针对某些毒物释放情况的第二层计算机模拟。但是应当指出的是，TSCREEN 认为比空气重的有毒污染物排放不应使用本文所述的技术进行建模。这种污染物的扩散需要更加精细的分析，例如在参考文献 [8] 中所描述的。在本文件中提到的模型代码、用户指南以及相关的文件可以从 EPA 空气质量计划和标准办公室的技术转让网络（Technology Transfer Network，TTN）获得，附录 A 中提供了获取信息。

模型层级的设计使得每一层的浓度估计都没有前一层那么保守。这意味着，在给定情况下，第一层模拟的影响应当高于或比第二层模拟的影响更加保守，且第二层模拟的影响应当高于且比第三层模拟的影响更加保守。因此，从一层到下一层的进展应当涉及上述关注水平的使用。例如，无论是（1）最大预测致癌风险；（2）最大预测慢性非致癌危害指数；（3）或者最大预测急性危害指数，如果第一层分析的结果表明超过了关注水平，那么分析者可能都希望进行第二层的分析。如果所有的三个影响测量都低于特定的关注水平，那么就没有进行更加精细模拟的必要，也就不需要进行下一层的建模。本文件只涉及通用的关注水平，没有涉及每个特定有害空气污染物的关注水平。用户需要参考之后的 EPA 文件来确定用于建模的特定污染物或者污染混合物关注水平。

1.4 一般建模要求、定义和局限性

本文件描述了大气污染的点、面、体源的建模方法。点排放源是指从一个特定点，例如烟囱或者排气口的排放。面排放源是指从一个特定的、明确界定的表面排放污染物的排放源，例如泻湖、陆地农场、开顶储罐。所谓 “无组织” 排放（例如，特定处理区域内的多个泄漏）的排放源也通常被当作面源进行模拟。本文件中使用的方法通常被认为适用于评估排放源周边半径 50 km 内的影响。这些技术的使用对排放速率上限或者下限没有特殊的规定。

出于本文件的目的，“排放源”（source）与“释放”（release）的意义相同，“大气有毒污染物”（air toxic）与“有害空气污染物”（hazardous air pollutant）意义相同。应当注意的是前面段落定义的“面排放源”与 CAAA 定义的“面排放源”不一样。本文件中描述的建模技术是专门用来模拟有限的明确排放源，而不是用来模拟一个区域内大量的不明确的排放源，这些不明确的排放源可能是 CAAA 中规定的一些“面排放源”情况。模拟这些区域内排放源的急性和慢性影响，可以利用 RAM 模型[9]和 CDM 2.0 模型[10]。更多信息请参考“空气质量模型指南（修订版）”[6]。读者应当注意到相对较小的明确排放源组是可以使用这里描述的技术进行模拟的。

本文件并不能用于指导模拟那些位于复杂地形的设施排放。对模拟受复杂地形影响的设施感兴趣的读者可以直接参考“空气质量模型指南（修订版）”[6]或者向该地区的 EPA 区域办公室寻求建模帮助（见附录 B）。

为了进行影响评估，有必要对评估中涉及的每个排放源或释放点的每种污染物的排放速率进行估算。估算排放速率的最好方法是在可行的情况下进行实验测量或采样，或者可以通过质量平衡计算或使用特定类型的过程排放因子来量化排放速率。本文件中讨论的程序不涉及排放估计过程。其他的 EPA 文件中提供了特定源排放速率估计和排放测试方法的指南（见参考文献 11～15）。通过 OAQPS TTN 可以获得关于特定排放测量技术的更多信息（见附录 A）。

由于许多有害空气污染物的排放源本质上是间歇性的（例如，批量处理排放），因此本文件中的技术被开发以适用于处理间歇性排放源和连续性排放源。在分析长期或者短期影响时，了解两种类型排放速率的不同处理是很重要的。在长期影响分析时，用于建模的排放速率是基于一年内污染物的排放量，而不管这个排放过程是连续的还是间歇的。此外，为了评估一个排放源或一组排放源最糟糕情况的影响，模型模拟中使用的长期排放速率参数应当反映出以最大设计能力运行的一个工厂或过程的排放速率。在短期影响分析时，建模中使用的排放速率是基于 1 小时内最大的污染物排放量，在此期间排放源处于排放状态。第 1 层和第 2 层过程评估了间歇性排放源最差情况下的影响，就好像它们是同时排放的，而第 3 层中则包含了对于间歇性排放源的更加符合实际的处理，即通过在模拟时间内根据用户的实际使用频率来打开或关闭间歇性排放源来进行建模。这个使用频率应当反映出排放源在其最大设计能力下运行的正常运行计划。

除排放速率的估计外，还需要获得排放源的定量信息来进行更加详细的影响评估。第 1 层中需要地面排放高度的信息，以及从排放点到设施边界的最短距离。更高层级的分析中需要额外的信息，包括但不仅限于：

- 烟囱高度
- 烟囱内部直径
- 废气排放速度
- 废气排放温度
- 每个排放源附近建筑物的尺寸
- 地表面源尺寸
- 确切的排放和边界位置
- 用来确定最差情况影响的确切受体位置
- 设施附近的土地利用情况
- 设备附近的地形特征
- 短期排放时间
- 短期排放频率

本文件将尽可能解释获得这些输入数据的最佳方法。在一些更加复杂的情况下，可能需要咨询最近的 EPA 区域办公室的建模联系人，以获得更加具体的建模指南（见附录 B 中的列表）。

建模者并不能决定在特定的分析或者模拟中应当包括哪些排放源和污染物。由于这些问题与进行影响评估的特定目的有关，所以本文件中不会涉及这些问题。相反，本文件提供了针对各种情景建模的指导与参考，包括单源、多源、单一污染物和多种污染物情景。后续的 EPA 文件将解决以下问题：为了特定的监管目的，哪些污染源和哪些污染物应列入影响分析。

2.0 第 1 层分析

2.1 引言

进行有毒污染物固定排放源（或一组排放源）的第 1 层分析，是为了确定该排放源是否存在潜在的重大影响。这个“筛选”分析是通过使用查询表来获得被模拟的排放源“最差情况”的影响，目的是评估排放源的潜在长期和短期影响。如果预测的影响小于关注水平，那么不需要进一步建模。如果预测的影响高于所有的关注水平，那么进一步分析有希望能够获得更加准确的结果。

第 1 层的“查询表”已经被创建为工具，可以很容易的在信息最少的情况下，估计有毒污染物排放源的保守影响。标准化的年均和 1 小时浓度表的创建基于 EPA 的 SCREEN 模型[3]进行的有毒污染物排放源保守模拟。在本文中，“保守”模拟使用关于气象、建筑物下洗、烟羽抬升等的保守假设。保守的年均浓度是从 SCREEN 的 1 小时估计中获得的，在这个估计中使用了保守的乘数 0.10。

2.2 长期模拟

有毒或者有害空气污染物的长期模拟是为了估计由特定的某个或者一组排放源排放导致的公众可能暴露的年均污染物浓度。从 EPA 的监管角度来看，这个“公众”不包括负责运营排放设备的员工（这是职业安全和健康管理局的管辖权，OSHA）。因此，影响评估的重点是估计“场外”浓度，或者设施边界以外的浓度。致癌物的致癌风险通过特定污染物致癌强度系数乘以年均浓度得到，这个致癌强度系数是从健康效应影响数据中获得的。慢性非致癌污染物的影响则通过对比预测的年均浓度与慢性阈值浓度来评估，这个阈值浓度也是从实验健康数据中获得的。为了保护“最差情况”污染物浓度下的公众，该分析主要集中在预测最差情况或者最大年均浓度。

2.2.1 最大年均浓度估计

长期的第1层分析需要以下信息：

1．模拟中包含的每个排放源中的污染物年均排放速率（t/a）。这些排放不一定是连续排放，而应当代表一年内由这个排放源产生的污染物总量。需注意的是，这里使用的吨数是英吨（1英吨=2000磅）。另外还需要注意，第1层分析中面源的排放速率代表这个区域的总排放，而不是每单位面积的排放。

2．每个排放源的地面排放高度（m）。

3．排放源类型（点或者面）。点源通常包括排气口（管道或者烟囱），或者其他导致有毒物质从确定位置以确定速率进入大气的排放源类型。面源也是确定的，但是与点源的不同在于其排放程度很大。

4．每个面源间的最大水平距离（m）。

5．与建筑红线的最近距离（m）。为估计公众可以接触到污染物的位置处的浓度，通常选取设施所在处的建筑红线上或者以外的任何一点。如果排放源是点源，则直接估算每个排放点到最近边界的距离（对于每个排放源来说不一定是同样的边界）。如果排放源是面源，那么该距离应当从面源的最近边缘而不是中心开始测量。

一旦确定了排放源的这五个信息，每个排放源的归一化最大年均浓度的筛选估计将通过以下程序从表1中获得。

表 1 归一化最大年均浓度（μg/m³）（t/a）

排放源类型[a]	排放高度/m	边长[b]/m	在该距离或者超过该距离的归一化最大浓度[C]					
			10 m	30 m	50 m	100 m	200 m	500 m
A	0	10	9.56E+2	3.02E+2	1.64E+2	6.48E+1	2.32E+1	5.53E+0
A	0	20	5.15E+2	1.83E+2	1.07E+2	4.78E+1	1.91E+1	5.04E+0
A	0	30	3.51E+2	1.31E+2	7.92E+1	3.74E+1	1.61E+1	4.58E+0
P	0	—	5.41E+3	7.92E+2	3.25E+2	9.67E+1	2.91E+1	6.08E+0
P	2	—	1.87E+2	1.42E+2	1.35E+2	7.28E+1	2.64E+1	5.96E+0
P	5	—	9.62E+1	7.46E+1	5.18E+1	2.72E+1	1.48E+1	5.18E+0
P	10	—	2.77E+1	2.44E+1	2.11E+1	1.36E+1	7.17E+1	2.88E+0
P	20	—	6.91E+0	4.52E+0	4.52E+0	3.80E+0	2.44E+0	1.06E+0
P	35	—	2.26E+0	2.26E+0	1.13E+0	1.11E+0	8.98E-1	4.41E-1
P	50	—	1.11E+0	1.10E+0	1.11E+0	4.69E-1	4.23E-1	2.53E-1

注：[a] 排放源类型 P=点源，A=面源。

[b] 正方形面源的边长。

[c] 面源的顺风距离表示到面源的下风向边缘的距离。

1．对于面源来说，从表中选择小于或者等于跨越排放源最大水平距离的“边长”（10 m、20 m、30 m）。

2. 对于点源来说，从表中选择小于或者等于估计排放高度的“排放高度”（0 m、2 m、5 m、10 m、35 m 或 50 m）。

3．从表中选择小于或等于到建筑红线最近距离的“最大距离”（10 m、30 m、50 m、100 m 或者 200 m）。

4．从表中选取在对应排放高度和距离下适当的归一化最大年均浓度，并且乘以每种有毒物质的排放速率（t/a）后得到浓度的估计值（μg/m³）。不要修改表内的值。

例如，考虑如下情况：有毒污染物以 11.6 t/a 的排放速率从 40 m 高的排气管中排出，这个排气管连接在一个 4 m 高、10 m 长、5 m 宽的建筑物上。该设备的最近边界距离排气管 65 m。排放高度应当选择 35 m，因为表中所有较大的条目都超过了实际排放高度 40 m；应当估计距离为 50 m 处的浓度，因为表中所有较大的条目都超过了实际距离 65 m；适当的归一化最大年均浓度是 1.13（μg/m³）/（t/a）；最后，将归一化最大年均浓度乘以排放速率 14.6 t/a 得到最大年均浓度估计为 16.5 μg/m³。

2.2.2 致癌风险评估

一旦估计了每种被模拟排放源的最大年均浓度，终身致癌风险的上界可用每种致癌污染物的最大年均浓度估计乘以每种污染物的单位致癌强度系数后求和得到。这种方法假设所有致癌风险都是可加的，而不管具体是哪些器官组织受到影响。应当注意的是，这种方法假设所有最差情况影响发生在同一地点。虽然这种假设可能是不实际的，但是它有助于确保第 1 层的结果是保守的，从而保护公众。

举一个例子，假设建模者在模拟一个工厂的排放，两种污染物 A 和 B，从 4 个不同的烟囱排放，其中污染物 A 从烟囱 1 和 2 中排放，污染物 B 从烟囱 2、3、4 中排放。在这个例子中，烟囱 1 与上述例子中描述的相同。通过上述程序估计每个烟囱排放的每种污染物的最大年均浓度之后，结果是：

排放源	化合物	最大影响
烟囱 1	污染物 A	16.5 μg/m³
烟囱 2	污染物 A	5.49 μg/m³
烟囱 2	污染物 B	2.35 μg/m³
烟囱 3	污染物 B	4.13 μg/m³
烟囱 4	污染物 B	24.9 μg/m³

假设污染物 A 和 B 的单位致癌强度系数分别是 $1.0\times10^{-7}(\mu g/m^3)^{-1}$ 和 $2.0\times10^{-7}(\mu g/m^3)^{-1}$。针对每种排放源和污染物计算第 1 层最大致癌风险，并且求和如下：

排放源	化合物	最大影响	最大风险
烟囱 1	污染物 A	16.5 μg/m³	1.65×10^{-4}
烟囱 2	污染物 A	5.49 μg/m³	5.49×10^{-7}
烟囱 2	污染物 B	2.35 μg/m³	4.70×10^{-7}
烟囱 3	污染物 B	4.13 μg/m³	8.26×10^{-7}
烟囱 4	污染物 B	24.9 μg/m³	4.98×10^{-4}
		总风险	8.48×10^{-4}

如果我们正在评估这一组与 CAAA 规定的 1×10^{-4} 终身致癌风险有关的排放源的健康影响，且由于最大第 1 层风险已高于 CAAA 规定的 1×10^{-4} 水平，那么这个排放源需要在致癌风险的基础上进一步建模（注意，这并不排除调查急性或者慢性非致癌风险的需求）。

2.2.3 慢性非致癌风险评估

所有污染物慢性非致癌风险的评估均基于危害指数方法。慢性非致癌危害指数将每个污染物最大年均浓度除以该污染物的慢性阈值浓度值之后加总得到的。如果计算出的危害指数大于 1.0，说明排放源会对公众健康造成威胁且应进一步建模。应当注意的是，为了保证最为保守的预测结果，这种方法假设所有排放源的最差情况发生在同一位置。

假设上述例子中的污染物 A 和污染物 B 造成了慢性非致癌风险，并且其相应的慢性浓度阈值分别是 20.0 μg/m^3 和 5.0 μg/m^3，则慢性非致癌危害指数如下：

排放源	化合物	最大影响	危害指数
烟囱 1	污染物 A	16.5 μg/m^3	0.825
烟囱 2	污染物 A	5.49 μg/m^3	0.275
烟囱 2	污染物 B	2.35 μg/m^3	0.470
烟囱 3	污染物 B	4.13 μg/m^3	0.826
烟囱 4	污染物 B	24.9 μg/m^3	4.980
		总危害指数	7.376

在这种情况下，单个危害指数中的一个超过 1.0，那么被模拟设施的总危害指数就超过 1.0，需要进行更高层级的建模。

2.3 短期模拟

有毒或有害空气污染物的短期模拟旨在估计由特定排放源或排放源组的污染排放而造成公众暴露的 1 小时平均污染物浓度。同样，从 EPA 监管角度来看，这里的“公众”不包括负责运营排放设备的员工（属 OSHA 的管辖权）。因此，影响评估侧重于估计“场外”浓度，或者设施边界外的浓度。虽然短期风险评估关注的健康影响各不相同，但是它们都是由于短期暴露于有毒污染物而导致的。在评估短期风险时通常通过比对 1 小时预测污染物大气浓度和从实验健康数据所得的急性阈值浓度。为了保护“最差情况”下的公众健康，短期模拟重点预测最差情况，即模拟最大 1 小时平均浓度。

2.3.1 最大小时浓度估计

短期第 1 层分析需要以下信息：

1．模拟中包含的每个排放源排放的每种污染物的最大 1 小时平均排放速率（g/s）。如果排放是连续、恒定的，则该值等同于长期模拟中的排放速率，只不过单位要用 g/s 而非 t/a 表示（从 t/a 转化为 g/s，除以 34.73；从 g/s 转化为 t/a，乘以 34.73）。如果排放是间歇性的，例如批量排放，则该值相当于发生排放后的任何一小时中的最大克数除以 3 600。应当注意的是，第 1 级分析中，面源排放代表该排放源的总排放，而非每单位面积的排放。

2．点源中每个排放源的地面高度（m）。

3．排放源类型（点或面）。点源通常包括排气口（管道或者烟囱），或任何能够使有毒物质从确定位置以确定速率进入大气的排放类型。面源也可能是明确的，但是与点源的不同在于其排放程度更大。

4．每个面源间的最大水平距离（m）。

5．与建筑红线的最近距离（m）。为估计公众可以接触到污染物的位置处的浓度，通常取设施所在处的建筑红线上或者以外的任何一点。如果排放源是点源，则直接估算每个排放点到最近边界的距离（对于每个排放源来说不一定是同样的边界）。如果排放源是面源，那么该距离应当从面源的最近边缘而不是中心开始测量。

一旦确定了每个排放源的上述五个项目，则依照下述流程，从表 2 中获得每种释放产生的标准化最大年均浓度的筛选估计值。

表 2 归一化最大 1 小时平均浓度（μg/m³）（g/s）

排放源类型[a]	排放高度/m	边长[b]/m	在该距离或者超过该距离的归一化最大浓度					
			10 m	30 m	50 m	100 m	200 m	500 m
A	0	0	3.32E+5	1.05E+5	5.70E+4	2.25E+4	8.07E+3	1.92E+3
A	0	20	1.79E+5	6.36E+4	3.72E+4	1.66E+4	6.62E+3	1.75E+3
A	0	30	1.22E+5	4.54E+4	2.75E+4	1.30E+4	5.59E+3	1.59E+3
P	0	—	1.88E+6	2.75E+5	1.13E+5	3.36E+3	1.01E+4	2.11E+3
P	2	—	6.51E+4	4.92E+4	4.69E+4	2.53E+4	9.18E+3	2.07E+3
P	5	—	3.34E+4	2.59E+4	1.80E+4	9.44E+3	5.13E+3	1.80E+3
P	10	—	9.61E+3	8.49E+3	7.36E+3	4.71E+3	2.49E+3	1.00E+3
P	20	—	2.45E+3	1.57E+3	1.57E+3	1.32E+3	8.46E+2	3.67E+2
P	35	—	7.84E+2	7.84E+2	3.94E+2	3.85E+2	3.12E+2	1.53E+2
P	50	—	3.84E+2	3.84E+2	3.84E+2	1.63E+2	1.47E+2	8.77E+2

注：[a] 排放源类型 P=点源，A=面源。

[b] 正方形面源边长。

[c] 面源的顺风距离表示到面源的下风向边缘的距离。

1．对于面源来说，从表中选择小于或者等于跨越排放源的最大水平距离的“边长”（10 m、20 m、30 m）。

2．对于点源来说，从表中选择小于或者等于估计的排放高度的最大“排放高度”（0 m、2 m、10 m、35 m、50 m）。

3．对于任何一类排放源，从表中选择小于或者等于到建筑红线的最近距离的“最大距离”（10 m、20 m、50 m、100 m 或 200 m）。

4．取该排放源归一化的最大 1 小时浓度以及边界距离，乘以每种有毒污染物的排放速率（g/s），获得最大场外 1 小时平均浓度估计值（μg/m³）。不要修改表内的值。

例如，考虑如下情况：有毒物质 A 从 40 m 高的通风管释放，这个通风管连接在一个高 4 m、长 10 m、宽 5 m 的建筑上。设备的最近边界距离通风管 65 m。对于短期评估来说，已经确定了一年中任何一小时 A 的最大排放是 1 800 g，因此排放速率为 1 800 g/3 600 s= 0.50 g/s；选择 35 m 作为排放高度，因为表中所有的条目都超过了实际排放高度；估计距离 50 m 处的浓度，因为表中所有的条目都超过了实际距离 65 m。适当的归一化最大

1 小时平均浓度是 3.94E+2（μg/m^3）/（g/s）。将其乘以排放速率 0.50 g/s，得到最大小时浓度估计为 197 μg/m^3。

2.3.2 急性危害指数评估

对于所有因急性暴露而对健康造成威胁的污染物来说，通常使用急性危害指数法评估这种威胁的程度，类似于在慢性非癌致癌评估中使用的危害指数。只不过在这种情况下，急性危害指数是最大 1 小时浓度除以急性浓度阈值后加总得到。应当注意的是，为了保证最保守的结果，这个方法假设所有排放的最差影响都同时发生在同一个位置。类似于慢性风险评估，如果计算的危害指数大于 1.0，那么被模拟的排放源可能会对公众造成威胁，并且表明需要进行更高层级的分析。

举一个急性危害指数方法应用的一个例子。假设考虑 2.2.2 节中模拟的相同的工厂，但是最大 1 小时浓度是使用 2.3.2 节中程序确定，结果如下：

排放源	化合物	最大 1 小时浓度
烟囱 1	污染物 A	197 μg/m^3
烟囱 2	污染物 A	257 μg/m^3
烟囱 2	污染物 B	110 μg/m^3
烟囱 3	污染物 B	301 μg/m^3
烟囱 4	污染物 B	367 μg/m^3

进一步假设污染物 A 和污染物 B 的急性阈值浓度值分别是 200 μg/m^3 和 100 μg/m^3，则急性危害指数计算如下：

排放源	化合物	最大 1 小时影响	危害指数
烟囱 1	污染物 A	197 μg/m^3	0.985
烟囱 2	污染物 A	257 μg/m^3	1.285
烟囱 2	污染物 B	110 μg/m^3	1.100
烟囱 3	污染物 B	301 μg/m^3	3.010
烟囱 4	污染物 B	367 μg/m^3	3.670
		综合危害指数	10.050

在这种情况下，单个危害指数中有 4 项超过了 1.0，模拟的工厂的综合危害指数超过了 1.0，因此需要进行更高层级的建模分析。

3.0 第 2 层分析

3.1 引言

如果第 1 层的分析结果表明在以下任意一个指标或多个指标超过关注水平，那么就需要针对有毒污染物的固定源（或一组排放源）进行第 2 层分析：（1）最大预测致癌风险；（2）最大预测慢性非致癌危害指数；（3）最大预测急性危害指数。注意如果仅有一个或者两个第 1 层指标超标，只需要针对超标的第 1 层指标进行更高等级的分析。例如，如果第 1 层分析表明致癌风险和慢性非致癌风险值得关注，而急性风险不需要关注时，只有致癌风险和非致癌风险的长期模拟需要进行第 2 级分析。第 2 层分析比第 1 层分析稍微复杂一些，因此需要额外的输入信息以及计算机程序来开展。第 2 层分析的构建基于 EPA 的 SCREEN 模型以及其相应的名为“评估固定源空气质量影响的筛选程序”的文件[3]。从 OAQPA TTN 中可以获得 OAQPA 模型的源代码和文件（见附录 A）。

同样，类似于第 1 层分析，如果第 2 层中任何预测的影响超过了关注水平，均表明需要进行更高级别的建模分析。

3.2 长期模拟

第 2 层长期模拟利用 SCREEN[3] 模型来估计 1 小时最大浓度，然后利用保守的转换因子从 SCREEN 预测结果中获得最大年均浓度值[16, 17]。如本文件的 2.2.2 节和 2.2.3 节，这些最大年均浓度估计值被用以评估致癌风险和慢性非致癌风险。

3.2.1 最大年均浓度估计

除了第 1 层分析中需要的信息，第 2 层分析还需要以下信息：

1. 出口处烟囱的内部直径（m）。

2. 烟气出口速度（m/s）。

3．烟气出口温度（K）。

4．确定被模拟的设备周围的区域是城市还是农村。这通常是根据设备附件的土地使用情况进行评估的。

参考“空气质量模型指南（修订版）”[6]以获得关于确定该参数的更多帮助。

5．气流下洗潜力。无论排放源是在建筑物的屋顶上，还是在附近建筑物的下风处，点源的扩散估计中必须包含气流下洗的影响。气流下洗的潜力通过以下方法确定。首先，估计最接近排放源的建筑物的高度和最大水平尺寸。对于每一个建筑物，确定这高度和最大水平尺寸中较小的一个，并称之为长度L。如果建该筑物距离排放源的距离小于5 L，那么这个建筑物就会导致气流下洗。对于此类建筑物，需将L乘以1.5后加到建筑物的实际高度上。如果该计算所得到的高度都超过排放高度，那么必须考虑计算该排放源扩散过程中的下洗影响。

一旦每个被模拟的排放源都确定上述项目，便可以通过 SCREEN 单独运行估计每个排放的最大浓度。关于 SCREEN 模型运行的建议如下：

1．第1层长期模拟中使用的排放速率应当从 t/a 转换为 g/s（t/a 除以 34.73）。面源排放速率应当除以排放源面积转化为 $g/(s\cdot m^2)$。

2．选择默认的大气温度 293 K。

3．对于每个排放源来说，模拟自动距离列阵时选择最近边界距离作为最小受体距离，选择 50 km 作为最大受体距离，在最近边界处或以外的最大模拟浓度作为模型预测的最大浓度值。

4．不应当使用标志性受体。

5．对于每个排放来说，应当注意其最大1小时浓度。

6．应当用最大1小时浓度乘以0.08来计算得到每个排放源的最大年均浓度。

同样，以第1层所举的烟囱1作为第2层长期模拟的例子。首先判断是否需要考虑气流下洗：首先估算最大水平尺寸为 $[(10\ m)^2+(5\ m)^2]^{1/2}=11.2\ m$，小于高度4 m，因此尺寸L取4 m。可能造成气流下洗的最大烟囱高度是 $4\ m+1.5\times4\ m=10\ m$。由于实际烟囱高度是40 m，因此在 SCREEN 模拟中不需要考虑气流下洗。将示例中指定的排放速率 14.6 t/a 转换为 14.6/34.73=0.42 g/s，以用于 SCREEN 模拟中。除了实际烟囱高度（40 m）和最小边界距离（65 m），SCREEN 模拟的输入参数还包括：

内部烟囱直径	0.5 m
烟囱气体出口速度	5.6 m/s
烟囱气体出口温度	303 K
工厂位置	城市

SCREEN 模拟结果表明，在 65 m 处的最大 1 小时浓度是 32.5 μg/m^3。使用推荐的换算系数 0.09，估算最大年均浓度为 2.6 μg/m^3（该值可以与第 1 级中的 16.5 μg/m^3 对比）。

3.2.2 致癌风险评估

所有致癌物排放的最大年均浓度乘以合适的单位致癌强度系数后加总得到最大致癌风险。同第 1 层的分析一样，第 2 层的致癌风险评估假定所有的最差情况影响发生在同一个位置。虽然这个假设不完全贴近现实，但有助于确保第 2 层的分析结果的保守性以最大化保护公众健康。更多的针对特定受体风险的计算将在第 3 层分析中解决。

再次借助第 1 层的例子，每个排放源和污染物的最大年均影响均利用 SCREEN 模型估计得到。总风险直接加总每种排放导致的风险获得，而不考虑最大影响的下风向距离。结果如下：

排放源	化合物	最大影响	最大风险
烟囱 1	污染物 A	2.60 μg/m^3	2.60×10^{-7}
烟囱 2	污染物 A	1.34 μg/m^3	1.34×10^{-7}
烟囱 2	污染物 B	0.58 μg/m^3	1.16×10^{-7}
烟囱 3	污染物 B	0.62 μg/m^3	1.24×10^{-7}
烟囱 4	污染物 B	3.70 μg/m^3	7.40×10^{-7}
			—
		总风险	1.38×10^{-6}

在这个例子中，使用了第2层方法的最大终身致癌风险估计，比第1层分析中的结果要低6倍。然而，致癌风险水平仍然超过了1×10^{-6}，这表明仍需要更高层级的建模。

3.2.3 慢性非致癌风险评估

如第1层中的计算方法，模型预测的最大年均浓度除以慢性浓度阈值后相加计算得到危害指数。同样，这个方法保守地假设所有最差情况下的影响都发生在相同的位置。

继续上一个例子，慢性非致癌危害指数使用第2层分析中估计长期影响的方法重新计算。污染物A和B的慢性非致癌影响的阈值浓度分别取20.0 μg/m^{3}和5.0 μg/m^3。得到结果如下：

排放源	化合物	最大影响	危害指数
烟囱1	污染物A	2.60 μg/m^3	0.130
烟囱2	污染物A	1.34 μg/m^3	0.067
烟囱2	污染物B	0.58 μg/m^3	0.116
烟囱3	污染物B	0.62 μg/m^3	0.124
烟囱4	污染物B	3.70 μg/m^3	0.740
			—
		总危害指数	1.177

第2层中估计的慢性非致癌危害指数比第1层中针对相同排放源估计的结果要小。但是，即便所有单个排放源/污染物组合都没有超过慢性阈值浓度，总危害指数依然超过了1.0，因此有必要进行针对慢性非致癌影响的第3层分析。

3.3 短期模拟

短期第2层模拟利用了SCREEN3模型来直接估计1小时最大浓度。如同本文件的2.3.2节所述方法，最大1小时浓度将被用来评估短期急性危害指数。

3.3.1 最大小时浓度估计

除了进行第1层短期分析需要的信息之外，第2层分析还需要关于烟囱排放源的以下信息：

1．烟囱出口点处的内部直径（m）。

2．烟囱烟气出口速度（m/s）。

3．烟囱烟气出口温度（K）。

4．确定被模拟的设备的周边区域是城市还是农村。这通常是基于设备附近的土地使用情况进行评估。参考“空气质量模型指南（修订版）”[6]以获得关于确定该参数的更多帮助。

5．气流下洗潜力。无论排放源是在建筑物的屋顶上，还是在附近建筑物的下风处，点源的扩散估计中必须包含气流下洗的影响。气流下洗的潜力通过以下方法确定。首先，估计最接近排放源的建筑物的高度和最大水平尺寸。对于每一个建筑物，确定这高度和最大水平尺寸中较小的一个，并称之为长度 L。如果建该筑物距离排放源的距离小于 5 L，那么这个建筑物就会导致气流下洗。对于此类建筑物，需将 L 乘以 1.5 后加到建筑物的实际高度上。如果该计算所得到的高度都超过排放高度，那么必须考虑计算该排放源扩散过程中的下洗影响。

一旦每个被模拟的排放源都确定了上述项目，便可通过 SCREEN 来单独估算每个排放源的最大小时浓度。关于 SCREEN 模型运行的建议如下：

1．选择默认的大气温度 293 K。

2．面源排放速度为总排放速度除以排放源面积。

3．对于每个排放来说，模拟自动距离列阵时将该排放的最近边界距离选为最小受体距离，并且将 50 km 选为最大受体距离。该排放的最大浓度将被选为最近边界处的最大浓度。

4．不应当使用标志性受体。

5．对于每个排放来说，应当注意其最大 1 小时浓度。

继续以烟囱 1 为例，SCREEN 模型中使用 3.2.1 节中指定的烟囱参数。最大短期排放速率是 0.50 g/s（见 2.3.1 节），这个速率被用来估计最大 1 小时排放源影响。SCREEN 模型的结果表明最大 1 小时浓度是 38.8 μg/m^3，位于下风向 165 m 处。

3.3.2 急性危害指数评估

如第 1 层的计算方法，最大 1 小时浓度除以急性阈值浓度之后加总得到急性危害指数。同样，这个方法假设所有的最差情况影响发生在同一位置。

为了说明这个流程，同样以之前提到的工厂为例，利用急性危害指数法计算短期影响。急性阈值浓度分别为 200 μg/m³ 和 100 μg/m³。结果如下：

排放源	化合物	最大 1 小时影响	危害指数
烟囱 1	污染物 A	34.8 μg/m³	0.174
烟囱 2	污染物 A	70.5 μg/m³	0.352
烟囱 2	污染物 B	29.9 μg/m³	0.299
烟囱 3	污染物 B	50.0 μg/m³	0.500
烟囱 4	污染物 B	60.4 μg/m³	0.604
			—
		总危害指数	1.925

在这个例子中，第 2 层估计的急性危害指数是第 1 层中针对同样排放源估计结果的 20%。但是，由于总危害指数超过了 1.0，针对由急性暴露导致的健康影响仍需要进行第 3 层的进一步分析。

4.0 第 3 级分析

4.1 引言

如果第 2 层分析结果表明以下一项或者多项指标超过了关注水平，那么就需要针对有毒污染物的固定排放源进行第 3 层分析：（1）最大预测致癌风险；（2）最大预测慢性非致癌危害指数；（3）最大预测急性危害指数。针对有毒污染物固定排放源的第 3 层分析是为了提供该排放源影响的科学精确的表征。这一级涉及利用特定场地的排放源、工厂布局、气象信息等。与前面两级相反，第 3 层可以更加实际地模拟间歇性排放源和组合排放源的影响。此外，短期分析结果不仅能够表明排放源是否超过了关注的风险水平，还能表明一年中的平均超标频率。第 3 层分析程序中的扩散模型基于 EPA 的工业源综合（ISC）模型[18]，且在标准污染物的扩散模型中采用了多项“空气质量模型（修订版）”[6]中推荐的技术方法。

此外，为了进一步改善有毒空气污染扩散模型，EPA 针对长期分析模块开发了 TOXLT[5]（长期毒物模拟系统）、针对短期分析模块开发了 TOXST[6]（短期毒物模拟系统）。TOXLT 系统直接结合了 ISCLT（长期）来计算年均浓度，TOXST 系统结合了 ISCST（短期）模型来计算小时浓度。通过网站的电子公告板可以获得 TOXLT 和 TOXST 的代码和用户指南（见附录 A）。

4.2 长期模拟

第 3 层长期模拟使用 TOXLT 系统估计最大年均浓度和最大致癌风险。TOXLT 系统使用 ISCLT 模型来计算用户指定的受体位置污染物年均浓度。被称为 RISK 的后处理器随后计算每个受体的终身致癌风险和慢性非致癌危害指数。

4.2.1 最大年均浓度估计

除了第 2 层长期分析中需要的信息以外，第 3 层长期分析需要以下信息：

1．来自距离最近的国家气象服务（NWS）站的近 5 年气象数据。可以连续获得 5 年最新数据。NWS 数据可以通过电子公告板获得（见附录 A），或者也可以使用 1 年或者多年的现场测量气象数据。数据的获取应当符合“空气质量模型指南（修订版）”[6]的程序规范且确保其质量。

2．工厂的布局信息，包括所有排放点和边界位置。这些信息应当足够详细，以便于建模者能够在 2 m 的精度上识别排放点和边界受体位置。

3．特定污染物有关沉积或半衰期的数据（如适用）。

获得上述数据后，应先按 ISC 用户指南[18]中的指导准备一个 ISCLT 模型执行所需的输入文件。随后，使用 TOXLT 系统运行 ISCLT 模型。具体流程应当遵照 TOXLT 用户指南[5]（可通过电子公告板获得，见附录 A）。关于输入文件准备的具体建议包括：

1．输入时应当将年均排放速率转化为 g/s。TOXLT 模拟系统采用“基本排放速率”

和“排放速率乘数”两个参数来确定每个污染物/排放源组合的排放速率。因此，对于给定的污染物和排放源，排放速率等于基本排放速率（在ISCLT输入文件中指定）乘以该污染物/排放源组合的排放速率乘数（在RISK输入文件中指定）。一般来说，ISCLT程序的输入文件应当指定与在第1、2层级中使用的每个排放源相同的排放速率，RISK后处理器的排放速率乘数输入则直接取1.0（并不一定必须这样处理，只要保证用作ISCLT输入的排放速率和用作RISK输入的排放速率乘数等于每个排放源的实际排放速率即可）。在相同排放源中存在多种污染物排放，则该排放源在ISCLT输入文件中的基本排放速率参数出现一次即可，而在RISK后处理器中的排放速率乘数则针对每一种具体的污染物设置。

2．一般来说，每个排放源应当被模拟为单个的ISCLT排放源组。然而，单个污染物的所有排放源可以被分类为单个ISCLT排放源组。含有多种污染物的每个排放源应当被模拟为单独的ISCLT排放源组。

3．ISCLT模型的输入应考虑到后续处理的需求而创建主文件库。使用默认监管代码。选择打印输出选项来以列表显示每个排放源的最大影响。

4．使用STAR程序（这个程序和使用说明可以从电子公告板获得，见附录A）创建NWS气象数据的稳定列阵（STAR）。应根据ISCLT用户指南将这些材料纳入输入文件中。

5．使用极坐标或者直角坐标的受体网格，但是需要能够帮助正确估计最高浓度的具体信息。受体网格的设计应当考虑第1、2层级模拟所得的长期结果，保证最大预测浓度附近的受体分布情况最为精细。为了更准确模拟最高浓度，可能还需要增加额外的受体细信息。

6．在适当的情况下，需包含每个径向方向的建筑物下洗尺寸信息。

ISCLT的输出结果将显示排放源组中的排名前10的预测年均浓度，而主文件库则包含每个受体位置上来自每个排放源组的预测年均浓度。

继续借助第1层和第2层中的例子，利用TOXLT系统针对示例中的4个烟囱进行特定站点的ISCLT扩散模拟。每个烟囱都作为单独的排放源组进行模拟。如图1所示，关于最近 NWS 站点的 5 年气象数据的 STAR 列阵应用于特定排放源和工厂边界位置。烟囱 3 和烟囱 4 位于同一个地方，图中烟囱以空心圆表示。模型将预测工厂边界外 50 m 的矩形受体网格（用黑色圆圈表示）处的浓度。假定污染物在大气中均不分解。

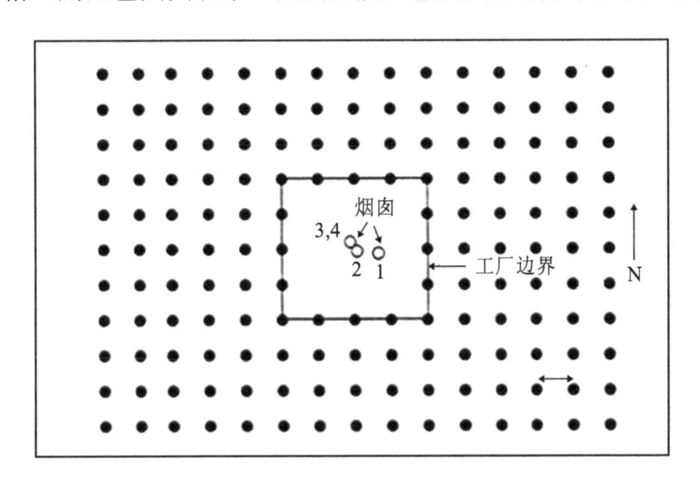

图 1　示例设施及其长期影响位置示意图

扩散模型的结果表明每种排放源/污染物组合的最大年均场外浓度为：

排放源	化合物	最大影响	位置
烟囱 1	污染物 A	0.788 μg/m³	X
烟囱 2	污染物 A	0.305 μg/m³	Y
烟囱 2	污染物 B	0.131 μg/m³	Y
烟囱 3	污染物 B	0.172 μg/m³	Z
烟囱 4	污染物 B	0.976 μg/m³	Z

应当注意的是，每个排放源/污染物组合的最大浓度是不在同一个位置的。图 1 显示的每个排放源的最大浓度位置对应于字母 X、Y 和 Z。一般来说，第 3 层最大浓度值是第 2 级的 25%～30%。

4.2.2 致癌风险评估

来自ISCLT主文件库的浓度被RISK后处理器用于计算ISCLT受体矩阵中每一个受体位置的致癌风险。RISK可以根据用户要求提供计算得到的综合风险。使用RISK后处理器需要注意：

1. 如上所述，每个排放源排放的污染物排放速率乘数作为RISK后处理器的输入，与ISCLT的基准排放速率相乘后等于被模拟的排放速率。

2. 单位致癌强度系数既可以作为输入文件直接传递给RISK后处理器，也可以利用TOXLT系统中的相互模块传递给RISK后处理器。

3. RISK后处理器输出选项应设置为提供每个受体因所有污染物而产生的总致癌风险、单个污染物或排放源对该受体风险的贡献。

如果受体网格中最大预测终身致癌风险低于指定的关注水平（例如1×10^{-6}），那么应将其他受体放置在ISCLT受体矩阵中，确保不会低估最大风险。如果受体矩阵中的最大致癌风险高于指定的关注水平，可使用降低的排放速率乘数再次模拟，以评估可能的排放控制情景对污染物风险的影响。如果分析表明没有高于指定关注水平的致癌风险且足够保护受体矩阵，则认为被模拟的排放源是符合规定标准的。如果风险不符合标准，可能需要建模者进行更加精细化的分析。本文件讨论了进一步精细化模拟的可能性，可参阅5.0节。

上述工厂的例子经RISK后处理器运算输出结果表明，工厂边界以外的最大终身致癌风险是4.2×10^{-7}，在图1的点W处。根据1990年CAAA指定的致癌风险水平，该结果表明设备不会对公众造成严重的致癌风险。

4.2.3 慢性非致癌风险评估

在此项目评估中，RISK后处理器将利用主文件库中的浓度数据来计算ISCLT受体矩阵中每个受体位点的特定非致癌影响的慢性非致癌危害指数。随后，RISK能够根据用户要求提供关于计算的指标值的总结。应针对所考虑的每一类慢性非致癌影响进行单独的风险模拟。使用RISK后处理器时需要注意以下内容：

1. 如上所述，每个排放源排放的污染物排放速率乘数作为RISK后处理器的输入，与 ISCLT 的基准排放速率相乘后等于被模拟的排放速率。

2. 特定非致癌影响的慢性阈值浓度既可以作为输入文件直接传递给 RISK 后处理器，也可以利用 TOXLT 系统中的相互模块传递给 RISK 后处理器。

3. RISK 后处理器输出选项应设置为提供每个受体因所有污染物而产生的总致癌风险、单个污染物或者排放源对该受体风险的贡献。

如果受体网格中的最大危害指数超过 1.0，那么可以模拟减排情景（使用降低的排放速率乘数）来探索如何将危害指数降到 1.0 以下。如果受体网格中的最大危害指数没有超过 1.0，则可以认为被模拟的排放源符合规定标准。在不符合标准的情况下，可能需要建模者进行更加精准的分析。本文件讨论了进一步精细化模拟的可能性，参阅 5.0 节。

分别取污染物 A 和 B 的慢性非致癌阈值浓度为 20.0 $\mu g/m^3$ 和 5.0 $\mu g/m^3$，运行 RISK 后处理程序来获得示例设施在图 1 中点 Z 处的最大危害指数，结果为 0.27。该结果大约是第 2 层结果的 30%，表明这个设备在当前的配置下不会产生显著的慢性非致癌风险。

4.3 短期模拟

第 3 层短期模拟使用 TOXST 模拟系统[4]来估算最大小时浓度以及特定受体每年超过短期浓度阈值的暴露次数。对于多种污染物的情况，这等同于急性危害指数超过 1.0 的次数。该系统使用 ISCST 模型来计算用户指定的受体位点的小时浓度。随后 TOXX 后处理器针对间歇性的排放源进行蒙特卡洛模拟，评估每年每个受体的急性危害指数超过 1.0 的平均次数，以表征每个受体的急性危害。

4.3.1 最大小时浓度估计

除了第 2 层分析中需要的信息，第 3 层短期分析中还需要以下信息：

1. 来自距离最近的国家气象服务（NWS）站的近 5 年气象数据。可以连续获得 5 年的最新数据。NWS 数据可以通过电子公告板获得（见附录 A），或者也可以使用 1 年或者多年的现场测量气象数据。数据的获取应当符合“空气质量模型指南（修订版）”[6]的程序规范且确保其质量。

2．工厂的布局信息，包括所有排放点和边界位置。这些信息应当足够详细，以便于建模者能够在 2 m 的精度上识别排放点和边界受体位置。

3．特定污染物有关沉积或半衰期的数据（如适用）。

4．特定排放源的年均排放次数，以及随机间歇排放的时长。

一旦获得了上述数据，应参考 ISC 用户指南[18]准备一个用来执行 ISCLT 模型的输入文件。之后便可使用 TOXST 系统执行 ISCLT 模型。操作流程应当遵循 TOXST 用户指南[5]（可通过电子公告板获得，见附录 A）。关于输入文件准备的具体建议包括：

1．分析中使用最大小时排放速率。TOXST 模拟系统采用“基准排放速率”和“排放速率乘数”来确定每个污染物/排放源组合的排放速率。因此，对于给定污染物和排放源来说，排放速率等于基准排放速率（ISCST 输入文件中指定）乘以排放速率乘数（TOXX 输入文件中指定）。ISCST 程序的输入文件中应当包含在之前的模拟等级中针对每个排放源使用的相同排放速率，并且 TOXX 后处理器的输入文件应当提供单位排放速率乘数（1.0）。如果同一个排放源排放不止一种污染物，那么在 ISCST 输入文件中只包含一次这个排放源及其单位排放速率（1.0），并且单个污染物的排放速率将被提供给 TOXX 后处理器（应当注意的是，这可能使得 ISCST 输出的解释复杂化。或者，面对来自同一个排放源的多种污染物的情况，可以将每个污染物当作单独的源，在 ISCST 输入实际排放速率，在 TOXX 输入单位排放速率。这可能需要更多的计算时间，但是可以直接解释 ISCST 输出中的浓度预测。无论使用哪种方法，建模者都应当注意 ISCST 中使用的排放速率与 TOXX 中使用的排放速率的积等于被模拟的污染物/排放源的排放速率）。

2．相同污染物的所有连续排放源应当被模拟为一个 ISCST 排放源组。每一个独立运行的间歇性排放源应当被模拟为单独的 ISCST 排放源组。同时排放的相同污染物的所有间歇性排放源应当被模拟为同一个 ISCST 排放源组。但是，有多个污染物的排放源应当被模拟为一个排放源组。

3．ISCST 输入文件中的输入参数应当根据 TOXST 用户指南设定。使用默认监管模式。选择能够提供每个排放源组的前 50 个受体的综合结果的 ISCST 输出选项（如前所述，如果在 ISCST 中使用单位排放速率，那么以浓度影响的绝对值解释是不合适的）。

4. ISCST 的气象输入文件可以使用 RAMMET 程序从 NWS 气象数据中获取（该程序以及使用说明可以从电子公告板中获得，见附录 A)。

5. 可以使用极坐标或者直角坐标的受体网格，但是需要能够帮助正确估计最高浓度的具体信息。受体网格的设计应当考虑第 1、2 层级模拟所得的长期结果，保证最大预测浓度附近的受体分布情况最为精细。为了更准确模拟最高浓度，可能还需要增加额外的受体细信息。

6. 在适当的情况下，需包含每个径向方向的建筑物下洗尺寸信息。

7. 应当勾选 ISCST 模型选项以创建一个 TOXFILE 输出供后处理准备。应当选择合适的为减小该二元浓度输出文件大小的浓度阈值（称为“pcutoff”），以此避免预测浓度值低于关注水平的情况。尽管这个值可以被设置的很高，但一个比较理想的取值经验公式是：

$$\text{pcutoff} = \frac{\text{LACT}}{\sum_{i=1}^{a} (\text{Npol})_i}$$

其中，LACT 为被模拟的污染物组中最低急性浓度阈值；Npol_i 为 ISCST 排放源组 i 中排放的污染物数量。

ISCST 输出将表明每一个 ISCST 排放源组的前 50 个影响，TOXFILE 将包含每个受体上来自每个 ISCST 排放源组的阈值之上的浓度。

ISCST 模型被用于示例设备。每个排放源/污染物组合的最大 1 小时浓度的确定如下：

排放源	化合物	最大影响	位置
烟囱 1	污染物 A	34.5 μg/m^3	Q
烟囱 2	污染物 A	67.9 μg/m^3	R
烟囱 2	污染物 B	29.1 μg/m^3	R
烟囱 3	污染物 B	39.2 μg/m^3	S
烟囱 4	污染物 B	47.5 μg/m^3	S

预测的最大 1 小时浓度的位置如图 2 所示。

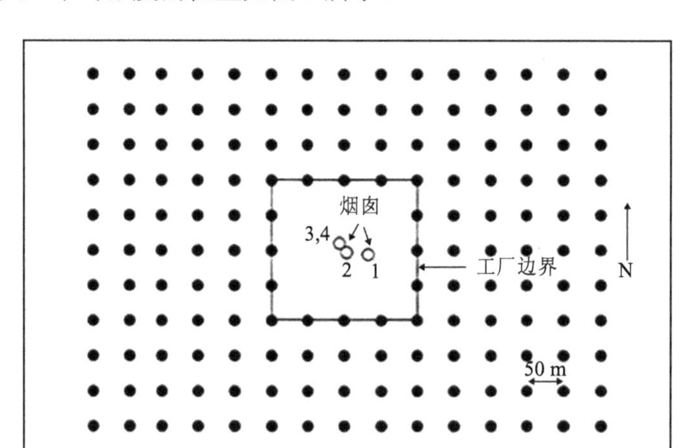

图 2 示例设施及其短期影响位置示意图

4.3.2 急性危害指数超标评估

来自 ISCST 主文件库的浓度被 TOXX 后处理器用来计算 ISCST 受体矩阵中每个受体位置上、多年模拟期间每小时的急性危害指数。然后，该程序计算出危害指数超过 1.0 的次数，并且输出一个总结报告，这个报告表明每个受体上每年的平均超标次数。使用 TOXX 后处理器需要考虑以下因素：

1．如前所述，在大多数情况下，应将单位排放速率乘数作为每种污染物 TOXX 后处理器输入。

2．应将急性阈值浓度纳入输入文件提供给 TOXX 后处理器作为健康影响阈值。

3．TOXX 输出选项应设置为以极坐标网格格式输出风险超标情况。在离散的边界受体处计算的超标情况将按照 ISCST 输入位置时的顺序展现在表的末尾。

4．如果只模拟一种污染物，则不应选择累积超标计算选项。如果模拟多个污染物，则应选择累积超标计算选项。TOXX 后处理器应当被设置来进行 400 年或更多年份的模拟（最大 1 000 年）。除非 EPA 指南有另外的规定，否则有毒空气污染物的本底浓度应当等于 0。

5．通过提供排放源启动及排放持续时间的概率来确定的每个排放源排放的频率。对于每个连续的排放源，排放源开启的概率是 1.0；对于每个间歇性排放源，排放源的开启概率等于每年的平均排放数除以 8 760（平年的小时数）。

每个连续排放源的排放持续时间应当设置为 1.0，每个间歇性排放源的排放持续时间应当被指定为不小于排放持续时间的、最近的整数小时。例如，如果平均排放持续时间小于 1 小时，那么排放的持续时间应当设置为 1；如果平均排放持续时间为 3.2 小时，那么排放的持续时间应当被设置为 4。

如果受体网格中急性危害指数超标的最大值小于指定值（例如 0.1，相当于每 10 年中超标 1 小时），则认为被模拟的排放源符合急性阈值浓度标准。但是，在 ISCST 受体矩阵中设置额外的受体所导致的刺激应被认为是一种确保模拟不会低估于最大急性危害指数的方法。如果受体矩阵中危害指数超标的最大值大于指定值，那么将会利用降低的排放速率乘数来额外运行 TOXX 后处理器，以评估可能的排放控制情景的影响。在不符合标准的情况下，需要建模者进行更加精细的分析。本文件的 5.0 节讨论了这种可能性。

以前文示例设施为例，将 ISCST 模拟中的结果输入 TOXX 后处理器。每个排放源的运行频率为 0.14～0.84，这反映了每个排放源“开启”的实际年频率。输出结果表明，没有任何受体受到的危害指数是 1.0 或大于 1.0 的影响。与第 2 层中的结果不同，第 3 层的分级结果表明危害指数不会超过 1.0，因为在第 3 层分析中，最大影响被认为不会发生在同一时间和地点。这也表明设施在其当前的配置下，不会因为急性暴露而导致严重的健康风险。

5.0 附加的详细分析

如果所有第 3 层分析表明没有符合任何用户指定的标准，那么就需要进行附加的、更加精确的分析。这意味着需要使用现场气象数据，或者特定情况下需要更加合适的模拟程序。确定合适的替代模拟程序，只能按照“空气质量模型指南（修订版）”[6]中的方法进行。

在某些情况下，EPA 允许暴露评估包含关于住宅实际位置、潜在住宅、商业或者人群中心的可用信息，目的是建立人类暴露于被模拟的排放源附近的有毒污染物的预测水平的概率。在这种情况下，优先使用人体暴露模型（HEM Ⅱ）[19]和 ISCLT 扩散模型。如果需要使用其他模拟程序，那么只能以与“空气质量模型指南（修订版）”[6]的 3.2 节中提出的方法相一致的方式采用更加合适的替代模型程序。

6.0 建模层之间的差异总结

为了总结本文件所述的 3 个建模层级之间的主要差异，表 3 简要列出了 3 个层级的输入要求、输出参数以及主要假设。此表可以被用来快速确定一个给定情景是否可以在任何特定的等级下进行模拟。在每一级中，为了将浓度预测转化为致癌风险、慢性非致癌风险、急性非致癌风险，需要致癌单位风险估计、慢性非致癌浓度阈值、急性浓度阈值等一系列参数。

表 3 建模层之间的差异总结

建模层级	输入要求	输出参数	主要假设
第 1 层	排放速率、烟囱高度、到边界的最小距离	最大场外浓度、最差致癌风险或者最差非致癌危害指数（短期和长期）	最差气象情况、最差气流下洗、最差烟囱参数、同时发生短期排放、在同样位置的最大影响、致癌和非致癌风险累积
第 2 层	排放速率、烟囱高度、到边界的最小距离、烟囱速度、烟囱温度、烟囱直径、农村/城市位点分类、用于下洗计算的建筑尺寸	最大场外浓度、最差致癌风险或者最差非致癌危害指数（短期和长期）	最差气象情况、最差气流下洗、最差烟囱参数、同时发生短期排放、在同样位置的最大影响、致癌和非致癌风险累积
第 3 层	排放速率、烟囱高度、实际烟囱和排放点位置、烟囱速度、烟囱温度、烟囱直径、农村/城市位点分类、当地气象数据、用于浓度预测的受体位置、短期（间歇性）排放的频率和持续时间	每个受体点的浓度、长期致癌风险估计、在每个受体点的慢性非致癌危害指数估计、在每个受体点的年均危害指数超标率	致癌和非致癌风险累积

参考文献

[1] Environmental Protection Agency, 1988. Glossary of Terms Related to Health, Exposure, and Risk Assessment. EPA-450/3-88-016. United States Environmental Protection Agency, Research Triangle Park, NC 27711.

[2] Environmental Protection Agency, 1987. The Risk Assessment Guidelines of 1986. EPA-600/8-87-045. United States Environmental Protection Agency, Washington, DC 20460.

[3] Brode, Roger W., 1988. Screening Procedures for Estimating the Air Quality Impact of Stationary Sources (Draft). EPA-450/4-88-010. United States Environmental Protection Agency, Research Triangle Park, NC 27711.

[4] Environmental Protection Agency, 1992. Toxic Modeling System Short-Term (TOXST) User's Guide. EPA-450/4-92-002. United States Environmental Protection Agency, Research Triangle Park, NC 27711 (in preparation).

[5] Environmental Protection Agency, 1992. Toxic Modeling System Long-Term (TOXLT) User's Guide. EPA-450/4-92-003. United States Environmental Protection Agency, Research Triangle Park, NC 27711 (in preparation).

[6] Environmental Protection Agency, 1988. Guideline on Air Quality Models (Revised). EPA-450/2-78-027R. United States Environmental Protection Agency, Research Triangle Park, NC 27711.

[7] Environmental Protection Agency, 1990. User's Guide to TSCREEN: A Model for Screening Toxic Air Pollutant Concentrations. EPA-450/4-90-013. United States Environmental Protection Agency, Research Triangle Park, NC 27711.

[8] Environmental Protection Agency, 1991. Guidance on the Application of Refined Dispersion Models for Air Toxic Releases. EPA-450/4-91-007. United States Environmental Protection Agency, Research Triangle Park, NC 27711.

[9] Catalano, J.A., D.B. Turner, and J.H. Novak, 1987. User's Guide for RAM - Second Edition. United States Environmental Protection Agency, Research Triangle Park, NC 27711.

[10] Irwin, J.S., T. Chico, and J.A. Catalano. CDM 2.0 - Climatological Dispersion Model-User's Guide. United States Environmental Protection Agency, Research Triangle Park, NC 27711.

[11] Environmental Protection Agency, 1991. Procedures for Establishing Emissions for Early Reduction Compliance Extensions. Draft. EPA-450/3-91-012a. United States Environmental Protection Agency, Research Triangle Park, NC 27711.

[12] Environmental Protection Agency, 1978. Control of Volatile Organic Emissions from Manufacturers of Synthesized Pharmaceutical Products. EPA-450/2-78-029. United States Environmental Protection Agency, Research Triangle Park, NC 27711.

[13] Environmental Protection Agency, 1980. Organic Chemical Manufacturing Volumes 1-10. EPA-450/3-80-023 through 028e. United States Environmental Protection Agency, Research Triangle Park, NC 27711.

[14] Environmental Protection Agency, 1980. VOC Fugitive Emissions in Synthetic Organic Chemicals Manufacturing Industry - Background Information for Proposed Standards. EPA-450/3-80-033a. United States Environmental Protection Agency, Research Triangle Park, NC 27711.

[15] Environmental Protection Agency, 1990. Protocol for the Field Validation of Emission Concentrations from Stationary Sources. EPA-450/4-980-015. United States Environmental Protection Agency, Research Triangle Park, NC 27711.

[16] Pierce, T.E., Turner, D.B, Catalano, J.A., Hale, F.V., 1982. "PTPLU: A Single Source Gaussian Dispersion Algorithm." EPA-600/8-82-014. United States Environmental Protection Agency, Washington, DC 20460.

[17] California Air Pollution Control Officers Association (CAPCOA), 1987. Toxic Air Pollutant Source Assessment Manual for California Air Pollution Control District and Applications for Air Pollution Control District Permits, Volumes 1 and 2 . CAPCOA, Sacramento, CA.

[18] Environmental Protection Agency, 1987. Industrial Source Complex (ISC) User’s Guide- Second Edition (Revised), Volumes 1 and 2 . EPA-450/4-88-002a and b. United States Environmental Protection Agency, Research Triangle Park, NC 27711.

[19] Environmental Protection Agency, 1991. Human Exposure Model (HEM-II) User’s Guide. EPA-450/4-91-010. United States Environmental Protection Agency, Research Triangle Park, NC 27711.

附录 a 电子公告板访问信息

EPA 空气质量计划和标准办公室（OAQPS）开发了一个电子公告板网格，方便交流与空气污染控制相关的信息和技术。这个网络名为 OAQPS 技术转移网络（Technology Transfer Network，TTN），由多个公告板组成，内容包括 OAQPS 组织、排放测量方法、空气质量监管模型、排放估计方法、《清洁空气法》修正案、培训课程、控制技术方法的信息等。将来还将开发更多的公告板。

除了电话费用外，TTN 服务是免费的，并且可以通过调制解调器和通信软件实现电脑访问。世界上任何想要交流空气污染控制信息的人都可以访问这个系统、注册成为系统用户，经过 1 天的审批过程之后就可以访问网络上的所有信息。该系统允许所有用户仔细阅读信息文件、下载计算机代码和用户指南、留下问题给其他人回答、与其他用户交流、留下向 OAQPS 的技术请求或者上传其他文件以供其他用户访问。该系统每周 7 天、每天 24 小时可以使用，美国东部时间星期一上午 8—12 点除外，该时段系统关闭以维护和备份。

本文件中涉及的模型代码和用户指南以及文件本身，都可以在名为 SCRAM 的公告板上的 TTN 找到，SCRAM 是监管空气模型支持中心的缩写。下载这些代码和文件的程序在 SCRAM 公告板上详细说明。

关于 EPA 批准的排放测试方法的文件在名为 EMTIC 的公告板的 TTN 上可以找到，EMTIC 是排放测量测试信息中心的缩写。阅读或下载这些文件的程序在 EMTIC 公告板上有详细说明。

有 1200～2400 bps 调制解调器的用户可以通过电话（919）-541-5742 访问 TTN，有 9600bps 调制解调器的用户可以通过电话（919）-541-1447 访问 TTN。通信软件应当配置以下参数：8 个数据位、1 个停止位、无奇偶校验。用户需要创建他们自己的区分大小写的密码，他们必须记住这个密码以便于将来访问该网络。整个网络是菜单驱动的，用户体验非常友好，并且任何需要帮助的用户在正常营业时间都可以拨打电话（919）-541-5384 向系统操作员寻求帮助。

附录 b 区域气象学家/建模联系人

Ian Cohen

EPA Region I (ATS-2311) J.F.K. Federal Building Boston, MA 02203-2211

FTS: 853-3229

Com: (617) 565-3225

E-mail: EPA9136

FAX: FTS 835-4939

James W. Yarbough

EPA Region Ⅵ (6T-AP) 1445 Ross Avenue Dallas, TX 75202-2733

FTS: 255-7214

Com: (214) 255-7214

E-mail: EPA9663

FAX: FTS 255-2164

Rebecca Calby

EPA Region V (5AR-18J) 77 W. Jackson Chicago, IL 60604

FTS: 886-6061

Com: (312) 886-6061

E-mail: EPA9553

FAX: FTS 886-5824

Robert Kelly

EPA Region Ⅱ 26 Federal Plaza New York, NY 10278

FTS: 264-2517

Com: (212)-264-2517

E-mail: EPA9261

FAX: FTS 264-7613

Richard L. Daye

EPA Region Ⅶ 726 Minnesota Avenue Kansas City, KS 66101

FTS: 276-7619

Com: (913) 551-7619

E-mail: EPA9762

FAX: FTS 276-7065

Robert Wilson

EPA Region X (ES-098) 1200 Sixth Avenue Seattle, WA 98101

FTS: 399-1530

Com: (206) 442-1530

E-mail: EPA9051

FAX: 399-0119

Alan J. Cimorelli

EPA Region Ⅲ (3AM12) 841 Chestnut Building Philadelphia, PA 19107

FTS: 597-6563

Com: (215) 597-6563

E-mail: EPA9358

FAX: FTS 597-7906

Larry Svoboda

EPA Region Ⅷ (8AT-AP) 999 18th Street Denver Place-Suite 500 Denver, CO 80202-2405

FTS: 776-5097

Com: (303) 293-0949

E-mail: EPA9853

FAX: FTS 330-7559

Lewis Nagler

EPA Region Ⅳ 345 Courtland Street, N.E. Atlanta, GA 30365

FTS: 257-3864

Com: (404) 347-2864

E-mail: EPA9470

FAX: FTS 257-5207

Carol Bohnenkamp

EPA Region Ⅸ (A-2-1) 75 Hawthorne Street San Francisco, CA 94105

FTS: 484-1238

Com: (415) 744-1238

E-mail: EPA9930

FAX: FTS 484-1076

技术报告数据表

<table>
<tr><td colspan="3">技术报告数据
（在填写之前请阅读背面的说明）</td></tr>
<tr><td>1. 报告编号
EPA-450/4-92-001</td><td>2.</td><td>3. 接收方登记编号</td></tr>
<tr><td colspan="2" rowspan="2">4. 标题和副标题
评估有害空气污染物导致的风险的分层建模方法</td><td>5. 报告日期</td></tr>
<tr><td>6. 执行机构代码</td></tr>
<tr><td colspan="2">7. 作者
David E. Guinnup</td><td>8. 执行机构报告编号</td></tr>
<tr><td colspan="2" rowspan="2">9. 执行机构名称及地址
美国环境保护局
空气质量计划和标准办公室
技术支持部门
三角研究园，北卡罗来纳州，27711</td><td>10. 程序单元编号</td></tr>
<tr><td>11. 合同/拨款编号</td></tr>
<tr><td colspan="2" rowspan="2">12. 主管机构名称及地址</td><td>13. 报告类型及涵盖期</td></tr>
<tr><td>14. 主管机构代码</td></tr>
<tr><td colspan="3">15. 补充说明</td></tr>
<tr><td colspan="3">16. 摘要
本文件提供了建模指导，以支持应用于危险空气污染物固定排放源的风险评估。该指南侧重于支持1990年《清洁空气法》修正案第三章所述的申请流程的程序。这里描述的分析方法是一种分层方法，在这种方法中，第一个建模层只需要源排放率、烟囱高度和到边界的最小距离来估计最大的致癌和/或非致癌风险。第 2 层利用额外的源参数（包括烟囱直径、出口气体温度和速度以及附近建筑物的尺寸）和 SCREEN 计算机程序来得到更精确的最大风险估计。第 3 层利用 TOXST 和 TOXLT 计算机模型，使用特定场地的气象数据、工厂布局信息和排放频率数据，对这些评估进行进一步细化。</td></tr>
<tr><td colspan="3">17. 关键词及文档分析</td></tr>
<tr><td>a. 描述语</td><td>b. 标识符/开放式措辞</td><td>c. COSATI 域/组</td></tr>
<tr><td>空气污染
大气扩散建模
风险评估</td><td></td><td></td></tr>
<tr><td rowspan="2">18. 发行说明
无限制发布</td><td>19. 安全类别（报告）
未分类</td><td>21. 页数</td></tr>
<tr><td>20. 安全类别（页面）
未分类</td><td>22. 价格</td></tr>
</table>

注：EPA From 2220-1（Rev.4-77） 上一版已弃用。

附录 K

综合风险信息系统科学咨询委员会备忘录和EPA的回应

Honorable William K. Kelly

Administrator

U.S. Environmental Protection Agency

401 M Street，S.W. Washington，D.C. 20460

主题：科学咨询委员会对综合风险信息系统的审查

尊敬的 Reilly 先生：

EPA 工作人员在 1989 年 10 月 26 日的会议上向科学咨询委员会（SAB）的环境健康委员会汇报了综合风险信息系统（IRIS），还包括对致癌物风险评估验证（Carcinogen Risk Assessment Verification Endeavor，CRAVE）以及参考剂量（RfD）审查小组活动的讨论。

虽然我们认为 IRIS 主要是为 EPA 内部使用而开发的，但是委员会认为，IRIS 对于 EPA 以及其他涉及环境中有毒化学物质的潜在健康影响的机构来说都很有用处。IRIS 有潜力以可获取的方式提供一份关于大量化学物质的毒理学数据的总结，这些数据来自 EPA 的在线计算机数据库、现有的途径例如国家医学图书馆的毒理学数据网络（TOXNET）或者来自分发给 IRIS 用户的定期更新的电脑磁盘。许多国家和地方监管机构，以及在监管毒理学领域工作的科学家，都会发现 IRIS 是一个有价值的参考资料来源。

IRIS 文件不仅包含毒理学数据，还包含 EPA 对这些数据的总结，这个总结可能是以致癌性的证据权重表征的形式，以有充足的证据表明对动物或人类具有致癌性的物质的单位风险的形式，以及以参考剂量的形式。这种类型的信息可广泛用于 EPA 内部和其他监管机构，作为监管决策的基础。因此，仔细审查 IRIS 中信息的准确性、及时性和完整性是非常重要的，并且要将有关数据的适当说明和 EPA 对数据的评估纳入 IRIS 文件中。

我们建议在特定物质的 IRIS 文件中引用 SAB 对该物质的机构文件的审查。SAB 评估 EPA 结论的简短总结，特别是针对证据权重表征、单位风险或参考剂量，都应当包含在 IRIS 文件中，并且局长返回给 SAB 以回应其评估的任何后续通信的简要总结也应当包含在内。

我们了解到《联邦公报》就 IRIS 中的化学物质的拟议监管行动和最终监管行动发出的公告现在已经纳入这些化学品的 IRIS 文件的监管总结中，这是一大进步。同样，EPA 的主要科学报告例如健康咨询、健康评估文件、标准文件和风险评估论坛报告都应当在 IRIS 文件中引用，我们相信这将会在未来得以实现。对个别化学物质的文件的审查表明，IRIS 目前没有引用 EPA 关于特定化学物质的关键报告。

目前，IRIS 的计算机实现较为棘手。例如，目前没有实现返回早期文件或搜索特定单词或者短语的功能。我们知道，IRIS 的计算机实现将会升级，并且我们督促 EPA 来开发灵活的对 EPA 内部和外部的用户来说“友好”的实现方案。EPA 也应该考虑到开发更多的培训材料和在线帮助功能来帮助不熟悉 IRIS 的用户学习如何使用系统以及从中可能获得的好处。在这些工作中，EPA 应当认识到预期用户数量会增加，并相应进行系统设计。

EPA 需要制定一个计算机化化学物质清单的总体策略，其中要考虑到用户群体中各个部分的不同需求。虽然 IRIS 对于那些希望了解毒理学数据的人来说很有帮助，但是其他用户可能只想知道 EPA 针对特定化学物质采取了什么行动，或者在化学物质泄漏时如何应急处理。EPA 已经或正在开发计算机化化学物质清单，但是这些工作之间的计划和协调还是可以改进的。EPA 应当考虑到需要什么样的计算机化学物质清单，更广泛地说，现代计算机和电信技术如何能够促进 EPA 关注的数千种化学物质的风险评估和风险管理过程。然后，EPA 应当采取措施，确保每个计算机化的化学物质清单访问程序的相互协调、交叉参考、标准化，并且不断发展。

环境健康委员很高兴有机会审查 IRIS 并且提出建议。我们非常感谢您能就我们提出的重点作出回应：

1．对数据的准确性和完整性进行严格审查的需求。

2．纳入 SAB 评估。

3．引用 EPA 的主要相关报告，包括健康咨询和其他关键文件。

4．应用改进的电子系统，使数据处理更加灵活。

5．开发培训材料和在线帮助。

6．访问正在开发的各种清单的相互协调、交叉参考和标准化。

我们很高兴进一步协助机构来继续开发 IRIS 以及其他计算机化的化学物质清单。

Dr. Raymond Loehr，会长

科学咨询委员会执行委员会

Dr. Arthur Upton，会长

环境健康委员会

Dr. Raymond Loehr

Chairman

Science Advisory Board

U.S. Environmental Protection Agency

401 M Street，S.W. Washington，D.C. 20460

尊敬的 Ray：

非常感谢您在 1990 年 3 月 14 日的来信以及您对 EPA 综合风险信息系统（IRIS）的意见。我非常感谢，并分享了科学咨询委员会对 IRIS 及其未来的意见。

正如你所说，IRIS 对于机构和其他涉及环境中有毒化学物质的潜在健康影响的组织来说是重要的风险信息资源。由于迄今为止，关于 397 种化学物质的风险信息总结代表了 EPA 对这些化学物质的有害健康影响的权威共识，因此 EPA 意识到它有义务向用户群体提供系统监督和质量保证。我同意您的意见，即 IRIS 风险信息要尽可能地准确、及时和完整，并且应当在 IRIS 文件中包含适当的讨论和/或说明。

您在信中提出了几个有趣的问题，针对这几个问题我询问了负责开发与管理的研究与发展办公室中的健康和环境评估办公室以寻求答案。详细的回复参见附件。

再次感谢您的来信以及您对 EPA 的 IRIS 数据库的意见。我们非常欢迎您的意见，并且感谢您对 EPA 继续发展 IRIS 提供的帮助。

祝好

William K. Reilly

附件

综合风险信息系统（IRIS）是EPA主要的风险信息资源工具之一，其中包含迄今为止397种化学品的健康风险总结和EPA监管信息。这个系统每个月更新一次，被EPA用来向机构的科学家提供高质量的最新科技信息，并且促进风险评估在机构范围内的协调性和一致性。因为IRIS包含对特定化学物质潜在不利健康影响的EPA权威共识，在机构内外被广泛使用，所以我们认识到需要维护和改进系统质量，包括其读取和递送系统，并进行充分的监督。我们欢迎科学咨询委员会（SAB）对IRIS的兴趣和建议，并借此机会回复您在3月14日信中提出的主要意见。

1. 数据审查。如您所知，机构的两个工作组制定了出现在IRIS中的风险信息总结。每个工作组由来自风险评估项目办公室、实验室和区域办公室的约20名高级机构科学家和统计学家组成。在工作组审议期间以及之后，IRIS信息开发过程中内置了多个级别的质量控制和内部审查。首先，特别是在致癌风险评估验证工作（CRAVE）的情况下，重点是使用外部和/或SAB同行评审文件（例如，健康评估文件、饮用水标准文件）来支持这些总结及其包含的定量风险值。虽然参考剂量（RfD）工作组的过程不同，即实际上制定了每种化学物质的口服RfD，但是它们使用与CRAVE工作组相同的协商程序。同样，口服RfD工作组方法已经经过同行评审，并且接受SAB的监督。

第二，广泛的技术质量控制过程是每个工作组运行程序的一部分。技术质量控制包括内部工作组总结草案的审查、最终总结的审查、IRIS上线前的最终检查，以及总结上线后的进一步检查。这个最终协商一致的总结表的开发是工作组的主要目标，并且反映了工作组组长和成员的勤勉工作。

第三，编辑质量检查是在系统上线前进行的。这个检查由承包商进行，要检查当前IRIS上的所有化学物质文件和上线前的新文件。它包括对清晰度、样式、连续性和印刷错误的编辑。

最后，自1986年向机构以及1988年向公众提供IRIS以来，其使用已经远远超出了之前的预期。我们承认有必要对系统进行额外的监督。

为此，由副主席F. Henry Habicht Ⅱ主持的EPA风险评估委员会已经为IRIS成立了附属委员会。这个附属委员会由研究和发展办公室、健康和环境评估办公室主任

William H. Farland 博士主持，该委员会将解决与 IRIS 和其相关的工作组有关一般以及特定化学物质的问题。此外，IRIS 的状态将是每次委员会会议的一个议程。

这些不同等级的审查和监督有助于确保 IRIS 仍然是一个重要的资源库，并且信息的质量和有效性在不断提高。

2．SAB 评估。与 Donald Barns 博士初步讨论了在 IRIS 中增加简短总结，这个总结中包括针对支持 CRAVE 和 RfD 发现的主要 EPA 文件的 SAB 评估和意见。这一做法强调当单个 IRIS 总结没有经过同行评审时，这个总结所依据的报告和文件已经得到外部审查。关于如何完成这项任务的过程和管理细节将通过与 Barnes 博士、Farland 博士和 IRIS 工作人员的会议来得出。

3．EPA 报告。在 IRIS 中仅包括了 EPA 科学报告的引用，以及在开发 RfD 和/或 CRAVE 总结时使用的其他参考文献。目前正在准备和上传完整的参考文献清单。到目前为止，有 251 种化学物质的参考书目已经上线，还有 146 种没有上线。一旦完成参考书目的补充，用户将可以引用这两个工作组使用的所有报告、研究和文件。此外，在 IRIS 第 3 节：不同暴露持续时间的健康危害评估中，包含饮用水健康报告的总结。当前还存在积压的饮用水总结，IRIS 工作人员正在上传。

1986 年，在最初开发 IRIS 时，EPA 监管行动（第 4 节）是系统的一部分。这些监管行动章节为《清洁空气法》《安全饮用水法》《清洁水法》《联邦杀虫剂、杀菌剂与杀鼠剂法》《有毒物质控制法》《资源保护和恢复法》以及《超级基金再授权法》提供了信息，包括适用的《联邦公报》引文。因为监管信息可能会发生变化，所以我们意识到需要仔细重新检查这一章节，以确保它是最新的和完整的。与风险评估委员会中 IRIS 附属委员会合作，IRIS 工作人员正在制定一个关于审查和更新当前监管行动的提案。这项工作应该会在不久的将来开始。

4．递送系统。目前，EPA 科学家和 SAB 成员利用 EPA 电子邮件系统（EMAIL）来访问 IRIS。但是 IRIS 在电子邮件上运行缓慢、烦琐，并且几乎没有报告功能。1986 年，IRIS 是一个新的机构资源工具，包含定性和定量的风险评估信息。按照设计，电子邮件递送系统会迫使用户查看整个化学物质文件，而不仅仅是所选择的一小部分，因而提供了更加广泛的化学物质概况。当时，有人担心只能访问定量的风险值，不能访问关于基础研究、报告、假设和限制的讨论，而这些讨论对于评估和理解风险值的推导非常重要。随着风险评估方法越来越复杂，IRIS 用户在解释、评估和使用 IRIS 风险信息上也越来越有经验和成熟。因此，现在正是为他们提供一个快速、灵活、交互式和用户友好的极大增强的递送系统的时机。

1990 年 3 月 5 日，在国家医学图书馆（National Library of Medicine，NLM）的毒理学数据网络（TOXNET）上可以访问 IRIS。TOXNET 是一个在线系统，该系统得到了高度评价并且易于访问。TOXNET 上的 IRIS 提供了用户要求的许多复杂功能。请参阅所附的 NLM IRIS 说明以获取更多有关 TOXNET 的信息。

此外，正在开发基于个人计算机（PC）的 IRIS 版本。PC 递送系统将提供复杂的用户功能，包括轻松移动文件、可靠的关键字和字符串搜索、报告选项，以及快速、准确、易于访问的系统。我们预计它将于 1991 年年初使用。

5. 培训材料。您关于需要更多更好的 IRIS 培训材料以及在线帮助的意见是正确的。当前的用户指南难以满足用户需求，并且没有提供清晰、简洁和完整的说明。修订后的用户指南已经完成，最终版本将在 1990 年 5 月底同时通过网络和纸质版发布。此外，正在考虑开发新的在线帮助以及其他培训材料，包括修订的案例研究、情况说明以及互动式演示磁盘。

培训是 IRIS 建立以来的重要组成部分。1986 年在总部和有 IRIS 的地区开展了一项大型培训计划。目前，每个区域都有自己的 IRIS 协调员，这些协调员根据需要进行 IRIS 培训，IRIS 工作人员也定期在机构内外开展研讨会。由 EPA 和化学品制造商协会主办的关于 IRIS 以及其基本风险评估方法的联合研讨会，是强调适当使用该系统的另一个机会。另外，IRIS 的 PC 版本的完成和发布将会导致另一轮密集的机构范围的用户培训。

6. 列表协调。最近 EPA 批准开发一种指示系统，在协调和交叉引用监管和监管类列表方面迈出了重要一步，该系统将包含对 EPA 监管的所有化学品和其他污染物，以及所有化学品或污染物列表的引用。这个系统暂时称为列表登记（Registry of Lists），目前正在开发中；在本年内应当建立一个原型，并且该系统将在一到两年内全面投入使用。

它将被设计成一个指示系统，告诉用户在哪里可以获得其他信息，因为每个单独的列表都是基于不同的编程原因编译的，并且列表中没有一组统一的数据元素。在列表登记中将会明确提及 IRIS 化学品，并且 IRIS 和列表登记将会互相兼容，以确保 IRIS 用户能够获得完整的交叉引用信息。

如果您对上述任何一项回复还有进一步的问题或者建议，请联系 EPA 的 IRIS 协调者 Linda Tuxen，电话 202-382-5949（FTS 382-5949）。

附录 L

开发在风险评估中使用的数据

本附录提供了关于排放表征、迁移和归趋、暴露评估和毒性评估等风险表征步骤中的不同要素所需数据的额外信息。

排放表征

表征排放的最佳方法是测量来自每个制造、储存、使用或者处置设施的通量。但是，这样的通量测量通常是不可行的，因为排放源在地理或者时间上不统一，或者因为它们非常大（例如，几个方块状的生产基地）以至于没有明显的测量通量的点，或者因为通量测量非常困难和昂贵，并且需要详细了解当地气象状况，因而是不切实际的。因此，大多数排放数据是根据适用于诸如“排放因子”、工艺速率、特定位置存在的化学品数量或单个组分的数量等方面的行业平均值计算或估计的。表 L-1 提供了估计和表征设施排放时所需的信息（并不是所有计算方法中都需要所有信息）。

表 L-1　计算排放所需的潜在数据

工艺通风口
1．排气的体积流率
2．排气温度
3．单个或者总体 HAPs 浓度
4．单元操作每年运行时间
5．气体分子量

6．控制装置效率
7．测量时的生产率
无组织排放
1．泵、阀门、法兰、减压阀、开放式管道和压缩机的数量
2．筛选级别
3．气流中 HAPs 的重量百分比
4．泄漏设备百分比
5．其他 HAPs 表征
6．检漏频率
装载排放
1．货物运输工具类型
2．操作方式
3．年装载液体量
4．液体装载温度
5．装载物料中 HAPs 的重量百分比
6．HAPs 装载的真实蒸气压
7．HAPs 的分子量
8．控制装置的效率
储罐排放
1．材料存储
2．储罐直径
3．边缘密封型
4．储罐，顶部和外壳颜色
5．环境温度
6．风速
7．化学物质的密度和分压
8．分子量
9．蒸气压
10．控制装置的效率
11．储罐类型
12．年吞吐量
13．塔器的数目和直径
排放因子
1．过程的输入量
2．生产水平
废水来源
1．废水体积流量
2．浓度
3．流量测定时的生产率
4．浓度测定时的生产率

资料来源：EPA，1991c。

传输和归趋

大气化学模型用于确定排放的化学物质的传输地点和沉降时的特征。估计污染物的传输和归趋时需要以下几类信息：

- 生产、储存、使用和处置过程中污染物排放的数据（在上一节中讨论）。
- 污染物的理化性质数据（表 L-2）。例如，化学污染物的蒸气压在确定大气和其他环境媒介之间的化学物质交换时起着重要的作用。化学物质的蒸气压变化很大，从蒸气压大于 1 atm 的气体（如 CO、CO_2和 SO_2等），到蒸气压通常在 10^{-8}～10^{-3} atm 范围内的芳香族化合物、有机磷酸盐、二噁英和其他非标准污染物。VOCs 的蒸气压通常大于 10^{-3} 个大气压，而半挥发性化合物蒸气压为 10^{-8}～10^{-3} 个大气压。铅和其他无机物质也具有挥发性。水溶性很重要，因为它与蒸气压一起决定了污染物在大气中的分布。例如，水溶性蒸汽可以有效地通过降雨或者雾沉降从空气中被清除——这个过程可以将人体暴露的可能性降到最低，至少是吸入方面。悬浮尘埃或气溶胶颗粒可吸附污染物的蒸汽，并可能在决定大气和其他环境媒介之间的化学物质交换速率方面发挥重要作用。
- 关于环境中的污染物传输、降解和固定的数据（表 L-2），包括化学、生物学和物理数据：

  —化学数据（例如，大气氧化和光化学反应）。化学分解取决于分子结构，对于有些物质来说，分解是很快的。如果这种化学物质易受亲核攻击、氧化或羟基化的影响，就可能会迅速发生变化，并且显著改变潜在的暴露量。

  —生物学数据（例如，通过微生物作用而发生降解）。通过生物介导反应而发生改变的差异是巨大的，并且需要改变产物的数据，例如，排放物的毒性会变大还是变小？

  —物理数据（例如，溶解度和重力沉降）。对于颗粒物来说，重力沉降或沉积会随着颗粒空气动力学直径的增加而增大。大气中发生的物理过程会影响颗粒的去除效率。由于大气中水汽的积聚，吸湿颗粒的尺寸会增加，这种增加可以促进沉降和冲洗作用来去除它们。

- 各种途径污染物去除率的数据。例如，如果大气中的水浓度低于维持催化氧化剂液滴所需的浓度，那么 SO_2 的催化氧化率会降低。临界点是相对湿度百分比，在此百分比之上，催化氧化率会显著增加。在清洁空气中，SO_2 的排放只能通过气相与 SO_2 蒸气的均相反应才能非常缓慢地氧化。这里所描述的信息的发展，对于预测与环境污染物相关的风险来说是非常重要的。这样的数据可用于识别环境中最可能的途径，并且提供关于污染物从排放源到受体的降解（改变）速率的线索。了解了可能的途径和沉降之后，可以确定在评估潜在健康影响时需要特别注意的人群。更精确的方法包括选择或者开发模型来估计污染物的传输和归趋。
- 预测污染物持久性、传输和归趋的模型的数据，包括它们的输入要求、准确度和精确度以及验证方法。已经报告了几个空气扩散模型。

表 L-2 化学物质的物化性质及其在大气环境传输-归趋计算中的重要性

化学物质性质	
物理性质：	
分子量	环境性质
密度	颗粒载荷：
蒸气压（或沸点）	对于灰尘、其他固体颗粒物
水溶性	对于液态气溶胶
亨利常数（空气-水分布系数）	氧化剂水平
脂溶性（辛醇-水分布系数）	温度
土壤吸附常数	相对湿度
	光照量和光强
化学性质：	降水量和频率
氧化	
水解	气象性质：
光解	通风
微生物分解	逆温
其他分解方式的速率常数	
	地表覆盖：
颗粒性质：	水
大小	植被
表面积	土壤类型
化学成分	
溶解性	

暴露评估

为了评估人类暴露的风险，需要如下信息：

- 污染物（例如，类型、介质、浓度和持续时间）；
- 暴露人群（例如，谁在面临着风险、在哪里、在什么情况下；暴露时间和程度；从空气、食物、水或者其他相关途径摄入污染物的情况）。

下面进行更加详细的描述。

对于污染物来说，所需的数据至少包括测量或者估计在特定时期内人类暴露位置处的浓度。对于空气来说，浓度数据是通过空气采样，同时或依次测量在一定监测期间和一定空气流量下捕获的有毒物质而产生的。除了这些概述之外，分析方法在细节、准确度（与真实值的符合程度）、精度（数据的展形）和检测限等关键维度上也有很大差异。误差可能很大，特别是在跟踪分析中，因此有必要关注风险评估中使用的浓度数据的质量。以下是相关的注意事项：

- 所有数据都必须在严格的质量保证和质量控制标准下以有效的方法收集。
- 关于不确定性的明确说明是所有分析报告的基础（Keith et al.，1983）。空气中痕量有毒物质的误差可能比“标准污染物”的误差要更大，而“标准污染物”的浓度往往要高得多。这是因为仪器的相对准确度在低浓度下会下降。
- 污染物可能存在但是低于设备的检测限。在这种情况下，污染物的浓度不应当被假设为零。相反，应该在数据处理中使用检测限（或者是已经约定的检测限的分数）。
- 在空气监测中，必须将蒸汽和颗粒状残留物区分开来，特别是中低蒸气压的有毒物质。
- 微量毒物的数据应当通过质谱法或者其他确定方法加以证实，以便提高结果的可信度。

对于暴露人群来说，必须确定危害的性质。重要的是评估每一组可识别的人群（例如，根据年龄或健康状况确定的群组）的不同暴露程度和人数。在没有个体监测数据的情况下，可以通过地理、行为（例如活动模式）和人口因素开展暴露估计，尽管估计的暴露可能与个体暴露没有直接关系。

由于特定化学品的暴露很少会局限于单一途径（虽然单一途径可能占主导地位），总暴露的计算要将空气（吸入）、皮肤和饮食（食物和水）的摄入量相加。例如，以“空气污染物”开始的污染物，如果它们能够从空气转移到水、土壤或者植被中，则可以通过其他媒介产生大量暴露。

一个典型的例子是北极的氯代烃类（多氯联苯、毒杀芬、DDT 等），其机制是大气中的远距离传输，但是该地区土著居民的暴露则是通过饮食和吸收储存在食物链中的化学物质造成的。

毒性评估

风险分析必须包括对化学物质毒性的评估，即评估其对公众健康的潜在危害。这样的分析可以基于实验毒性和人体数据的组合。显然，与已知毒物暴露相关的发病率信息对于人类风险评估来说是最有用的。然而，这也是最难获得的，因为它取决于某些意外或不可预见的事件的发生（例如，生产设备事故或故障），或者它是通过一个暴露程度和持续时间远远超过了一般人群的范围较小的人群（如工人）来收集的。出于伦理（有时是法律）原因，在人群中开展受控剂量—反应研究非常罕见。

可用于风险评估的人类数据有三大类：

- 临床。报告了一般人群的结果和疾病数据，如果已知的话，包括：

—对结果的描述。

—使用的诊断标准。

—对可能影响结果的个体特征（年龄、既往疾病等）的描述。

—暴露历史，包括剂量和时间范围。

医学专家对研究结果的看法以及这些结果对普通人群的适用性，对于确定临床证据在风险评估中的有用性是非常重要的。

- 毒理学。报告了人们（通常是志愿者，不是一般人群中的个体）暴露于受控实验条件后的结果和疾病数据，这个条件包括：

—描述检验的假设。

—选择研究群组的标准。

—结果与一般人群或者特定亚群（例如，潜在高风险群体）的相关性。

—诊断和检测方法。

—实验条件。

—可能会影响暴露和结果的个体特征（例如，年龄、性别和既往病史）。

此外，应当描述暴露方法（有毒物质的性质和组成、暴露途径、暴露媒介和方式、暴露时间和剂量）和统计评估（例如，点和范围估计、相关性和显著性的测量、剂量—反应和时间—反应关系）。

- 流行病学。在真实环境中收集的人群结果和疾病数据。这些数据应当附有：

—描述检验的假设。

—选择观察群组的标准。

—研究方法和目标群体参与率。

—明确界定结果的诊断标准。

—暴露史和特征，包括与研究结果相关的时期和剂量。

—对可能会影响暴露和结果的特征（例如，年龄、职业、活动模式和先前的健康状况）的评估。

—对综合结果测量进行适当的统计分析（例如，点和范围估计、剂量—反应数据、时间—反应分析、相关性和显著性的测量）。

—对结果的解释，包括对普遍性、偏差和其他混杂问题的分析。

参考文献

[1] EPA (U.S. Environmental Protection Agency). 1991. Procedures for Establishing Emissions for Early Reduction Compliance Extensions. Vol. 1 . EPA-450/3-91-012a. U.S. Environmental Protection Agency, Washington, D.C.

[2] Keith, L.H., G. Choudhary, and C. Rappe. 1983. Chlorinated Dioxins and Dibenzofurans in the Total Environment. Woburn, Mass.: Ann Arbor Science.

附录 M

委员会的职责

委员会的职责，如 1990 年《清洁空气法》修正案（CAAA-90）中第 112（o）节所述：

（1）科学院要求。自 1990 年《清洁空气法》修正案通过之日起计 3 个月内，局长应当与国家科学院一起作出适当的安排来审查——

（A）EPA 用来确定与暴露于本节中要求的排放源类别和子类别中排放的有毒空气污染物有关的致癌风险的风险评估方法；

（B）这种方法的改进。

（2）研究的要素。在进行此类审查时，国家科学院应当考虑但是不限于——

（A）估计和描述有害空气污染物对人类的致癌强度的技术；

（B）估计对有害空气污染物的暴露的技术（假设和实际的最大暴露个体以及其他暴露个体）。

（3）关注的其他健康影响。在可行的程度上，研究院应当评估并且报告用来评估除了不存在安全阈值的癌症之外的不利人体健康影响风险的方法，包括但不限于可遗传的基因突变、出生缺陷和生殖功能障碍。

（4）报告。在颁布 1990 年《清洁空气法》修正案（1993 年 5 月 15 日）之后的 30 个月内，关于审查结果的报告应当提交给参议院环境与公共工程委员会、众议院能源和商业委员会、根据 1990 年《清洁空气法》修正案第 303 节设立的风险评估和管理委员会和局长。

（5）协助。局长应当协助研究院收集所有研究院认为执行本节所必要的信息。局长可以利用本法案授予的任何权利来获取信息，并且要求任何人进行测试、保存和记录，以及就这些人为执行本节而进行的研究或其他活动作出报告。

（6）授权。本法案授权拨给局长的资金，其数量应当足以执行本节。

（7）致癌风险评估指南。局长应当考虑但不必接受国家科学院根据本节编写的报告中的建议，以及科学咨询委员会对该报告的意见。在根据第（f）小节颁布任何标准之前和发布征求意见的通知和机会之后，局长应当发布修订后的致癌风险评估指南，或者一份对没有采纳国家科学院报告中所包含建议的原因的详细说明。根据第 307 节，出版这个修订后的指南应该是最终的机构行动。

附录 N-1

在选择和改变默认值时“合理的保守主义”的案例

Adam M. Finkel

本附录由我们委员会的一名成员撰写，他代表委员会中那些认为 EPA 应当通过不断评估两个同样重要的标准来选择和完善其默认值的成员，这两个标准是：（1）这一假设在科学上是否合理；（2）这一假设是否是“保守的”，从而在面对科学不确定性时能够保障公共健康。事实上，合理性、不确定性和保守性这三个主题构成了 CAPRA 报告最后六章的大部分框架，反映在关于模型评估、不确定性和差异性以及执行迭代风险评估/管理策略的“交叉”章节中。在选择和修改默认值时，这些主题应该以何种特定的方式结合在一起尚存争议。因此，本附录的其余部分为五个部分：（1）关于“保守主义”包含什么和不包含什么的一般性讨论；（2）列举原因说明保守主义是选择和背离默认值的合理理由之一；（3）建议供 EPA 审议的具体计划[①]；（4）对这项提议和“最大限度利用科学信息”这一竞争性原则（见附录 N-2）的并列分析；（5）一般性结论。

---

① 虽然我在提出具体建议之前会详细讨论和评估保守主义的一般问题，但是我还是希望读者要考虑本文第三节中详细说明的提议与批评者谴责的“为了保守主义而保守主义”是否相似。

什么是“保守主义”?

这个提议在委员会中最具争议的部分是它强调“保守主义”是一个(不是唯一的)判断(而不是预判)默认值及其替代方案的优点的组织原则。支持这个提议的人很清楚,保守主义取向既有优点也有缺点,这使得它成为所有环境政策分析中争议最激烈的话题之一,但是他们也认为很少有话题会被如此多的困惑和错误信息所包围。一些风险评估的观察者认为,EPA 和其他机构过分强调保守主义原则以致于使得大多数风险估计值存在惊人的错误,并且毫无意义;其他人,至少包括委员会中的一名成员,反而认为这些批评者的看法比 EPA 的风险估计值本身更不可信,无证据证明,并且言过其实(Finkel,1989)。很明显,无论是在关于风险评估是否过于保守的描述性问题上,还是在关于多大的保守程度(或许根本就没有)会造成过度保守的规范性问题上,参与者都无法达成一致。然而,这场辩论之所以如此激烈,至少部分原因在于人们对什么是保守主义及其后果存在各种各样的误解。因此,在提出提议之前,将讨论其中一些定义问题。

首先,保守主义的一个有用的定义应当在面对针对保守主义的各种指控时,可以帮助澄清自身。保守主义是生成风险估计的几种方法之一,这些方法允许在存在不确定性和差异性的条件下作出风险管理决策。简而言之,一个忽略或者拒绝保守主义的风险评估政策会力求用“真实值”表示风险,而不考虑不确定性(或差异性),然而任何考虑增加(或删除)某种程度上的保守性的尝试都会导致评估者面对不确定性。纳入“保守主义”只是意味着从不确定性和/或差异性之中,评估者故意选择一个他认为更有可能高估而不是低估风险的估计值。

管理风险(就像在做任何私人或社会决策时一样)的合理性包括在特定条件下最大化选择所带来的收益。如果我们不了解这些条件(不确定性)或者不知道这些条件适用于谁(人类个体差异性),那么我们必须在特定条件下作出最优选择,并且希望得到最好的结果。如果我们试图管理的真正风险比我们所认为的更大或更小(或者对某些人来说是这样),那么我们的选择可能是有缺陷的,但是我们依然必须作出选择。与探索科学真理不同,其中在面对不确定性时的“正确”行动是保留自己的判断,而在管理风险时，决策是不可避免的，因为保留判断就相当于作出判断，即现状代表经济成本（如果有的话）和健康风险（如果有的话）之间的理想平衡。因此，重要的是，风险评估过程以一种科学上站得住脚的可预测的方式来处理不确定性，符合 EPA 的法定和公共使命，并响应决策者的需求。保守主义是对不确定性的一种特殊响应，这个响应偏向于一种误差（高估）而不是相反的误差，但是（特别是如果 EPA 遵循这里的详细规定）承认这两种误差都是可能的这一事实，比用来平衡这些误差的精确计算更为重要。

理解这种倾向于高估的不对称性意味着什么和不意味着什么也很重要。保守主义并不认为人的生命价值高于为遵守风险管理决策而花费的金钱。相反，它承认如果风险不存在不确定性，那么社会就可以作出花费一美元或十亿美元来挽救每一个面临风险的生命的“最佳”决定——保守主义对这一判断保持沉默。假设社会决定了如何平衡生命和金钱，那么保守主义只会在不确定性造成的不可避免的错误中，故意选择那些会导致花更多钱挽救生命的错误，而不是那些导致花钱挽救较少生命的错误，从而影响边际决策。

有人会把这种倾向称为“有备无患”或“谨慎”，我们不会质疑或回避这些特征。真实的风险值被不确定性包围，因此无论选择哪一个风险值作为风险管理的依据，都可能发生高估或低估的错误，这是一个“正确的科学”的问题。本报告的附录中有很多关于保守主义的细节，但是提议的支持者和另一立场的支持者之间存在分歧的实质很简单；前者认为合理地选择倾向于高估而不是低估的误差是谨慎而又有科学依据的。更重要的是，它认为不这样做既轻率又存在科学上的问题。这不只是无谓的重复，而是概括了与其他一些人的不同意见，这些人认为避免谨慎就是倡导“价值中立”（因此，科学家在道德上处于优势地位）和更加“科学的”东西。

保守主义的定义和使用含糊不清，加剧了对保守主义的争论。为了澄清对保守主义的一些反对意见，并为“合理的保守主义”原则提议的一些特点作铺垫，以下部分说明了关于保守主义可能的确切含义的三种二分法：

（1）谨慎和错误估计之间的区别。当一个特定的风险评估被批评为“过于保守”时，这个批评可能同时代表着一个或两个不同的含义。批评者可能实际上是说，评估者选择了一种旨在减少低估误差的概率的风险估计值，但是批评者同时认为在这方面做得太过了。换句话说，一个人的“谨慎”可能对另一个人来说是“矫枉过正”，尽管这种区别纯粹是个人价值观的不同造成的。另外，批评者的意思可能是，风险评估中存在的缺陷导致评估的进行比评估人员自己或风险管理者所理解的更倾向于谨慎。这样的批评可能不涉及任何个人价值判断。例如，评估者可能认为，某个特定的估计值会落在未知风险的不确定性分布的第 95 百分位数左右；这样的估计有 5%的可能性会低估风险。实际上，如果给定的估计值过分倾向于最小化低估的可能性，以至于落在（比如）不确定性分布的第 99 百分位数上，那么这个过程会比任何一方预想的更加谨慎。在许多 EPA 由于“过度保守”而受到批评的案例中，批评者除了（或没有）试图指出预期保守水平和实际保守水平之间的差异外，还支持不同的价值判断。如下所述，几乎没有实证证据可以表明 EPA 的致癌强度、暴露或风险估计值明显高于那些体现出合理谨慎程度的估计值（即统计人员使用的第 95 或 99 百分位数的常规基准）。但是，本附录中详细说明的提议的支持者显然反对系统性的错误估计，如果它存在的话。我们强调，风险评估中的“合理的保守主义”不允许 EPA 采纳不合理的假设或依赖有偏差的参数值，如果它存在的话，我们相信整个委员会在第 9 章和第 10 章中的一致建议将有助于阻止这种趋势，并且有助于缓解而不是恶化 EPA 的风险估计是否比预期的要更加保守这一问题。

（2）保守主义应对不确定性和应对差异性的区别。这一重要区别关系到对保守主义批评的合理性。尽管都使用相同的术语和数学程序来处理每一个问题，并且它们有时在操作上很难分开，不确定性和差异性这两个问题涉及不同的动机并产生不同的结果。本报告附录主要涉及前者，一般涉及关于模型不确定性的保守主义的子类别。在这个对不确定性问题的讨论中，由于我们对风险的真实值缺乏认识，科学政策对低估和高估误差之间的平衡，确实表明了一句常见的格言“有备无患”。另外，应对差异性的科学政策涉及应对人群在暴露或对不良影响的易感性方面的差异——也就是肯定地决定（或者除了不知道应用哪个模型之外，没有其他的不确定性）应当保护谁和保护什么。在这种情况下，根据这种差异性来决定保守程度并不是“有备无患”，而是涉及决定确保谁的安全以及会对谁造成不利影响的问题。与 CAPRA 报告的其他地方一样，在这里委员会没有就 EPA 应该如何在一般或特定情况下划定这样的界限作出政策判断。在这个讨论中，我们只是强调 EPA 不应当被对其应对不确定性的批评所困惑，或者导致它重新思考其对差异性的反应[1]。

（3）“保守水平”和“保守量”之间的区别。对不确定风险的任何估计都包含保守性，如果有的话，在相对和绝对意义上都是如此。这里的新术语“保守水平”和“保守量”分别代表相对和绝对意义之间的差异。“保守水平”是一个相对的指标，表明评估者认为估计值低于风险的真实值的可能性有多大；因此，第 99 百分位数相对于第 95 百分位数的估计值体现出更高的“保守水平”（高了 4 个百分位数）。相反，“保守量”是对估计值本身和未知量的中心趋势之间的数学差异的绝对度量。因此，很有可能同时具有高的“水平”和小的“量”，反之亦然。例如，科学家可能非常精确地知道光速，并报告了一个 99%的置信上限，即 186 301 英里/s，和“最佳估计值”，186 300 英里/s（这里的绝对保守量是 1 英里/s）。另外，当不确定性很大时，即使是一个适度的“水平”（如第 75 百分位数），也可能引入大量的绝对保守量。这两个概念直接相关，具有重要的政策含义。随着科学知识的增加和不确定性的减少，中心趋势和任何特定的上百分位数之间的绝对差异也会减少。因此，随着时间的推移，机构可以尝试并保持一个固定的保守性水平，但同时也希望保守性的绝对量以及试图改变倾向于高估的平衡的实际影响变得越来越不重要。当不确定性降低到最低水平时，尽管风险管理者和公众确信低估的概率保持不变且相对较小，保守估计值和中心趋势将会变得如此相似以至于它们之间的区别几乎都无关紧要了。

“合理的保守主义”的内在优势

让委员会中的一些成员（和许多普通民众）感到困惑的是，社会应当以“有备无患”的方式来应对不确定风险的假设引起了如此大的质疑。最终，保守默认值的反对者应当捍卫他们的立场，即 EPA 应当忽略或者放宽哪些看似合理的科学理论，如果这些理论

---

[1] 出于两个原因，我们认为在应对模型的不确定性上支持“有备无患”的原则，而不明确推荐针对差异性作出同样的反应，这两者在逻辑上是一致的：（1）作为一个实际问题，我们认为科学家在讨论如何在相互竞争的科学理论中作出选择时的贡献，要多于他们在参与讨论 EPA 应当选择保护什么样的个体时的贡献。（2）我们认为，在事实未知时，公众会更倾向于“为安全起见而犯错”，而不是考虑在差异性分布的极端情况下应该采取多少保护措施。

是真的，那就意味着风险需要得到妥善处理。无论其学术价值如何，这一观点从一开始就没有向公众展示它一直以来的诉求（在立法中明确规定，从结构工程、医学到外交等职业行为中也有这种暗示）：试图防范威胁健康和安全的重大错误。但是，“合理的保守主义”的风险评估提议的提出，很大程度上是因为从逻辑、数学、程序或政治经济学角度来看，都有支持它的各种因素。以下对保守取向优势的简要说明看起来有些多余，特别是考虑到早期 NRC 委员会针对这个问题的声明[①]，但是，委员会决定不以协商一致的方式支持“合理的保守主义”，这有助于对一些成员认为没有争议的一些因素进行更全面的列举：

A.“合理的保守主义”反映了公众在对导致不必要的健康风险的误差和导致不必要的经济支出的误差之间的偏好。

对风险中的不确定性导致的两种误差进行检验，可以得出这样一个结论：社会并没有对它们漠不关心。一种误差类型（由于高估风险导致的）会导致投入的资源比在准确知道风险大小的情况下社会的最佳投入更多。另一种类型（由于低估风险导致的）会导致更多的生命损失，超过在没有风险不确定性时社会所能够接受的生命损失。对后一种误差的厌恶是由于相比起前者来说其后果的不可逆性更大[②]、在大多数个体和社会决策[③]中后悔的重要性（Bell，1982）还是由于其他因素，这一问题超出了我们的回答能力。重要的是，国会和公众是否将风险管理视为一项应当追求科学真理和谨慎地避免不必要的公众健康风险的社会事业，从而不会将风险评估单纯地视为尽可能接近“正确答案”的实践？如果真是这样的话，那么附录 N-2 中提出的竞争性的提议就支持了一种不科学的价值判断，而且这种判断也没有反映社会现实。

这里可以举一个反例来说明问题。在最近对超级基金风险评估保守性的控诉中，行

---

① 例如，考虑最近 BEST 环境流行病学委员会（NRC，1991）的声明：公共健康政策要求在证据不充分的情况下作出决定，目的是在将来保护公众健康。

② 投入的经济资源的浪费也可能会导致不利的健康后果（MacRae，1992）。然而，这个“越富裕越安全”的理论是基于有争议的数据（Graham et al.，1993）的，而且在公众眼中，监管不力带来的更直接、更不可逆转的后果，最多只能间接补偿。

③ 对后悔的预期往往会让人们选择采取已知的造成损害最小的行动。

业联盟提出了一个比喻，将EPA风险估计值和夸大的人们乘坐出租车前往杜勒斯机场所需时间的预测联系起来（Hazardous Waste Cleanup Project，1993）。但是这个特定的个体决策似乎是个人和社会明显更加偏向于保守估计的另一个典型例子。如下所述，任何程度的保守主义（正、零或负）都对应着对高估和低估误差的潜在态度。在这种情况下，保守的行程时间估计只是意味着旅客认为在飞机起飞后他到达机场的每一分钟，比在飞机起飞前他在机场额外等待的每一分钟都要更加值钱。所以不难得出这样的结论：一个理性的人不会对迟到漠不关心，而是会宁愿提前10分钟而不愿晚10分钟来赶飞机。假设，如果其他人不确定他选择的航线是单个票务代理商（排20分钟长队）还是十几个代理商（不用排队），那么他几乎不会问在0和20分钟之间的“最佳估计值”并且只留那么多时间（甚至他不太可能认为排长队根本不会发生）。只要更加“保守”的情况是合理的，那么它往往就会主宰他的思考，只是因为决策的问题并不是在正确时刻到达，而是定性地权衡较早到达的成本与稍微晚到的不同成本。同样，理性人的两种不对称的程度可能有很大的不同，但是“合理的保守主义”的支持者很难想象不会为了赶上飞机或减少风险而作出一些调整，这与公众的期望相一致。

B．保守的默认值有助于增加风险评估不是“反保守性”的概率。

在不确定性条件下的风险评估有两个有利于采用保守方法选择默认值的不同数学方面。这两个因素使得由保守模型生成的风险估计没有乍看起来那么保守，从而使天平进一步偏向于支持谨慎决策所需的最低限度的模型。

让我们从一开始就假设评估者和决策者都希望风险评估至少不应当是“反保守的”，也就是说不能低估真实但未知的风险的平均值（算术平均值）。毕竟，平均值是所谓的“风险中立”决策者（例如，一个实际上并不想赶飞机，但是如果他恰好在飞机起飞前或起飞后到达机场，就能赢得赌注的人）用来评估高估和低估的误差的最小估计值。在这方面，不确定性也存在一种基本的数学属性，它会引入不对称性。对于非负的数量（例如暴露、致癌强度或风险），由于右尾不成比例的影响，不确定性通常是以这样一种方式分布，即较大的不确定性增加算术平均值。例如，如果不确定性分布的中位数（第50百分位数）是X，但是评估者认为这个估计的标准误差在两个方向上都是10，那么第90百分位数（19X）和算数平均值（14X）将近似相同；如果两个方向上的不确定性都是25，那么平均值和第95百分位数几乎相同（表9-4）。为了不低估平均值而施加适度“保守水平”的最常见例子来自显示出差异性的经验数据。例如，即使是在氡浓度很高的州，一个随机选择的家庭的氡浓度也不可能超过10微微居里/升。然而，由于数量少但浓度高的住宅的影响，该州所有住宅的平均浓度可能都等于甚至超过10[①]。

在科学推论中引入保守性的另一个基本数学优势是，预期可能会有一些评估者未知的往往会增加不确定性的因素。如果人们相信这些未知的影响将趋向于增加而不是降低真正的风险，那么这就成为保守性的更有力论据。虽然科学尚未考虑的因素（例如不可预期的暴露途径、毒性的其他机制、暴露之间的协同作用或人类对致癌易感性的差异）似乎会增加导致暴露和/或更大风险的途径的数量或严重程度，但也可能揭示人类对污染物的抵抗力更强或暴露比传统分析预测的更少。

C.“合理的保守主义”履行了空气有毒物质（和其他）计划中EPA应当执行的法定任务。

面对科学上的不确定性，采取预防措施的政策长期以来一直是《清洁空气法》的一部分，也是其他大多数EPA授权立法的一部分。在这方面，《清洁空气法》的很多章节都贯穿两个关键指令。首先，该法案的各个部分要求EPA不仅要考虑已经被证明会导致危害的物质，而且要考虑“合理预期”会造成危害的物质。正如1976年哥伦比亚特区巡回法院对乙基公司诉EPA案的判决所述：“通常，合理医学问题和理论的出现早于确定性。然而，即使监管机构不太确定损害是否不可避免，法律和常识也会要求监管部门采取行动以防止损害。”同样，该法案长期以来一直要求关于空气污染物的标准需要提供“充足的安全范围来保护公众健康”。解释第112节的主要案例是1987年自然资源保护委员会诉EPA的案例，声明

---

① 这一数学真理是不确定性越高，不低估平均值所需要的保守水平就越高，这严重破坏了那些指责EPA“连续传递保守性”的人的主要主张之一。如果一系列不确定性数量中的每一个都是以这样的方式分布，即相当保守的估计量（如第95百分位）近似甚至低于其平均值，那么传递的步骤越多，相对于风险中立的估计值来说，输出的保守性就变得越低。

在确定什么是“充足的范围”时，管理者可能也许必须考虑风险评估的固有局限性，以及不同致癌物暴露水平的影响的有限科学知识，因此可能会决定将水平设置为低于之前确定的“安全的”水平……由于风险是不确定的这一本质，管理者必须根据自己的判断来履行法定任务。

同样，支持“合理的保守主义”是EPA最为理性的做法的观点，并不一定基于对各种法规的解读。毕竟，法规在将来都会发生变化。然而，EPA的任务似乎是要考虑是否有必要预防或减少不利事件，即使是低概率事件。因此，EPA必然会发现有必要使用足够灵敏的风险评估技术来反映这些事件的风险。至少，这个技术必须探索可能的极端结果的本质，作为是否将极端情况纳入风险表征的科学政策选择的前提。从本质上讲，在选择默认值时采取保守主义是使风险评估成为足够敏感的手段的一种方式，从而使风险管理者能够决定在多大程度上实现立法的意图。出于这个原因，委员会成员提出了这个提议，即“合理的保守主义”为决策者提供了一些在制定预防性风险管理决策时所需的信息，但这个提议最终在委员会内部引起了争议。

D. 它尊重科学，而不仅仅是个别科学家的权利。

通过说明默认值的选择科学合理并且能够保护健康，以及科学家必须使用这两个标准来检验替代模型，EPA可以确保科学将在不断发展的风险评估方法方面发挥主导作用。一些人认为，提出任何背离默认值的标准而不是简单地要求EPA“尽早采用新的、更好的科学”都是对科学的不尊重。但是，可以肯定的是，对一个新理论的争议的数量与这种“新科学”可能的“持久力”及可靠性之间存在反比关系。在极端情况下，要么EPA可能会在听到有人抱怨这个默认值是过时的时候，一遍又一遍地改变其默认值，要么EPA不会改变其默认值，除非达成了绝对的科学上的一致并且在几年内保持不变。这里提出的“有说服力的证据”的标准（见下文）显然介于这两个极端之间。我们相信，更多地依赖于科学共识而不是那些不满意当前情况的科学家的标准，实际上是对科学更大的尊重。

一个重视科学共识而不是“你听到的最响亮的声音”的标准的唯一代价是，“新科学”的倡导者需要说服他们的大多数同事，新科学确实更好。事实上，这个标准对科学家来说是一笔交易，因为它在公共领域赢得了信誉，并在一定程度上避免了受到下一个新理论的削弱。而且，除了通过重视科学家之间的协调一致来提高对科学决策的尊重这一“互谅互让”原则之外，“新科学”的倡导者还必须认识到，合理性和保守性这个双重标准，实际上消除了 EPA 科学政策工具中任意性的一个主要来源。如果 EPA 只是将其默认值作为互不关联的“我们赖以生存的规则”，并要求科学家证明它们是“错误的”，那么对官僚主义凌驾于科学之上的指控将是有价值的。但是这一要求 EPA 重申或重新考虑把默认值作为“合理范围内最保守的”选择的建议，向科学界传达了明确的信号，即每个默认值只有在它体现了这两个概念的时候才会有价值，并且为科学家提供了两个明确的依据以挑战和改进一系列的推断假设。

E. 它定期生成对各种 EPA 职能至关重要的风险估计。

虽然委员会在第 9 章中的建议反映了“不保守的”估计在标准制定、优先级设置、风险交流这些领域都有用的观点，但是委员会也无法就这些估计具体在这些领域发挥什么作用的细节达成一致。然而，没有人建议“非保守的”估计应当排除根据“合理的保守主义”得到的估计，而是建议它们应该补充这些估计。事实上，委员会同意保守估计的计算必须针对至少两个重要的风险评估目的：(1) 委员会提出的风险评估迭代系统的基础是筛选级别的分析。这个分析仅仅是为了避免对那些在较高的可信度上被认为是可以接受的或最小的风险进行详细评估。因此，根据定义，筛选分析必须足够保守以消除确实可能会对健康或福利构成威胁的暴露避免全面审查的可能性；(2) 即使 EPA 决定将中心趋势的风险估计用于标准制定或其他目的，它首先必须探索范围内保守的一端，以便清楚地了解不确定风险的期望值（如上所述，风险中性决策的正确中心趋势估计值）实际上在哪里。由于分布的期望值对其右尾的敏感性，所以不可能一步就到达这个中点①。

出于这两个原因，如果不尝试生成保守的估计值，就无法进行风险评估，即使这个估计值只是后续流程中输入的。所以，我们之间的唯一争论是，是否为了筛选或计算中

① 表 9-4 中的各种计算表明，如果不确定性是连续分布的，那么算数平均值对保守的百分位数就非常敏感。如果不确定性是二分的（比如，风险是 Y 还是 0 取决于两个模型中哪一个是正确的），那么期望值完全取决于 Y 值及其主观概率。在任何情况下，必须在求平均值之前估计上限。

心趋势之外的某些目的而修改或放弃这些估计值，而不是争论是否要生成这些估计值。无论如何，一系列体现了“合理的保守主义”的默认值必然会发挥一定作用。

F. 它促进了一个有序、及时的过程，这个过程切实构建了正确的研究激励机制。

许多风险评估的评论者指出，为每个风险评估问题“找到正确答案”的科学目标，直接与及时性以及在有限的研究资源和可用于环境保护的资源之间寻求平衡的监管和公共政策目标相冲突。委员会一致认为，过分强调科学的微调可能会导致不必要的延误；我们真正的分歧再一次归结到这个问题上，即如何开始和组织修改基于科学的推断的过程。如前段所述，从保守的立场出发并将真实的中心趋势作为最终目标的一个好处是，相对于一开始就试图猜测这个中点可能在哪里，它更容易移动到这个期望的中点（考虑到保守的可能性对其的影响）。然而，保守的起点还有一个程序上的优势，它源于对不同科学机构的可用资源和自然动机的直接评估。我们中的一些人认为，对过去 10 年投入到构建和研究不那么保守的风险模型（例如，阈值和次线性外推模型，人类的易感性低于动物的情况）和研究相反模型（例如，在啮齿动物测试结果呈阴性的情况下，暴露量之间的协同作用可能并不意味着对人类安全）的相对努力的评估，反映了研究方向上的不对称性，其中前一种研究类型比后一种研究类型获得了更多的资源和关注。这个方向不一定是有害或不科学的，EPA 应该利用它而不是假装它不存在。我们认为，EPA 做到这一点的最好方法是从一个“合理的保守主义”立场开始，并在同行评审和充分参与的基础上建立明确的程序，以充分证明 EPA 明白其必须接受新的科学信息。这利用了人们优先测试比较不保守的理论的倾向。此外，EPA 必须向公众表明，风险评估的总体趋势随着时间的推移变得不那么保守，并不是 EPA 存在偏见的证据，而是 EPA 和寻求更好模型的科学界之间的公开和相互约定的证据。

G. 它反映了 EPA 作为科学/监管机构的基本公共使命。

如下所述，“最佳估计”的倡导者经常没有考虑到寻求这样理想的终点是多么困难、容易出错和易受主观价值影响。由于 CAPRA 被要求对 EPA 评估暴露于有害空气污染物的风险的方法提出改进建议，我们至少有责任就这种风险估计的目的发表意见。我们在整个默认值问题上存在分歧，部分原因在于风险估计有两个目的：如果可能的话，准确地描述真实风险，并确定可能值得降低风险的情况。其他政府机构也要服从真理和决策，但是他们对分析的使用并没有引起如此多的争议。军事情报是一种经验性的技术，在依赖数据和判断方面类似于风险评估，但很少有人劝说国防部（Department of Defense，DOD）应制定并依赖于对侵略概率的“最佳估计”，而不是对这些可能性有多高的公认估计。仍然存在关于 DOD 预测的保守性程度的强烈分歧，以及关于其适用性的规范性争论，但是这些程度上的问题并不意味着 DOD 应当放弃或淡化其公共使命以支持其“科学”使命①。

落实这一原则的具体建议

委员会中主张 EPA 应当参考“合理的保守主义”这个原则来选择和修改其默认值的成员，想到了一个非常具体的过程来落实这一原则，以便根据报告第二部分的引言中所讨论的标准来强调其有用性，并尽量减少其潜在的缺点。鉴于这四项建议程序在委员会内引起的争议，本节将强调我们对“合理的保守主义”的看法不包含或鼓励的内容，尽管这些特征显然不足以阻止对该提议的反对。

第一步　在每个实例中，在风险评估的排放和暴露评估或毒性评估阶段，使用了两个或以上的基础科学（即生物、物理、统计或数学）假设或模型来弥补知识的空缺时，EPA 应该首先确定知识渊博的科学家认为哪些模型是“合理的”。举一个例子，让我们假设，那些认为良性啮齿动物肿瘤可以代替恶性肿瘤的科学家会承认相反的结论也是合理的，反之亦然。然后，从这个“合理的集合”中，EPA 应当采纳（或重申）那些往往会产生比其他合理选择更为保守的风险估计值的模型或假设作为通用默认值。例如，EPA 现有的声明（1986 年癌症指南的Ⅲ.A.2），即化学物质在低剂量下是类似于辐射的，因此线性多阶段模型（LMS）是暴露反应外推的合理默认方法，不是科学事实的陈述，而是首选的科学政策选择，原因有三个：（1）LMS 模型在生物学理论和观察数据方面

① 请注意，保守性的 7 个优点并没有详细列出。其他可以讨论的包括：这个提议接近于 EPA 目前的做法；它与 CAPRA 报告的其余部分是一致的；它还被一些纯管理问题推动，特别是倾向于夸大与风险估计相比较的成本数字的潜在问题。

得到了重要支持的科学结论（所以不能因为“绝对不可信”拒绝它）；（2）没有其他现有模型有足够多的基础理论和观察数据，从而能够推翻 LMS “相对合理”的科学结论；（3）LMS 模型得到的结果比其他合理模型的结果更加保守的实证观察①。

第二步 借助这些科学合理并且可以保护健康的模型，EPA 应当努力收集和交流关于驱动这个模型的参数的不确定性和差异性的信息②。从这种分析中产生的不确定性分布将允许风险管理者公开选择一个与特定法律、监管和经济框架相一致的保守性水平，我们相信，无论选择何种保守程度，风险估计值都将反映出一种潜在的科学结构，这种结构既合理又能避免对风险的严重低估。在第 9 章和第 11 章中，委员会支持这一概念，即保守水平的选择应该在数量上参考参数的不确定性和差异性，而在质量上参考模型的不确定性（即，根据该提议，模型将被用于代表“合理模型范围的保守端”）。虽然“合理的保守主义”的提议并没有得到一致同意，但整个委员会都有这样的担忧，即试图精确地微调模型结构中隐含的保守性水平，可能会导致不合理或不合逻辑的妥协，这个妥协不能提升谨慎和科学诚信的价值观。

第三步 EPA 应当开展两个相关活动来确保其风险估计值并非不必要的保守，或者被部分或全部受众误解。尽管根据定义，如果没有一些实证基础，就不能因为完全不可能而排除从“合理的保守主义”框架中得出的风险估计（因为它们基于一系列假设，而这些假设中的每一个都有科学依据，因此即使假设链或许不太可能发生，但在逻辑上也必须是可信的），但是这些步骤也很重要。然而，正如一些评论者指出的那样，这些估计值可能会高于一些人认为支持预防性决策所必需的估计值（Nichols 和 Zeckhauser，

---

① EPA 在选择通用默认值时应当注意“作为一般规则的合理性”和“作为偶尔例外的合理性”之间的差异，并且在这个阶段只考虑前者（即如果一个特定模型不能作为解释一般情况的合理方法，那么在背离默认值可能是合适的特殊情况下应当考虑将其保留。）例如，一个比 LMS 模型更加保守的模型——允许暴露的分数次幂的“超线性”多项式（Bailar et al.，1988），对于某些特定的化学物质来说可能是合理的，但是作为解释所有公开—响应关系的通用规则，该模型目前似乎还没有通过科学合理性的共识门槛。另外，较不保守的模型，例如 M-V-K 模型总体上确实跨过了这个门槛，但是在“合理的保守主义”的原则下，它还没有资格成为合适的通用默认值。

② 正如委员会在关于“迭代”的建议中讨论的，用相应的不确定性或差异性分布来替代参数的点估计时所做的努力程度，应当是由风险管理决策的类型和重要性所决定的“层级”的函数。对于筛选分析，在主流模型的框架内，保守的点估计将满足决策的需要，而对于更高层次的分析，则需要不确定性分布。

1988；OMB，1990）。这里和第9章所建议的对不确定性的定量处理和对参数不确定性的保守性水平的明确选择，都有助于将这个潜在问题最小化。EPA可以通过以下方式进一步减少这些问题：（1）根据现有的“现状核实”校准其风险估计，例如在缺乏阳性流行病学数据的情况下得出的人类致癌强度的置信上限（Tollefson et al.，1990；Goodman和 Wilson，1991），或者所使用的排放估计的物理或观测限制，或者通过暴露模型得出的排放估计值；（2）明确说明其风险估计是保守的（并且是基于合理但预防性的假设）。在改进风险交流方面，EPA应当尽量避免低估保守性水平（EPA目前倾向于暗示其估计值是“95%的上界”，而实际包含几个这样的输入，再加上其他非保守的输入，其结果可能比第95百分位数更为保守），或者夸大保守性程度（例如，EPA倾向于表明其所有的致癌强度估计值“可能低至零”，即使是在几乎或根本不支持阈值模型的情况下，或者在基于人类数据得出估计值的情况下也是如此）。从本质上讲，我们建议这一步骤的重点是进一步区分上面讨论的谨慎和错误估计的概念，为了阻止后一种做法，保守主义的批评者将不得不正视（或放弃）他们对前者的反对。

第四步 （整个委员会都同意这一点）EPA应当阐明其标准，说明它如何决定用一种替代方案来代替现有的默认值（作为一般规则或者针对特定物质或一类物质）。目前，EPA只是用语言暗示，“在缺乏相反证据的情况下”，默认选项都将继续有效，而没有任何指南说明什么样的质量或数量的证据足以支持背离默认值或者说明如何衡量这些属性（或者，当然，也没有指南说明除了证据的性质之外的任何原则是否应该主导替代方案的选择）。在这里，我们提出了一个组织背离默认值的特定测试。具体来说，当“存在有说服力的证据，正如知识渊博的科学家的普遍共识所反映的那样，能够表明替代假设（模型）代表了合理假设（模型）范围的保守终端”时，EPA应当公开表明支持背离默认值。这种说法是在委员会内部进行的大量辩论的基础上精心选择的，目的是实现以下几个目标：

- 在过于僵化和频繁变化的默认值（以及那些倾向于因无法预测甚至自相矛盾的原因而改变的默认值）之间寻求平衡。对“有说服力的证据”的需求，以及作为证据质量指标的对科学共识的尊重，产生了一个明确的标准，这个标准既不像“无可置疑原则”（如果 EPA 采用这个标准，那么一个科学上的异议者就能阻止这一过程）那样难以达到，也不像“证据优势”或“最佳科学意见”这样的语言那样灵活和容易改变。我们所考虑的任何其他标准似乎都无法在难以捉摸的科学一致性和瞬息万变的（或许是虚幻的）科学多元性之间取得更好的平衡。

- 随着时间的推移和科学知识的进步，在推断中重申“合理的保守主义”原则。如果默认值仅仅基于“正确性”而改变，那么 EPA 在处理不确定时所采用的假设之间就不会有连续性（只有过度自信地肯定，尽管存在不确定性，但是每个默认值都是正确的）。相反，无论是 1986 年指南的延续，还是新采用的替代方案，这个标准使得所有假设/模型都具有可比性；它们都将代表既科学合理又可以保护健康的选择。换句话说，在这种制度下，保守性水平是保持不变的（至少在定性尺度上），而保守量将会随着时间的推移和科学知识的进步而下降[①]。因此，随着时间的推移，对污染源的控制通常会变得不那么严格，但同时不会降低要实现的公共健康目标的保障水平。
- 在本报告其他章节要求的迭代方法下，鼓励使用更多的数据和更加复杂的模型，而不需要烦琐的审批程序。这里建议的“合理的保守主义”标准承认风险评估的简化有助于某些风险管理目的，但它本身并不是目的。因此，某些大气传输计算的实际默认模型可能是更加简单和更加保守的筛选模型的一个更加复杂的版本（例如，拉格朗日模型和箱型模型）。评估者可以自由地使用更加简单的模型进行筛选，而不会对更高级别的风险评估中使用更加复杂模型产生影响。融合了多个包含“合理的保守主义”的假设的一个很好的例子是，在更高等级的评估中使用 PBPK 模型，而在较低等级评估中使用通用的换算系数（例如体重的 0.67 或 0.75 次方）。也许 EPA 应当考虑将一个特定的 PBPK 模型指定为种间换算的默认选项，同时重申换算系数（其本身就是一个简单的药代动力学模型）

① 在特殊情况下，可能出现一个新的科学共识，即无论作为一般规则，还是针对特定化学品或暴露情景，比默认值更加保守的模型或者假设都是合理的。在这种情况下，保守主义的绝对数量将会增加。尽管这种不对称性导致采用更加保守模型比采用较不保守模型的程序阈值实际上更低，隐含在合理性共识的标准中的要求应该限制前一种背离发生的频率。

对于资源较少的应用来说也是一个合适的默认值[①]。

- 鼓励更多地使用同行评审和其他机制，以增加科学界在不断发展的首选模型选择中的作用。本标准隐含的意图是EPA应当继续使用其科学咨询委员会以及其他专家机构来确定什么时候存在科学共识。应该越来越多地使用研讨会、公开会议和其他措施，尽可能保证EPA的风险评估决策是在获得最佳的科学信息以及整个专家团体充分参与的情况下作出的。

我们提议中的缺陷：与替代方案比较

在风险评估中对保守主义提出的一些批评有很大的价值，并且适用于在默认选项的选择中包含保守性的本提议。EPA可以通过遵循本附录和报告其他部分提出的建议来使这些缺陷最小化。例如，保守性可能导致不正确的风险比较和优先级设置的决策的问题，可以通过使“保守性水平”在各种评估中更加明确并且保持不变，以及通过产生仅用于排序的对中心趋势的额外估计（甚至可能是通过不同基础生物学理论的主观权重得出的）来进行部分纠正[②]。

同样，人们有理由担心，如果EPA被认为对任何可能表明风险被夸大的新信息不感兴趣，那么保守主义政策可能会扼杀研究；这里对科学共识的强调确实会减缓在早期发展阶段对不那么保守的模型的采用，但是这不应当阻碍研究，也不应当阻碍研究者提交高质量的数据，不管这些数据会对风险估计产生什么影响，EPA都可以随时将其纳入到现有的模型结构中。

保守主义的根本问题在于，它导致了对所有环境健康问题的系统性夸大，并鼓励将稀缺资源浪费在微不足道的风险上。这项指控的后半部分是经济和社会政策的主观问

① 这个原则适用于传输模型示例和PBPK示例，唯一需要注意的是，随着新的模型参数（例如，在PBPK案例中的分配系数和速率常数）的加入，必须估计这些参数中的不确定性和个体差异性，并且将其纳入对保守水平的明确选择中（见第9章的建议）。

② 我们注意到，在不确定性下的风险排序是一个复杂并且容易出错的过程，无论是否使用保守的、平均的或其他点估计值来总结每一个风险。两种风险分布的中位数或平均值可能按一个等级顺序排列，而上限可能按相反的顺序排列；没有一个单独的排序是正确的。

题，不属于本委员会的职权范围；而前者是一个实证问题，它引发了激烈的辩论，但还远远没有解决。一方面，那些坚信使用EPA的方法产生的估计值远远高于真实风险值的人可以举出大量的例子，其中每个假设似乎都越来越保守（Nichols和Zeckhauser，1988；OMB，1990；Hazardous Waste Cleanup Project，1993）。另一方面，有证据表明，目前的方法包含保守、中立和反保守的假设，并且有限的观察性“现状核实”表明现有的暴露量、致癌强度和风险估计值实际上并不是很保守（Allen et al.，1988；Bailar et al.，1988；Goodman和Wilson，1991；Finley和Paustenbach，in press；Cullen，in press）。

然而，EPA必须解决的实际和建设性问题不是“合理的保守主义”是否理想，而是它是否比其他选择更可取。该提议的主要替代方案（附录N-2）指导EPA风险评估人员根据“最佳可用科学信息”使用默认值，其明确的目标是产生风险的中心趋势估计值（Central-tendency estimates，CTEs）。这种方法的支持者认为，在“客观的”风险评估活动和受主观价值影响的风险管理活动之间存在清晰的界限，并且施加的保守性（如果有的话）应当在后一阶段发生，管理者会增加“安全范围”来根据CTEs作出预防性决策。在比较这个提议和替代方案时，重要的是要考虑后一种方法的两个基础，即CTEs（或“最科学的估计”）和安全范围，并且要考虑这两个概念是否像它听起来那样具有吸引力。

安全范围的思想存在问题，一个明显的原因是：只有通过研究保守模型和参数值，分析人员或管理者才能知道他们想要“安全”避开什么。也许由管理者而不是评估者来调整保守性水平是更加理想的，但实际上，只有评估人员可以初步为管理者确定什么是“保守的决策”，因为评估者能够获取到关于风险合理值范围的信息。将任何类型的通用安全因子应用于风险的CTEs，肯定会导致一系列随机的决策，其中一些会比合理的谨慎程度所要求的更加保守，而另一些会更加不保守。另外，从整体上看，委员会的报告将一些自由裁量权和责任还给了风险管理者，过去评估人员通过仅仅提供点估计值而篡夺了这一权利。委员会对定量不确定性和差异性分析的强调赋予了风险管理者调整决策的能力，所以保护的程度（以及它可以确保的可信度）只会像他们所期望的那样严格。但在模型不确定性范围较窄的情况下，这个提议认为通过审查有关模型的信息，鼓励风险管理者猜测什么是保护性决策是不明智的，尽管这些模型比较保守，但专家仍认为这些信息是真实可信的。

CTEs 也有潜在的致命问题。即使用于构建 CTEs 的模型是基于“好的科学”，但是我们认为这些估计的目的不是预测致癌强度、暴露或风险的预期值（必须探索范围的保守终点），而是替代其他几种中心趋势估计值，例如中位数或众数（最大似然估计）。后一类估计值通常情况下不会给低估和高估误差以中性权重，因此必须被视为是“反保守的”估计值。但是 CTEs 的提倡者也没有考虑模型从何而来的问题。以下四个例子说明了四个中心趋势估计的原型，它们表明在个案基础上，“好的科学”可能并不是所有的支持者所宣传的那样：

案例 1：“更科学”仅仅意味着更多的数据。保守主义的批评者所倡导的一些 CTEs 估计被认为是更加科学的，因为它们利用了“手头所有的数据”。然而，这并不总是成立的。例如，考虑到 EPA 目前默认使用的生物测试结果来自被测试的啮齿动物中最敏感的性别—物种组合（通常不会多于四种），将这种致癌强度估计方法称为 A，将通过汇总所有（四个）数据集进行推导的替代估计方法称为 ABCD。假设我们对不同种类的啮齿动物相对于普通人的相对易感性知之甚少（一般或对于所讨论的特定物质），那么从逻辑上我们必须承认，对于普通人来说，真实的风险值可能比 A 的结果更大，比 ABCD 的更小，或者介于两者之间。基于对高估和低估成本的不同价值判断，相对于 A，人们可能更偏向于 ABCD，但是其中唯一的“科学”差异就是 ABCD 利用了更多的数据。但是“购买”一组数据类似于在二十一点游戏中购买纸牌：“越多越好”只有在所有单独的元素都有价值时才成立。假设啮齿动物品种 A 到 D 的差别很大（或者我们不会争论这两个估计值），那么人们要么最像 A，要么最像其他三种中的一种。如果是前者，那么数据点 B、C 和 D 就削弱并破坏了事实上已有的“最佳估计值”；如果是后者，那么越多的确越好（让我们更接近真相）。因此，EPA 真正的困境是，额外的数据到底是有害还是有益的，并且这也是一个关于平衡估计误差的政策判断，而不是简单的“好的科学”的问题。但是，从过程和实施上看，选择 A 的政策和选择 ABCD 的政策之间存在明显的区别。前一种政策建立了切实推进科学基础建设的激励机制，并探究哪一种性别/物种针对具体情况或一般情况来说是最好的预测工具；当可以获得这些信息时，“好的科学”将理所当然地获胜。另外，后一种政策只会鼓励死板地应用当前的生物测试设计以生成更多的数据，供评估人员进行汇总。

第 10 章中讨论了暴露评估领域中一个相关的例子。暴露于有毒空气污染物的典型固定排放源约 7 年的 CTEs 实际上比 EPA 使用的标准 70 年假设要依据更多的数据（在本例中，数据是关于一个人在搬家前在一个住所停留的年数的变化）。但是正如第 10 章所述，这些数据虽然表面上是有效的，但是其可能涉及的问题与 EPA 必须解决的问题不同。为了确保在一个拥有数千个这种排放源的国家中正确计算个体终身风险，EPA 需要考虑的不仅仅是在一个住所的年数，而且还需要考虑当一个人远离一个排放源时，他或她可能转移到一个仍然暴露于相同或类似致癌物的区域的可能性（我们认为有很大的可能性）。在这两个例子中，“更多的数据”（关于种间敏感性或者关于因为人们转移而导致的暴露的自相关性）肯定会优于 EPA 当前的假设，但是问题是“多一点数据”是否有助于或损害计算的真实性。

案例 2:“更科学”是指基于不兼容的理论构建嵌合体。近年来流行的一种 CTEs 据说提供了一种综合所有合理的科学模型的方法，就像荟萃分析整合了所有现有的流行病学研究或特定化合物的生物测试一样。不幸的是，在汇总相关数据集和平均不兼容的理论之间可能存在很大的差异。在第 9 章中，我们讨论了这种混合 CTEs 的明显缺陷，它可能混淆而不是丰富风险管理者可以从中选择行动方案的信息库。例如，当面对关于 TCDD 致癌强度的两个相互矛盾的理论时，EPA 不应该试图改变其致癌强度估计值以便在这两种理论之间“折中”，并让它看起来是新科学推动了这一变化（Finkel，1988）。相反，如果 EPA 可以证明现有的风险估计可能过于保守，那么它可以通过放宽 TCDD 的监管标准来实现相同的风险管理目标。当某些风险要么为零（或接近零），要么达到某个无法接受的高水平 X，这取决于两种根本不相容的生物学理论中哪一种正确时，委员会无法就向决策者提供何种建议达成一致。但是，委员会确实同意，分析肯定不能只报告等于（$1-p$）X 的风险点估计（其中 p 是风险可能为接近零的主观概率）。在默认选项的特定背景下，这一提议仍然认为，EPA 应当保留其“合理保守的”默认值，直到出现替代模型应该取代默认值的科学共识。

案例 3:“更科学”意味着引入更多的数据密集型模型，而不考虑驱动这些模型的参数不确定性或差异性。通过采纳第 9 章和第 10 章中委员会的建议应当可以很容易地纠正这个特别的问题，但是在这里提到这一点是因为到目前为止 EPA 已经考虑过几次要背离默认值(例如，二氯甲烷的例子，至少如同 Portier 和 Kaplan，1989 所解释的那样)，其中保守性水平可能会突然发生变化，因为默认模型的参数是保守的，而新模型中的参数要么是 CTEs，要么是未知保守性水平的点估计。然而，所有的负担不应当全部落在新模型的供给者身上; EPA 需要通过系统地探索其默认模型参数中固有的保守性来平衡竞争环境。例如，正如我们在第 11 章中所讨论的，表面积或 3/4 的指数校正是种间转换的保守估计吗，还是别的什么?

案例 4:“更科学”显然是一种进步，但并非无懈可击。值得注意的是，对默认值最详细的特定案例再评估，即第 6 章中讨论的 CIGA 案例，最近受到质疑的原因是新的科学对 EPA 应用于现有动物数据的默认值提出了严重质疑，但是它本身并不能为替代风险估计提供不容置疑的支持（Melnick，1993)。我们不就这一争论或其对背离默认值的一般程序的影响得出任何结论。作为一个过程问题，CIGA 案例可能符合这里推荐的“有说服力的证据”测试，因此人们不应该把 EPA 接受这一新科学的行为定性为政策上的错误。然而，为了风险交流的目的，EPA 应当理解并强调：在诸如此类问题上的科学共识并不一定意味着科学真理。

结　论

总之，EPA 在选择和背离默认值的竞争原则之间的选择，对环境科学和 EPA 项目的四个领域具有重要影响。

- 价值观。在“合理的保守主义”和“最好的科学”之间的选择，无疑是科学和价值观的选择之一。如本附录所示，这两个原则都部分依赖于科学和决策理论，并且都包含了特定的价值判断。不幸的是，一些关于“合理的保守主义”的批评将人们的注意力集中在这一立场所固有的价值观上，而忽视了其他选择所固有的价值判断。我们认为，在很多情况下（特别是在最重要的实际情况下，其中存在关于预测不可接受的高风险的模型或预测零风险的模型是否正确的分歧），CTEs 很难推导，而且可能没有意义。但是，即使 CTEs 没有这些缺陷，人们也必须认识到，选择它们而不是保守的估计是一个有价值取向的选择，实际上在三个或更多不同的 CTEs 中（在某些情况下，它们之间可能存在数量级的差异）进行选择时也需要价值选择。众数（最大似然估计量）是一个在决策理论中具有特定用途的 CTEs；它最大限度地提高了根据这个估计值得出的决策是“正确”的可能性，而不考虑与理想值的偏差方向和大小。CTEs 中位数试图平衡两种误差的概率，同样也不考虑两者的大小；这也代表了一种特定的价值取向。最后，均值试图平衡每种误差的概率和大小的乘积（未加权的）。保守估计总结出一组可能的选择，因为它只是试图平衡误差的概率和大小的加权乘积（图 N1-1，它举例说明了每个估计值的用途）。因此，风险评估估计值的选择肯定是明确的，能够并且应该无偏差地从一个公开和诚实的过程中产生，但是它不能是完全客观或价值中立的。因为让 EPA 在没有原则的情况下从这些估计指标中进行选择本身就是一个受主观价值影响的决定，所以委员会中的一些成员倡导“合理的保守主义”，他们认识到这是一个可供选择的判断。

- 科学。对我们把“最好的科学”或“可信的科学”等作为替代方案的立场的批评，不应该迷惑读者，让他们以为任何默认值都支持“坏科学”或者“不可信科学”。不可信的默认值在这些附录中所提倡的任何建议中都没有地位。“合理的保守主义”的支持者认为，基于这一原则的默认值除了可信性之外还有其他优点，而“最好的科学”应该不仅是为了数据而数据，或者是为了其本身而反保守主义。展望未来，委员会的任何成员都不希望“冻结”风险评估科学目前的形式，也不希望压制有关挑战现有科学思想的新科学思想的信息。明智的问题不是是否要改进科学，而是如何以及何时将其纳入用于风险管理的风险表征中。同样，在与默认模型不相容的替代模型预测的风险非常小，甚至为零的棘手案例中，操作决策包括是否要跳转到新的风险表征，开发两个理论的结合，还是谨慎地进行，直到普遍的科学共识可以支持替代模型。本章的这一部分探讨了为什么最后一个替代方案是可取的，以及如果认真执行，为什么会推进而不是冻结科学研究。

- EPA 实践。正如前一章所示，EPA 一直以来必须在过于灵活和过于死板之间保持平衡。尽管委员会担心 EPA 还没有一个基本理由来作出这样的决策，但总体来说，我们中的一些人认为，EPA 的个别背离默认值的决策很好地控制了这种紧张局势。我们不知道对 EPA 一直不接受新的科学信息的严重指控，事实上，根据上面引用的一些参考资料，即使是在二氯甲烷和 CIGA 案例中，EPA 也可以说是过于迅速地采用了“新科学”。
- 风险管理。本章详细探讨了风险评估方法和风险管理实践之间的相互关系，而不是边界。这里提出的任何建议都没有违反风险管理问题不应当过分影响风险评估进行的原则；它们只是强调了风险评估的存在是为了为风险管理者提出的问题提供有用的答案。无论人们如何看待将风险评估与风险管理明确分开的可行性，这场讨论都表明“合理的保守主义”取向对这一界限的侵犯，并不比中心趋势取向所能或可能达到的程度更严重。此外，“合理的保守主义”和“最好的科学”替代方案都为风险管理者留下了充足的自由裁量权，特别是在选择决策方案，以及整合风险评估之外的、真正的决策经常依赖的信息（例如，成本和效益估计、公众关注）。最后，我们希望已经消除其他人在重视科学和科学家所持的价值观之间作出的错误选择。当然，作为科学家或其他人，我们的价值观包括尊重公众健康预防措施、尊重可预见性和秩序、尊重在不确定性导致的不可避免的错误之间达成考虑周全的适当平衡。我们可以认为其他价值高于这些价值，但是我们不能通过用“好的科学”伪装这些选择来为其辩护。“合理的保守主义”包含这样一种观点：评估者和管理者不需要放弃他们对科学的重视，或者他们作为科学家的价值观。这个原则的支持者希望 EPA 将会遵循这个原则，尽管在这里它会被作为全体委员会无法一致同意的建议被提出。

后　记

后面的替代意见（附录 N-2）是在这个附录完成之后编写的。总体来说，这两个声明反映了合理的分歧，我希望这将为 EPA 提供“平台”来帮助它解决有关风险评估原则和模型不确定性的重要问题。然而，在附录 N-2 中有一些不一致和误解，我认为这些都玷污了这场争论。模棱两可的部分原因是对本附录中提出的重要问题缺乏回应。例如，附录 N-2 断言“风险管理者不应受到风险评估过程中价值判断的限制”，但是它并没有解释该如何实现，根据这里的主张，模糊地呼吁“充分利用科学信息”，要么必须强加一套自己的价值判断，要么风险评估人员就只能对每个模型、数据集和观察结果给出所有可能的解释[①]。类似地，“风险表征要尽可能准确”的说法，以及将准确性与收集的数据量隐含地等同起来，既没有回应准确性可能不是对不确定性的最合适反应的主张，也没有回应附录 N-1 中的表明“更多的科学”可能导致更少的准确性，以及用风险中性或风险倾向的价值判断替代风险规避的价值判断的四个例子。

对“合理的保守主义”原则的担忧是合理的，附录 N-2 中关于替代方案假定的优点的更具体说明可能会加强这种担忧（如果有的话）。但是至少在三个方面，N-2 中的材料误解了“合理的保守主义”提议中所述的意图，因此无法进行公平比较。

（1）“合理的保守主义”方法的支持者肯定不会认为“风险评估的基本输出是（或应该是）单一的风险估计值：一个数字”。附录 N-2 中这种“转移注意力”的做法随处可见，尽管附录 N-1 中有明确的说明，默认选项只提供了一个框架，在此基础上，必须评估和交流所有与所选模型有关的不确定性和差异性。事实上，报告的第 9 章清楚地说明了委员会的观点，即风险评估者必须放弃他们对单一点估计的依赖并且要按规定提供不确定性的定量描述（最好通过概率分布）。事实上，附录 N-1 中关于实施“合理的保守主义”提议的四个具体建议中有三个通过强调根据包含默认选项的指南进行的风险评

① 实际上，在几页之后，附录就自相矛盾地指出，“衡量替代方案的合理性是一项高度评判性的评估，必须由科学家来进行”。这是对科学家在科学政策中发挥作用的明确要求，附录 N-1 对此明确表示赞同，但是 N-2 的作者又回到“不加干涉”的观点并且重新反驳了他们自己，认为“科学家不应该试图通过影响默认选项的选择来解决风险管理争议”。

估所产生的“不确定性分布”，加强了第 9 章的目的[①]。使用默认模型（除非有特定的原因要替换）估算风险时唯一未考虑的不确定性是“其他模型是正确的”的主观概率。尽管这种额外的不确定性可能很大，但是委员会在第 9 章中同意，目前无论是提出主观权重的方法，还是如何有意义地“平均”不可调和的模型的理论，都是非常基础的，因此涵盖所有合理模型的单一风险表征对于风险管理和交流来说将是不稳定的依据。因此，无论附录 N-1 和附录 N-2 中的提议如何不同，它们都没有主张不同的“风险评估的基本输出”。

（2）附录 N-2 的作者将它们的建议描述为“在风险管理者认为推翻风险评估中的默认价值判断是适当的公共政策的情况下，他们可以并且应该这样做”，他们的建议“与 Finkel 博士所倡导的方法形成鲜明的对比”。需要说明的是，附录 N-1 中没有以任何方式建议要限制风险管理者的活动。实际上，附录 N-1 的最后一段谈到了“合理的自由裁量权”，为了作出合理决策，风险管理者在必要时应该补充或放弃定量风险信息。如果从“合理保守的”模型中得出的风险表征（同样是一个分布，不是一个数字）表明存在重大风险，管理者仍然可以让其他方面的考虑（经济性、可行性、公平性、甚至是风险评估的科学依据缺乏可信度）证明不降低风险是合理的。“合理的保守主义”的支持者所反对的，以及附录 N-2 支持或不支持的（目前还不清楚），是某人（科学家？管理者？）将“风险是可以接受的”作为一个科学问题来宣布，仅仅因为其他模型可能比保守的默认模型得出了更乐观的风险预测。

（3）尽管他们批评甚至审查“保守主义”是如何干预政策的，附录 N-2 的作者承认“在选择默认选项时他们不反对［合理的保守主义］”，只是反对它用于决定何时替换选项。有什么理由可以让同样的原则从一开始就适用，但之后会令人反感？他们反对的意见是它将“把风险表征冻结在保守的默认选项决定的水平上”。然而，附录 N-1 认为，科学中的共识过程既不试图也不会导致科学的“冻结”，只会导致“冻结”不合理或质

① 甚至在考虑个体间差异性之前，驱动模型的参数可能造成大量的不确定性。例如，即使指定了必须使用线性多阶段模型，由于典型的生物测试中的随机抽样误差导致的致癌强度的不确定性，在 90%的置信水平上可以跨越 5 个数量级（Guess et al.，1977）。

量低劣的科学直到它有所改善。因此，附录 N-2 的作者似乎确实反对在初次选择默认值时依赖谨慎和保守主义，而只能容忍现有的默认值，因为他们期望这些默认值可以很快被抛弃。

与上面提出的一些问题相比，附录 N-2 中确实存在较少的分歧，这里的争议比附录 N-2 所承认的要多。我们在如何选择和修改默认选项这一最基本的问题上缺乏共识——这导致了委员会决定不推荐任何应对这些挑战的原则。

参考文献

[1] Allen, B.C., K.S. Crump, and A.M. Shipp. 1988. Correlation between carcinogenic potency of chemicals in animals and humans. Risk Anal. 8:531-544 .

[2] Bailar, J.C., III, E.A. Crouch, R. Shaikh, and D. Spiegelman. 1988. One-hit models of carcinogenesis: Conservative or not? Risk Anal. 8:485-497 .

[3] Bell, D. 1982. Regret in decision-making under uncertainty. Operations Res. 30:961-981 .

[4] Cullen, A. In press. Measures of compounding conservatism is probablistic risk assessment. Risk Anal.

[5] EPA (U.S. Environmental Protection Agency). 1986. Guidelines for carcinogen risk assessment. Fed. Regist. 51:33992-34003 .

[6] Finkel, A. 1988. Dioxin: Are we safer now than before? Risk Anal. 8:161-165 .

[7] Finkel, A. 1989. Is risk assessment really too "conservative?": Revising the revisionists. Columbia J. Environ. Law 14:427-467 .

[8] Finley, B., and D. Paustenbach. In press. The benefits of probabilistic techniques in health risk assessment: Three case studies involving contaminated air, water, and soil. Paper presented at the National Academy of Sciences Symposium on Improving Exposure Assessment, Feb. 14-16 , 1992, Washington, D.C. Risk Anal.

[9] Goodman, G, and R. Wilson. 1991. Quantitative prediction of human cancer risk from rodent carcinogenic potencies: A closer look at the epidemiological evidence for some chemicals not definitively carcinogenic in humans. Regul. Toxicol. Pharmacol. 14:118-146 .

[10] Graham, J.D., B.-H. Chang, and J.S. Evans. 1992. Poorer is riskier. Risk Anal. 12:333-337 .

[11] Hazardous Waste Cleanup Project. 1993. Exaggerating Risk: How EPA's Risk Assessments Distort the Facts at Superfund Sites Throughout the United States. Hazardous Waste Cleanup Project, Washington, D.C.

[12] MacRae, J.B., Jr. 1992. Statement of James B. MacRae, Jr., Acting Administrator, Office of Information and Regulatory Affairs, U.S. Office of Management and Budget. Hearing before the Committee on Government Affairs, U.S. Senate, March 19, Washington, D.C.

[13] Melnick, R.L. 1992. An alternative hypothesis on the role of chemically induced protein droplet (α2μ-globulin) nephropathy in renal carcinogenesis. Regul. Toxicol. Pharmacol. 16:111-125 .

[14] Nichols, A., and R. Zeckhauser. 1988. The perils of prudence: How conservative risk assessments distort regulation. Regul. Toxicol. Pharmacol. 8:61-75 .

[15] NRC (National Research Council). 1991. Environmental Epidemiology. Public Health and Hazardous Wastes, Vol. 1 . Washington, D.C.: National Academy Press.

[16] OMB (U.S. Office of Management and Budget). 1990. Regulatory Program of the U.S. Government, April 1, 1990-March 31, 1991. Washington, D.C.: U.S. Government Printing Office.

[17] Portier, C.J., and N.L. Kaplan. 1989. The variability of safe dose estimates when using complicated models of the carcinogenic process. A case study: Methylene chloride. Fundam. Appl. Toxicol. 13:533-544 .

[18] Tollefson, L., R.J. Lorentzen, R.N. Brown, and J.A. Springer. 1990. Comparison of the cancer risk of methylene chloride predicted from animal bioassay data with the epidemiologic evidence. Risk Anal. 10:429-435 .

附录 N-2

充分利用风险评估中的科学信息

Roger O. McClellan 和 D. Warner North

引 言

本附录是为了回应由 Adam Finkel 编写的附录 N-1 而撰写的，根据委员会的要求，附录 N-1 被列入了 CAPRA 报告中。该附录主张用“合理的保守主义”原则来选择和改变默认值，并进行致癌风险估计。它将这一原则作为使用现有的最佳科学和计算中心趋势风险估计值的替代。本附录提出了与附录 N-1 不同的另一种观点。我们提出了在风险评估中充分利用科学的不同框架，而不是增加使用附录 N-1 中所述的保守价值判断。

EPA 在选择默认方法时，已经采取了我们所说的“合理的保守主义”的做法。如 1986 年《致癌物质风险评估指南》所述，EPA 选择了它的默认方法，以符合科学合理和保护人类健康的要求。EPA 的致癌强度估计是合理的风险上界。我们和 CAPRA 委员会中的其他人都不会断言这些 EPA 风险评估方法是不合适的。相反，CAPRA 试图通过进一步改进来加强 EPA 的风险评估过程。其中一个潜在的改进是制定一个明确的背离默认值的标准。我们担心，像附录 N-1 所提倡的那样用“合理的保守主义”作为背离默认选项的标准，可能既没有用，也不合适。

CAPRA 报告的一个主题是风险评估的迭代方法。EPA 应当在多个层级上开展风险评估，并且在迭代过程的高层级中使用更加详细以及更多特定地点和特定物质的数据。虽然简单的程序和单一数字估计值适用于较低层级风险评估中的筛选目的，但是对于较高层级的风险评估，需要明确披露不确定性和来自多个科学合理的模型的结果。

附录 N-1 中假设风险评估的基本输出是单一的风险估计值：一个数字。我们持非常不同的观点，即风险评估是一个为风险管理者和感兴趣的公众以定性和定量的形式总结现有科学信息的过程。因此，管理风险的监管决策不应仅仅根据单个风险估计值来确定，而应当根据对包括不确定性在内的现有科学信息的更加全面的表征。我们相信 CAPRA 报告大力支持后一种解释。

风险管理的一个重要方面是管理旨在通过减少不确定性并且使用更加准确的模型和观测数据取代默认值来改进风险评估的相关研究。风险评估的分层方法和对模型和参数不确定性的明确考虑，将有助于确定对保护国家健康、环境和经济目标最重要的研究机会。我们认为，与其讨论在风险评估中使用哪种保守假设，不如有效地确定和开展研究，通过减少不确定性和对保守假设的需求来改进监管决策。

本附录的组织

在本附录中，我们讨论：1）风险评估在支持管理风险的社会决策中的作用；2）在选择默认选项和默认选项的替代方案时“合理的保守主义”的使用；3）使用迭代方法，其中默认选项被特定的科学所取代；4）需要将风险表征与其预期用途相匹配，以及为什么单一的定量风险估计值可能是不够的；5）为什么开展基于科学的风险评估的过程应当是综合和全面的；6）风险评估如何在指导旨在改进未来风险评估的研究中发挥重要作用。

风险评估在支持管理风险的社会决策中的作用

开展风险评估是一个更大的过程的一部分，在这个过程中需要作出有关风险的社会决策和采取行动。风险评估是整个过程的一个阶段，这个阶段中所有关于物质暴露、物质引起不利影响的能力以及暴露—剂量—反应关系的可用信息都被整合到一起形成风险表征，其全面程度与风险表征的预期用途相匹配。当没有特定数据时，将使用基于一般科学知识和风险评估政策的默认选项。然后将风险评估的风险表征结果与其他各种信息作为输入，来作出各种不同的基于风险的决策，例如，是否应该限制对某种物质的暴露（如果是的话，要限制到什么程度）。这些基于风险的决策有时可能涉及引起类似不良反应或者，更广泛地说，疾病的物质之间的风险比较。在其他情况下，风险表征可作为关于如何分配经济或其他社会资源的决策的输入。显然，风险表征必须尽可能准确，因为对于健康（和疾病）和稀缺性社会资源分配的决策十分重要。

本附录建议，风险表征应当通过充分利用现有科学数据的证据充足的过程来制定。当缺乏特定数据时，该过程应当使用默认选项和其他明确指定的假设。最终产生的风险表征的全面程度应当符合其预期用途，并且以决策者和感兴趣的公众容易理解的形式进行报告。该过程的一个目的是避免引入会导致低估或高估风险的无法识别的偏差。我们倡导的方法强调使用替代模型的科学合理性和适当不确定性的披露。

我们倡导的方法与 Finkel 博士主张的方法形成了鲜明的对比，他在风险评估过程中引入了一个附加标准：基于科学信息的替代方法是否能够产生合理的、保守的风险估计。只有在发现默认选项不合理或者合理的替代方案给出了更高的风险估计值的情况下，才会取代默认选项。因此，对保守程度的判断将在很大程度上决定风险评估过程的结果。我们认为，对保守程度的价值判断不应该对风险评估过程的结果产生如此大的影响，EPA 应当根据已有的指南，在必要时作出与指南一致的价值判断（例如，默认选项的选择），并且应当向风险管理者和公众充分披露这些判断的使用。

价值判断应该被当作整个过程中风险管理或风险决策阶段的一部分来对待。特别是风险管理者不应该被风险评估过程中所做的价值判断所限制。在风险管理者认为推翻风险评估中的默认价值判断是适当的公共政策的情况下，他们可以并且应该这样做。这种背离应当被明确地定义为是政策，而不是科学。风险管理者必须对背离默认值负全部责任，并向利益相关及受影响的公众解释原因。

在选择默认选项及其替代方案时“合理的保守主义”的使用

需要注意的是，当未掌握必要的科学信息时，推断指南（在本报告中通常称为默认选项）是通用的指导原则。这些指南以一般科学知识为基础，并被用于确保多个风险评估的一致性。据我们了解，EPA 为了避免低估健康风险，选择了科学合理并且保守的默认选项。因此，这些通用指南一般都遵循附录 N-1 中所描述的“合理的保守主义”原则。我们并不反对这种选择默认选项的方法。

我们反对的是将“合理的保守主义”作为判断何时可以用特定的科学来替换默认选项的标准。将“合理的保守主义”作为替换默认选项的检验标准，给这门新科学带来了过高的障碍。因此，使用“合理的保守主义”将阻止旨在获取可能取代默认选项的科学信息的研究的进行。结果是将风险表征固定在使用保守默认选项进行表征的水平上。

随着特定的科学的发展以及被用于替代默认选项，风险估计以及风险估计中的不确定性程度通常会降低。在第 6 章中以甲醛为例说明了用特定的科学替代默认选项。在这个案例中，初步风险估计是基于将暴露和反应（即致癌风险）相关联的默认选项，在 1 ppm 时有一个合理的上界估计 0.016（1.6×10^{-2}），下界可以为 0。因此，不确定性的范围很广，从 0 到 0.016。在连续的迭代中，随着新的科学信息（利用从大鼠到猴子的 DNA-蛋白质交联的数据，得到了靶组织的到达剂量）的纳入，1 ppm 处的风险上界降低到 2.8×10^{-3}，然后是 3.3×10^{-4}。由于这些迭代都不能排除下界估计为 0，因此，在最后一次迭代中，不确定性范围减小到 0 到 3.3×10^{-4}。这比根据默认选项计算得到的 0 到 1.6×10^{-2} 大幅减少。

在这个例子中，背离默认选项比使用最初的默认选项更加合理。DNA-蛋白质交联提供了一种直接测量生物标志物的方法，以确定甲醛在多大程度上渗透到可能发生癌症的组织中。

在其他许多情况下，默认选项和使用特定科学信息的替代方案之间的合理性差异可能不那么明显。我们认为，衡量替代方案的合理性是一项必须由科学家进行的高度评判性评估，且尝试为合理性界定一个明确的阈值是错误的，它会扼杀研究并且阻碍不确定性的交流。当一种替代方法是合理的，而默认选项也合理时，应当像 CAPRA 建议的那样，将根据这两个方法得出的风险估计都传达给风险管理者。

需要有更好的背离默认选项的标准。但是，我们认为科学判断仍将是确定应取代一种特定物质或一类物质的默认选项的过程的核心。第 6 章中提供了几个实例，在这些例子中根据 EPA 科学咨询委员会的同行评审，接受或考虑背离默认选项，或者因为没有充分的科学信息的支持而拒绝背离默认选项。在我们看来，虽然还有很大的改进余地，但 EPA 作出这些判断的过程是相当有效的。随着针对重要不确定性的研究越来越多，基于从研究中获得的科学信息的充分支持，将会更多地背离默认选项。

我们认为，风险评估指南中的保守程度是应该由 EPA 决定的政策问题，最适当的方式是通过与 1986 年通过 EPA 风险评估指南时一样的形式通知和评论规则制定。附录 N-1 中的建议并没有为建立默认选项或者背离这些默认值提供准确的指导。对于一个模型是否可信，科学家们可能会有不同意见，并且缺乏合理性将难以在观测数据范围外建立模型。通常是在假设结构（如低剂量线性）的简单模型和基于生物和病理学过程知识的更加复杂的模型之间进行选择。这两种方法可能都被认为是合理的。然而，基于生物学的模型可能更有价值，因为它们纳入了更多的信息并提供了一个更好的基础以区分不同化学物质在人类相关暴露水平上造成的风险程度。

我们也担心 CAPRA 中就政策问题提出的建议可能是不合适的，并可能引起误解。因此，我们认为国家研究委员会向 EPA 推荐默认选项是不合适的。NRC 的建议可能会被认为是仅仅依据科学，但是事实并非如此；这些建议将反映出科学家与其他公民一样没有资格作出的价值判断。但是，NRC 应该指出在哪里地方需要默认选项，这样监管机构就可以解决这些政策问题。例如，一个类别中的所有化学物质是否应该使用相同的致癌强度（在第 6 章的末尾进行了讨论）？是否应该对所有人使用相同的致癌强度，还是应该对敏感亚群单独处理（在第 10 章中讨论）？我们认为，应当由监管机构而不是 NRC 委员会成员判断什么是合适的默认值。

CAPRA 拒绝处理了许多关于风险评估和风险管理政策的问题。在监管有毒化学品，特别是致癌物的适当依据方面，还存在着很多争议和矛盾。科学界中有些人认为，国会和监管机构在监管一些化学物质（例如，加工食品中残留的合成农药）方面做得太过了，而在监管其他化学物质（室内氡和其他室内空气有毒物质）方面还远远不够。我们认为这种争议和矛盾应当通过风险评估交流来解决，要告知决策者关于化学物质对健康和环境造成的风险大小，哪些科学可以解释，哪些不能。科学家不应试图通过影响默认选项的选择或者背离默认选项的标准来尝试解决风险管理争议。

使用迭代方法，其中默认选项被特定的科学所取代，并提供了改进风险评估和降低不确定性的方法

CAPRA 报告主张进行与决策需求相匹配的迭代风险评估。这个方法认识到 EPA 必须处理至少 189 种有害空气污染物，其中有很多物质的数据有限，或造成的风险较低。EPA 需要一种对有害空气污染物进行迭代风险评估的方法，第 12 章以 EPA 计划的方法为基础，描述了这种方法。作为这个方法的一部分，EPA 必须开发一个对这些化学物质进行优先级排序的系统方法，从而有效地利用有限资金来保护人类健康。由于现有数据以及不同化学物质导致的风险大小存在差异，EPA 不应以相同的方式处理每一种化学物质。CAPRA 第 9 章、第 10 章、第 11 章中描述的高度定量的正式技术并不适用于每一种化学物质，而是仅用于支持最重要和困难的监管决策，这些决策可能需要先进的分析概念和程序。这些方法的复杂性增加了与监管决策者和公众交流的难度。EPA 需要这样一个风险评估过程，这个过程能够有效、廉价、快速地处理大多数化学物质，同时在监管决策的重要性导致了额外的时间、费用、分析的复杂性和风险交流的困难的情况下，允许进行更加复杂和数据密集的风险评估。

鉴于其预期用途，风险表征必须既清晰又全面；单一的定量风险估计值可能是不够的

风险评估过程以及由此产生的风险表征应当符合风险表征的预期用途（回想一下前一节中关于迭代方法必要性的讨论）。显然，一个特定的风险表征所能达到的全面程度将取决于现有科学信息的范围。

对于数据量较少的化学物质，风险表征可能是针对有限可用信息的定性的、叙述性总结。对于具有更多数据的化学物质，例如一些生物测试数据，风险表征可能包含一个合理的风险上界估计，使用从生物测试数据集计算得到的 95%置信上限，该数据集可得出最高风险估计（例如，最敏感品系、性别、物种和肿瘤终点）和一种保守且相对粗糙的暴露估计值。

对于最广泛的数据集，可能提供多种对应于替代模型以及对应于个体和人群的数据集的风险计算。这些数据可以以一种或者多种概率分布的形式组织起来，并据此计算风险的概率分布。风险的概率分布可以用期望值或其他通过蒙特卡洛分析或其他概率分析技术计算出的概括统计量来进行总结。这种中心趋势估计将有助于补充上界和下界计算（一般称为统计置信限），以帮助决策者和公众理解这个概率分布的含义。据我们所知，开展这种基于最广泛的现有致癌强度和暴露数据的分析并不是为了支持一项重大监管决策，但是所涉及的程序在附录（Texaco 和 ENSR 的文章）和科学文献（Wallsten 和 Whitfield，1989；Howard et al.，1972）中都进行了说明。

附录 N-1 中关于合理的保守主义的建议似乎假定风险评估的输出是可用于监管决策的单一风险值。我们反对这一观点，特别是针对更高层级的风险评估。风险评估的目标应当是告知决策者和公众真实的风险状况，而不是给他们一个数字[①]。如果风险评估基于保守的假设而仅提供了一个数字，那么决定应当使用哪个保守假设的群体将决定监管政策。因此，风险管理者的自由裁量权就被风险评估过程抢占了。

EPA 科学咨询委员会关于二噁英的报告（EPA，1989）强调了用生物学模型取代线性外推的重要性，并且默认的线性关系可能会导致高估或低估风险。SAB 鼓励 EPA 根据政策和科学上的不确定性考虑修订监管标准。SAB 不支持基于可用的科学信息更改单一数值的风险估计。

从理论上说，对于决策，最好的单一数值应当是预期值——概率分布的平均值。但是，我们认为概率分布比任何一个单独的数字都好。如果要使用平均值，那么应尽可能地减少误解，而且 10 多年来，EPA 的风险估计一般都是上界。只有少数基于人类流行病学的风险估计具有概念上的背离——例如，室内氡导致的肺癌，其健康风险估计来自对铀矿工人肺癌发病率的观察推断。

在附录 N-1 中，例如，一种物质是否会造成不可接受的高风险 X 或零风险，取决于

① 在附录 N-1 中，Finkel 博士使用了一个什么时候去机场的例子来说明他对于保守估计的支持，我们用同样的例子来说明单一估计值可能不足以作为用于风险决策的信息总结。何时去机场的决定取决于到达机场需要多长时间的信息，这是一个不确定的量。我们认为，正如他所断言的那样，大多数决策者都不希望将这种不确定性总结为一个单一的行程时间。相反，他们会更偏向于对概率及其可能性的描述。例如，在估计正常情况下的行程时间时，可补充说明可能发生的延误和这种延误发生的可能性。这样的分析可能非常简单，只考虑几种延误的原因，或者相当复杂，需要用计算机来计算从出发到登机的时间概率分布。在呈现分析结果时，评估者可能会突出最重要的不确定性。例如，正常的驾驶时间大约为 30 分钟，有 20%的概率交通延误会增加 10～30 分钟。乘坐出租车到机场的时间超过 1 小时的概率小于 5%。

两种不相容的生物学理论哪一个是真的。显然，在这种情况下，风险管理者希望了解这种极其重要的不确定性，即哪个理论是正确的。在风险管理中，如果不在风险评估范围内，用主观概率来表征知识渊博的科学家的判断可能是有用的。假设科学家们达成共识，即风险处于或接近于零的概率是 p，那么根据我们的判断，决策者会希望得到这种风险表征：风险处于或者接近于零的概率是 p，风险在高水平 X 上的概率是 1–p。我们认为，仅仅用一个期望值（1–p）X 向决策者展示风险估计结果是不合适的。风险表征中应当使用概率分布，而不是一个风险估计值。决策者和公众应该不难理解这个简单的表征。

开展基于科学的风险评估的过程应当是综合和全面的

开展基于科学的风险评估所倡导的过程建立在 1983 年 NRC 委员会报告（红皮书）提出的一般原则的基础之上。我们重申这些一般原则，并且在此基础上提出开展风险评估的过程。我们认为合适的一般原则包括：

- 将暴露、剂量和反应相关联的范式作为整合数据以表征特定污染物风险的框架。为了表征与特定排放源相关的风险，范式要扩展到包含从排放源到暴露的关联。
- 在风险评估过程中，应尽可能利用现有的科学信息。
- 当对科学信息或者对假设的使用或解释存在科学观点的分歧时，应当在风险评估过程中明确记录这些观点，并确定对风险表征的影响。
- 在指导科学信息的解释和使用，包括对具体科学信息的考虑，以及在特定的评估中信息不完整或不存在的情况下指导行动方面，指南是必要的。
- 指南应当包括明确识别的默认选项（例如，在缺乏相反数据的情况下，根据风险评估政策选择的首选推断选项似乎是最佳选择）。
- 指南应当促进使用特定的信息，而不是使用默认选项。背离默认选项应当基于科学家对数据和模型的科学有效性的判断。
- 所有科学数据、科学假设、默认选项和使用的特定风险评估方法都应当在每个风险评估中清楚地记录下来。当科学观点存在分歧时，应当清楚地描述这些分歧。
- 所得到的风险表征，包括风险的定量估计和风险的概率描述，应当以尽可能清晰和全面的形式传达给风险管理者，以适用于风险表征的预期用途。

风险评估可以在指导改进未来风险评估的研究中发挥重要作用

我们认为，风险评估会在指导改进未来风险评估的科学基础的研究中发挥重要作用。这需要认识到风险评估过程不仅要产生风险表征，还要识别未得到解答的问题，如果通过研究解决了这些问题，可能会减少风险估计中的不确定性，如图 N-1 所示。识别研究需求（机会）的过程，就像使用敏感性分析一样，可以是正式的，也可以是非正式的。在确定了不确定性的主要来源之后，可能会提出这样一个问题，即是否可以用目前的研究技术来解决这个问题，如果可以，进行这个研究所需的潜在成本和时间是多少。然后可以将这些估计的成本和时间与信息的潜在价值相权衡，从而决定是否继续进行有针对性的研究工作。

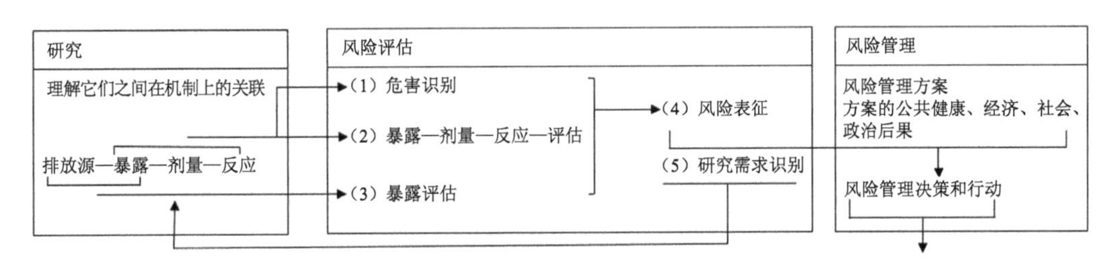

图 N-1 NAS/NRC 风险评估/管理范式

资料来源：改编自 NRC，1983a。

最近的 OTA 报告“健康风险研究”（OTA，1993），涉及开展这类有针对性的研究的问题，这类研究既针对特定的化学物质，也作为改进风险评估方法的一种手段。显然，这两个方面与特定化学物质（在研究中作为有用的试样）的研究密切相关，这类研究解决一般毒理学/风险评估问题，同时提供了与特定化学物质高度相关的信息。

最重要的风险管理决策将涉及控制行动对公共健康的巨大潜在影响以及带来的巨大经济后果。这样的决策应当仔细审查其科学基础。风险管理者可能要考虑是否根据当前的信息采取行动，而这些信息可能涉及公共健康结果的巨大不确定性，或者推迟一段时间作出决策，以便进行研究来减少这些不确定性，从而为决策提供更好的依据。我们相信，国会可以做更多的工作来鼓励 EPA 和其他联邦机构如 NIEHS 以及民营组织来计划和开展研究，以减少有毒空气污染物造成的健康后果的重要不确定性。这样的研究可能需要 10 年甚至更长时间才能完成，但是从现在开始研究可能会提供重要的新信息来支持背离默认选项，从而节省数 10 亿美元的控制成本，同时为公共健康提供更好的保护。

关于有毒物质引起癌症和其他慢性健康影响的机制的科学知识正在迅速发展。但是，很多研究的目的都是了解和治疗健康影响，而不是了解健康影响与环境空气中相对较低的有毒物质暴露水平之间的关系。最重要的不确定性是指那些信息价值很高的不确定性，因为解决不确定性可能会改变决策，在改善公共健康和降低控制成本方面带来巨大效益（OTA，1993）。旨在避免由于在风险评估中使用默认选项而导致高昂的监管成本的更有针对性的研究，应该会带来非常大的经济红利，同时也能更好地提升管理对公共健康构成重大风险的物质的能力。

参考文献

[1] EPA (U.S. Environmental Protection Agency). 1986. Guidelines for carcinogen risk assessment. Fed. Regist. 51:33992-34003 .

[2] EPA (U.S. Environmental Protection Agency). 1989. Letter report to EPA administrator, William Reilly, from the Science Advisory Board, Nov. 28 . SAB-EC-90-003. U.S. Environmental Protection Agency, Washington, D.C.

[3] Howard, R.A., J.E. Matheson, and D.W. North. 1972. The decision to seed hurricanes. Science 176:1191-1202 .

[4] NRC (National Research Council). 1983. Risk Assessment in the Federal Government: Managing the Process. Washington, D.C.: National Academy Press.

[5] OTA (U.S. Office of Technology Assessment). 1993. Researching Health Risks. U.S. Office of Technology Assessment, Washington, D.C.

[6] Whitfield, R.G., and T.S. Wallsten. 1989. A risk assessment for selected lead-induced health effects: An example of a general methodology. Risk Anal. 9:197-207.